3ds Max 2016+VRay室内效果图制作案例教程

会议桌

果盘

花瓶

沙发

盆景

落地灯

躺椅

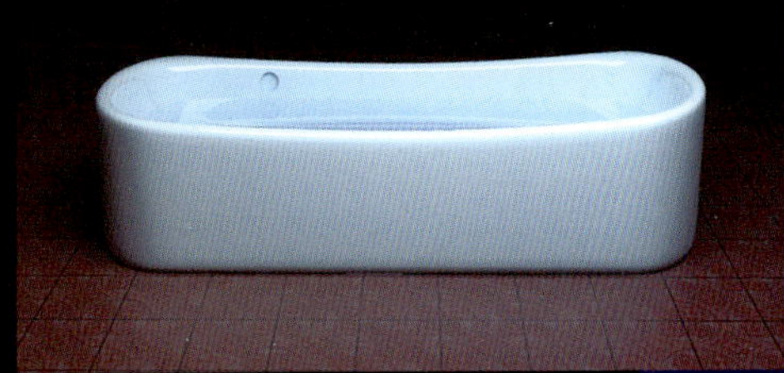
浴缸

洗手盆

艺术茶几

台灯

双人床

坐便器

水龙头

牌匾

艺术吊灯

客厅效果图

书房效果图

卫生间效果图

卧室效果图

创新型建筑与室内设计专业精品教材

3ds Max 2016+VRay
室内效果图制作案例教程

主编　卿　勇　蒲先祥　范晓峰

镇　江

内 容 提 要

3ds Max 是目前应用最为广泛的效果图制作软件。本书按照系统、实用、易学、易用的原则介绍了 3ds Max 2016 的基本操作方法及室内效果图制作技巧，内容涵盖 3ds Max 2016 基础知识、基本建模、样条线建模、高级建模、材质和贴图、灯光、摄影机、渲染器、室内装饰物制作、室内灯具制作、室内家具制作、室内墙体和天花制作、室内门窗制作、室内效果图设计及效果图后期处理。

本书采用“精讲理论+典型案例”的编写形式，可作为各类院校，以及各类计算机教育培训机构的专用教材或相关技能大赛用书，也可供室内效果图制作的爱好者自学使用。

图书在版编目（CIP）数据

3ds Max 2016+VRay 室内效果图制作案例教程 / 卿勇，蒲先祥，范晓峰主编. -- 镇江 : 江苏大学出版社，2017.5（2023.4 重印）
ISBN 978-7-5684-0482-2

Ⅰ. ①3… Ⅱ. ①卿… ②蒲… ③范… Ⅲ. ①室内装饰设计－计算机辅助设计－三维动画软件 Ⅳ. ①TU238-39

中国版本图书馆 CIP 数据核字(2017)第 107628 号

3ds Max 2016+VRay 室内效果图制作案例教程
3ds Max 2016+VRay Shinei Xiaoguotu Zhizuo Anli Jiaocheng

主　　编 / 卿　勇　蒲先祥　范晓峰
责任编辑 / 吴昌兴　王　晶
出版发行 / 江苏大学出版社
地　　址 / 江苏省镇江市京口区学府路 301 号（邮编：212013）
电　　话 / 0511-84446464（传真）
网　　址 / http://press.ujs.edu.cn
排　　版 / 三河市祥达印刷包装有限公司
印　　刷 / 三河市祥达印刷包装有限公司
开　　本 / 787 mm×1 092 mm　1/16
印　　张 / 21.75
字　　数 / 489 千字
版　　次 / 2017 年 5 月第 1 版
印　　次 / 2023 年 4 月第 9 次印刷
书　　号 / ISBN 978-7-5684-0482-2
定　　价 / 59.80 元

如有印装质量问题请与本社营销部联系（电话：0511-84440882）

前言

3ds Max 是目前最流行的室内效果图制作软件，它具有强大的建模、动画和渲染功能，被广泛应用于广告、影视、工业设计、建筑设计、3D 动画、多媒体制作、游戏开发、辅助教学及工程可视化等领域。

为了帮助各院校学生和广大读者熟练使用 3ds Max 进行室内效果图设计，制作出符合实际应用需要的作品，我们在充分调研各院校关于该门课程教学改革情况的基础上，结合编者多年的教学经验编写了本书。

本书内容

- 第 1 章：介绍 3ds Max 2016 的基础知识及常用对象操作。
- 第 2 章～第 8 章：通过大量案例介绍 3ds Max 2016 的基本建模、样条线建模、高级建模、应用材质和贴图、设置灯光和摄影机，以及进行渲染设置等操作。
- 第 9 章～第 13 章：通过大量案例介绍室内装饰物、室内灯具、室内家具、室内墙体和天花、室内门窗的制作方法。
- 第 14 章：通过 4 个典型的、具有代表性的综合案例，分别介绍客厅、卧室、书房和卫生间室内效果图的制作方法。
- 第 15 章：通过 4 个典型的、具有代表性的综合案例，分别介绍使用 Photoshop 对客厅、卧室、书房和卫生间室内效果图进行后期处理的方法。

本书特色

（1）精心安排内容。计算机每种软件的功能都很强大，如果将其所有功能都一一讲解，无疑会浪费读者时间，而且用处不大。因此，本书只介绍 3ds Max 2016 最实用的功能，让读者在最短的时间内掌握该软件的用法，进而能在技能大赛或实际工作中应用该软件进行室内效果图的制作。

（2）以软件功能和应用为主线。本书突出两条主线，一条是 3ds Max 2016 软件的功能；另一条是该软件在实践中的应用。以软件功能为主线，可使读者系统地学习相关知识；以应用为主线，可使读者学有所用。

（3）采用“精讲理论+典型案例”的教学方式。其中，“精讲理论”是指在每小节开头用最精炼的语言告诉读者本节主要介绍的功能是什么，在实际工作中用在什么地方；“典型案例”是指将功能的具体使用方法和技巧融入到案例中去讲解。这样，既可以让读者边学边练，轻松学习，还可以使读者举一反三。

（4）精心设计案例。本书中的每个案例中都具有操作简单、针对性强、设计精美、符合实际应用等特点。

（5）提供完善的配套资源。本书附赠的资料包中包含符合教学需要的课件和完整的素材，方便教师教学和学生上机练习。

（6）很好地适应教学需要。本书在安排各章内容和案例时严格控制篇幅和案例的难易程度，从而很好地适应了教学需要。

本书读者对象

本书可作为各类院校，以及各类计算机教育培训机构的专用教材，也可供室内效果图制作的爱好者自学使用。

教学资源下载

本书配有精心制作的教学课件，并且书中用到的全部素材和制作的全部实例都已整理和打包，读者可以登录文旌综合教育平台“文旌课堂”（www.wenjingketang.com）下载。如果读者在学习过程中有什么疑问，也可登录该网站寻求帮助，我们将会及时解答。

本书创作队伍

本书由卿勇、蒲先祥、范晓峰担任主编，丁洁、唐思均、陈效军、原瑜泽、赵京伟、刘习翔、金永良、蔡建华担任副主编，钟晓军、王少莹参与编写。卿勇负责大纲编写、规划各章节内容，蒲先祥、范晓峰协助完成全书的统稿和审稿工作。具体分工如下：第 1～2 章由蒲先祥编写；第 3～5 章由卿勇编写；第 6～7 章由范晓峰编写；第 8 章由唐思均、蔡建华编写；第 9 章由丁洁编写；第 10 章由赵京伟编写；第 11 章由刘习翔编写；第 12 章由钟晓军、王少莹编写；第 13 章由原瑜泽编写；第 14 章由金永良编写；第 15 章由陈效军编写。本书在编写过程中参考了大量技术资料和文献，汲取了许多同仁的宝贵经验，在此一并表示最诚挚的谢意。

为学习贯彻党的二十大精神，提升课程铸魂育人效果，本书专门在扉页“教·学资源”二维码中设计了相应栏目，以引导学生践行社会主义核心价值观，涵养学生奋斗精神、敬业精神、奉献精神、创新精神、工匠精神、法制精神、绿色环保意识等。

尽管我们在写作本书时已竭尽全力，但书中仍难免存在不足和疏漏之处，欢迎读者批评指正。

目录
Contents

第 1 章　开始 3ds Max 2016 效果图制作之旅

在现代产品造型设计、建筑设计、环境设计、广告设计和影视制作等诸多领域中，效果图的作用越来越受到人们的重视。3ds Max 是设计效果图的主要软件。本章我们首先了解效果图的作用和制作流程，然后熟悉 3ds Max 2016 的工作界面，并掌握 3ds Max 的一些基本操作，为后面的学习打下坚实的基础。

学习目标

- 了解效果图的作用和制作流程。
- 熟悉 3ds Max 2016 的工作界面。
- 掌握 3ds Max 文件的基本操作。
- 掌握设置 3ds Max 视图的方法。
- 了解 3ds Max 的坐标系。
- 掌握常用对象的操作。

1.1　效果图的作用与制作流程

下面简单了解一下效果图的作用和制作流程。

1.1.1　效果图的作用

效果图也叫表现图，是建筑、装饰等行业的设计师将自己的设计理念用图像的方式表达出来，以便客户能更加直观地理解自己的设计意图的一种工具。从另一方面来说，设计师也可以根据效果图来更改和完善自己的设计。

目前，主要是利用电脑设计效果图，常用的效果图设计软件有 3ds Max 和 Photoshop 等。其中，利用 3ds Max 可以进行模型设计，为模型添加材质、摄影机和灯光，最后将模型渲染成图像；而利用 Photoshop 可以对效果图进行后期处理。此外，还可利用一些专门的渲染器，如 VRay、Lightscape 等对模型进行渲染，使制作的效果图质量更好。

图 1-1 为使用 3ds Max 制作的室外建筑和室内装饰效果图，是不是像照片一样形象逼真呢？

（a）

（b）

图 1-1 使用 3ds Max 制作的效果图

1.1.2 效果图制作流程

使用电脑设计效果图一般经历“创建模型→制作并添加材质→创建灯光和摄影机→渲染输出→后期处理”几个步骤。其中，前 4 个步骤主要利用 3ds Max 软件进行，而后期处理主要利用 Photoshop 软件进行。

1. 创建模型

制作电脑效果图的第 1 个步骤是利用 3ds Max 中的建模工具创建模型（也就是建模），这是制作效果图的基础性工作。图 1-2 为一幅室内效果图中的模型图片。

图 1-2 创建模型

2. 制作并添加材质

材质用于模拟现实世界中的材料。创建好模型后，应根据场景所要表现的效果、风格和材料质地等调制材质，并将其赋予模型。图 1-3 为添加材质后的各模型。

3. 创建灯光和摄影机

为了使效果图更真实，在设计效果图的过程中，还需要为场景添加灯光，以模拟现实中的各种光照效果。

摄影机的作用是确定观察场景的视角和效果图中要体现的内容，它与现实生活中的摄影机在功能和原理上相同，但比现实中的摄影机更加灵活，可以瞬间移动到任何角度、换上各种镜头或更改镜头效果，还可以透过房间的墙壁看到里面的物体。

4. 渲染输出和后期处理

创建好场景中的模型，并为模型添加材质、摄影机和灯光后，便可以利用 3ds Max 默认的渲染器或其他渲染器对场景进行渲染并输出图片格式的效果图，如图 1-4 所示。

若对生成的渲染效果不满意，还可以利用 Photoshop 等图像处理软件对效果图进行进一步加工。

图 1-3　为模型添加材质

图 1-4　添加摄影机和灯光后的渲染效果

1.2　初识 3ds Max 2016

在具体学习效果图制作之前，先来认识一下 3ds Max 软件。

1.2.1　3ds Max 简介

3ds Max 的全称是 3D Studio Max，它是由全球最大的二维、三维数字设计软件公司——Autodesk 推出的一款三维建模、动画制作和渲染软件。

目前，3ds Max 主要应用于产品设计、影视制作、游戏造型设计和建筑设计等领域。图 1-5 为使用 3ds Max 设计的汽车产品和 3D 影视效果。

（a）

（b）

图 1-5　使用 3ds Max 设计的汽车产品和 3D 影视效果

1.2.2　熟悉 3ds Max 2016 工作界面

安装 3ds Max 2016 后，双击桌面上的图标，或者选择“开始” > “所有程序” > “Autodesk” > “Autodesk 3ds Max 2016” > “3ds Max 2016-Simplified Chinese”，即可启动 3ds Max 2016 简体中文版。此时，会弹出如图 1-6 所示的欢迎界面，在欢迎界面中可快速打开最近保存的文件，或选择 3ds Max 2016 为用户提供的模板。

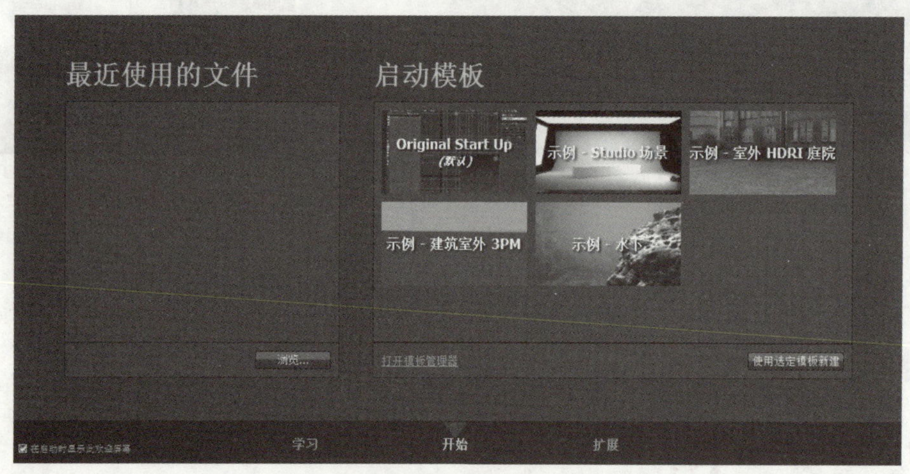

图 1-6　欢迎界面

提　示

第 1 次启动 3ds Max 2016 时，会弹出一个对话框，询问使用经典（Classic）模式还是建筑（Design）模式。经典模式适合用于制作三维动画，建筑模式适合用于建筑设计等，本书选择建筑模式。

选择“Original Start Up（默认）”模板或直接关闭欢迎界面，即可进入 3ds Max 2016 的默认工作界面。

3ds Max 2016 的工作界面主要由“应用程序”按钮、快速访问工具栏、菜单栏、工具栏、场景资源管理器、视图区、视图控制区、命令面板、状态栏和动画控制区等部分组成，如图 1-7 所示。

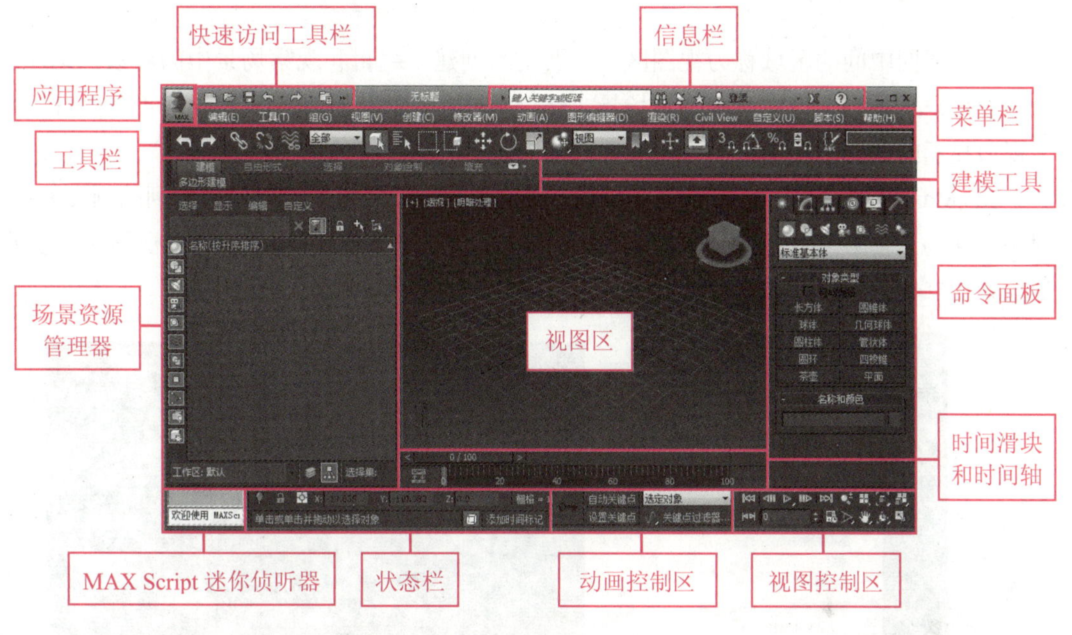

图 1-7　3ds Max 2016 的工作界面

1. “应用程序”按钮和快速访问工具栏

“应用程序”按钮位于 3ds Max 2016 工作界面的左上角，单击它将打开一个下拉菜单，从中选择相应的选项可执行新建、保存、打开、另存为、导入和导出场景文件等操作。

快速访问工具栏位于“应用程序”按钮右侧，集合了用于管理场景文件的常用按钮，如“新建场景”、“打开文件”、“保存文件”、“撤销场景操作”和“重做场景操作”等。

2. 工具栏

3ds Max 2016 提供了许多工具栏，用来放置一些常用的命令按钮。要打开或关闭某工具栏，可在工具栏区的空白处右击鼠标，从弹出的快捷菜单中选择相应的菜单项，如图 1-8 所示。

提　示

如果某工具按钮的右下角带有三角符号，按住此按钮不放会弹出一个按钮列表，该按钮列表中包含了当前按钮所属类别的其他工具按钮。

3．视图区与视口

工作界面中间的区域称为视图区，主要用于创建、编辑和观察场景中的对象。此外，为方便用户从不同角度观察和编辑场景，3ds Max 2016 默认将视图区划分为 4 个视口，每个视口显示的都是同一场景的不同视图，如图 1-9 所示。

3ds Max 提供的 4 个默认视口分别用于显示顶视图（从场景上方俯视看到的画面）、前视图（从场景前方看到的画面）、左视图（从场景左侧看到的画面）和透视视图（显示的是场景的立体效果图）的观察情况。

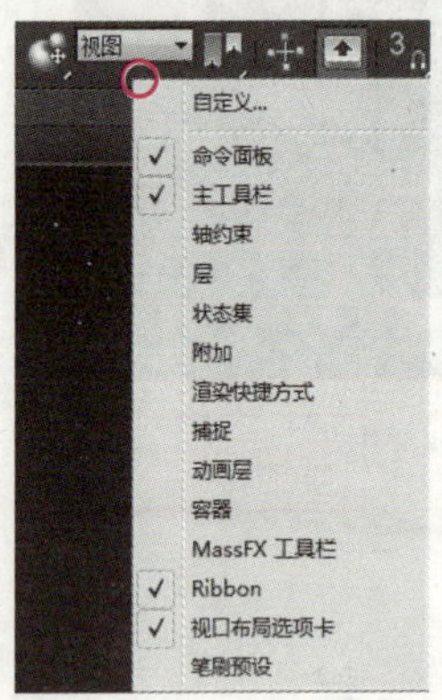

图 1-8　打开或关闭工具栏

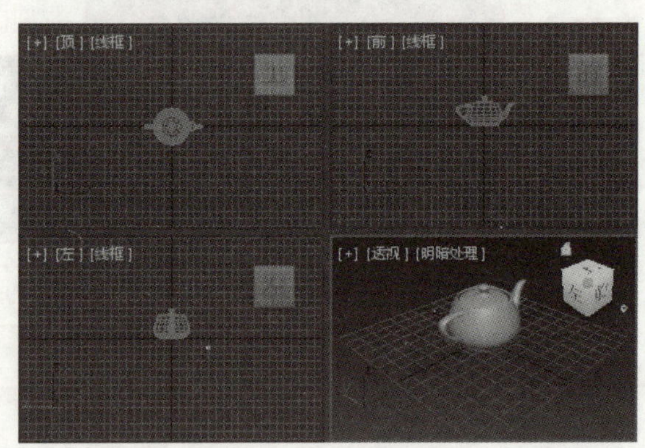

图 1-9　3ds Max 2016 的 4 个视口

提　示

3ds Max 中的 4 个视口会有一个被黄色的线包围，这个视口被称为活动视口。在 3ds Max 中所有操作都是针对活动视口进行的，单击某个视口可将其切换为活动视口。

4．命令面板

命令面板位于 3ds Max 工作界面的右侧，3ds Max 中大多数对象的创建和编辑都是通过命令面板来完成的。因此，熟练掌握命令面板的使用技巧，是学习 3ds Max 的关键。

3ds Max 的命令面板包含 6 个面板，从左向右依次为："创建"面板、"修改"面板、"层次"面板、"运动"面板、"显示"面板和"实用程序"面板，有的面板中还包含不同的子面板，如图 1-10 所示。

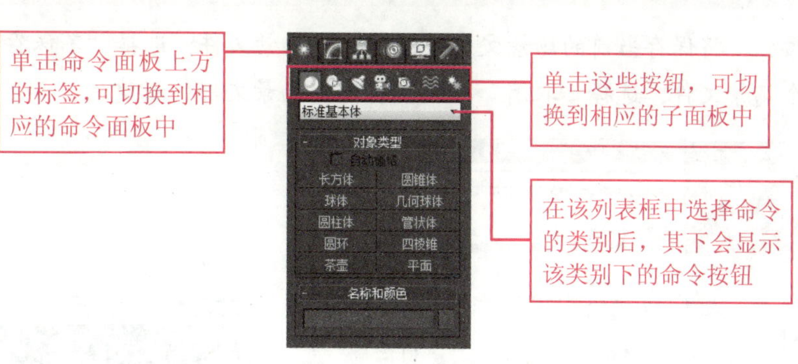

图 1-10　命令面板

5. 底部控制区

本书将 3ds Max 工作界面底部的时间滑块和时间轴、MAX Script 迷你侦听器、状态栏、动画控制区，以及视图控制区，统称为底部控制区。各部分的用途如下：

- **时间滑块和时间轴**：在制作动画时用于定位关键帧。
- **MAX Script 迷你侦听器**：用于查看、输入和编辑 MAX Script 脚本。
- **状态栏**：状态栏位于屏幕底部的中间，用于显示当前的操作命令及状态、锁定操作对象、定位并精确位移操作对象等。
- **动画控制区**：用来设置动画的关键帧和控制动画的播放。
- **视图控制区**：用于调整视图，如缩放、平移和旋转视图等。

1.3　3ds Max 文件基本操作

新建、保存、合并、导入、导出和打开 3ds Max 场景文件是制作效果图时经常用到的操作。其中，保存和打开文件的操作与其他常用软件相同。下面，主要介绍新建、合并、导入和导出 3ds Max 场景文件。

1.3.1　新建场景文件

启动 3ds Max 后，系统会自动创建一个场景文件。用户可以随时创建新的场景文件，但 3ds Max 一次只能打开一个场景，因此创建新的场景文件后就会关闭原来的场景。

新建场景文件可参考以下操作。

步骤 1▶　单击“应用程序”按钮，在展开的下拉菜单中将鼠标指针移动到“新建”选项上，此时会展开如图 1-11 所示的子菜单。

步骤 2▶　单击子菜单中的“新建全部”选项，会弹出如图 1-12 所示的提示框。选择

“保存”按钮，将保存当前的场景文件并新建一个场景文件；选择“不保存”按钮，将直接新建一个场景文件；选择“取消”按钮，将取消场景文件的新建。

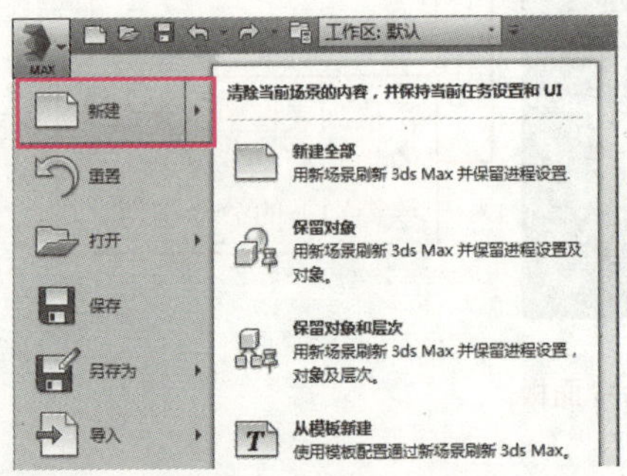

图 1-11　新建子菜单

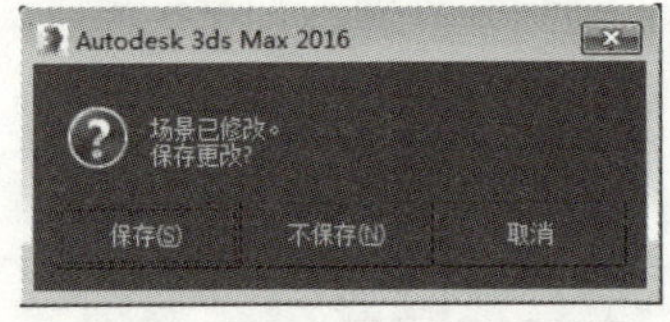

图 1-12　提示框

除了上述方法外，单击“快速访问工具栏”中的“新建”按钮或按快捷键【Ctrl+N】，也可以新建场景文件。此外，选择图 1-11 中的“重置”菜单，可清除所有数据并新建一个场景文件，其功能与重新启动 3ds Max 的效果相同。

1.3.2　合并、导入和导出文件

在制作效果图的过程中，有时会需要使用外部文件或其他软件来辅助工作。因此，用户应掌握 3ds Max 文件的合并、导入和导出操作。

1. 文件的合并

在制作效果图时，可以采用合并的方式将外部模型调入当前场景中，而不必重新建模。合并文件的具体方法可参照以下操作。

步骤 1▶ 启动 3ds Max 2016 后按快捷键【Ctrl+O】，在打开的“打开文件”对话框中选择本书配套素材“素材与实例”>“第 1 章”文件夹>“桌子.max”文件，并单击“打开”按钮（此时若弹出“文件加载：Gamma 好 LUT 设置不匹配”或“文件加载：单位不匹配”对话框，直接单击“确定”按钮即可）。

步骤 2▶ 单击“应用程序”按钮，在展开的下拉菜单中选择“导入”>“合并”选项，如图 1-13 所示。在打开的“合并文件”对话框中选择本书配套素材“素材与实例”>“第 1 章”文件夹>“餐桌椅.max”文件，如图 1-14 所示。单击“打开”按钮，打开“合并”对话框。

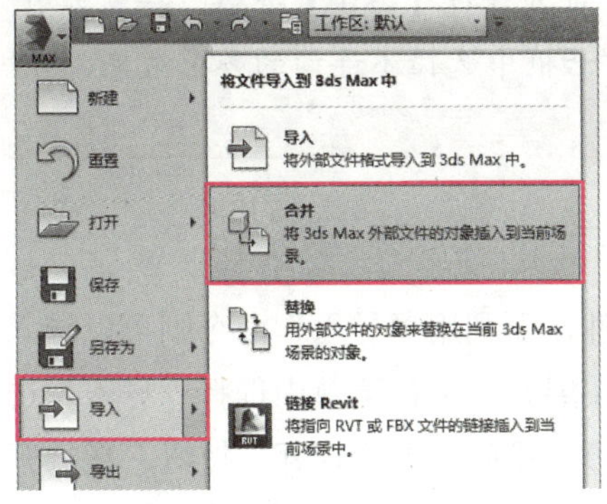

图 1-13　选择“合并”选项

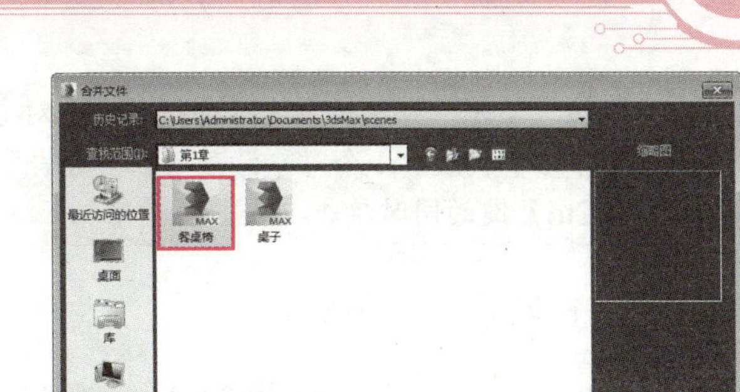

图 1-14　选择要合并的场景文件

步骤 3▶ 单击“全部”按钮，即可选中所有要合并的对象，然后单击“确定”按钮，即可将所选对象合并到当前场景中，合并后的效果如图 1-15（b）所示。

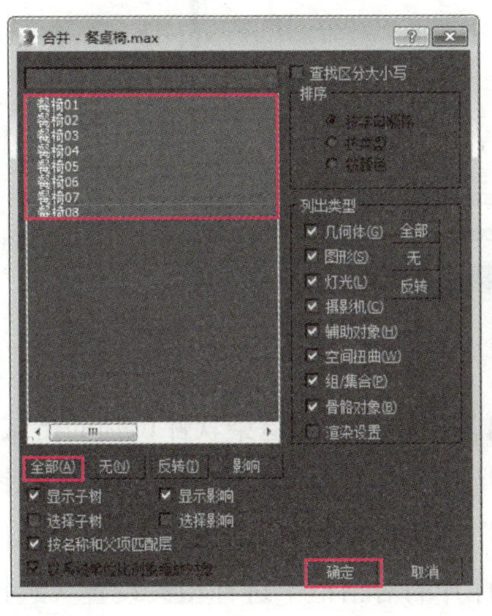

（a）

（b）

图 1-15　选择要合并的对象及合并效果

提　示

启动 3ds Max 2016 后，按住鼠标左键将要打开的文件拖动到视图区，然后松开鼠标，在打开的快捷菜单中选择“打开文件”选项，可打开所选文件；选择“合并文件”选项，可将该文件中的所有对象合并在当前文件中。

若不想合并文件中的某种类型对象，可在图 1-15（a）所示对话框的“列出类型”选项区中取消勾选该类型名称的复选框。例如，不想合并灯光，可取消勾选“灯光”复选框。

若想在“合并”对话框中选择连续的多个对象，可在按住【Shift】键的同时单击想要合并的第 1 个和最后 1 个对象；若想在“合并”对话框中选择不连续的多个对象，可在按住【Ctrl】键的同时单击要合并的对象。

2．文件的导入与导出

利用“合并”命令只能合并用 3ds Max 创建的文件，而利用“导入”命令则可以导入用其他软件创建的文件。单击“应用程序”按钮，在展开的下拉菜单中选择“导入”选项，在打开的对话框中选择要导入的文件（见图 1-16），然后单击“打开”按钮，在打开的对话框中设置相关参数或保持默认设置，单击“确定”按钮即可导入所选文件。

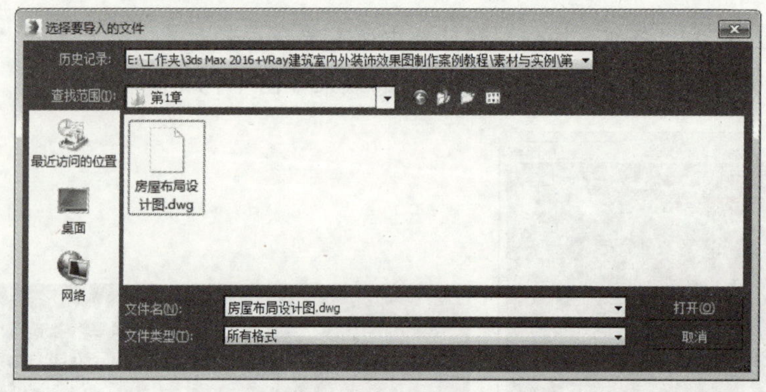

图 1-16 “选择要导入的文件”对话框

在使用 3ds Max 创建好模型后，必要时需将其导出为可以被其他渲染软件识别的格式，然后使用其他渲染软件进行渲染。要导出 3ds Max 的场景文件，可单击“应用程序”按钮下的“导出”选项，在打开的“选择要导出的文件”对话框中设置输出路径、导出文件名称及格式，然后单击对话框中的“保存”按钮，在打开的对话框中进行相关设置（选择不同格式，导出对话框的名称和参数也不同）。

1.3.3 文件单位设置

3ds Max 2016 默认的显示单位是米，计量单位是英寸。无论是室外建筑还是室内装饰，一般情况下使用的单位均为毫米。3ds Max 中文件单位的设置方法如下。

步骤 1▶ 选择“自定义”>“单位设置”菜单，打开图 1-17（a）所示的“单位设置”对话框。

步骤 2▶ 在“显示单位比例”选项区中选择“公制”单选钮，并将其单位设为“毫米”，然后单击对话框中的“系统单位设置”按钮，在打开的“系统单位设置”对话框中将系统计量单位设为“毫米”，如图 1-17（b）所示。

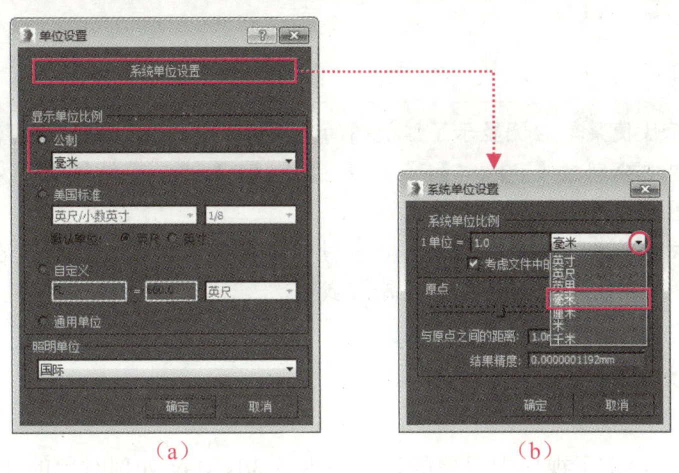

（a）　（b）

图 1-17　设置 3ds Max 的显示单位和计量单位

1.4　3ds Max 视图操作

为了便于编辑和观察场景中的对象，3ds Max 2016 为用户提供了真实、明暗处理、边面和线框等多种类型的视图显示模式。此外，利用视图控制区的工具还可以平移、缩放和旋转视图。

1.4.1　切换视图

为了使用户可以从不同的角度观察和编辑场景，3ds Max 提供了多种视图，默认分别在 4 个视口中显示顶视图、前视图、左视图和透视图。此外，3ds Max 还提供后视图、右视图、底视图、正交视图和摄像机视图等其他视图。

要切换视图，可单击视口中视图的名称，从弹出的快捷菜单中选择相应的菜单项即可，如图 1-18 所示。

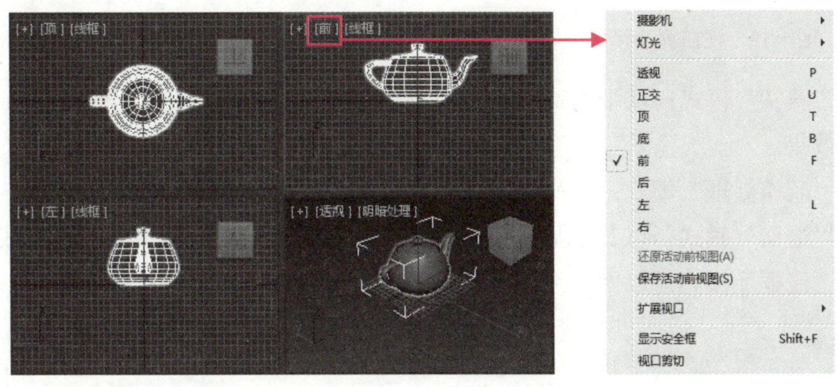

图 1-18　切换视图

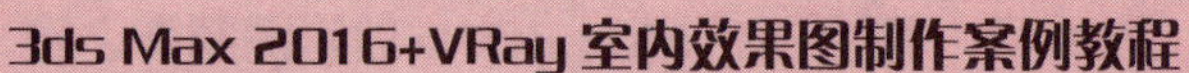

提 示

图 1-18 所示快捷菜单右侧显示了该视图的快捷键，使用相应快捷键可快捷切换视图。例如，在透视图中分别按【T】、【F】、【L】和【P】键，可使该视口分别以顶视图、前视图、左视图和透视图显示。

在某个视口中单击，然后按【Alt+W】键，可使该视口最大化显示在视图区；再次按【Alt+W】键，可切换到 4 个视口显示模式。

1.4.2 设置视口显示模式

视口显示模式决定了视口中对象的显示效果及 3ds Max 处理对象的速度。要设置视口显示模式，可单击视口标签的显示模式名称，从弹出的快捷菜单中选择需要的视口显示模式，如图 1-19 所示。图 1-20 是 4 种常用显示模式的显示效果。

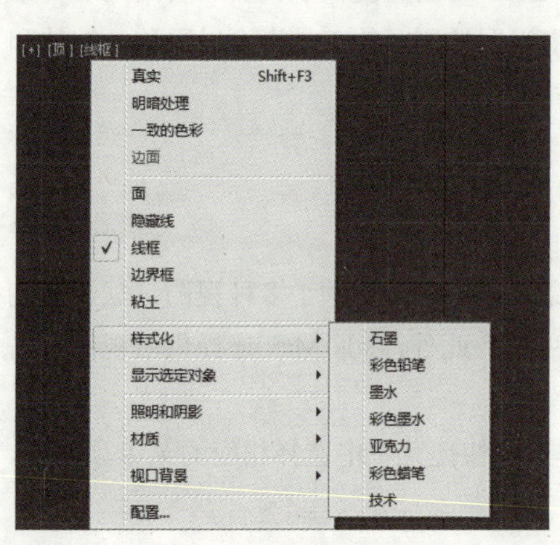

图 1-19 视口显示模式

“真实”模式

“明暗处理”模式

“边面”模式

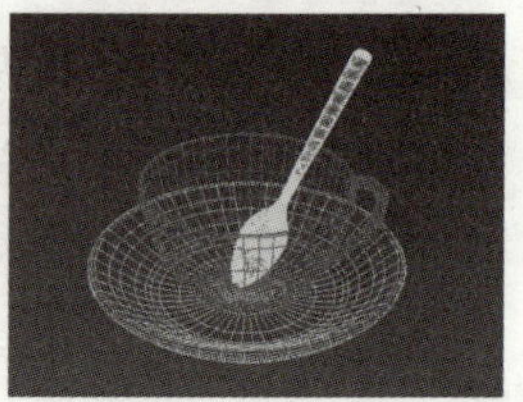
“线框”模式

图 1-20 4 种常用显示模式的显示效果

- **“真实”模式**：以带有高光效果的平滑曲面显示对象，适合于观察场景的三维效果。
- **“明暗处理”模式**：以平滑的曲面显示对象，但无投影效果。
- **“边面”模式**：以其他显示模式显示对象的同时，在对象中显示网格线框。
- **“线框”模式**：以网格线框方式显示对象，适合于创建和修改对象。

1.4.3　缩放、平移和旋转视图

为了更好地观察和编辑模型，在创建模型的过程中，可对视图进行缩放、平移和旋转等操作，具体操作步骤如下。

步骤 1▶ 打开本书配套素材“素材与实例”>“第 1 章”文件夹>“卡通模型.max”文件。

步骤 2▶ 单击视图控制区（见图 1-21）的“缩放”按钮，或按快捷键【Alt+Z】，在要缩放的视口中按住鼠标左键不放向上（或向下）拖动，即可放大（或缩小）该视口中的视图，其他视口中的视图不变。调整好后，右击鼠标或按【Esc】键可关闭“缩放”按钮开关。（其他视图控制按钮开关的关闭方法与此相同）

图 1-21　视图控制区

小技巧

除了使用“缩放”命令放大或缩小视图外，在要缩放视图的视口中单击，然后滚动鼠标滚轮也可将当前视口中的视图缩小或放大显示。

步骤 3▶ 如图 1-22 所示，单击选中透视图中左侧的卡通猫，然后选择视图控制区的“最大化显示选定对象”按钮，此时系统会最大化居中显示选中的卡通猫。

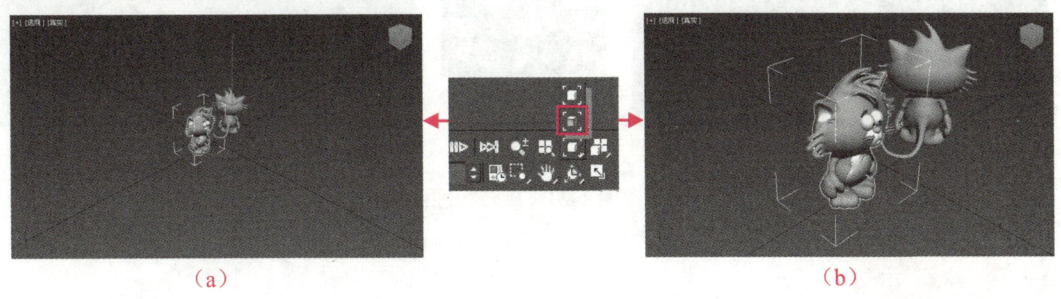

（a）　（b）

图 1-22　最大化显示选定对象

步骤 4▶ 选择视图控制区的“缩放区域”按钮，然后在顶视图中单击并拖出一个选区，此时系统会将该选区在当前视口中最大化显示，如图 1-23 所示。编辑对象时常利用此按钮来观察对象的细节。

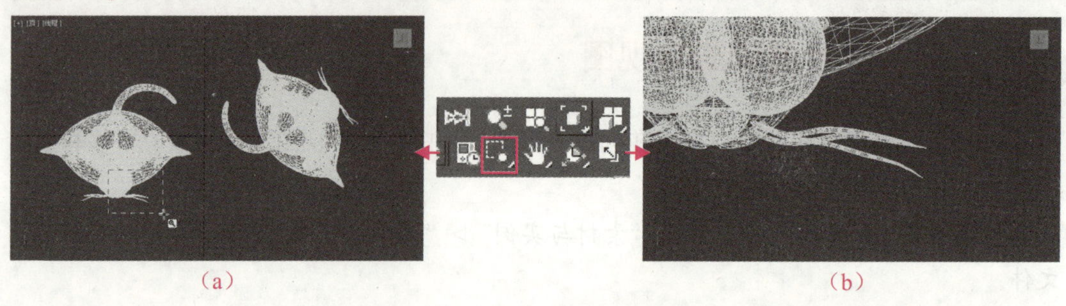

图 1-23　缩放区域

提　示

在某个视口中单击，然后单击视图控制区中的“最大化显示”按钮或按【Z】键，可使所有对象全部最大化显示于当前视口中。

步骤 5▶　单击视图控制区的“平移视图”按钮，然后在某个视口中拖动鼠标，可在与当前视口平面平行的方向移动视图。在不选中“平移视图”按钮的情况下，按住鼠标中键并拖动鼠标也可平移视图。

步骤 6▶　激活要旋转的视图，单击视图控制区的“环绕”按钮，或按【Ctrl+R】键，此时当前视口中会出现调整视图观察角度的线圈，如图 1-24（a）所示。将鼠标指针放到线圈的 4 个操作点上，然后拖动鼠标，可绕视图中心旋转视图，如图 1-24（b）所示。

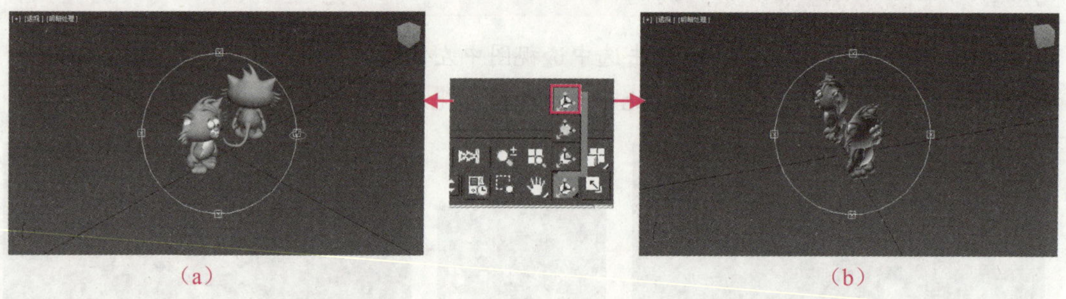

图 1-24　旋转视图

提　示

旋转视图时，将光标放在线圈水平方向的控制点上拖动，可在水平方向旋转视图；将光标放在线圈垂直方向的控制点上拖动，可在垂直方向旋转视图；将光标放在线圈外拖动，可沿视图所在平面旋转视图；将光标放在线圈内部拖动，可任意旋转视图。

此外，在不选择“环绕”按钮的情况下，按住【Alt】键和鼠标中键，然后拖动鼠标也可以旋转视图。

1.5　3ds Max 坐标系

在创建较复杂的模型时，需要使用坐标系来确定各对象在空间中的位置。3ds Max 为用户提供了世界坐标系、局部坐标系和参考坐标系 3 种坐标系，下面主要介绍常用的世界坐标系和局部坐标系。

1.5.1　世界坐标系

3ds Max 为用户提供了一个虚拟的世界空间，在这个空间中用户可使用世界坐标系来定位每个对象的位置。世界坐标系具有 3 条互相垂直的坐标轴——x、y 和 z 轴，各视口的左下角显示了此视口中坐标轴的方向。视图栅格中两条黑粗线的交点即为世界坐标的原点，其原点位于各视口的中心，如图 1-25 所示。世界坐标系永远不会变化。

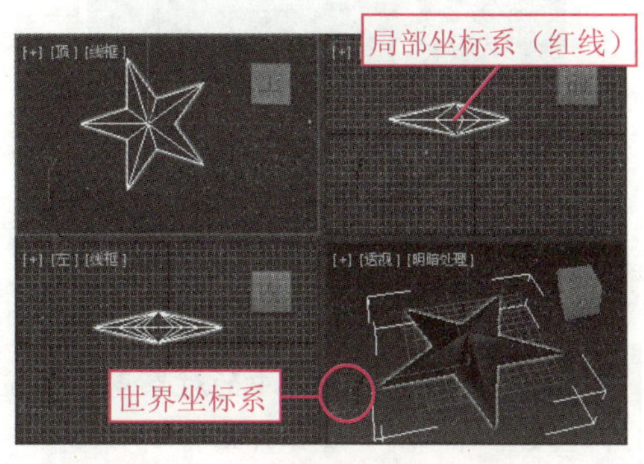

图 1-25　世界坐标系和局部坐标系

1.5.2　局部坐标系

局部坐标系是对象的专有坐标系，也称为对象的轴点。单击选中视图区中的某个对象后，出现的坐标系为局部坐标系，如图 1-25 顶视图中的红色坐标系。

默认情况下，局部坐标系的轴向与世界坐标系的轴向相同，原点为对象的轴点中心。用户也可根据自己的需要调整局部坐标系的原点位置和坐标轴向。（具体方法可参照第 4 章案例 5 步骤 17 的操作）

1.6　常用对象操作

3ds Max 中的大多数操作都是针对场景中的对象进行的。为了方便后面的学习，本节将为读者介绍在 3ds Max 中选择对象、移动对象、缩放和旋转对象等常用操作。

1.6.1　选择对象

编辑操作对象前，必须先将其选中。在 3ds Max 中选择对象的方法有多种，下面通过一个小实例进行介绍。

步骤 1▶ 打开本书配套素材“素材与实例”>“第 1 章”文件夹>“汽车.max”文件，选择工具栏中的“选择对象”按钮，然后在视图中单击任一汽车模型，即可将其选中，如图 1-26 所示。在按住【Ctrl】键的同时单击汽车模型，可选中多个汽车模型。

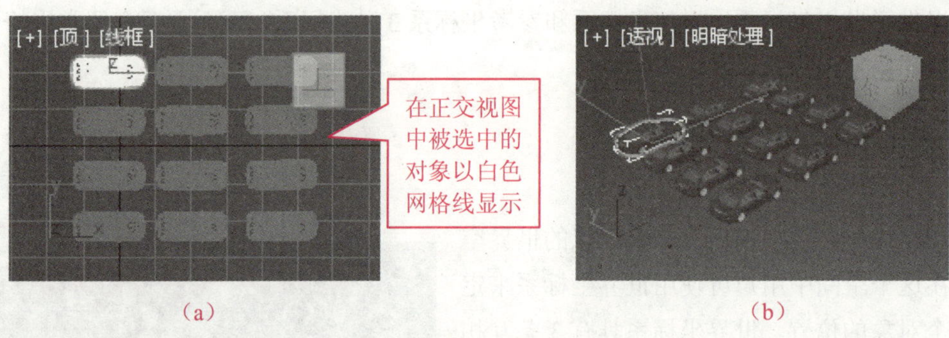

(a) (b)

图 1-26 单击选择对象

知识库

在透视图中，被选中的对象周围会显示方形边框。若按【J】键，可取消方形边框。

选中对象后，若在其他非活动视口中右击，可激活该视口，且不会影响场景中对象的选择状态。

步骤 2▶ 在视图中按住鼠标左键并拖动，会拖出一个选区，释放鼠标后可以选中该选区中的对象，如图 1-27 所示。

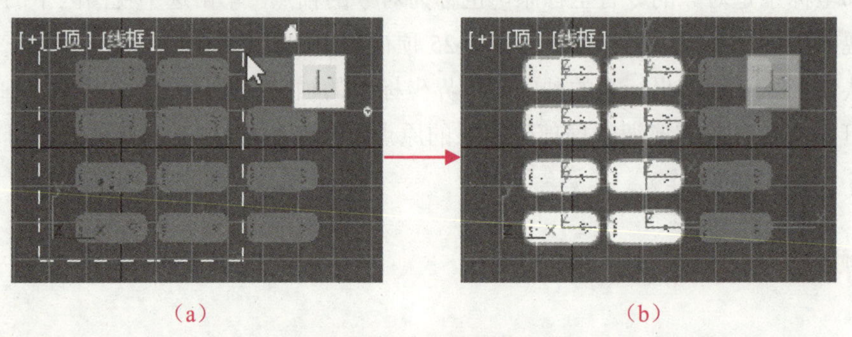

(a) (b)

图 1-27 框选对象

步骤 3▶ 单击工具栏中的“按名称选择”按钮，或按快捷键【H】，打开“从场景选择”对话框。在按住【Ctrl】键的同时在该对话框中单击要选择的对象的名称，再单击“确定”按钮，即可关闭“从场景中选择”对话框并选中相应对象，如图 1-28 所示。

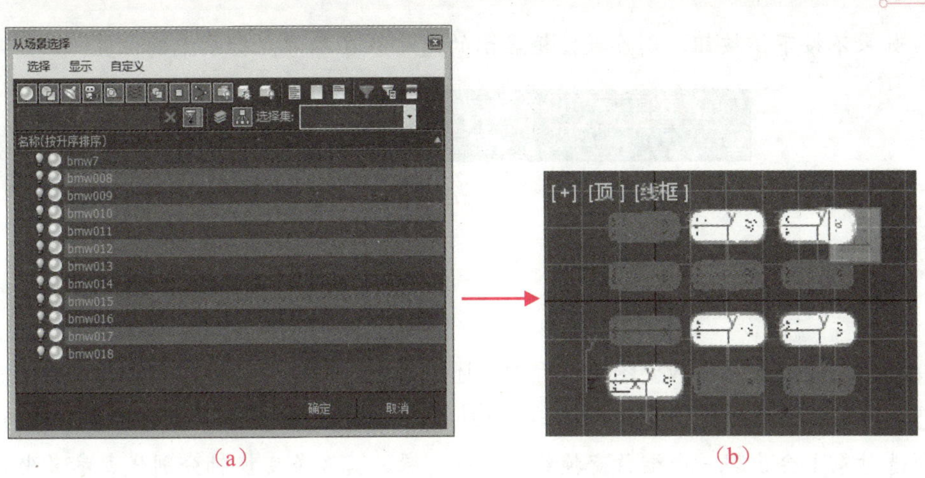

（a）　　（b）

图 1-28　利用“从场景选择”对话框选择对象

1.6.2　移动对象

在使用 3ds Max 制作效果图的过程中，经常需要对 3ds Max 中对象的位置进行调整。要移动对象，可参考以下操作。

步骤 1▶ 打开本书配套素材“素材与实例”>“第 1 章”文件夹>“落地灯.max”文件，在工具栏中选择“选择并移动”按钮，然后单击顶视图中的落地灯，此时在落地灯上会出现用于移动操作的变换轴（红、绿、蓝 3 条变换轴分别代表参考坐标系的 *x* 轴、*y* 轴和 *z* 轴），如图 1-29 所示。

步骤 2▶ 将光标移动到某个坐标轴上，然后按住鼠标左键并拖动，即可沿该轴移动落地灯，如图 1-30（a）所示；将光标移动到两个坐标轴之间的黄色区域，然后按住鼠标左键并拖动，可沿该矩形所在平面移动落地灯，如图 1-30（b）所示。

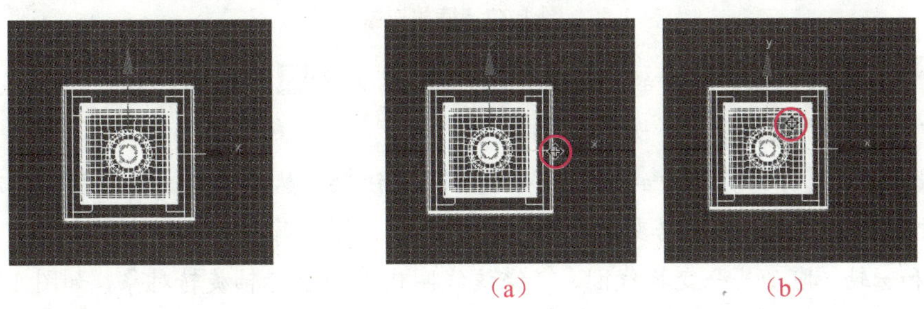
（a）　　（b）

图 1-29　显示坐标系　　图 1-30　移动落地灯

步骤 3▶ 选中落地灯后，单击状态栏中的“绝对模式变换输入”按钮，然后在坐标显示区中的“X”“Y”“Z”文本框中输入要沿相应坐标轴移动的距离，可对落地灯进行精确移动。例如，在“X”文本框中输入 20 并回车，落地灯将沿 *x* 轴移动 20 cm，如图 1-31

所示。如果不按下该按钮，则各数值框显示的是对象在参考坐标系中的位置。

图 1-31　精确移动对象

1.6.3　缩放和旋转对象

在使用 3ds Max 制作效果图的过程中，还经常要对对象进行缩放和旋转操作。

步骤 1▶ 选择工具栏中的“选择并均匀缩放”按钮，然后单击选中要缩放的对象，此时所选对象上会出现一个缩放变换线框（红、绿、蓝 3 条变换轴分别代表参考坐标系的 x 轴、y 轴和 z 轴）。使用鼠标拖动某个变换轴，可沿相应的轴缩放对象，如图 1-32（a）所示。

步骤 2▶ 拖动变换轴之间内侧的三角形，可整体缩放对象（即同时沿 x 轴、y 轴和 z 轴缩放对象），如图 1-32（b）所示；拖动变换轴之间外侧的梯形，可沿梯形所连的两个变换轴缩放对象，如图 1-32（c）所示。

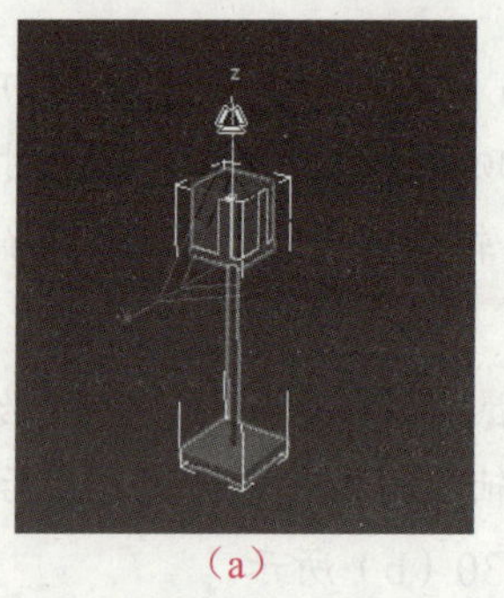

（a）

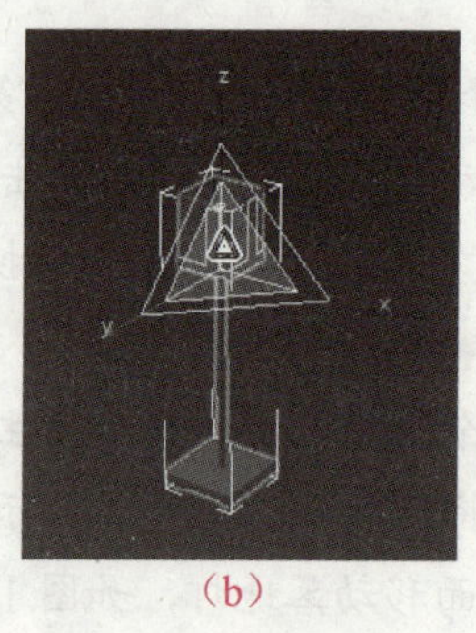

（b）

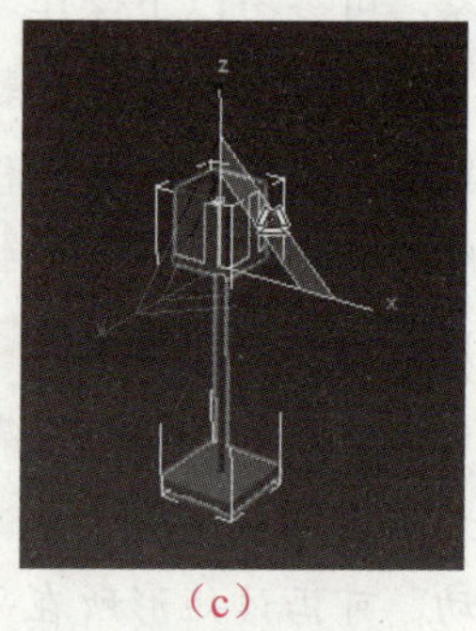

（c）

图 1-32　缩放对象

步骤 3▶ 右击工具栏中的“选择并均匀缩放”按钮，可在打开的“缩放变换输入”对话框中精确设置缩放参数，如图 1-33 所示。

步骤 4▶ 选择工具栏中的“选择并旋转”按钮，然后单击选中要旋转的对象，此时所选对象上会出现一个旋转变换线圈。其中，红、绿、蓝线圈分别代表参考坐标系的 x 轴、y 轴和 z 轴。拖动某一变换线圈，可绕该线圈代表的坐标轴旋转对象，如图 1-34 所示。

旋转对象时，当视图区出现旋转变换线圈时，按【+】键可使该变换线圈放大，按【—】键可使其缩小。

步骤 5▶　按住工具栏中的“使用选择中心”按钮不放，可在弹出的按钮列表中选择对象的变换中心（对对象进行旋转和缩放操作，是以对象的变换中心为基准进行的），如图 1-35 所示。

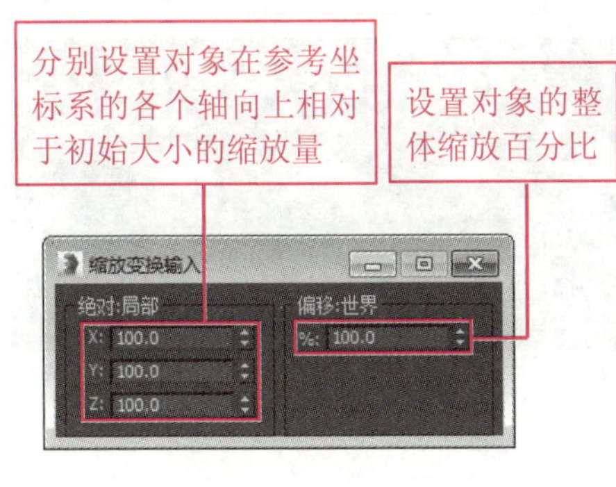

图 1-33　“缩放变换输入”对话框

图 1-34　旋转对象

图 1-35　对象的变换中心

图 1-35 中 3 个按钮的功能如下。

- “使用轴点中心”按钮：以对象局部坐标系（轴点）的中心点作为变换中心。
- “使用选择中心”按钮：以所选对象的中心点作为变换中心。
- “使用变换坐标中心”按钮：以当前参考坐标系的原点作为变换中心。

步骤 6▶　右击工具栏中的“选择并旋转”按钮，可在打开的“旋转变换输入”对话框中精确设置旋转参数，如图 1-36 所示。

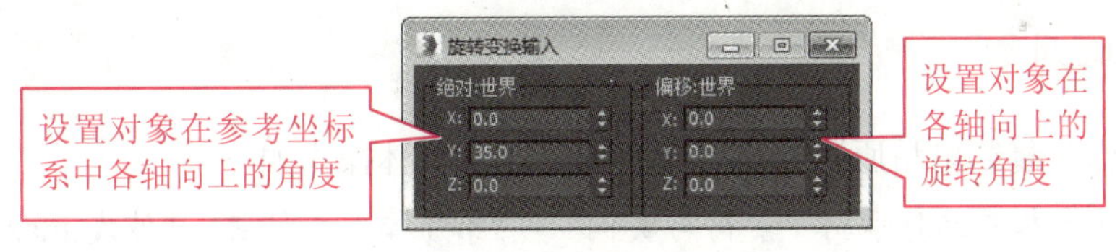

图 1-36　“旋转变换输入”对话框

1.6.4　克隆对象

在 3ds Max 中创建效果图时，有时需要创建多个形状相同的对象，此时可通过克隆方式快速创建该对象的副本，从而提高工作效率，如变换克隆、直接克隆、镜像克隆和阵列克隆等。

1．变换克隆和直接克隆对象

在按住【Shift】键的同时移动、缩放或旋转对象，界面会弹出“克隆选项”对话框，在对话框中设置克隆模式、副本数量和副本对象的名称，单击“确定”按钮即可变换克隆对象。图 1-37 所示为移动变换克隆的示例。

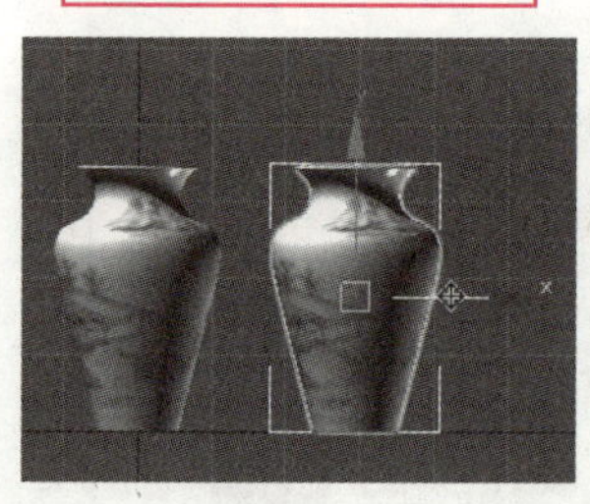

(a)

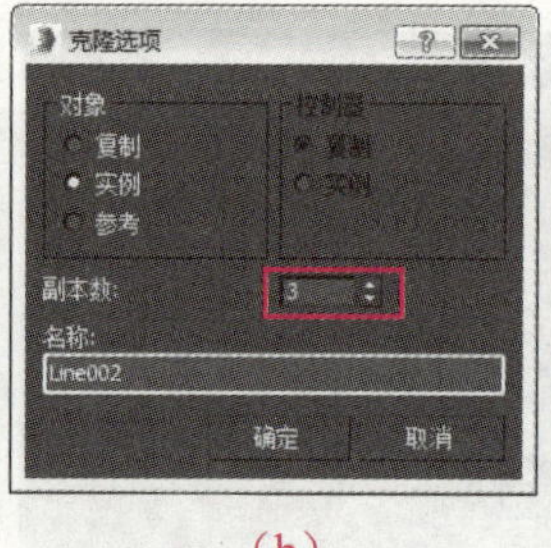

(b)

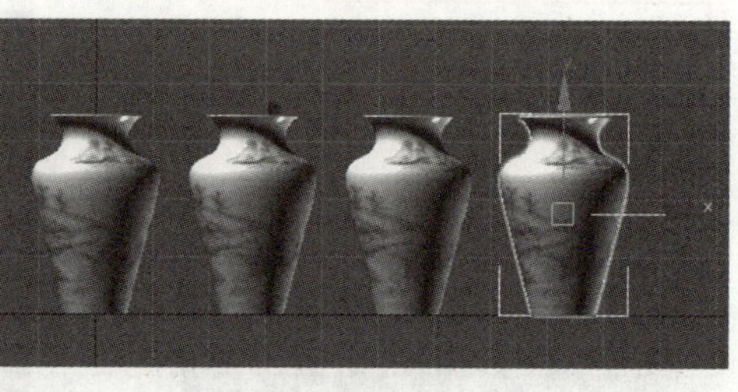

(c)

图 1-37　移动变换克隆示例

图 1-37（b）所示"对象"设置区中的单选钮的功能如下。

➢ **复制**：副本对象与原对象无关联。
➢ **实例**：副本对象与原对象相互关联，修改其中任意一方，另一方也会跟着改变。
➢ **参考**：修改原对象会影响副本对象，但对副本对象的修改不会影响原对象。

此外，选中要克隆的对象后，选择"编辑">"克隆"菜单，会打开"克隆选项"对话框，在该对话框中可设置对象副本的名称和克隆模式，然后单击"确定"按钮，即可克隆所选对象。此时，对象副本的位置与原对象重叠。

2．镜像克隆对象

通过镜像操作可复制出与原对象完全对称的副本，具体操作如下。

步骤 1▶ 打开本书配套素材"素材与实例">"第 1 章"文件夹>"沙发.max"文件，选中透视图中的沙发模型，如图 1-38（a）所示，然后单击工具栏中的"镜像"按钮，打开"镜像：世界 坐标"对话框。

(a)

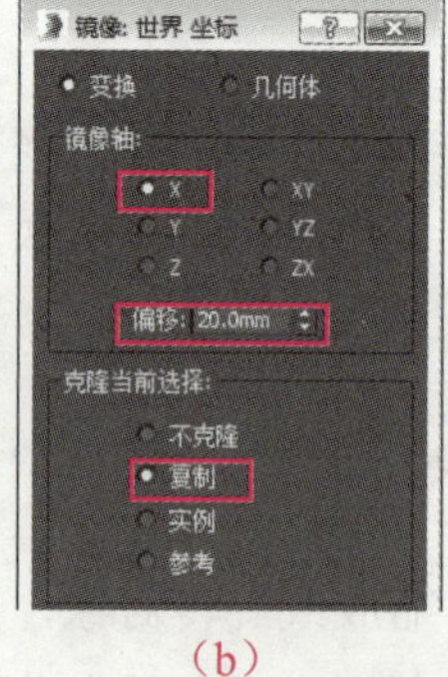

(b)

(c)

图 1-38　镜像克隆对象

步骤 2▶ 在“镜像轴”设置区中选择镜像轴或面，如选择“X”单选钮，在“偏移”文本框中输入偏移距离，如 20，在“克隆当前选择”区中选择克隆模式，最后单击对话框中的“确定”按钮即可镜像克隆对象，如图 1-38（b）和（c）所示。

3．阵列克隆对象

利用阵列功能可按一定顺序和形式创建当前所选对象的副本，常用于创建大量有规律的对象。例如，在进行学校教室的室内布局设计时，可在创建了一张桌子后，利用阵列功能一次性创建出其他桌子。

对象阵列可以是一维、二维或三维的，而且可以在克隆的同时旋转或缩放副本对象，具体操作如下。

步骤 1▶ 打开本书配套素材“素材与实例”>“第 1 章”文件夹>“松树.max”文件，选中透视图中的松树，然后选择“工具”>“阵列”菜单，打开“阵列”对话框。

步骤 2▶ 在“阵列变换”的“增量”设置区中将 *X* 轴的偏移量设为-100（表示沿 *X* 轴的反方向进行克隆，对象间的间距为 100），在“阵列维度”区中设置 1D 的数量为 3（表示一维阵列中对象的数量为 3），如图 1-39（a）所示。单击“预览”按钮，可预览阵列后的效果，如图 1-39（b）所示。

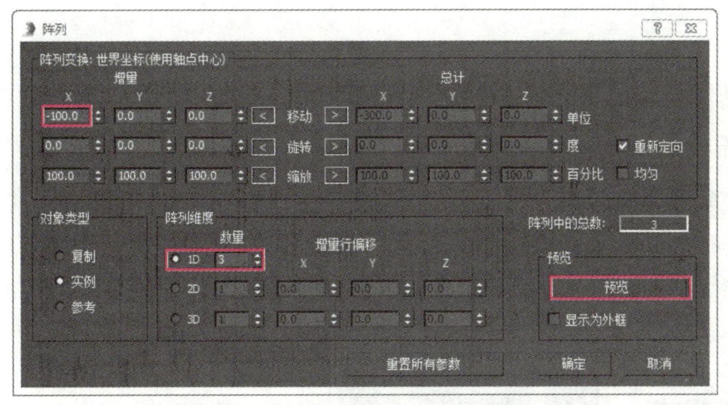

（a）

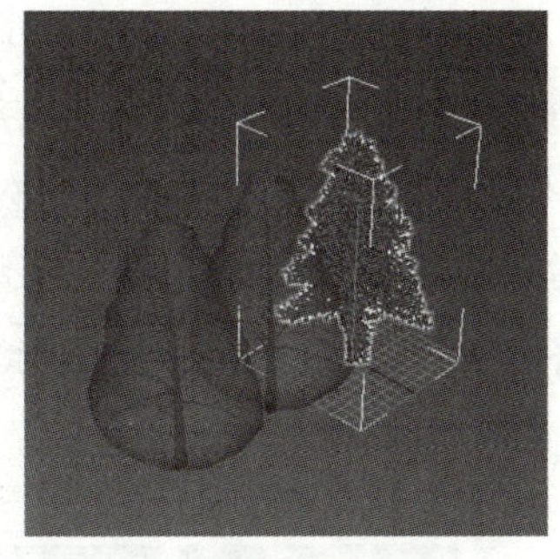

（b）

图 1-39 一维阵列克隆

步骤 3▶ 在“阵列维度”设置区中选择“2D”单选钮，将其数量设为 6，在“增量行偏移”区中将 *Y* 轴的偏移量设为-100（表示将一维阵列获得的对象沿 *Y* 轴反方向再进行一次阵列克隆，间距为 100，行数为 6），如图 1-40（a）所示。单击“确定”按钮，效果如图 1-40（b）所示。

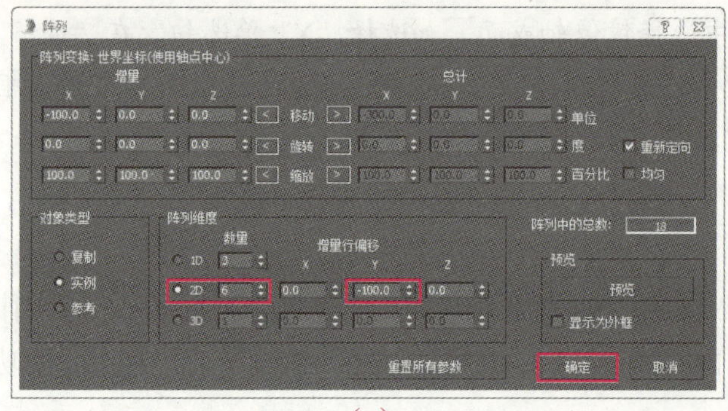

(a)

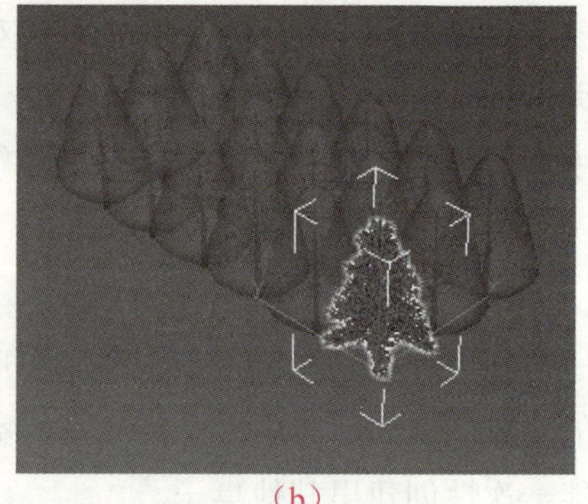

(b)

图 1-40　二维阵列克隆

知识库

一维阵列克隆有“增量”和“总计”两种克隆方式，单击“阵列”对话框中的 < 或 > 按钮可设置使用的是“增量”还是“总计”方式。使用“增量”方式时，系统沿指定轴每间隔指定数值克隆一个对象；使用“总计”方式时，系统在指定的范围内等间隔地克隆出指定数量的对象。

1.6.5　对齐对象

利用 3ds Max 中的对齐功能可精确设置多个对象的相对位置，用户可根据轴心点或在一定范围内对齐对象。要对齐对象，可参照以下操作。

步骤 1▶　打开本书配套素材“素材与实例”>“第 1 章”文件夹>“对齐.max”文件，单击选中透视图中的椅垫（作为当前对象），如图 1-41（a）所示，然后单击工具栏中的“对齐”按钮，再单击作为目标对象的椅子，此时系统将弹出“对齐当前选择（椅子）”对话框。

(a)

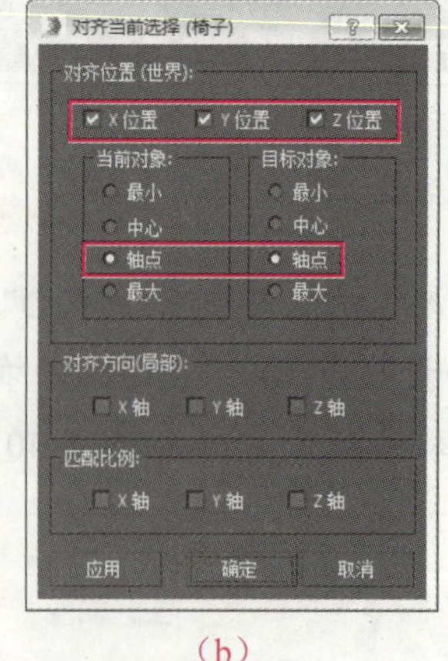

(b)

(c)

图 1-41　对齐对象

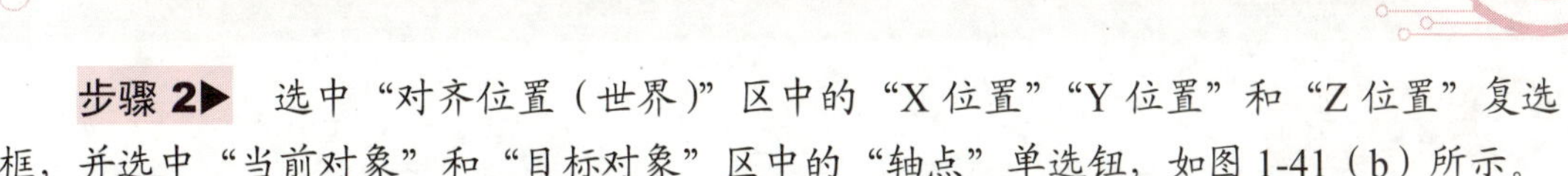

步骤 2▶ 选中“对齐位置（世界）”区中的“X 位置”“Y 位置”和“Z 位置”复选框，并选中“当前对象”和“目标对象”区中的“轴点”单选钮，如图 1-41（b）所示。

步骤 3▶ 单击“确定”按钮，即可将椅垫的轴点对齐到椅子的轴点（椅子的轴点位于椅面的中心，椅垫的轴点位于其底面中心），效果如图 1-41（c）所示。

图 1-41 所示对话框中各设置区的功能如下。

- **对齐位置（世界）**：确定当前对象沿哪些轴（相当于约束轴）移动，以便与目标对象对齐。
- **当前对象/目标对象**：设置当前对象和目标对象边界框上用于对齐的点。例如，同时选择“轴点”，表示将当前对象的轴点对齐到目标对象的轴点。这里要注意“最小”和“最大”的含义，“最小”表示对象边界框上具有最小 x、y 和 z 值的点；“最大”则相反。
- **对齐方向（局部）**：确定按目标对象自身的哪些轴（局部坐标）进行对齐。
- **匹配比例**：如果匹配的对象（包括当前对象和目标对象）曾经进行了缩放变换，利用该选项可设置在哪些方向上进行缩放比例匹配。该选项仅用于对齐已被缩放变换的模型。

1.6.6　群组、隐藏和冻结对象

在使用 3ds Max 制作效果图的过程中，为了对对象进行整体操作或方便选择对象，可以将已创建好的对象群组、隐藏或冻结。

1．群组对象

群组对象是将多个对象组成一个群组，在操作时群组中的所有对象被看作是一个整体。要群组对象可参照以下操作。

步骤 1▶ 打开本书配套素材“素材与实例”>“第 1 章”文件夹>“茶几.max”文件，在前视图中拖动鼠标框选中除桌面外的所有对象，如图 1-42 所示。

步骤 2▶ 选择“组”>“组”菜单，在打开的“组”对话框中的“组名”文本框中输入“支架”，如图 1-43 所示，然后单击“确定”按钮，即可将所选对象群组。

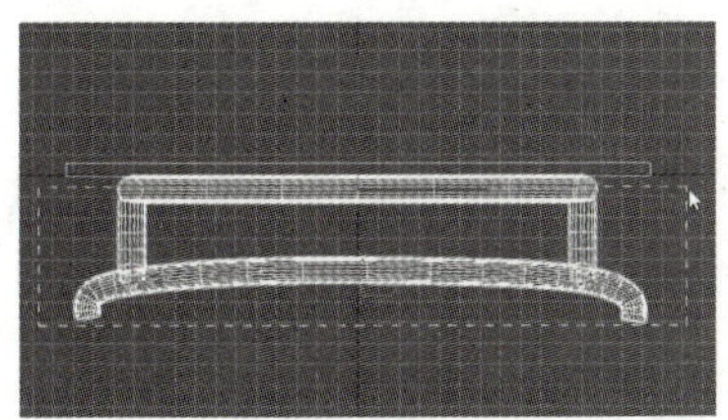

图 1-42　选择要群组的对象

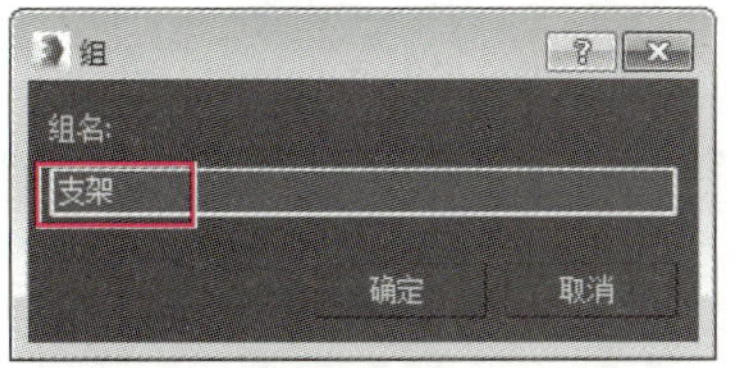

图 1-43　“组”对话框

提　示

若要将已经群组的对象解组，只需选中要解组的对象，然后选择“组”>“解组”菜单即可。

2．隐藏和冻结对象

隐藏对象就是不显示对象，使对象处于隐藏状态。冻结对象后，该对象会变为灰色，无法对其进行任何操作。要隐藏或冻结对象可参照以下操作。

步骤 1▶ 继续刚才的操作，在透视图中选中茶几的桌面，然后在茶几的桌面上右击，在弹出的快捷菜单中选择“隐藏选定对象”选项，即可将桌面隐藏，如图 1-44 所示。

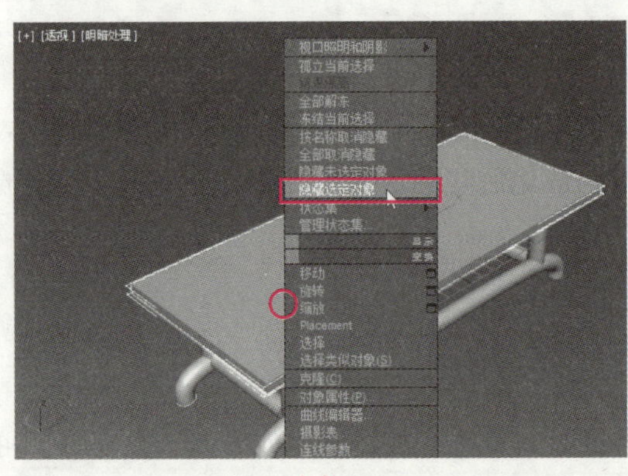

（a）

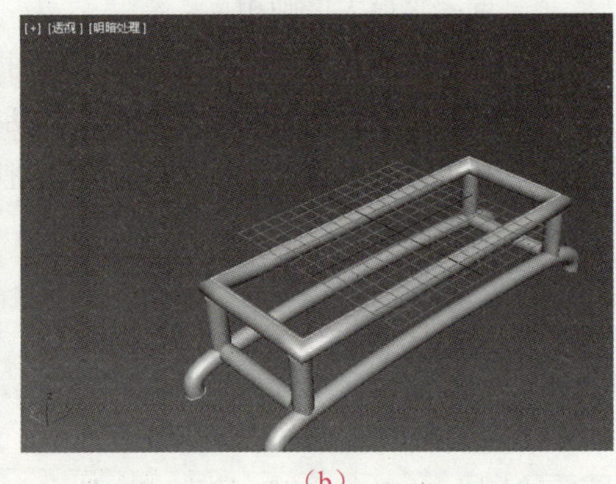

（b）

图 1-44　隐藏对象

步骤 2▶ 若要使隐藏的对象重新显示，可在活动视口的任意位置右击鼠标，在弹出的快捷菜单中选择“全部取消隐藏”选项，或者选择“按名称取消隐藏”选项，打开如图 1-45 所示的对话框。在该对话框中选择要取消隐藏的对象，然后单击“取消隐藏”按钮，即可重新显示指定对象。

步骤 3▶ 在透视图中选中茶几的支架，然后右击鼠标，在弹出的快捷菜单中选择“冻结当前选择”选项，即可将支架冻结，如图 1-46 所示；若选择“全部解冻”选项，可将冻结的对象全部解冻。

提　示

冻结选定对象后，该对象会以灰色显示在视图区。此时，该对象无法被选中。

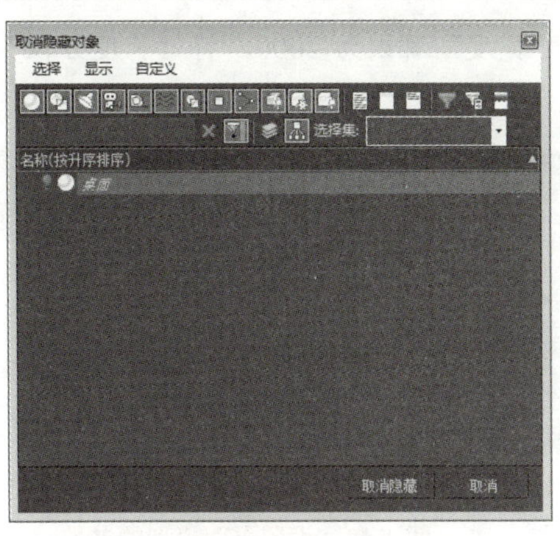

图 1-45　“取消隐藏对象”对话框

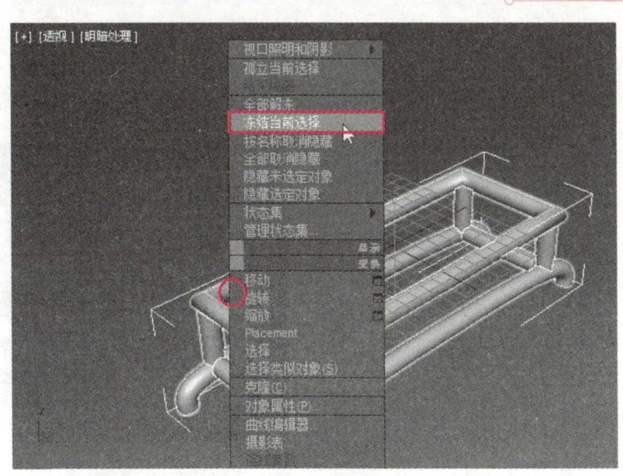

图 1-46　冻结对象

案例 1　制作茶壶效果图

下面通过制作如图 1-47 所示的茶壶效果图，使读者对效果图的整个制作流程有一个大致的了解。

图 1-47　茶壶效果图

案例分析

先新建一个场景文件，然后创建平面和茶壶模型；再打开材质编辑器，调制“茶壶”材质；接着将调制好的材质添加至茶壶模型；最后进行渲染设置并渲染效果图。

制作步骤

1）创建模型

步骤 1▶　启动 3ds Max，将单位设置为毫米，然后单击选中“几何体”创建面板“标准基本体”分类中的“平面”按钮，再在顶视图中按住鼠标左键拖动，创建一个平面模型，如图 1-48 所示。

步骤 2▶ 在“参数”卷展栏中将“长度”和“宽度”都设为 2000，将“长度分段”和“宽度分段”都设为 1，如图 1-49 所示。

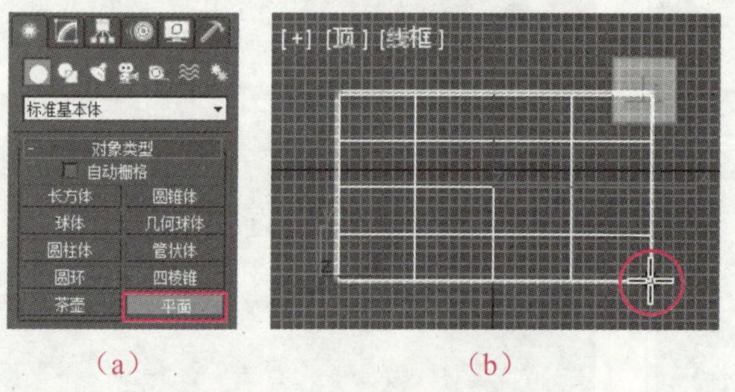

图 1-48 创建平面模型

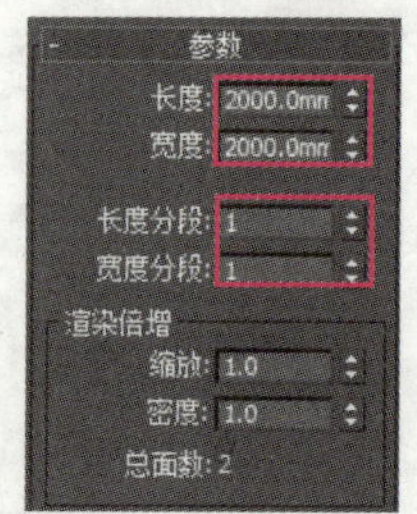

图 1-49 设置平面模型的参数

步骤 3▶ 在“名称和颜色”卷展栏中将平面模型命名为“桌面”，再单击文本框右侧的色块，在打开的“对象颜色”对话框中设置平面模型的颜色，最后单击“确定”按钮，如图 1-50 所示。

步骤 4▶ 单击选中“几何体”创建面板“标准基本体”分类中的“茶壶”按钮，然后在顶视图中按住鼠标左键拖动，创建一个茶壶模型，如图 1-51 所示。

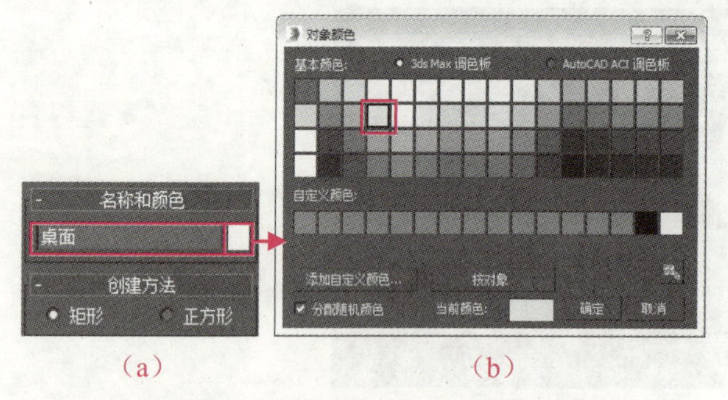

图 1-50 设置平面模型的名称和颜色

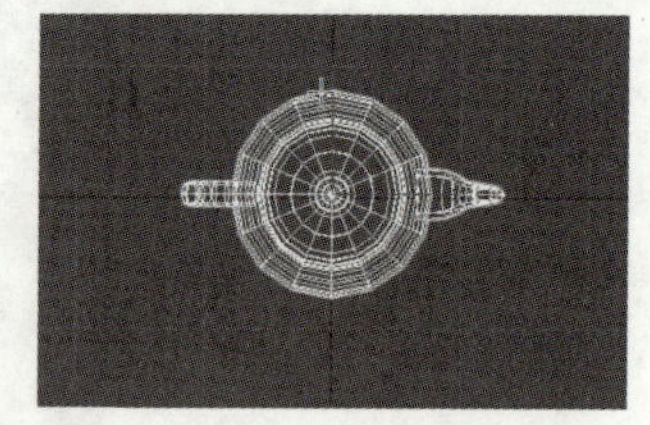

图 1-51 创建茶壶模型

步骤 5▶ 在“名称和颜色”卷展栏中将茶壶模型命名为“茶壶”，在“参数”卷展栏中将“半径”设为 60，将“分段”设为 10，并确认“真实世界贴图大小”复选框处于勾选状态，如图 1-52 所示。

2）添加材质

步骤 1▶ 按快捷键【M】打开材质编辑器，然后双击“Slate 材质编辑器”对话框“材质/贴图浏览器”面板“标准”组中的“标准”材质，右击“视图 1”面板中的“Material #58 Standard”材质，在弹出的快捷菜单中选择“重命名”菜单，在弹出的“重命名”对话框中将材质的名称设为“茶壶”，如图 1-53 所示。

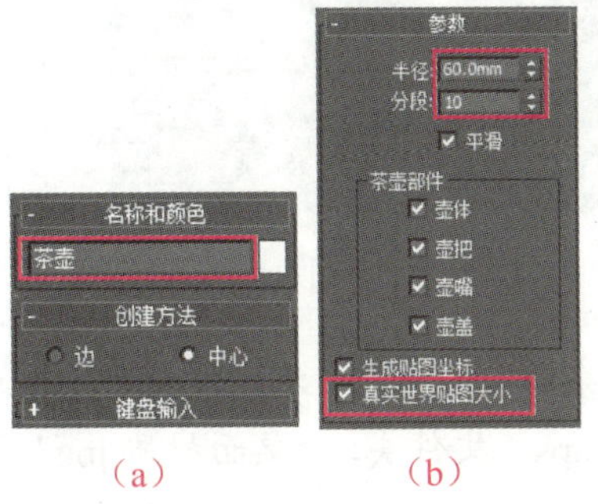

（a）　（b）

图 1-52　设置茶壶的名称和参数

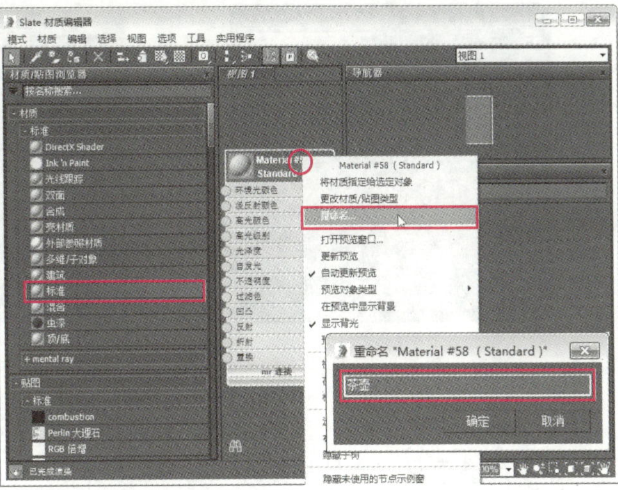

图 1-53　创建“茶壶”材质

步骤 2▶ 双击“视图 1”面板中的“茶壶”材质，在其右侧的“参数编辑器”面板中勾选“明暗器基本参数”卷展栏中的“双面”复选框，然后在“Blinn 基本参数”卷展栏中将“高光级别”设为 100，“光泽度”设为 40，“柔化”设为 0.1，如图 1-54 所示。

步骤 3▶ 单击“漫反射”通道右侧的“无”按钮，在打开的对话框中选择“位图”选项，如图 1-55 所示。单击“确定”按钮，再在打开的“选择位图图像文件”对话框中选择本书配套素材“素材与实例”>“第 1 章”>“Maps”文件夹>“瓷器贴图.jpg”图像。

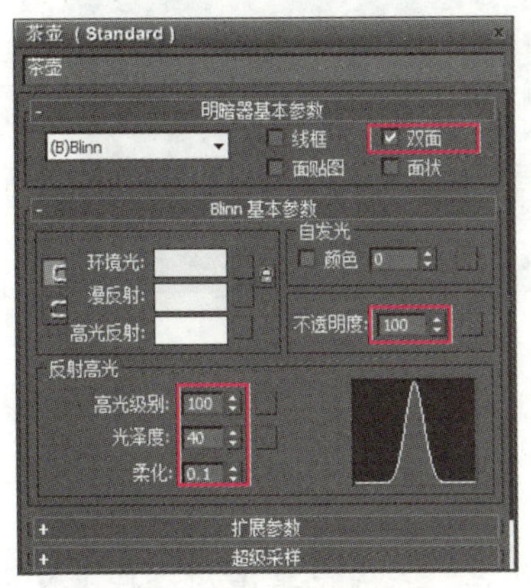

图 1-54　设置反射高光参数

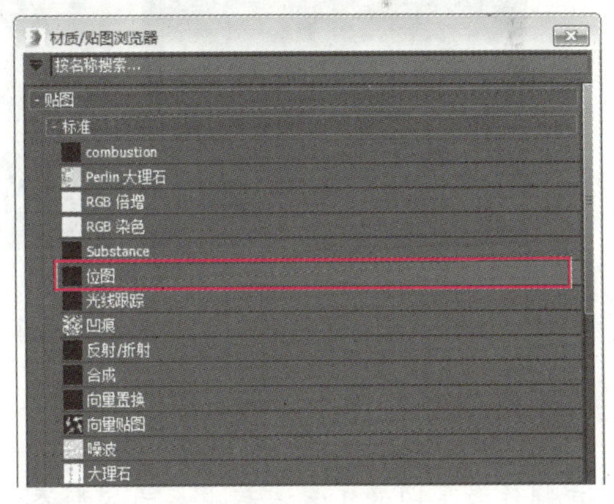

图 1-55　“材质/贴图浏览器”对话框

步骤 4▶ 单击“漫反射”选项右侧的 M 按钮，在打开的“贴图”面板中将“瓷砖”选项组的“U”和“V”值都设为 0.008，如图 1-56 所示。

步骤 5▶ 单击选中视图中的茶壶模型，然后单击材质编辑器中的“将材质指定给选定对象”按钮，并单击“视口中显示明暗处理材质”按钮，如图 1-57 所示。

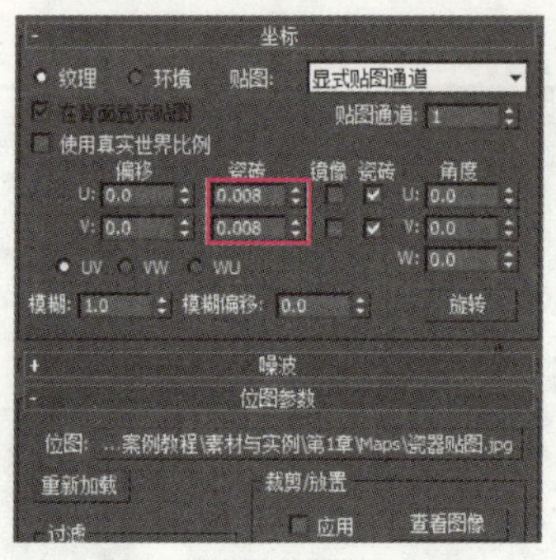
图 1-56　设置贴图的平铺数量

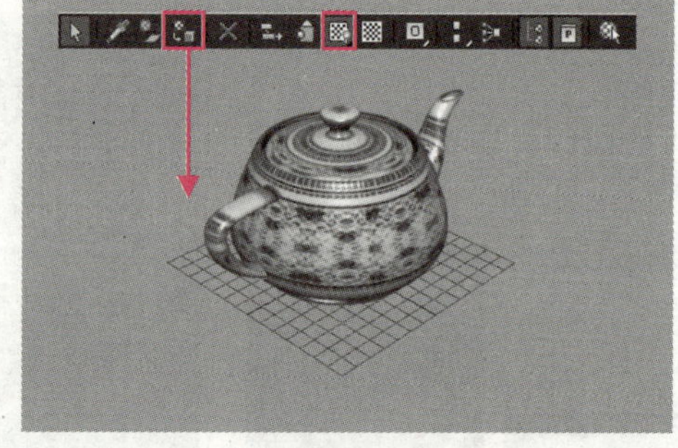
图 1-57　为茶壶模型添加材质

步骤 6▶　参照步骤 1～4 的操作，创建一个名为“桌面”的材质，在“漫反射”通道中导入本书配套素材“素材与实例”>“第 1 章”>“Maps”文件夹>“桌面材质.jpg”图像，在“贴图”面板中将“瓷砖”选项组的“U”和“V”值都设为 0.001，如图 1-58（a）所示。

步骤 7▶　单击选中视图中的平面，然后单击材质编辑器中的“将材质指定给选定对象”按钮，为其添加“桌面”材质，并单击“视口中显示明暗处理材质”按钮，如图 1-58（b）所示。

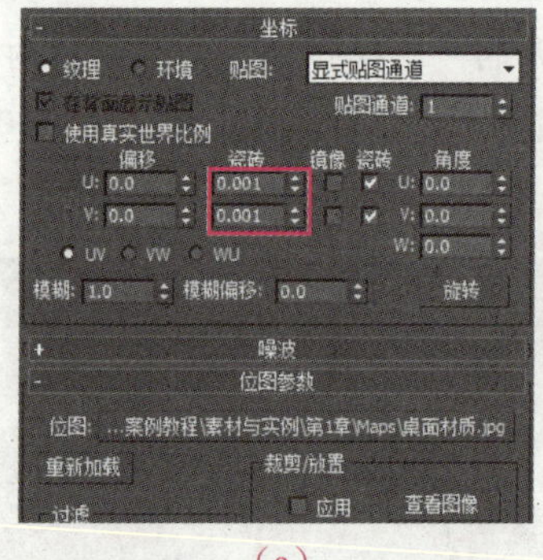
（a）

（b）

图 1-58　为平面添加材质

提　示

在制作效果图的正常流程中，为模型添加完材质后，应在场景中创建灯光并设置摄影机。为了便于读者操作，本例使用场景中的默认灯光，不再设置其他灯光。

3）渲染输出

步骤 1▶　将透视图中的茶壶模型调整到合适位置，然后单击工具栏中的“渲染设置”按钮，或按快捷键【F10】，在打开的“渲染设置”对话框中设置要渲染的视图“四元菜单 4-透视”和效果图的尺寸，如图 1-59 所示。

步骤 2▶ 单击图 1-59 中的“渲染”按钮，等待几秒后，即可在渲染窗口中看到渲染效果，如图 1-60 所示。单击渲染窗口中的“保存图像”按钮，在打开的“保存图像”对话框中设置渲染效果图的保存路径、保存名称和保存类型。

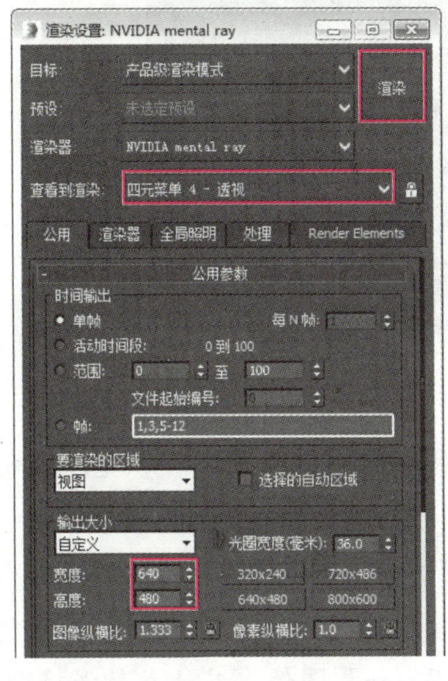

图 1-59　设置渲染参数

图 1-60　渲染效果

本章实训——制作松树林

利用本章所学知识制作如图 1-61 所示的松树林效果图。本题的最终效果可参考本书配套素材“素材与实例”>“第 1 章”文件夹>“松树林.max”文件。

（a）松树

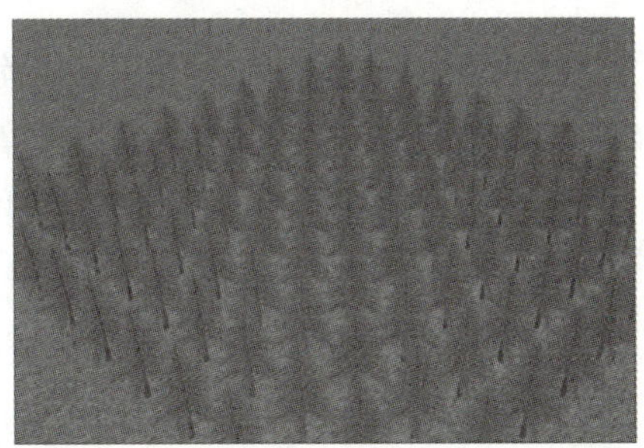

（b）松树林

图 1-61　制作松树林

提示：

（1）打开本书配套素材“素材与实例”>“第 1 章”文件夹>“松树.max”文件，然后选中透视图中的松树模型，右击工具栏中的“选择并均匀缩放”按钮，将其缩小至 30%。

（2）选择“工具”>“阵列”菜单，在打开的“阵列”对话框中参照图 1-62 所示设

置参数。

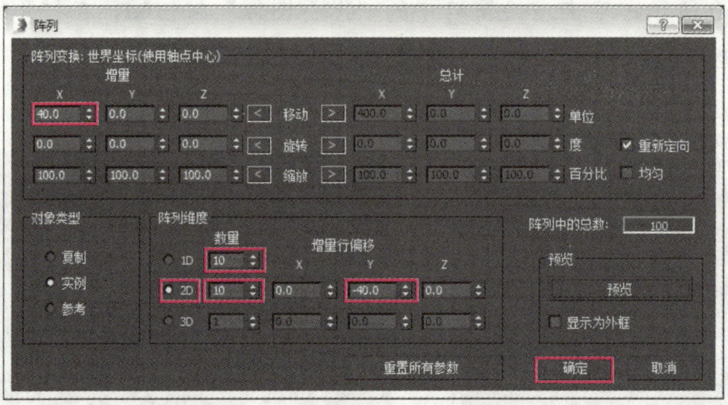

图 1-62　设置“阵列”对话框

（3）在顶视图中创建一个平面，在“参数”卷展栏中将“长度”和“宽度”都设为2000，将“长度分段”和“宽度分段”都设为1，再将平面模型命名为“地面”。

（4）按快捷键【M】打开材质编辑器，然后参照本章案例 1 调制材质的操作来制作“地面”材质，并将其添加到平面模型上（“漫反射”通道的贴图使用本书配套素材“素材与实例”>“第 1 章”>“Maps”文件夹>“地面材质.jpg”图像，其他参数保持默认）。

（5）按【F10】键，在打开的“渲染设置”对话框中设置效果图的尺寸，再在“查看到渲染”下拉列表中选择“四元菜单 4 - 透视”选项，并单击“渲染”按钮，最后保存渲染的效果图。

本章小结

本章主要介绍了效果图的作用和制作流程、3ds Max 工作界面、文件基本操作、3ds Max 坐标系和常用的对象操作等知识。通过本章的学习，应重点掌握以下内容。

- 了解效果图的制作流程：创建模型>制作材质>创建灯光和摄影机>渲染输出>后期处理。
- 认识 3ds Max 2016 的工作界面，尤其要重点了解视图区、视口和命令面板的作用。
- 掌握新建、保存、打开和合并场景文件等操作。
- 了解前视图、左视图、右视图、顶视图和透视图等不同视图的作用，掌握切换视图的方法。此外，还应掌握旋转、平移和缩放视图的方法。
- 了解世界坐标系、局部坐标系和参考坐标系的区别，以及轴点与局部坐标系的关系。
- 掌握选择、移动、缩放、旋转、复制和对齐对象等常用操作。在缩放和旋转对象时，缩放变换线框和旋转变换线框实际代表了参考坐标系的 x 轴、y 轴和 z 轴。

第 2 章　基本建模

创建模型是制作效果图的基础。3ds Max 提供了多种建模方法，其中最简单的方法就是利用软件提供的“长方体”“圆柱体”“球体”“切角长方体”“推拉门”和“平开窗”等按钮创建基本几何体，然后将它们按照所需进行组合，再经过必要的调整形成所需模型。

本章将通过相关案例，分别介绍标准基本体、扩展基本体和建筑对象中常用基本几何体的创建方法，以及利用这些几何体制作所需模型的方法。

学习目标

- 掌握标准基本体的创建方法。
- 掌握扩展基本体的创建方法。
- 掌握编辑三维几何体的方法。

2.1　创建标准基本体

下面首先介绍创建标准基本体的方法。

2.1.1　标准基本体基础知识

标准基本体是指长方体、圆柱体、球体、圆环和管状体等，它们是 3ds Max 中最基本、最常用的三维模型，如图 2-1 所示。

标准基本体主要有两种创建方法：一种方法是选择命令按钮后，在视图中通过拖动鼠标创建；另一种方法是选择命令按钮后，在命令面板的“键盘输入”卷展栏中输入相关参数进行创建。无论使用哪种创建方法，创建标准基本体后都可在命令面板的“参数”卷展栏中调整标准基本体的参数。

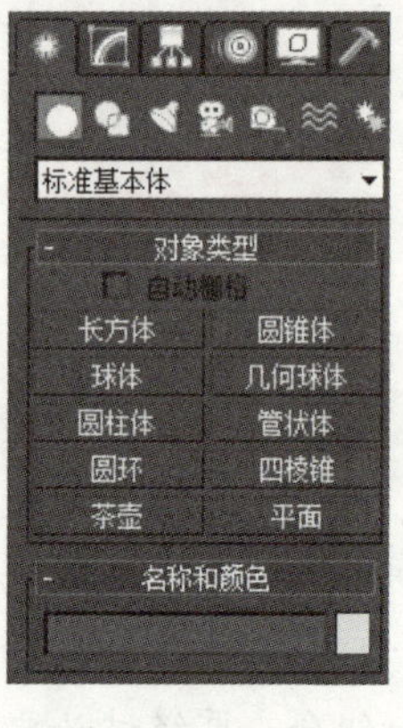

（a）

（b）

图 2-1　创建标准基本体

案例 1　制作茶几——创建长方体、圆柱体、茶壶和平面

下面通过制作如图 2-2 所示的茶几模型，学习长方体、圆柱体、茶壶和平面的创建及应用方法。

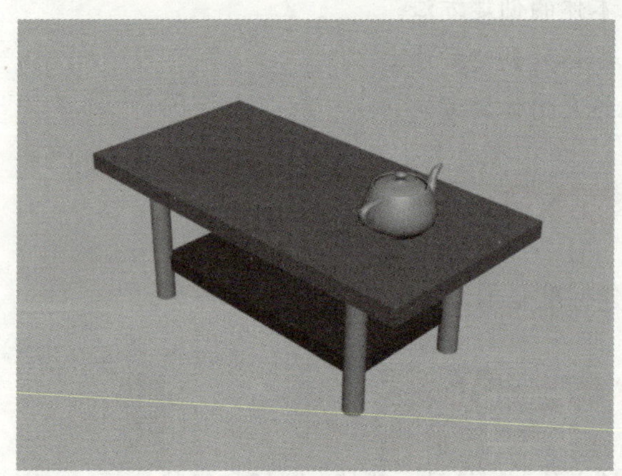

图 2-2　制作茶几模型

制作思路

首先利用“几何体”创建面板“标准基本体”分类中的“长方体”按钮在透视图中创建茶几面和隔板，然后利用“圆柱体”按钮创建圆柱体，并复制 3 份作为茶几腿，接着创建平面作为地面，最后创建茶壶模型，并调整各部件的位置。

制作步骤

步骤 1▶ 启动 3ds Max，将单位设置为毫米。单击“创建”面板中的“几何体”按钮，再单击“标准基本体”分类中的“长方体”按钮，然后在打开的“创建方法”卷展栏中设置长方体的创建方法。本例选择“长方体”单选钮，如图 2-3 所示。

步骤 2▶ 在透视图中按住鼠标左键并拖动，确定长方体的底面，然后释放鼠标并向上移动，确定长方体的高度，最后单击鼠标即可创建一个长方体，如图 2-4 所示。

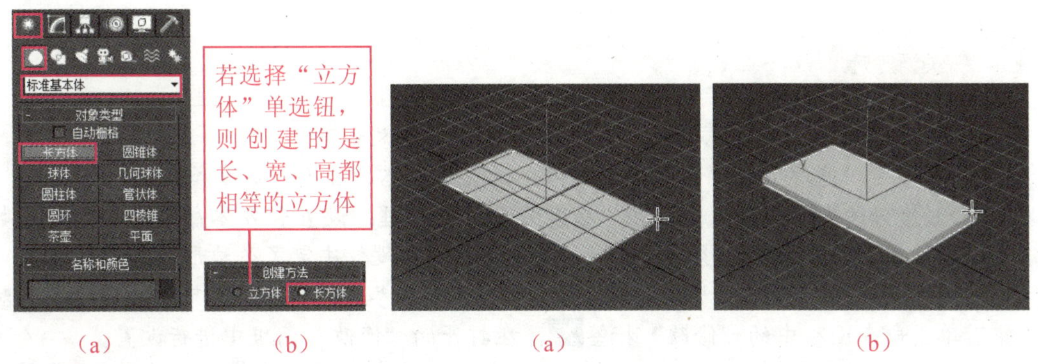

图 2-3　选择“长方体”按钮及创建方法　　　图 2-4　创建长方体

在创建长方体底面的同时按住【Ctrl】键，可创建底面为正方形的长方体。

步骤 3▶ 在“名称和颜色”卷展栏中将长方体的名称设为“茶几面”，将颜色设为棕黄色，然后在“参数”卷展栏中将“长度”设为 1200，将“宽度”设为 600，将“高度”设为 50，如图 2-5 所示。

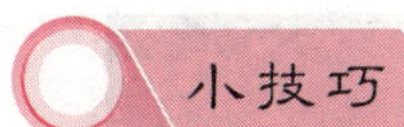

在“参数”卷展栏中的文本框中双击，可选中该文本框中的所有数值。输入所需数值后按【Tab】键可快速切换到下一个参数的文本框，并自动选中该文本框中的所有数值。

此外，在创建几何体或其他对象后，可在“创建方法”卷展栏中重命名对象，这样有利于在复杂的场景中选取指定对象。

步骤 4▶ 展开“键盘输入”卷展栏，将“Z”轴设为 100（设置第 2 个长方体所处的高度），将“长度”设为 800，将“宽度”设为 400，将“高度”设为 50，然后单击“创建”按钮，从而使用键盘输入方式创建第 2 个长方体，如图 2-6 所示。

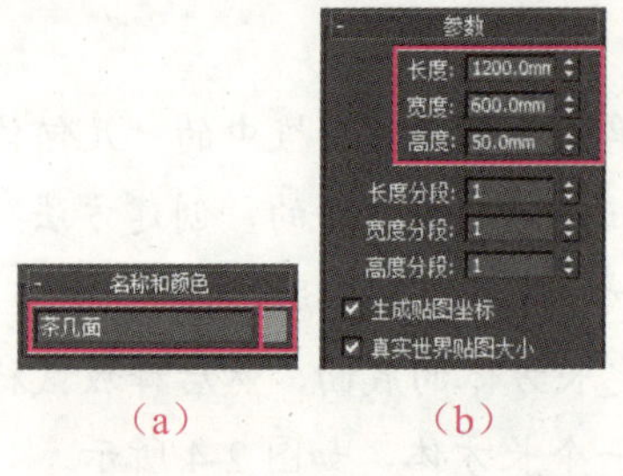

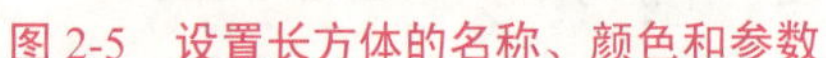

（a）　（b）

图 2-5　设置长方体的名称、颜色和参数

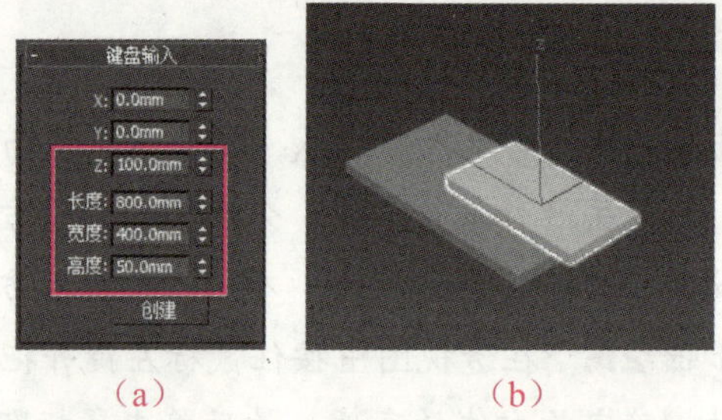

（a）　（b）

图 2-6　利用“键盘输入”方式创建长方体

知识库

图 2-5 所示长方体“参数”卷展栏中各选项的意义如下。

“长度”“宽度”和“高度”文本框：设置长方体的长度、宽度和高度。

“长度分段”“宽度分段”和“高度分段”文本框：设置长方体每个轴向的分段数量，默认为 1。使用多边形或网格等方式建模时，分段数决定了多边形或网格的数量。

此外，若想在创建长方体（或其他对象）后对其参数进行修改，可选中要修改的对象后单击命令面板中的“修改”标签，在打开的“修改”面板中进行设置。

步骤 5▶ 在“名称和颜色”卷展栏中将新创建的长方体的名称设为“隔板”，颜色设为红色。

步骤 6▶ 单击“几何体”创建面板“标准基本体”分类中的“圆柱体”按钮，然后在打开的“创建方法”卷展栏中设置圆柱体的创建方法，如图 2-7 所示。

步骤 7▶ 在透视图中按住鼠标左键并拖动，确定圆柱体的底面，然后释放并向上移动鼠标确定圆柱体的高度，最后单击鼠标创建圆柱体，如图 2-8 所示。

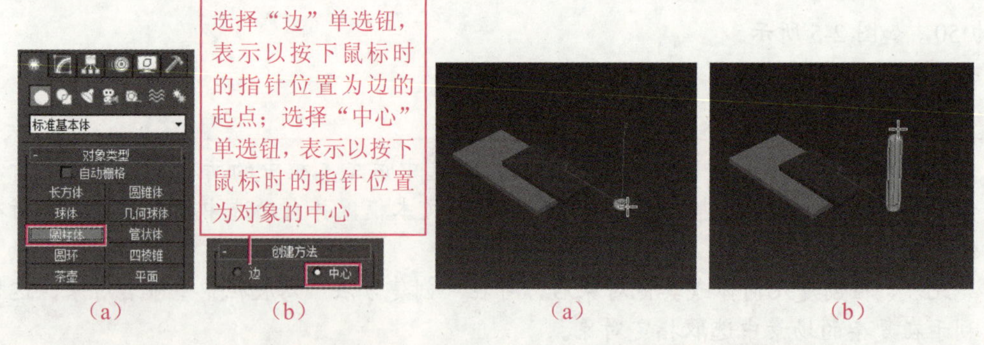

（a）　（b）　（a）　（b）

图 2-7　选择“圆柱体”按钮及创建方法　　图 2-8　创建圆柱体

步骤 8▶ 在“参数”卷展栏中将圆柱体的“半径”设为 30，将“高度”设为 400，如图 2-9 所示。

步骤 9▶ 在按住【Shift】键的同时，使用“选择并移动”工具沿 x 轴拖动圆柱体，松开鼠标后在打开的“克隆选项”对话框中将圆柱体复制3份，如图2-10所示。

图2-9 设置圆柱体参数

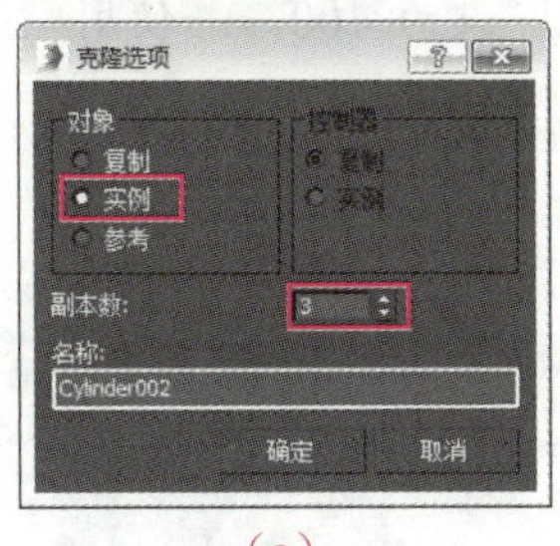

（a）

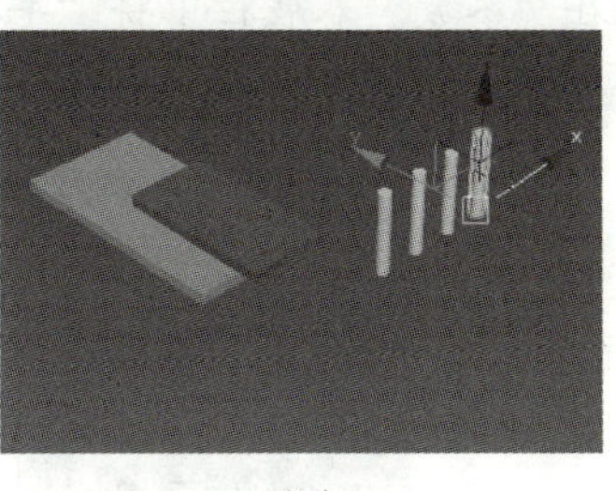

（b）

图2-10 复制圆柱体

步骤10▶ 在顶视图中单击，按【Z】键显示全部对象，再按【Alt+W】键，然后使用“选择并移动”工具调整4个圆柱体的位置，使圆柱体的圆心与较小长方体的4个边角对齐。

> 在顶视图中可调整对象水平方向的位置，在前视图和左视图中可调整对象垂直方向的位置。通过这3个视图相互配合的操作，便可确定对象在三维空间中的位置。

步骤11▶ 按【S】键打开“捕捉开关”按钮，然后使用“选择并移动”工具将较大长方体的中心与较小长方体的中心对齐。按【Alt+W】键显示4个视口，然后在前视图或左视图中调整较大长方体的高度，使其下方与圆柱体的顶面对齐，如图2-11所示。

步骤12▶ 单击“几何体”创建面板“标准基本体”分类中的“平面”按钮，然后在顶视图中按住鼠标左键并拖动，创建一个平面。在“名称和颜色”卷展栏中将平面的名称设为“地面”，将颜色设为青绿色，并在“参数”卷展栏中将“长度”和“宽度”选项都设为10000，将“长度分段”和“宽度分段”选项都设为1，如图2-12所示。

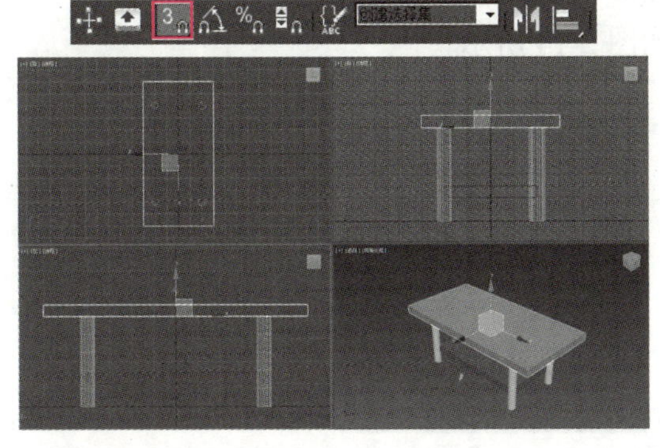

图2-11 调整长方体和圆柱体的位置

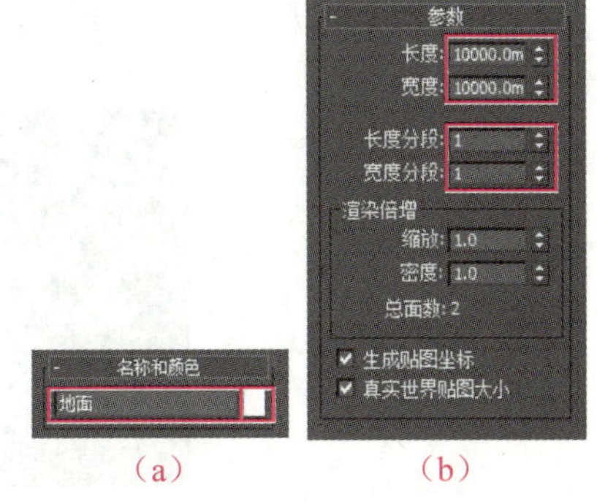

（a） （b）

图2-12 设置平面的名称、颜色和参数

步骤13▶ 再次按【S】键关闭“捕捉开关”按钮，然后单击“几何体”创建面板

“标准基本体”分类中的“茶壶”按钮，在透视图中按住鼠标左键并拖动，创建一个茶壶模型。在“参数”卷展栏中将“半径”设为100，并使用“选择并移动”工具调整茶壶模型的位置，如图2-13所示。至此，案例就完成了。

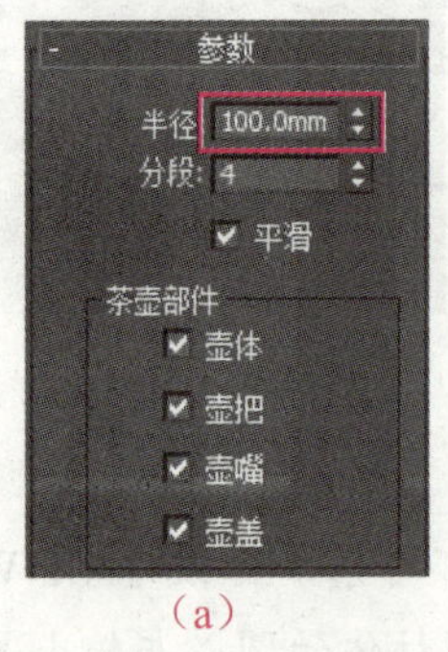

（a）

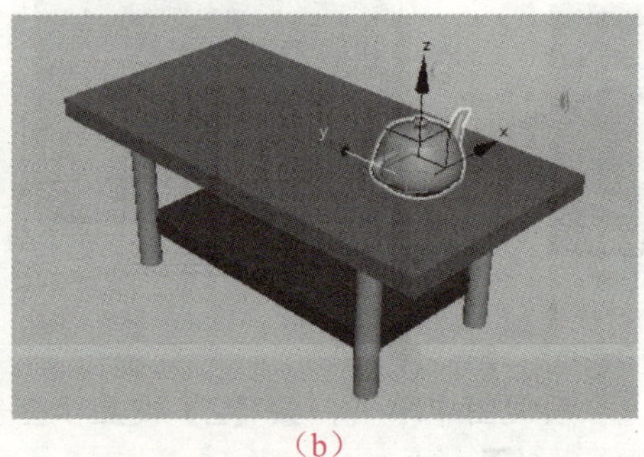

（b）

图 2-13　调整茶壶的参数和位置

案例总结

本案例通过制作茶几模型，学习了标准基本体中长方体、圆柱体、茶壶和平面的创建方法。在调整茶几各组成部分的模型时，必须将几个视图结合使用。此外，在建模时最好有一个参照物。本例使用较小长方体作为参照物，其位置是固定的，较大长方体和圆柱体的位置都是参照较小长方体的位置摆放的。

值得注意的是，在3ds Max中建模，经常需要使用【Alt+W】键切换视口；在调整模型各组成部分的相对位置时，可按【S】键打开或关闭“捕捉开关”按钮。

知识补充——创建球体

球体的创建方法与长方体、圆柱体等的创建方法类似。单击“几何体”创建面板“标准基本体”分类中的“球体”按钮后，在透视图中按住鼠标左键并拖动创建一个球体，然后在“参数”卷展栏中设置其参数即可，如图2-14所示。

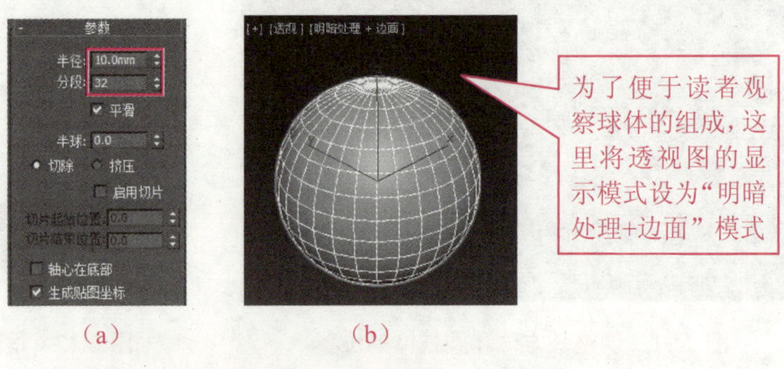

（a）　　（b）

图 2-14　创建球体并设置其参数

知识库

图 2-14 所示"参数"卷展栏中相关选项功能如下。

"半径"文本框：设置球体的半径。

"分段"文本框：设置球体的分段数，数值越大，球体的表面越平滑。

"半球"文本框：默认值是 0，可生成完整的球体。若将数值设为 0.5，可生成半球；将数值设为 1，会使球体消失。选择"切除"单选钮，表示生成半球时删除部分球体，分段数减少；选择"挤压"单选钮，表示挤压球体，分段数不变，如图 2-15 所示。

"启用切片"复选框：选择该复选框后，可通过在"切片起始位置"和"切片结束位置"文本框中输入数值，切除球体的一部分。例如，在"切片起始位置"文本框中输入 90，在"切片结束位置"文本框中输入 180，效果如图 2-16 所示。

"轴心在底部"复选框：选中该复选框后，球体的轴心将由中心移动到底部。

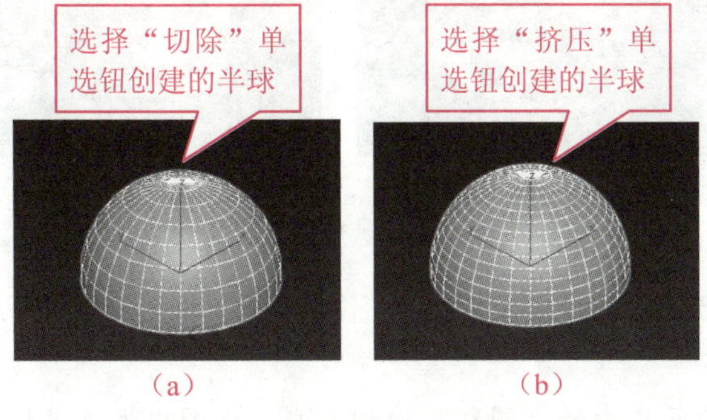

图 2-15　不同方式产生的半圆

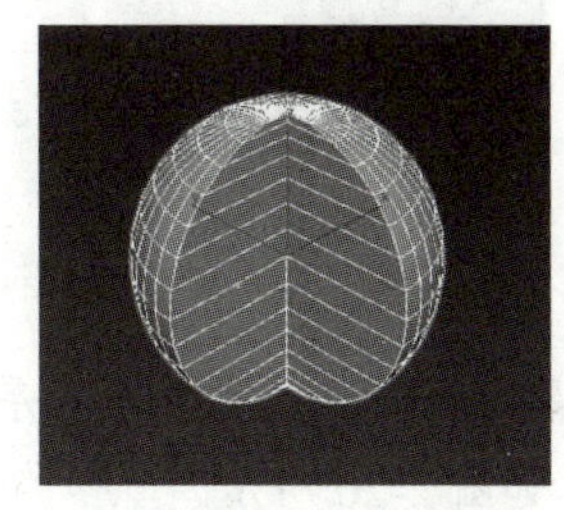

图 2-16　切除部分球体

案例 2　制作水杯——创建管状体和圆环

下面通过制作如图 2-17 所示的水杯模型，学习管状体和圆环的创建及应用方法。

图 2-17　制作水杯模型

制作思路

首先在透视图中创建一个管状体，作为杯身；然后创建一个圆环作为杯子下方的边缘，并将其复制一份，移至杯身上方，作为杯子上方的边缘；再创建一个圆柱体作为杯底；最后创建一个圆环，并在“参数”卷展栏中设置圆环参数，作为水杯的把手。

制作步骤

步骤 1▶ 启动 3ds Max，将单位设置为毫米。单击“几何体”创建面板“标准基本体”分类中的“管状体”按钮，如图 2-18 所示。在透视图中按住鼠标左键并拖动确定管状体截面圆的第 1 个半径，释放鼠标后向截面圆内侧拖动鼠标确定截面圆的第 2 个半径，单击后向上移动鼠标确定管状体的高度，最后单击鼠标完成管状体的创建，如图 2-19 所示。

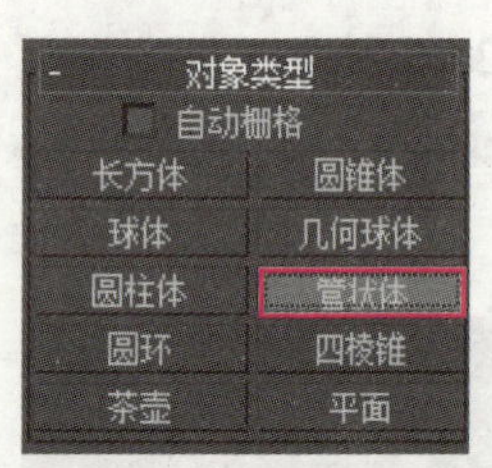

图 2-18 选择“管状体”按钮

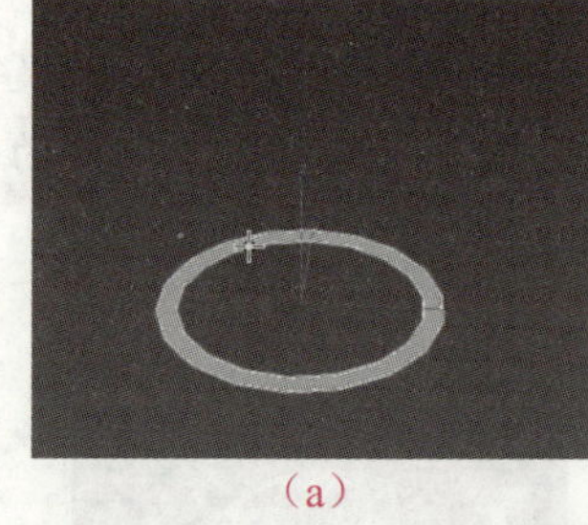
（a）

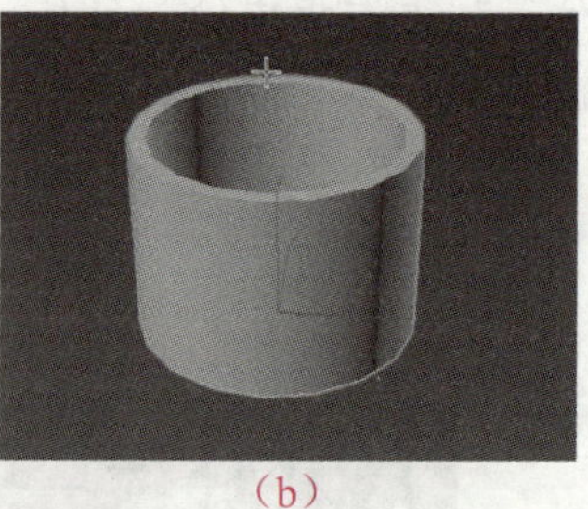
（b）

图 2-19 创建管状体

步骤 2▶ 在“参数”卷展栏中将“半径 1”设为 25，“半径 2”设为 28，“高度”设为 70，如图 2-20 所示。

步骤 3▶ 单击“几何体”创建面板中的“圆环”按钮，在透视图中按住鼠标左键并拖动，到适当位置后释放鼠标，确定圆环的第 1 个半径，再移动鼠标到适当位置并单击，确定圆环的第 2 个半径，如图 2-21 所示。

图 2-20 设置管状体参数

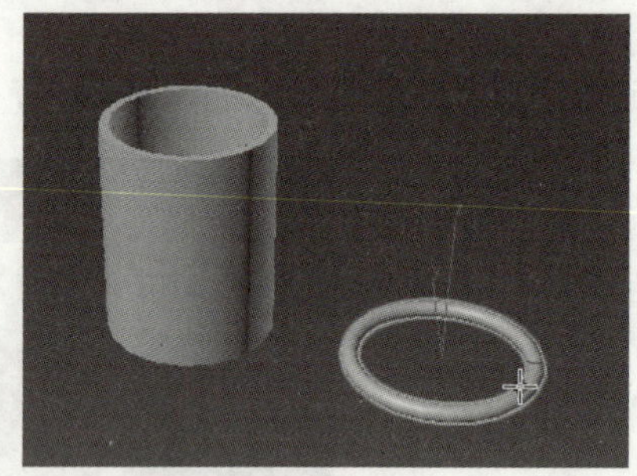
图 2-21 创建圆环

步骤 4▶ 在“参数”卷展栏中将“半径 1”设为 27，“半径 2”设为 2。单击工具栏中的“对齐”按钮，然后单击视图中的管状体，在打开的“对齐当前选择”对话框中保持默认参数并单击“确定”按钮，如图 2-22 所示。

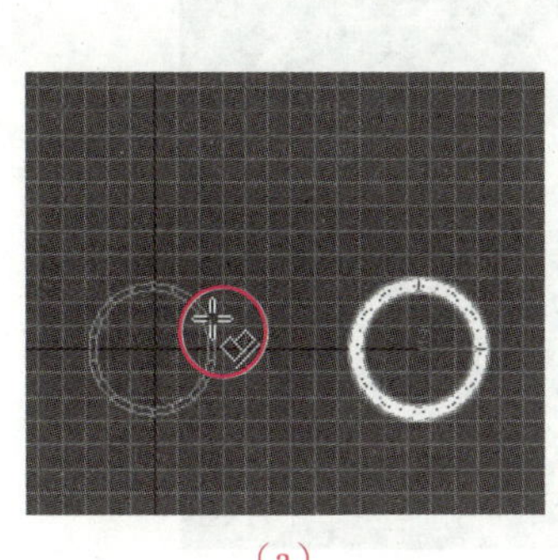
（a）

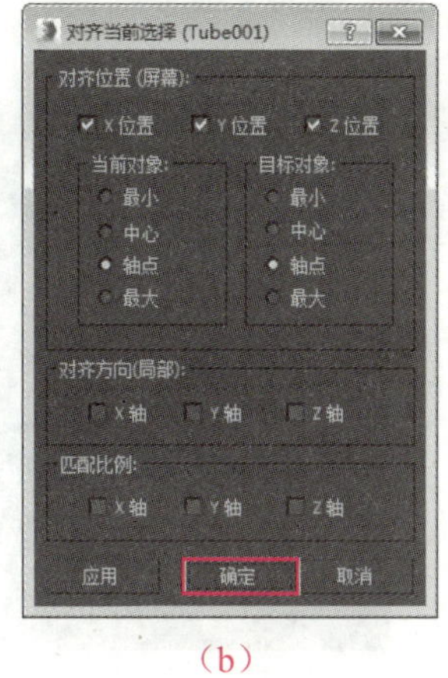

（b）

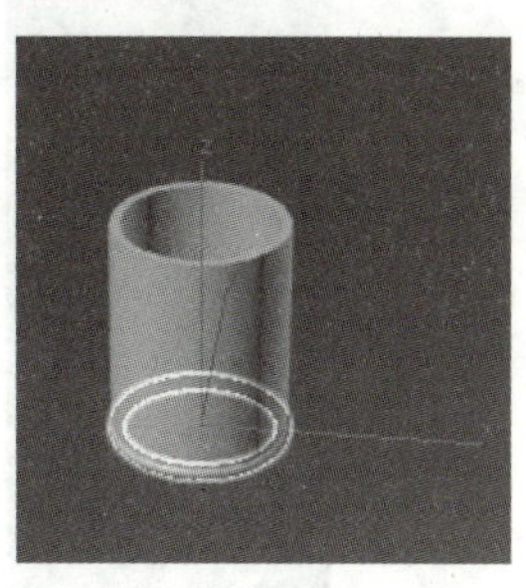
（c）

图 2-22　对齐圆环和管状体

步骤 5▶　在按住【Shift】键的同时在前视图中使用“选择并移动”工具沿 y 轴向上拖动圆环，在弹出的“克隆选项”对话框中单击“确定”按钮复制圆环，如图 2-23 所示。

步骤 6▶　单击“几何体”创建面板中的“圆柱体”按钮，在顶视图中创建一个圆柱体，并在“参数”卷展栏中将“半径”设为 28，“高度”设为 2，然后参照步骤 4 的操作，在顶视图中将圆柱体的轴点与管状体的轴心对齐，作为杯底，如图 2-24 所示。

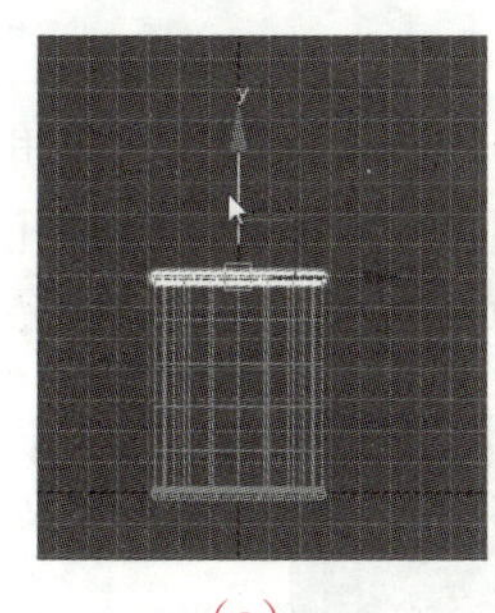
（a）

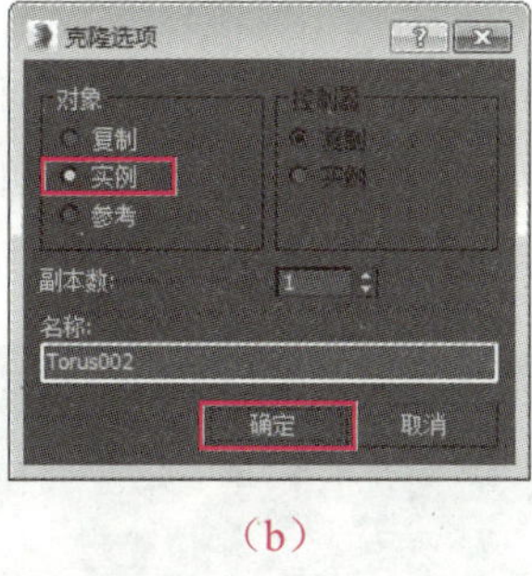

（b）

图 2-23　复制圆环

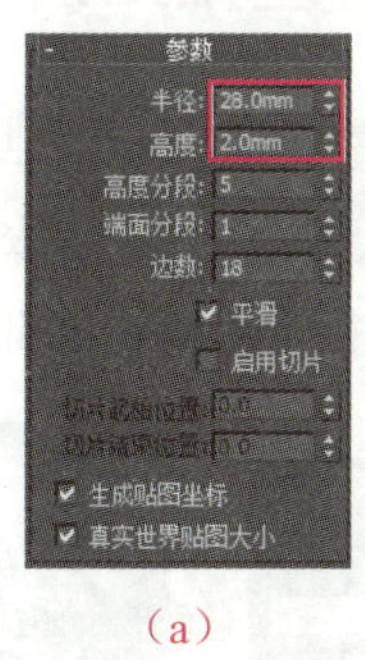

（a）

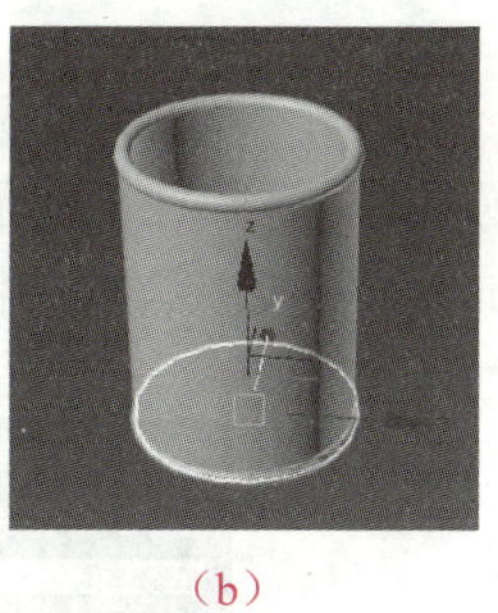
（b）

图 2-24　创建圆柱体并调整其位置

步骤 7▶　单击“几何体”创建面板中的“圆环”按钮，在前视图中创建一个圆环。在“参数”卷展栏中将“半径 1”设为 25，“半径 2”设为 3，再勾选“启用切片”复选框，将“切片起始位置”设为 0，“切片结束位置”设为 180，并在各视图中调整圆环的位置，如图 2-25 所示。至此，案例就完成了。

案例总结

本案例通过制作水杯模型，学习了标准基本体中管状体和圆环的创建方法。在制作水杯模型的过程中，读者应注意管状体和圆环参数的调整方法，还应注意利用“对齐”按钮使对象对齐的方法。

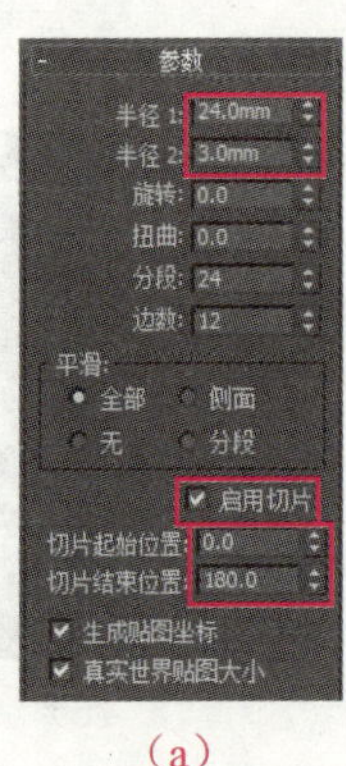

(a)

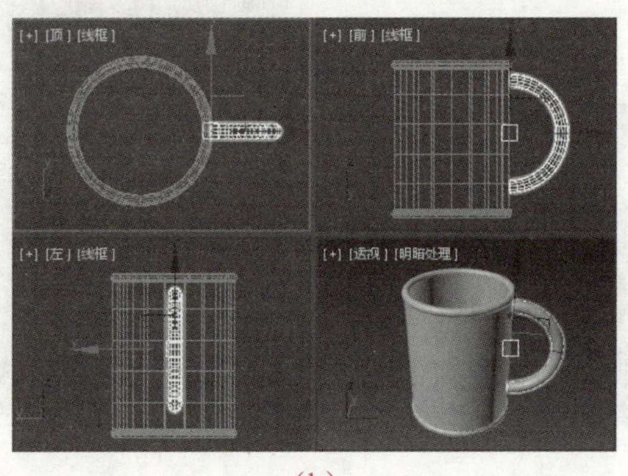

(b)

图 2-25　调整圆环的参数和位置

2.2　创建扩展基本体

下面介绍创建扩展基本体的方法。

2.2.1　扩展基本体基础知识

利用“几何体”创建面板“扩展基本体”分类中的按钮，可以创建切角长方体、切角圆柱体、球棱柱、油罐、胶囊、纺锤体和软管等较复杂的几何体，如图 2-26 所示。有些几何体在效果图的制作中很少用到，因此本节只介绍几种较常用的扩展基本体。

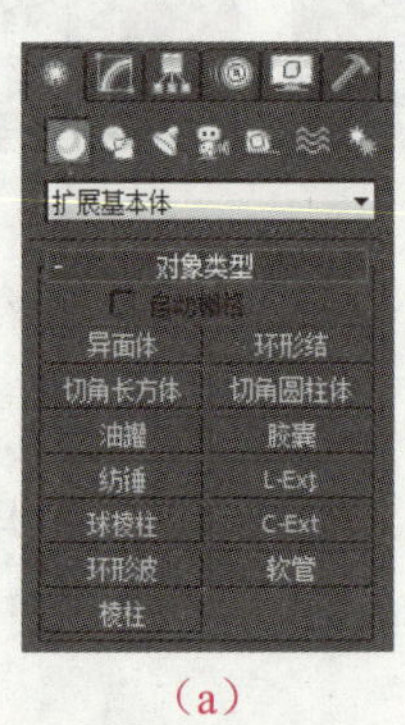

(a)

(b)

图 2-26　创建扩展基本体

案例 3　制作单人沙发——创建切角长方体

切角长方体与长方体的区别是，切角长方体的边缘带有圆倒角，边缘更加平滑。下面

通过制作如图 2-27 所示的单人沙发模型，学习切角长方体的创建及应用方法。

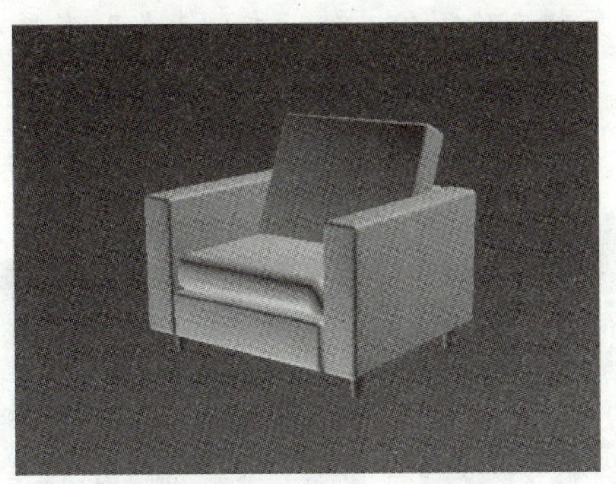

图 2-27 制作单人沙发

制作思路

创建一个切角长方体作为沙发的底座，将其复制一份并调整参数作为沙发的坐垫；然后创建一个切角长方体作为沙发的扶手，并将其复制一份作为另一侧的扶手；再创建一个切角长方体并将其复制一份并调整角度，作为沙发的靠垫；最后创建圆锥体并进行复制，作为沙发腿。

制作步骤

步骤 1▶ 启动 3ds Max，将单位设置为毫米。在“几何体”创建面板的下拉列表中选择“扩展基本体”分类，然后单击“切角长方体”按钮，如图 2-28 所示。在透视图中按住鼠标左键并拖动，到适当位置后释放鼠标，确定切角长方体底面的宽度和长度；向上移动鼠标到适当位置并单击，确定切角长方体的高度；继续向上移动鼠标到适当位置后单击，确定切角长方体各边角的圆角大小。此时切角长方体就创建好了，如图 2-29 所示。

步骤 2▶ 在“参数”卷展栏中将“长度”和“宽度”都设为 400，“高度”设为 100，“圆角”设为 10，如图 2-30 所示。

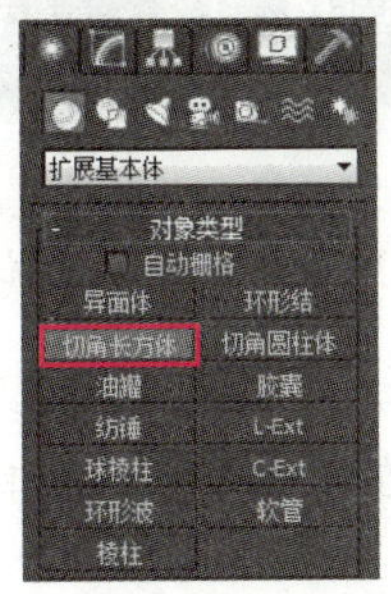

图 2-28 选择“切角长方体”按钮

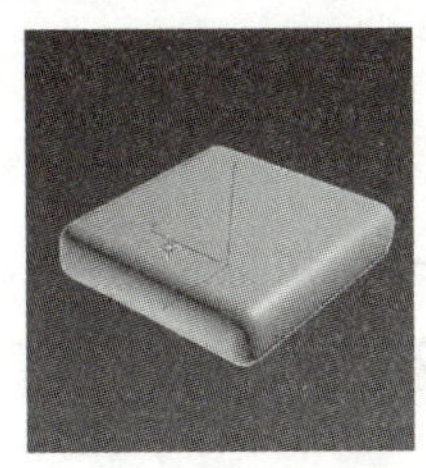

图 2-29 创建切角长方体

图 2-30 设置切角长方体参数

步骤 3▶ 在按住【Shift】键的同时使用“选择并移动”工具在前视图中沿 y 轴向上拖动切角长方体，将其复制克隆一份，然后在“参数”卷展栏中将副本的“高度”设为80，“圆角”设为30，再在前视图中调整切角长方体副本的位置，形成沙发坐垫，如图 2-31 所示。

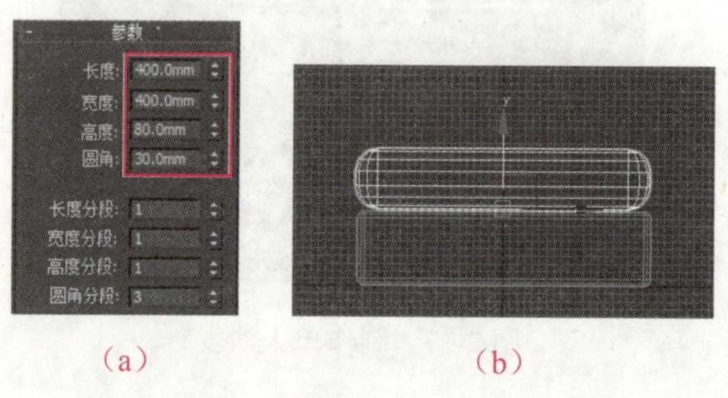

（a）　　（b）

图 2-31　创建并调整第 2 个切角长方体

提　示

“圆角分段”文本框用于设置切角长方体圆角边的分段数，该值越大圆角面越光滑。若将圆角分段设为“1”，并取消勾选“平滑”复选框，圆角会变为切角。

步骤 4▶ 在顶视图中创建一个切角长方体，在“参数”卷展栏中将“长度”设为 480，“宽度”设为 80，“高度”设为 300，“圆角”设为 10，然后在顶视图中调整切角长方体的位置，如图 2-32 所示。

步骤 5▶ 在按住【Shift】键的同时在顶视图中使用“选择并移动”工具将新创建的切角长方体沿 x 轴向左拖动，将其实例克隆一份，如图 2-33 所示。

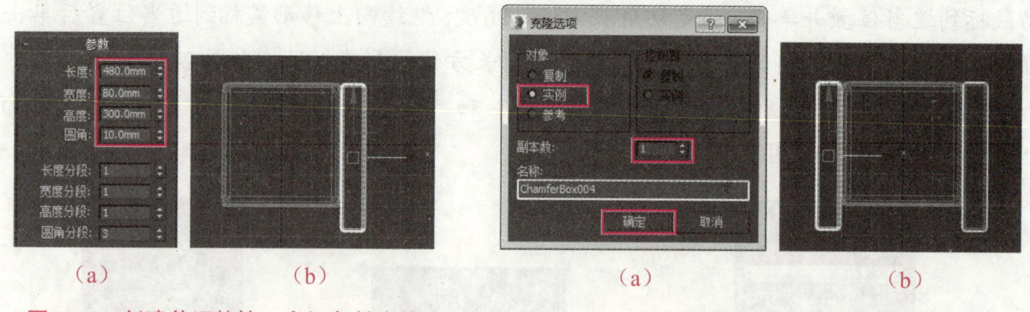

（a）　　（b）　　（a）　　（b）

图 2-32　创建并调整第 3 个切角长方体　　图 2-33　通过拖动复制切角长方体

步骤 6▶ 在顶视图中创建一个切角长方体，在“参数”卷展栏中将“长度”设为 80，“宽度”设为 400，“高度”设为 300，“圆角”设为 10，然后在顶视图中调整其位置，如图 2-34 所示。

步骤 7▶ 在透视图中通过将步骤 6 中创建的切角长方体沿 z 轴向上复制克隆一份，

然后使用“选择并移动”工具和“选择并旋转”工具调整其位置和角度，如图 2-35 所示。

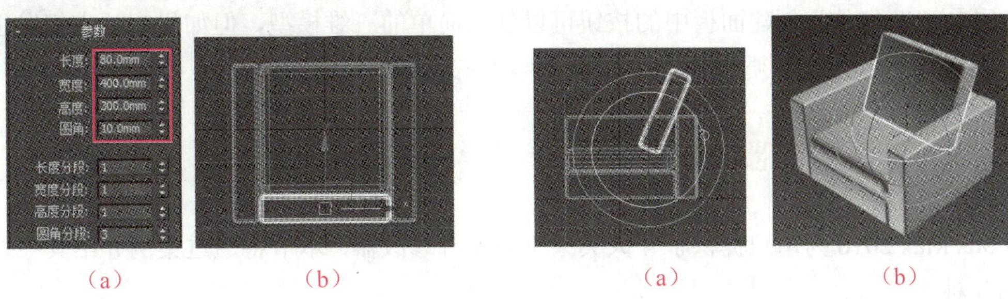

（a）（b）

图 2-34 创建并调整第 5 个切角长方体

（a）（b）

图 2-35 复制并调整切角长方体

利用视图控制区的“环绕”按钮，可调整视图的角度，从而使用户从多个角度观察模型的效果。图 2-35 就是使用“环绕”按钮调整后的效果。

步骤 8▶ 单击“标准基本体”分类中的“圆锥体”按钮，在顶视图中创建一个圆锥体。在“参数”卷展栏中将“半径 1”设为 10，“半径 2”设为 20，“高度”设为 60，再在前视图中调整圆锥体的高度，如图 2-36（a）和（b）所示。

步骤 9▶ 在顶视图中利用移动克隆法，将圆锥体沿 x 轴向右复制一份，如图 2-36（c）所示；同时选中圆锥体和圆锥体副本，利用移动克隆法，将所选对象沿 y 轴向下复制一份，如图 2-36（d）所示。

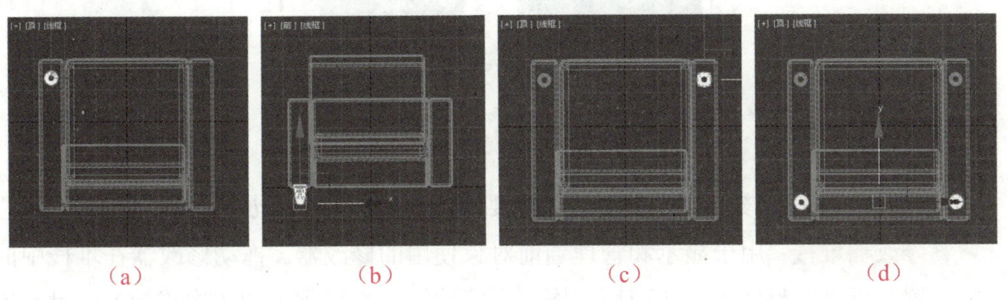

（a）（b）（c）（d）

图 2-36 创建并复制圆锥体制作沙发腿

案例总结

本案例通过制作单人沙发模型，学习了扩展基本体中切角长方体的创建方法。在制作单人沙发模型的过程中，应注意切角长方体参数的调整方法。

2.3 编辑三维几何体

利用“几何体”创建面板中的按钮可以创建简单的三维模型，但如果想让它们发生弯曲、扭曲等变形，就必须利用 3ds Max 提供的修改器对模型进行修改。

2.3.1 修改器基础知识

3ds Max 2016 为用户提供了 4 大类共 100 多种修改器，本节将通过案例介绍其中最常用的几种。

“修改”面板是使用修改器时的主操作区，单击 3ds Max 2016 命令面板中的“修改”标签即可打开该面板，它由修改器列表、修改器堆栈、修改器控制按钮和“参数”卷展栏 4 部分组成，如图 2-37 所示。

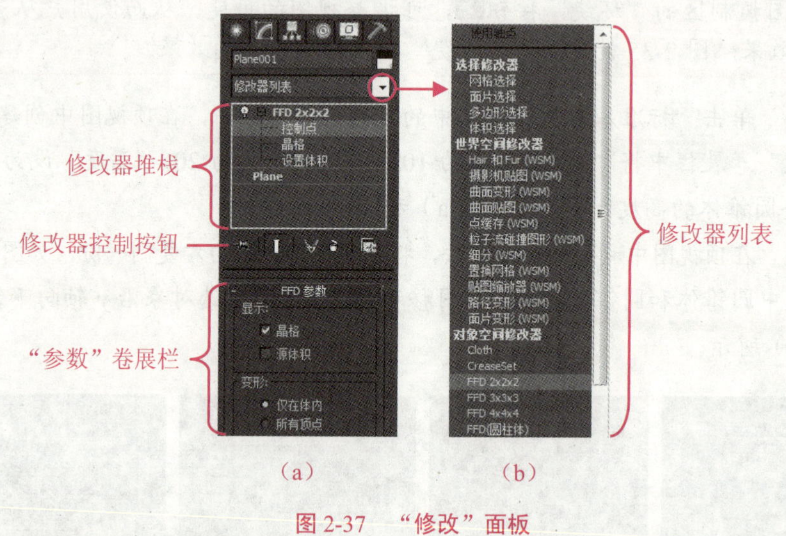

图 2-37 “修改”面板

- **修改器列表**：该下拉列表用于选择要为当前所选对象添加的修改器。
- **修改器堆栈**：用于显示和管理当前对象使用的修改器。拖动修改器在堆栈中的位置，可以调整修改器的应用顺序（系统始终按由底到顶的顺序堆放），且对象的最终修改效果将随之发生变化。右击堆栈中修改器的名称，通过弹出的快捷菜单可以剪切、复制、粘贴、删除或塌陷修改器。
- **修改器控制按钮**：单击“显示最终结果开/关切换”按钮，可显示场景中对象的最终修改结果；单击“使唯一”按钮，可断开对象或修改器间的实例和参考关系；单击“从堆栈中移除修改器”按钮，可删除当前选中的修改器。

图 2-38 是为一个星形三维模型添加“扭曲”修改器的效果。

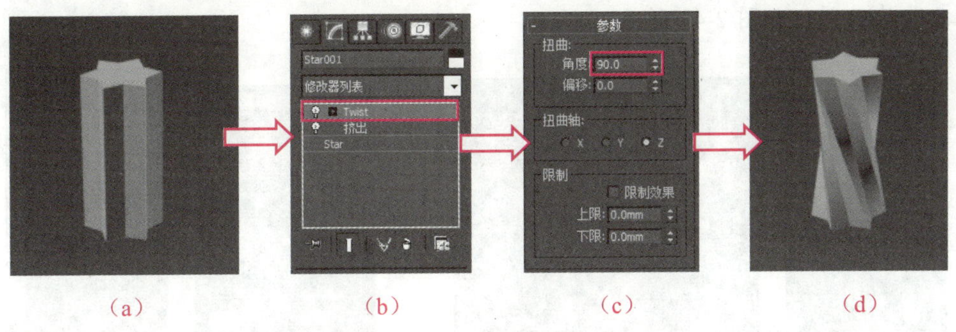

（a） （b） （c） （d）

图 2-38 为星形三维模型添加“扭曲”修改器

案例 4 制作花瓶——“锥化”修改器

利用“锥化”修改器可以将所选对象沿某一坐标轴进行锥化处理。下面通过制作如图 2-39 所示的花瓶，介绍“锥化”修改器的使用方法。

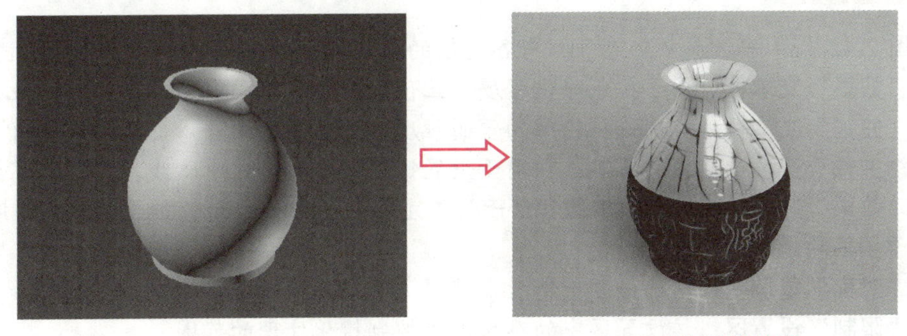

（a）花瓶模型 （b）花瓶渲染效果

图 2-39 制作花瓶模型

制作思路

首先创建一个管状体，为管状体添加“锥化”修改器，并设置“锥化”修改器的参数，制作花瓶的主体；然后创建一个圆柱体，为圆柱体添加“锥化”修改器，并设置“锥化”修改器的参数，制作花瓶的底座。

制作步骤

步骤 1▶ 启动 3ds Max，将单位设置为毫米。单击“几何体”创建面板“标准基本体”分类中的“管状体”按钮，然后在透视图中创建一个管状体，并在“参数”卷展栏中设置管状体的参数，如图 2-40 所示。

步骤 2▶ 选中视图中的管状体，在“修改”面板“修改器列表”的下拉列表中选择

“锥化”修改器，如图 2-41 所示。

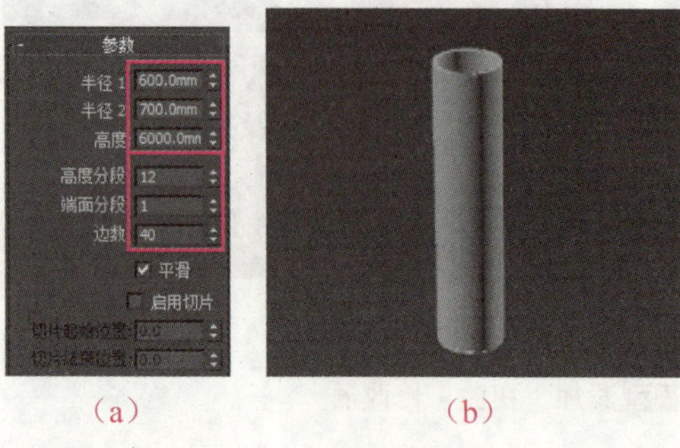

（a）　（b）

图 2-40　创建管状体

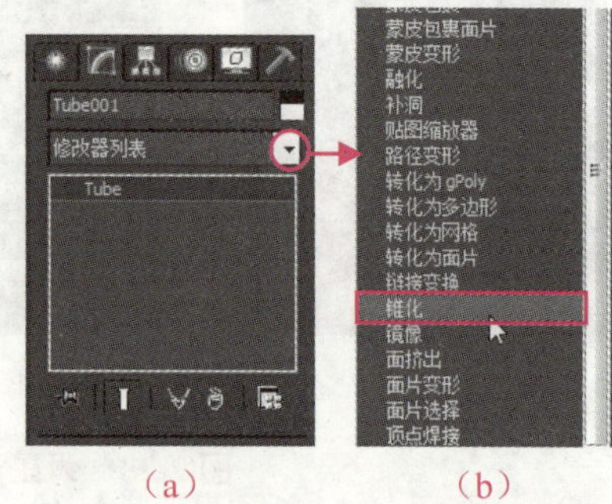

（a）　（b）

图 2-41　为管状体添加“锥化”修改器

步骤 3▶　在“参数”卷展栏的“锥化”区中将锥化处理的“数量”设为“1”，“曲线”设为“10”，再在“锥化轴”区设置锥化处理的基准轴，如图 2-42 所示。

知识库

图 2-42（a）中“参数”卷展栏中各选项的功能如下。

“数量”文本框：用于控制锥化程度。正值向外，负值向内。

“曲线”文本框：控制锥化轮廓的弯曲程度，正数曲线向外，负数曲线向内。

“主轴”选项：其中的各单选钮用于设置锥化的中心轴或中心线。

“效果”选项：其中的各单选钮用于设置主轴上的锥化方向的轴或轴对，可用选项取决于主轴的选取。

“对称”复选框：勾选该复选框后，将围绕主轴产生对称锥化。

“限制”设置区：该设置区中的参数用于控制锥化处理的范围。

步骤 4▶　在修改器堆栈中选中“锥化”修改器的“中心”子对象，然后使用“选择并移动”工具在透视图中沿 z 轴向上移动锥化中心，如图 2-43 所示。

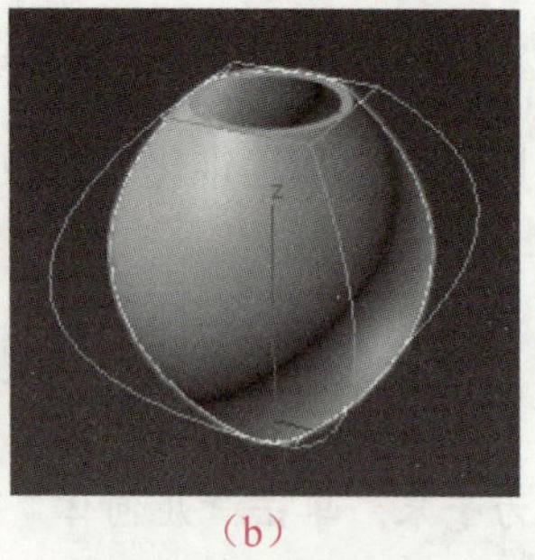

（a）　（b）

图 2-42　设置“锥化”修改器参数

（a）　（b）

图 2-43　移动“中心”子对象

步骤 5▶　在透视图中创建一个圆柱体，并在“参数”卷展栏中设置其参数，然后使用“选择并移动”工具在前视图和左视图中调整圆柱体的位置，如图 2-44 所示。

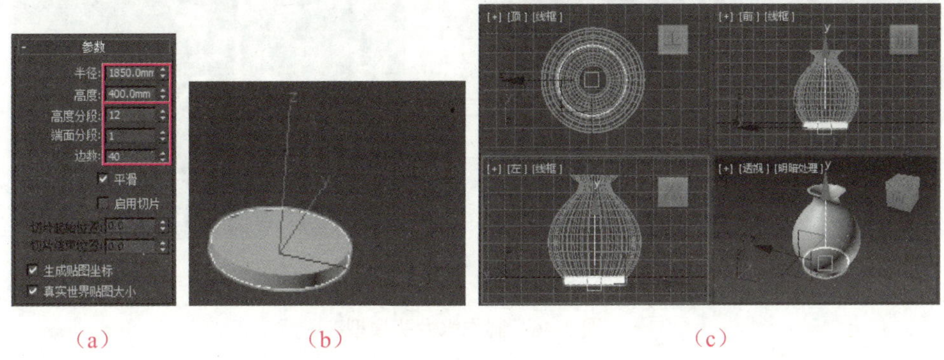

（a）（b）（c）

图 2-44 创建圆柱体并调整其位置

步骤 6▶ 为圆柱体添加“锥化”修改器，并在“参数”卷展栏中将“数量”设为 0.2，“曲线”设为 0.1；然后将“锥化”修改器的调整对象设为“中心”，并使用“选择并移动”工具在前视图中沿 *y* 轴向下移动“中心”子对象的位置；最后在修改器堆栈中选中圆柱体“Cylinder”，在前视图和左视图中进行微调，如图 2-45 所示。至此，案例就完成了。

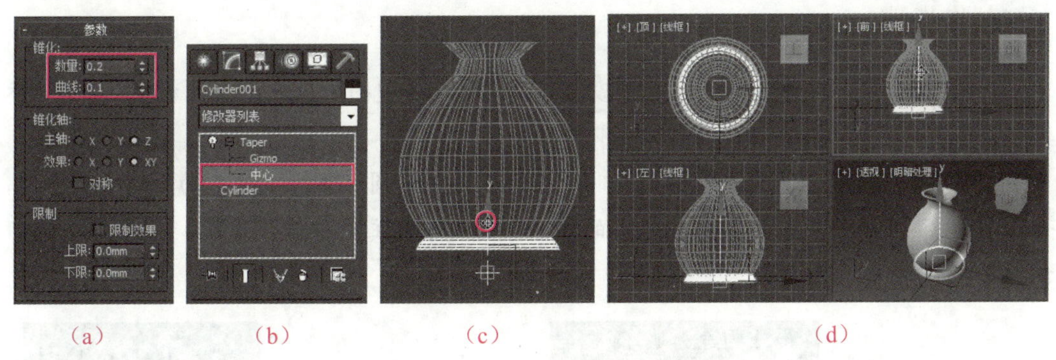

（a）（b）（c）（d）

图 2-45 为圆柱体添加“锥化”修改器

案例总结

本案例通过制作花瓶模型，学习了“锥化”修改器的使用方法。在制作花瓶模型的过程中，应注意“锥化”修改器各参数的作用，以及通过调整“中心”子对象改变锥化效果的方法。

案例 5 制作水龙头——“弯曲”修改器

利用“弯曲”修改器可以将所选对象沿某一坐标轴进行均匀弯曲。下面通过制作如图 2-46 所示的水龙头，介绍“弯曲”修改器的使用方法。

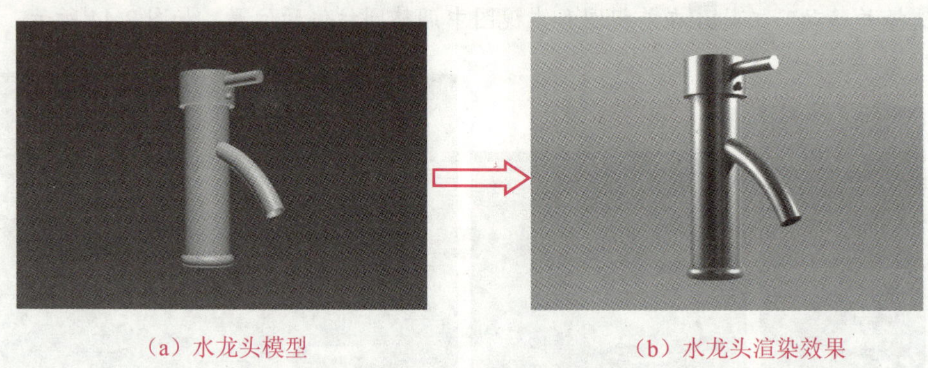

（a）水龙头模型　　　　（b）水龙头渲染效果

图 2-46　制作水龙头模型

制作思路

首先创建 3 个圆柱体，分别作为水龙头的主体和把手；然后创建一个圆环作为水龙头的底座，创建一个油罐作为水龙头的冷热指示器；再创建一个管状体，并为其添加“弯曲”修改器，作为水龙头的出水管；最后调整弯曲效果。

制作步骤

步骤 1▶　启动 3ds Max，将单位设置为毫米。在透视图中创建一个圆柱体，并在“参数”卷展栏中设置圆柱体的参数，如图 2-47 所示。

步骤 2▶　在按住【Shift】键的同时，在前视图中将圆柱体沿 y 轴拖动复制克隆一份，并在“参数”卷展栏中设置圆柱体副本的参数，然后将圆柱体副本移至第 1 个圆柱体上方，如图 2-48 所示。

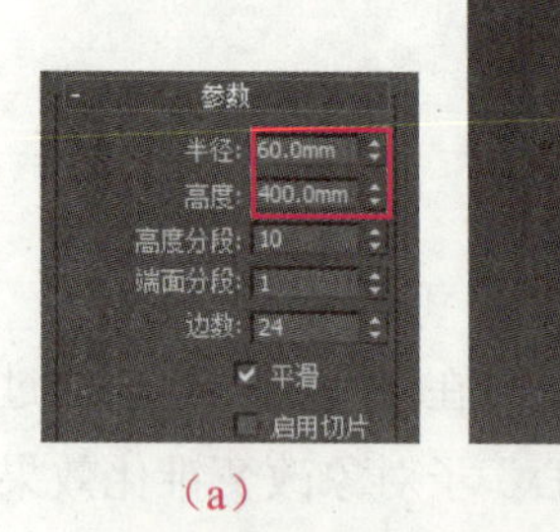

（a）

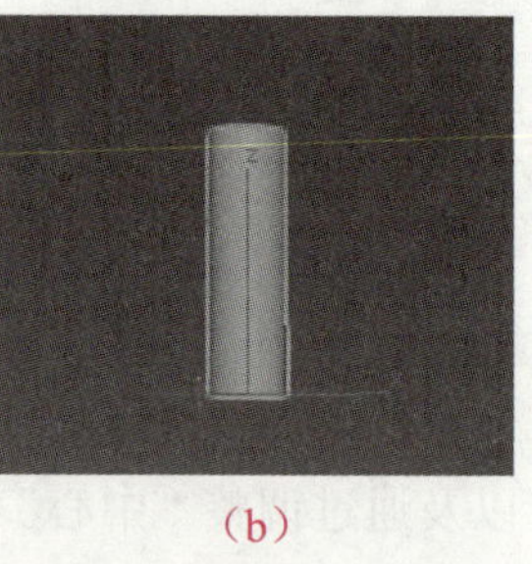

（b）

图 2-47　创建第 1 个圆柱体

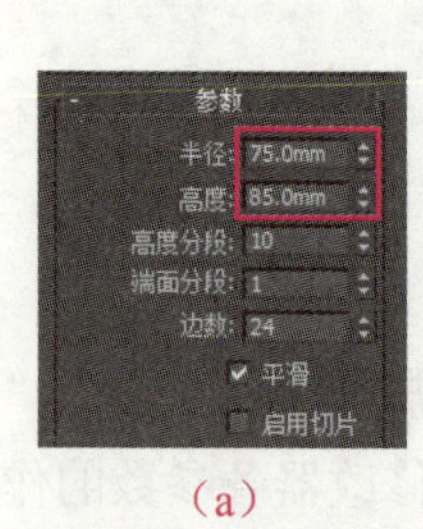

（a）

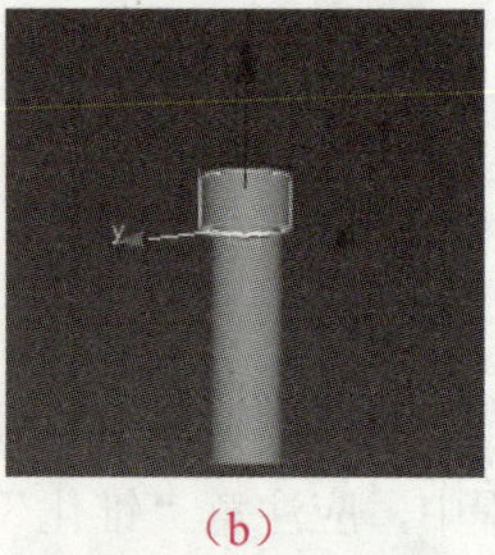

（b）

图 2-48　创建并移动第 2 个圆柱体

步骤 3▶　在前视图中创建一个圆柱体，并在“参数”卷展栏中设置圆柱体的参数，然后将新创建的圆柱体移至图 2-49 所示位置。

步骤 4▶　在顶视图中创建一个圆环，并在“参数”卷展栏中设置圆环的参数，再利用“对齐”按钮使其轴点与步骤 1 创建的圆柱体的轴点对齐，如图 2-50 所示。

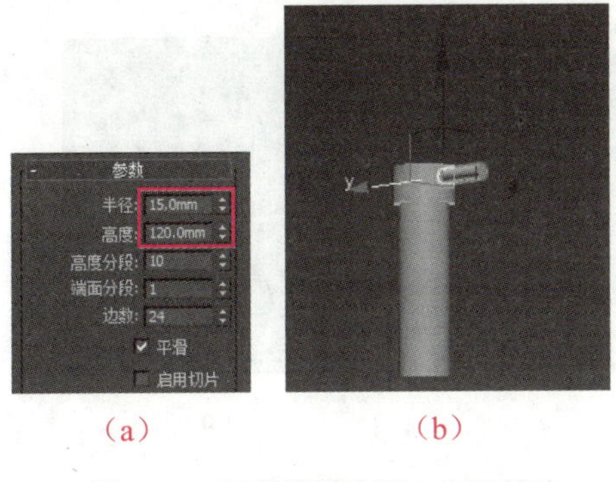

（a）　　（b）

图 2-49　创建并移动第 3 个圆柱体

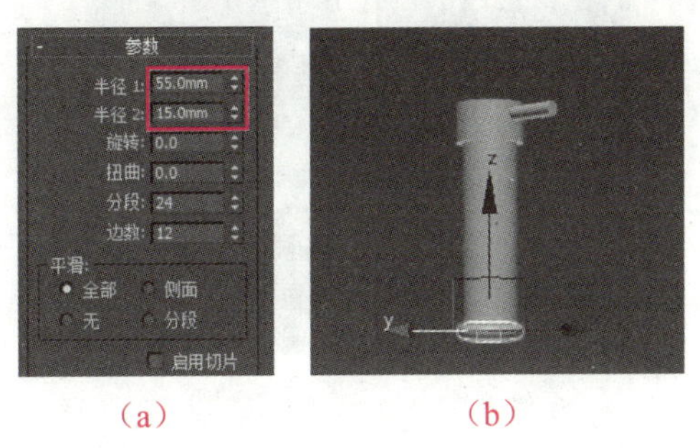

（a）　　（b）

图 2-50　创建圆环

步骤 5▶　在前视图中创建一个油罐，并在“参数”卷展栏中设置油罐的参数，然后将创建的油罐移至图 2-51 所示位置。

步骤 6▶　在前视图中创建一个管状体，并在“参数”卷展栏中设置管状体的参数，然后将创建的管状体移至图 2-52 所示位置。

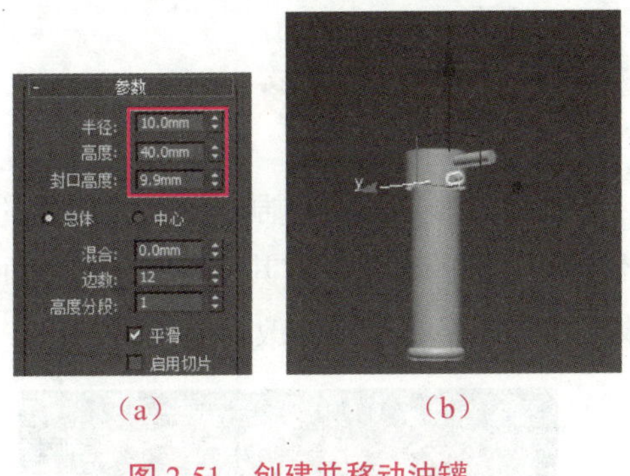

（a）　　（b）

图 2-51　创建并移动油罐

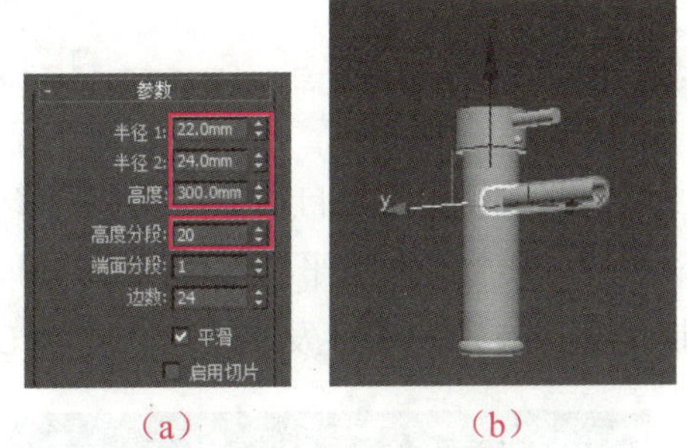

（a）　　（b）

图 2-52　创建并移动管状体

步骤 7▶　选中创建的管状体，在“修改”面板“修改器列表”的下拉列表中选择“弯曲”修改器，然后在“参数”卷展栏中将“角度”设为 60，“方向”设为 90，再勾选“限制效果”复选框，并将“上限”设为 350（“上限”文本框中只能输入正值，“下限”文本框中只能输入负值），如图 2-53 所示。

步骤 8▶　在修改器堆栈中将“弯曲”修改器的修改对象设为“Gizmo”子对象，然后利用“选择并移动”工具在左视图中的 x 轴上拖动，改变弯曲修改器的效果，如图 2-54 所示。至此，案例就完成了。

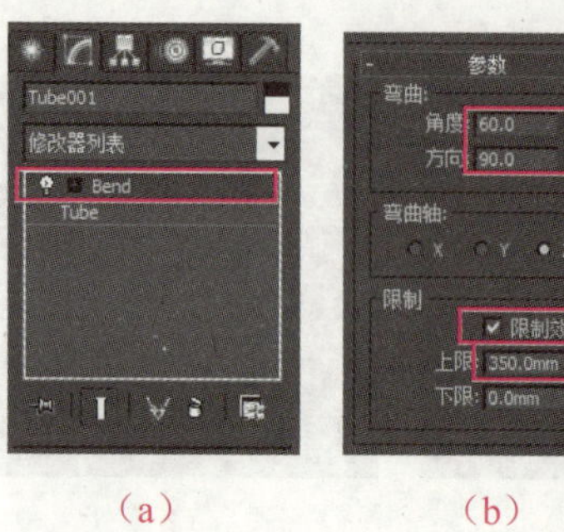

（a）（b）

图 2-53 添加“弯曲”修改器并设置参数

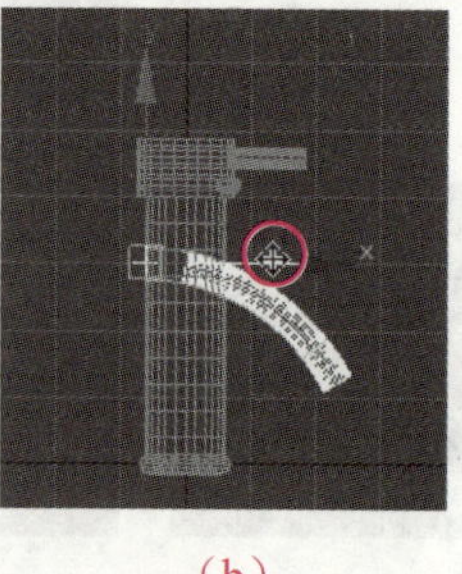

（a）（b）

图 2-54 调整弯曲效果

案例总结

本案例通过制作水龙头模型，学习了“弯曲”修改器的使用方法。在制作水龙头模型的过程中，应注意“弯曲”修改器各参数的作用，以及通过调整“Gizmo”子对象改变弯曲效果的方法。

案例 6 制作沙发靠垫——FFD 和“网格平滑”修改器

FFD 修改器也称“自由形式变形”修改器，它通过调整晶格的控制点改变几何体的形状。此外，利用“网格平滑”修改器，可以平滑三维对象的边角，使其变得圆滑。下面通过制作图 2-55 所示的沙发靠垫，介绍 FFD 修改器和“网格平滑”修改器的使用方法。

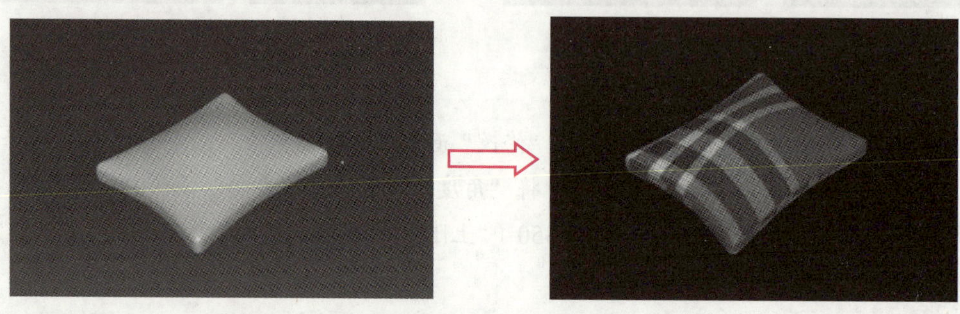

（a）靠垫模型 （b）靠垫渲染效果

图 2-55 制作沙发靠垫

制作思路

首先创建一个切角长方体，并设置其参数；然后为切角长方体添加“FFD 4×4×4”修改器，并对长方体的控制点进行不同程度的缩放；最后为切角长方体添加“网格平滑”修改器，并调整修改器参数。

制作步骤

步骤 1▶ 启动 3ds Max，将单位设置为毫米。在透视图中创建一个切角长方体，并在“参数”卷展栏中设置切角长方体的参数，如图 2-56 所示。

步骤 2▶ 在“修改”面板中为其添加“FFD 4×4×4”修改器，此时将在切角长方体周围产生一个 4×4×4 的晶格阵列，如图 2-57 所示。

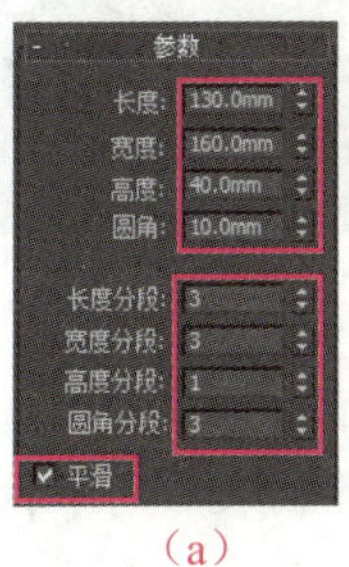

（a）

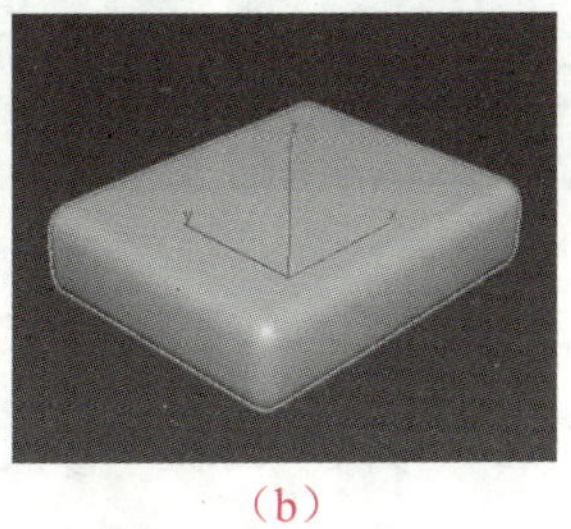
（b）

图 2-56 创建切角长方体

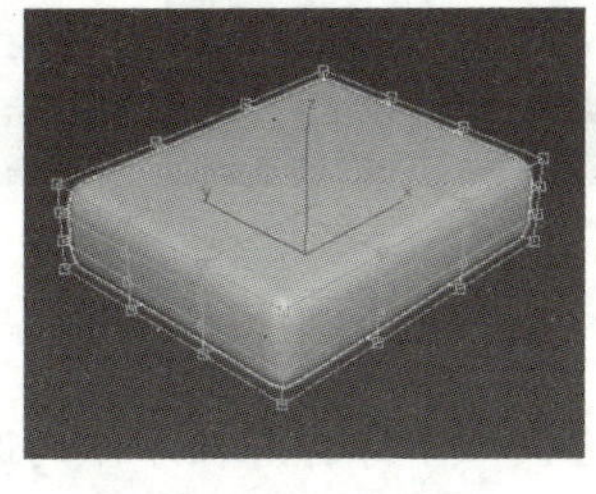
图 2-57 添加“FFD 4×4×4”修改器

步骤 3▶ 设置“FFD 4×4×4”修改器的修改对象为“控制点”子对象，然后在顶视图中框选图 2-58 所示的控制点。

提 示

FFD 修改器包含“FFD 2×2×2”“FFD 3×3×3”“FFD 4×4×4”“FFD（长方形）”和“FFD（圆柱体）”5 种类型，这里以“FFD 4×4×4”修改器为例进行说明。

步骤 4▶ 选择“选择并均匀缩放”工具，然后在透视图中将所选控制点沿 z 轴放大，如图 2-59 所示。

（a）

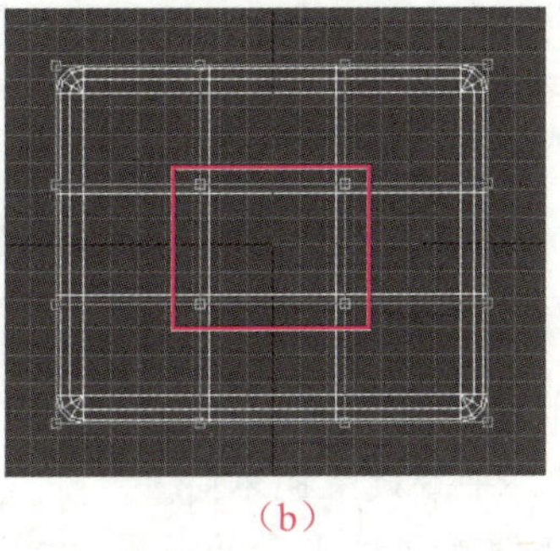
（b）

图 2-58 框选控制点

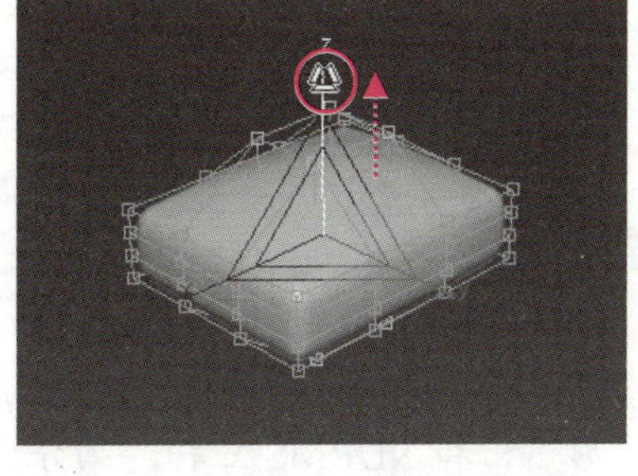
图 2-59 沿 z 轴放大所选控制点

步骤 5▶ 在顶视图中单击，取消选中的控制点，然后在按住【Ctrl】键的同时，在顶视图框选图 2-58（b）所示 4 个控制点外的其他控制点，并沿 z 轴对其进行压缩，如图 2-60 所示。

步骤 6▶ 在顶视图中单击，按住【Ctrl】键在顶视图框选 4 个角点处的控制点，然后将其沿 *xy* 平面放大，如图 2-61 所示。

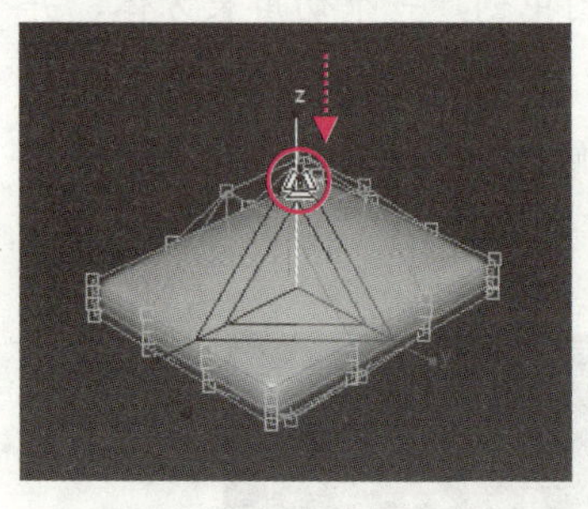

图 2-60 沿 *z* 轴压缩所选控制点

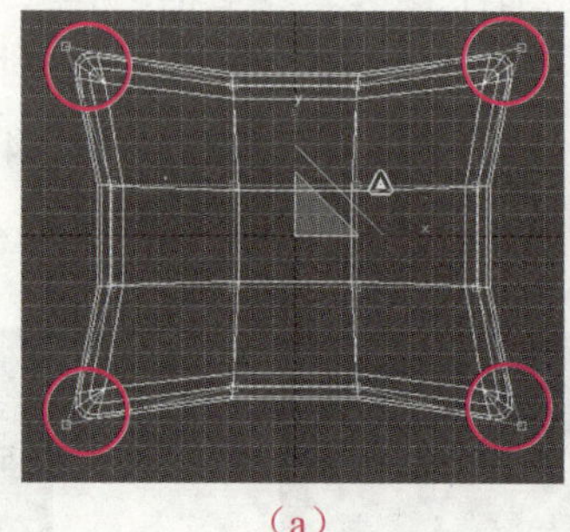

（a）

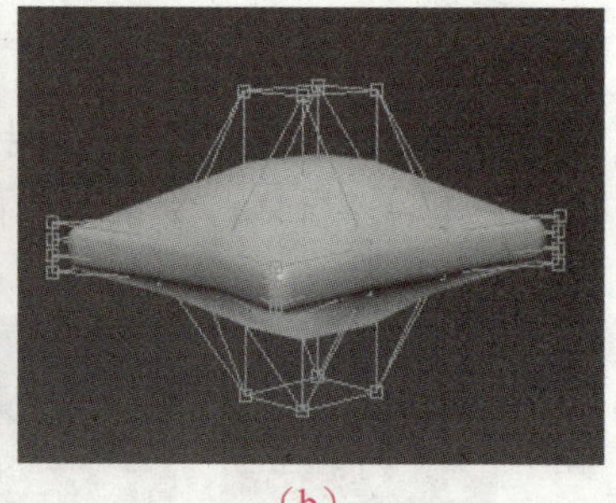

（b）

图 2-61 沿 *xy* 平面放大所选控制点

步骤 7▶ 保持切角长方体的选中状态，在“修改”面板“修改器列表”的下拉列表中选择“网格平滑”修改器，如图 2-62 所示。

步骤 8▶ 为靠垫添加“网格平滑”修改器后，可在“细分方法”卷展栏、“细分量”卷展栏和“参数”卷展栏中设置修改器的参数。本例将“迭代次数”设为“4”，如图 2-63 所示。至此，案例就完成了。

图 2-62 添加“网格平滑”修改器

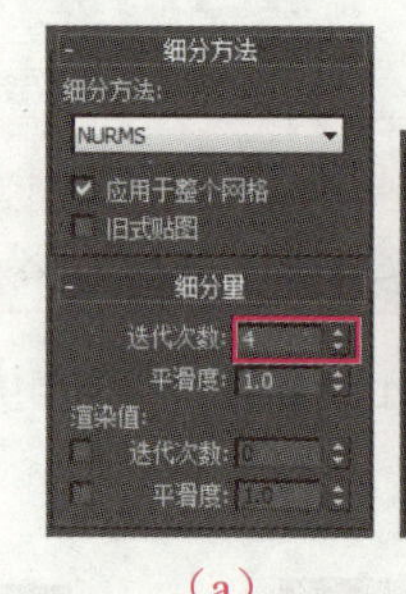

（a）

（b）

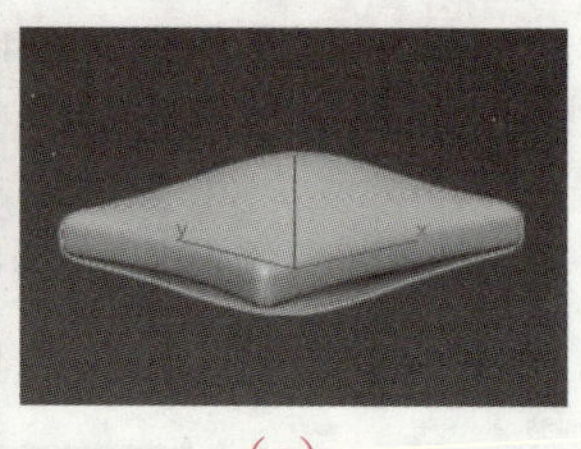

（c）

图 2-63 设置“网格平滑”修改器参数

知识库

图 2-63（a）所示卷展栏的功能如下。

“细分方法”卷展栏：在该卷展栏中可设置网格平滑的细分方式，包括经典、四边形输出和 NURMS 三种。细分方式不同，平滑效果也不同。

“细分量”卷展栏：在该卷展栏中可设置网格平滑的效果。其中，“迭代次数”选项的取值范围是 0～10，数值越大平滑效果越好，但系统的运算量也成倍增加，因此不宜设得过大。若遇上系统运算不过来的情况，可按【Esc】键返回前一次的设置。

案例总结

本案例通过制作沙发靠垫模型，学习了“FFD”修改器和“网格平滑”修改器的使用方法。在制作沙发靠垫模型的过程中，应注意“FFD”修改器和“网格平滑”修改器的各参数的作用，并掌握使用“FFD”修改器调整对象形状的方法。

本章实训

实训 1　制作吊灯模型

利用本章所学知识制作图 2-64 所示的吊灯模型。

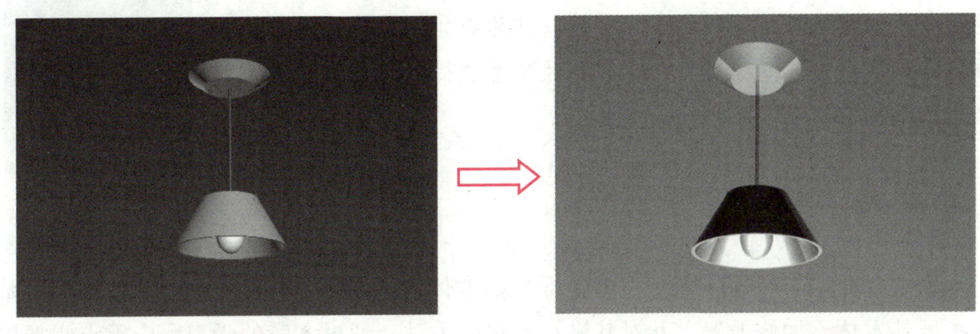

（a）吊灯模型　　（b）吊灯渲染效果

图 2-64　制作吊灯模型

提示：

（1）使用“圆锥体”按钮在顶视图中创建一个圆锥体，作为吊灯的底座。

（2）使用“圆柱体”按钮在顶视图中创建 3 个圆柱体，并在视图中调整其位置，分别作为吊灯的电线、灯罩底部和灯泡接口。

（3）使用“管状体”按钮在顶视图中创建一个管状体，并为其添加“锥化”修改器，然后在“参数”卷展栏中将“数量”设为-0.5，再在视图中调整其位置，作为吊灯的灯罩。

（4）使用“球体”按钮在顶视图中创建一个球体，并使用“选择并均匀缩放”工具在前视图中将其沿 y 轴缩放，然后在视图中调整其位置，作为吊灯的灯泡。

实训 2　制作石桌石凳模型

利用本章所学知识制作图 2-65 所示的石桌石凳模型。

(a) 石桌石凳模型

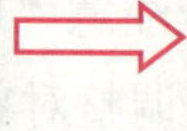

(b) 石桌石凳渲染效果

图 2-65 制作石桌石凳模型

提示：使用“圆柱体”按钮创建 3 个圆柱体组成石桌，然后再创建一个圆柱体，并将其实例克隆 3 份，作为石凳。为作为石凳的圆柱体添加“锥化”修改器，并在“参数”卷展栏中设置修改器的参数，如图 2-66 所示。

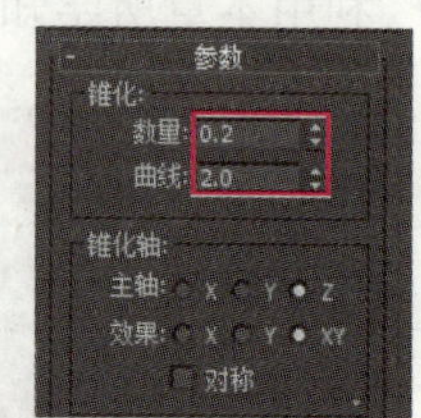

图 2-66 设置锥化参数

本章小结

本章主要介绍了在 3ds Max 中创建标准基本体和扩展基本体的方法，以及为标准基本体和扩展基本体添加修改器，并对其进行编辑的方法。通过本章的学习，应重点掌握以下内容。

- 掌握使用“几何体”创建面板中“标准基本体”分类和“扩展基本体”分类中各按钮创建三维模型的方法。
- 掌握调整标准基本体和扩展基本体参数的方法。
- 掌握利用“锥化”“弯曲”“扭曲”“FFD”和“网格平滑”修改器对三维模型进行编辑的方法。

第 3 章　效果图制作基本功——样条线建模

在 3ds Max 中，二维样条线包括线、矩形、圆和文本等。在制作效果图的实际操作中，经常会先通过二维样条线创建几何体的横截面，然后通过为其添加修改器将其转换为三维模型，以创建复杂的几何体。本章将通过案例介绍二维样条线的创建、编辑操作，以及将二维样条线转换为三维模型的方法。

学习目标

- 掌握二维样条线的创建。
- 掌握二维样条线的编辑方法。
- 掌握将二维样条线转换为三维模型的方法。

3.1　创建和编辑二维样条线

通过创建和编辑二维样条线，可制作各种建筑物、家具和装饰物的截面图形，利用这些二维截面图形可制作各种各样的三维模型。

3.1.1　二维样条线基础知识

3ds Max 的二维线形有 3 类，即样条线、NURBS 曲线和扩展样条线，这 3 者都可以作为三维建模的基础工具。但是，在室内效果图设计中应用最多的是样条线。

单击“创建”面板中的“图形”按钮，然后在其下的列表框中选择“样条线”，则该命令面板将列出 12 种线形类型，分别是线、矩形、圆、椭圆、弧等，如图 3-1 所示。这 12 种线形按照创建时拖动鼠标的次数不同可分为以下 3 类。

- **第 1 类：** 拖动鼠标到合适位置后单击完成创建，包括矩形、圆、椭圆、多边形、文本和截面。
- **第 2 类：** 拖动鼠标到合适位置后松开鼠标，然后将光标移动到合适位置单击完成创建，包括线、弧、圆环、星形、卵形。

➢ **第 3 类：**拖动鼠标到合适位置后松开鼠标，然后将光标移动到合适位置单击，再移动光标并单击完成创建，包括螺旋线。

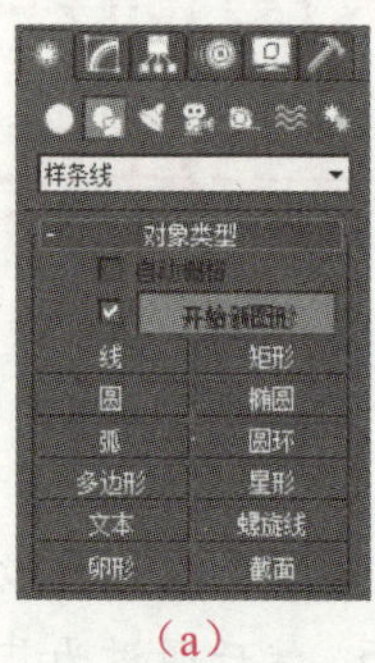

（a）

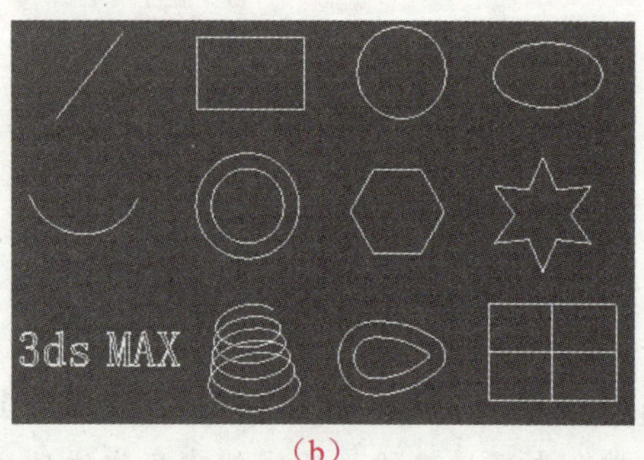

（b）

图 3-1　创建二维样条线

提　示

勾选图 3-1 中的“开始新图形”复选框，则在视图区中绘制的样条线之间都是独立的。如果不勾选该复选框，则绘制的所有样条线为一个整体。一般采用默认的勾选状态。

除“螺旋线”命令按钮外，单击图 3-1 所示的命令按钮，则出现的面板中基本上都包括“渲染”“插值”“键盘输入”“参数”卷展栏，如图 3-2 所示。

➢ **“渲染”卷展栏：**控制是否渲染该样条线，并且可以指定渲染时的粗细和贴图坐标。

➢ **“插值”卷展栏：**用于设置样条线的“步数”，即样条线上两个顶点之间的短直线的数量。步数越多，样条线越平滑，如图 3-3 所示。

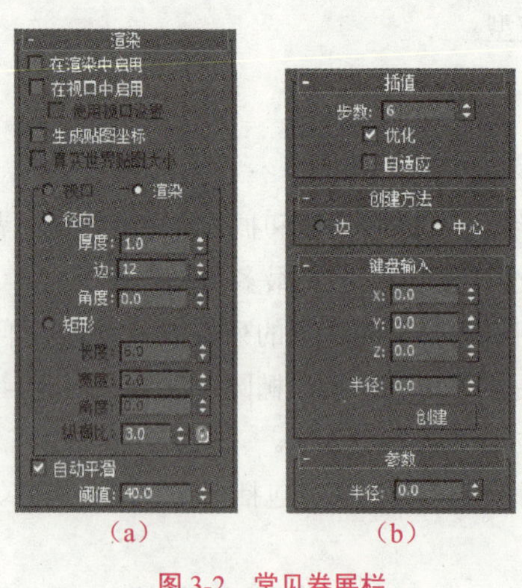

（a）　（b）

图 3-2　常见卷展栏

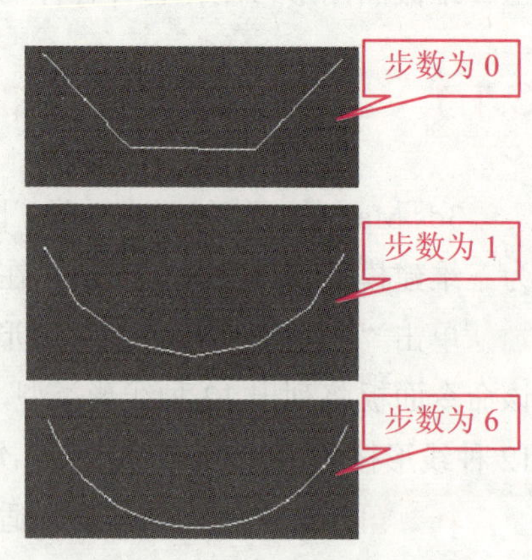

图 3-3　圆弧的步数

➢ “键盘输入”卷展栏：通过输入具体的数值来控制生成线形的尺寸和位置，通常不使用该方法创建样条线。

案例 1　制作圆凳——创建线和圆

下面通过制作图 3-4 所示的圆凳模型，学习线和圆的创建及应用方法。

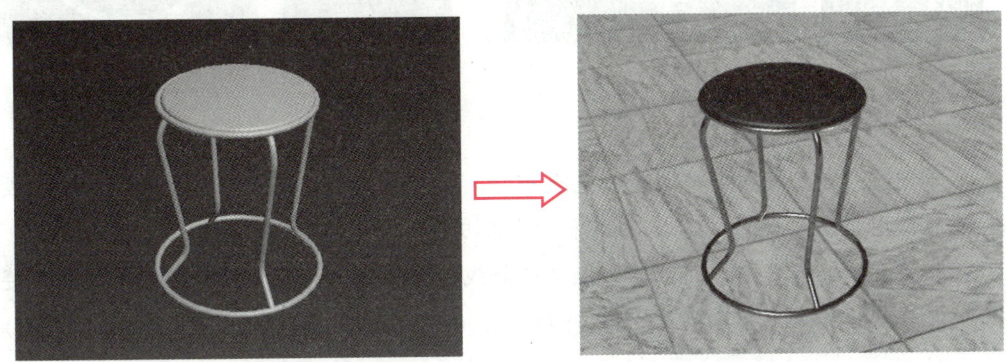

（a）圆凳模型　　（b）圆凳渲染效果

图 3-4　制作圆凳模型

制作思路

首先创建一个切角圆柱体，作为圆凳的坐垫；然后创建两个圆图形，并设置其参数，作为圆凳的底座和垫圈；最后创建一条曲线，并将曲线旋转复制一份，作为圆凳的支架。

制作步骤

步骤 1▶ 启动 3ds Max，将单位设置为毫米。单击“几何体”创建面板“扩展基本体”分类中的“切角圆柱体”按钮，在透视图中创建一个切角圆柱体。在“参数”卷展栏中设置其参数，使用“选择并移动”工具选中切角圆柱体，在状态栏中将其 X 和 Y 坐标设为 0，再将其沿 Z 轴向上移动，如图 3-5 所示。

步骤 2▶ 单击“图形”创建面板“样条线”分类中的“圆”按钮，在顶视图中按住鼠标左键并拖动创建一个圆图形。在“参数”卷展栏中将“半径”设为 41，再在“渲染”卷展栏中勾选“在渲染中启用”和“在视口中启用”复选框，并勾选“渲染”和“径向”单选钮，将“厚度”设为 30，“边”设为 32，再利用“对齐”按钮，将其轴点与切角圆柱体的轴点对齐，如图 3-6 所示。

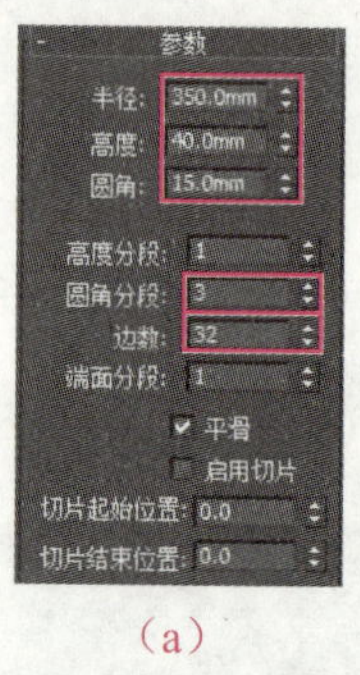

(a)

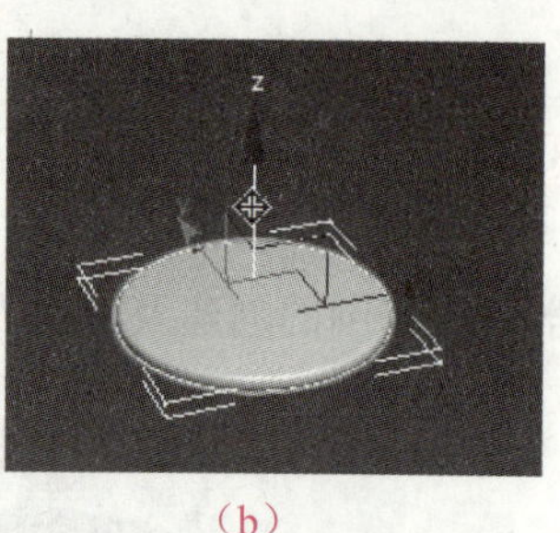
(b)

图 3-5 创建并调整切角圆柱体

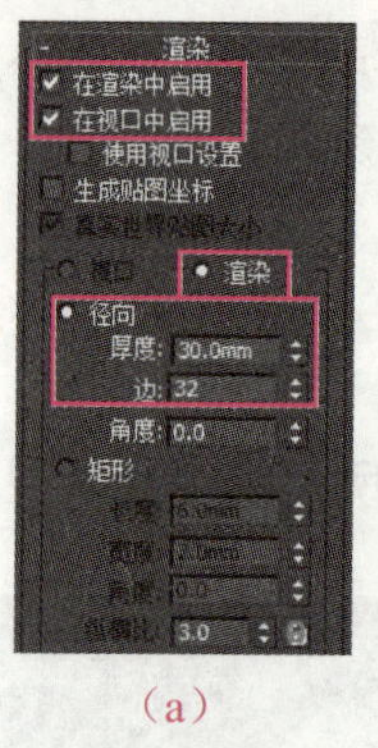

(a)

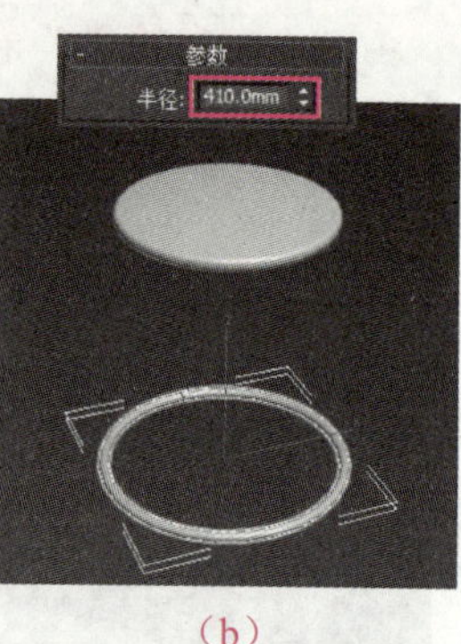

(b)

图 3-6 创建并调整圆

步骤 3▶ 在前视图中将圆复制克隆一份，在“参数”卷展栏中将副本“半径”设为36，然后使用“选择并移动”工具将其移至切角圆柱体的外围，如图 3-7 所示。

步骤 4▶ 单击“图形”创建面板“样条线”分类中的“线”按钮，在前视图中连续单击确定线的拐点创建一条图 3-8 所示的曲线，再右击结束曲线的创建。

图 3-7 复制并调整第 2 个圆图形

图 3-8 创建曲线

若对创建的曲线不满意，可在“修改”面板的修改器堆栈中单击“Line”左侧的图标，选中“顶点”子对象，再使用“选择并移动”工具在前视图中调整曲线各顶点的位置，以改变曲线形状。

步骤 5▶ 在“修改”面板的修改器堆栈中选择“Line”选项的“顶点”子对象，在前视图中框选曲线的所有顶点，然后在“几何体”卷展栏中单击“平滑”单选钮，再在“圆角”文本框中输入 200 并回车，对曲线进行平滑处理，如图 3-9 所示。

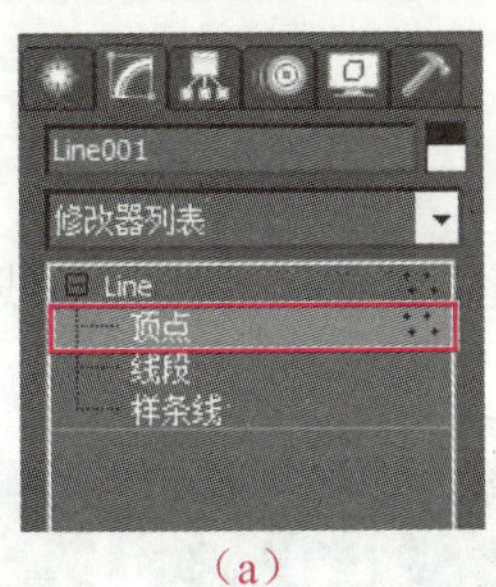

(a)

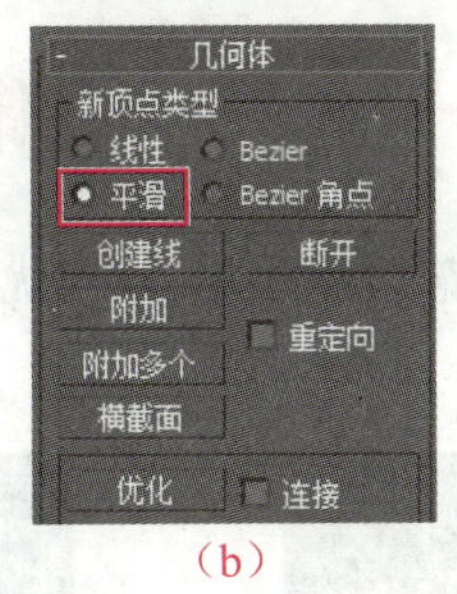

(b)

(c)

图 3-9　对曲线进行平滑处理

步骤 6▶　单击"修改"面板修改器堆栈中的"Line"选项，然后选择"选择并旋转"工具，在按住【Shift】键的同时在顶视图中将曲线沿 *z* 轴旋转 90°，再在弹出的"克隆选项"对话框中选择"实例"单选钮，并单击"确定"按钮，如图 3-10 所示。至此，案例就完成了。

提　示

使用"选择并旋转"工具旋转对象时，可按【A】键打开工具栏中的"角度捕捉切换"开关，然后在该开关按钮上右击，从弹出的图 3-11 所示的"角度"文本框中设置捕捉角度，则在旋转复制对象时可按"角度"文本框中数值的整数倍捕捉角度。

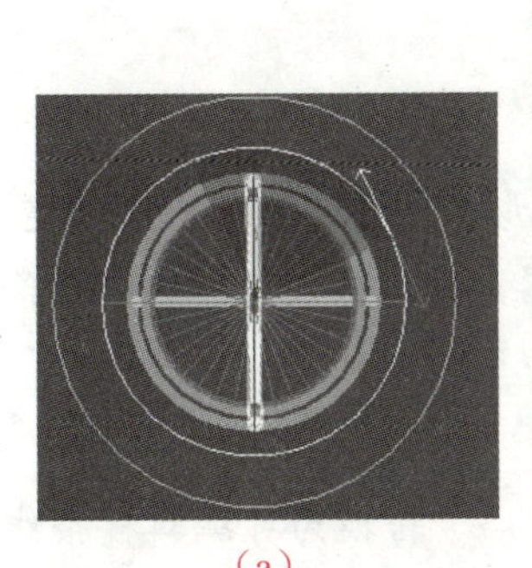
(a)

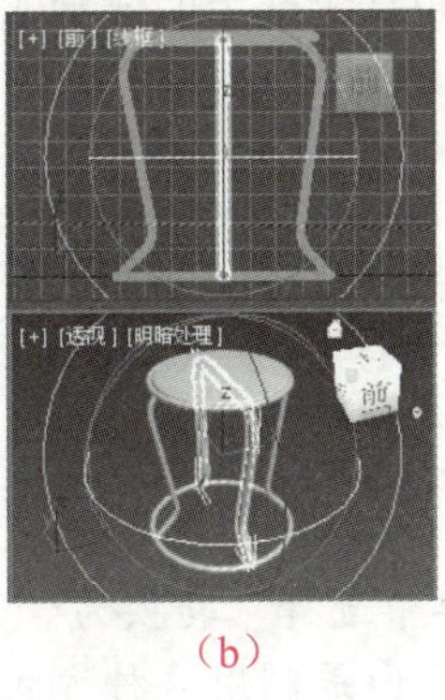

(b)

图 3-10　旋转复制曲线

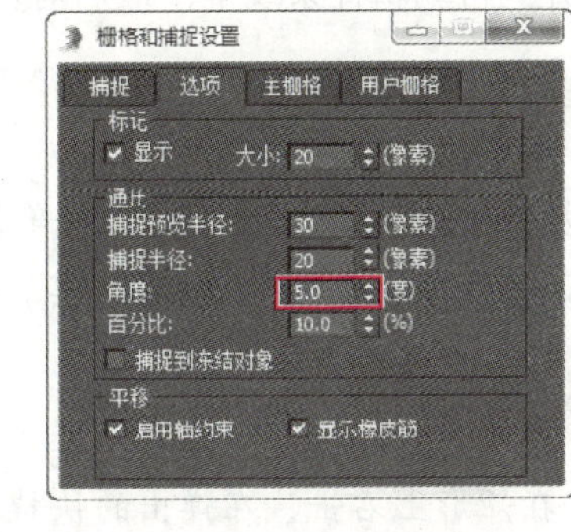

图 3-11　设置捕捉角度

案例总结

本案例通过制作圆凳模型，学习了样条线中线和圆的创建方法。在制作圆凳模型的过程中，应注意"渲染"卷展栏的作用，以及"顶点"子对象的类型和"圆角"命令的作用。

案例2　绘制镜框截面图——优化、镜像、焊接、连接和布尔运算

下面通过绘制图3-12所示的镜框截面图，学习优化、镜像和焊接样条线，以及对样条线进行布尔运算的方法。

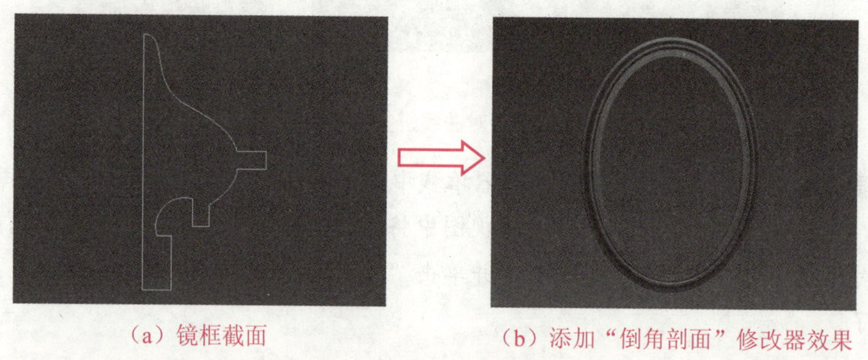

（a）镜框截面　　　　（b）添加“倒角剖面”修改器效果

图3-12　绘制镜框截面图

制作思路

首先创建一个矩形，并转换为可编辑样条线；然后对可编辑样条线进行“优化”“镜像”“焊接”和“连接”处理，制作镜框截面图形的主体部分；再创建3个矩形和一个圆，并合并到可编辑样条线中；最后对可编辑样条线中的样条线进行布尔运算即可。

制作步骤

步骤1▶　启动3ds Max，将单位设置为毫米。使用“矩形”按钮在左视图中创建一个矩形，然后在“修改”面板中为其添加“编辑样条线”修改器，将其转换为可编辑样条线。

在矩形上右击，在弹出的快捷菜单中选择“转换为：”>“转换为可编辑样条线”菜单，也可将其转换为可编辑样条线。但是利用这种方式转变的可编辑样条线无法再对矩形的参数进行修改。

步骤2▶　将“编辑样条线”修改器的修改对象设为“顶点”，然后选中矩形右下角的顶点，再按【Delete】键将其删除，如图3-13所示。

步骤3▶　单击“修改”面板“几何体”卷展栏中的“优化”按钮，然后在删除顶点形成的弧线上单击，插入一个顶点，如图3-14所示。

步骤4▶　再次单击“优化”按钮将其关闭，然后选中步骤3中插入的顶点并在所选顶点上右击鼠标，在弹出的快捷菜单中选择“Bezier”菜单。

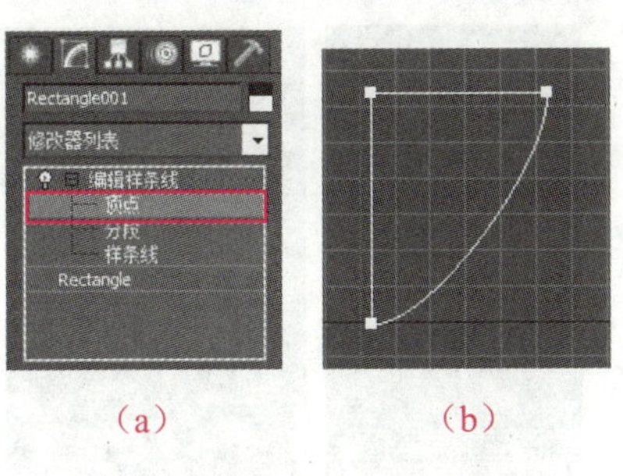

图 3-13　删除矩形右下角的顶点

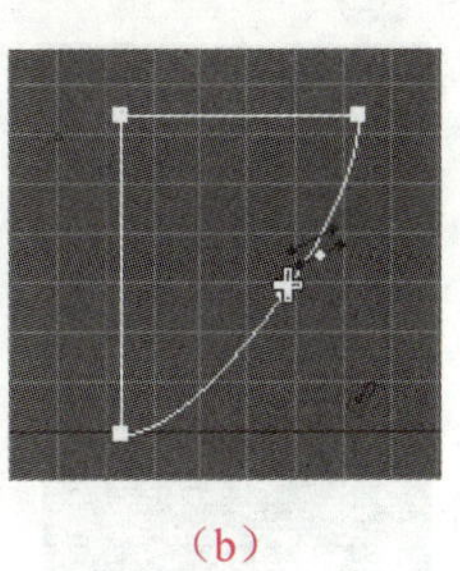

图 3-14　插入一个顶点

步骤 5▶　使用“选择并移动”工具调整插入顶点的位置，以及顶点两侧的控制柄，以调整顶点所在线段的形状，效果如图 3-15（a）所示；然后调整图形最下端顶点横向控制柄的长度，效果如图 3-15（b）所示。

步骤 6▶　将“编辑样条线”修改器的修改对象设为“样条线”，然后在“几何体”卷展栏中设置镜像方式为“垂直镜像”，并选中“复制”复选框，再单击“镜像”按钮，效果如图 3-16 所示。

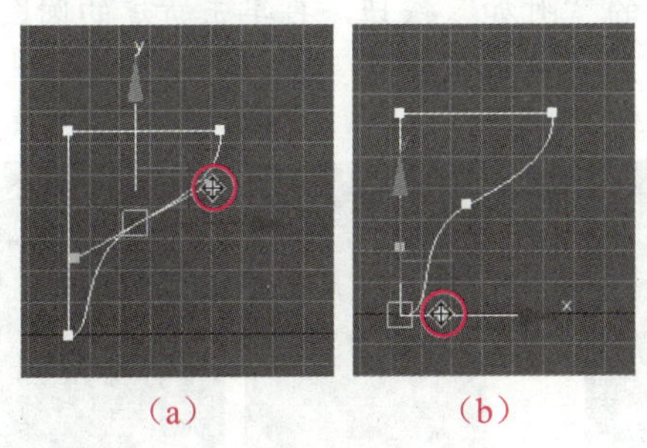

图 3-15　调整可编辑样条线的顶点

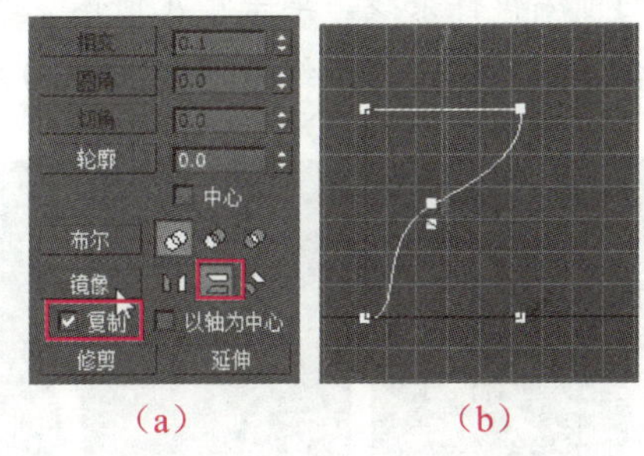

图 3-16　对样条线进行镜像处理

步骤 7▶　将镜像处理创建的样条线向上移动，效果如图 3-17（a）所示；然后将“编辑样条线”的修改对象设为“分段”，并选中图 3-17（b）所示线段并按【Delete】键将其删除。

步骤 8▶　将“编辑样条线”的修改对象设为“顶点”，然后框选图 3-18（a）所示区域的顶点，并在“几何体”卷展栏“焊接”按钮右侧的文本框中设置焊接阈值为 5，再单击“焊接”按钮，可将选中顶点焊接为一个顶点，参数如图 3-18（b）所示。

知识库

利用“焊接”按钮只能焊接相邻的顶点，且顶点间的间距必须小于焊接阈值，否则无法焊接。此外，勾选了“端点自动焊接”区中的“自动焊接”复选框后，若非闭合曲线端点间的间距小于焊接阈值，系统会自动将两个端点焊接为一个顶点。

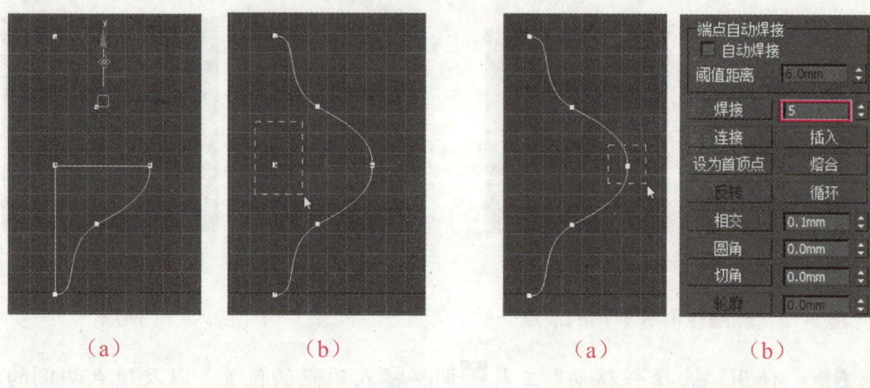

图 3-17 调整样条线　　　图 3-18 焊接顶点

步骤 9▶ 单击“几何体”卷展栏中的“连接”按钮，然后在样条线上端点处按住鼠标左键并向下拖动，到样条线下端点后释放左键，将二者用直线段连接起来，如图 3-19 所示。

步骤 10▶ 在左视图中创建一个半径为 15 的圆图形，并调整其位置，然后选中前面创建的可编辑样条线，单击“几何体”卷展栏中的“附加”按钮，再单击新建的圆图形，将其合并到可编辑样条线中，如图 3-20 所示。

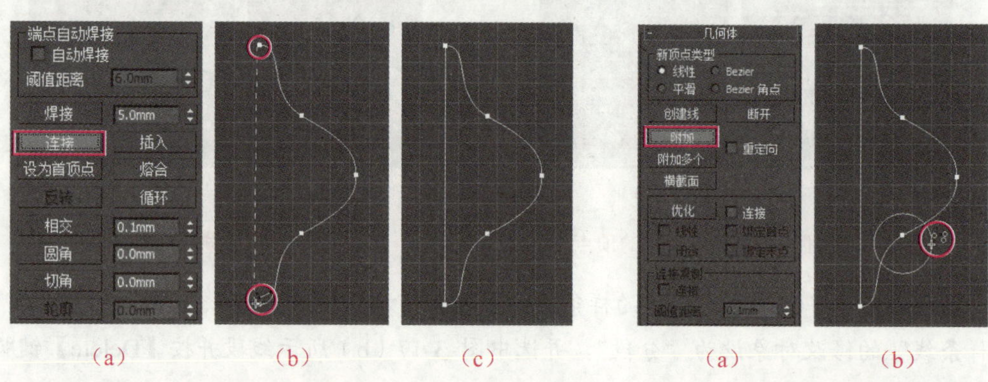

图 3-19 连接端点　　　图 3-20 合并圆

步骤 11▶ 再次单击“附加”按钮将其关闭，将“编辑样条线”的修改对象设为“样条线”，并选中图 3-21（a）所示样条线；然后在“几何体”卷展栏设置布尔运算的运算方式为“差集”，并单击“布尔”按钮；再在要修剪掉的线上单击，完成差集布尔运算，如图 3-21（b）和（c）所示。

步骤 12▶ 利用“矩形”工具在左视图中创建 3 个矩形，并调整其位置，如图 3-22 所示。然后选中前面创建的可编辑样条线，单击“几何体”卷展栏中的“附加多个”按钮，利用打开的“附加多个”对话框将新建的 3 个矩形合并到可编辑样条线中。

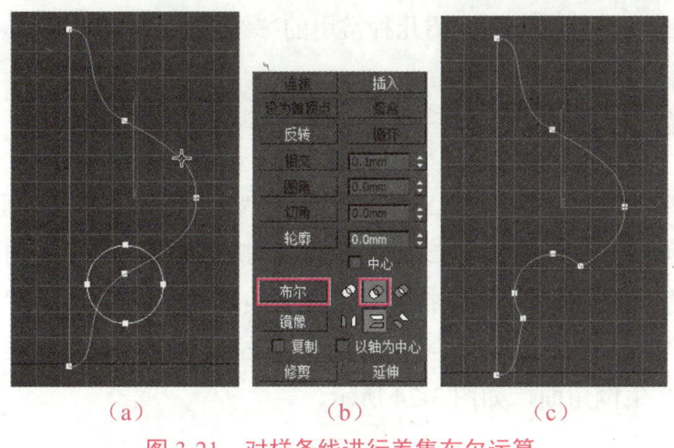

（a）　（b）　（c）

图 3-21　对样条线进行差集布尔运算　　图 3-22　创建 3 个矩形

步骤 13▶　将“编辑样条线”修改器的修改对象设为“样条线”，并选中图 3-23（a）所示样条线，然后设置布尔操作的运算方式为“并集”并单击“布尔”按钮，依次单击 3 个矩形，如图 3-23（b）和（c）所示。至此，案例就完成了。

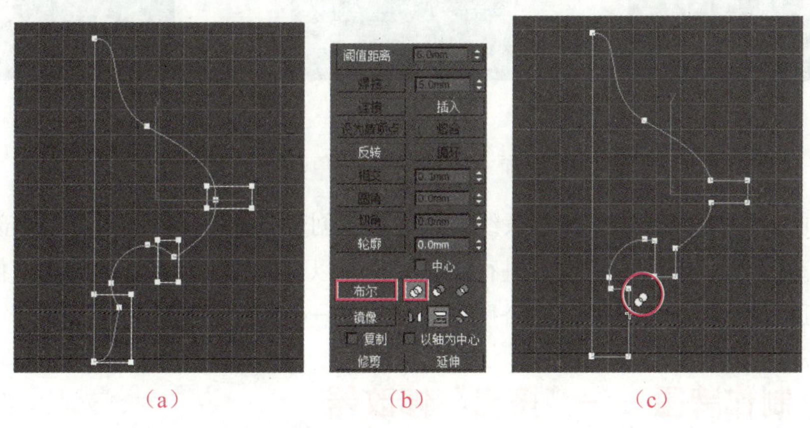

（a）　（b）　（c）

图 3-23　对样条线进行并集布尔运算

案例总结

本案例通过制作镜框的截面图，学习了“优化”“镜像”“焊接”“连接”及“布尔”命令的使用方法。利用“优化”命令可在样条线上添加顶点；利用“镜像”命令，可镜像复制样条线；利用“焊接”命令，可将两个相邻的顶点变为一个顶点；利用“连接”命令，可在两个顶点间创建样条线；利用“布尔”命令，可以多种形式合并样条线。

3.2　将二维样条线转换为三维模型

创建二维样条线的目的主要是为创建三维模型作准备。利用 3ds Max 提供的修改器可以将创建好的二维样条线转换为三维模型，下面介绍几种常用的二维样条线修改器。

3.2.1 二维样条线修改器基础知识

将二维样条线转换为三维模型的常用修改器有“挤出”“倒角”“车削”和“倒角剖面”等。其中，利用“挤出”修改器可以对任何类型的二维样条线进行挤出处理，使之沿自身 z 轴拉伸，以创建三维模型；“倒角”修改器也是通过拉伸二维样条线创建三维模型，与“挤出”修改器不同的是，“倒角”修改器可以对二维样条线进行多次拉伸处理，且在拉伸的过程中可以缩放二维样条线，以产生倒角面，如图3-24所示。

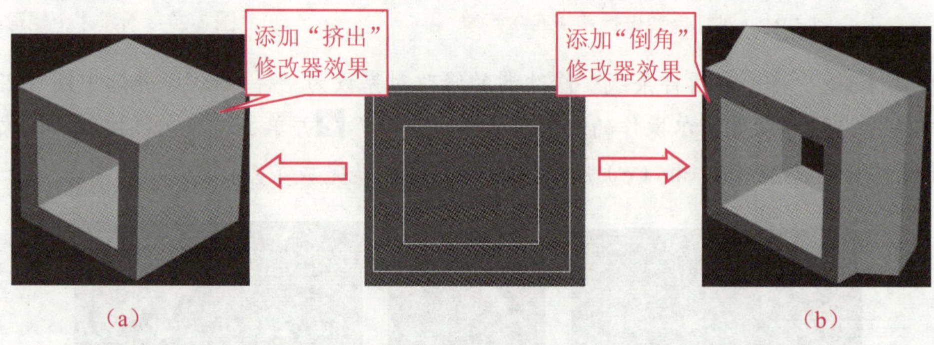

图3-24 添加“挤出”和“倒角”修改器效果

“车削”修改器通过将二维样条线绕轴旋转来创建三维模型；利用“倒角剖面”修改器可以将一个截面图形沿指定路径进行倒角处理，以创建三维模型。要使用“倒角剖面”修改器必须有两个二维样条线，一个用作截面，另一个用作路径。

案例3 制作牌匾——“挤出”修改器

下面通过制作如图3-25所示的牌匾模型，学习“挤出”修改器的使用方法。

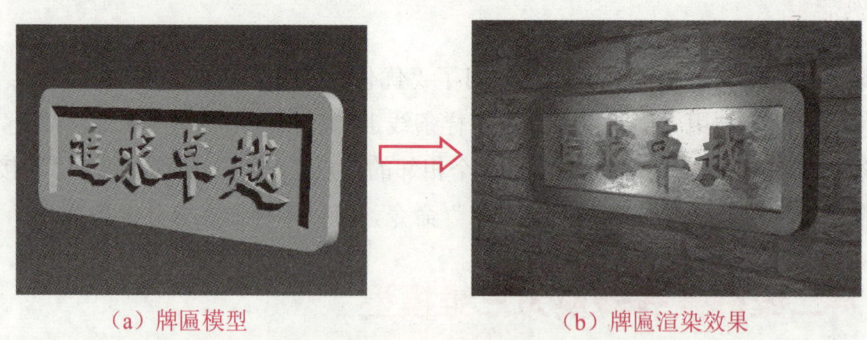

（a）牌匾模型　　（b）牌匾渲染效果

图3-25 制作牌匾模型

制作思路

首先在前视图中创建两个矩形，并将较小的矩形复制一份；然后将较大的矩形转换为可编辑样条线，并将其与较小的矩形合并；再使用“文本”按钮创建二维文本；最后分别为样条线、矩形和文本添加“挤出”修改器，并设置“挤出”修改器的参数。

制作步骤

步骤 1▶ 启动 3ds Max，将单位设置为毫米。使用“矩形”按钮在前视图中以栅格线原点为中心创建一个矩形，然后在“参数”卷展栏中设置其参数，如图 3-26 所示。

步骤 2▶ 利用快捷键【Ctrl+C】和【Ctrl+V】将圆角矩形复制克隆一份，并在“参数”卷展栏中设置矩形副本参数，如图 3-27 所示。

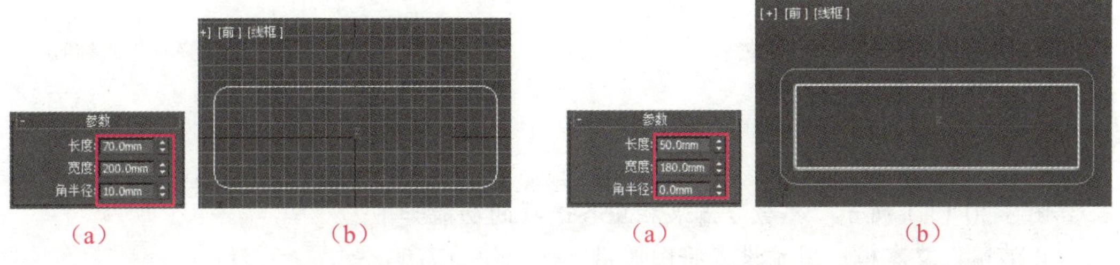

（a）　（b）　（a）　（b）

图 3-26　创建圆角矩形　　图 3-27　复制矩形并调整参数

步骤 3▶ 利用快捷键【Ctrl+C】和【Ctrl+V】，将较小的矩形复制克隆一份。

步骤 4▶ 选中圆角矩形，在“修改”面板“修改器列表”的下拉列表中选择“编辑样条线”修改器，将其转换为可编辑样条线，然后单击“几何体”卷展栏中的“附加”按钮，再单击视图中较小的矩形将其合并，如图 3-28 所示。

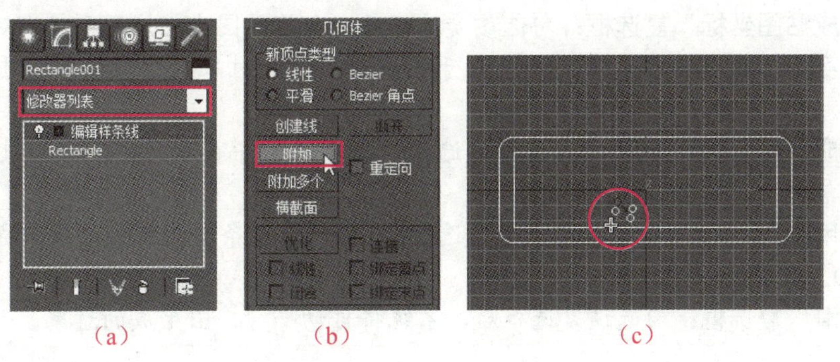

（a）　（b）　（c）

图 3-28　合并可编辑样条线

步骤 5▶ 单击“图形”创建面板“样条线”分类中的“文本”按钮，在“参数”卷展栏中将“字体”设为“华文新魏”，将“大小”设为 40，其他参数保持默认不变。在“文本”文本框中输入汉字“追求卓越”，再在前视图中单击创建二维文本，并使用“选择并移动”工具调整文本的位置，如图 3-29 所示。

步骤 6▶ 在视图中选中可编辑样条线，在“修改”面板中选择“挤出”修改器，然后在“参数”卷展栏中将“数量”设为 10，如图 3-30 所示。

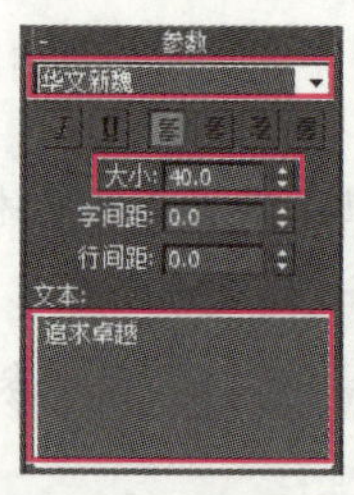

（a）

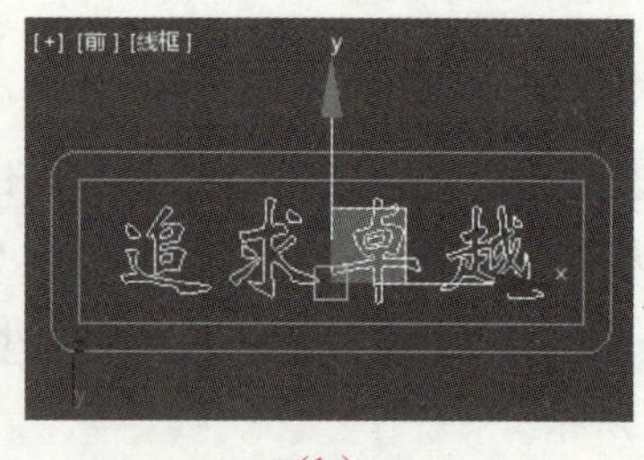

（b）

图 3-29 创建文本

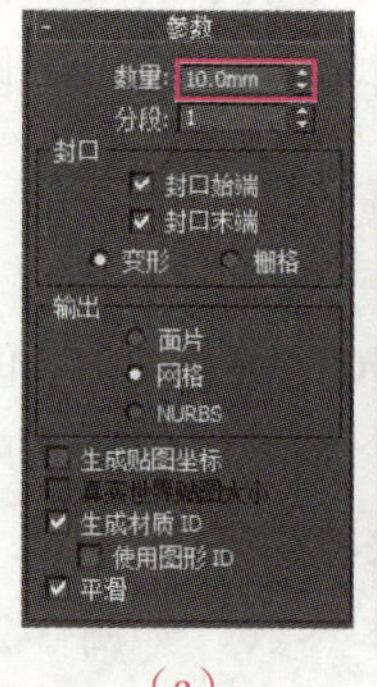

（a）

（b）

图 3-30 设置“挤出”修改器的参数

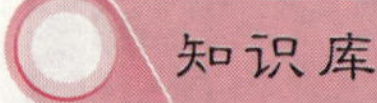

图 3-30（a）所示“参数”卷展栏中各选项的功能如下。

“数量”文本框：用于设置将图像沿 z 轴拉伸的高度。

“分段”文本框：用于设置挤出对象的分段数目。

“封口始端”复选框：勾选该复选框后，将会在挤出对象始端生成一个平面。

“封口末端”复选框：勾选该复选框后，将会在挤出对象末端生成一个平面。

“面片”单选钮：选择该单选钮，则挤出对象的类型为面片。

“网格”单选钮：选择该单选钮，则挤出对象的类型为网格。

“NURBS”单选钮：选择该单选钮，则挤出对象的类型为 NURBS 曲面。

“生成贴图坐标”复选框：勾选该复选框后，会将贴图坐标应用到挤出对象中。

“真实世界贴图大小”复选框：用于控制应用于该对象的纹理贴图材质所使用的缩放方法。

“生成材质 ID”复选框：勾选该复选框，表示可以将不同的材质 ID 指定给挤出对象的侧面与封口。

“使用图形 ID”复选框：勾选该复选框后，会使用样条曲线中为分段和样条线指定的材质 ID。

“平滑”复选框：勾选该复选框后，系统将自动平滑挤出生成的对象。

步骤 7▶ 在“场景资源管理器”面板中单击选中“Rectangle003”（较小矩形的副本），然后为其添加“挤出”修改器，在“参数”卷展栏中将“数量”设为 5，如图 3-31 所示。

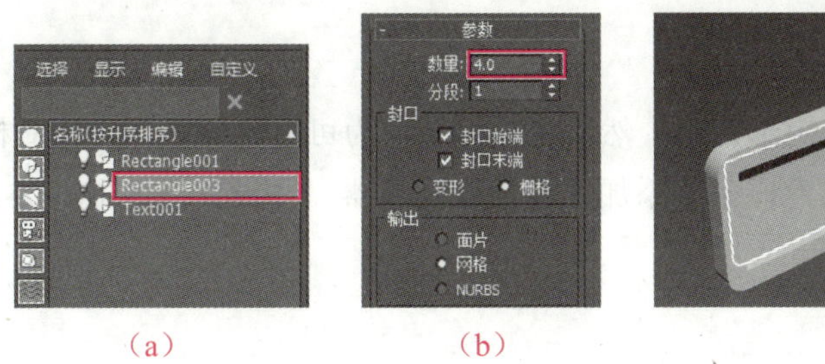

（a）　（b）　（c）

图 3-31　为较小矩形副本添加“挤出”修改器

步骤 8▶　选中视图中的文本，为其添加“挤出”修改器，在“参数”卷展栏中将“数量”设为 8，如图 3-32 所示。至此，案例就完成了。

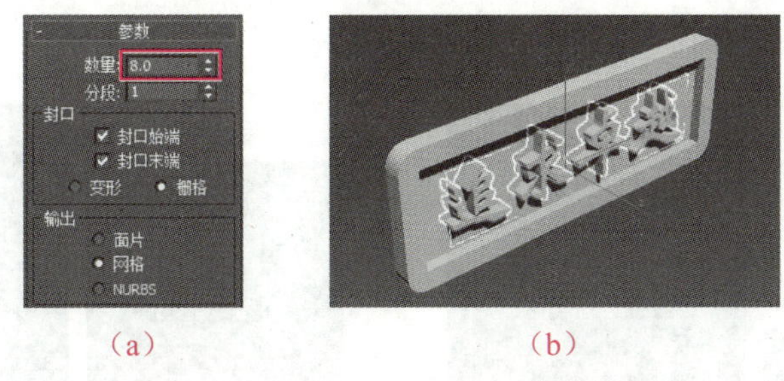

（a）　（b）

图 3-32　为文本添加“挤出”修改器

案例总结

本案例通过制作牌匾模型，学习了“挤出”修改器的使用方法。在制作牌匾模型的过程中，应注意“挤出”修改器各参数的意义，以及文本的创建方法和“场景资源管理器”面板的使用方法。

案例 4　制作相框——“倒角”修改器

下面通过制作图 3-33 所示的相框模型，学习“倒角”修改器的使用方法。

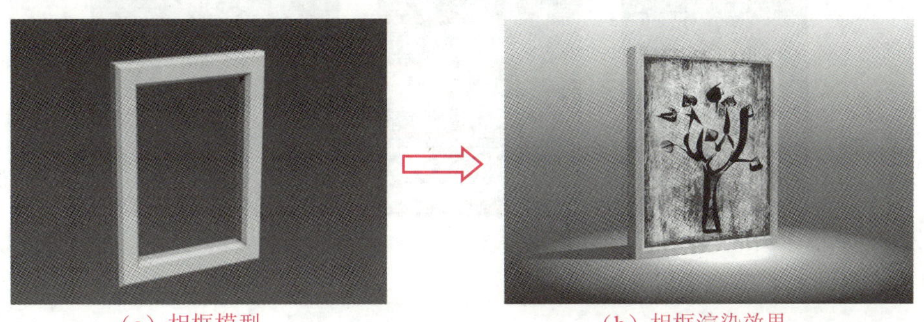

（a）相框模型　（b）相框渲染效果

图 3-33　制作相框模型

制作思路

先在前视图中创建一个矩形图形，然后将矩形转换为可编辑样条线，并对样条线进行“轮廓”处理，最后为可编辑样条线添加“倒角”修改器，并设置修改器参数。

制作步骤

步骤 1▶ 启动3ds Max，将单位设置为毫米。使用“矩形”按钮在前视图中创建一个矩形，然后在“参数”卷展栏中将“长度”设为400，“宽度”设为300，如图3-34所示。

步骤 2▶ 为创建的矩形添加“编辑样条线”修改器，然后将修改对象设为“样条线”，再在“修改”命令面板“几何体”卷展栏中“轮廓”按钮右侧的文本框中输入40并回车，对矩形进行轮廓处理，如图3-35所示。

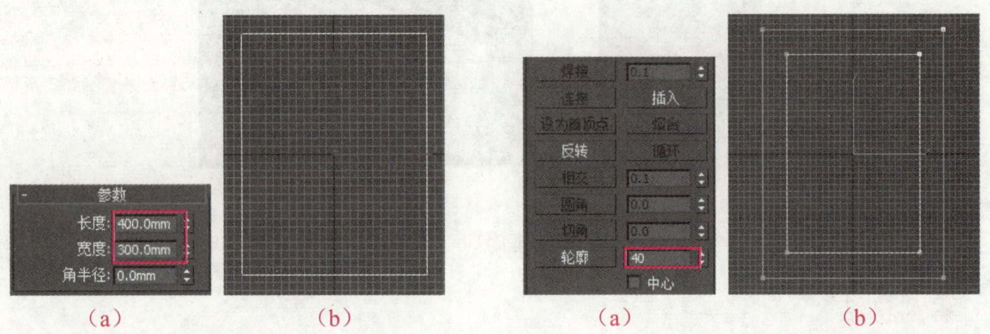

图3-34 创建矩形图形　　图3-35 对矩形进行轮廓处理

步骤 3▶ 为图3-35所示的轮廓线添加“倒角”修改器，然后参照图3-36所示设置“参数”卷展栏和“倒角值”卷展栏中的参数。至此，案例就完成了。

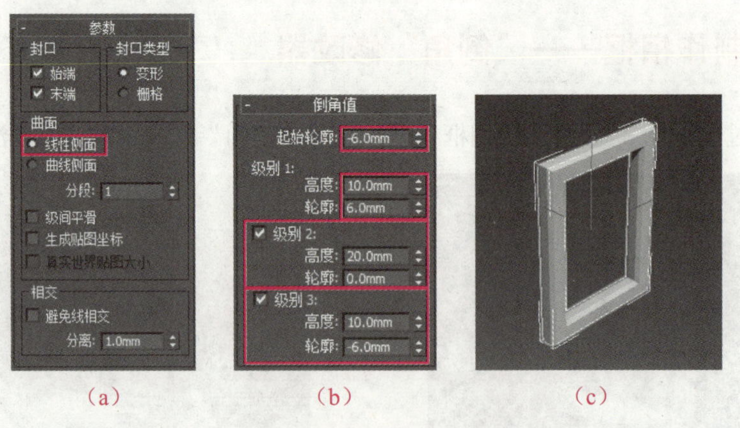

图3-36 添加“倒角”修改器并设置参数

知识库

图 3-36（a）所示“参数”卷展栏中各选项的功能如下。

“线性侧面”单选钮：选中该单选钮，则对二维样条线进行倒角处理时会生成直角的边。

“曲线侧面”单选钮：选中该单选钮，则对二维样条线进行倒角处理时会生成圆倒角的边，分段数越大倒角越平滑。

“级间平滑”复选框：勾选该复选框后可对各级倒角面的相交处进行平滑处理。

“避免线相交”复选框：勾选该复选框后可防止倒角对象中出现曲线交叉现象，但系统运算量也会随之大幅增加。

“分离”文本框：用于设置两个边界线之间保持的距离，以防止越界交叉。

图 3-36（b）所示“倒角值”卷展栏各选项的功能如下。

“起始轮廓”文本框：设置对原始轮廓进行加粗或变细的数值，正数为加粗，负数为变细。

“级别 1”区域：包含两个参数，它们表示起始级别的改变。在“高度”文本框中可设置级别 1 在起始级别之上的距离；在“轮廓”文本框中可设置级别 1 的轮廓到起始轮廓的偏移距离。

“级别 2”和“级别 3”复选框：这两个级别是可选的，其作用是在级别 1 后面添加一个或两个级别，它们参数的含义与级别 1 相同。

案例总结

本案例通过制作相框模型，学习了“倒角”修改器的使用方法。在制作相框模型的过程中，应注意“倒角”修改器各参数的意义。

案例 5　制作果盘——“车削”修改器

下面通过制作图 3-37 所示的果盘模型，学习“车削”修改器的使用方法。

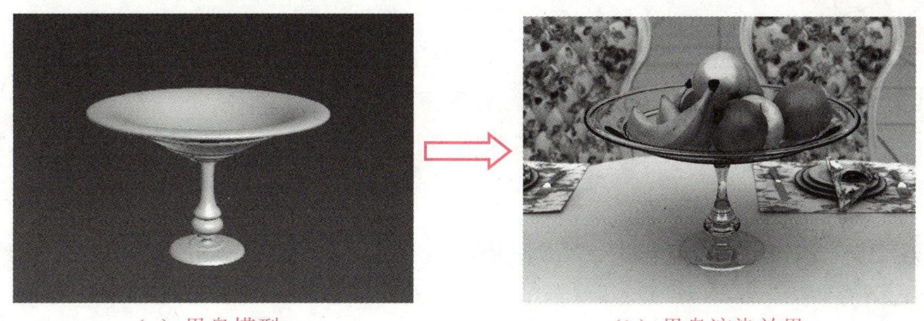

（a）果盘模型　　（b）果盘渲染效果

图 3-37　制作果盘模型

制作思路

首先在前视图中使用“线”按钮绘制果盘的截面图；然后为截面图添加“车削”修改器，调整修改器的参数。

制作步骤

步骤 1▶ 启动 3ds Max，将单位设置为毫米。选择“线”按钮，在“创建方法”卷展栏中设置线段顶点的初始类型和拖动类型，然后在前视图中通过单击创建直线顶点，通过按住鼠标左键并拖动创建曲线顶点，形成图 3-38 所示的图形。

提　示

按图 3-38（a）所示设置线的创建方法后，在绘制果盘截面图的过程中，单击可生成直线顶点，按住鼠标并拖动可创建曲线顶点，曲线顶点的两端都会带有弧度，牢记这些特点便可顺利绘制出所需的截面图。

步骤 2▶ 在“修改”面板的修改器堆栈中展开“Line”，并选择“顶点”子对象，然后在“几何体”卷展栏中单击“优化”按钮，并在前视图的图形线段上单击，添加两个顶点，如图 3-39 所示。

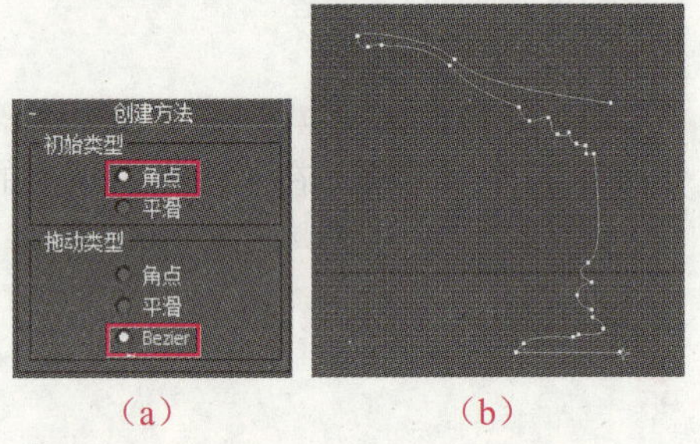

（a）　（b）

图 3-38　利用“线”按钮创建图形

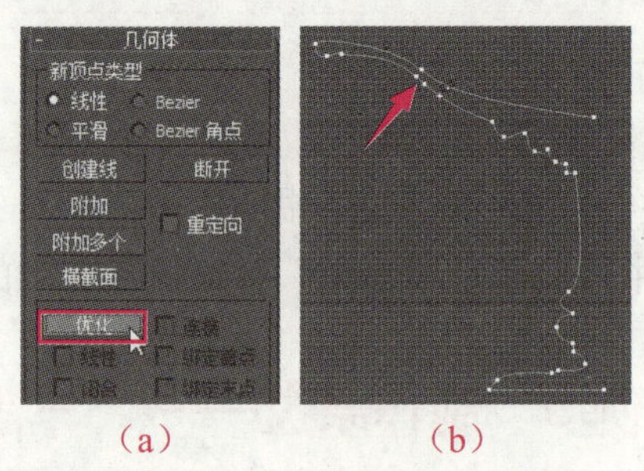

（a）　（b）

图 3-39　添加顶点

提　示

选中样条线后右击，在弹出的快捷菜单中选择“细化”菜单，然后在样条线上单击，可在样条线上添加顶点。将修改对象设为“顶点”后，选中某个顶点并按【Delete】键，可删除该顶点。

步骤 3▶ 使用“选择并移动”工具调整各顶点位置及顶点的控制柄，该线段的形状如图 3-40 所示。

步骤 4▶ 在“修改”面板的“修改器列表”下拉列表中选择“车削”修改器，然后在“参数”卷展栏中勾选“焊接内核”复选框，并将“分段”设为 40，如图 3-41 所示。

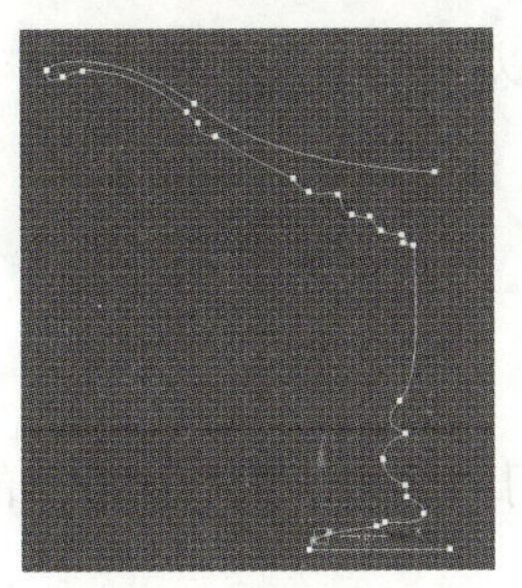

图 3-40　调整顶点的位置和控制柄

图 3-41　设置车削参数

图 3-41 所示“参数”卷展栏中各选项的功能如下。

“度数”文本框：在该文本框中可设置对对象进行车削处理的角度，360° 是一个完整的环形，小于 360° 则是不完整的扇形。

“焊接内核”复选框：勾选该复选框，可自动焊接车削对象中重合的顶点，以简化网格，获得平滑无缝的三维模型。

“翻转法线”复选框：勾选该复选框，可使车削对象表面的法线方向相反。

“分段”文本框：设置旋转模型环绕旋转轴的分段数。该值越大，对象表面越光滑。

“封口”设置区：用于设置是否对车削对象的开始和结束端进行封口处理。

“方向”设置区：用于设置车削轴的方向，其中的3个按钮分别对应车削对象自身的 x 轴、y 轴和 z 轴。

步骤 5▶ 展开“车削”修改器，选择“轴”子对象，再使用“选择并移动”工具在前视图中沿 x 轴拖动调整车削轴的位置，如图 3-42 所示。至此，案例就完成了。

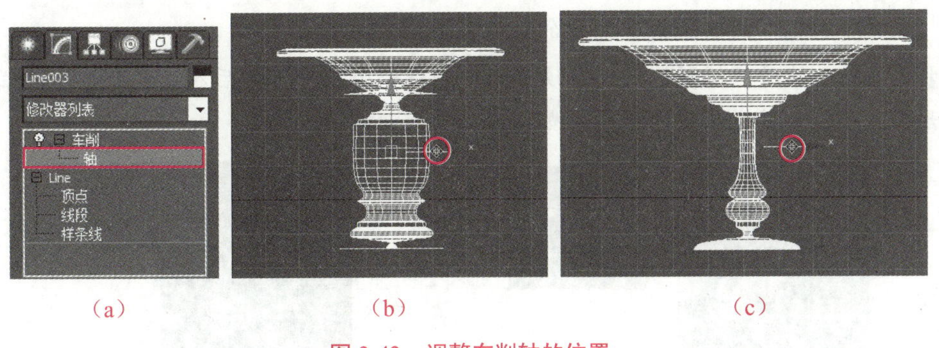

(a)　(b)　(c)

图 3-42　调整车削轴的位置

案例总结

本案例通过制作果盘模型，学习了“车削”修改器的使用方法。在制作果盘模型的过程中，应注意“车削”修改器各参数的意义，以及“轴”子对象的作用和截面图的绘制技巧。

案例 6　制作会议桌——“倒角剖面”修改器

下面通过制作图 3-43 所示的会议桌模型，学习“倒角剖面”修改器的使用方法。

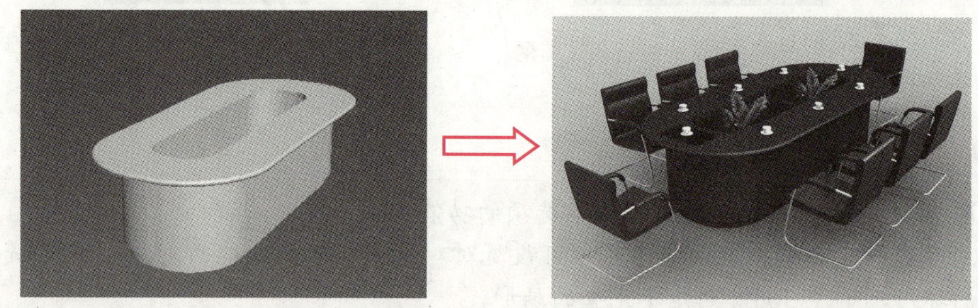

（a）会议桌模型　　（b）会议桌渲染效果

图 3-43　制作会议桌模型

制作思路

在前视图中创建一个会议桌截面图，在顶视图中绘制一个圆角矩形；然后为圆角矩形添加“倒角剖面”修改器，并将会议桌截面图作为剖面；最后调整剖面 Gizmo 的大小。

制作步骤

步骤 1▶ 启动 3ds Max，将单位设置为毫米。选择“线”按钮，在前视图中绘制会议桌的截面图，然后在“修改”面板的修改器堆栈中选择“顶点”子对象，再在前视图中使用“选择并移动”工具调整顶点的位置，如图 3-44 所示。

步骤 2▶ 使用“矩形”按钮在顶视图中创建一个矩形，然后在“参数”卷展栏中设置矩形的参数，将其变为圆角矩形，如图 3-45 所示。

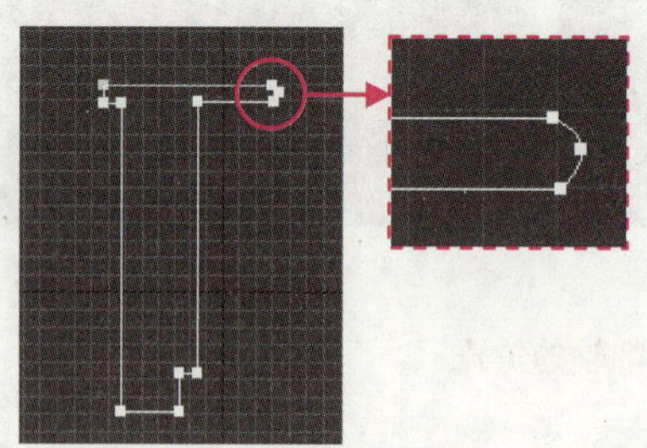

图 3-44　创建并调整会议桌截面图

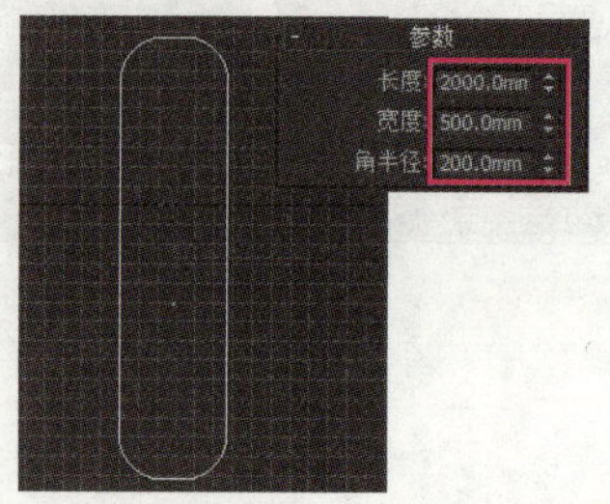

图 3-45　创建圆角矩形

步骤 3▶ 在“修改”面板的“修改器列表”下拉列表中选择“倒角剖面”修改器，

然后单击“参数”卷展栏中的“拾取剖面”按钮，再单击视图中的会议桌截面图，如图 3-46 所示。

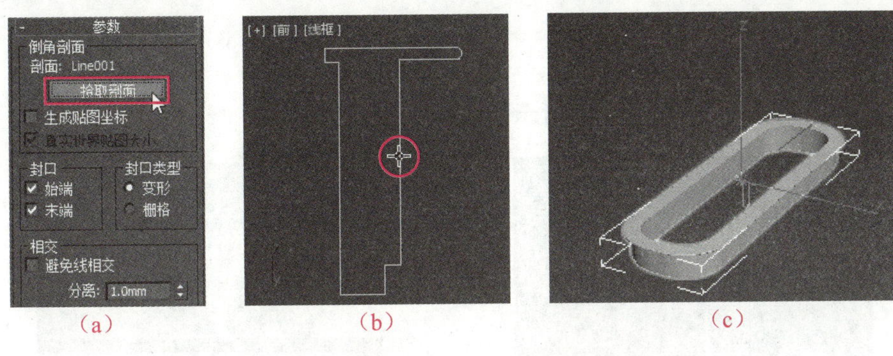

（a）　（b）　（c）

图 3-46　为圆角矩形添加“倒角剖面”修改器

知识库

勾选“参数”卷展栏下的“避免线相交”复选框，可以防止倒角曲面自相交，但这会增加处理器的计算量，在处理复杂几何体时会耗费大量时间。

步骤 4▶　此时会发现会议桌模型的效果不理想，在修改器堆栈中展开“倒角剖面”修改器，选择“剖面 Gizmo”，然后使用“选择并均匀缩放”工具调整剖面的比例，如图 3-47 所示。至此，案例就完成了。

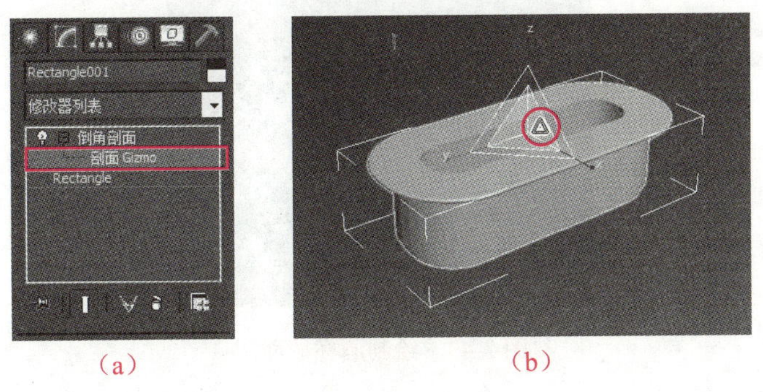

（a）　（b）

图 3-47　调整倒角剖面的比例

案例总结

本案例通过制作会议桌模型，学习了“倒角剖面”修改器的使用方法，“倒角剖面”修改器必须有两个二维样条线，一个作为剖面轮廓线，另一个作为剖面的路径。值得注意的是，在制作完倒角剖面模型后，不能删除剖面轮廓线。否则，该倒角剖面模型也随之被删除。

本章实训

实训 1　制作酒杯模型

利用本章所学知识制作图 3-48 所示的酒杯模型。

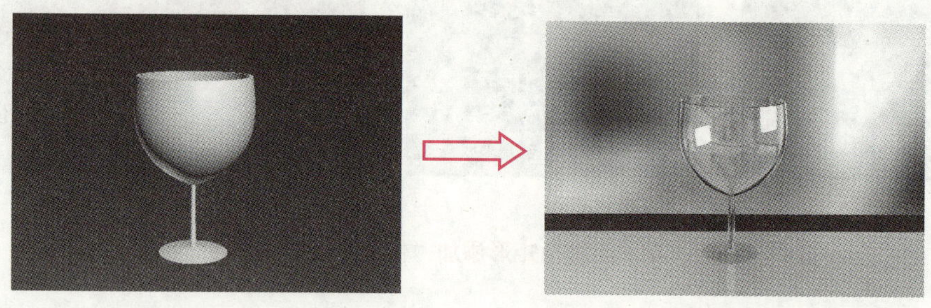

（a）酒杯模型　　（b）酒杯渲染效果

图 3-48　制作酒杯模型

提示：

（1）利用“线”按钮在前视图中绘制酒杯的截面，然后在“修改”面板修改器堆栈中将修改对象设为“顶点”，并对酒杯截面进行调整，如图 3-49 所示。

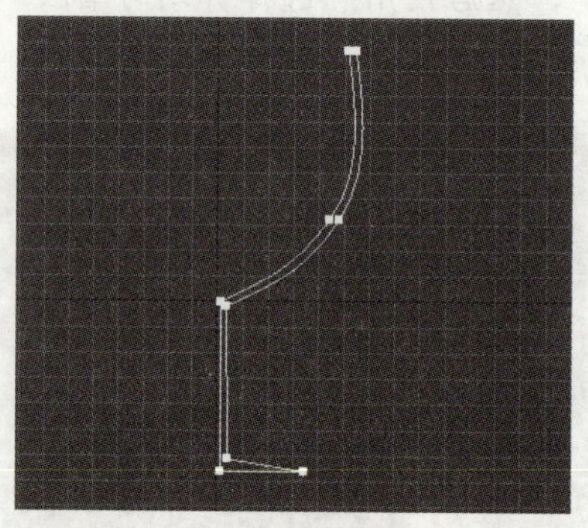

图 3-49　绘制酒杯截面图

（2）为酒杯截面添加“车削”修改器，然后在“参数”卷展栏中将“度数”设为 360，“分段”设为 40，将“车削”修改器的修改对象设为“轴”，然后在前视图中沿 x 轴拖动，调整车削轴的位置。

实训 2　制作天花板模型

利用本章所学知识制作图 3-50 所示的天花板模型。

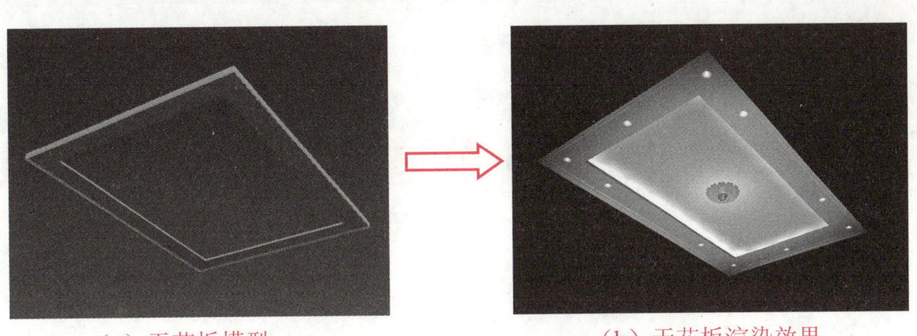

（a）天花板模型　　（b）天花板渲染效果

图 3-50　制作天花板模型

提示：

（1）利用“线”按钮在前视图中绘制天花板截面，然后在“修改”面板修改器堆栈中将修改对象设为“顶点”，并对天花板截面进行调整，如图 3-51 所示。

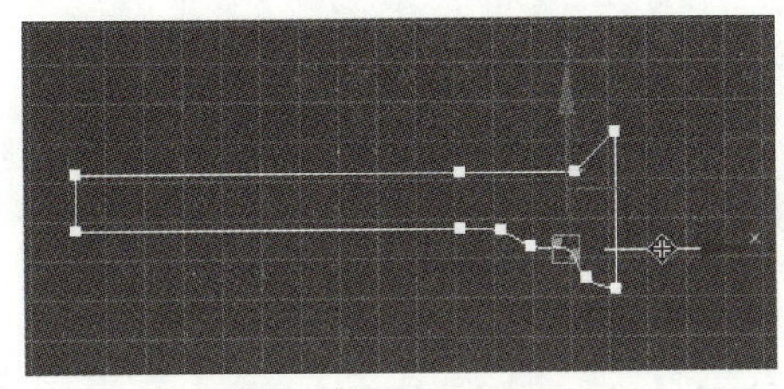

图 3-51　绘制天花板截面

（2）使用“矩形”按钮在顶视图中创建一个矩形图形，并在“参数”卷展栏中设置其参数。

（3）为矩形图形添加“倒角剖面”修改器，单击“参数”卷展栏中的“拾取剖面”按钮，再单击视图中的天花板截面，完成天花板模型的创建。

本章小结

本章主要介绍了在 3ds Max 中创建、编辑二维样条线，以及通过为二维样条线添加修改器，并将其转换为三维模型的方法。通过本章的学习，应掌握以下内容。

- 掌握使用“图形”创建面板中“样条线”分类中各按钮创建二维样条线的方法。
- 掌握利用“编辑样条线”修改器对二维样条线进行编辑的方法。
- 掌握利用“优化”“镜像”“焊接”“连接”和“布尔运算”等常用命令对二维样条线进行编辑的方法。
- 掌握利用“挤出”“倒角”“车削”和“倒角剖面”修改器将二维样条线转换为三维模型的方法。

第 4 章　效果图制作基本功——高级建模

在制作室内装饰效果图时，对于室内的家具家电，如电视机、电视柜、躺椅、浴缸、艺术吊顶、桌布、窗帘等形状复杂的模型，若仅使用第 2 章和第 3 章介绍的初级建模方法是很难完成的。为此，本章通过制作室内装饰中常见的家具、电器及装饰物的三维模型，来介绍多边形建模、网格建模、面片建模、NURBS 建模等高级建模方法。

学习目标

- 掌握多边形建模的应用方法。
- 掌握网格建模的应用方法。
- 掌握面片建模的应用方法。
- 掌握 NURBS 建模的应用方法。
- 掌握复合建模的应用方法。

4.1　多边形建模

多边形建模是应用最广泛的建模方法，利用该建模方法可将三维对象调整为用户需要的任何形状。

4.1.1　多边形建模基础知识

多边形建模是指将现有的三维对象（如基本三维对象）转换为可编辑多边形，然后对其顶点、边、面或元素子层级对象进行编辑和修改，从而得到需要的模型。将三维模型转换为可编辑多边形的常用方法有两种：一种是为三维模型添加“编辑多边形”修改器；另一种是利用右键快捷菜单，将三维模型转换为可编辑多边形。具体方法将在下面的案例中进行介绍。

图 4-1 所示为通过为一个长方体添加“编辑多边形”修改器，创建带门洞的墙壁模型的效果。

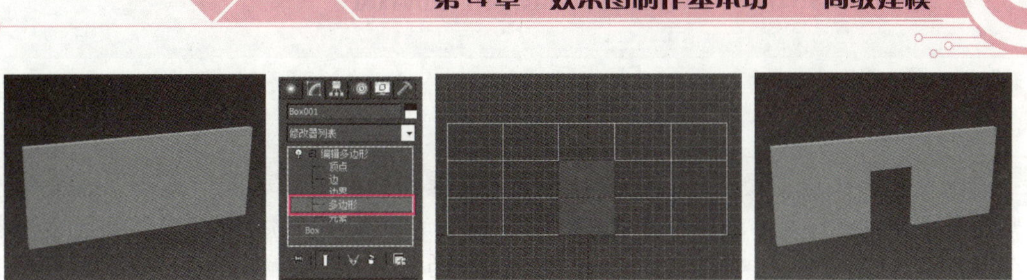

（a）　（b）　（c）　（d）

图 4-1　利用多边形建模法创建带门洞的墙壁模型

案例 1　制作液晶电视模型——应用多边形建模

下面通过制作图 4-2 所示的液晶电视模型，学习多边形建模法及其应用。

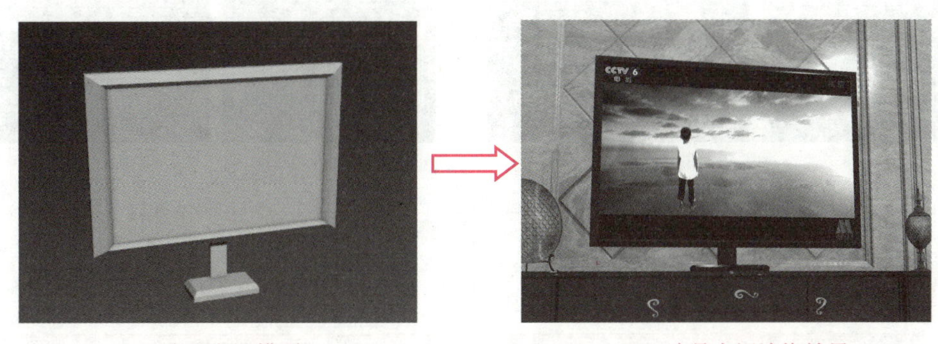

（a）液晶电视模型　（b）液晶电视渲染效果

图 4-2　制作液晶电视模型

制作思路

在透视图中创建一个长方体，并将其转化为可编辑多边形；然后对其正面的多边形进行多次挤出和缩放操作，制作液晶显示器的主体；再创建一个较小的长方体，并为其添加“编辑多边形”修改器；接着对较小长方体顶面的多边形进行缩放操作，作为液晶显示器的底座；最后再创建一个长方体，作为液晶显示器的支架。

制作步骤

步骤 1▶　启动 3ds Max，将单位设置为毫米。使用“长方体”按钮在透视图中创建一个长方体，然后在“参数”卷展栏中设置其参数，如图 4-3 所示。

步骤 2▶　右击长方体，从弹出的快捷菜单中选择“转换为”>“转换为可编辑多边形”菜单，即可将其转换为可编辑多边形。使用该方法将长方体转换为可编辑多边形后，该长方体的性质发生改变，无法再利用其创建参数来进行修改。

知识库

选中长方体后，在“修改”面板的“修改器列表”下拉列表中选择“编辑多边形”选项，也可将其转换为可编辑多边形。使用该方法时，仍可利用三维对象的创建参数来修改其效果，但对象的编辑调整无法记录为动画的关键帧。

步骤 3▶ 在“修改”面板的修改器堆栈中展开“可编辑多边形”，并选中“多边形”子对象，再在透视图中选择图 4-4 所示的多边形。

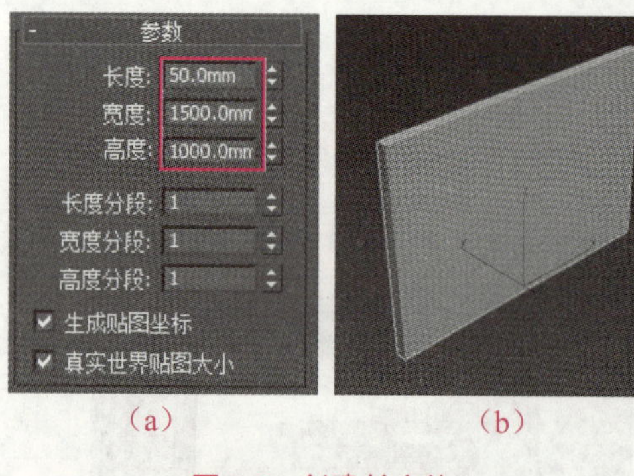

（a） （b）

图 4-3 创建长方体

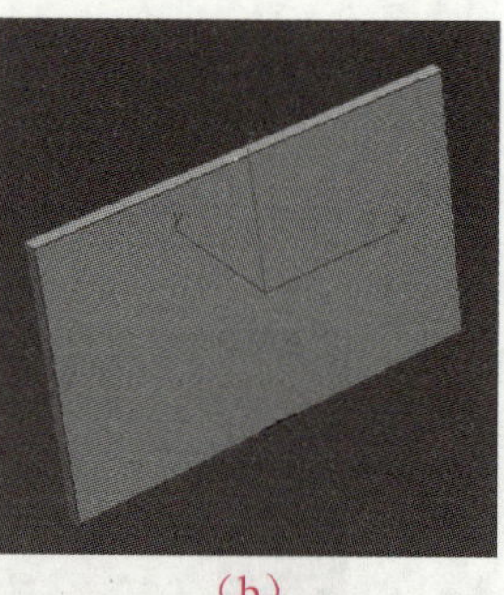

（a） （b）

图 4-4 选择“多边形”子对象

知识库

可编辑多边形有顶点、边、多边形、边界和元素 5 种子对象。“多边形”是由 3 条或多条首尾相连的边构成的最小单位的曲面。“边界”是指独立非闭合曲面的边缘或删除多边形产生的孔洞边缘。例如，长方体没有边界，而茶壶的壶把有两个边界。可编辑多边形中每个独立的曲面就是一个“元素”。

步骤 4▶ 单击“编辑多边形”卷展栏中“挤出”按钮右侧的按钮▢，在弹出的“挤出多边形”对话框中将“高度”设为 50，并单击✓按钮，如图 4-5 所示。

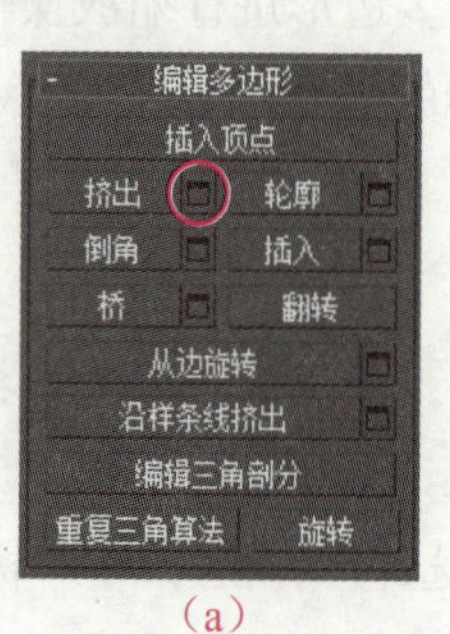

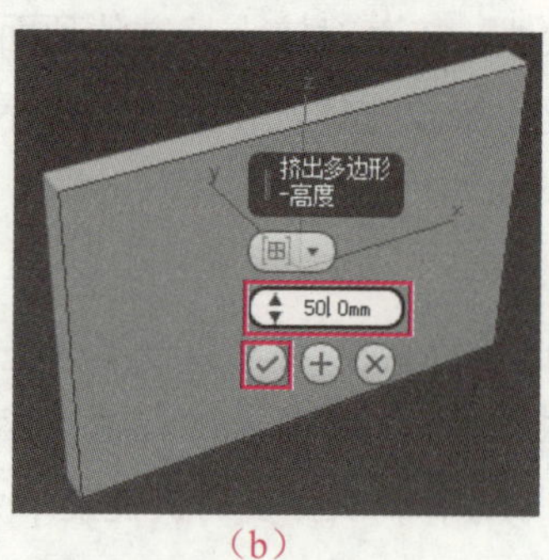

（a） （b）

图 4-5 挤出所选多边形

提 示

若在图 4-5（b）所示的"高度"文本框中输入负值，可将所选多边形向内压缩。此外，也可单击"挤出"按钮，然后在场景中使用"选择并移动"按钮沿坐标轴拖动来挤出所选多边形。

步骤 5▶ 右击工具栏中的"选择并均匀缩放"按钮，在弹出的"缩放变换输入"对话框中将"偏移：世界"设为 90%，然后关闭"缩放变换输入"对话框，如图 4-6 所示。

步骤 6▶ 再次单击"挤出"按钮右侧的按钮，在弹出的"挤出多边形"对话框中将"高度"设为 1，并单击按钮。再次右击工具栏中的"选择并均匀缩放"按钮，在"缩放变换输入"对话框中将"偏移：世界"设为 95%，此时效果如图 4-7 所示。

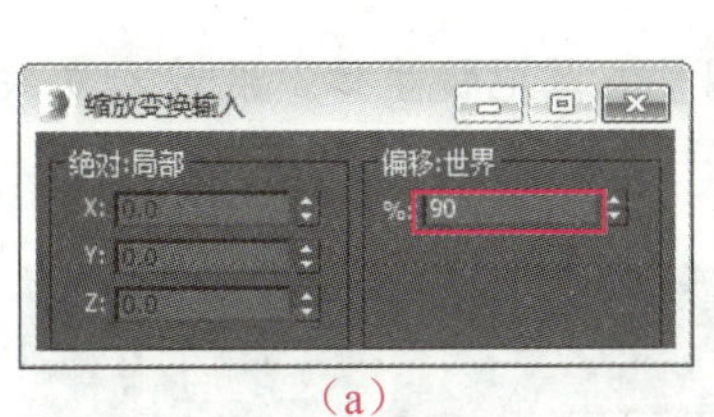

（a）

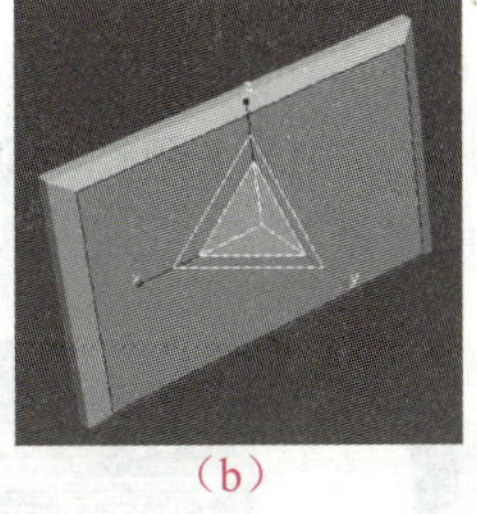

（b）

图 4-6 缩放所选多边形

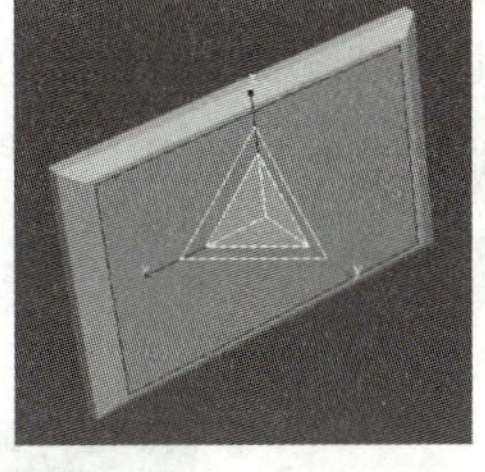

图 4-7 进行第 2 次挤出和缩放

步骤 7▶ 再次单击"挤出"按钮右侧的按钮，在弹出的"挤出多边形"对话框中将"高度"设为-20，并单击按钮，在"缩放变换输入"对话框中将"偏移：世界"设为 95%，然后关闭"缩放变换输入"对话框，效果如图 4-8 所示。此时，液晶电视的主体就制作好了。

步骤 8▶ 在透视图中再创建一个较小的长方体，并在"参数"卷展栏中设置其参数，如图 4-9 所示。

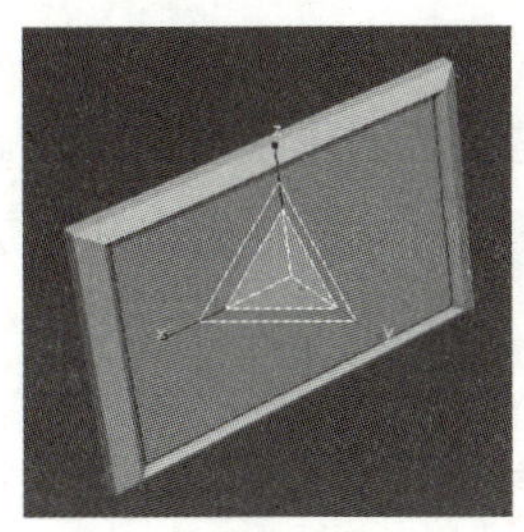

图 4-8 进行第 3 次挤出和缩放

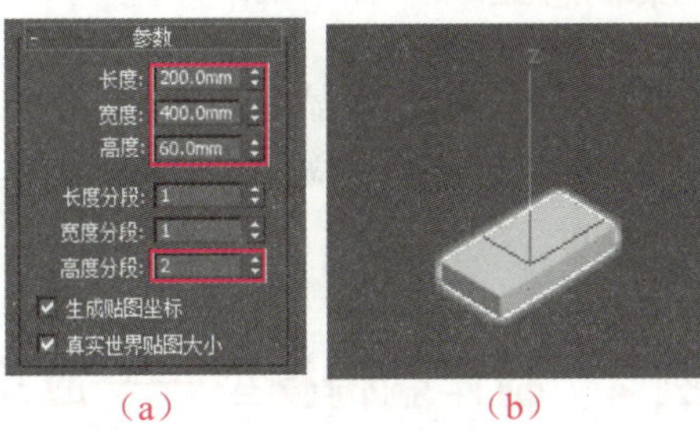

（a） （b）

图 4-9 创建第 2 个长方体

步骤 9▶ 为步骤 8 创建的长方体添加"编辑多边形"修改器，然后展开"编辑多边形"修改器并选择"多边形"子对象，再在透视图中选中较小长方体顶部的多边形，右击

"选择并均匀缩放"按钮，将"偏移：世界"设为90%，制作液晶电视的底座，如图4-10所示。

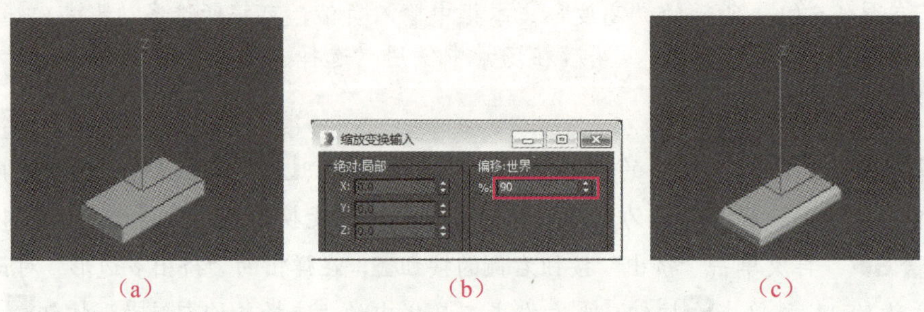

（a）（b）（c）

图4-10 对所选多边形进行缩放操作

步骤 10▶ 在透视图中再创建一个长方体，并在"参数"卷展栏中设置其参数，作为液晶电视的支架，如图4-11所示。

步骤 11▶ 使用"选择并移动"工具在视图中调整液晶电视主体、底座和支架的位置，如图4-12所示。至此，案例就完成了。

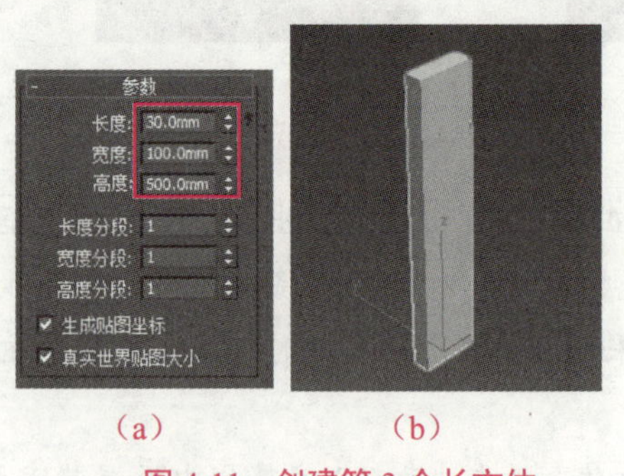

（a）（b）

图4-11 创建第3个长方体

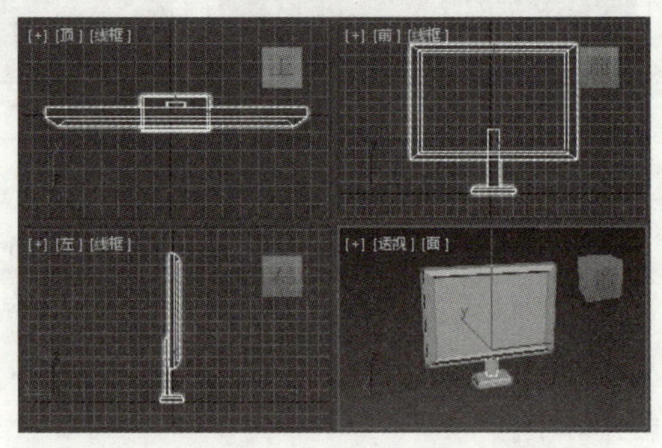

图4-12 调整液晶电视各部分的位置

案例总结

本案例通过制作液晶电视模型，学习了利用多边形建模法创建模型的方法。在制作液晶电视模型的过程中，应注意对可编辑多边形"多边形"子对象进行挤出和缩放等操作的方法及效果。

案例2 制作躺椅模型——应用多边形建模

下面通过制作图4-13所示的躺椅模型，进一步学习多边形建模法及其应用。

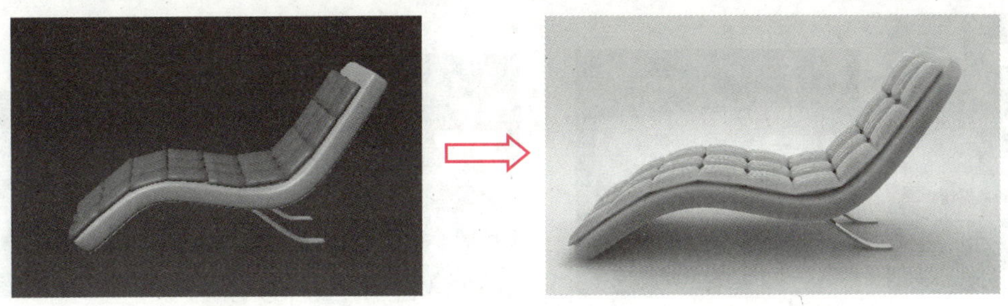

（a）躺椅模型　　　　（b）躺椅渲染效果

图 4-13　制作躺椅模型

制作思路

在透视图中创建一个长方体，并对其顶点进行调整；然后为其添加“网格平滑”修改器，制作躺椅的主体；再创建一个长方体，并对其顶点进行切角和缩放操作，接着为其添加“网格平滑”修改器，制作躺椅的椅垫；最后绘制躺椅支架的截面图，对其执行挤出操作，并将其复制一份，制作躺椅的支架。

制作步骤

步骤 1▶ 使用“长方体”按钮在透视图中创建一个长方体，并在“参数”卷展栏中设置其参数（设置长度分段和宽度分段的作用是方便以后对长方体的子对象进行编辑），如图 4-14 所示。

步骤 2▶ 在“修改”面板中为长方体添加“编辑多边形”修改器，并选择“边”子对象，然后在按住【Ctrl】键的同时在顶视图中框选如图 4-15 所示的边线。

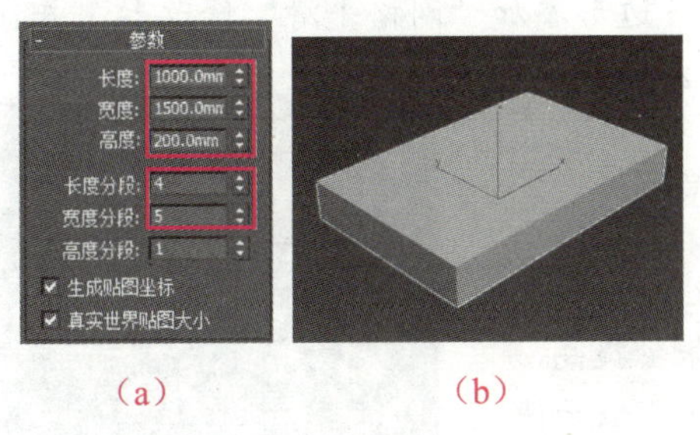

（a）　　（b）

图 4-14　创建长方体

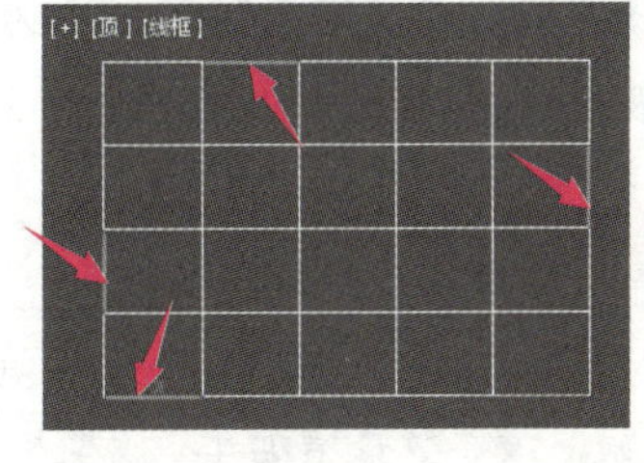

图 4-15　框选可编辑多边形的边

步骤 3▶ 单击“修改”面板“选择”卷展栏中的“循环”按钮，此时会选中可编辑多边形的所有边线，如图 4-16 所示。

步骤 4▶ 单击“编辑边”卷展栏中“切角”按钮右侧的按钮，在打开的“切角”对话框中将边切角量设为 30，并单击按钮。此时，前视图如图 4-17 所示。

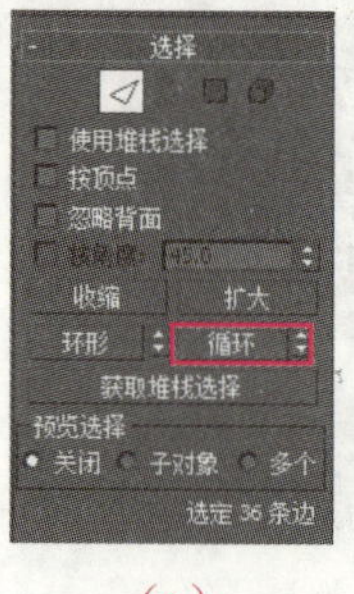
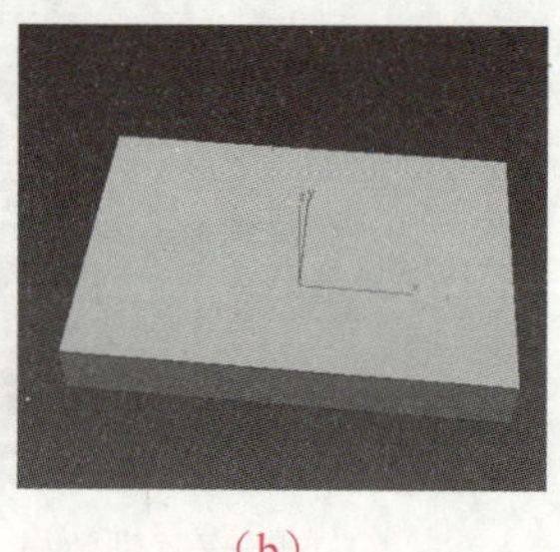

（a）（b）

图 4-16 利用“循环”按钮选择所有边线

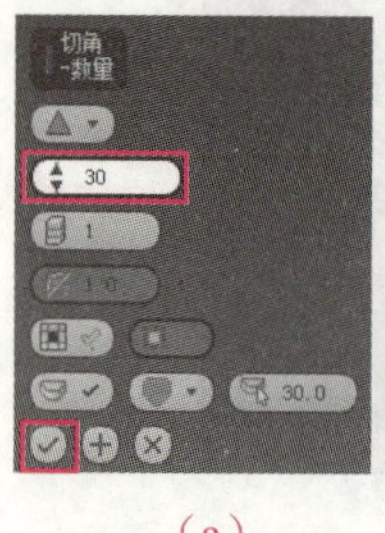
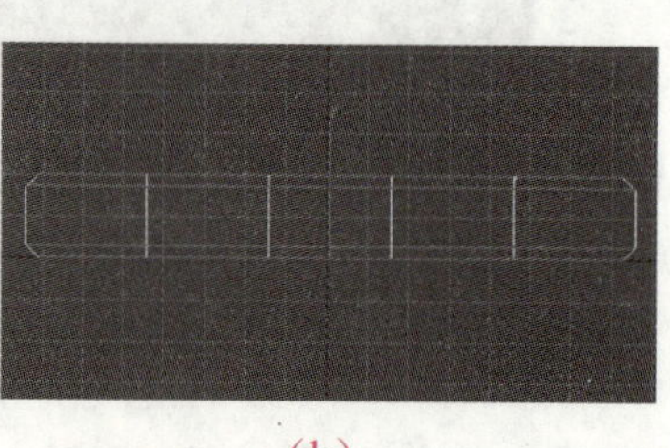

（a）（b）

图 4-17 对所选边进行切角处理

步骤 5▶ 在“修改”面板的修改器堆栈中将可编辑多边形的修改对象设为“顶点”，然后在前视图中按快捷键【Ctrl+A】选中所有顶点，并使用“选择并旋转”工具旋转大约 45°，如图 4-18 所示。

步骤 6▶ 在前视图中框选需要调整的顶点，并使用“选择并移动”工具调整各顶点的位置，再使用“选择并旋转”工具框选各转折处的相关节点，并调整其角度，如图 4-19 所示。

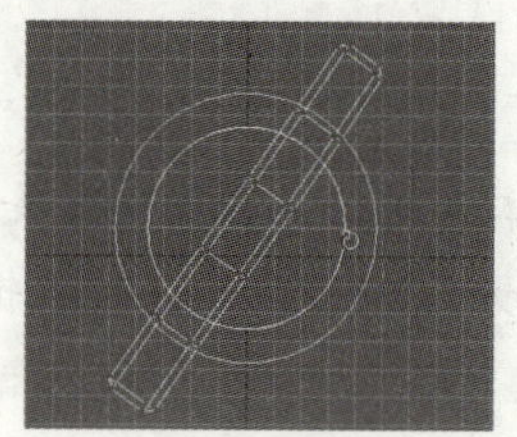

图 4-18 整体调整顶点角度

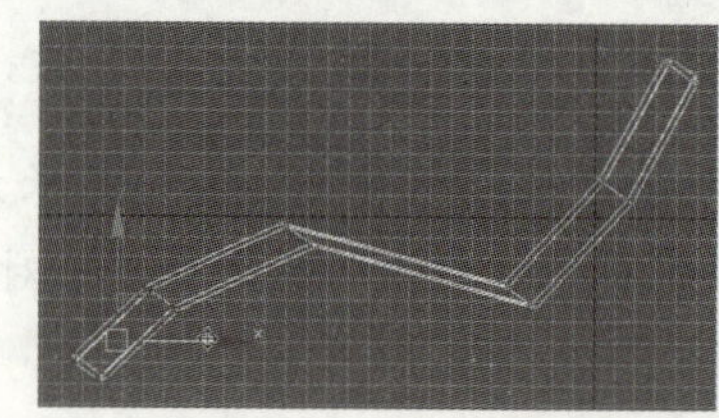

（a）调整顶点位置

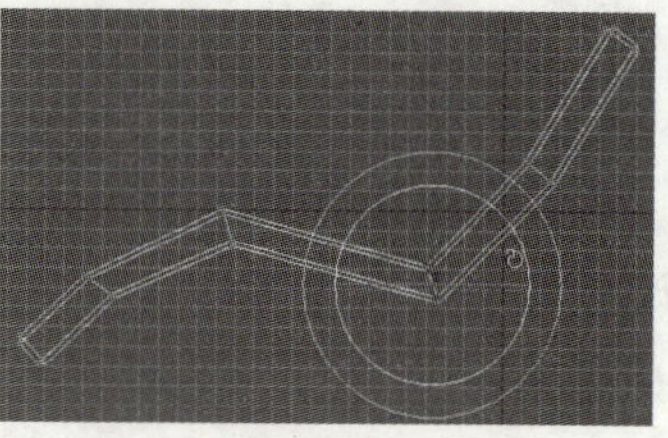

（b）调整顶点角度

图 4-19 调整各顶点的位置和角度

步骤 7▶ 在“修改”面板中为可编辑多边形添加“网格平滑”修改器，并在“细分量”卷展栏中将“迭代次数”设为 3，如图 4-20 所示。

提 示

“迭代次数”文本框用来设置模型表面重复平滑的次数。该参数每增加 1，模型的平滑效果会提高，但模型表面的复杂程度就会提至原来的 4 倍，从而使电脑的计算速度变慢。

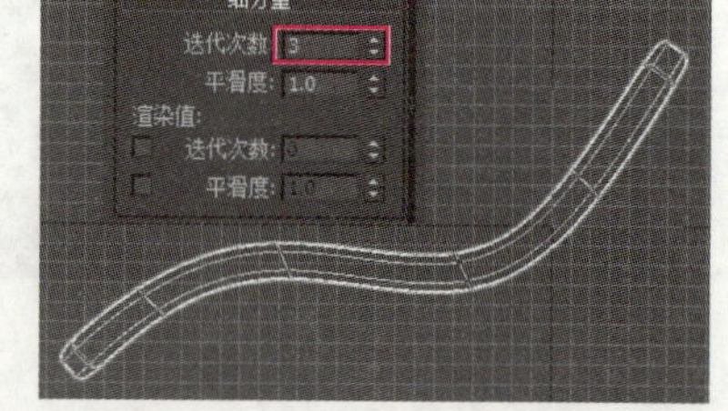

图 4-20 设置平滑次数

步骤 8▶ 在透视图中再创建一个长方体，并在“参数”卷展栏中设置其参数，如图 4-21 所示。

步骤 9▶ 为第 2 个长方体添加“编辑多边形”修改器，并将修改对象设为“边”，然后在左视图中框选中间的边线，再单击“选择”卷展栏中的“循环”按钮，如图 4-22 所示。

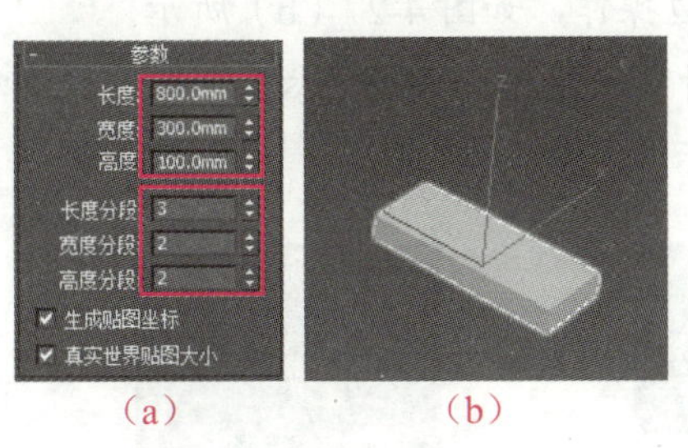

（a）　　（b）

图 4-21　创建第 2 个长方体

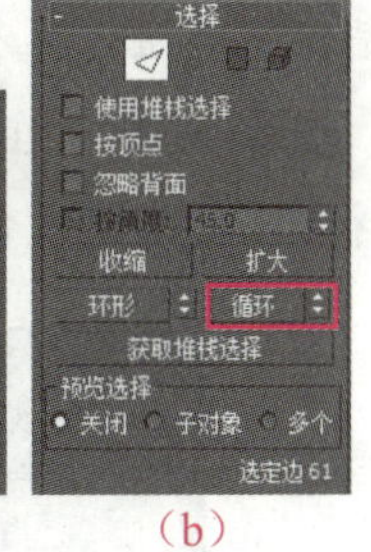

（a）　　（b）

图 4-22　选择边线

步骤 10▶ 右击工具栏中的“选择并均匀缩放”按钮，将“偏移：世界”设为 120%，效果如图 4-23 所示。

步骤 11▶ 将可编辑多边形的修改对象设为“顶点”，然后在顶视图中分别框选图 4-24 所示的顶点，再使用“选择并均匀缩放”按钮沿 y 轴向下拖动进行压缩。

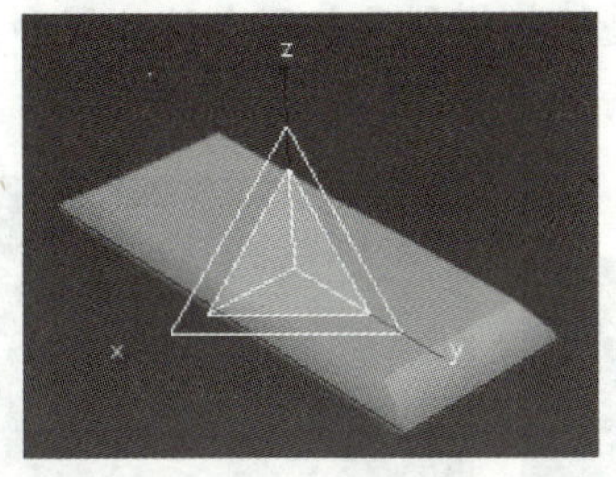

图 4-23　缩放所选边线

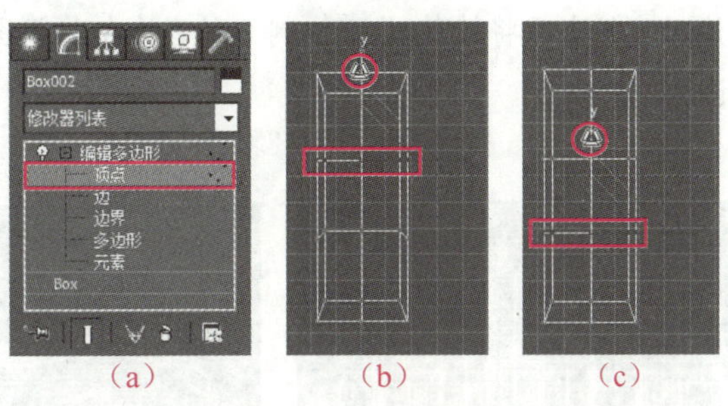

（a）　（b）　（c）

图 4-24　压缩顶点

步骤 12▶ 将可编辑多边形的修改对象设为“边”，然后在顶视图中选中图 4-25（b）所示的边线，再单击“选择”卷展栏中的“循环”按钮，如图 4-25 所示。

步骤 13▶ 单击“编辑边”卷展栏中“挤出”按钮右侧的按钮，在打开的“挤出边”对话框中将挤出高度设为-50，宽度设为 50，并单击按钮，如图 4-26 所示。

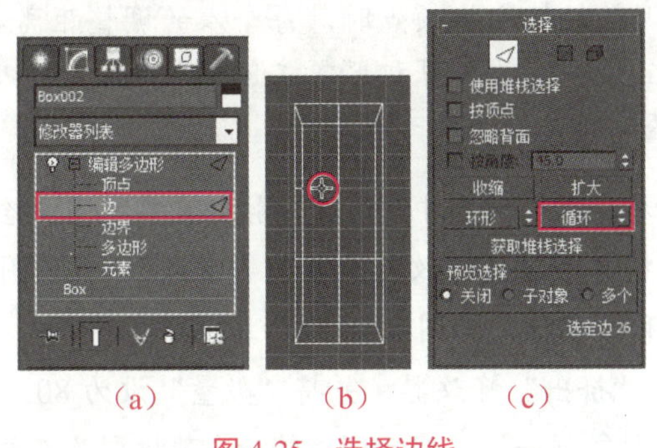

（a）　（b）　（c）

图 4-25　选择边线

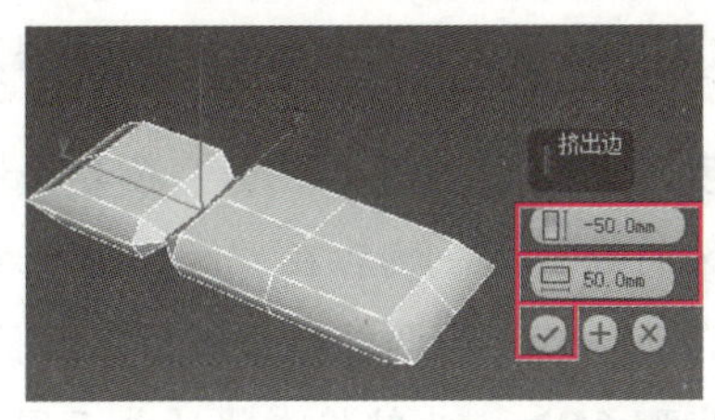

图 4-26　挤出边操作 ①

步骤 14▶ 在顶视图中选中图 4-27（a）所示的边线，然后单击“选择”卷展栏中的

“循环”按钮，再参照步骤 13 的操作，进行挤出边操作，如图 4-27（b）所示。

步骤 15▶ 在“修改”面板中添加“网格平滑”修改器，并在“参数”卷展栏中勾选“材质”复选框，作为躺椅的椅垫，如图 4-28 所示。

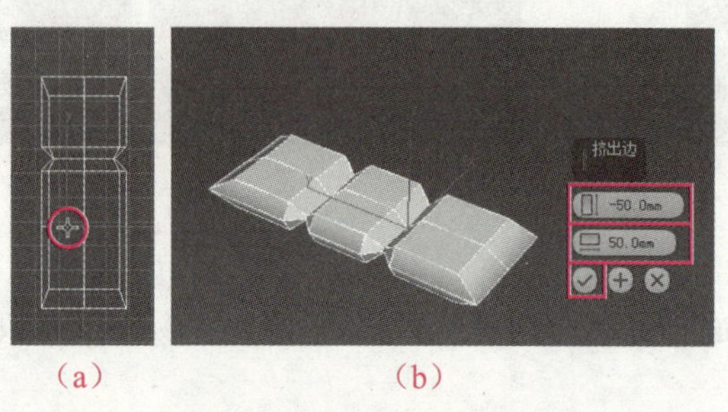

（a） （b）

图 4-27 挤出边操作 ②

图 4-28 设置“网格平滑”修改器

步骤 16▶ 使用“选择并移动”工具在前视图中调整椅垫模型的位置，使其与躺椅主体对齐，然后将椅垫模型复制 8 份，并在前视图中调整椅垫模型及其副本的位置和角度，如图 4-29 所示。

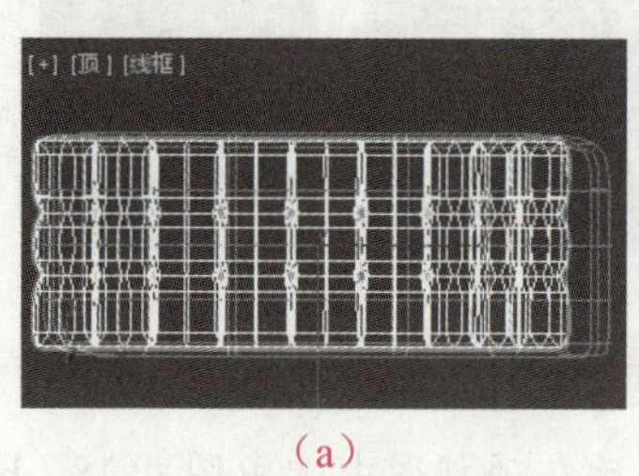

（a）

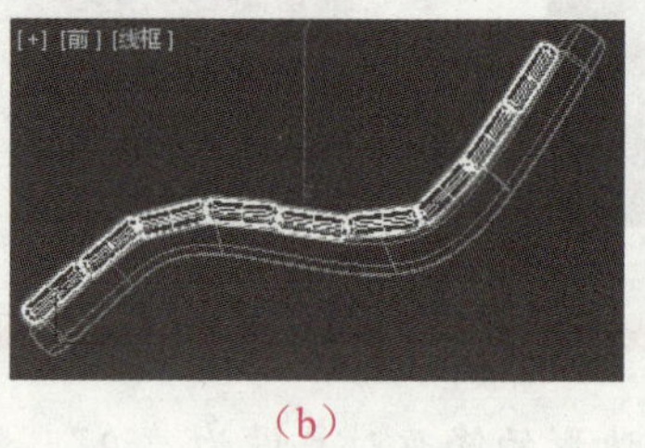

（b）

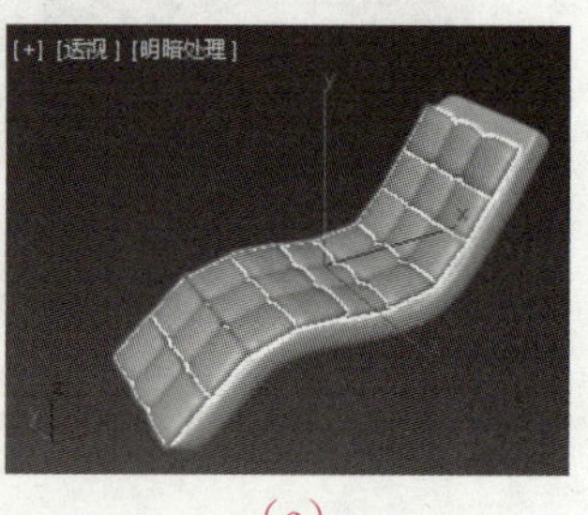

（c）

图 4-29 复制椅垫并调整其位置

提 示

在复制和调整椅垫模型时，由于在调整躺椅主体顶点时，每个人的调整距离都不相同，因此椅垫模型与躺椅并不一定完全契合，此时可对躺椅主体的顶点进行调整，或改变椅垫模型的复制数量，使椅垫可以完全覆盖躺椅主体。

步骤 17▶ 使用“图形”创建面板“样条线”分类中的“线”按钮在前视图中绘制躺椅支架的截面图，然后在“修改”面板中将样条线的修改对象设为“顶点”，并使用“选择并移动”工具调整样条线顶点的位置和控制柄，如图 4-30 所示。

步骤 18▶ 为躺椅支架的截面图添加“挤出”修改器，并将“数量”设为 80。

步骤 19▶ 在顶视图中将躺椅支架模型复制一份，然后调整躺椅支架模型及其副本的位置，如图 4-31 所示。至此，案例就完成了。

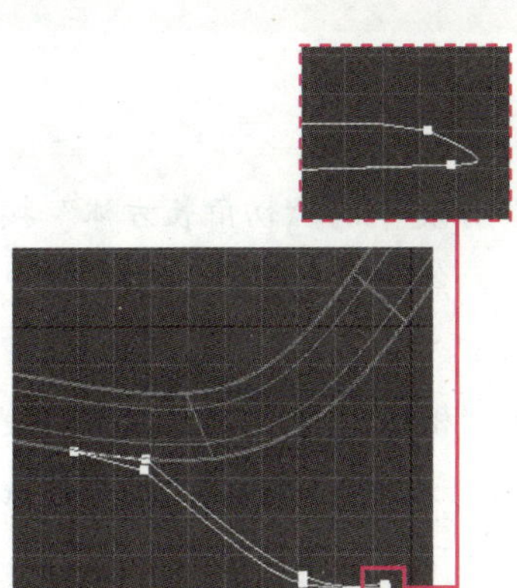

图 4-30 创建躺椅支架截面图

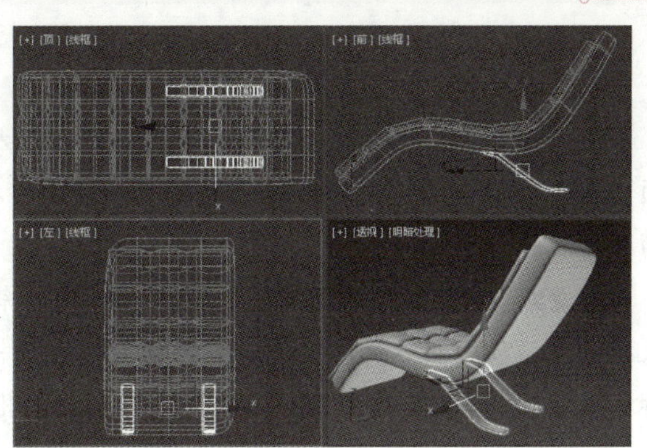

图 4-31 复制并调整躺椅支架模型

案例总结

本案例通过制作躺椅模型，进一步学习了利用多边形建模法创建模型的方法。在制作躺椅模型的过程中，应注意利用“循环”按钮对可编辑多边形“边”子对象进行选取操作，以及对“边”子对象进行挤出和缩放等操作的方法和效果。

案例 3 制作电视柜模型——应用多边形建模

下面通过制作图 4-32 所示的电视柜模型，进一步学习多边形建模法及其应用。

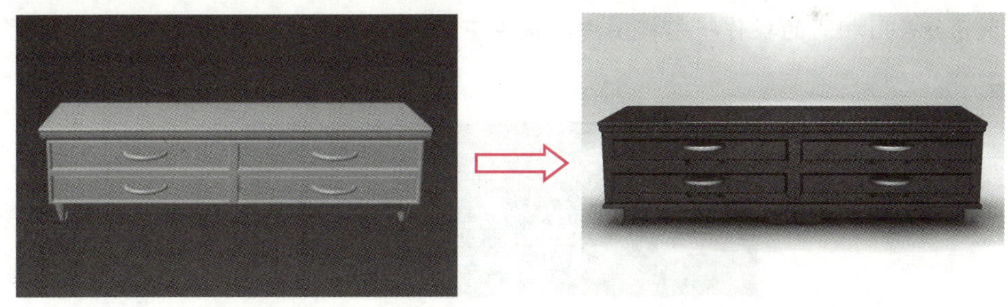

（a）电视柜模型　　（b）电视柜渲染效果

图 4-32 制作电视柜模型

制作思路

利用“切角长方体”按钮创建电视柜的柜面，并使用“长方体”按钮分别制作电视柜的柜板和柜体；然后利用布尔运算制作柜子的抽屉和柜体中放置抽屉的空间；再利用“圆锥体”按钮制作柜腿，利用“圆柱体”按钮结合“弯曲”修改器制作抽屉的把手。制作过程中，将使用多边形建模方式制作柜板和柜体的倒角。

制作步骤

步骤 1▶ 单击“几何体”创建面板“扩展基本体”分类中的“切角长方体”按钮，在顶视图中创建一个切角长方体，并将其命名为“柜面”，然后在“参数”卷展栏中修改柜面的参数，如图 4-33 所示。

步骤 2▶ 在顶视图中创建一个长方体，将其命名为“柜板”，并在“参数”卷展栏中修改柜板的参数，然后使用“选择并移动”工具框选两个几何体，在状态栏中将 *x* 和 *y* 坐标都设为 0，并在前视图中将“柜板”移动到“柜面”正下方，如图 4-34 所示。

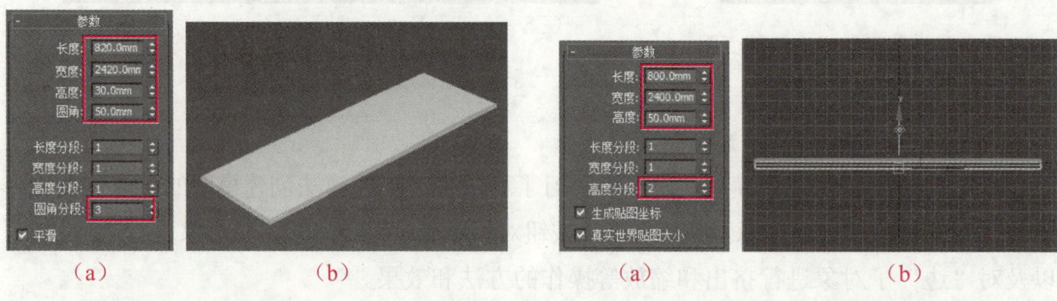

（a）（b）

图 4-33 创建柜面

（a）（b）

图 4-34 创建并移动柜板

步骤 3▶ 选中步骤 2 创建的长方体，为其添加“编辑多边形”修改器；在“修改”面板中选择“编辑多边形”修改器，并将修改对象设为“顶点”，然后使用“选择并移动”工具分别框选左视图中柜板左下角和右下角的顶点，并将两者分别向内侧移动，如图 4-35 所示。采用相同的操作将前视图中柜板左下方和右下方的顶点向内侧移动，如图 4-36 所示。

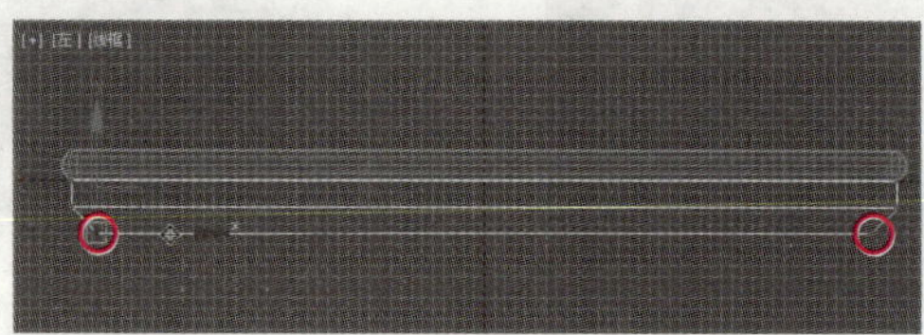

图 4-35 调整柜板顶点位置 ①

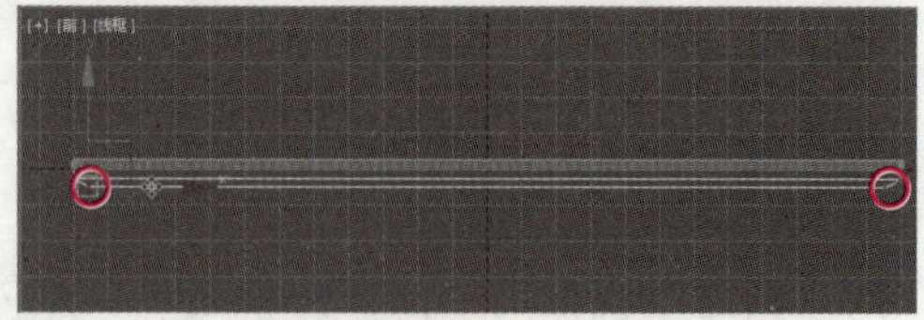

图 4-36 调整柜板顶点位置 ②

步骤 4▶ 在顶视图中创建一个长方体，将其命名为“柜体”，然后在“参数”卷展栏中修改柜体的参数，再使用“选择并移动”工具在前视图和顶视图中将“柜体”移动到“柜

板”正下方，此时场景在透视图中的效果如图 4-37（b）所示。

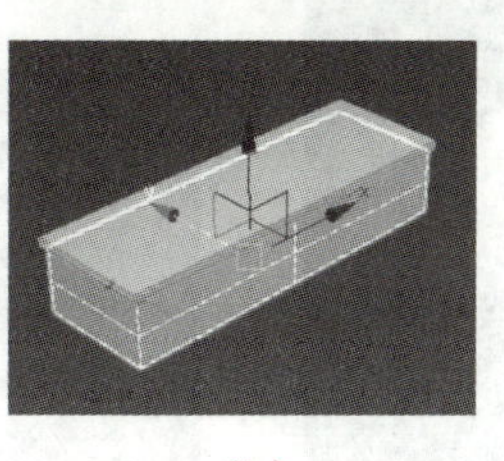

（a）　　　　（b）

图 4-37　创建柜体

也可在前视图中将柜板沿 y 轴复制克隆，然后将副本重命名为“柜体”，并删除柜体的“编辑多边形”修改器，再修改柜体参数，并在前视图中调整其位置。这样可省去柜体与柜板在顶视图中对齐的操作。

步骤 5▶　在顶视图中绘制一个圆锥体，将其命名为“柜腿”，然后在“参数”面板中设置柜腿的参数，接着在顶视图中将“柜腿”移动到“柜板”的左下角，在前视图或左视图中将“柜腿”移动到柜体的下方，如图 4-38 所示。

步骤 6▶　将“柜腿”复制 3 份，并在顶视图中将柜腿副本移至图 4-39 所示的位置。

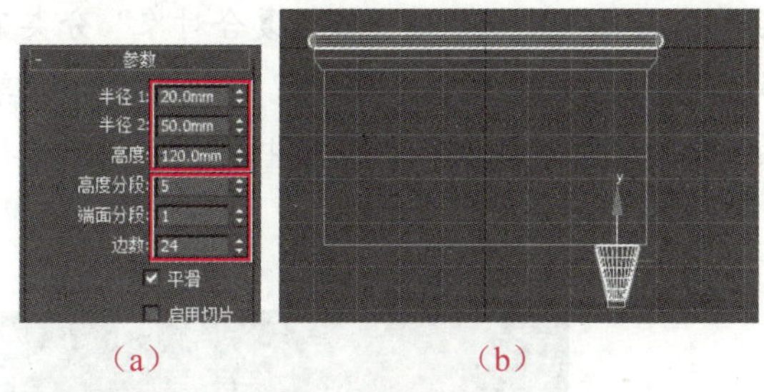

（a）　　　　（b）

图 4-38　创建柜腿

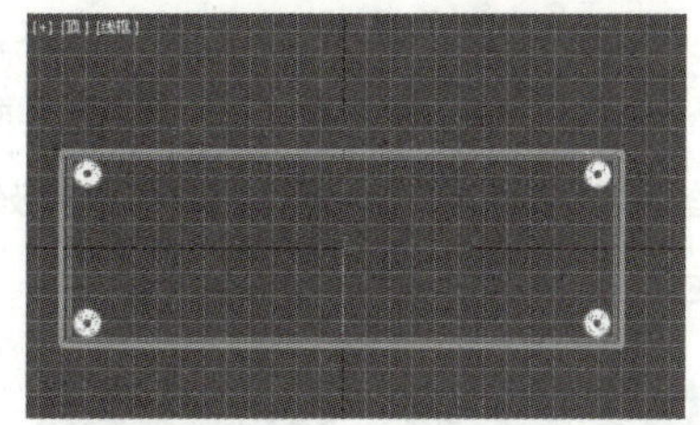

图 4-39　复制并移动柜腿

步骤 7▶　单击“应用程序”按钮，在展开的下拉菜单中选择“导入”>“合并”菜单，在打开的“合并文件”对话框中选择本书配套素材>“素材与实例”>“第 4 章”文件夹>“电视柜隔板.max”文件，将其合并到当前文件中。

步骤 8▶　选中合并的电视柜隔板，分别在顶视图和前视图中调整其位置，将其移至柜体的正下方，其在透视图中的效果如图 4-40 所示。

步骤 9▶　在顶视图中创建一个长方体，并在“参数”卷展栏中设置其参数，如图 4-41（a）所示，然后在前视图和左视图中调整该长方体的位置，如图 4-41（b）所示。

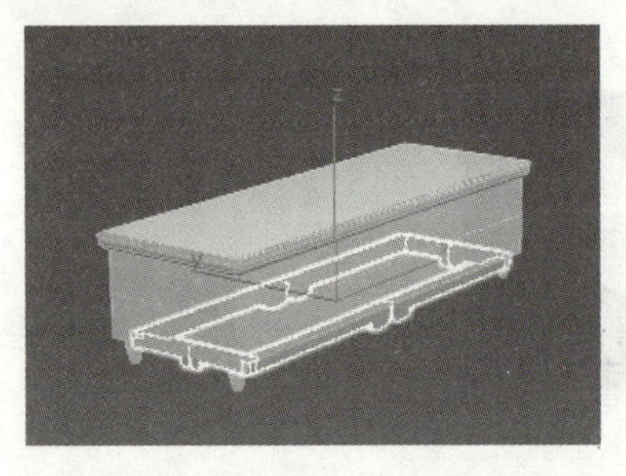

(a)

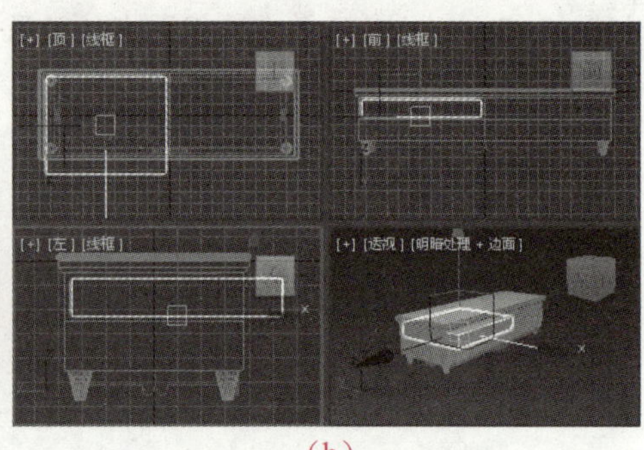

(b)

图 4-40　移动隔板位置

图 4-41　创建并移动长方体

步骤 10▶ 利用“选择并移动”工具在前视图中对步骤 9 创建的长方体进行复制克隆，结果如图 4-42 所示。

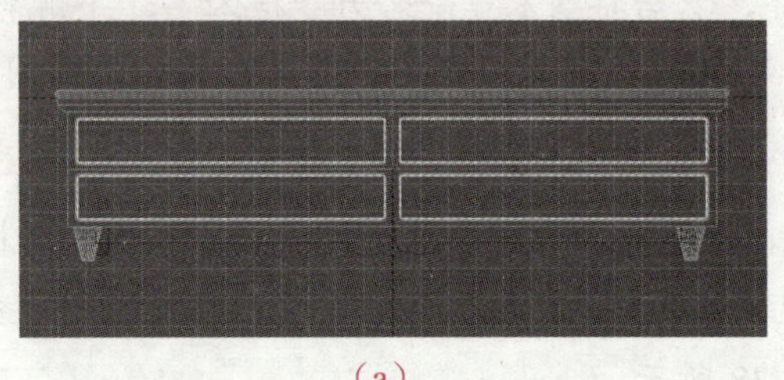

(a)

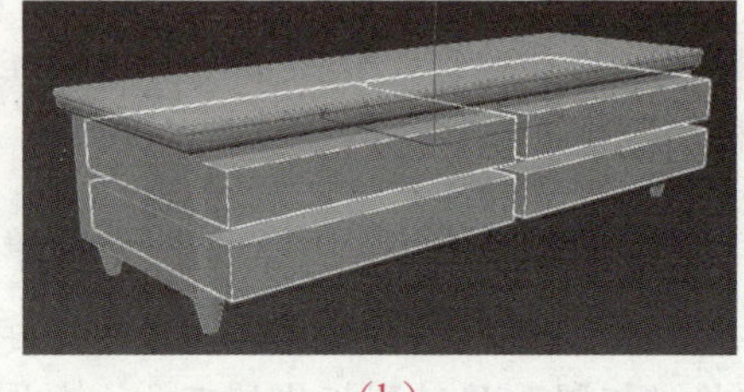

(b)

图 4-42　复制克隆长方体

步骤 11▶ 选中视图中的柜体，然后单击“几何体”创建面板“复合对象”分类下的“ProBoolean（超级布尔）”按钮，再选择“参数”卷展栏中的“差集”单选钮，接着单击“拾取布尔对象”卷展栏中的“开始拾取”按钮，最后依次单击视图中的长方体，进行布尔运算，如图 4-43 所示。

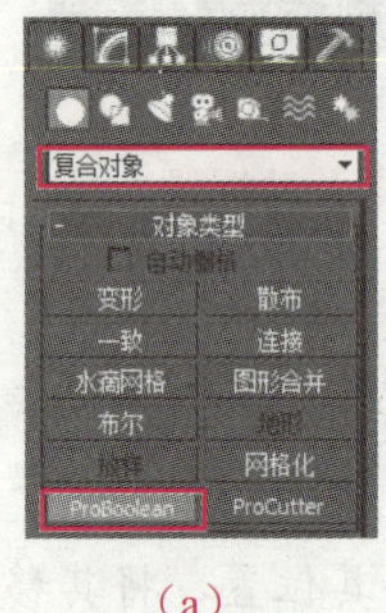

(a)

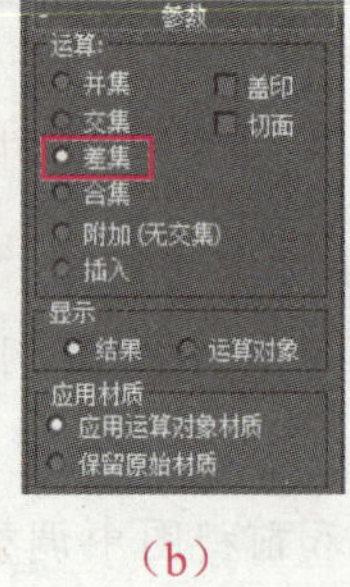

(b)

(c)

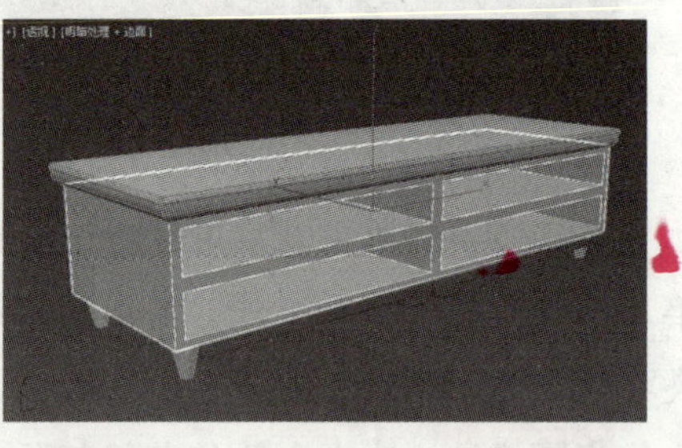

(d)

图 4-43　对柜体进行布尔运算

步骤 12▶ 在“修改”面板中为柜体添加“编辑多边形”修改器，并将修改对象设为“多边形”，然后在按住【Ctrl】键的同时选中柜体正面的多边形，如图 4-44 所示。

步骤 13▶ 单击"修改"命令面板"编辑多边形"卷展栏"倒角"按钮右侧的按钮▣，在打开的"倒角多边形"对话框中将倒角高度设为 20，倒角轮廓设为-10，然后单击☑按钮，如图 4-45 所示。

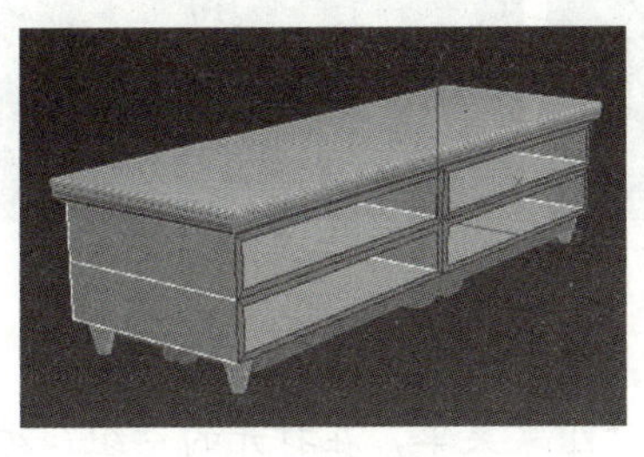

图 4-44 选择柜体中的多边形

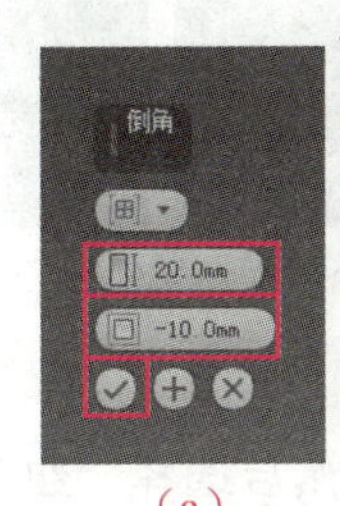

（a）

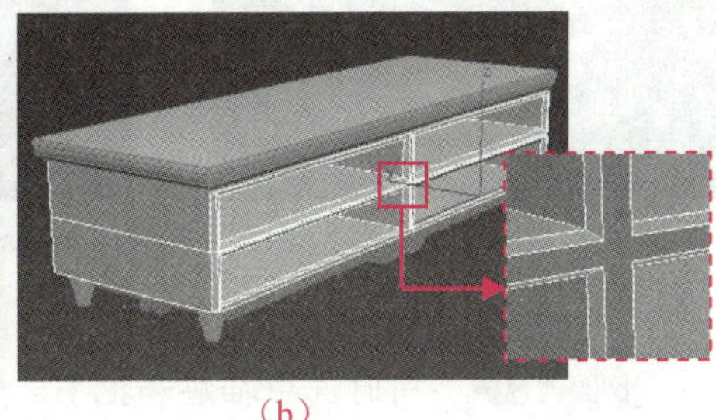

（b）

图 4-45 对柜体多边形进行倒角处理

步骤 14▶ 在顶视图中创建一个长方体，将其命名为抽屉，然后在"参数"卷展栏中设置其参数，如图 4-46 所示。

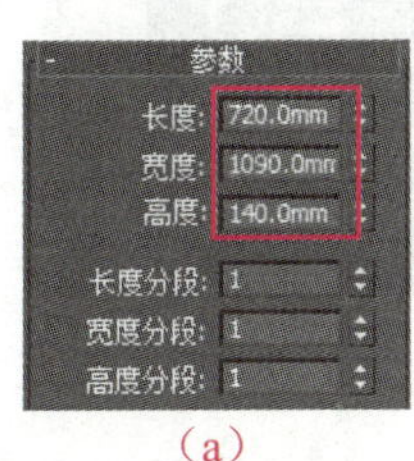

（a）

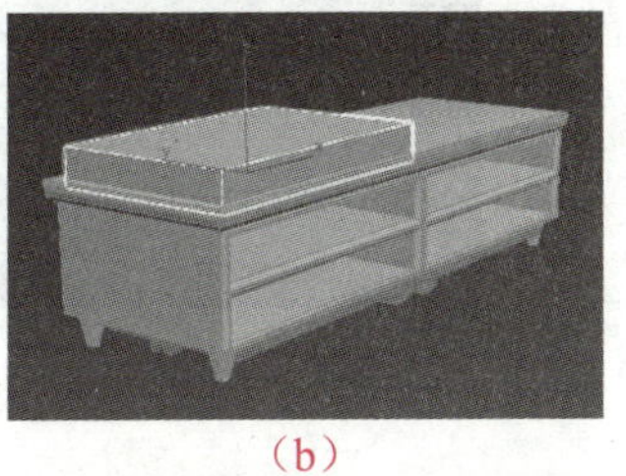

（b）

图 4-46 创建抽屉

步骤 15▶ 利用快捷键【Ctrl+C】和【Ctrl+V】将步骤 14 创建的长方体复制一份，然后在"参数"卷展栏中设置其参数，并在前视图中沿 y 轴调整其高度，如图 4-47 所示。

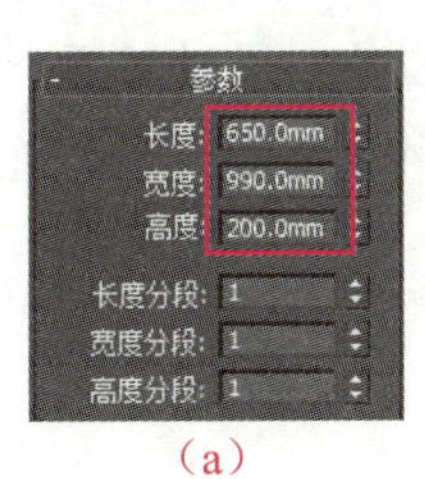

（a）

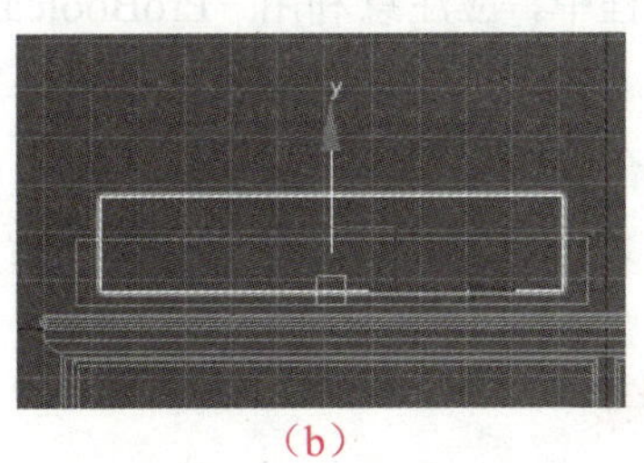

（b）

图 4-47 复制并调整长方体

步骤 16▶ 选中视图中的抽屉，然后参照步骤 11 的操作，对抽屉进行布尔运算，效果如图 4-48 所示。

步骤 17▶ 在前视图中创建一个圆柱体，并将其命名为"把手"，然后在"参数"卷展栏中设置其参数。在"修改"命令面板中为把手添加"弯曲"修改器，然后在"参数"卷展栏中将"角度"设为 180，再在顶视图和前视图中调整把手的位置，如图 4-49 所示。

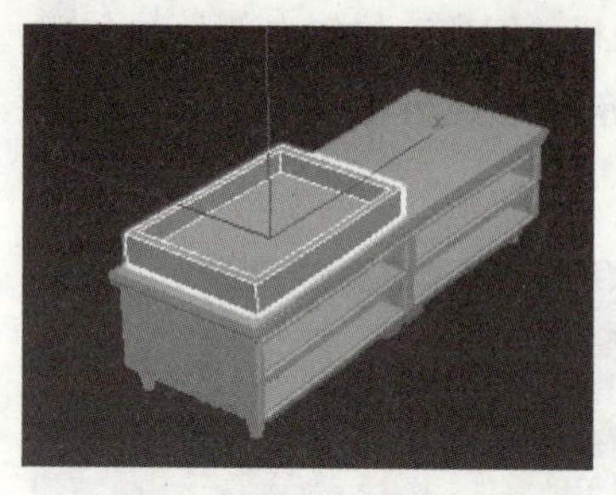

图 4-48　对抽屉进行布尔运算

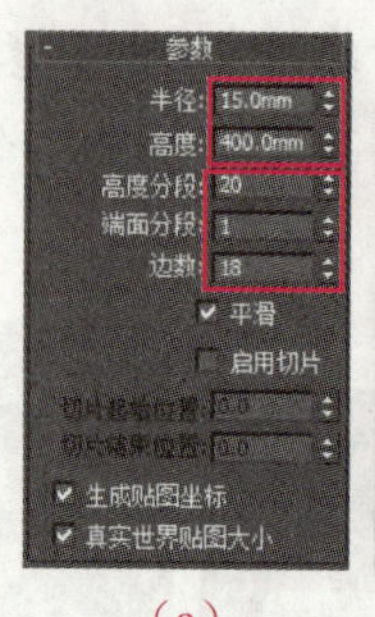

（a）

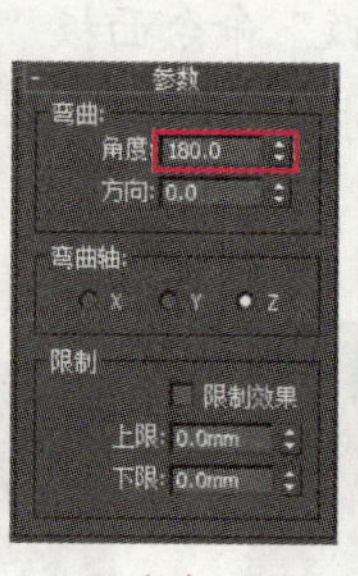

（b）

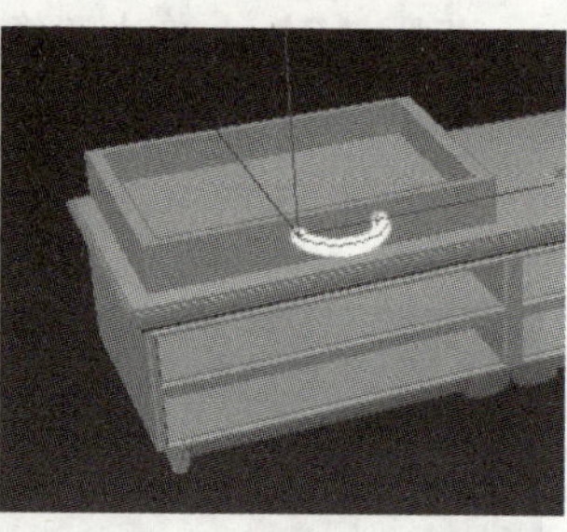

（c）

图 4-49　创建把手并对其进行弯曲处理

步骤 18▶　同时选中抽屉和把手，然后选择“组”＞“组”菜单，在打开的“组”对话框中将“组名”设为“抽屉”。将群组后的抽屉移动到适当位置后复制 3 份，并调整其位置，如图 4-50 所示。至此，案例就完成了。

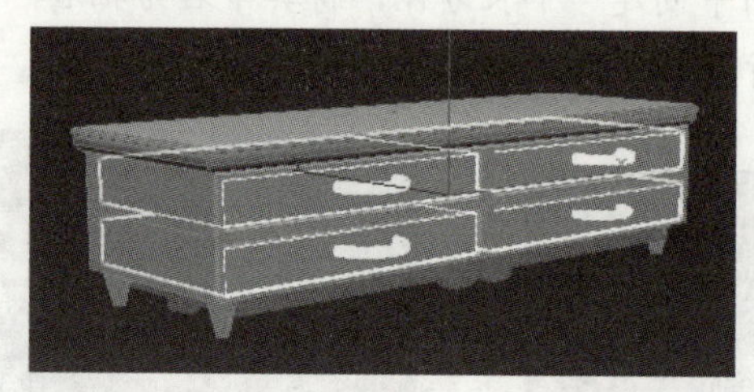

图 4-50　群组并复制抽屉

案例总结

本案例通过制作电视柜模型，进一步学习了利用多边形建模法创建模型的方法。在制作电视柜模型的过程中，应注意利用“ProBoolean（超级布尔）”按钮对长方体进行布尔运算的方法，以及对“多边形”子对象进行倒角处理的操作。通过对两个或多个对象进行并集、交集、差集、合集和插入等布尔运算，可生成各种复杂的模型；通过对多边形进行倒角处理，可在挤出多边形的同时对多边形进行缩放。

4.2　网格建模

网格建模也是较常用的高级建模方法之一。下面介绍网格建模法的相关知识。

4.2.1　网格建模基础知识

网格建模与多边形建模的操作类似，先将三维对象转换为可编辑网格，然后对可编辑网格的“顶点”“边”“面（由 3 条首尾相连的边构成的三角形曲面）”“多边形”和“元素”

子对象进行调整，以创建所需的三维模型。

案例 4　制作浴缸模型——应用网格建模

下面通过制作图 4-51 所示的浴缸模型，进一步学习网格建模法及其应用。

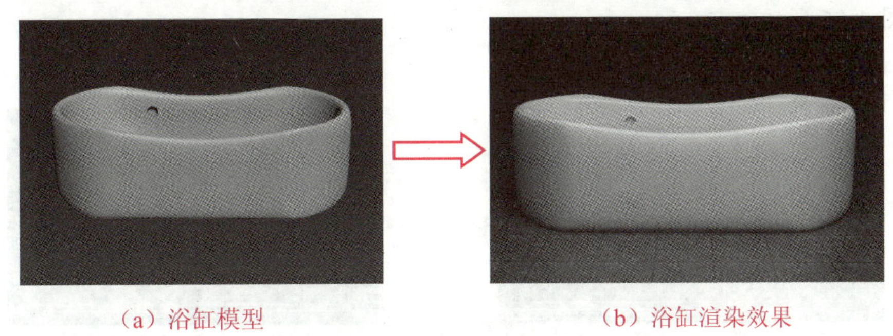

（a）浴缸模型　　（b）浴缸渲染效果

图 4-51　制作浴缸模型

制作思路

在透视图中创建一个长方体，将其转换为可编辑网格，并对其顶点进行调整，制作出浴缸的轮廓；然后对可编辑网格的多边形进行挤出和缩放处理，制作浴缸内部；再为可编辑网格添加“网格平滑”修改器，进行平滑处理；最后创建两个圆柱体，并使其与可编辑网格进行布尔运算，制作浴缸的排水口。

制作步骤

步骤 1▶　在透视图中创建一个长方体，并在“参数”卷展栏中设置其参数，如图 4-52 所示。

步骤 2▶　在长方体上右击，在弹出的快捷菜单中选择“转换为”>“转换为可编辑网格”菜单。在“修改”面板中将修改对象设为“顶点”，然后在顶视图中框选图 4-53（a）所示的顶点，再使用“选择并移动”工具调整所选顶点的位置，如图 4-53（b）所示。

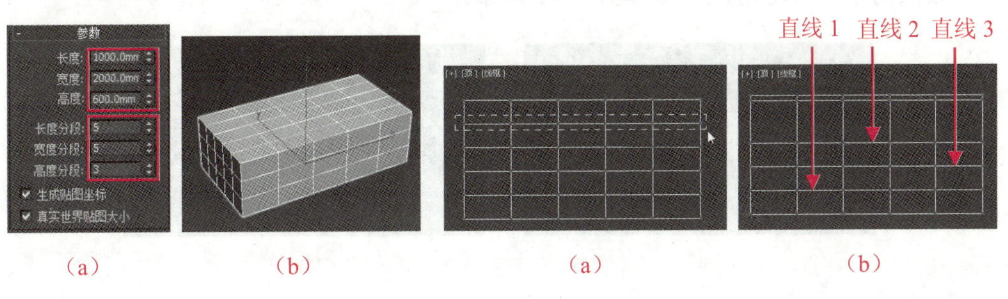

（a）　　（b）

图 4-52　创建长方体

（a）　　（b）

图 4-53　移动所选顶点

步骤 3▶ 采用同样的方法，将图 4-53（b）中直线 1 所在水平方向上的所有顶点沿 y 轴向下移动，将直线 2 所在水平方向上的所有顶点沿 y 轴向上移动，将直线 3 所在水平方向上的所有顶点沿 y 轴向下移动，效果如图 4-54 所示。

步骤 4▶ 将图 4-54 中直线 4 和直线 5 所在垂直方向上的所有顶点分别沿 x 轴向右和向左移动，再将直线 6 和直线 7 所在垂直方向上的所有顶点分别沿 x 轴向右和向左移动，效果如图 4-55 所示。

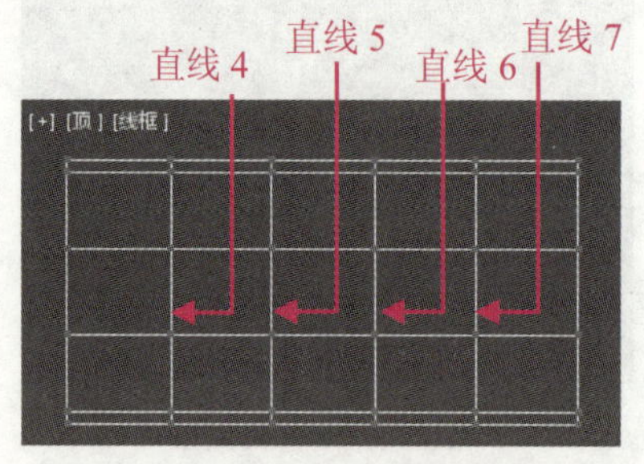

图 4-54 调整水平顶点位置

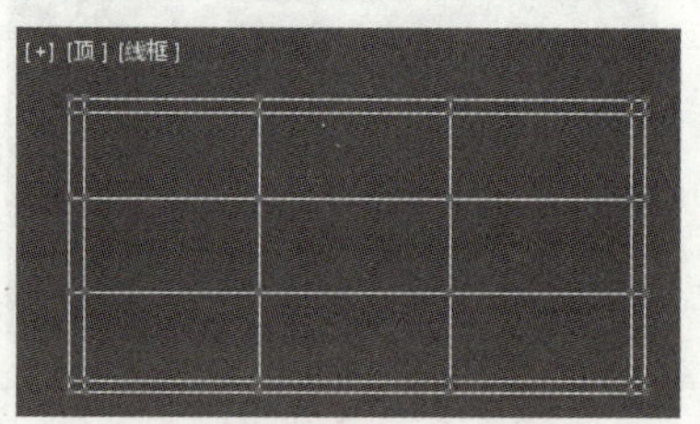

图 4-55 调整垂直顶点位置

步骤 5▶ 在按住【Ctrl】键的同时，在顶视图中框选最上与最下两行的顶点，并使用"选择并均匀缩放"工具沿 x 轴进行缩放，效果如图 4-56（a）所示；再框选最上与最下水平线上的顶点，并使用"选择并均匀缩放"工具沿 x 轴进行缩放，效果如图 4-56（b）所示。

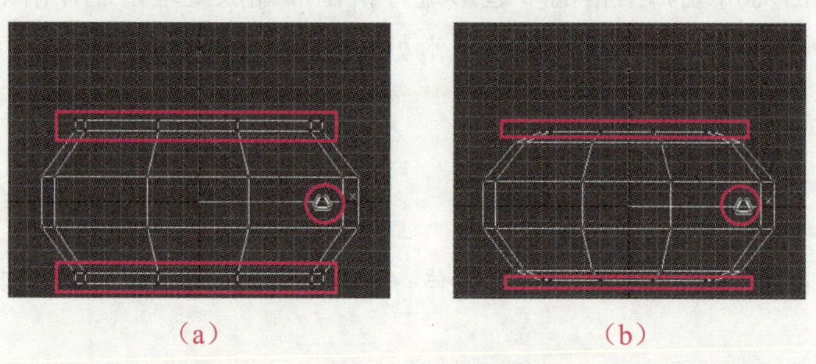
（a） （b）

图 4-56 调整可编辑网格的顶点

步骤 6▶ 在前视图中框选图 4-57（a）所示的顶点，然后使用"选择并移动"工具将所选顶点向下适当拖动，如图 4-57（b）所示。

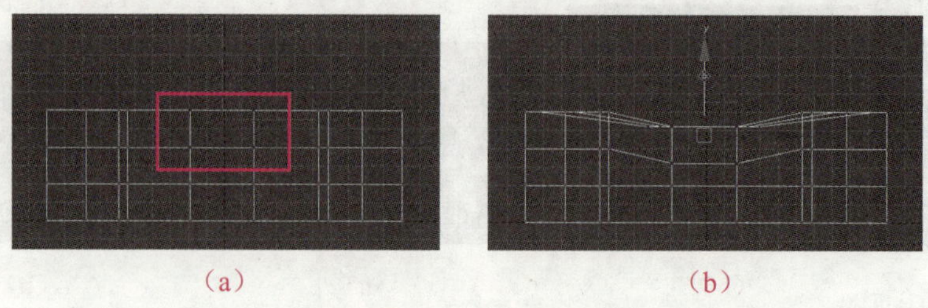
（a） （b）

图 4-57 拖动顶点位置

步骤 7▶ 在“修改”面板的修改器堆栈中将修改对象设为“多边形”，然后在按住【Ctrl】键的同时，在顶视图中选中图 4-58（a）所示的多边形，再在“编辑几何体”卷展栏“挤出”按钮右侧的文本框中输入“-100”并回车，再次在“挤出”按钮右侧的文本框中输入“-400”并回车，效果如图 4-58（b）所示。

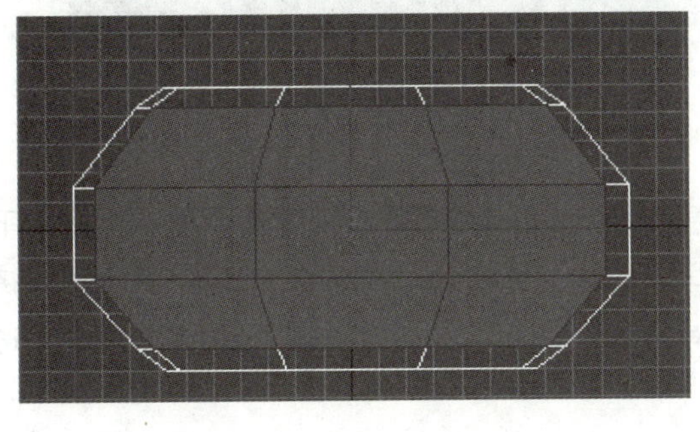

（a）

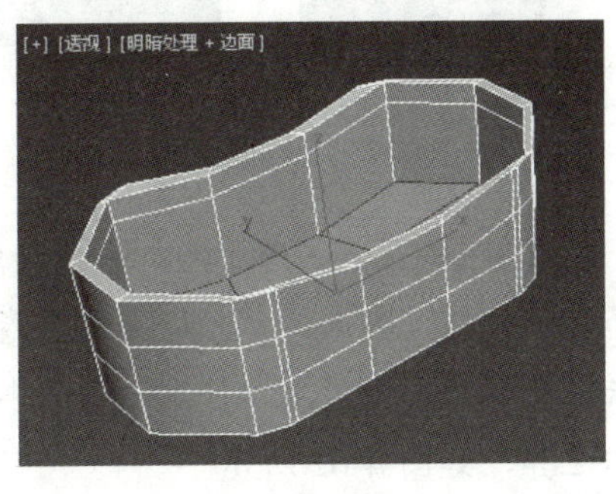

（b）

图 4-58　挤出多边形

提　示

分两次进行挤出操作，是为了防止在添加“网格平滑”修改器后浴缸模型的形状产成意料外的变形。

步骤 8▶ 保持多边形对象的选中状态，在前视图中使用“选择并均匀缩放”工具沿 *xy* 平面对所选多边形进行缩放，如图 4-59 所示。

步骤 9▶ 在“修改”面板中为可编辑网格添加“网格平滑”修改器，并在“细分量”对话框中将“迭代次数”设为 3，完成浴缸主体的制作，效果如图 4-60 所示。

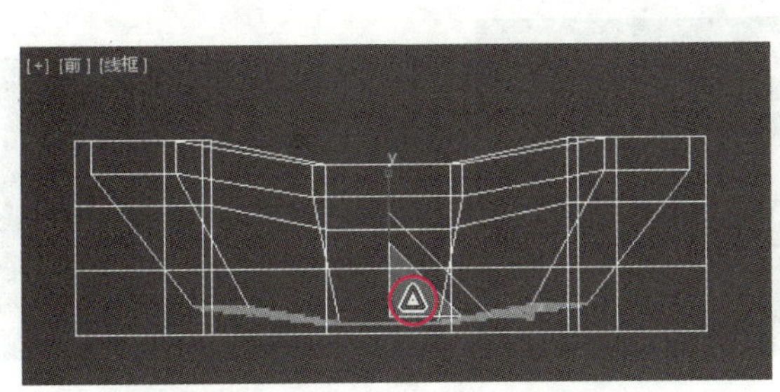

图 4-59　对所选多边形进行缩放

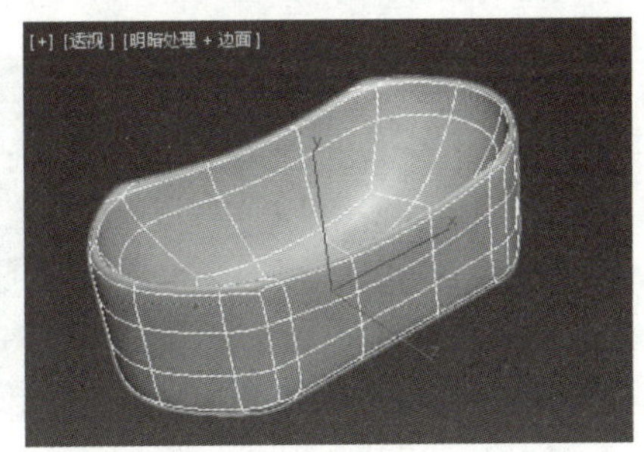

图 4-60　添加“网格平滑”修改器

步骤 10▶ 在顶视图中创建一个圆柱体，并在“参数”卷展栏中设置其参数，如图 4-61（a）所示，再将其移至图 4-61（b）所示的位置。

（a）

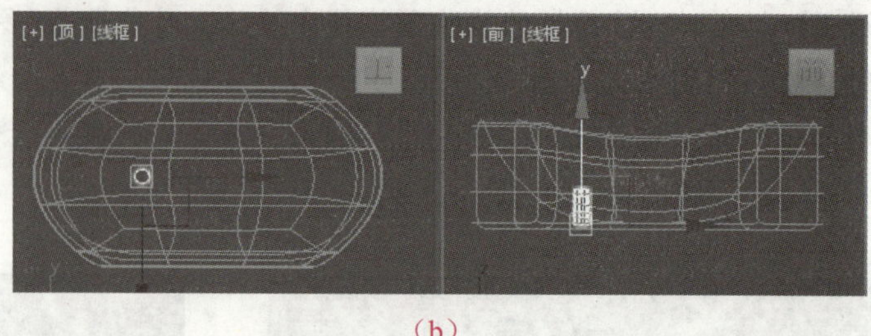

（b）

图 4-61　创建并移动圆柱体

步骤 11▶　单击选中浴缸主体，然后单击“几何体”创建面板“复合对象”分类下的“布尔”按钮，再选择“拾取布尔”卷展栏“操作”区中的“差集（A-B）”单选钮，接着单击“拾取布尔”卷展栏中的“拾取操作对象 B”按钮，最后单击视图中的圆柱体，进行布尔运算，如图 4-62 所示。

（a）

（b）

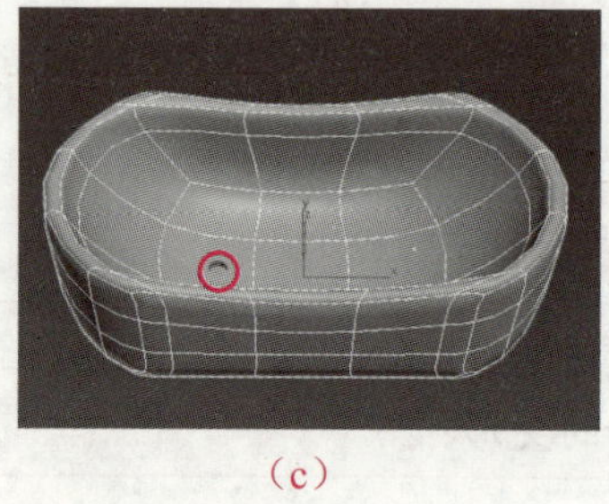

（c）

图 4-62　利用布尔运算制作浴缸下方的排水口

步骤 12▶　在前视图中创建一个圆柱体，其参数与上一个圆柱体相同，然后将其移至图 4-63（a）所示的位置；参照步骤 10 的操作，对浴缸主体和圆柱体进行布尔运算，制作浴缸侧面的排水口，如图 4-63（b）所示。至此，案例就完成了。

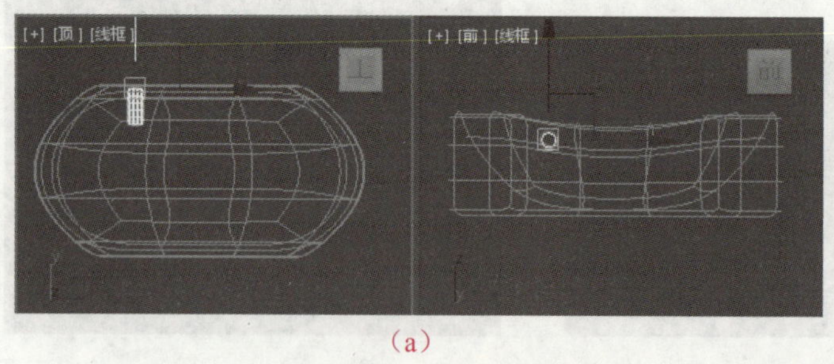

（a）

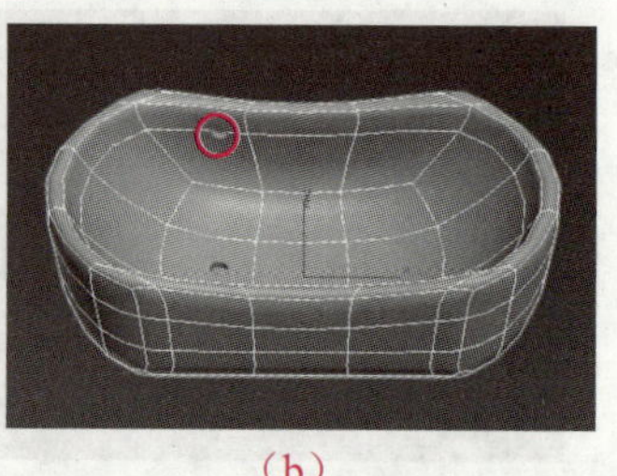

（b）

图 4-63　利用布尔运算制作浴缸侧面的排水口

案例总结

本案例通过制作浴缸模型，进一步学习了利用网格建模法创建模型的方法。在制作浴

缸模型的过程中，应注意通过移动和缩放网格顶点改变模型的形状，从而制作浴缸的大致形状，通过对网格多边形进行不同程度的挤出，可形成浴缸的主体。通过对浴缸主体和圆柱体进行布尔运算，可制作浴缸排水口。

4.3　面片建模

面片建模是在多边形建模基础上发展而来的，其特点是创建的三维模型结构简单，占用内存少。

4.3.1　面片建模基础知识

与多边形建模和网格建模相同，要使用面片建模法创建模型，必须先将三维对象转化为可编辑面片，然后通过对可编辑面片的子对象进行编辑，获得所需模型。

可编辑面片的子对象包括“顶点”“控制柄”“边”“面片”和“元素”5 种，如图 4-64（a）所示。“控制柄”是可编辑面片特有的子对象，当可编辑面片的修改对象是“控制柄”子对象时，可编辑面片上会出现很多控制柄，如图 4-64（b）所示。对控制柄进行移动、旋转和缩放操作，会改变控制柄所处曲面的曲率，如图 4-64（c）所示（必须利用右键快捷菜单将对象转换为可编辑面片后，“控制柄”子对象才会起作用。若为对象添加“编辑面片”修改器，则利用“控制柄”子对象无法调整对象形状）。

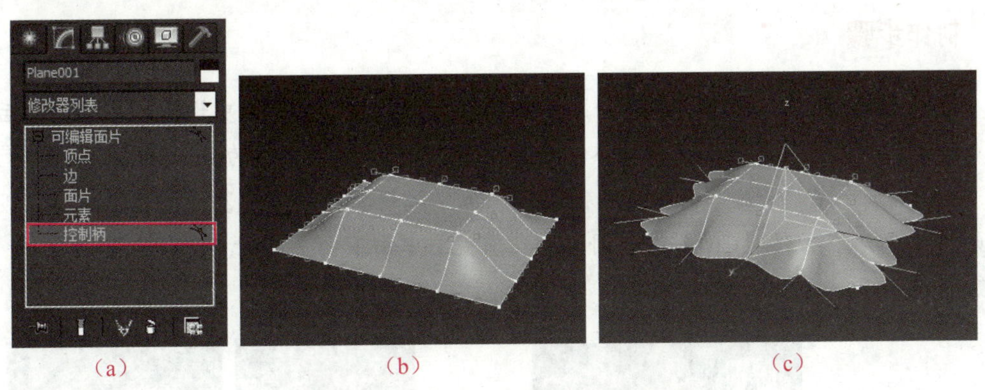

（a）　（b）　（c）

图 4-64　调整可编辑面片中的控制柄

案例 5　制作艺术吊灯模型——应用面片建模

下面通过制作图 4-65 所示的艺术吊灯模型，学习面片建模法及其应用。

(a) 艺术吊灯模型

(b) 艺术吊灯渲染效果

图 4-65　制作艺术吊灯模型

制作思路

该吊灯由灯柱、灯罩、星形装饰物、灯管、吊顶支架、底座、吊灯上方的锁链及下方的菱形装饰物组成，其制作思路为：① 创建一个圆柱体，将其转换为可编辑面片后，通过对其顶点进行缩放，制作灯柱；② 创建一个圆柱体，通过对其顶点进行缩放操作，制作灯罩；③ 星形装饰物可使用“星形”工具创建，然后调整其顶点即可；④ 在前视图中创建曲线线段，并调整曲线的顶点，制作支架；⑤ 创建圆柱体制作底座；⑥ 将灯罩、底座、灯管和支架群组，调整群组的轴位置并进行旋转复制；⑦ 创建吊灯上方的锁链和吊灯下方的装饰物。

制作步骤

步骤 1▶ 在顶视图中创建一个圆柱体，并在“参数”卷展栏中设置其参数，然后使用“选择并移动”工具选中圆柱体，将状态栏中的 x、y 坐标设为 0，如图 4-66 所示。

步骤 2▶ 在“修改”面板中为圆柱体添加“编辑面片”修改器，并将修改对象设为“顶点”，然后在按住【Ctrl】键的同时，在前视图中由下向上隔行框选顶点（共 6 行），如图 4-67 所示。

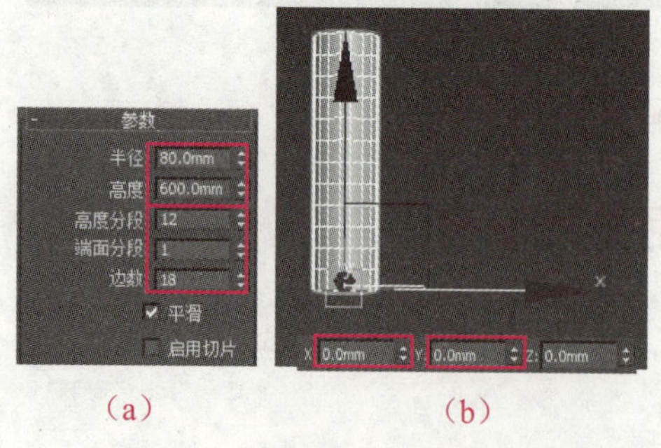

(a)　(b)

图 4-66　创建圆柱体并调整其位置

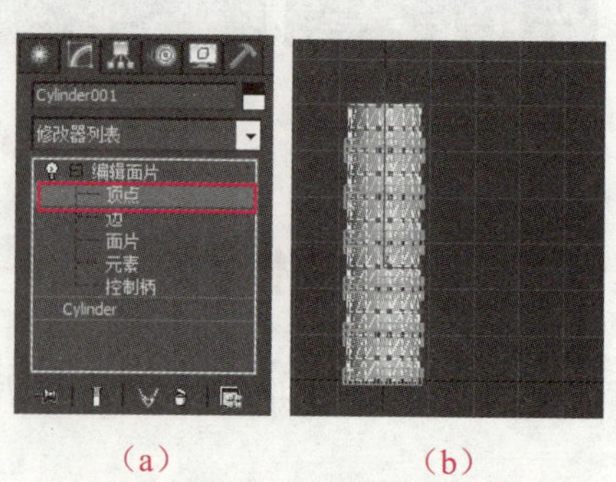

(a)　(b)

图 4-67　框选可编辑面片的顶点

步骤 3▶ 按住工具栏中的“选择并均匀缩放”工具，在展开的工具列表中选择“选择并非均匀缩放”工具，然后右击“选择并非均匀缩放”工具，在打开的对话框中将“X”和“Z”都设为 200，如图 4-68 所示。

步骤 4▶ 关闭“缩放变换输入”对话框，在顶视图中再创建一个圆柱体，然后在“参数”卷展栏中设置其参数，如图 4-69 所示。

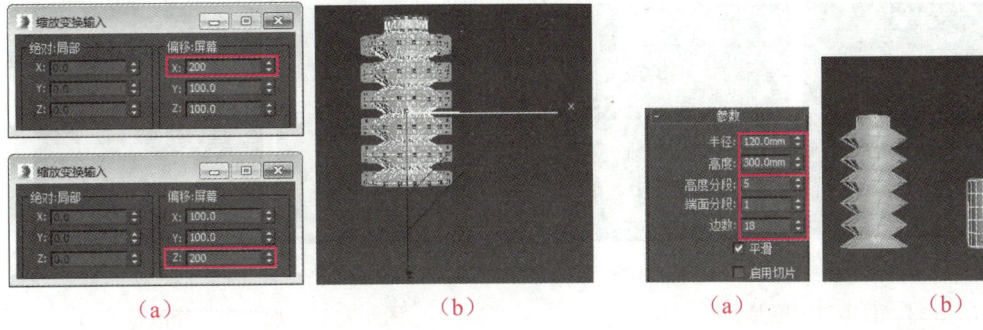

（a）（b）

图 4-68 缩放可编辑面片的顶点

（a）（b）

图 4-69 创建第 2 个圆柱体

步骤 5▶ 在“修改”面板中为圆柱体添加“编辑面片”修改器，并将修改对象设为“顶点”，然后勾选“软选择”卷展栏中的“使用软选择”复选框，并将“衰减”设为 200。在前视图中框选可编辑面片最上方的两排顶点，并使用“选择并非均匀缩放”工具适当收缩（大约收缩 50%），如图 4-70 所示。

步骤 6▶ 在“软选择”卷展栏中将“衰减”设为 100，然后在前视图中框选可编辑面片最下方一排的顶点，并使用“选择并非均匀缩放”工具适当放大，如图 4-71 所示。

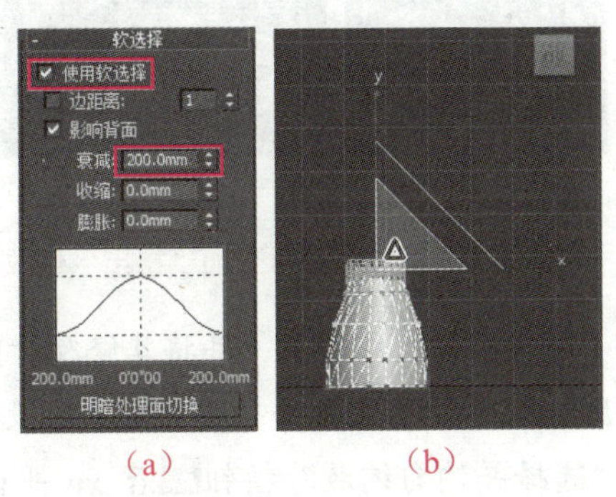

（a）（b）

图 4-70 收缩顶点

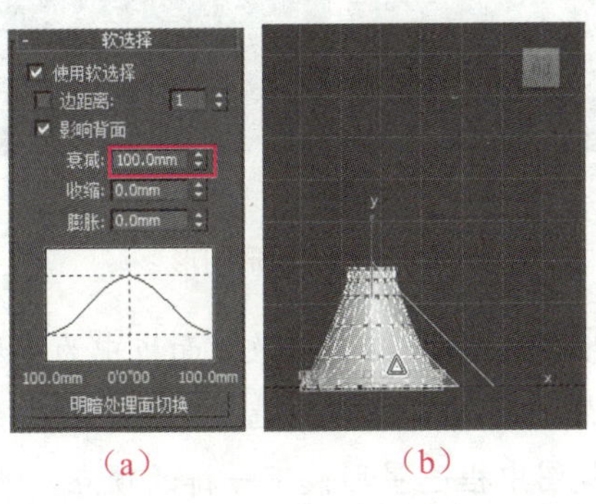

（a）（b）

图 4-71 放大顶点

知识库

“软选择”卷展栏中的“衰减”选项用于设置软选择选区边缘的范围，该选项数值越大选区边缘范围越大，反之则选区边缘范围越小。

步骤 7▶ 取消勾选“软选择”卷展栏中的“使用软选择”复选框，在顶视图中框选可编辑面片底部的圆心（此时应同时选中可编辑面片顶部和底部圆心处的顶点），并按【Delete】键将其删除，如图 4-72 所示。

步骤 8▶ 在“修改”面板中为可编辑面片添加“壳”修改器，并在“参数”卷展栏中将“外部量”设为 10，完成灯罩的创建，如图 4-73 所示。

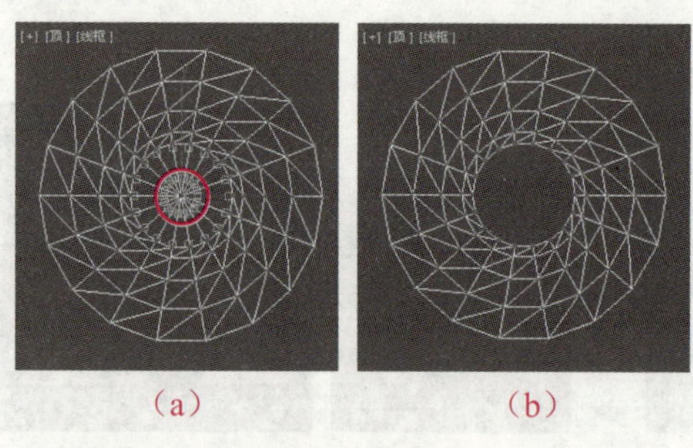
（a）（b）

图 4-72 删除圆心

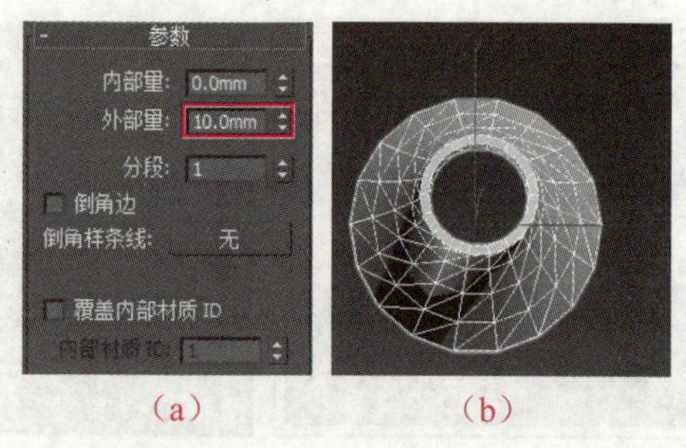

（a）（b）

图 4-73 添加“壳”修改器

步骤 9▶ 单击“图形”创建面板“样条线”分类中的“星形”按钮，在顶视图中创建一个星形图形，并在“参数”卷展栏中设置其参数，如图 4-74 所示。

步骤 10▶ 在“修改”面板中为星形图形添加“挤出”修改器，并在“参数”卷展栏中设置其参数，如图 4-75 所示。

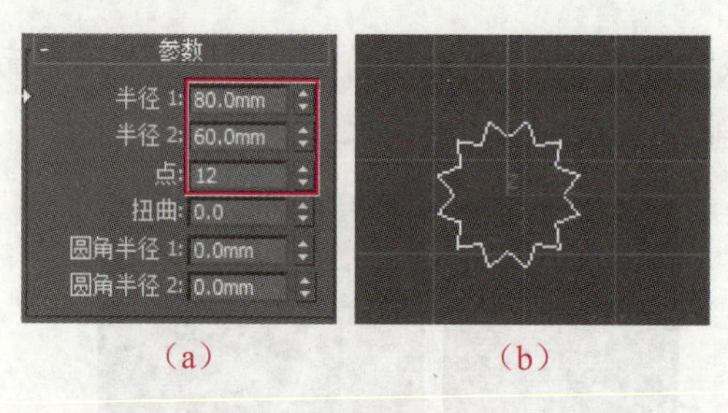

（a）（b）

图 4-74 创建星形图形

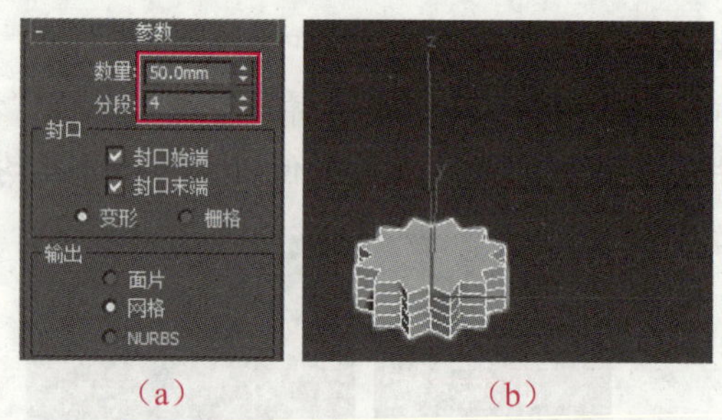

（a）（b）

图 4-75 为星形图形添加“挤出”修改器

步骤 11▶ 在“修改”面板中为星形添加“编辑面片”修改器，并将其修改对象设为“顶点”，然后勾选“软选择”卷展栏中的“使用软选择”复选框，并将“衰减”设为 50。在前视图中框选星形最下一排的顶点，并使用“选择并均匀缩放”按钮沿 *xy* 平面进行收缩，作为灯罩的底座，如图 4-76 所示。

步骤 12▶ 使用“选择并移动”工具在顶视图中框选灯罩和灯罩底座，在状态栏中将其“X”坐标设为 0，再在前视图中调整灯罩底座的位置，使其位于灯罩模型的下方，如图 4-77 所示。

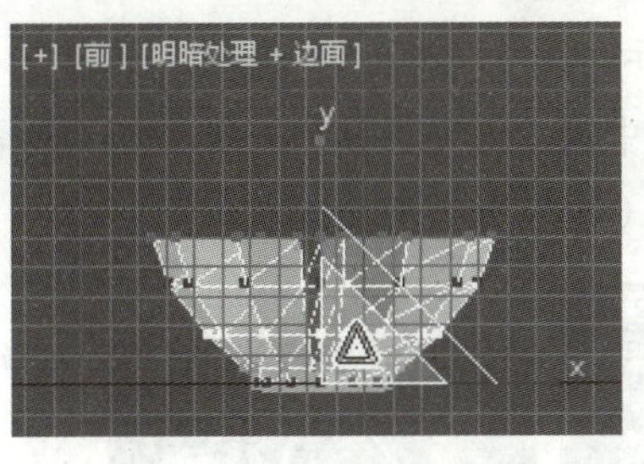

图 4-76 调整星形的顶点

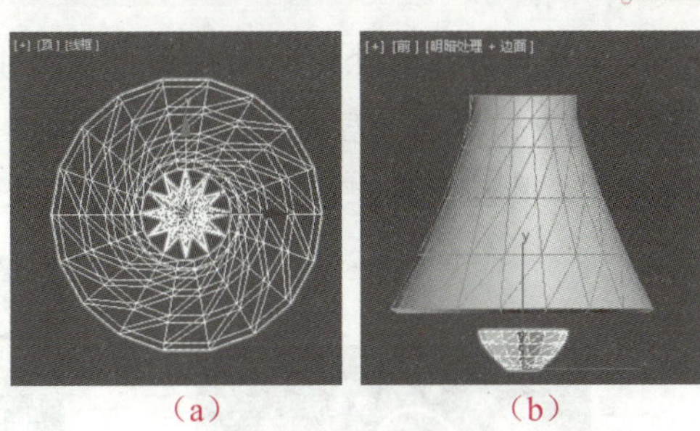

（a） （b）

图 4-77 移动灯罩底座模型的位置

步骤 13▶ 单击“图形”创建面板“样条线”分类中的“线”按钮，在前视图中单击创建图 4-78（a）所示的线段；然后在“修改”面板中将线段的修改对象设为“顶点”，在前视图中框选所有顶点并右击，在弹出的快捷菜单中依次选择“平滑”和“Bezier”菜单；最后使用“选择并移动”工具调整个别顶点的位置和控制柄，制作图 4-78（b）所示的曲线。

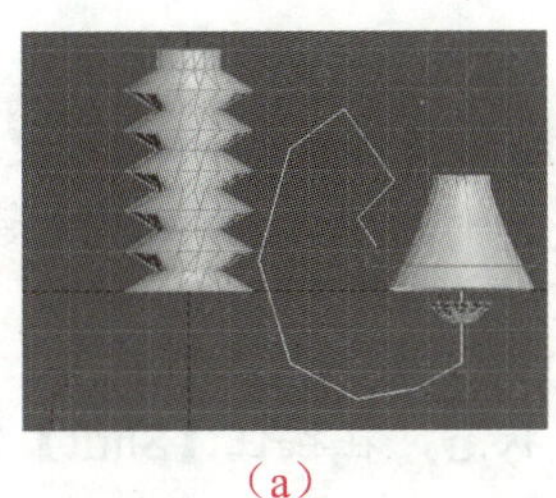

（a）

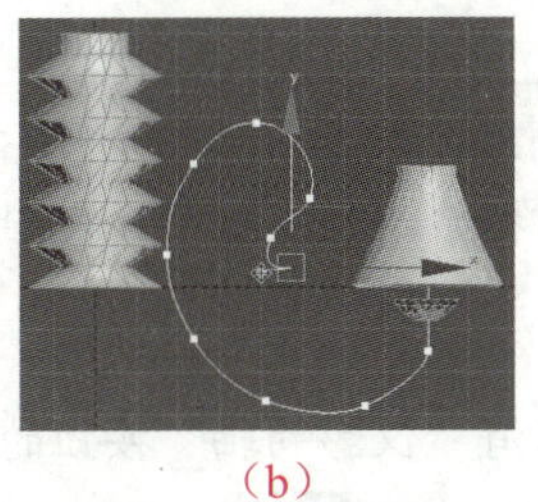

（b）

图 4-78 创建曲线

步骤 14▶ 勾选“渲染”卷展栏中的“在渲染中启用”和“在视口中启用”复选框，然后将“径向”单选钮下的“厚度”设为 10，制作吊灯的支架，如图 4-79 所示。

步骤 15▶ 在顶视图中创建一个圆柱体，并在“参数”卷展栏中设置其参数，然后使用“选择并移动”工具在顶视图和前视图中调整圆柱体的位置，如图 4-80 所示。

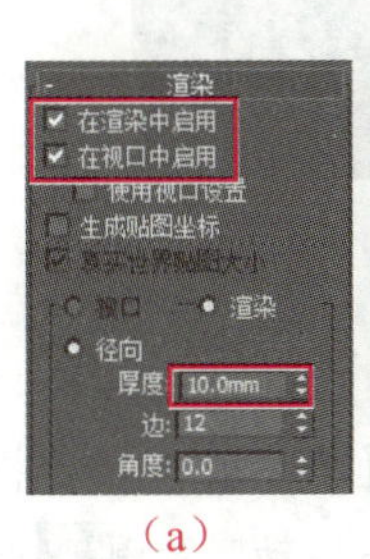

（a）

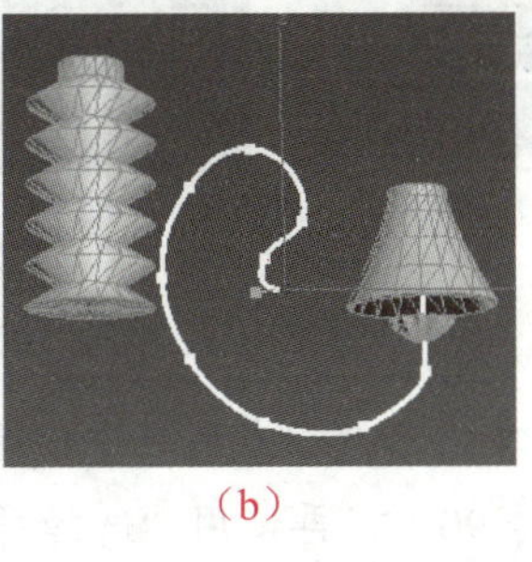

（b）

图 4-79 设置曲线的渲染参数

（a）

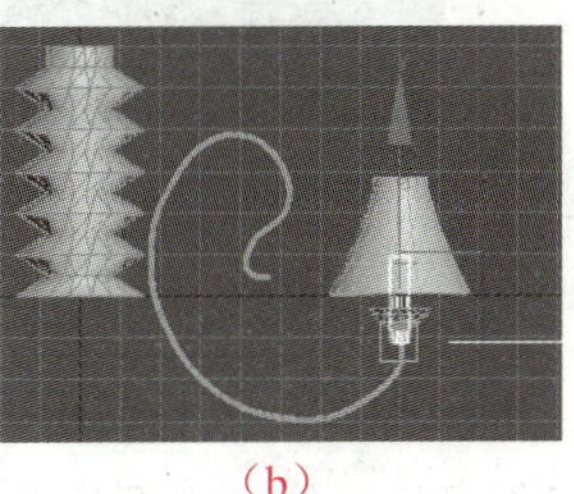

（b）

图 4-80 创建圆柱体并调整其位置

步骤 16▶ 在前视图中同时选中灯罩、灯罩底座、支架和圆柱体，然后选择“组”>“组”菜单，将其群组并命名为“灯罩”，再使用“选择并移动”工具调整灯罩群组的

位置，使支架与灯柱的外轮廓相接触，如图 4-81 所示。

步骤 17▶ 单击“层次”面板“调整轴”卷展栏中的“仅影响轴”按钮，然后选择“选择并移动”工具，再在状态栏中将“X”坐标设为 0，如图 4-82 所示。

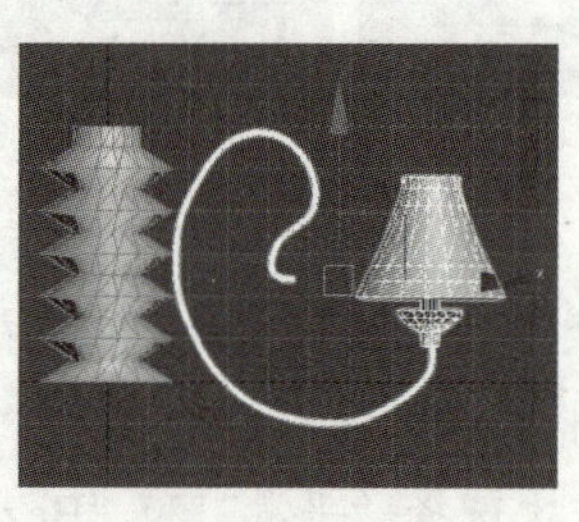

图 4-81 调整群组的位置

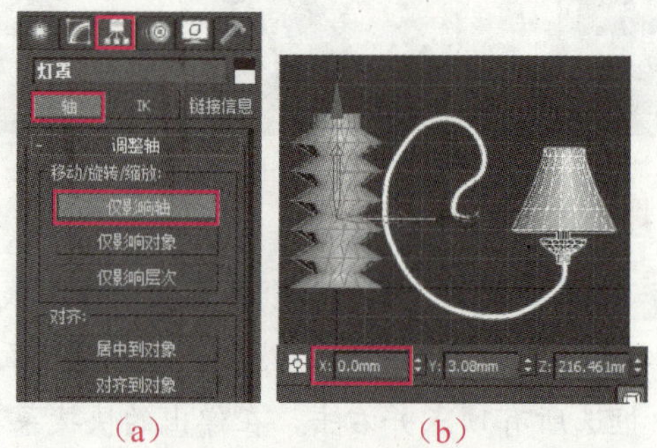

（a） （b）

图 4-82 调整灯罩群组的轴

提 示

单击“仅影响轴”按钮，会进入局部坐标调整模式，此时可使用“选择并移动”工具调整局部坐标系的原点位置（即轴点）。对对象进行缩放和旋转等操作时，都是以对象局部坐标系的原点为中心进行的。

步骤 18▶ 取消“仅影响轴”按钮的选中状态，在按住【Shift】键的同时，在顶视图中使用“选择并旋转”工具将灯罩群组沿 *z* 轴旋转-45°，然后在弹出的“克隆选项”对话框中将“副本数”设为 8，并单击“确定”按钮，如图 4-83 所示。

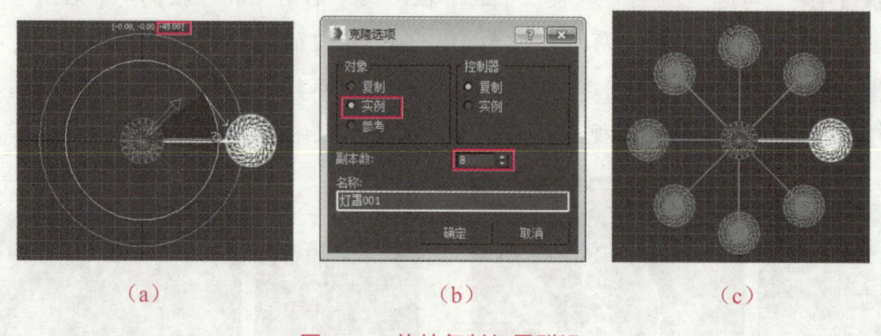

（a） （b） （c）

图 4-83 旋转复制灯罩群组

步骤 19▶ 在前视图中创建一个圆环，并在“参数”卷展栏中设置其参数，然后将圆环实例克隆一份，并将其在顶视图中沿 *z* 轴旋转 90°，再使用“选择并移动”工具调整圆环副本的位置，如图 4-84 所示。

步骤 20▶ 框选前视图中的圆环及其副本，在按住【Shift】键的同时沿 *y* 轴拖动，在弹出的“克隆选项”对话框中进行实例克隆，副本数为 5，再使用“选择并移动”工具框

选全部圆环，并将其移至吊灯上方，如图 4-85 所示。

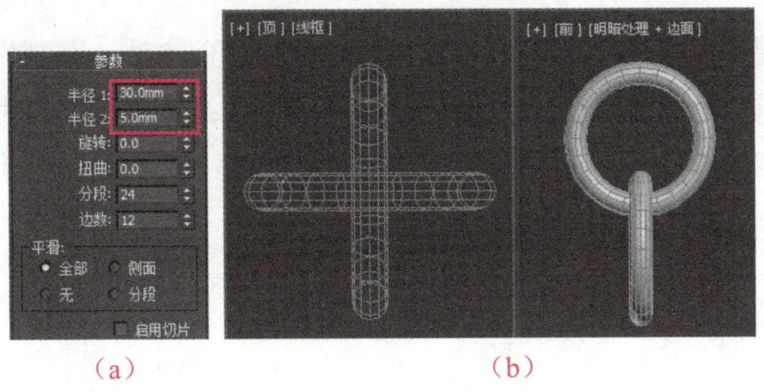

（a） （b）

图 4-84 创建、复制并旋转圆环

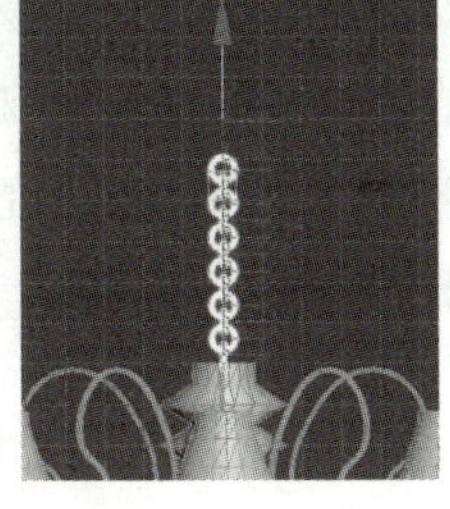

图 4-85 复制并移动圆环

步骤 21▶ 在顶视图中创建一个圆柱体，并在“参数”卷展栏中设置其参数，然后在顶视图和前视图中将其移至吊灯灯柱下方，如图 4-86 所示。

步骤 22▶ 在前视图中将圆柱体沿 *y* 轴复制两份，并分别对圆柱体的副本进行缩放，然后调整圆柱体副本的位置，如图 4-87 所示。

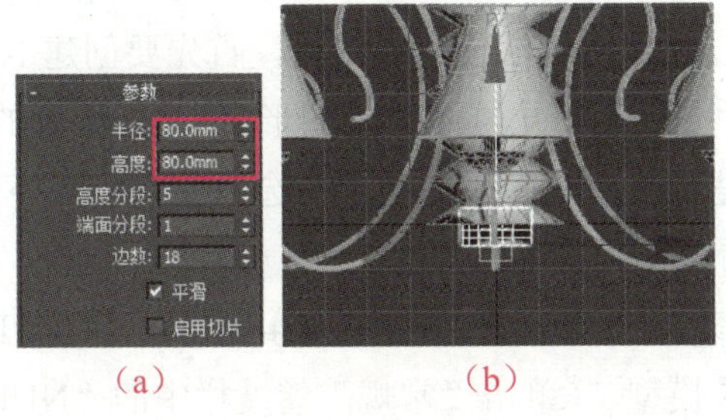

（a） （b）

图 4-86 创建圆柱体并调整其位置

图 4-87 缩放并移动圆柱体副本

步骤 23▶ 使用“线”按钮，在前视图中创建一个菱形图形，然后为其添加“挤出”修改器，并在“参数”卷展栏中设置其参数，如图 4-88 所示。

步骤 24▶ 将菱形模型复制两份，然后在前视图中选中间的菱形模型，在顶视图中将其沿 *z* 轴旋转 90°，并适当放大，再调整菱形模型及其副本的位置，作为吊灯的装饰物，如图 4-89 所示。至此，案例就完成了。

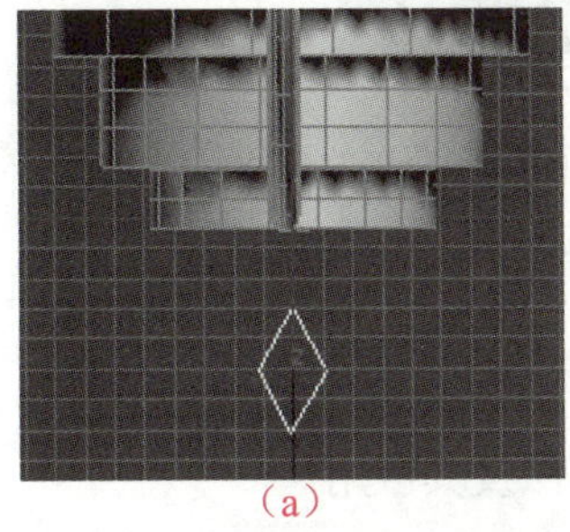

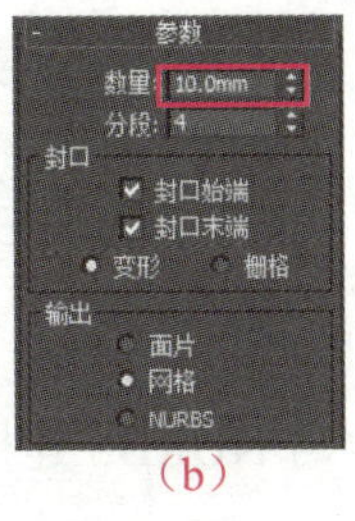

（a） （b）

图 4-88 创建菱形图形并进行挤出处理

图 4-89 复制菱形并进行旋转、缩放和移动

案例总结

本案例通过制作艺术吊灯模型，学习了利用面片建模法创建模型的方法。在制作吊灯模型的过程中，应注意对可编辑面片“顶点”子对象进行编辑的方法；还应注意使用软选择调整对象的方法、“壳”修改器的应用方法、转换顶点类型的方法，以及“仅影响轴”按钮的作用。

4.4 NURBS 建模

NURBS 建模的全称为 Non-uniform Rational B-Spline（非均匀有理 B 样条线建模），是一种编辑曲线创建模型的方法。下面介绍 NURBS 建模法的相关知识。

4.4.1 NURBS 建模基础知识

与网格建模和面片建模相比较，NURBS 建模法能够更好地控制物体表面的曲线，从而创建出更逼真、生动的造型。使用 NURBS 建模法创建模型前，首先要创建 NURBS 对象。创建 NURBS 对象的方法有两种：一种是利用“几何体”和“图形”创建面板中的 NURBS 按钮创建对象，如图 4-90 所示；另一种是通过在右键快捷菜单中选择“转换为”>“NURBS 对象”菜单，将二维或三维对象转换为 NURBS 对象。

创建好 NURBS 对象后，可利用“修改”面板中的参数和图 4-91 所示的 NURBS 工具箱编辑 NURBS 对象，来创建所需的三维模型。（单击“常规”卷展栏中的“NURBS 创建工具箱”按钮，即可打开或关闭 NURBS 创建工具箱）

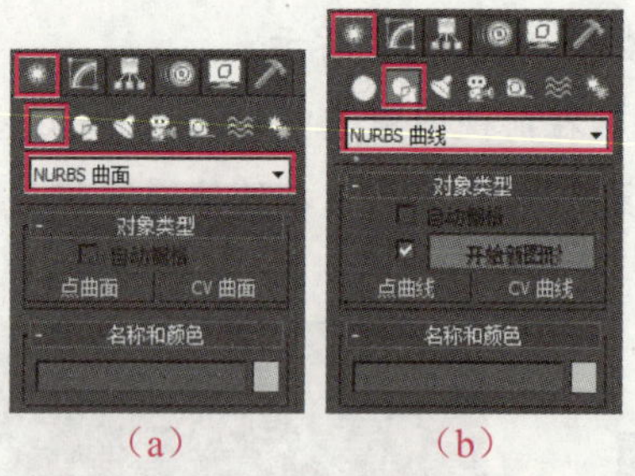

图 4-90　NURBS 对象创建按钮

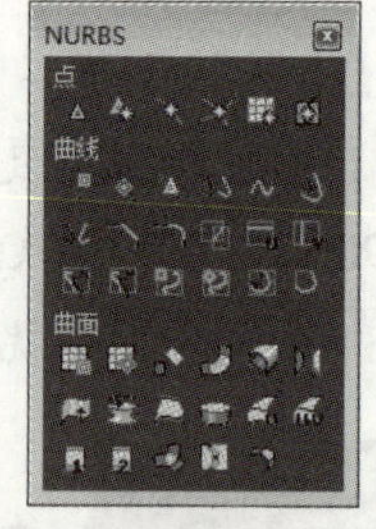

图 4-91　NURBS 工具箱

案例 6　制作桌布模型——应用 NURBS 建模

下面通过制作图 4-92 所示的桌布模型，学习 NURBS 建模法及其应用。

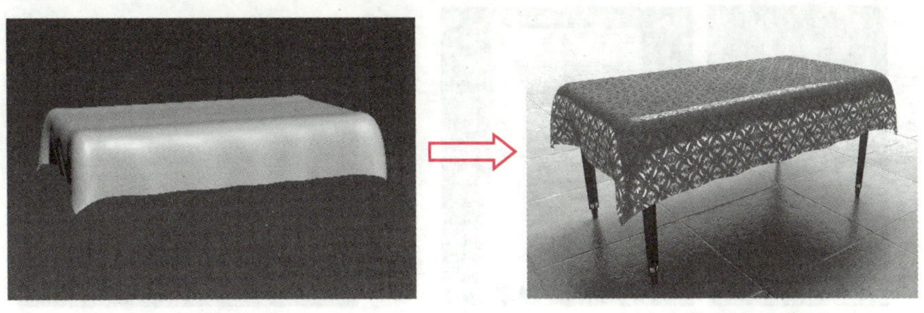

（a）桌布模型　　　　（b）桌布渲染效果

图 4-92　制作桌布模型

制作思路

创建一个点曲面，将曲面边缘的所有点向下移动制作桌布的轮廓；然后通过 4 条边上的点制作桌布的褶皱；再将 4 个边角顶点向下移动，制作桌布的 4 个边角；最后对曲面的点进行微调，使桌布模型更加逼真。

制作步骤

步骤 1▶　单击“几何体”创建面板“NURBS 曲面”分类中的“点曲面”按钮，在顶视图中创建一个点曲面，并在“参数”卷展栏中设置其参数，如图 4-93 所示。

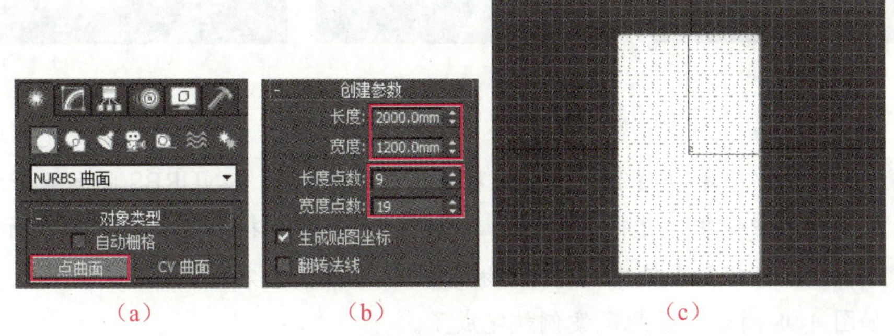

（a）　（b）　（c）

图 4-93　创建点曲面

步骤 2▶　在“修改”面板的修改器堆栈中展开 NURBS 曲面，并选择“点”子对象，然后单击“点”卷展栏中的“点行和列”按钮，在按住【Ctrl】键的同时，在顶视图中单击 NURBS 曲面左下角和右上角的点，即可选中曲面边缘的所有点，如图 4-94 所示。

步骤 3▶　使用“选择并移动”工具在前视图中将所选点向下适当拖动，制作桌布的轮廓，如图 4-95 所示。

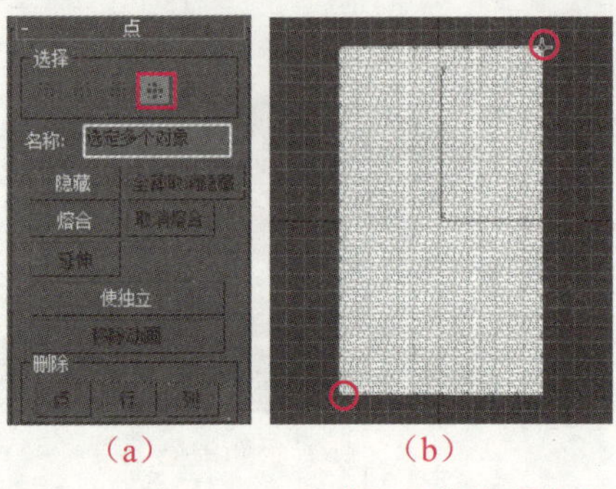

（a）　　（b）

图 4-94　选择 NURBS 曲面边缘的所有点

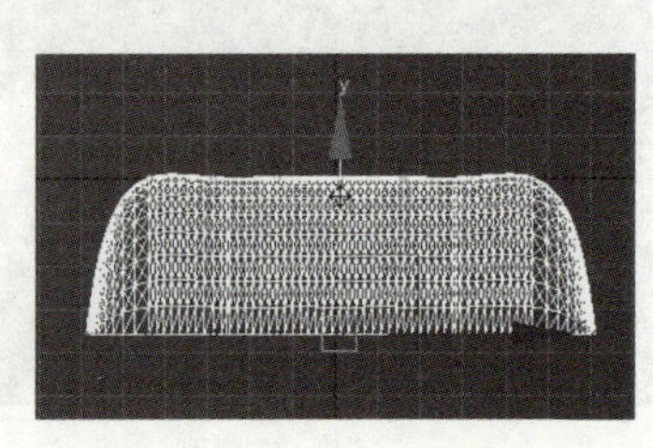

图 4-95　制作桌布模型的轮廓

步骤 4▶　单击“点”卷展栏中的“单个点”按钮，在按住【Ctrl】键的同时在顶视图中框选图 4-96（a）所示的点，并使用“选择并均匀缩放”工具沿 xy 平面进行收缩。

步骤 5▶　在按住【Ctrl】键的同时，在顶视图中单击选中 NURBS 曲面两侧相隔的点，并使用“选择并均匀缩放”工具沿 x 轴进行收缩，如图 4-96（b）和（c）所示。

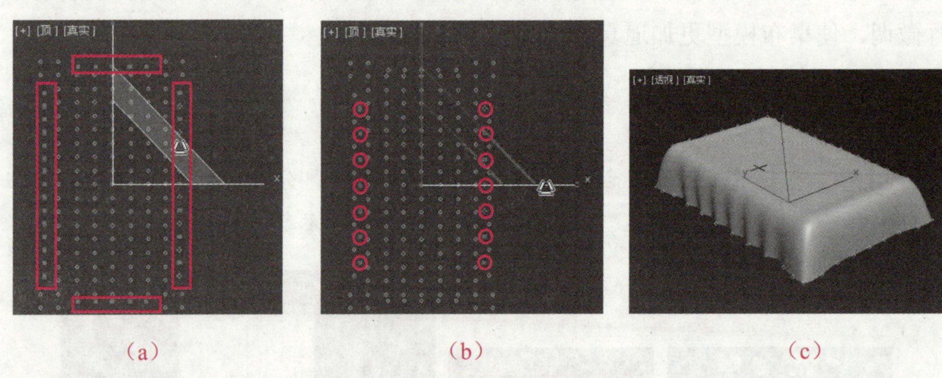

（a）　　（b）　　（c）

图 4-96　缩放 NURBS 曲面的顶点

步骤 6▶　在按住【Ctrl】键的同时，在顶视图中单击选中 NURBS 曲面 4 个边角处的点，然后在前视图中使用“选择并移动”工具沿 y 轴向下拖动，如图 4-97 所示。

步骤 7▶　在透视图中使用“选择并移动”工具调整桌布模型边角处的点，使其更加自然，如图 4-98 所示。至此，案例就完成了。

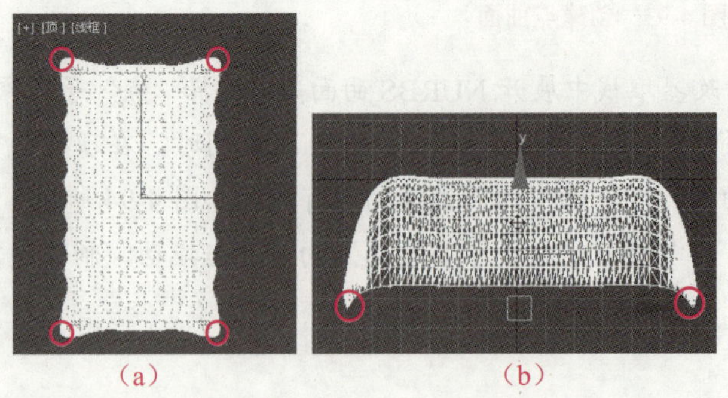

（a）　　（b）

图 4-97　移动 4 个边角的顶点

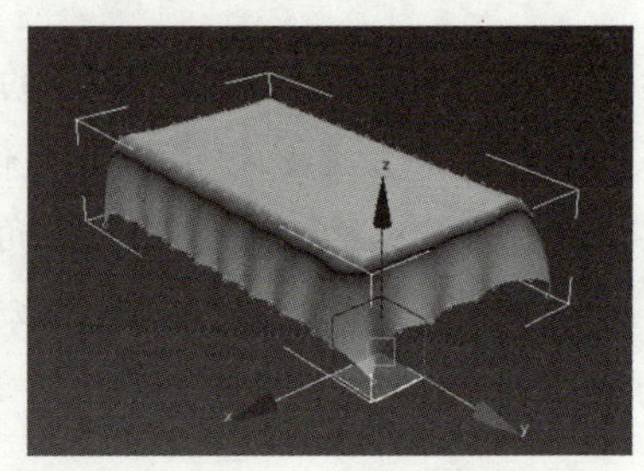

图 4-98　调整边角处的点

案例总结

本案例通过制作桌布模型，学习了利用 NURBS 建模法创建模型的方法。在制作桌布模型的过程中，应注意利用“点”卷展栏中的按钮选择 NURBS 曲面中点的方法；还应掌握通过调整 NURBS 曲面中的点，制作物体轮廓和自然褶皱的方法。

4.5 复合建模

复合建模就是使用“几何体”创建面板下“复合对象”分类中的复合工具，将多个模型复合成一个模型的建模方法。下面介绍复合建模法的相关知识。

4.5.1 复合建模基础知识

在建筑效果图制作中较常用的复合建模工具有“放样”“布尔”和“图形合并”3 种。其中，利用“放样”工具可以将二维图形沿指定的路径曲线放样成三维模型，图 4-99 所示为利用“放样”工具制作隧道模型；利用“图形合并”工具可以将二维图形沿自身法线方向投影到三维对象的表面，并产生相加或相减的效果，常用于制作模型表面的花纹，图 4-100 所示为利用“图形合并”工具制作图章模型。

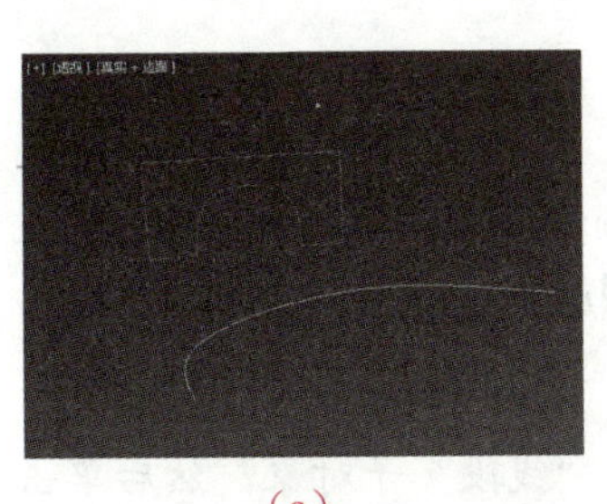

(a)　　(b)

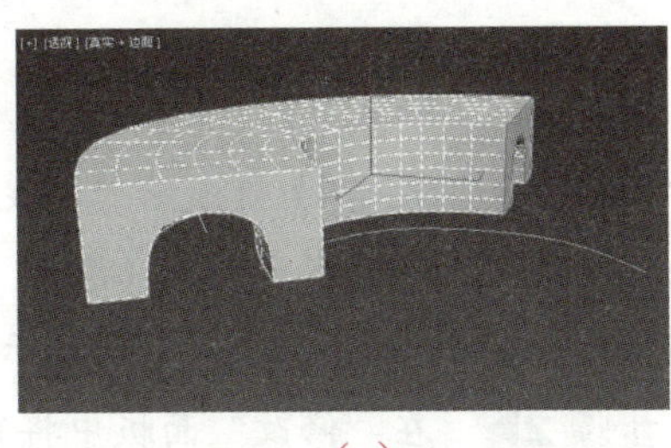

(c)

图 4-99　利用“放样”工具制作隧道模型

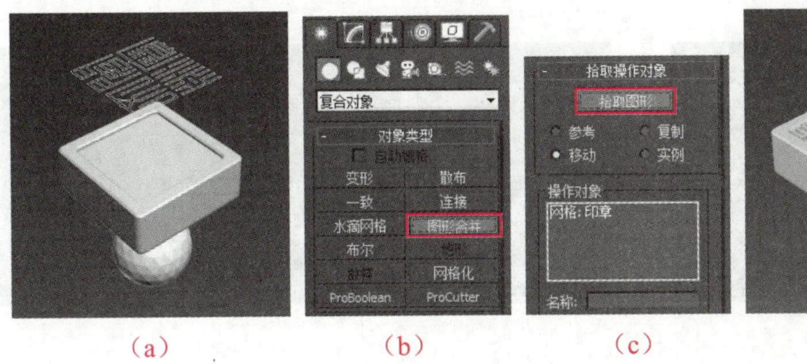

(a)　　(b)　　(c)　　(d)

图 4-100　利用“图形合并”工具制作图章模型

案例 7　制作窗帘模型——“放样”工具

下面通过制作图 4-101 所示的窗帘模型，学习利用“放样”工具进行复合建模的方法。

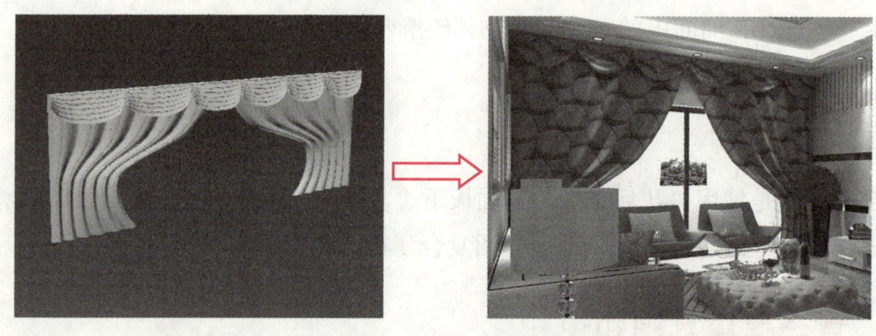

（a）窗帘模型　　（b）窗帘渲染效果

图 4-101　制作窗帘模型

制作思路

创建窗帘的截面图形和放样路径，利用“放样”工具创建窗帘主体，并利用“缩放变形”对话框调整窗帘主体的形状；然后为窗帘主体添加“FFD 4×4×4”修改器，使窗帘主体的弯曲更自然；最后利用与创建窗帘主体相似的操作创建窗幔。

制作步骤

步骤 1▶　按【S】键激活“捕捉开关”按钮，在顶视图中以栅格线中心为起点创建一条长度为 1100 的水平线段（激活“捕捉开关”按钮后，状态栏中会显示光标所在位置各坐标轴的数值），如图 4-102 所示。

步骤 2▶　在“修改”面板中将直线的修改对象设为“线段”子对象，然后单击选中线段，在“几何体”卷展栏“拆分”按钮右侧的文本框中输入 11，并单击“拆分”按钮，为线段添加 11 个均匀分布的顶点，如图 4-103 所示。

图 4-102　创建水平直线

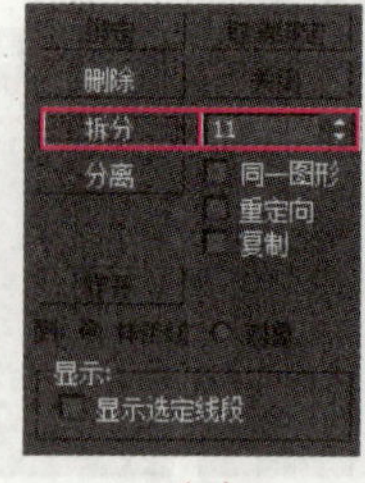

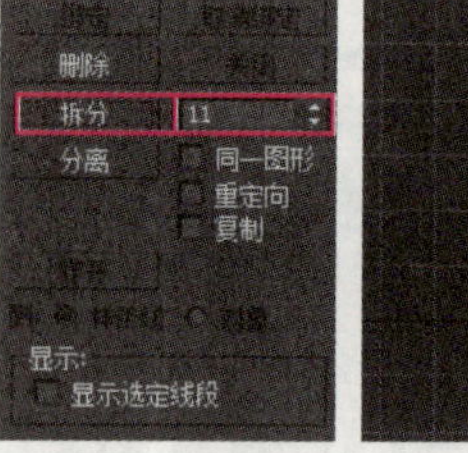

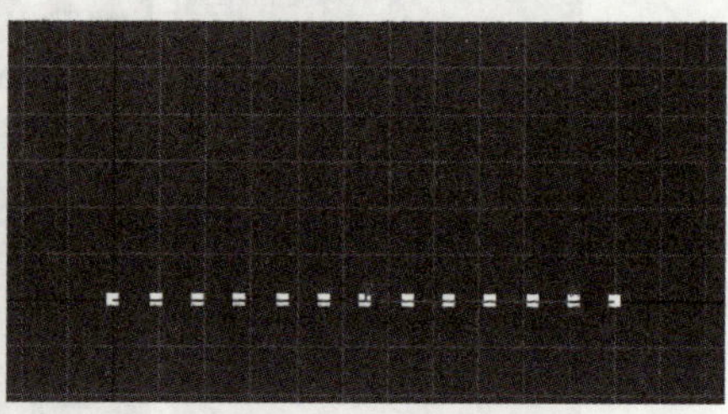

（a）　　（b）

图 4-103　为直线添加顶点

步骤 3▶ 将直线的修改对象设为“顶点”子对象，按快捷键【Ctrl+A】选中所有顶点，然后右击鼠标，在弹出的快捷菜单中选择“Bezier”菜单。使用“选择并移动”按钮在顶视图中将直线上的单数顶点向上移动一段距离，如图 4-104 所示。

步骤 4▶ 在修改器堆栈中将修改对象设为“样条线”子对象，然后单击“几何体”卷展栏中的“轮廓”按钮，再在其右侧的文本框中输入“5”并回车，对线条进行轮廓处理，如图 4-105 所示。

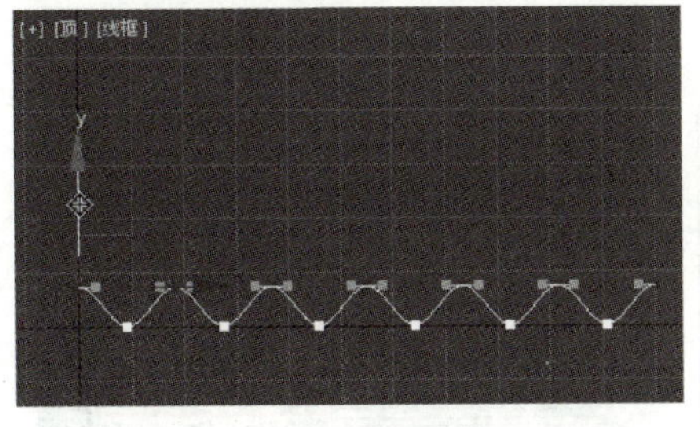

图 4-104 移动单数顶点

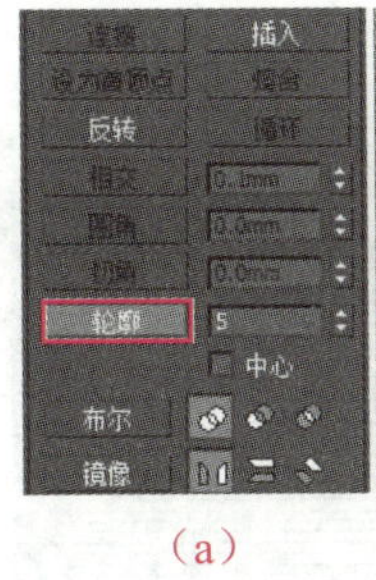

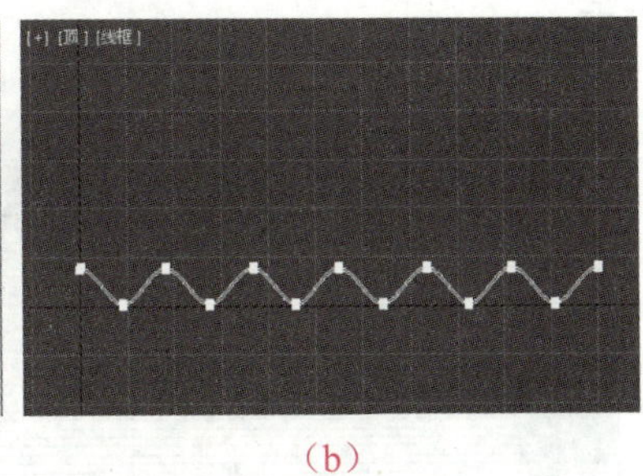

（a） （b）

图 4-105 对线条进行轮廓处理

步骤 5▶ 参照步骤 1 的方法创建一条长度为 1500 的垂直线，选中波浪线条，然后单击“几何体”创建面板“复合对象”分类下的“放样”按钮，再选择“创建方法”卷展栏中的“实例”单选钮，并单击“获取路径”按钮，选择视图中的垂直线，如图 4-106 所示。

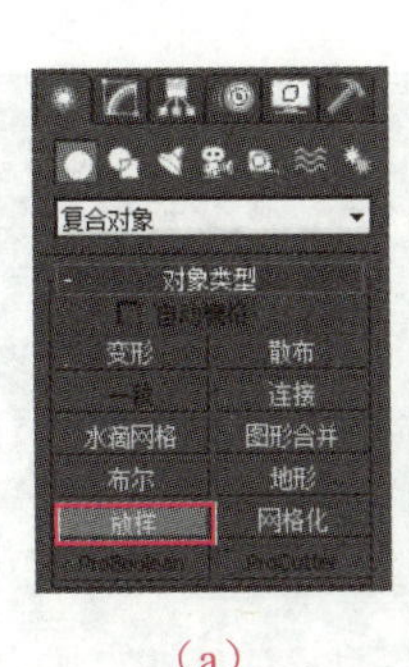

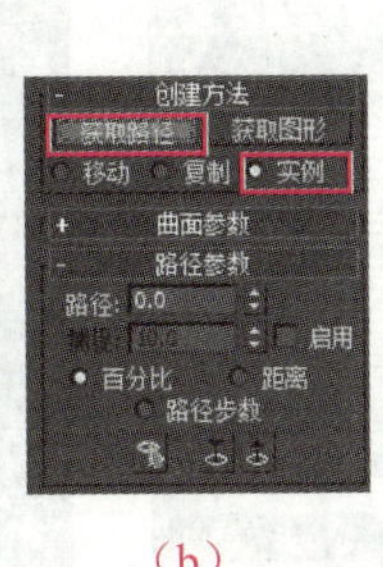

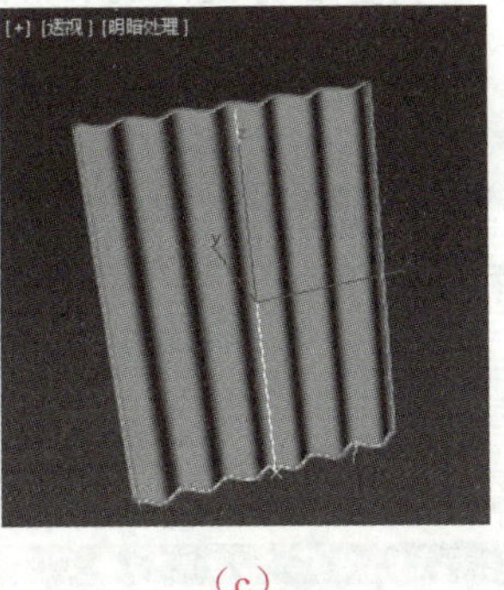

（a） （b） （c）

图 4-106 进行放样处理

提 示

在设置放样对象的创建方法时，选择“移动”单选钮，放样路径或放样图形会移动到放样对象中；选择“复制”单选钮，放样路径或放样图形会复制一份到放样对象中，对原放样路径或放样图形进行修改，放样对象不会发生变化；选择“实例”单选钮，放样路径或放样图形会复制一份到放样对象中，对原放样路径或放样图形进行修改，放样对象也会随之发生变化。

步骤 6▶ 单击“修改”面板“变形”卷展栏中的“缩放”按钮，在打开的“缩放变形”对话框中取消选中“均衡”按钮，关闭对称状态，然后单击“插入角点”按钮，在红色的直线上添加 2 个控制点，再使用“移动控制点”按钮移动 4 个控制点的位置，如图 4-107 所示。

步骤 7▶ 在“缩放变形”对话框中框选第 2 和第 3 个控制点，并在所选控制点上右击鼠标，在弹出的快捷菜单中选择“Bezier-平滑”菜单，转换控制点的类型，如图 4-108 所示。

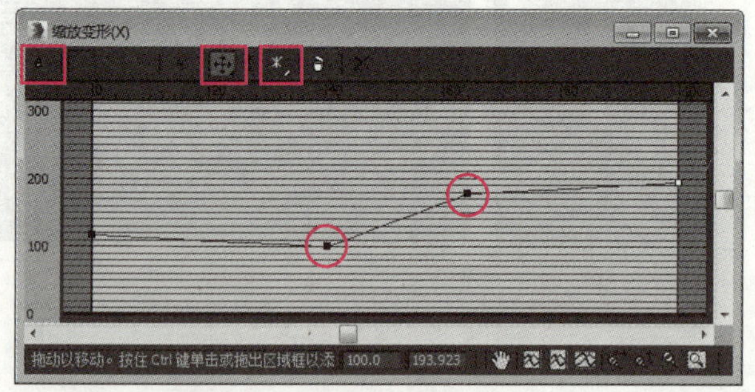

图 4-107　添加并调整控制点

图 4-108　转换控制点类型

步骤 8▶ 调整第 3 个控制点的调节杆，调整其弧度，如图 4-109（a）所示。关闭“缩放变形”对话框，调整后的放样效果如图 4-109（b）所示。

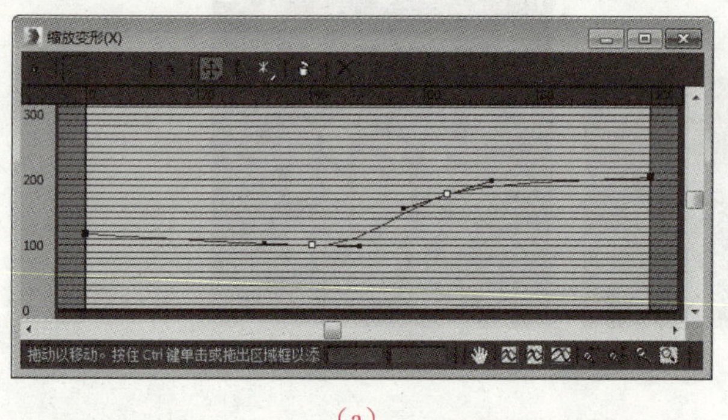

（a）

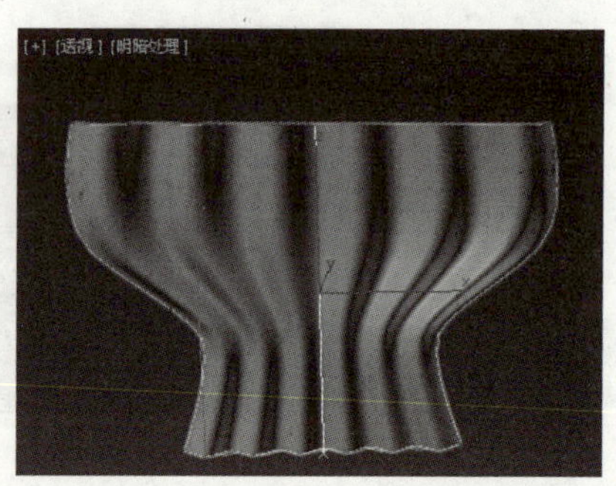

（b）

图 4-109　调整放样对象造型

步骤 9▶ 在“修改”面板中将修改对象设为“图形”子对象，然后在前视图中单击选中放样对象底部的截面图，再单击“图形命令”卷展栏“对齐”区中的“左”按钮，如图 4-110 所示。

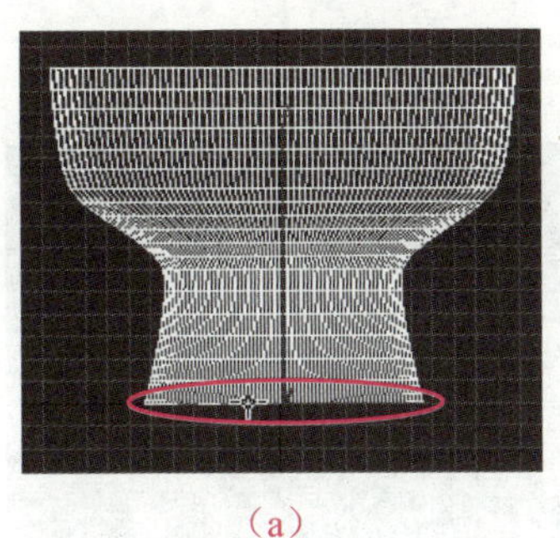

(a)

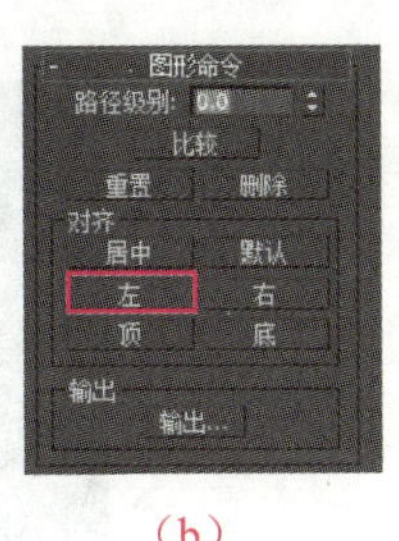

(b)

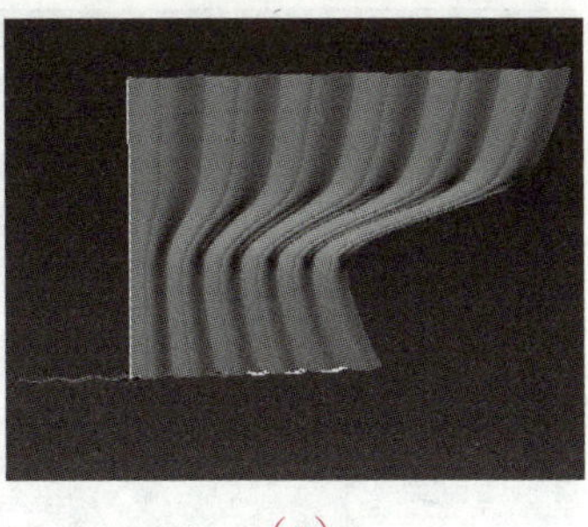

(c)

图 4-110　对放样对象进行对齐操作

图 4-110（b）所示“对齐”设置区用于设置放样生成的模型与放样路径的对齐方式。其中，“左”按钮是将模型的左边缘与路径对齐；“居中”按钮是基于模型的边界框，使模型在路径上居中。

步骤 10▶ 在“修改”面板中为放样对象添加“FFD 4×4×4”修改器，并将修改对象设为“控制点”，然后使用“选择并移动”工具在前视图中调整放样对象的控制点，如图 4-111 所示。

步骤 11▶ 退出“控制点”子对象编辑状态，在视图中选中放样对象，利用工具栏中的“镜像”按钮将放样对象沿 *x* 轴进行镜像复制，并调整副本对象的位置，如图 4-112 所示。

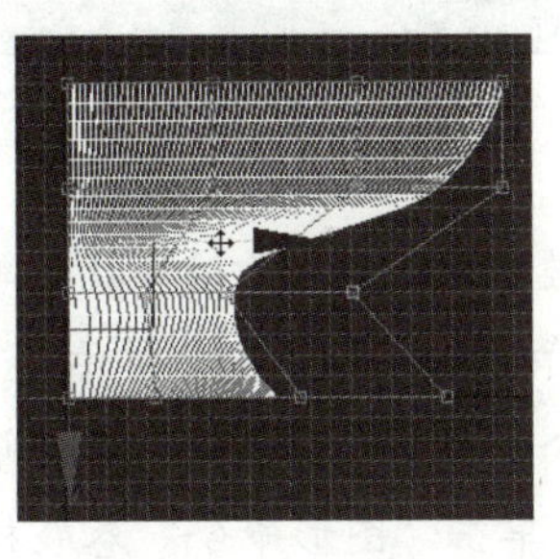

图 4-111　调整放样对象的控制点

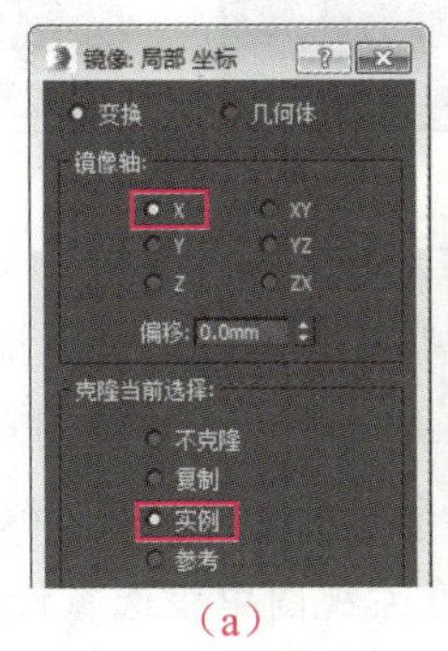

(a)

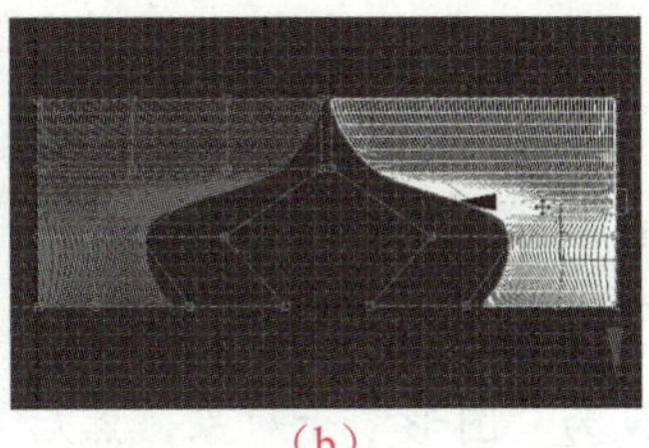

(b)

图 4-112　镜像复制放样对象

步骤 12▶ 在左视图中绘制一条垂直线，然后参照步骤 2～6 的操作，为线条添加 11 个顶点，转换顶点类型并调整顶点位置，再对编辑后的曲线进行轮廓化处理，作为窗幔的截面图，如图 4-113 所示。

步骤 13▶ 在前视图中创建一条与放样对象及其副本等宽的水平直线，作为放样路径，如图 4-114 所示。

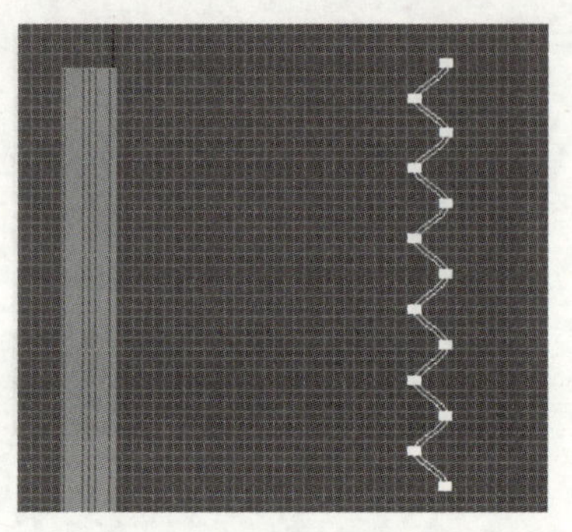

图 4-113　创建窗幔截面图

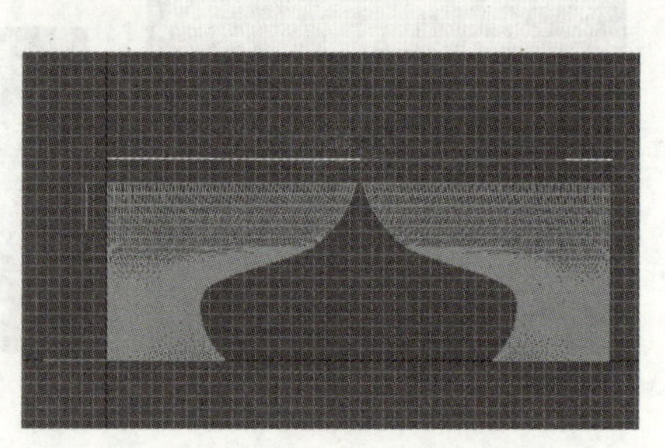

图 4-114　创建放样路径

步骤 14▶　选中前视图中的窗幔截面图，利用"放样"按钮沿步骤 13 创建的水平直线进行放样，再将放样得到的窗幔移至图 4-115 所示位置。

步骤 15▶　保持放样对象的选中状态，单击"修改"命令面板"变形"卷展栏中的"缩放"按钮，在打开的"缩放变形"对话框中单击"显示 Y 轴"按钮■，然后添加并调整控制点，如图 4-116 所示。

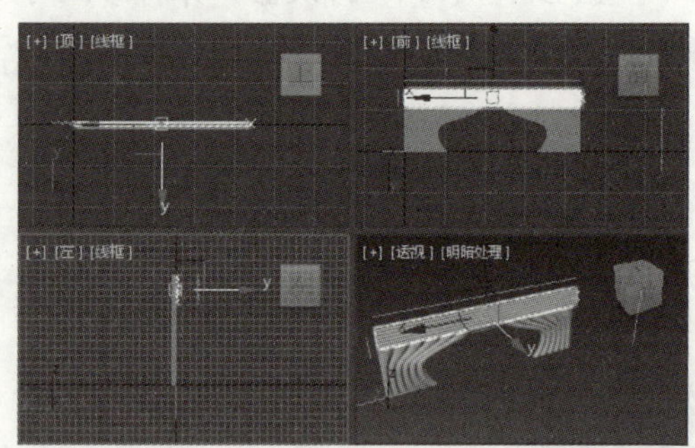

图 4-115　创建窗幔模型并调整其位置

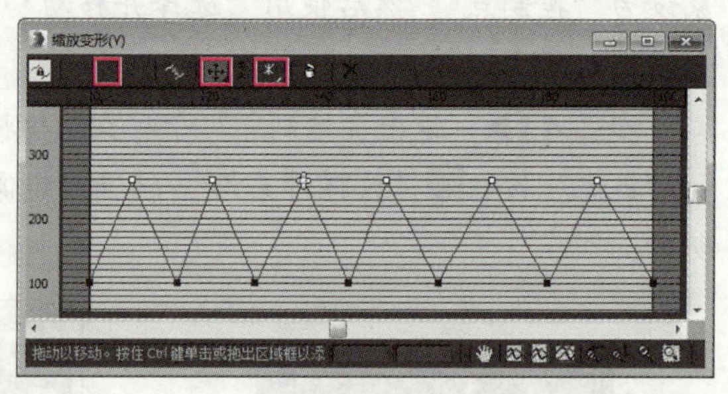

图 4-116　添加并调整控制点

步骤 16▶　在"缩放变形"对话框中选中上排的所有控制点，利用右键快捷菜单，将其类型转换为"Bezier-平滑"，并进一步调整控制点上的调节杆，如图 4-117 所示。

步骤 17▶　关闭"缩放变形"对话框，在"修改"命令面板的修改器堆栈中将修改对象设为"图形"子对象，然后在左视图中框选窗幔模型，再单击"图形命令"卷展栏"对齐"区中的"底"按钮，如图 4-118（a）所示。

步骤 18▶　退出"图形"子对象编辑状态，使用"选择并均匀缩放"工具在透视图中沿 *z* 轴压缩窗幔模型，如图 4-118（b）所示。至此，案例就完成了。

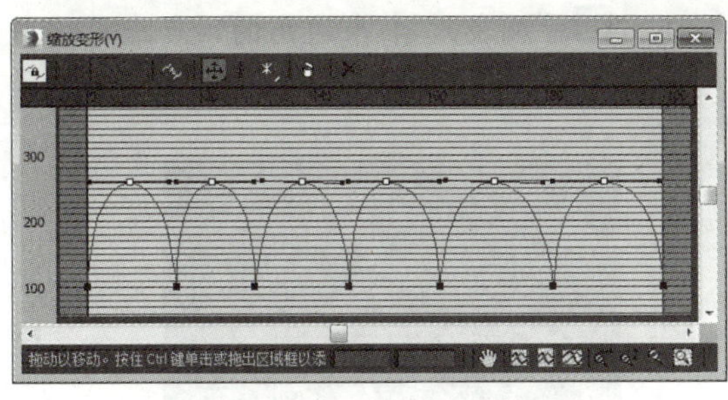

图 4-117　转换控制点类型并调整调节杆

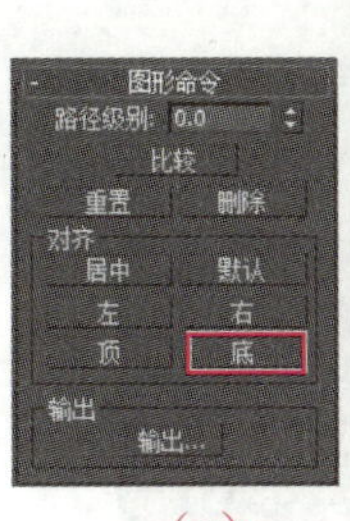

（a）

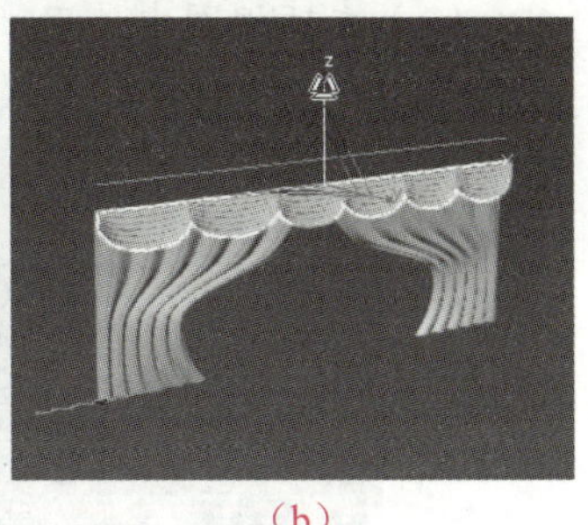

（b）

图 4-118　对窗幔进行对齐和缩放操作

案例总结

本案例通过制作窗帘模型，学习了利用“放样”工具进行复合建模的方法。在制作窗帘模型的过程中，应注意放样截面图和放样路径的关系及作用，还应掌握对样条线进行轮廓处理的方法；利用“变形”卷展栏中的“缩放”按钮，改变放样对象形状的方法；利用“图形命令”卷展栏中的对齐按钮，调整放样对象对齐方式的方法。

本章实训

实训 1　制作烟灰缸模型

利用本章所学的网格建模知识制作图 4-119 所示的烟灰缸模型。

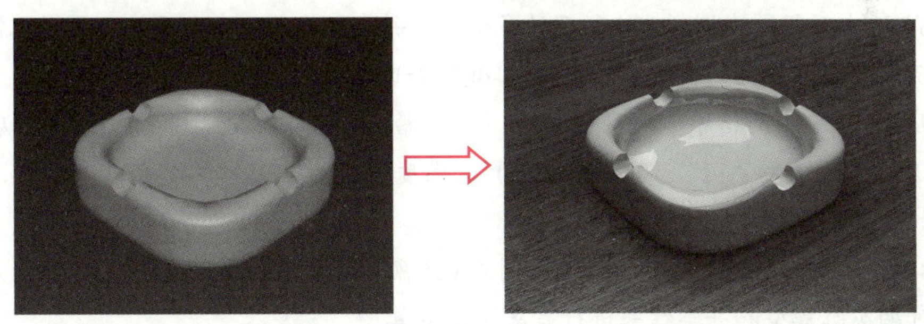

（a）烟灰缸模型　　（b）烟灰缸渲染效果

图 4-119　制作烟灰缸模型

提示：

（1）在顶视图中创建一个长方体，然后将其“长度”和“宽度”都设为 200、“高度”设为 50、“长度分段”和“宽度分段”都设为 5、“高度分段”设为 3。

（2）为长方体添加“编辑网格”修改器，然后使用“选择并均匀缩放”工具框选前视图中中间两排的顶点，并沿 y 轴进行缩放，如图 4-120 所示。

（3）在顶视图中使用“选择并均匀缩放”工具对烟灰缸 4 个边角的顶点进行均匀缩放，如图 4-121 所示。

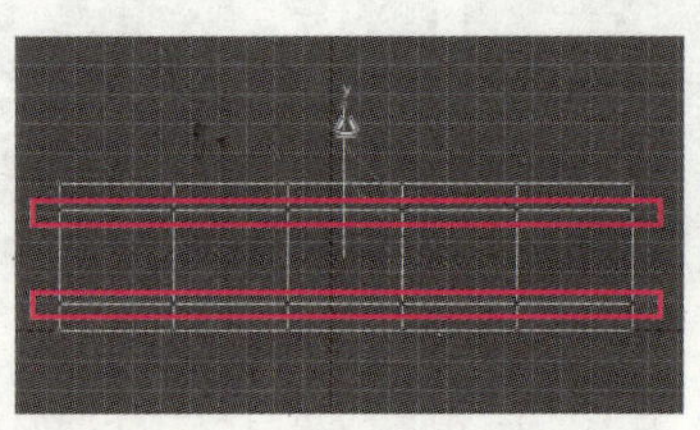

图 4-120 缩放烟灰缸中间的顶点

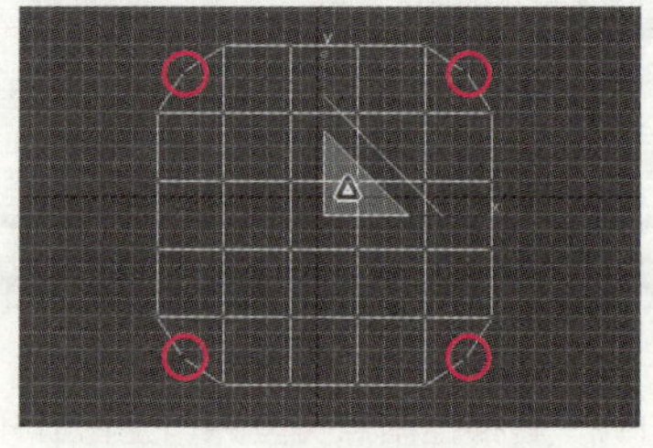

图 4-121 均匀缩放烟灰缸的顶点

（4）使用“选择并均匀缩放”工具框选图 4-122 所示的顶点，然后进行均匀缩放。

（5）在顶视图中使用“选择并均匀缩放”工具框选烟灰缸内侧所有顶点，然后进行均匀缩放，使烟灰缸的外壁变薄，如图 4-123 所示。

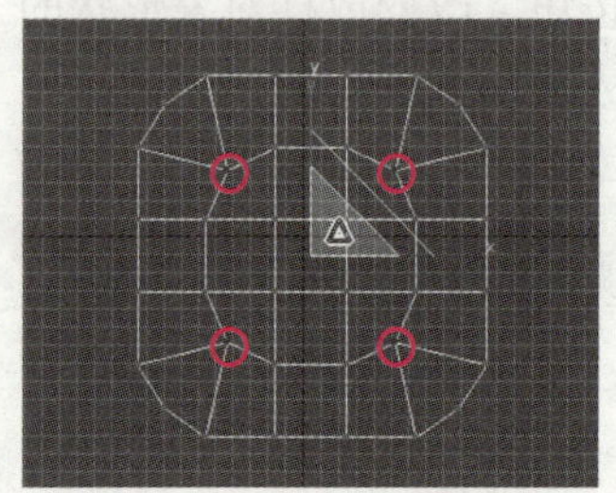

图 4-122 均匀缩放内侧边角处的顶点

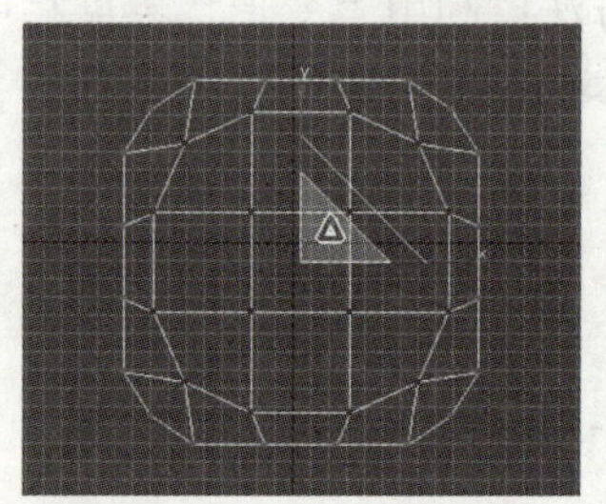

图 4-123 均匀缩放内侧顶点

（6）选中顶视图中图 4-124 所示的多边形，并在“修改”命令面板“编辑几何体”卷展栏“挤出”按钮右侧的文本框中输入“-40”并回车。

（7）为可编辑网格添加“网格平滑”修改器，对烟灰缸进行平滑处理，然后在前视图中创建一个半径为“12”、高度为“220”、高度分段为“5”、端面分段为“1”、边数为“18”的圆柱体。

（8）将圆柱体旋转并复制，结果如图 4-125 所示，最后对两个圆柱体进行并集布尔运算，再对烟灰缸模型和并集结果进行差集布尔运算。

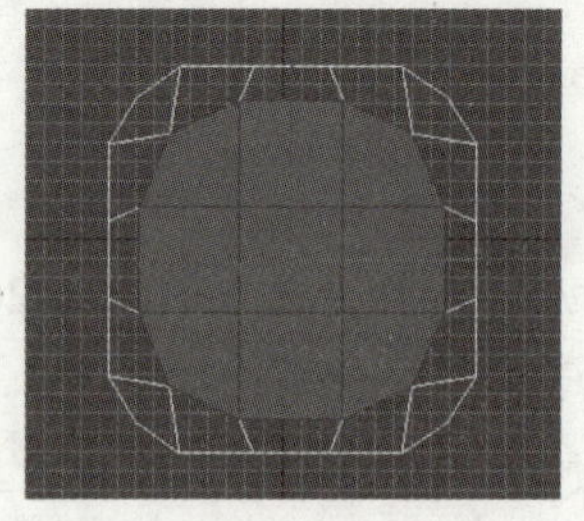

图 4-124 对多边形进行挤出处理

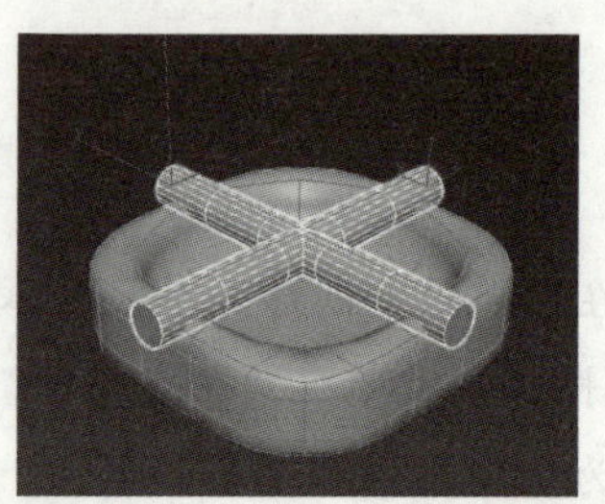

图 4-125 创建、复制和调整圆柱体

实训 2　制作艺术花瓶模型

利用本章所学的复合建模知识制作图 4-126 所示的艺术花瓶模型。

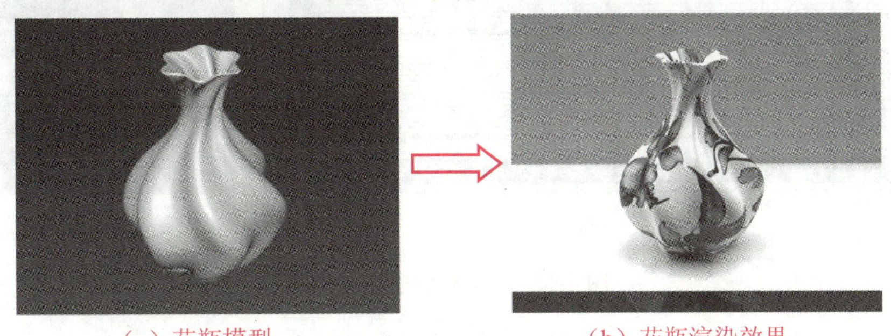

（a）花瓶模型　　（b）花瓶渲染效果

图 4-126　制作艺术花瓶模型

提示：

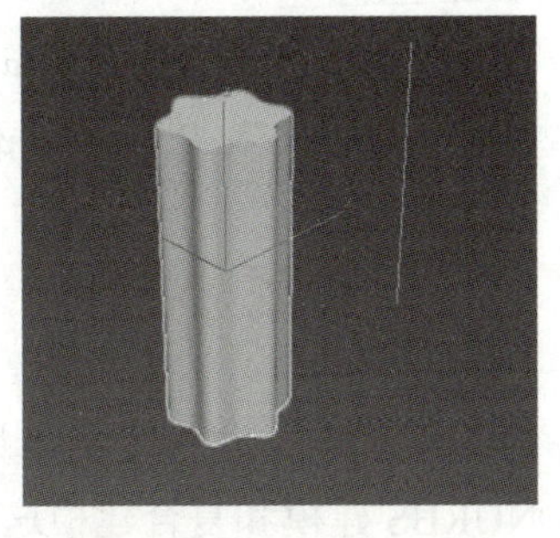

图 4-127　生成放样模型

（1）在顶视图中创建一个星形图形，将其“半径 1”设为 90，“半径 2”设为 60，“点”设为 6，“圆角半径 1”设为 20，“圆角半径 2”设为 10，然后在前视图中创建一条长度约为 400 的直线，再使用“放样”按钮进行放样操作，结果如图 4-127 所示。

（2）单击“修改”面板“变形”卷展栏中的“缩放”按钮，在打开的“缩放变形”对话框中插入 4 个 Bezier 点，并调整各控制点的位置，如图 4-128 所示。

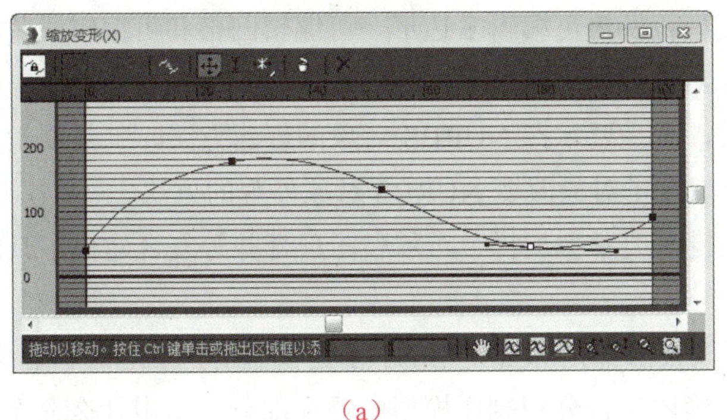

（a）

（b）

图 4-128　调整缩放控制曲线及调整效果

（3）关闭“缩放变形”对话框，单击“修改”面板“变形”卷展栏中的“扭曲”按钮，打开“扭曲变形”对话框，然后参考第 2 步的提示操作调整控制曲线，如图 4-129 所示。

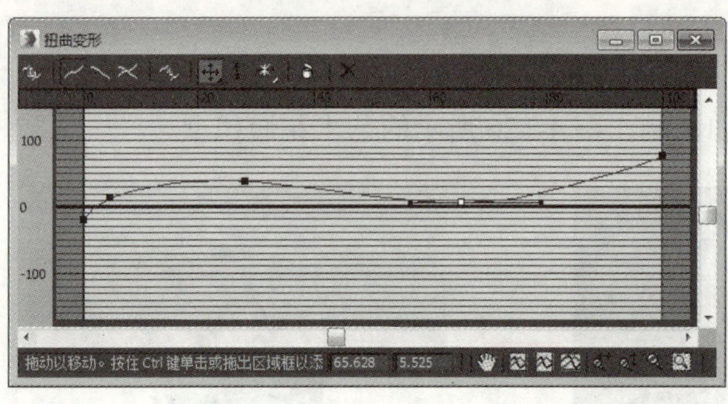

（a）

（b）

图 4-129　对模型进行扭曲变形

（4）为放样模型添加“编辑多边形”修改器，并将修改对象设为“多边形”，然后删除放样模型顶部的多边形，如图 4-130 所示。

（5）为放样模型添加“壳”修改器，并在“参数”卷展栏中将“外部量”设为 4。

图 4-130　删除顶部多边形

本章小结

本章主要介绍了多边形建模、网格建模、面片建模、NURBS 建模和复合建模这 5 种 3ds Max 中的高级建模方法。通过本章的学习，应重点掌握以下内容。

- 在学习多边形建模、网格建模和面片建模时，必须熟悉这几种建模方法的基本思路，知道如何将三维模型转换为可编辑多边形、可编辑网格和可编辑面片，还应熟练掌握各种常用的子对象编辑工具。
- 在学习 NURBS 建模时，一是要掌握 NURBS 对象的创建方法，二是要学会通过调整 NURBS 对象的“点”子对象改变 NURBS 对象外观的方法。
- 在学习复合建模时，关键是要掌握放样、布尔和图形合并等复合建模工具的使用方法。
- 在实际工作中，各种建模技法都是综合使用的。创建模型前，应先有一个大致的、合理的建模思路，即明确依次、分别制作模型的哪个部分，是用什么命令制作。要培养出良好的建模思路，最好的方法就是多做练习。

第 5 章　效果图制作基本功——材质和贴图

材质和贴图在室内外效果图的制作中起着至关重要的作用，合理地为模型添加材质和贴图，可以使模型变得更加逼真。本章将学习在材质编辑器中调制材质和贴图，并将其分配给指定模型的方法。此外，还将分别介绍 3ds Max 默认常用材质、VRay 常用材质，以及不同类型贴图的应用方法。

学习目标

- 掌握材质编辑器的应用方法。
- 掌握 3ds Max 默认常用材质的应用方法。
- 掌握 VRay 常用材质的应用方法。
- 掌握贴图的应用方法。

5.1　认识材质编辑器

材质编辑器的功能是制作、编辑材质和贴图。3ds Max 的材质编辑器功能十分强大，利用它可以创建出非常逼真的自然材质和不同质感的人造材质。

5.1.1　材质编辑器基础知识

在 3ds Max 2016 中有精简和 Slate 两种材质编辑器模式。选择“渲染”>“材质编辑器”>“精简材质编辑器”（“Slate 材质编辑器”）菜单，或者按快捷键【M】，即可打开材质编辑器，如图 5-1 所示。

在打开的材质编辑器中选择“模式”>“精简材质编辑器”菜单或“Slate 材质编辑器”菜单，可在两种材质编辑器模式间切换。

提 示

与 Slate 材质编辑器相比，精简材质编辑器的界面更加简单易懂。为了便于学习，本书将使用精简材质编辑器介绍材质和贴图的调制及使用方法。

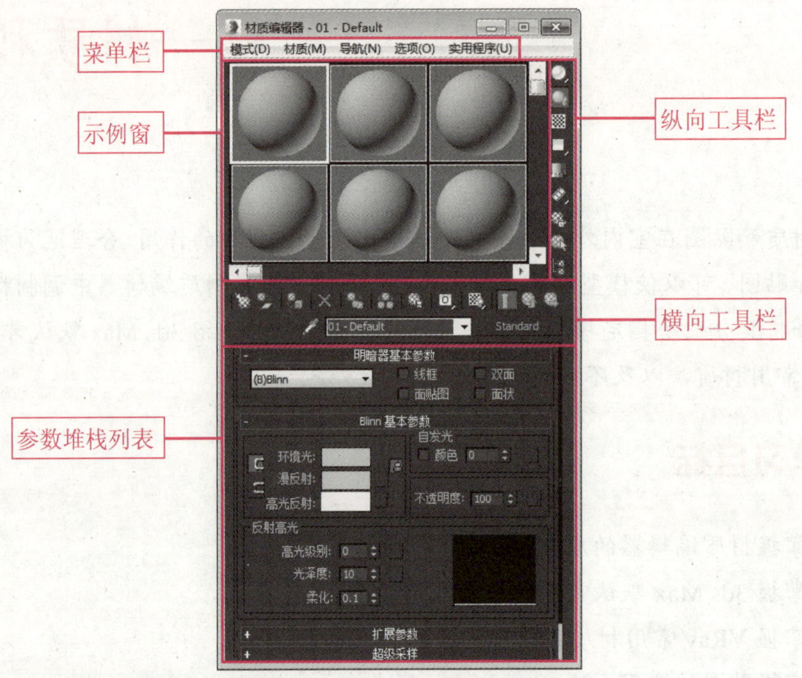

图 5-1 材质编辑器

➢ **示例窗：** 示例窗又称为“样本槽”，主要用来选择材质和显示材质的预览效果。单击示例窗中的某个材质球（也称为示例球）可将其设为活动状态，此时即可对该材质进行编辑，或在场景中应用该材质。

提 示

示例窗中的材质球代表材质，其有 3 种工作状态，分别是未使用的材质、激活状态的材质（周围有一个白框）和已分配给模型的材质（默认情况下其周围将出现白色三角框）。

➢ **工具栏：** 在材质编辑器中有纵向和横向两个工具栏，这两个工具栏为用户提供了一些用于获取、分配和保存材质，以及用于控制示例窗外观的快捷按钮。

➢ **参数堆栈列表：** 参数堆栈列表中列出了当前材质或贴图的参数，通过调整这些参数可以调整材质或贴图的效果，参数堆栈列表中的内容随材质不同而不同。

案例 1　为古典椅子添加材质——创建、获取、分配和保存材质

下面通过为图 5-2（a）所示的古典椅子创建、获取、分配和保存材质，学习为模型添加材质的操作流程和应用技巧，以及材质类型和贴图的概念。

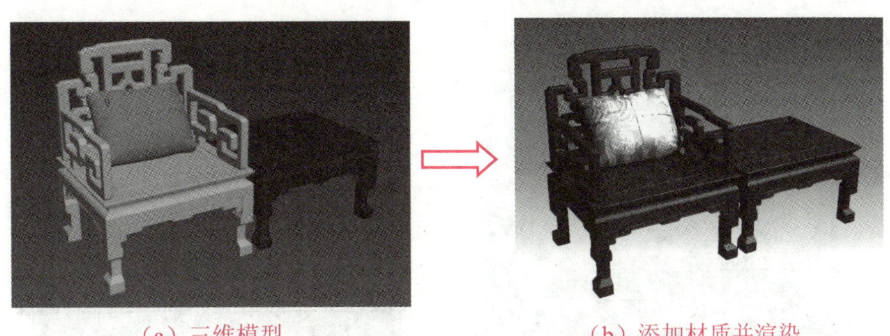

（a）三维模型　　（b）添加材质并渲染

图 5-2　为古典椅子添加材质

制作思路

首先利用材质编辑器创建古典椅子上靠垫的材质，并从场景中获取茶几的材质；然后将创建和获取的材质分别分配给靠垫和古典椅子；最后创建一个材质库，并利用“放入库”按钮将材质保存到材质库中。

制作步骤

步骤 1▶ 打开本书配套素材“素材与实例” > “第 5 章”文件夹> “桌椅素材.max”文件，会看到场景中有一张茶几和一把古典椅子，其中茶几已经添加了材质。

提　示

若在打开素材文件时弹出“缺少外部文件”对话框，可依次单击“浏览”和“添加”按钮，在打开的“选择新的外部文件路径”对话框中选择该素材文件所用贴图所在的文件夹（例如本例所使用的贴图位于本书配套素材“素材与实例” > “第 5 章” > “Maps”文件夹中），并单击“使用路径”按钮即可。

步骤 2▶ 选择“渲染” > “材质编辑器” > “精简材质编辑器”菜单，打开材质编辑器，如图 5-3 所示。

图 5-3 中的所有材质球均相同，并未显示茶几的材质。由于古典椅子和茶机的材质相同，因此，可先获取茶几的材质，再将该材质赋予椅子。

1）获取现有材质

要获取场景中模型使用的材质，可在图 5-3 所示的材质编辑器中选中任意一个材质球，然后单击“从对象拾取材质”按钮，再在视图中单击添加了材质的茶几，即可为当前材质球获取该材质，如图 5-4 所示。

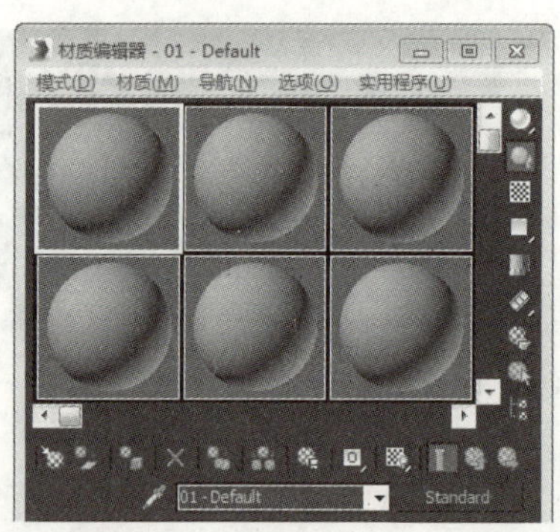

图 5-3　设置材质类型

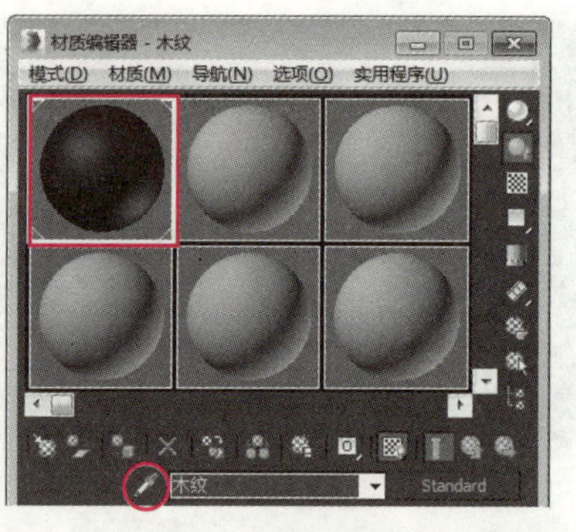

图 5-4　获取现有材质

此时，从“从对象拾取材质”按钮右侧的文本框中可看到该材质的名称为“木纹”。

单击“材质编辑器”中的“从对象拾取材质”按钮，然后单击视口中已有材质的对象，即可获得该对象使用的材质，并将材质加载到当前材质球中。

一般情况下，未添加材质的材质球显示为灰色。如果材质球的 4 个角上有白色小三角形，说明场景中已经使用了该材质。此时的材质为“热”材质，修改其参数时场景中的对象也受影响。单击材质编辑器工具栏中的“生成材质副本”按钮可断开材质和对象间的关联关系，使材质变“冷”。

2）分配材质

分配材质就是将创建的材质应用到对象中，其操作方法有两种。一种是使用“将材质指定给选定对象”按钮，另一种是将材质球拖动到要添加材质的模型上。

例如，在视图中选中古典椅子模型，然后选中图 5-4 所示材质编辑器中的“木纹”材质球，单击工具栏中的“将材质指定给选定对象”按钮，即可将该材质分配给古典椅子模型，结果如图 5-5 所示。

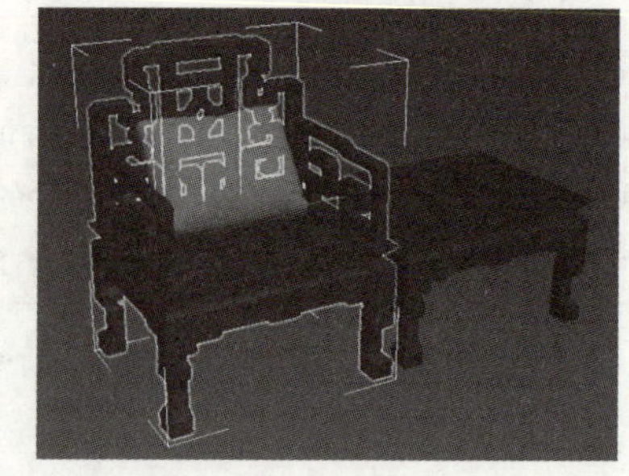

图 5-5　将材质分配给古典椅子模型

3）创建材质

创建材质就是为示例窗中的当前材质球指定材质类型，并利用材质编辑器下方的参数堆栈列表对材质进行参数设置，从而创建出需要的材质。

步骤 3▶ 单击材质编辑器中的任一未使用的材质球，然后单击材质编辑器工具栏中的“获取材质”按钮，如图 5-6（a）所示。

步骤 4▶ 在打开的“材质/贴图浏览器”对话框中双击“标准”材质类型，再关闭“材质/贴图浏览器”对话框，如图 5-6（b）所示。

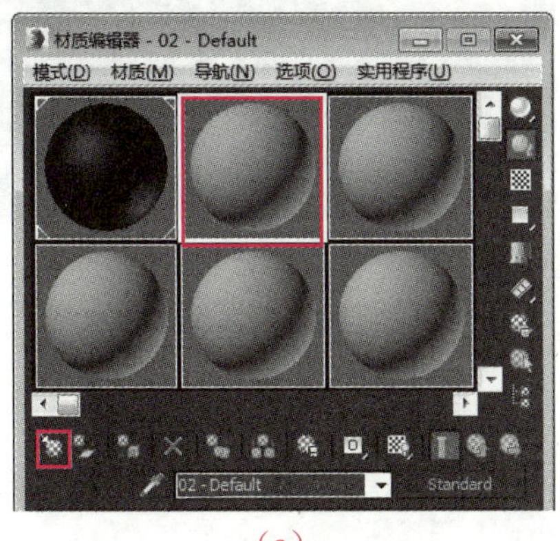

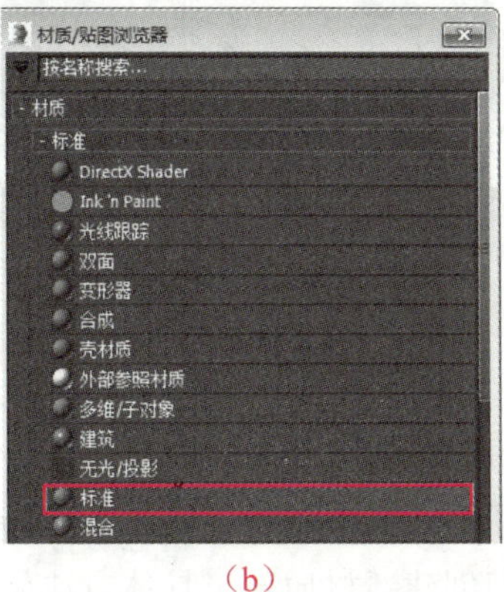

（a）　　（b）

图 5-6　设置材质类型

步骤 5▶ 将当前材质命名为“靠垫”，然后勾选“双面”复选框，并在“反射高光”设置区中设置反射光的相关参数，如图 5-7（a）所示。

步骤 6▶ 单击“Blinn 基本参数”卷展栏中“漫反射”选项右侧的“无”按钮，在打开的“材质/贴图浏览器”对话框中双击“位图”选项，如图 5-7（b）所示；再在打开的“选择位图图像文件”对话框中选择本书配套素材“素材与实例”>“第 5 章”>“Maps”文件夹>“布纹 1.jpg”图像文件，并单击“打开”按钮。

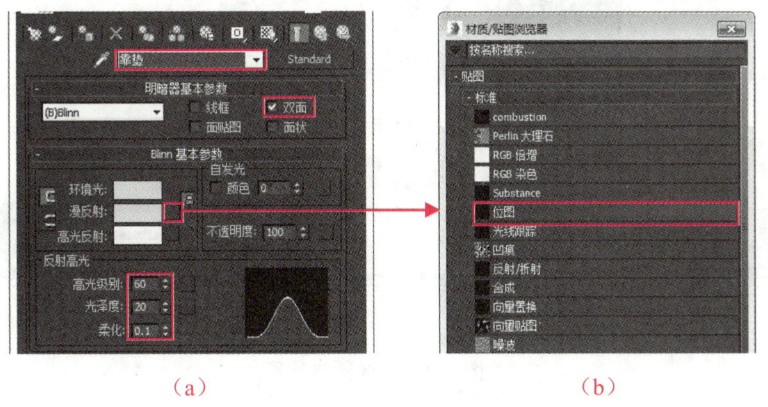

（a）　　（b）

图 5-7　创建靠垫材质并设置其参数和贴图

步骤 7▶ 在材质编辑器的“靠垫”材质球上按住鼠标左键不放，将其拖到视图中的靠垫模型上，为靠垫分配该材质，如图 5-8 所示。

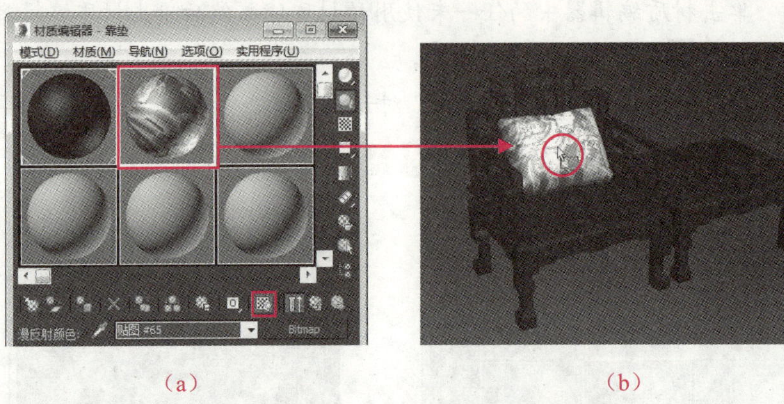

（a）　　　　（b）

图 5-8　使用拖动方式将材质分配给靠垫模型

4）保存材质

为了便于在其他场景中调用当前场景中的某些材质，通常情况下可将当前场景中的材质保存，即创建新材质库，具体方法如下。

步骤 8▶ 单击材质编辑器工具栏中的“获取材质”按钮，在打开的“材质/贴图浏览器”对话框中单击“材质/贴图浏览器选项”按钮，在展开的下拉列表中选择“新材质库”选项，再在打开的“创建新材质库”对话框中设置材质库的名称和保存路径，并单击“保存”按钮，如图 5-9 所示。

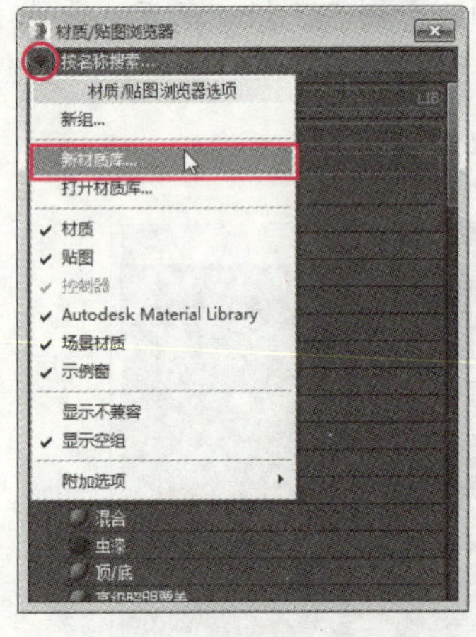

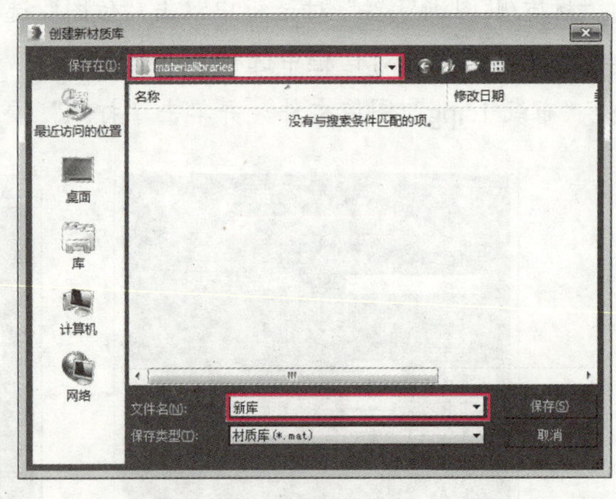

（a）　　　　（b）

图 5-9　创建新材质库

步骤 9▶ 在材质编辑器的示例窗中选中获取了木纹材质的材质球，然后单击“放入库”按钮，在展开的下拉列表中选择“新库.mat”选项，再在打开的“放置到库”对话框中采用默认材质名称并单击“确定”按钮，即可将木纹材质添加到新建的材质库中，如

图 5-10 所示。

步骤 10▶ 按照相同的操作，将靠垫材质也添加到材质库中。此时在“材质/贴图浏览器”对话框的“*新库.mat”卷展栏中会看到添加到库中的材质，如图 5-11 所示。

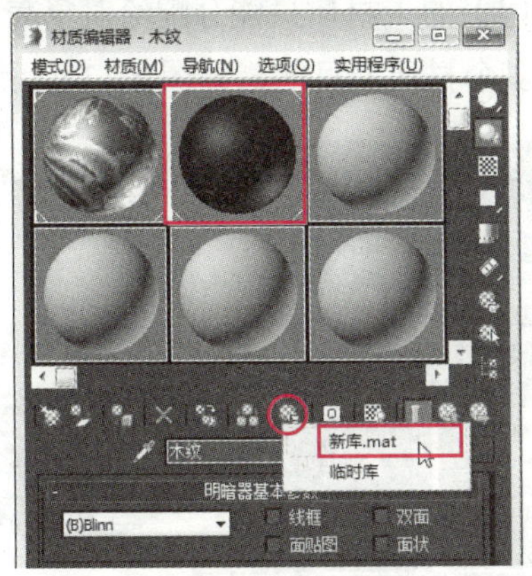

图 5-10　将材质添加到材质库

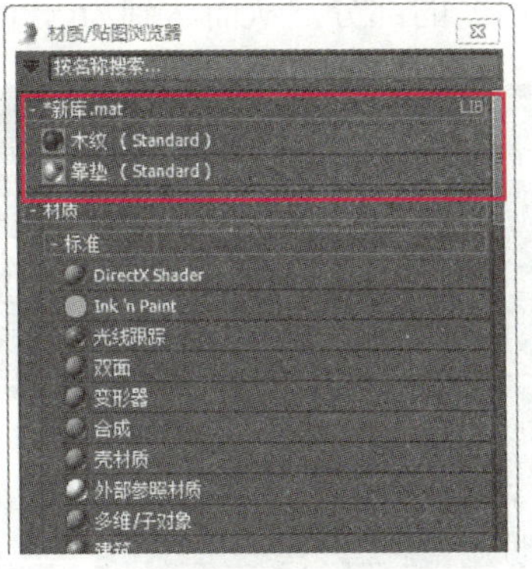

图 5-11　查看材质库中的材质

知识库

若想在别的 3ds Max 文件中调用保存在材质库中的材质，只需单击“材质/贴图浏览器”对话框中的“材质/贴图浏览器选项”按钮，在展开的下拉列表中选择“打开材质库”选项，再在打开的“导入材质库”对话框中选择要打开的材质库，并单击“打开”按钮即可。

案例总结

本案例通过为古典椅子模型和靠垫模型添加材质，学习了创建、获取、分配和保存材质的方法。通过本案例的操作过程，应掌握材质编辑器中各组成部分的作用，还应掌握创建材质、获取场景中已有材质、分配材质、创建材质库、将现有材质保存到材质库，以及调用已有材质库的方法。

5.2　3ds Max 常用材质

5.2.1　3ds Max 常用材质基础知识

常用的 3ds Max 默认材质有“标准”材质、“光线跟踪”材质、“多维/子对象”材质、“双面”材质和“混合”材质。其中，“标准”材质是 3ds Max 默认且最常用的材质类型；“光线跟踪”材质是一种比“标准”材质更高级的材质，它除了具有“标准”材质的特性

外，还可以创建真实的反射、折射、半透明和荧光等效果，常用来模拟玻璃、液体和金属等材质的效果，图 5-12 所示为使用“光线跟踪”材质的渲染效果。

“多维/子对象”材质由多个材质组成，常用于为可编辑多边形、可编辑网格和可编辑面片等对象分配材质。分配时，材质 ID 为 N（如 1）的子材质只能分配给对象表面中材质 ID 为 N（1）的部分，从而达到为一个对象赋予多个材质的目的，如图 5-13 所示。

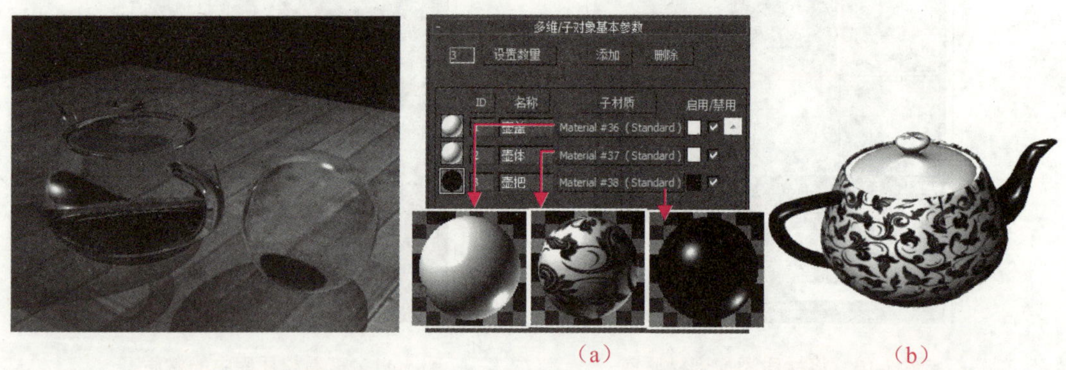

（a）　　（b）

图 5-12　“光线跟踪”材质的渲染效果　　图 5-13　“多维/子对象”材质的应用效果

“双面”材质包含了两种独立的“标准”材质，可将其分别赋予平面的两面，使之均成为可见面；“混合”材质可以在同一表面上将两种材质进行混合，如图 5-14 所示。

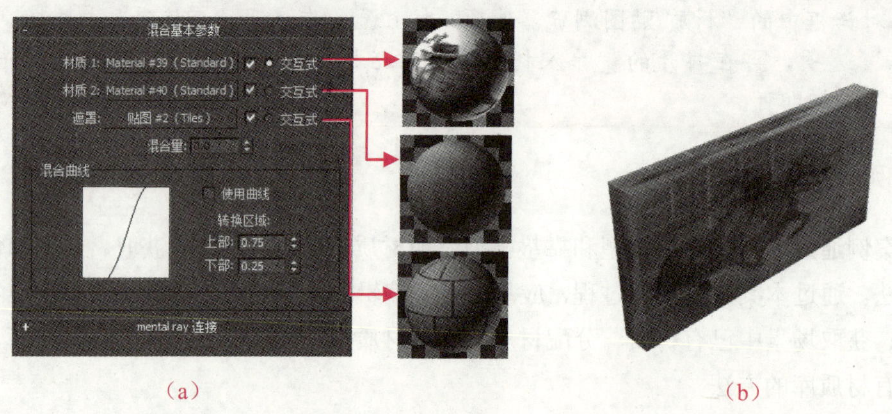

（a）　　（b）

图 5-14　“混合”材质的应用效果

案例 2　为浴缸添加材质——“标准”材质

在 3ds Max 中，在不使用贴图的情况下，使用“标准”材质可模拟对象表面的反射属性。“标准”材质为对象提供了单一、均匀的表面颜色效果。下面通过为浴缸模型添加材质，学习“标准”材质的创建及应用方法，如图 5-15 所示。

（a）三维模型　　　　（b）添加材质并渲染

图 5-15　为浴缸添加材质

制作思路

打开素材文件后，先在材质编辑器中制作浴缸材质、水面材质和地板材质，然后分别为浴缸、水面和地板模型添加材质，最后渲染场景，查看材质的添加效果。

制作步骤

步骤 1▶ 打开本书配套素材“素材与实例”>“第 5 章”文件夹>“浴缸素材.max”文件，会看到场景中有一个浴缸模型，浴缸模型中有一个作为水面的平面，浴缸下方有一个作为地面的平面。

步骤 2▶ 按快捷键【M】打开材质编辑器，然后选中一个未使用的材质球，将其命名为“浴缸”，如图 5-16 所示。

步骤 3▶ 在“Blinn 基本参数”卷展栏中将“漫反射”通道的颜色设为淡蓝色，然后将“高光级别”设为 50，将“光泽度”设为 40，如图 5-17 所示。

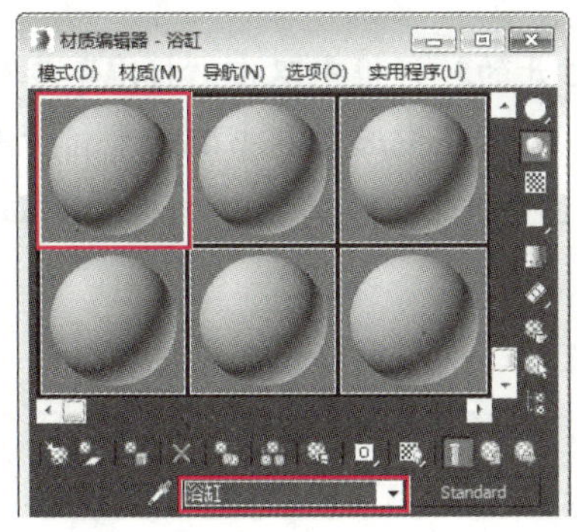

图 5-16　创建“浴缸”材质

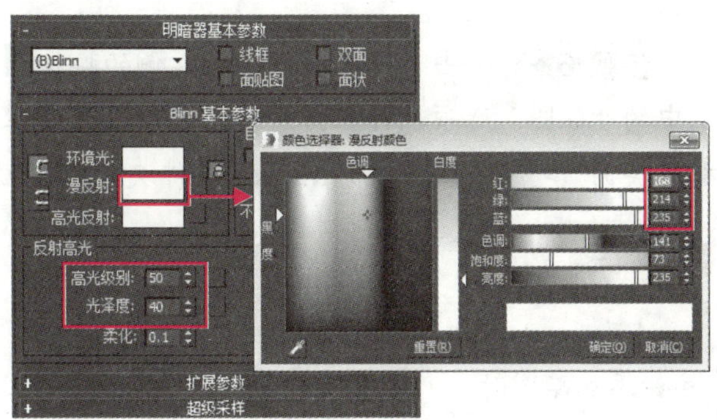

图 5-17　设置“浴缸”材质参数

知识库

图 5-17 所示“反射高光”设置区中相关文本框的功能如下。

“高光级别”文本框：用于控制反射高光的强度，该值越大强度越高。

“光泽度”文本框：用于控制高亮区域的大小，该值越大高亮区域越小。

“柔化”文本框：用于控制反光区域和非反光区域边缘的柔和度，0 表示没有柔化，1 表示最大柔化。

步骤 4▶ 在材质编辑器中再选中一个未使用的材质球，将其命名为“水面”，然后在“Blinn 基本参数”卷展栏中参考图 5-18 进行设置，注意将“不透明度”设为 20。

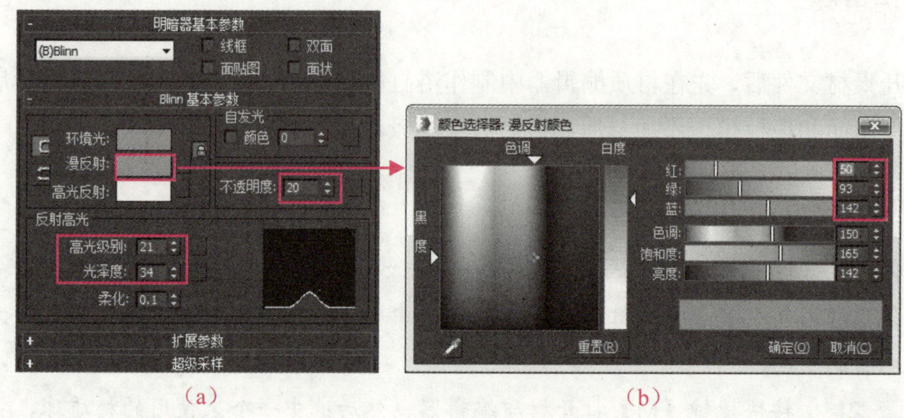

(a) (b)

图 5-18 设置“水面”材质参数

步骤 5▶ 在材质编辑器中再选中一个未使用的材质球，将其命名为“地板”，然后在“Blinn 基本参数”卷展栏中将“高光级别”设为 80，将“光泽度”设为 50，如图 5-19（a）所示。

步骤 6▶ 单击“漫反射”选项右侧的按钮■，在打开的对话框中双击“标准”卷展栏中的“位图”选项，再在打开的“选择位图图像文件”对话框中选择本书配套素材“素材与实例”>“第 5 章”>“Maps”文件夹>“瓷砖.jpg”图像文件，并单击“打开”按钮。

提 示

“漫反射”通道用于控制物体的基本颜色，当单击“漫反射”通道右侧的“无”按钮添加贴图时，“漫反射”通道的颜色将不再起作用。

步骤 7▶ 在材质编辑器的“坐标”卷展栏中将“瓷砖”列下的“U”和“V”选项都设为 30，如图 5-19（b）所示。

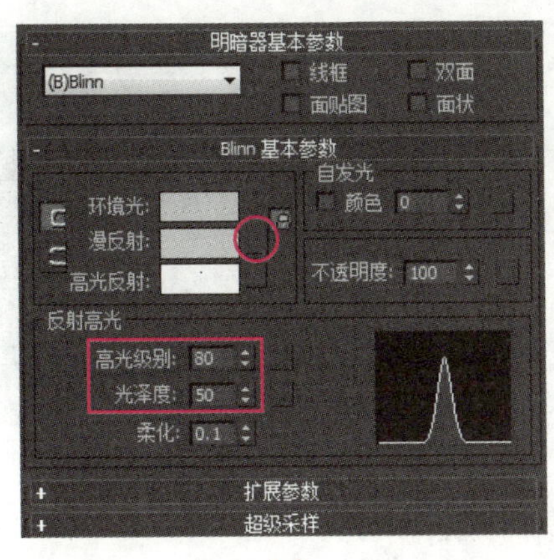

（a）

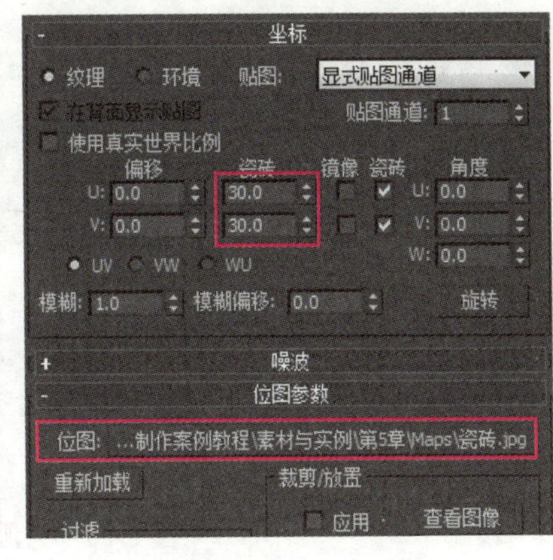

（b）

图 5-19 设置“地板”材质参数并添加贴图

提 示

“瓷砖”列下的“U”和“V”文本框用于设置U向（垂直）和V向（水平）平铺的次数，右侧的“瓷砖”复选框用于设置贴图是否沿U向和V向铺满对象表面。

步骤 8▶ 选中视图中的浴缸模型，然后选中材质编辑器中的“浴缸”材质球，并单击工具栏中的“将材质指定给选定对象”按钮和“在视图口显示标准贴图”按钮，将“浴缸”材质赋予浴缸模型。

步骤 9▶ 参照步骤8的操作分别将“水面”和“地板”材质赋予视图中的水面和地板模型。

步骤 10▶ 在透视图视口中单击，然后选择“渲染”>“渲染”菜单，或按【F9】键进行渲染，查看材质效果。至此，案例就完成了。

案例总结

本案例通过为浴缸、水面和地板模型添加材质，学习了“标准”材质的制作和应用方法。在本例的操作过程中，应注意标准材质各参数的作用，特别是“高光级别”和“光泽度”选项的作用，还应注意在“漫反射”通道中添加和调整位图贴图的方法。

案例3 为酒杯添加材质——“光线跟踪”材质

下面通过为酒杯模型添加材质，学习“光线跟踪”材质的创建及应用方法，如图5-20所示。

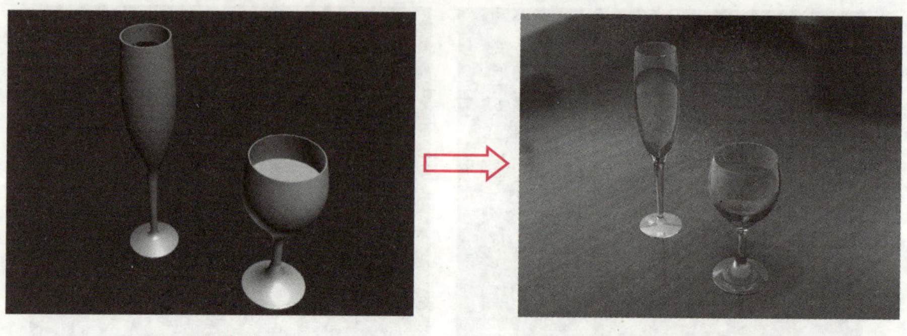

（a）三维模型　　（b）添加材质并渲染

图 5-20　为酒杯添加材质

制作思路

打开素材文件后，先在材质编辑器中调制酒杯的材质和红酒的材质，然后将“酒杯”和“红酒”的材质分别赋予酒杯和红酒模型。

制作步骤

步骤 1▶ 打开本书配套素材“素材与实例”>“第 5 章”文件夹>“酒杯素材.max”文件，然后按快捷键【M】打开材质编辑器，任选一个未使用的材质球，将其命名为“酒杯”，再单击“Standard”按钮或“获取材质”按钮，在打开的“材质/贴图浏览器”对话框中双击“光线跟踪”选项，将材质类型设为光线跟踪材质，如图 5-21（a）和（b）所示。

步骤 2▶ 在“光线跟踪基本参数”卷展栏中设置酒杯材质的漫反射颜色为纯白色，然后取消选择“透明度”复选框（此时颜色框将变为文本框），并设置材质的透明度为 85；参照相同操作，设置材质的反射度为 10，然后参照图 5-21（c）所示的参数调整材质的折射率、高光级别和光泽度，完成酒杯材质的创建。

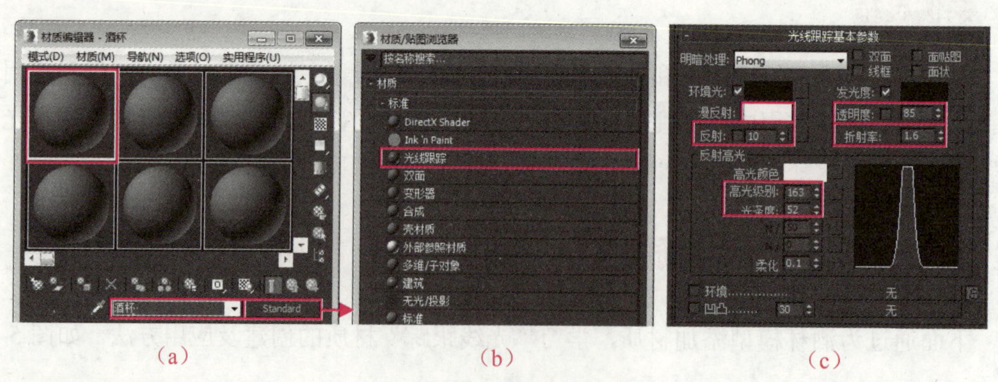

（a）　　（b）　　（c）

图 5-21　制作“酒杯”材质

步骤 3▶ 在材质编辑器中任选一个未使用的材质球，并将其命名为“红酒”，然后将材质类型设为“光线跟踪”材质，并将“漫反射”和“透明度”颜色框的红绿蓝值均设为（65，9，0），再参照图 5-22（a）所示调整“折射率”“高光级别”和“光泽度”选项。

步骤 4▶ 展开红酒材质的“扩展参数”卷展栏，如图 5-22（b）所示，设置“半透明”颜色框的红绿蓝值为（65，9，0），完成红酒材质的创建。

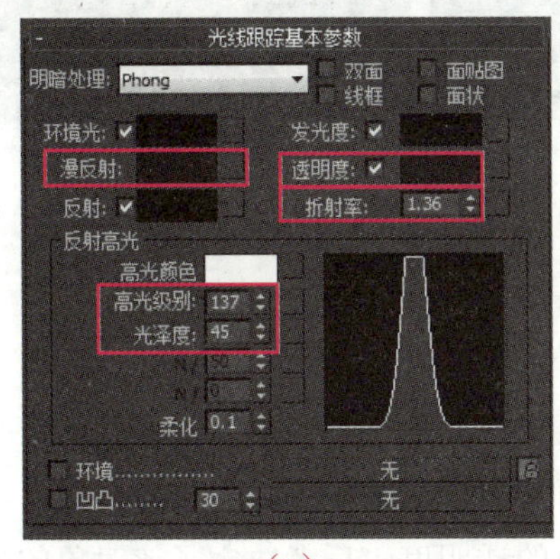

（a）

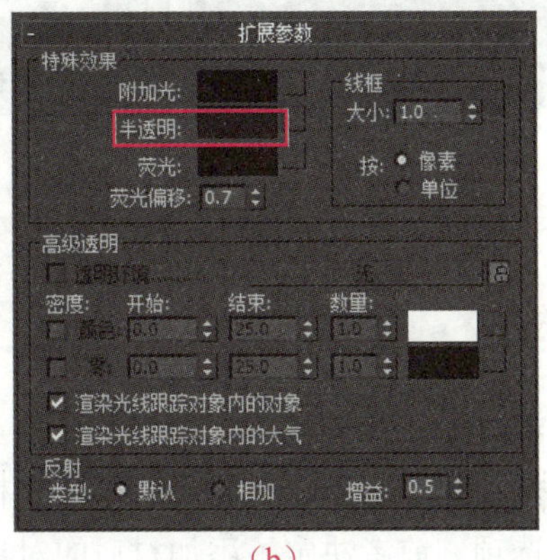

（b）

图 5-22　制作“红酒”材质

知识库

图 5-22（b）所示“特殊效果”设置区中相关选项的功能如下。

附加光：类似于环境光，主要用于模拟其他物体映射到当前物体的光线。例如，可使用该功能模拟强光下白色塑料球表面映射旁边墙壁颜色的效果。

半透明：用于设置材质的半透明颜色，常用来制作薄物体的透明色或模拟透明物体内部的雾状效果。

荧光：用于设置物体的荧光颜色，下方的“荧光偏移”文本框用于控制荧光的亮度，1.0 表示最亮，0.0 表示无荧光效果。

步骤 5▶ 在视图中选中酒杯模型，在材质编辑器中选中“酒杯”材质球，然后单击“将材质指定给选定对象”按钮，将其赋予酒杯模型，如图 5-23（a）所示。

步骤 6▶ 利用场景资源管理器选中场景中的“红酒 1”和“红酒 01”模型，在材质编辑器中选中“红酒”材质球，然后单击“将材质指定给选定对象”按钮，将其赋予“红酒 1”和“红酒 01”模型，如图 5-23（b）和（c）所示。

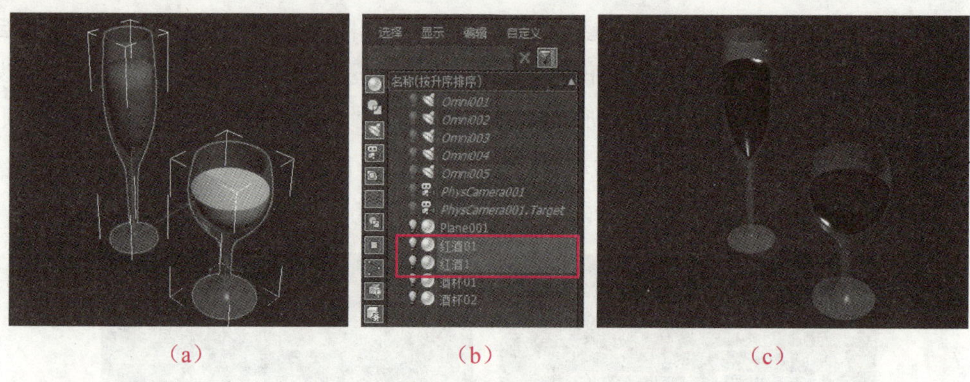

（a）　　（b）　　（c）

图 5-23　为酒杯和红酒模型添加材质

案例总结

本案例通过为酒杯和红酒模型添加材质，学习了“光线跟踪”材质的制作和应用方法。在本例的操作过程中，应注意“光线跟踪”材质各参数的作用，特别应注意“透明度”和“折射率”选项。前者决定了添加材质的对象的透明度，后者决定了该对象的折射率。不同物体有不同的折射率，常用材质的折射率如表 5-1 所示。只有正确设置折射率参数，才能使渲染效果更加逼真。

表 5-1　常用材质折射率

名称	折射率	名称	折射率
空气	1.0003	液体二氧化碳	1.200
冰	1.309	水	1.333
酒精	1.329	玻璃	1.500
翡翠	1.570	红宝石/蓝宝石	1.770
钻石	2.417	水晶	2.000

案例 4　为液晶电视添加材质——“多维/子对象”材质

下面通过为液晶电视模型添加材质，学习“多维/子对象”材质的创建及应用方法，如图 5-24 所示。

制作思路

打开素材文件后，先在材质编辑器中创建一个多维/子对象材质，并分别设置液晶电视外壳和屏幕的材质；然后分别选中场景中液晶电视模型屏幕处和外壳处的多边形，并设置其材质 ID；再将多维/子对象材质赋予液晶电视模型；最后为液晶电视模型添加“UVW 贴

图”修改器，并设置其参数。

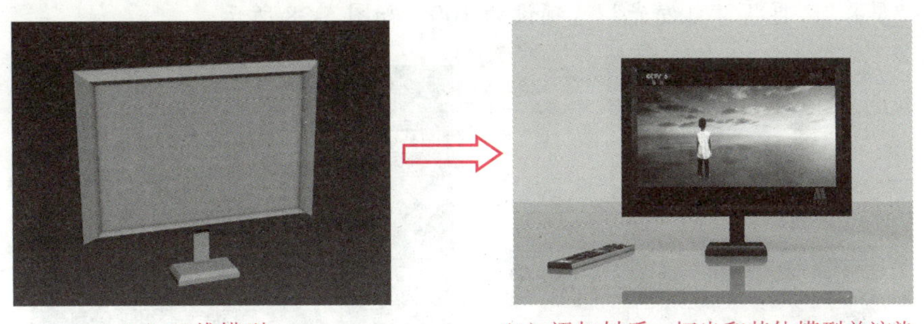

（a）三维模型　　（b）添加材质、灯光和其他模型并渲染

图 5-24　为液晶电视添加材质

制作步骤

步骤 1▶ 打开本书配套素材“素材与实例”>“第 5 章”文件夹>“液晶电视素材.max”文件，然后按快捷键【M】打开材质编辑器，任选一个未使用的材质球，将其命名为“液晶电视”。单击“Standard”按钮，在打开的图 5-25 所示的对话框中双击“多维/子对象”选项，在弹出的“替换材质”对话框中选择“丢弃旧材质”单选钮并单击“确定”按钮。

步骤 2▶ 单击“多维/子对象基本参数”卷展栏中的“设置数量”按钮，在打开的“设置材质数量”对话框中将“材质数量”设为 2，并单击“确定”按钮，如图 5-26 所示。

步骤 3▶ 单击“子材质”列中第 1 个子材质的“无”按钮，在打开的“材质/贴图浏览器”对话框中双击“标准”选项，在打开的参数堆栈列表中，将该材质名称设为“显示器边框”，再将“漫反射”通道的颜色设为黑色，将“高光级别”设为 50，“光泽度”设为 40，如图 5-27 所示。

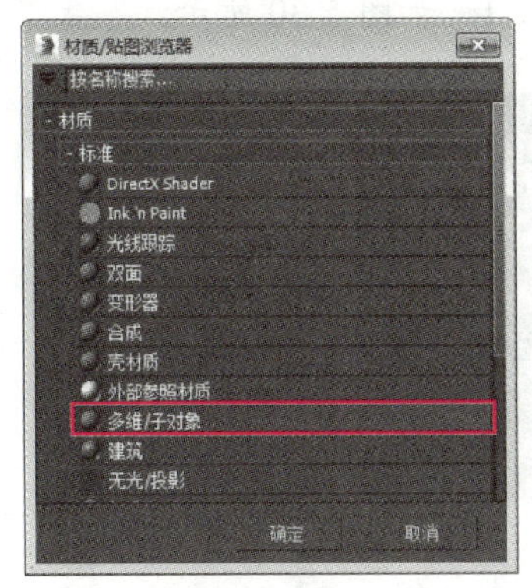

图 5-25　选择“多维/子对象”材质

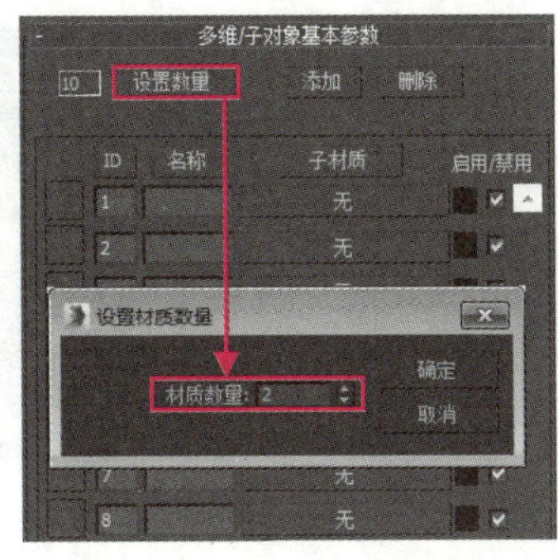

图 5-26　设置子材质数量

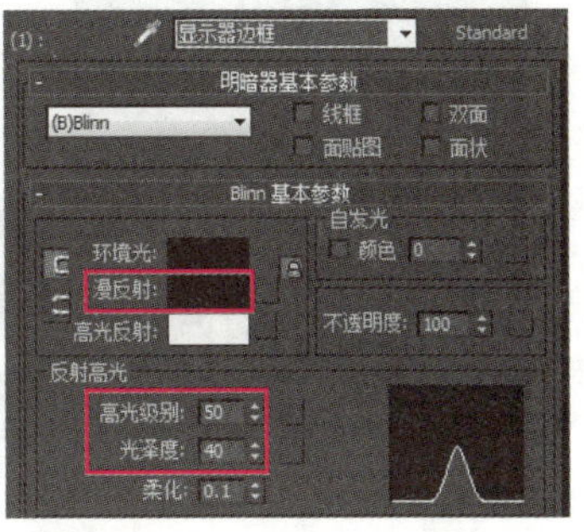

图 5-27　设置子材质参数

步骤 4▶ 单击材质编辑器横向工具栏中的“转到父对象”按钮，返回到“多维/子对象基本参数”卷展栏，然后单击“子材质”列中第 2 个子材质的“无”按钮，在打开的

“材质/贴图浏览器”对话框中双击“标准”选项，在打开的参数堆栈列表中，将该材质名称设为“屏幕”，再将“自发光”选项设为100，如图5-28所示。

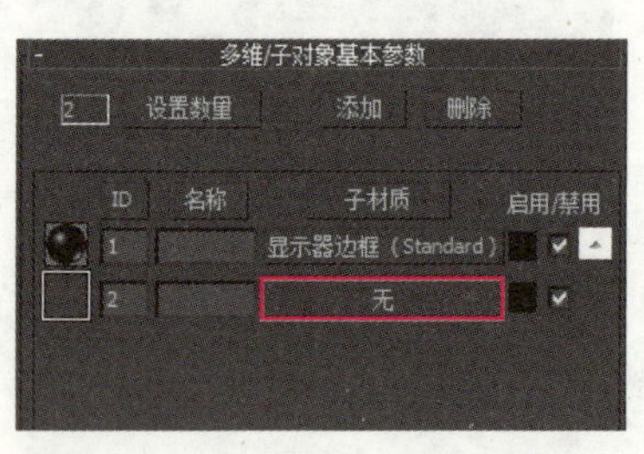

(a)

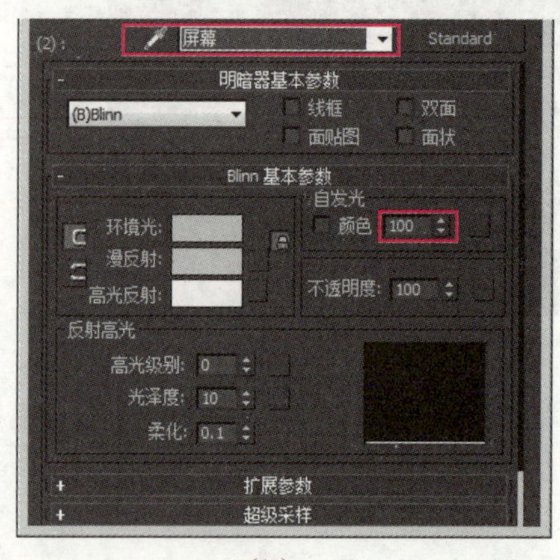

(b)

图5-28　设置“屏幕”子材质参数

步骤5▶ 单击“漫反射”通道右侧的“无”按钮，在打开的“材质/贴图浏览器”对话框中双击“位图”选项，在打开的“选择位图图像文件”对话框中选择本书配套素材“素材与实例”>“第5章”>“Maps”文件夹>“屏幕贴图.jpg”图像素材，并单击“打开”按钮，然后单击“视口中显示明暗处理材质”按钮。

步骤6▶ 选中视图中的液晶电视模型，在“修改”面板的修改器堆栈中将修改对象设为“多边形”，然后在透视图中选中图5-29（a）所示的多边形，并在“多边形：材质ID”卷展栏的“设置ID”文本框中输入2并回车，如图5-29（b）所示。

步骤7▶ 选择“编辑”>“反选”菜单，或按快捷键【Ctrl+I】，反选所选多边形，然后在“多边形：材质ID”卷展栏的“设置ID”文本框中输入1，如图5-30所示。

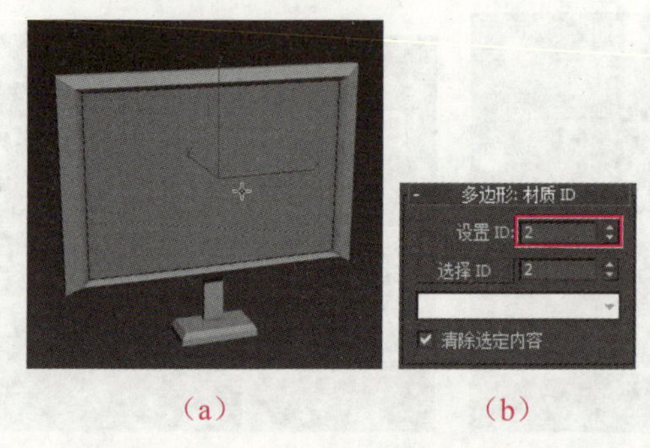

(a)　(b)

图5-29　设置屏幕多边形的材质ID

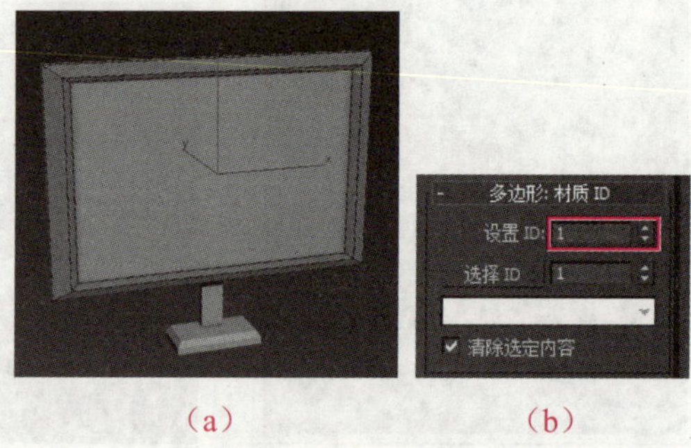

(a)　(b)

图5-30　设置液晶电视边框的材质ID

步骤8▶ 退出“多边形”子对象的编辑状态，在材质编辑器中选中“液晶电视”材质，并单击“将材质指定给选定对象”按钮，将其赋予液晶电视模型，此时透视图中将

显示材质效果。

步骤 9▶ 连续单击两次材质编辑器中的“转到父对象”按钮，然后将“液晶电视”材质的“显示器边框”子材质拖到一个未使用的材质球上，并在弹出的“实例（副本）材质”对话框中选择“复制”单选钮，再单击“确定”按钮，如图 5-31 所示。

提 示

当材质属于复合材质且未处于顶级时，单击“转到父对象”按钮，会从当前子材质向上移动一个层级。当材质属于复合材质且未处于顶级时，单击“转到下一个同级项”按钮，将移动到当前材质中相同层级的下一个贴图或材质。

步骤 10▶ 选中复制的“显示器边框”材质，然后选中视图中液晶电视的支架和底座模型，并单击材质编辑器中的“将材质指定给选定对象”按钮，为其添加材质。

步骤 11▶ 此时对透视图进行渲染，会发现液晶电视屏幕中的画面无法正常显示，下面通过添加“UVW 贴图”修改器解决这个问题。选中视图中的液晶电视模型，在“修改”面板中为其添加“UVW 贴图”修改器，然后在“参数”卷展栏中选择“长方体”单选钮，如图 5-32 所示。

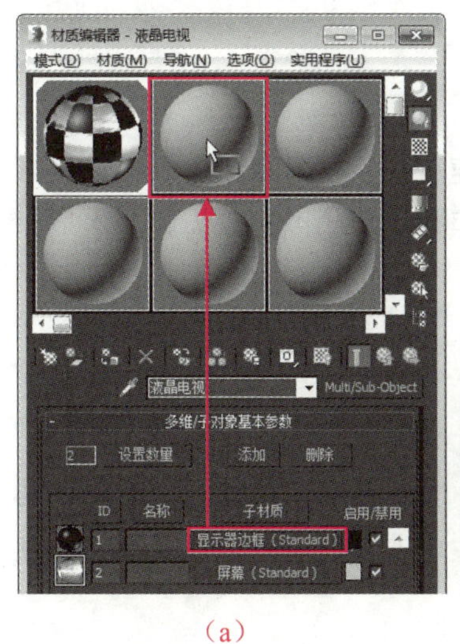

（a）

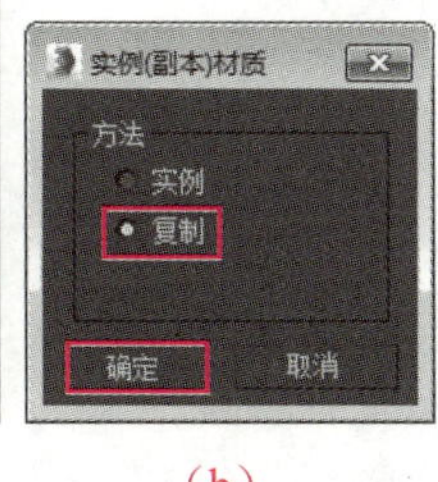

（b）

图 5-31 复制“显示器边框”子材质

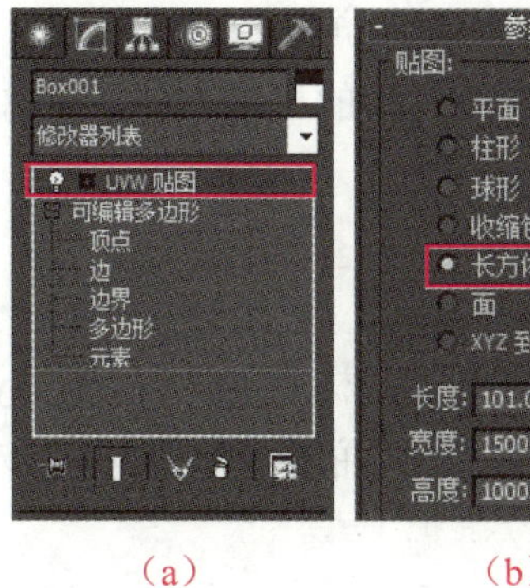

（a） （b）

图 5-32 添加并设置“UVW 贴图”修改器

步骤 12▶ 在修改器堆栈中将“UVW 贴图”修改器的修改对象设为“Gizmo”，然后在透视图中使用“选择并均匀缩放”工具对“Gizmo”子对象进行缩放，如图 5-33 所示。至此，案例就完成了。

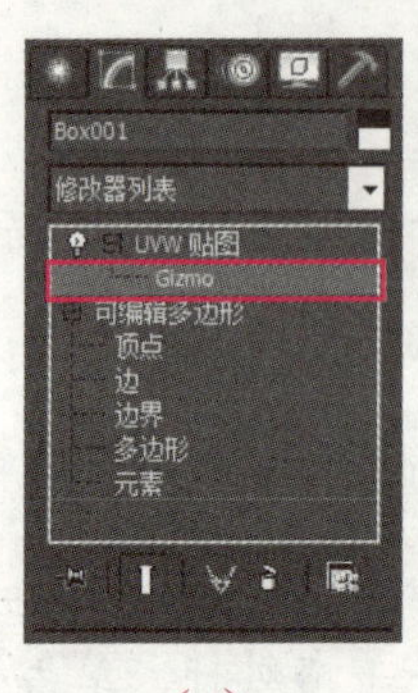

（a）

（b）

图 5-33　缩放贴图及渲染效果

案例总结

本案例通过为液晶电视添加材质，学习了“多维/子对象”材质的制作和应用方法。在本例的操作过程中，应注意设置子材质的数量和参数，还应注意设置可编辑多边形中指定多边形材质 ID 的方法（设置可编辑网格和可编辑面片中网格和面片材质 ID 的方法，与设置多边形材质 ID 的方法相同），以及“UVW 贴图”修改器的应用。

5.3　VRay 常用材质

使用 VRay 材质可以获得较好的物理照明效果，渲染速度快，反射和折射参数设置方便，并且与 VRay 渲染器配合使用，可以渲染出达到真实照片效果的图片。为此，本节介绍几种 VRay 常用的材质类型（简称 VR 材质）。

5.3.1　VRay 基础知识

常用的 VRay 材质主要有“VRayMtl”“VRay 灯光”和“VRay 混合”材质。此外，利用 VRay 几何体中的 VRay 毛发与 VRay 材质配合，可以生成非常逼真的地毯及人的毛发的效果。

- VRayMtl：VRayMtl 材质是 VRay 应用最广且最基本的一种材质类型，可以替代 3ds Max 的默认材质，它的突出之处是可以轻松控制物体的模糊、反射、折射、凸凹及类似蜡烛的半透明材质效果。
- VRay 灯光：用于制作类似自发光灯罩、光圈等的材质。
- VRay 混合：可以以层的方式混合多个材质以模拟真实物理世界中的复杂材质。VRay混合材质与3ds Max混合材质的效果类似，但其渲染速度比3ds Max快很多。

提　示

在实际应用中，用户可在网上下载VR材质库，然后直接应用材质库中的地板、乳胶漆等材质，或参照材质库中的材质，根据实际需要制作所需材质。

案例5　制作地板材质——VRayMtl

VRayMtl材质是最基本的VRay材质类型，下面通过为一个房间中的地板模型添加材质，学习VRayMtl材质的创建及应用方法，如图5-34所示。

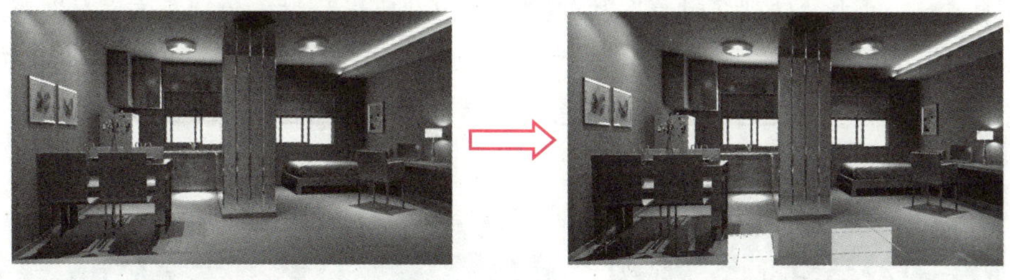

（a）三维模型　　（b）添加材质并渲染

图5-34　为地板添加材质

制作思路

先将渲染器设为“V-Ray Adv 3.00.08”渲染器，然后在材质编辑器中创建一个VRayMtl材质，并设置其“漫反射”通道的贴图；再设置“反射”通道的颜色和“凹凸”通道的贴图及参数；接着将材质赋予地板模型；最后为地板模型添加“UVW 贴图”修改器并对“Gizmo”子对象进行缩放。

制作步骤

步骤 1▶　打开本书配套素材“素材与实例”>“第5章”文件夹>“地板素材.max”文件，然后单击“渲染设置”按钮，在打开的“渲染设置”对话框的“渲染器”下拉列表中选择“V-Ray Adv 3.00.08”选项，如图5-35所示。

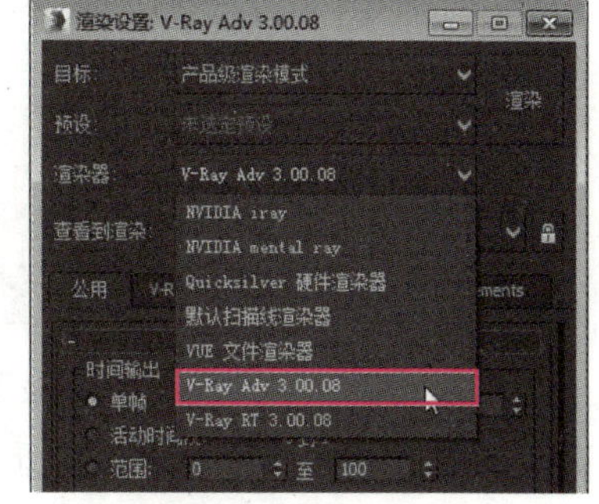

图5-35　选择渲染器

提　示

VRay材质是在安装了VRay渲染器之后才有的，它是VRay渲染器的专用材质。如果场景中的材质是VRay材质，那么，在渲染输出效果图时，通常选择“V-Ray Adv 3.00.08”渲染器。在没有特殊说明的情况下，本书渲染时所使用的渲染器均为“V-Ray Adv 3.00.08”渲染器。

另外，渲染完成后，必须单击渲染窗口中的“Duplicate to MAX frame buffer”按钮才能看到该案例的真实效果图。以下类似情况不再重述。

步骤 2▶ 关闭“渲染设置”对话框，按快捷键【M】打开材质编辑器，任选一个未使用的材质球，将其命名为“地板”，再单击“Standard”按钮，在打开的“材质/贴图浏览器”对话框中双击“V-Ray”卷展栏中的“VRayMtl”选项。

步骤 3▶ 在“基本参数”卷展栏中单击“漫反射”通道右侧的按钮，在打开的“材质/贴图浏览器”对话框中双击“位图”选项，将贴图设为本书配套素材“素材与实例”>“第 5 章”>“Maps”>“地板贴图”文件夹>“地板贴图.jpg”图像素材。

步骤 4▶ 单击“转到父对象”按钮，返回“地板”材质的“基本参数”卷展栏，取消勾选“菲涅耳反射”复选框，单击“反射”通道右侧的色块，在打开的“颜色选择器”对话框中将“反射”通道的颜色设为灰色，并单击“确定”按钮，如图 5-36 所示。

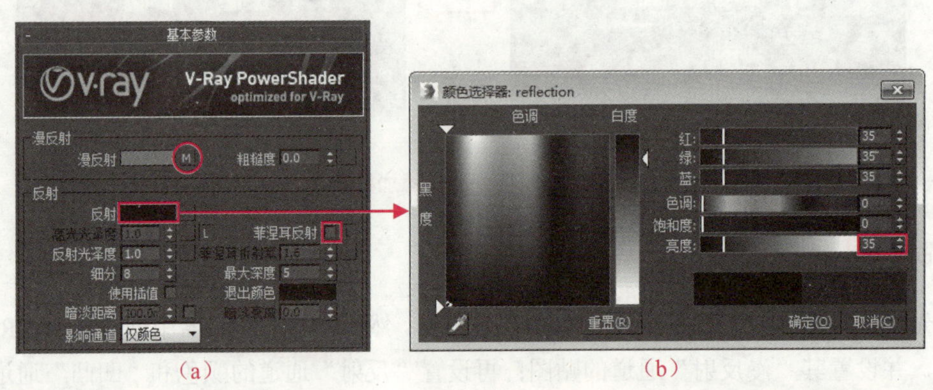

(a) (b)

图 5-36 设置“反射”通道颜色

提 示

“菲涅耳反射”复选框用于调节不同观察角度上的反射率。若勾选该复选框，则视角与物体垂直时，物体反光较弱，视角与物体非垂直时，视角夹角越小反光越强烈；若不勾选该复选框，反射光效果将消失，但可加快渲染速度。

步骤 5▶ 在“贴图”卷展栏“凹凸”通道右侧的文本框中输入 50，然后单击“凹凸”通道右侧的“无”按钮，在打开的“材质/贴图浏览器”对话框中双击“位图”选项，将贴图设为“地板贴图”文件夹>“凹凸贴图.jpg”图像素材，如图 5-37 所示。

步骤 6▶ 单击“转到父对象”按钮，选中视图中的地板模型，然后单击材质编辑器中的“视口中显示明暗处理材质”按钮和“将材质指定给选定对象”按钮，为其添加材质，结果如图 5-38 所示。

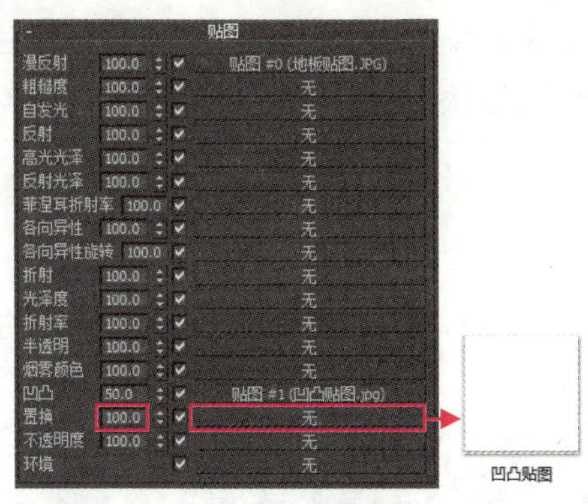

图 5-37　设置“凹凸”通道的参数和贴图

图 5-38　为地板添加材质

步骤 7▶　在“修改”面板中为地板模型添加“UVW 贴图”修改器，然后在“参数”卷展栏中将“U 向平”和“V 向平”都设为 7，如图 5-39 所示。至此，案例就完成了。

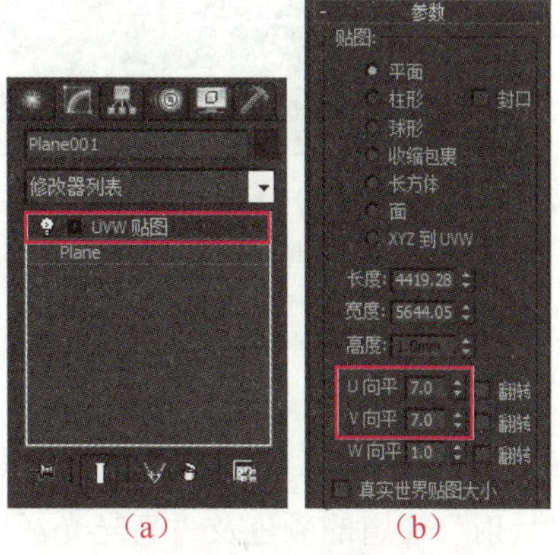

（a）　（b）

图 5-39　添加“UVW 贴图”修改器

提　示

将“地板”材质赋予地面后，该地面呈现一整块“地板”效果。为了凸显地板瓷砖间的接缝，使地面效果更加真实，可在图 5-39（b）所示的卷展栏中调整“U 向平”和“V 向平”的值。本例将 U 向平和 V 向平的平铺值均设为 7，则表示在该地面上有 7 块地板瓷砖，结果如图 5-40 所示。

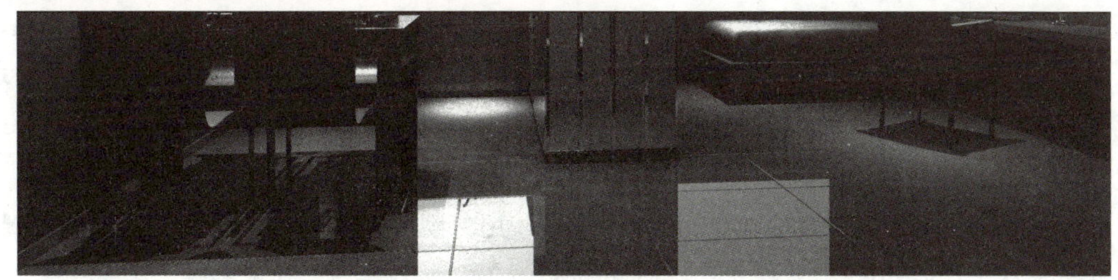

图 5-40　调整 U、V 向平铺值的渲染效果

案例总结

本案例中的地板材质由瓷砖贴图和凹凸纹理两部分组成。通过为地板模型添加材质，学习了利用 VRayMtl 材质制作地板材质的方法。在本例的操作过程中，应注意 VRayMtl

材质“漫反射”“反射”和“凹凸”通道的作用。其中，“漫反射”通道决定了材质的主要外观；“反射”通道决定了材质的反光效果；“凹凸”通道决定了材质的凹凸效果。

案例 6　制作磨砂玻璃材质——VRayMtl

下面通过为一个洗手间中的门模型添加磨砂玻璃材质，进一步学习 VRayMtl 材质的创建及应用方法，如图 5-41 所示。

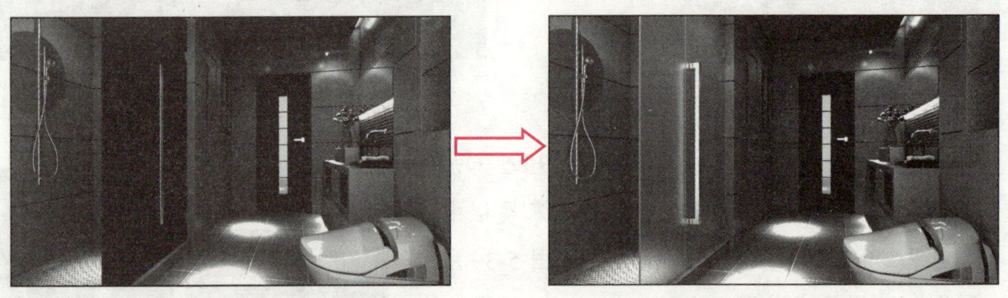

（a）三维模型　　（b）添加材质并渲染

图 5-41　为玻璃门和玻璃隔板添加磨砂玻璃材质

制作思路

先在材质编辑器中创建一个 VRayMtl 材质，并设置“漫反射”通道的颜色；然后设置“反射”通道的颜色及“高光光泽度”“反射光泽度”和“细分”选项的参数；最后调整折射的“光泽度”“折射率”和“折射”通道的颜色。

制作步骤

步骤 1▶ 打开本书配套素材“素材与实例”>“第 5 章”文件夹>“卫生间素材.max”文件。按快捷键【M】打开材质编辑器，任选一个未使用的材质球，将其命名为“磨砂玻璃”，然后选中视图中的玻璃门和玻璃隔板模型，单击材质编辑器中的“将材质指定给选定对象”按钮，为它们添加材质。

步骤 2▶ 单击“磨砂玻璃”材质的“Standard”按钮，在打开的“材质/贴图浏览器”对话框中双击“V-Ray”卷展栏中的“VRayMtl”选项，然后单击“基本参数”卷展栏中“漫反射”通道右侧的色块按钮，在打开的“颜色选择器”对话框中将“漫反射”通道的颜色设为淡蓝色，如图 5-42 所示。

步骤 3▶ 单击“基本参数”卷展栏“反射”选项区中“高光光泽度”选项右侧的按钮，然后将“高光光泽度”设为 0.75，“反射光泽度”设为 0.8，“细分”设为 10，再单击“基本参数”卷展栏中“反射”通道右侧的色块按钮，在打开的“颜色选择器”对话框中将“反射”通道的颜色设为灰色，如图 5-43 所示。

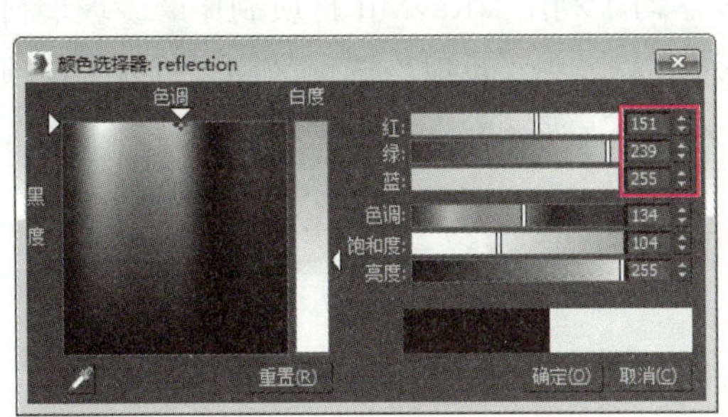

图 5-42　设置“漫反射”通道颜色

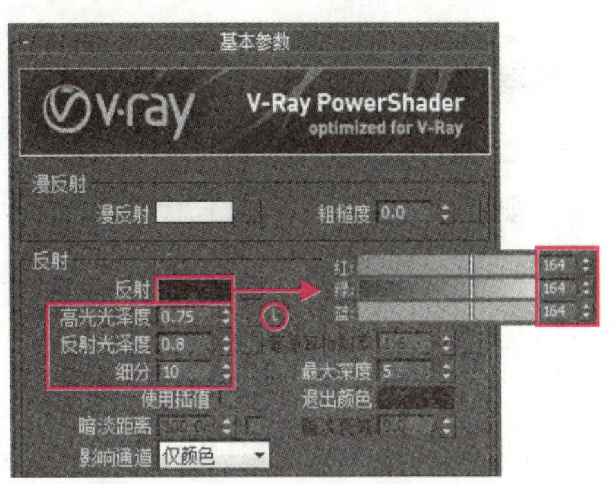

图 5-43　设置反射颜色和参数

知识库

图 5-43 所示的“反射”通道的颜色用于控制反射的强弱，颜色越亮反射越强，颜色越暗反射越弱；“高光光泽度”选项用于控制高光的大小；“反射光泽度”选项用于控制反射的模糊效果，该值越小模糊效果越强烈；“细分”选项用于控制反射光泽度的品质，该值越大模糊区域越平滑，但渲染速度越慢。

步骤 4▶　在“基本参数”卷展栏中将“折射”选项区中的“光泽度”设为 0.8，“折射率”设为 1.57。取消勾选“影响阴影”复选框，然后单击“折射”通道右侧的色块按钮，在打开的“颜色选择器”对话框中将“折射”通道的颜色设为灰色，如图 5-44 所示。至此，案例就完成了。

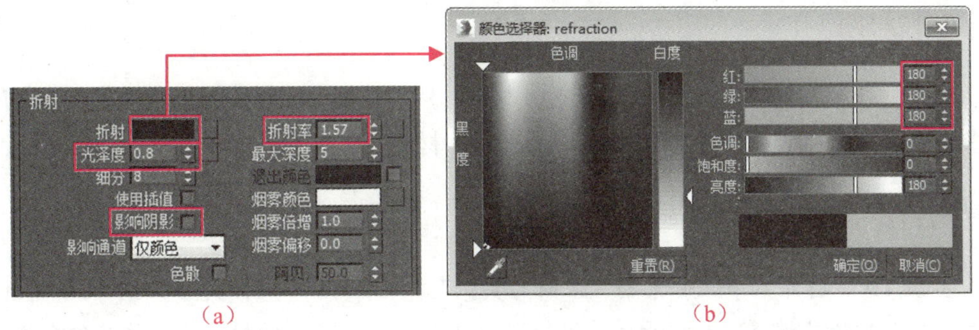

（a）　　（b）

图 5-44　设置“折射”通道颜色和折射参数

知识库

“折射”通道的颜色用于控制物体的透明度，颜色越亮物体越透明，颜色越暗物体越不透明。

案例总结

本案例通过为门模型添加磨砂玻璃材质，学习了利用 VRayMtl 材质制作磨砂玻璃材质的方法。在本例的操作过程中，应注意 VRayMtl 材质中“反射”选项区和“折射”选项区中各参数的功能，尤其应注意“折射”选项区中的“光泽度”和“折射率”选项。

案例 7　制作镜子材质——VRayMtl

下面通过为洗手间中的镜子模型添加材质，进一步学习 VRayMtl 材质的创建及应用方法，如图 5-45 所示。

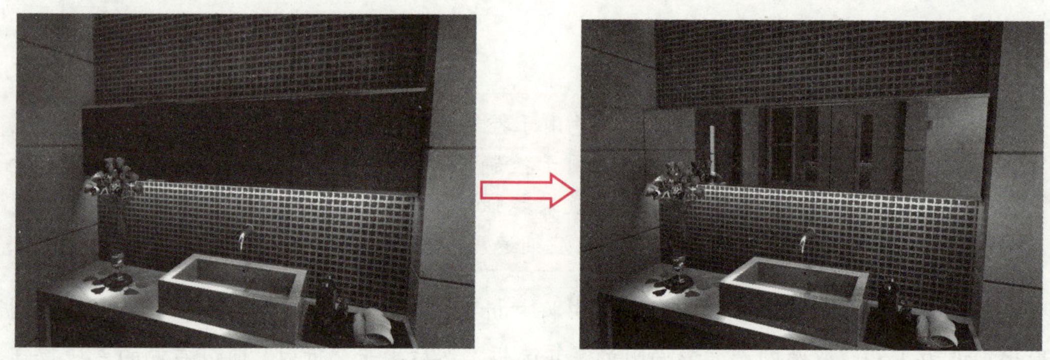

（a）三维模型　　（b）添加材质并渲染

图 5-45　为镜子添加材质

制作思路

先在材质编辑器中创建一个 VRayMtl 材质；然后设置“反射”通道的颜色及反射的其他参数；最后选中视图中的镜子模型，为其添加材质。

制作步骤

步骤 1▶　打开本书配套素材“素材与实例”>“第 5 章”文件夹>“洗手间素材.max”文件，然后按快捷键【M】打开材质编辑器，任选一个未使用的材质球，将其命名为“镜子”，再单击“Standard”按钮，将材质类型设为“VRayMtl”。

步骤 2▶　在“基本参数”卷展栏的“反射”选项区中单击“高光光泽度”选项右侧的L按钮，并将“高光光泽度”设为 0.9，然后取消勾选“菲涅耳反射”复选框，再单击“反射”通道右侧的色块按钮，在打开的“颜色选择器”对话框中将“反射”通道的颜色设为白色，并单击“确定”按钮，如图 5-46 所示。

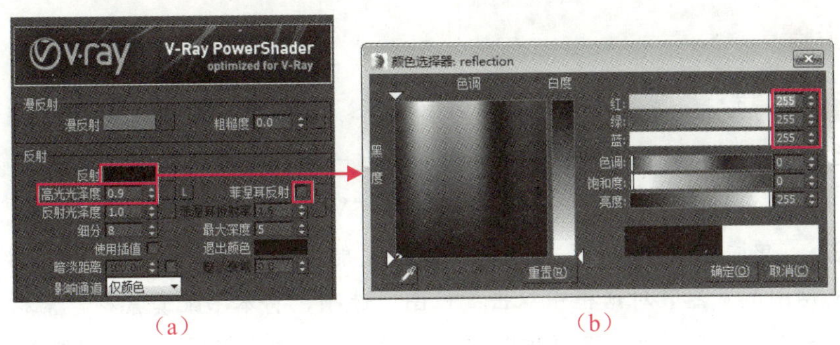

（a）　（b）

图 5-46　设置“反射”通道的参数和颜色

步骤 3▶ 选中场景中的镜子模型，单击材质编辑器中的“将材质指定给选定对象”按钮，为其添加材质。至此，案例就完成了。

案例总结

本案例通过为镜子模型添加材质，学习了利用 VRayMtl 材质制作镜子材质的方法。在本例的操作过程中，应注意 VRayMtl 材质中“反射”通道颜色的作用，“反射”通道的颜色为黑色，表示材质没有反射效果；“反射”通道的颜色为白色，表示材质有强烈的反射效果；若“反射”通道的颜色为灰色，则表示材质有中等反射效果。

案例 8　制作陶瓷材质——VRayMtl

下面通过为花瓶模型添加陶瓷材质，进一步学习 VRayMtl 材质的创建及应用方法，如图 5-47 所示。

（a）三维模型　（b）添加材质并渲染

图 5-47　为花瓶添加陶瓷材质

制作思路

在材质编辑器中创建一个 VRayMtl 材质，然后设置“漫反射”通道的贴图，再设置“反射”通道的颜色及反射的相关参数，最后选中视图中的绿色花瓶模型，为其添加材质。

制作步骤

步骤 1▶ 打开本书配套素材“素材与实例”>“第 5 章”文件夹>“花瓶架素材.max”文件，然后按快捷键【M】打开材质编辑器，任选一个未使用的材质球，将其命名为“陶瓷”，再单击“Standard”按钮，将材质类型设为“VRayMtl”。

步骤 2▶ 单击“基本参数”卷展栏中“漫反射”通道右侧的“无”色块按钮，在打开的“材质/贴图浏览器”对话框中双击“位图”选项，将本书配套素材“素材与实例”>“第 5 章”>“Maps”>“陶瓷材质贴图”文件夹>“陶瓷贴图.jpg”图像素材作为贴图对象。

步骤 3▶ 单击“转到父对象”按钮，返回“陶瓷”材质的“基本参数”卷展栏。在“反射”选项区中将“反射光泽度”设为 0.9，“最大深度”设为 3，并取消勾选“菲涅耳反射”复选框，再单击“反射”通道右侧的色块按钮，在打开的“颜色选择器”对话框中将“反射”通道的颜色设为灰色，并单击“确定”按钮，如图 5-48 所示。

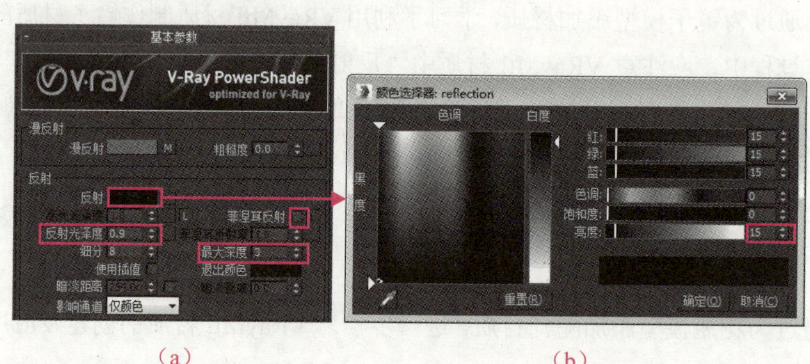

（a）　　　　（b）

图 5-48　设置“反射”通道的颜色和参数

提　示

“最大深度”选项用于设置材质对于光线的反射次数，该参数数值越大，渲染效果越逼真，但渲染速度越慢。

步骤 4▶ 选中场景中的绿色花瓶模型，单击材质编辑器中的“将材质指定给选定对象”按钮和“视口中显示明暗处理材质”按钮，为其添加材质并在视图中显示贴图效果。至此，案例就完成了。

案例总结

本案例通过为花瓶模型添加陶瓷材质，学习了利用 VRayMtl 材质制作陶瓷材质的方

法。在本例的操作过程中，应注意陶瓷材质“反射”通道的颜色（灰度为 15）比木纹材质“反射”通道的颜色（灰度为 10）浅，这说明陶瓷材质要比木纹材质的反射效果明显。

案例 9　制作不锈钢材质——VRayMtl

下面通过为水龙头模型添加不锈钢材质，进一步学习 VRayMtl 材质的创建及应用方法，如图 5-49 所示。

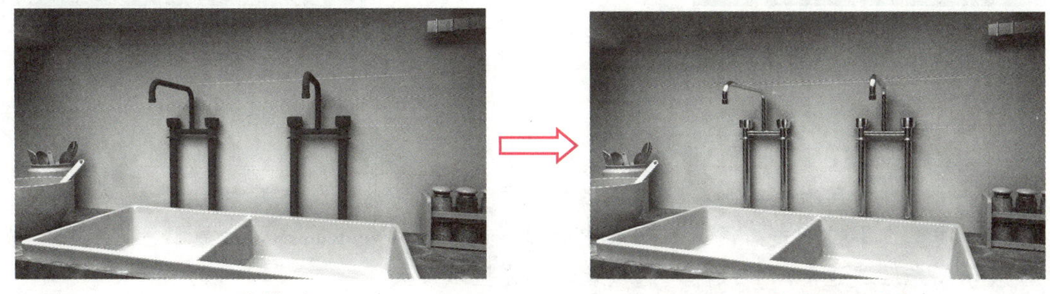

（a）三维模型　　（b）添加材质并渲染

图 5-49　为水龙头添加不锈钢材质

制作思路

先在材质编辑器中创建一个 VRayMtl 材质，然后设置“漫反射”通道的颜色；再设置“反射”通道的颜色和参数；接着设置“双向反射分布函数”卷展栏中的参数；最后选中视图中的水龙头模型，并为其添加材质。

制作步骤

步骤 1▶ 打开本书配套素材“素材与实例”>“第 5 章”文件夹>“水龙头素材.max”文件，然后按快捷键【M】打开材质编辑器，任选一个未使用的材质球，将其命名为“不锈钢”，再单击“Standard”按钮，将其材质类型设为“VRayMtl”。

步骤 2▶ 单击“基本参数”卷展栏“漫反射”通道右侧的色块按钮，在打开的“颜色选择器”对话框中将“漫反射”通道的颜色设为黑色，并单击“确定”按钮。

步骤 3▶ 单击“反射”选项区中“高光光泽度”选项右侧的 L 按钮，然后将“高光光泽度”设为 0.75，“反射光泽度”设为 0.95，取消勾选“菲涅耳反射”复选框，再单击“反射”通道右侧的色块按钮，将“反射”通道的颜色设为浅灰色，如图 5-50 所示。

步骤 4▶ 在“双向反射分布函数”卷展栏的类型下拉列表中选择“沃德”选项，然后将“各向异性（-1..1）”设为 0.7，“旋转”设为-90，如图 5-51 所示。

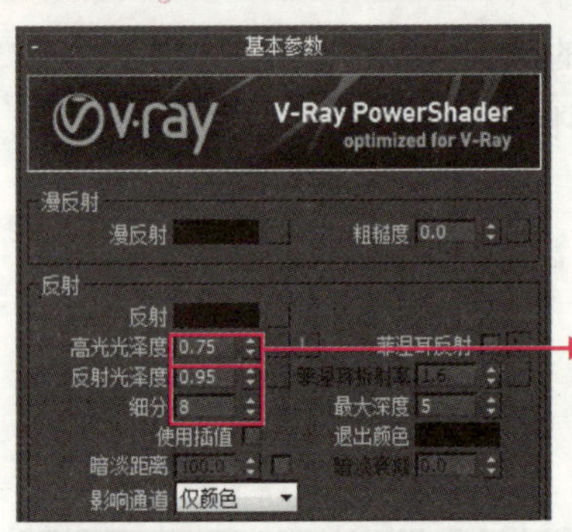

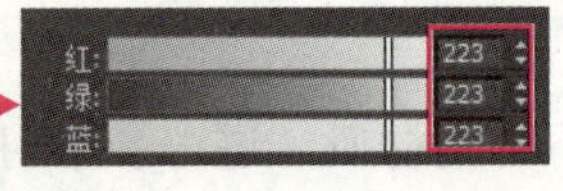

图 5-50　设置“反射”通道的颜色和参数

用于设置反射光线的类型

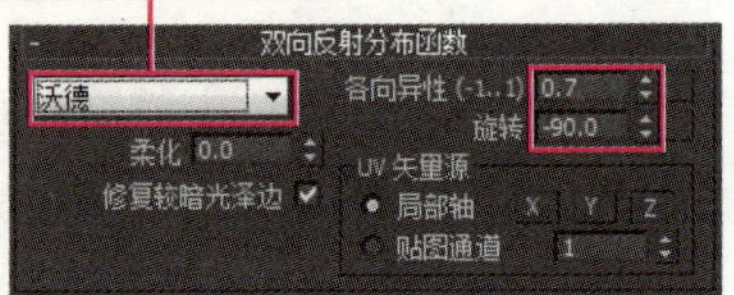

图 5-51　设置高光的类型及参数

使用“双向反射分布函数”卷展栏可以设置高光的类型及相关参数。

“类型”下拉列表： 该下拉列表中的“多面”选项表示高光区域最小，“反射”选项表示高光区域适中，“沃德”选项表示高光区域最大。

“各向异性”文本框： 用于设置高光的分布情况。如果该值为 0，表示光线沿一个方向分布。如果该值不为 0，则会使光线具有各向异性。

“旋转”文本框： 用于设置高光的旋转角度。

步骤 5▶ 选中场景中的水龙头模型，单击材质编辑器中的“将材质指定给选定对象”按钮，为其添加材质。至此，案例就完成了。

案例总结

本案例通过为水龙头模型添加不锈钢材质，学习了利用 VRayMtl 材质制作不锈钢材质的方法。在本例的操作过程中，应注意“双向反射分布函数”卷展栏用于设置物体表面的反射特性。

案例 10　制作水材质——VRayMtl

下面通过为水面和水柱模型添加水材质，进一步学习 VRayMtl 材质的创建及应用方法，如图 5-52 所示。

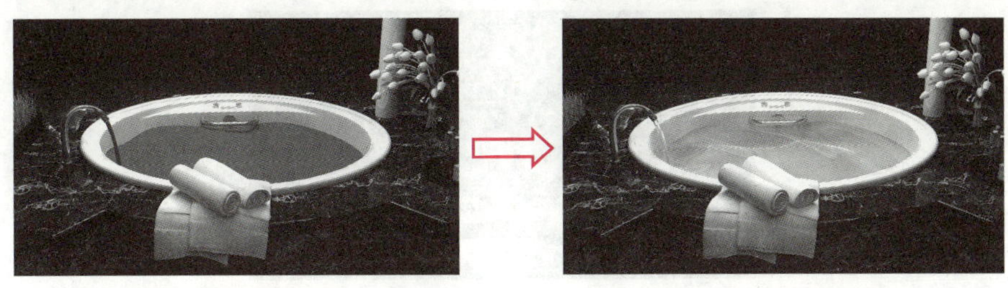

（a）三维模型　　　　（b）添加材质并渲染

图 5-52　为水面和水柱添加水材质

制作思路

先在材质编辑器中创建一个 VRayMtl 材质，然后设置“漫反射”和“反射”通道的颜色；再设置“折射”通道的颜色和参数；接着设置“选项”卷展栏中的参数；最后选中视图中的水面和水柱模型，并为其添加材质。

制作步骤

步骤 1▶ 打开本书配套素材“素材与实例”>“第 5 章”文件夹>“洗手池素材.max”文件，然后按快捷键【M】打开材质编辑器，任选一个未使用的材质球，将其命名为“水”，再单击“Standard”按钮，将材质类型指定为“VRayMtl”。

步骤 2▶ 在“基本参数”卷展栏中将“漫反射”通道的颜色设为纯黑色，“反射”通道的颜色设为纯白色，如图 5-53 所示。

步骤 3▶ 在“折射”选项区中将“折射”通道的颜色设为纯白色，然后将“折射率”设为 1.3，“最大深度”设为 10，如图 5-54 所示。

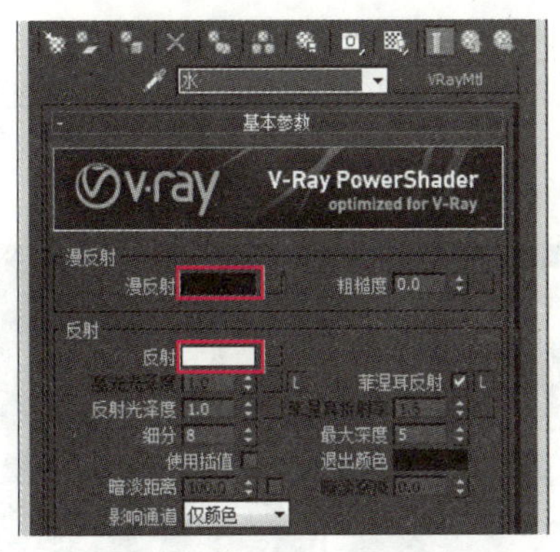

图 5-53　设置“漫反射”和“反射”通道颜色

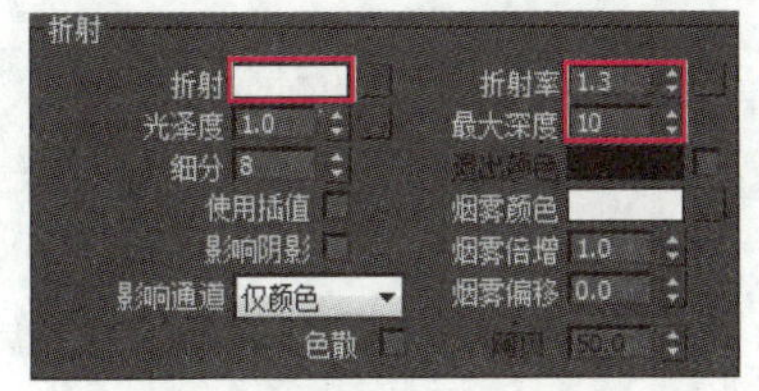

图 5-54　设置“折射”通道的颜色和参数

步骤 4▶ 展开“选项”卷展栏，勾选“背面反射”复选框，取消勾选“雾系统单位比例”复选框，如图 5-55 所示。

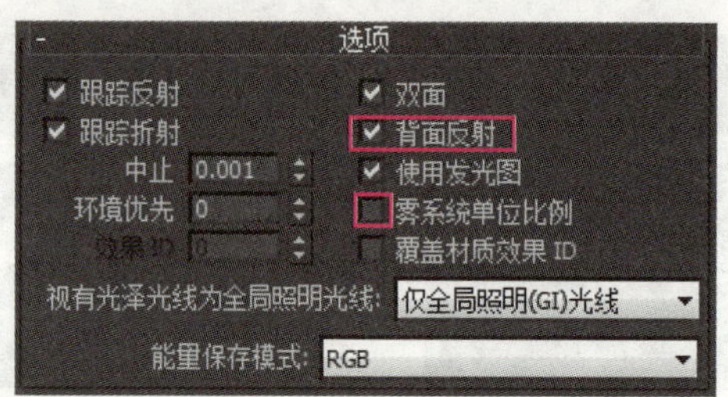

图 5-55　设置“选项”卷展栏参数

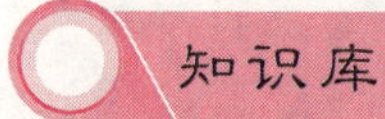

图 5-55 所示卷展栏中，“跟踪反射”和“跟踪折射”复选框用于设置材质是否有反射和折射；“双面”复选框用于设置是否在模型的两面都显示材质；“背面反射”复选框用于设置材质的背面是否有反射效果；“使用发光图”复选框用于设置材质是否使用发光图；勾选“雾系统单位比例”复选框后，“反射”通道中的烟雾效果按系统单位偏移，若不勾选该复选框，则按默认单位偏移。

步骤 5▶　选中场景中的水面和水柱模型，单击材质编辑器中的“将材质指定给选定对象”按钮，为其添加材质。至此，案例就完成了。

案例总结

本案例通过为水面和水柱模型添加水材质，学习了利用 VRayMtl 材质制作水材质的方法。在本例的操作过程中，应注意“选项”卷展栏中各参数的作用。

案例 11　制作清玻璃材质——VR-材质包裹器

下面通过为一个房间中的窗模型添加清玻璃材质，学习 VR-材质包裹器材质的创建及应用方法，如图 5-56 所示。

（a）三维模型

（b）添加材质并渲染

图 5-56　为窗模型添加清玻璃材质

制作思路

先在材质编辑器中创建一个VR-材质包裹器材质；然后将“基本材质”设为VRayMtl材质，并在“基本参数”卷展栏中设置VRayMtl材质“漫反射”“反射”和“折射”通道的颜色和相关参数；最后选中视图中的玻璃窗模型，并为其添加材质。

制作步骤

步骤1▶ 打开本书配套素材“素材与实例”>“第5章”文件夹>“玻璃窗素材.max”文件；然后按快捷键【M】打开材质编辑器，任选一个未使用的材质球，将其命名为“清玻璃”；再单击“Standard”按钮，将材质类型设为“VR-材质包裹器”，再在打开的“替换材质”对话框中选择“丢弃旧材质”单选钮，并单击“确定”按钮。

步骤2▶ 单击“VR材质包裹器参数”卷展栏“基本材质”选项右侧的“无”按钮，在打开的“材质/贴图浏览器”对话框中双击“V-Ray”卷展栏中的“VRayMtl”选项。

步骤3▶ 在打开的“基本参数”卷展栏中将“漫反射”通道的颜色设为黑色，将“折射”通道的颜色设为白色，“折射”选项区中的“折射率”设为1.517，“细分”设为20，“烟雾倍增”设为0.1，并勾选“影响阴影”复选框，如图5-57所示。

提　示

清玻璃的制作主要是调整折射参数，包括折射率和烟雾颜色。这是因为玻璃的反射值很低，但折射值很高的缘故。通常情况下，将其折射颜色设为纯白色。此外，影响玻璃颜色的主要因素是“烟雾颜色”及“烟雾倍增”。“烟雾倍增”可以理解为烟雾的浓度，该值越大，烟雾越浓，光线穿透物体的能力也越差。一般情况下不推荐使用大于1的值。

步骤4▶ 将“反射”选项区中的“反射光泽度”设为0.95，“细分”设为3，取消勾选“菲涅耳反射”复选框，如图5-57所示；单击“反射”通道右侧的按钮■，在打开的“材质/贴图浏览器”对话框中双击“衰减”选项，然后在打开的“衰减参数”卷展栏中将上方通道的颜色设为深灰色，并单击“确定”按钮，如图5-58所示。

步骤5▶ 连续单击两次“转到父对象”按钮，返回“清玻璃”材质的“VR材质包裹器参数”卷展栏，然后选中场景中的玻璃窗模型，单击材质编辑器中的“将材质指定给选定对象”按钮，为其添加材质。至此，案例就完成了。

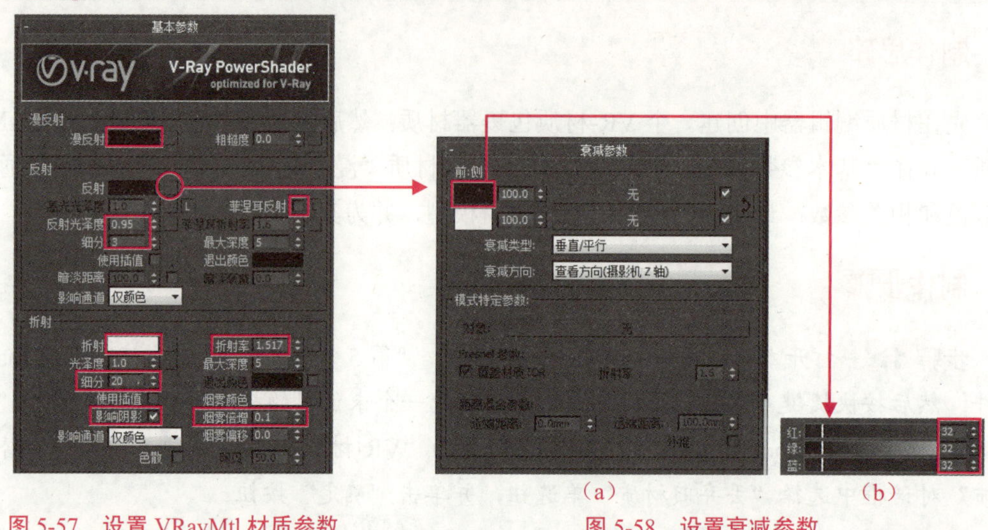

图 5-57　设置 VRayMtl 材质参数

图 5-58　设置衰减参数

案例总结

本案例通过为玻璃窗模型添加清玻璃材质，学习了利用 VR-材质包裹器材质制作清玻璃材质的方法。应用 VR-材质包裹器材质主要是为了防止大面积使用材质时产生溢色。在本例的操作过程中，应注意 VR-材质包裹器的使用方法，并了解其主要参数的作用。

5.4　使用贴图

在前面的案例中，已经多次使用了贴图。简单地讲，贴图就是指定到材质中的图像，它主要用来模拟模型表面的物理特征，如纹理、凹凸效果、反射或折射的程度等。良好的贴图应用技巧，对表现效果图的真实性起着重要作用。

5.4.1　贴图基础知识

3ds Max 中的贴图主要分为 2D 贴图、3D 贴图、合成器、颜色修改器和其他贴图 5 大类。

- 2D 贴图：是二维图像，通常贴附于模型表面，或用作环境贴图来为场景创建背景。常用的 2D 贴图主要有位图、渐变、渐变坡度、噪波、平铺和棋盘格等，图 5-59 所示为平铺贴图。
- 3D 贴图：是以三维方式生成的图案，可以为对象的内部面和外部面同时指定贴图。常用的 3D 贴图主要有 Perlin 大理石、凹痕、斑点和波浪等，图 5-60 所示为波浪贴图。

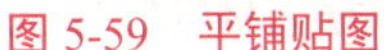

图 5-59 平铺贴图

图 5-60 波浪贴图

- **合成器贴图：** 可以将多个不同类型的贴图按照一定方式混合在一起，包括 RGB 相乘、遮罩、合成和混合 4 种。图 5-61 所示为遮罩贴图的应用效果。
- **颜色修改器贴图：** 它好比一个简单的图像处理软件，通过颜色修改器贴图可以调整指定贴图图像的颜色。
- **其他贴图：** 又称为光学特性贴图，该类型贴图主要用来设置物体的光学特性，各贴图都有比较明确的用途，主要包含有薄壁折射、反射/折射、平面镜和光线跟踪等。图 5-62 所示为平面镜贴图的应用效果。

图 5-61 遮罩贴图的应用效果

图 5-62 平面镜贴图的应用效果

案例 12 制作酒瓶材质——“位图”贴图

位图贴图是 3ds Max 贴图中最常用的贴图类型，它支持多种图像格式，如.gif、.jpg、.psd、.tif 等，因此，可将实际生活中的造型照片作为位图使用，如大理石图片、木纹图片等。必要时还可以为其指定不透明度贴图，从而使材质更加真实。

下面通过制作酒瓶材质，学习“位图”贴图的应用方法，如图 5-63 所示。

（a）三维模型　　（b）添加材质并渲染

图 5-63　利用“位图”贴图制作酒瓶材质

制作思路

先在材质编辑器中选择一个标准材质，为“漫反射”通道添加“商标.jpg”位图贴图，并设置“反射高光”选项区中的相关参数；然后为“不透明度”通道添加“不透明度贴图.jpg”位图贴图；最后选中视图中的酒瓶模型，并为其添加材质。

制作步骤

步骤 1▶ 打开本书配套素材“素材与实例”>“第 5 章”文件夹>“酒瓶素材.max”文件，然后按快捷键【M】打开材质编辑器，任选一个未使用的材质球，并将其命名为“酒瓶”。

步骤 2▶ 将“Blinn 基本参数”卷展栏中的“高光级别”设为 56，“光泽度”设为 48，然后单击“漫反射”通道右侧的“无”按钮，将其贴图设为本书配套素材“素材与实例”>“第 5 章”>“Maps”>“酒瓶材质贴图”文件夹>“商标.jpg”图像素材，如图 5-64 所示。

步骤 3▶ 单击“转到父对象”按钮，返回“酒瓶”材质的“Blinn 基本参数”卷展栏，单击“不透明度”通道右侧的“无”按钮，将其贴图设为“不透明度贴图.jpg”图像素材，如图 5-65 所示。

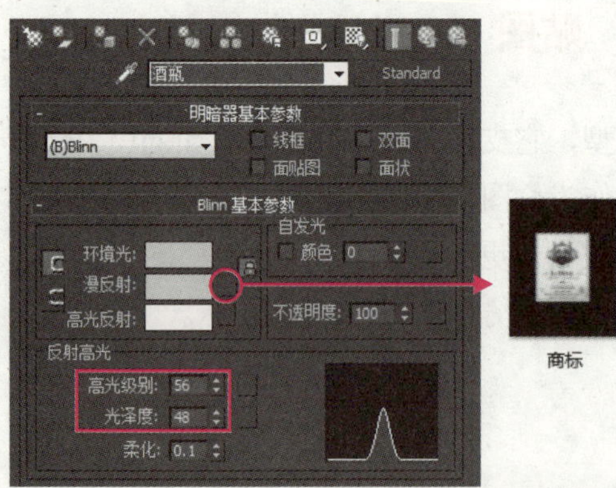

图 5-64　为“漫反射”通道添加贴图

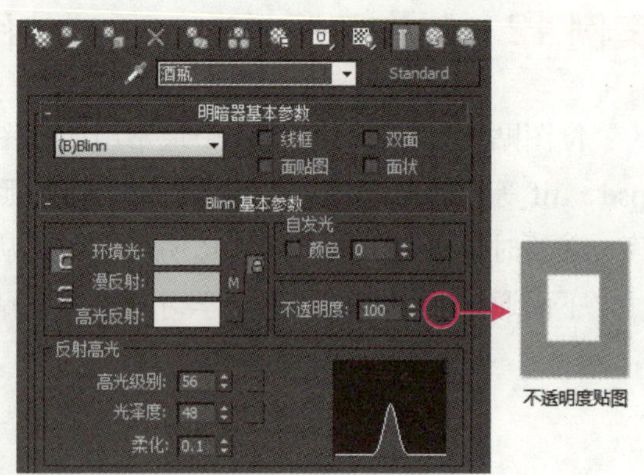

图 5-65　添加不透明度贴图

步骤 4▶ 单击“转到父对象”按钮，返回“酒瓶”材质的“Blinn 基本参数”卷展栏，选中场景中的酒瓶模型，单击材质编辑器中的“将材质指定给选定对象”按钮和“视口中显示明暗处理材质”按钮，为其添加材质并在视图中显示贴图效果。至此，案例就完成了。

案例总结

本案例通过为酒瓶模型添加材质，学习了“位图”贴图的应用方法。在本例的操作过程中，应注意“位图”贴图在“不透明度”通道中的作用，“不透明度”通道会根据该通道中“位图”贴图的明暗决定材质的透明度，白色的位置完全不透明，黑色的位置完全透明，灰色的位置呈半透明状态。

本例中，“不透明度”通道中位图的白色部分对应“漫反射”通道中位图的商标部分，灰色部分对应“漫反射”通道中位图的黑色部分，因此在渲染效果中商标完全不透明，而黑色的瓶体半透明。

案例 13 制作真实水面材质——“噪波”贴图

“噪波”贴图是通过两种颜色的随机混合，产生一种噪波效果，常用于无序贴图效果的制作。下面通过制作真实水面材质，学习“噪波”贴图的应用方法，如图 5-66 所示。

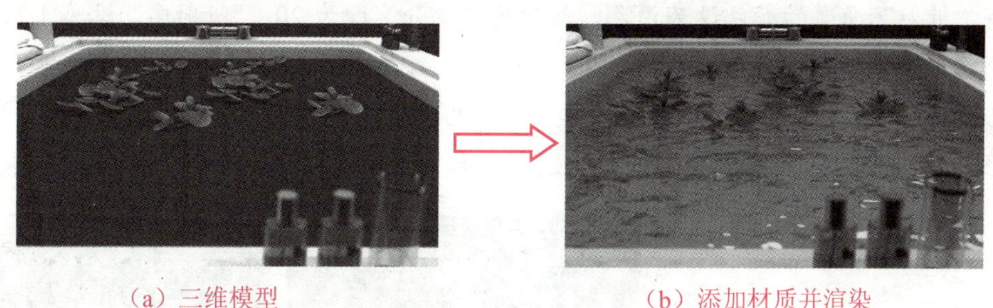

（a）三维模型　　（b）添加材质并渲染

图 5-66 利用“噪波”贴图制作真实水面材质

制作思路

先在材质编辑器中创建一个 VRayMtl 材质，然后设置“反射”通道参数，并为“反射”通道添加“衰减”贴图；再设置“折射”通道的颜色和参数；接着为“凹凸”通道添加噪波贴图，并设置其参数；最后选中视图中的水面模型，并为其添加材质。

制作步骤

步骤 1▶ 打开本书配套素材“素材与实例” > “第 5 章”文件夹> “浴盆素材.max”

文件，然后按快捷键【M】打开材质编辑器，任选一个未使用的材质球，将其命名为“水面”，再单击“Standard”按钮，将材质类型设为“VRayMtl”。

步骤 2▶ 在“基本参数”卷展栏中，将“反射”选项区中的“细分”设为20，取消勾选“菲涅耳反射”复选框，然后单击“反射”通道右侧的“无”按钮，在打开的“材质/贴图浏览器”对话框中双击“衰减”选项，再展开“混合曲线”卷展栏，调整曲线两端节点的位置，如图5-67所示。

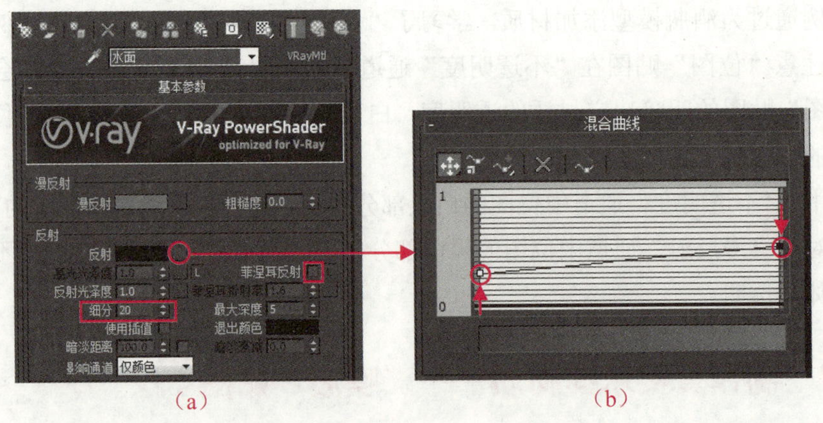

图 5-67　调整反射参数和混合曲线

步骤 3▶ 单击“转到父对象”按钮，返回“基本参数”卷展栏，在“折射”选项区中将“折射”通道的颜色设为白色，然后将“细分”设为20，“折射率”设为1.2，如图5-68所示。

步骤 4▶ 展开“贴图”卷展栏，单击“凹凸”通道右侧的“无”按钮，在打开的“材质/贴图浏览器”对话框中双击“噪波”选项，如图5-69所示。

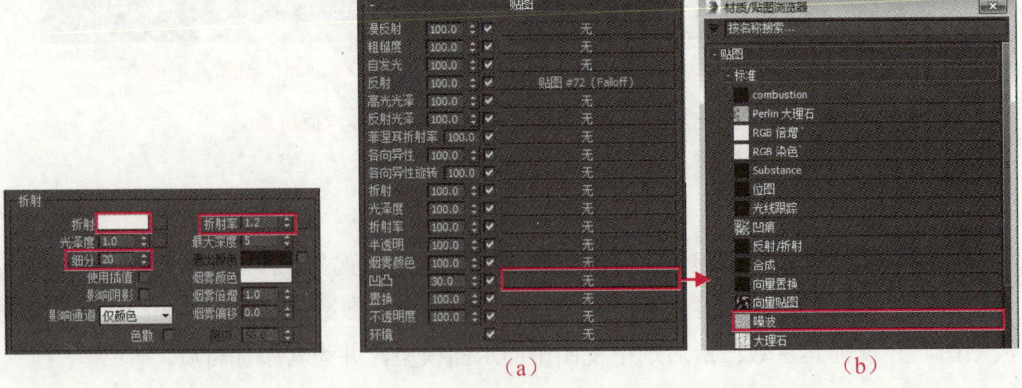

图 5-68　设置“折射”通道的颜色和参数　　　图 5-69　为“凹凸”通道添加噪波贴图

步骤 5▶ 在打开的“坐标”卷展栏中将“瓷砖”列下的“X”“Y”和“Z”选项都设

为 10，然后在“噪波参数”卷展栏中选择“噪波类型”选项右侧的“湍流”单选钮，将“大小”设为 2，并将“颜色#1”通道的颜色设为灰色，如图 5-70 所示。

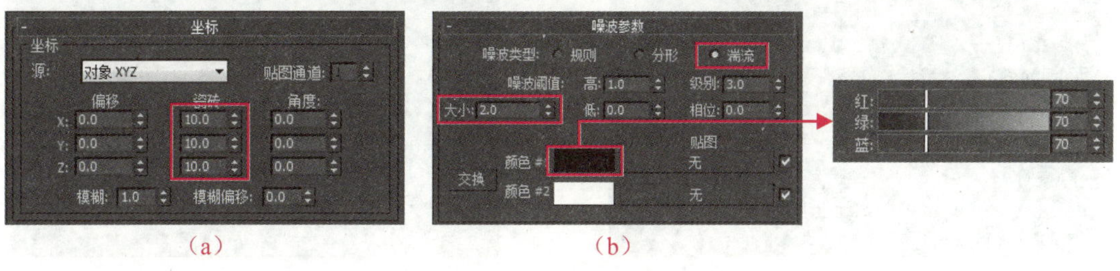

（a）　　　　　　　　　　（b）

图 5-70　设置噪波贴图的参数

提　示

图 5-70（b）中，“噪波类型”选项用于设置噪波的外观；“大小”选项用于设置噪波纹理的大小；“颜色#1”和“颜色#2”通道用于设置生成噪波的主要颜色或图案；“高”“底”选项用于设置“颜色#1”和“颜色#2”在噪波中的比重，“高”用于设置“颜色#1”的比重，“底”用于设置“颜色#2”的比重。

步骤 6▶ 选中场景中的水面模型，单击材质编辑器中的“将材质指定给选定对象”按钮，为其添加材质。至此，案例就完成了。

案例总结

本案例通过为水面模型添加材质，学习了“噪波”贴图的应用方法。在“凹凸”通道中应用噪波贴图，可以生成真实的水波效果。在本例的操作过程中，应注意“噪波”贴图的参数设置。

案例 14　制作灯罩材质——“混合”贴图

“混合”贴图与“混合”材质相似，是指将两个不同贴图按照不同比例混合在一起形成新的贴图，常用于“漫反射”通道中。下面通过制作灯罩材质，学习“混合”贴图的应用方法，如图 5-71 所示。

制作思路

先在材质编辑器中创建一个 VRayMtl 材质，然后为“漫反射”通道添加混合贴图；再为混合贴图的“颜色#1”通道添加棋盘格贴图，并设置“颜色#2”通道的颜色；接着返回“基本参数”卷展栏，设置“反射”通道和“折射”通道的颜色及参数；最后选中视图中的灯罩模型，并为其添加材质。

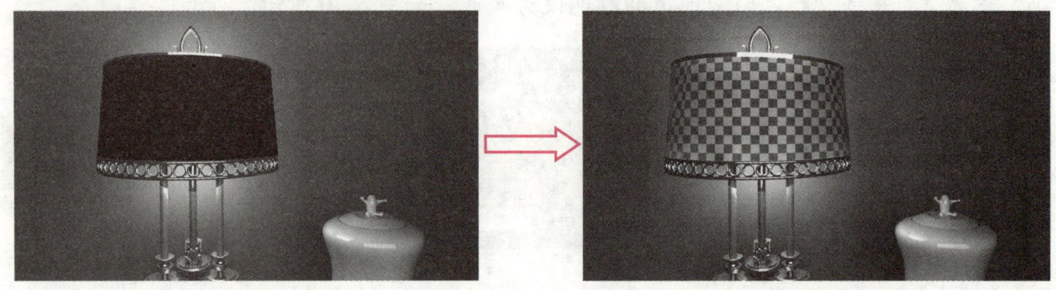

（a）三维模型　　（b）添加材质并渲染

图 5-71　利用“混合”贴图制作灯罩材质

制作步骤

步骤 1▶ 打开本书配套素材“素材与实例”>“第 5 章”文件夹>“灯罩素材.max”文件，然后按快捷键【M】打开材质编辑器，任选一个未使用的材质球，将其命名为“灯罩”，再单击“Standard”按钮，将材质类型设为“VRayMtl”。

步骤 2▶ 在“基本参数”卷展栏中单击“漫反射”通道右侧的“无”按钮，在打开的“材质/贴图浏览器”对话框中双击“混合”选项，然后在“混合参数”卷展栏中单击“颜色#2”选项右侧的色块按钮，将其颜色设为棕色，再将“混合量”设为 95，如图 5-72 所示。

提　示

图 5-72 所示“混合参数”卷展栏中各选项的功能如下。

颜色#1/颜色#2：利用其右侧的颜色块或“无”按钮设置混合材质的颜色或贴图。

混合量：用于确定两个材质融合的百分比。当该值为 0 时，材质 1（即颜色#1）完全可见，材质 2（即颜色#2）不可见；当该值为 1 时，材质 1 不可见，材质 2 可见。

使用曲线：用于确定是否使用混合曲线来影响两个材质的融合效果。

上部/下部：用来控制混合曲线。当两值相近时，会产生清晰尖锐的融合边缘；当两值差距很大时，会产生柔和模糊的融合边缘。

步骤 3▶ 单击“混合参数”卷展栏中“颜色#1”通道右侧的“无”按钮，在打开的“材质/贴图浏览器”对话框中双击“棋盘格”选项。

步骤 4▶ 单击两次“转到父对象”按钮，返回“基本参数”卷展栏，在“反射”选项区中将“反射光泽度”设为 0.95，“细分”设为 20，取消勾选“菲涅耳反射”复选框，再将“反射”通道的颜色设为深灰色，如图 5-73 所示。

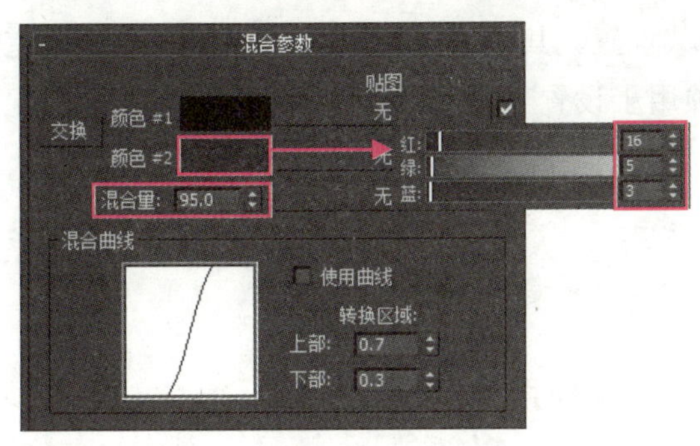

图 5-72　设置“混合”贴图的颜色及参数

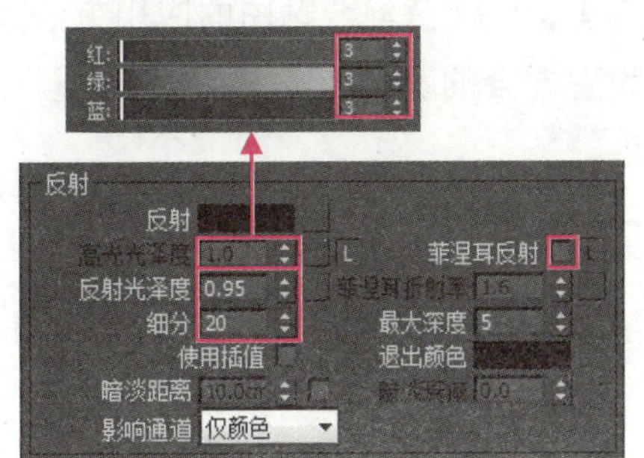

图 5-73　设置“反射”通道的颜色及参数

步骤 5▶　在“折射”选项区中将“光泽度”设为 0.8，“细分”设为 20，再将“折射”通道的颜色设为灰色，如图 5-74 所示。

步骤 6▶　选中场景中的灯罩模型，单击材质编辑器中的“将材质指定给选定对象”按钮和“视口中显示明暗处理材质”按钮，为其添加材质并在视图中显示贴图效果。

步骤 7▶　在“修改”面板中为灯罩模型添加“UVW 贴图”修改器，并在“参数”卷展栏中选择“长方体”单选钮，并将“U 向平”设为 10，“V 向平”设为 5，如图 5-75 所示。至此，案例就完成了。

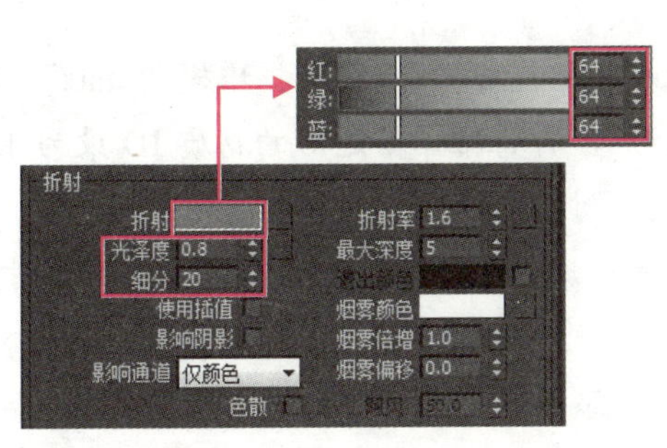

图 5-74　设置“折射”通道的颜色和参数

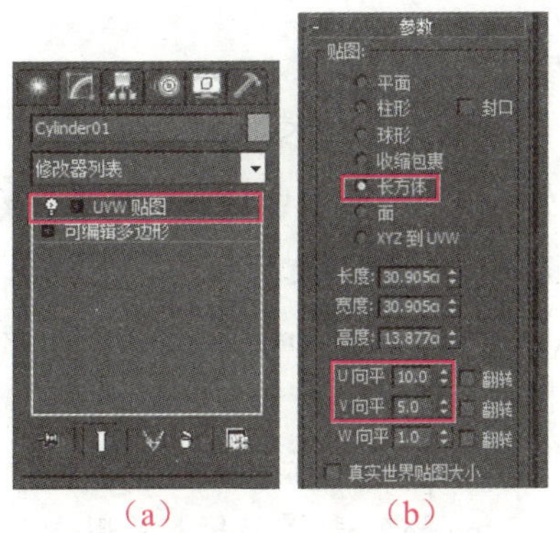

图 5-75　添加“UVW 贴图”修改器

提　示

U 向平、V 向平和 W 向平分别用于设置水平、垂直和高度 3 个方向上贴图重复的次数。材质编辑器“瓷砖”选项区中的 U、V 参数与这里的 U 向平铺和 V 向平铺是相乘关系。

案例总结

本案例通过为灯罩模型添加材质，学习了“混合”贴图的应用方法。在本例的操作

过程中，应注意混合贴图的应用方法及参数设置。其中，“颜色#1”和“颜色#2”通道用于设置混合的颜色或图案；“混合量”选项用于设置“颜色#1”和“颜色#2”通道的混合程度。

本章实训

实训 1　为易拉罐模型添加多维/子对象材质

利用本章所学知识为易拉罐模型添加多维/子对象材质，如图 5-76 所示。

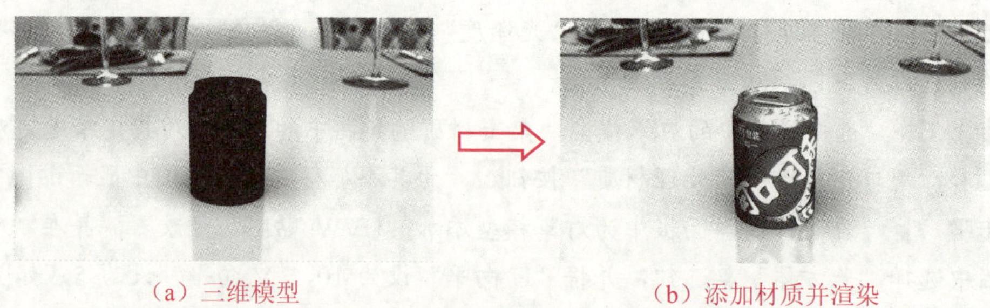

（a）三维模型　　（b）添加材质并渲染

图 5-76　为易拉罐模型添加多维/子对象材质

提示：

（1）打开书配套素材“素材与实例”>“第 5 章”文件夹>“易拉罐模型.max”文件，然后在“修改”面板中将修改对象设为“多边形”，再将罐体多边形的材质 ID 设为 1，按快捷键【Ctrl+I】反选多边形，并将罐口与罐底的材质 ID 设为 2。

（2）打开材质编辑器，选中一个未使用的材质球，将其材质类型设为“多维/子对象”，然后利用“设置数量”按钮将材质数量设为 2。

（3）为第 1 个子材质的“漫反射颜色”通道添加本书配套素材“素材与实例”>“第 5 章”>“maps”>“易拉罐材质贴图”文件夹>“商标.jpg”位图贴图，再将其“高光级别”设为 100，“光泽度”设为 40。

（4）将第 2 个子材质的明暗器类型设为“（M）金属”，然后将其“高光级别”设为 100，“光泽度”设为 40，再为其“反射”通道添加“不锈钢. jpg”位图贴图。

（5）将创建好的材质赋予场景中的易拉罐模型，然后为其添加“UVW 贴图”修改器，并将其修改对象设为“Gizmo”，在“参数”卷展栏中选择“柱形”单选钮，再在透视图中使用“选择并旋转”工具将“Gizmo”子对象沿 y 轴旋转约 90°，沿 z 轴旋转约 210°。

实训 2　为沙发添加 VRayMtl 材质

利用本章所学知识为沙发模型添加 VRayMtl 材质，如图 5-77 所示。

（a）三维模型　　（b）添加材质并渲染

图 5-77　为沙发添加 VRayMtl 材质

提示：

（1）打开书配套素材“素材与实例”>“第 5 章”文件夹>“沙发素材.max”文件，然后在材质编辑器中创建一个 VRayMtl 材质。

（2）为“漫反射”通道添加本书配套素材“素材与实例”>“第 5 章”>“Maps”>“沙发材质贴图”文件夹>“布材质.jpg”图像素材。

（3）在“反射”选项区中将“最大深度”设为 3，并取消勾选“菲涅耳反射”复选框。

（4）展开“贴图”卷展栏，为“凹凸”通道添加本书配套素材“凹凸布纹.jpg”图像素材。

（5）选中场景中的沙发模型，并为其添加材质。

实训 3　应用位图贴图制作装饰画材质

利用本章所学知识应用位图贴图制作装饰画材质，如图 5-78 所示。

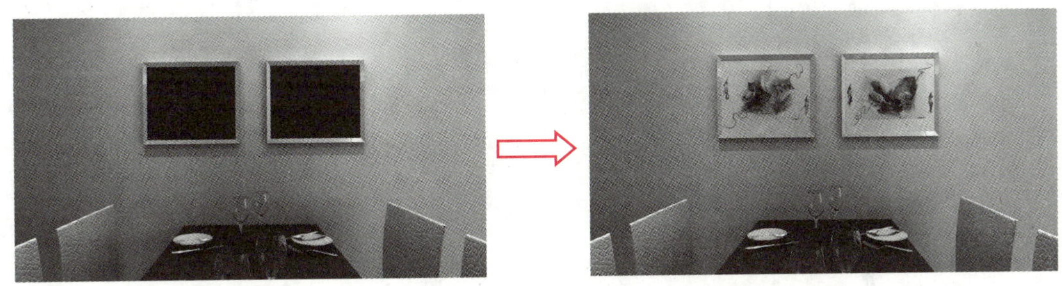

（a）三维模型　　（b）添加材质并渲染

图 5-78　应用位图贴图制作装饰画材质

提示：

（1）打开书配套素材“素材与实例”>“第 5 章”文件夹>“装饰画素材.max”文件，然后在材质编辑器中创建一个 VRayMtl 材质。

（2）为“漫反射”通道添加本书配套素材“素材与实例”>“第 5 章”>“Maps”>

“装饰画材质贴图”文件夹>“装饰画贴图.jpg”图像素材。

（3）选中场景中的装饰画模型，并为其添加材质。

本章小结

本章主要介绍了在 3ds Max 中创建、调整默认材质和 VRay 材质，以及在材质中添加、编辑贴图的方法。通过本章的学习，应重点掌握以下内容。

- 了解材质编辑器的作用和构成，熟练掌握创建、获取、分配和保存材质的方法。
- 了解 3ds Max 常用材质的特点，熟练掌握标准材质、光线跟踪材质、双面材质、多维/子对象材质和混合材质的创建和使用方法。
- 了解各种 VRay 常用材质的特点，熟练掌握 VRayMtl 材质和 VR-材质包裹器的创建和使用方法。
- 了解各种常用贴图的特点和作用，并熟练掌握为材质添加贴图的方法。

第 6 章　效果图制作基本功——灯光

在建筑室内外效果图制作过程中，灯光的设置是非常重要的一个环节。3ds Max 中的灯光分为标准灯光和光度学灯光两大类，通常需要设置它的颜色、亮度和阴影等参数，并与 VRay、Mental Ray 等渲染器配合使用，可以渲染出更加真实的效果图。此外，在实际应用中，还经常使用 VRay 灯光制作效果图，其操作简单、方便，渲染效果也非常好。

本章通过制作一些小案例，来讲解 3ds Max 和 VRay 中常用的几种灯光的设置方法及灯光效果。

学习目标

- 了解光度学灯光的特点，掌握目标灯光和自由灯光的创建方法。
- 了解 8 种标准灯光的功能及使用场合。
- 能够灵活运用目标聚光灯、目标平行光和泛光制作所需效果图。
- 掌握 VR-灯光和 VR-太阳灯光的特点及创建方法。
- 能够根据所学知识制作室外日景、夜景等场合的灯光效果。

6.1　使用 3ds Max 光度学灯光

光度学灯光是通过设置灯光的光度学值来展示场景中的灯光效果的，可以通过设置它们的分布、强度、色温、阴影的明暗和虚实等特性来达到所需效果，也可以直接导入照明制造商的特定光度学文件，使灯光效果更加精确。

6.1.1　3ds Max 光度学灯光基础知识

在 3ds Max 中，光度学灯光主要有 3 种类型，分别是目标灯光、自由灯光和 mr 天空入口。其中，最常用的是目标灯光和自由灯光。

单击“创建”面板中的“灯光”按钮，然后在该面板的列表框中选择“光度学”选项，可利用“目标灯光”“自由灯光”和“mr 天空入口”按钮创建灯光，如图 6-1 所示。单击任意一个灯光按钮，弹出“创建光度学灯光”对话框，如图 6-2 所示。单击“是”按钮，即可在视图区中指定灯光的位置。

图 6-1　命令面板

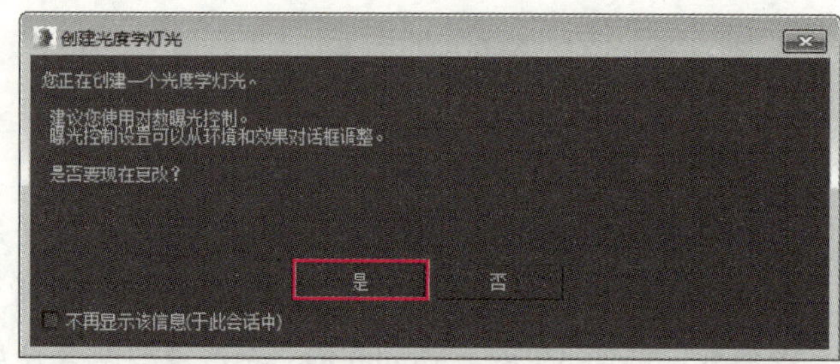

图 6-2　“创建光度学灯光”对话框

1. 目标灯光

使用“目标灯光”工具创建的目标灯光具有投射点和目标点，可通过分别调整投射点和目标点的位置，设置灯光投射到对象上的方向。此外，还可以在“修改”面板中对灯光的光源类型（聚光灯、统一球形等）、强度、颜色、阴影等进行设置，如图 6-3 所示。图 6-4 所示为 3 种常见的光源类型。

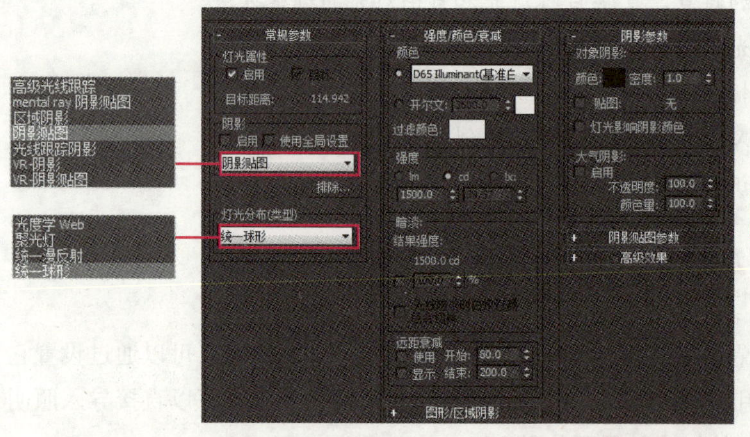

图 6-3　在“修改”面板中设置灯光的相关参数

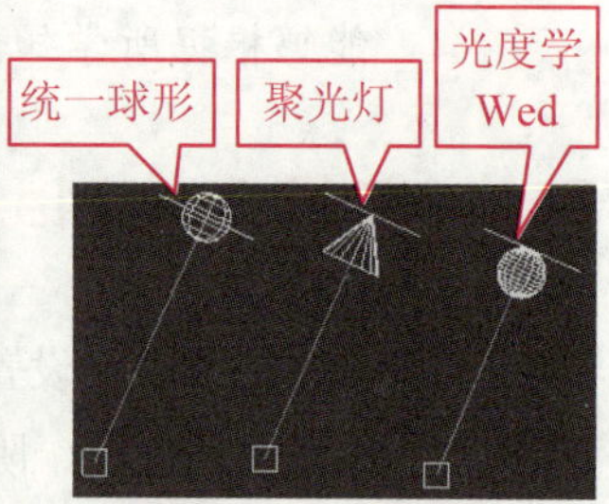

图 6-4　光源类型

图 6-3 所示“修改”面板中主要卷展栏的功能如下。

- **“常规参数”卷展栏：** 主要设置阴影类型及灯光的光源类型。
- **“强度/颜色/衰减”卷展栏：** 主要设置基准灯光的类型、场景的色温、灯光的强度，以及开始衰减与结束衰减的区域。
- **“图形/区域阴影”卷展栏：** 主要设置阴影的生成形状。例如，选择“矩形”选项，

则该灯光按矩形区域发出光计算阴影面积，且矩形区域的大小可通过参数调整。

➢ “阴影参数”卷展栏：主要设置阴影的颜色和贴图。
➢ “阴影贴图参数”卷展栏：主要设置阴影贴图的相关参数。

2. 自由灯光

自由灯光与目标灯光唯一的区别是，自由灯光不具备目标对象，如图 6-5 所示。创建自由灯光后，命令面板中各卷展栏项目及其功能与目标灯光的基本相同。

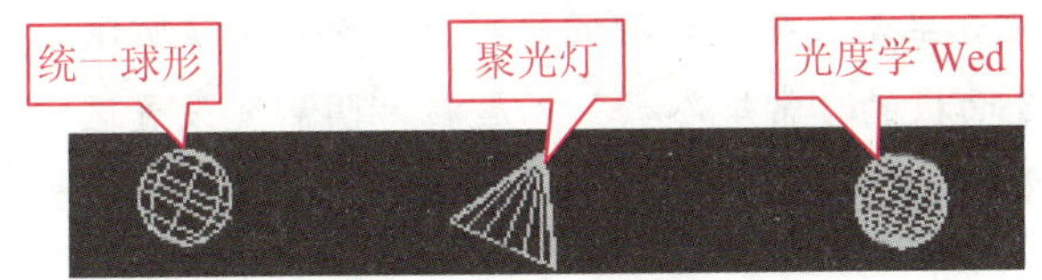

图 6-5　自由灯光的类型

3. mr 天空门户

“mr 天空门户”按钮是专门为 Mental Ray 渲染器设置的，它会把场景中的天光“聚集”起来并把亮度和颜色分布到室内，一般将该灯光放在室内的窗口处。值得注意的是，如果要设置“mr 天空门户”灯光，场景中就必须要有一个天光。

案例 1　为卧室添加灯光——目标灯光

下面，通过为图 6-6（a）添加目标灯光，并设置灯光的强度、类型及阴影等参数，来制作图 6-6（b）所示夜晚时卧室中的温馨感。

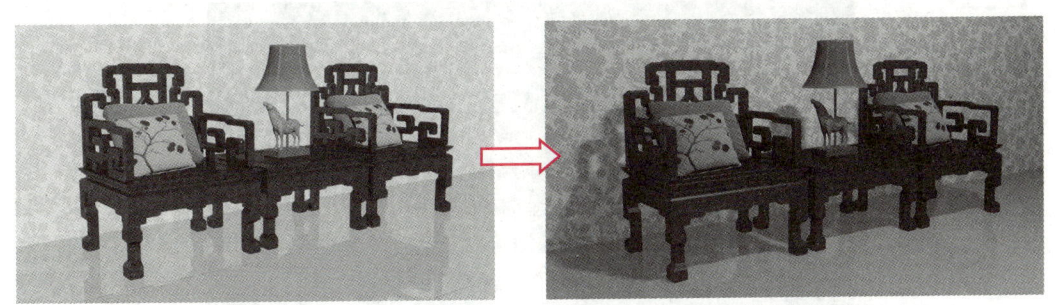

（a）未添加灯光　　（b）添加灯光效果

图 6-6　为卧室添加目标灯光

制作思路

导入要添加灯光的 3ds Max 文件，然后利用“创建”面板中的“目标灯光”按钮为其添加目标灯光，接着对其进行相关参数设置，最后对其渲染，以便查看灯光的设置效果。

制作步骤

步骤 1▶ 打开本书配套素材“素材与实例”>“第 6 章”>“目标灯光”文件夹>“目标灯光.max”文件。

步骤 2▶ 单击“创建”面板中的“灯光”按钮，再单击“光度学”分类中的“目标灯光”按钮，然后在前视图中椅子右上方的合适位置单击，指定投射点位置，接着将光标移至椅子的左下角处并单击，指定光源的目标点，如图 6-7 所示。

步骤 3▶ 在命令面板的“常规参数”卷展栏“阴影”设置区中单击选中“启用”复选框，然后将阴影类型设为“阴影贴图”，采用默认的灯光类型“统一球形”，如图 6-8 所示。

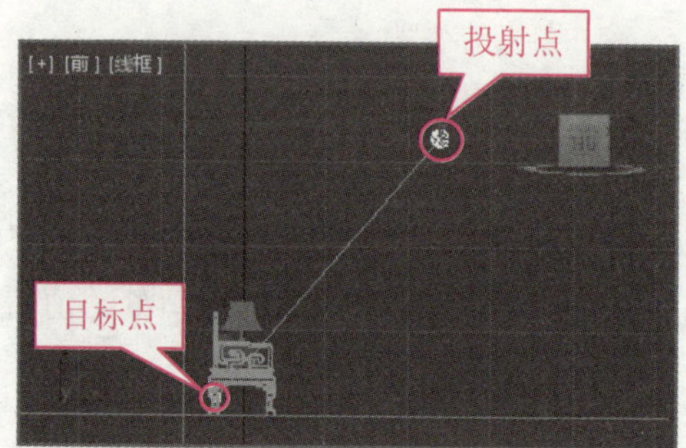

图 6-7 添加目标灯光

图 6-8 设置阴影类型和灯光类型

步骤 4▶ 单击“选择并移动”按钮，然后在前视图中选择并拖动灯光，使摄影机视图中的阴影处于合适位置，如图 6-9 所示。

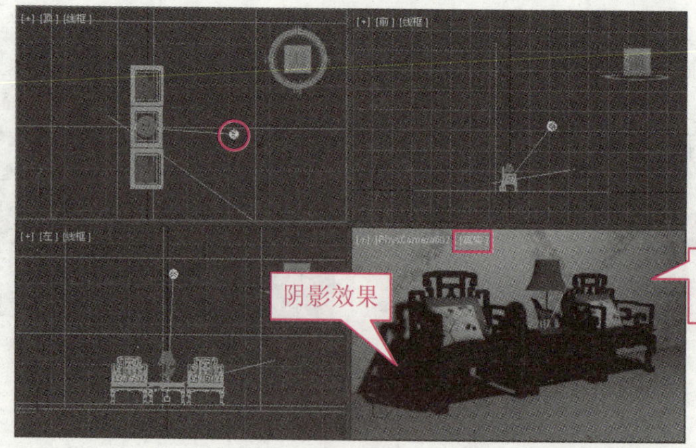

图 6-9 调整阴影的方位

知识库

在添加灯光时，尽量使透视图以摄影机（Camera）模式显示，且尽量不要缩放、平移或旋转该视图，否则，渲染出的效果图中的画面与灯光效果不一致。

在添加灯光时，如果想查看场景中的室内布局、家具布置等情况，可先按【P】键并回车，将该视图切换到透视图模式后再通过旋转、缩放或平移视图查看。查看结束后，必须按【C】键并回车，使该视图切换到摄影机视图模式。值得注意的是。如果不小心旋转或平移了摄影机视图，只能通过按【Ctrl+Z】键将视图恢复到初始模式。

步骤 5▶ 选中视图区中的灯光，然后单击命令面板中的“修改”按钮，在“强度/颜色/衰减”卷展栏中选中“D65 Illuminant（基准白色）”单选钮，然后单击“过滤颜色”色块按钮，在弹出的对话框中将场景的颜色设为白色，接着选中“暗淡”区域中的“结果强度百分比”复选框，将百分比值设为 600，如图 6-10 所示。

提　示

由于“修改”面板中的卷展栏较多，为了方便操作，可将鼠标放在视图与“修改”面板的分界处，待光标变成↔状时单击并向左拖动鼠标，可显示出“修改”面板中的所有卷展栏。

图 6-10 中的过滤颜色为场景的颜色而非灯光的颜色，虽然它们可达到相同的效果，但它们的原理完全不同。设置过滤颜色后，可观察摄影机视图中的效果，但此效果仅供参考，要查看灯光效果就必须进行渲染。

步骤 6▶ “图形/区域阴影”卷展栏中采用默认的“点光源”选项，使得场景中的阴影按光线从一点发出计算，如图 6-11 所示。

步骤 7▶ 在“阴影参数”卷展栏中的“颜色”色块按钮上单击，在弹出的对话框中设置阴影的颜色，如图 6-12 所示。

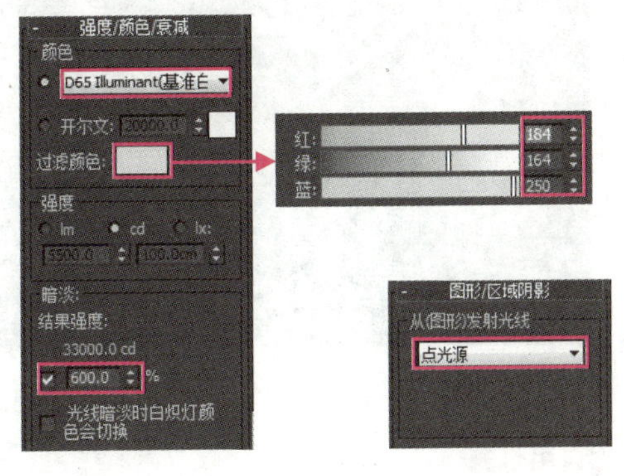

图 6-10　场景颜色和强度　　图 6-11　设置光源的类型

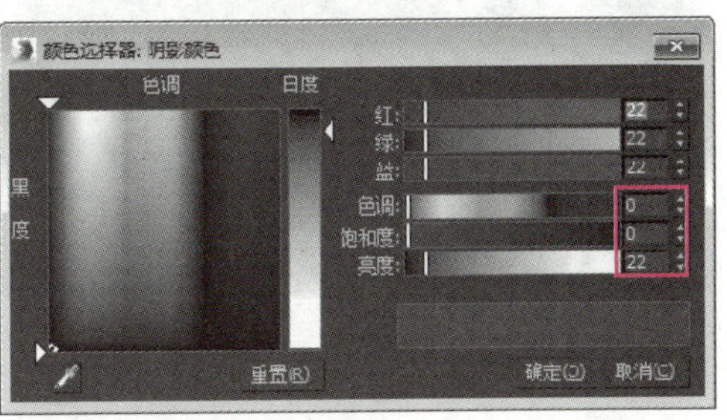

图 6-12　设置阴影颜色

步骤 8▶ 由于该卧室中的所有材质都是 VRay 材质，因此，在查看灯光的添加效果时，就必须设置对应的 VRay 渲染器。在透视图视口中单击，以激活该视口，然后按【F10】键打开图 6-13 所示的对话框。在该对话框中设置渲染器及效果图的大小，最后单击该对话框中的“渲染”按钮。

步骤 9▶ 渲染完成后，单击渲染窗口中的“Duplicate to MAX frame buffer”按钮，即可看到该案例的真实效果图，如图 6-6（b）所示。

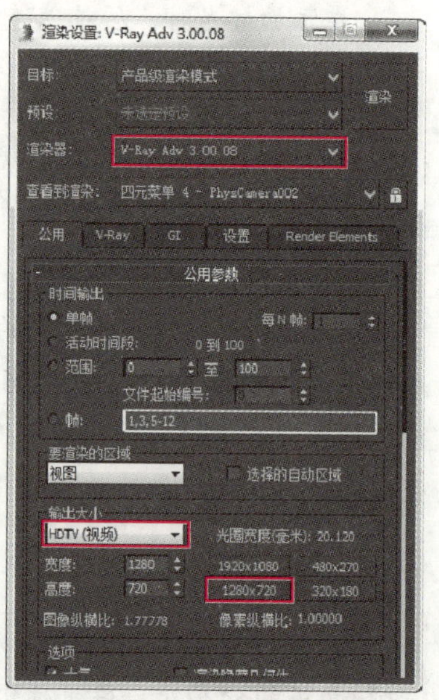

图 6-13 设置渲染器和效果图的大小

案例总结

本案例通过为卧室一角添加灯光，学习了创建目标灯光的方法及卷展栏中相关选项的功能。在制作该案例时应注意，添加目标灯光并设置相关参数后，虽然摄影机视图中的光线有明暗变化，但该视图中的效果仅供参考，必须通过渲染才能查看灯光设置的最终效果。

另外，在添加灯光前后，尽量不要缩放、平移或旋转摄影机视图。否则，每次渲染出的效果图中的画面和灯光效果不一致。在添加灯光时，如果旋转或平移了摄影机视图，只能通过按【Ctrl+Z】键将视图恢复到初始模式。

案例 2 制作矩形光源——自由灯光

下面，通过为图 6-14（a）添加自由灯光，并设置灯光的强度、类型及阴影等参数，来制作图 6-14（b）所示效果图。

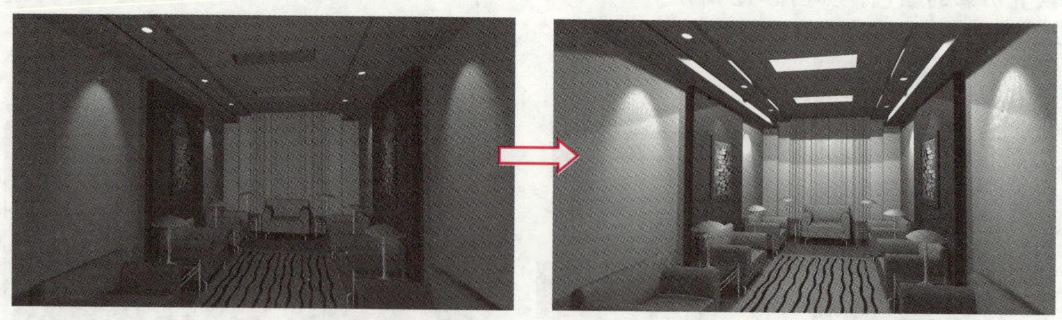

（a）未添加灯光　　（b）添加灯光效果

图 6-14 添加自由灯光

制作思路

导入要添加灯光的3ds Max文件，利用“创建”面板中的“自由灯光”按钮为其添加自由灯光，然后利用“选择并移动”工具对其进行实例克隆，并对其中一个灯光进行相关参数设置即可。

制作步骤

步骤 1▶ 打开本书配套素材“素材与实例”>“第6章”>“自由灯光”文件夹>“自由灯光.max”文件。

步骤 2▶ 单击“创建”面板中的“灯光”按钮，再单击“光度学”分类中的“自由灯光”按钮，然后在顶视图中天花板的任意一个矩形灯槽的中心处单击，指定灯光的位置，接着利用“选择并移动”工具将该灯光沿 x 轴实例克隆1份，结果如图6-15所示。

步骤 3▶ 按住【Ctrl】键依次选中前视图中的两个灯，然后沿 y 轴方向将其移动到天花板的矩形灯槽中间或中间稍向下处，如图6-16所示。

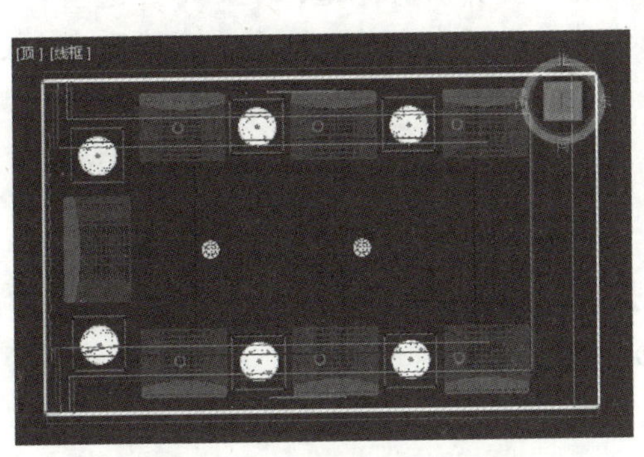

图6-15　指定自由灯光的位置

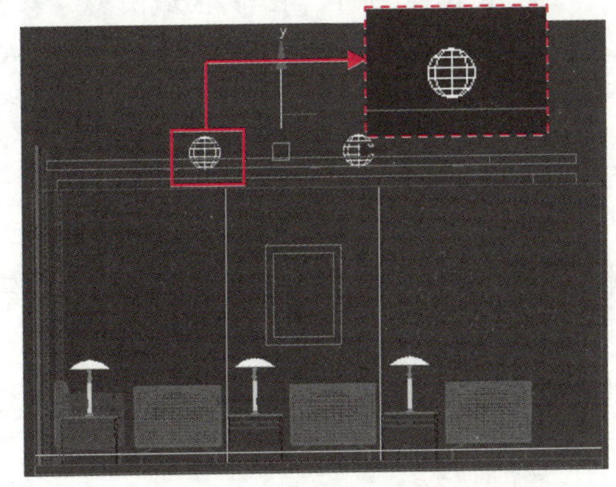

图6-16　调整自由灯光的高度

步骤 4▶ 选中视图区中的任意一个自由灯光，然后在“修改”面板中勾选“常规参数”卷展栏“阴影”设置区中“启用”复选框，其他设置如图6-17（a）所示。在“强度/颜色/衰减”卷展栏中设置灯光的基准色和灯光强度，并采用默认的过滤颜色，如图6-17（b）所示。

步骤 5▶ 在“图形/区域阴影”卷展栏中选择“矩形”选项，然后将矩形的长度设为1200，宽度设为500，如图6-18所示。此时，前视图如图6-19所示。

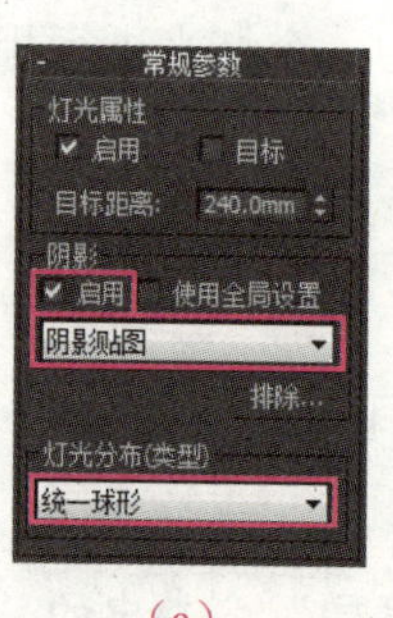

（a）

（b）

图 6-17　设置常规参数、颜色和强度

图 6-18　设置光源的类型

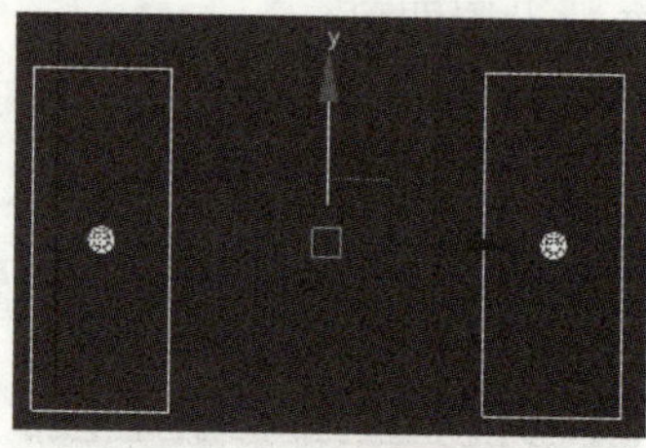

图 6-19　前视图效果

提　示

在图 6-18 所示“图形/区域阴影”卷展栏中的列表框中可以设置阴影生成的图形。例如，选择“点光源”选项，则按灯光从一点发出计算阴影；选择“矩形”选项，则按灯光从矩形区域发出计算阴影，且矩形区域的大小可在“长度”和“宽度”文本框中设置。

步骤 6▶　采用默认的阴影颜色，然后在“阴影贴图参数”卷展栏中“采取范围”文本框中输入 10，从而使阴影变得柔和、真实。

至此，该案例中的灯光设置已经完成。在摄影机视图中单击，然后按【Shift+Q】键或【F9】键快速渲染，其渲染效果如图 6-14（b）所示。

案例总结

本案例通过为某座谈室添加矩形光源，学习了创建自由灯光的方法及卷展栏中相关选项的功能。自由灯光只有一个投射点，没有目标点，且在指定投射点后，可通过在图 6-17（a）所示的列表框中设置阴影的形状，如矩形、圆形、球形、线形等。

6.2　使用 3ds Max 标准灯光

标准灯光是基于计算机的模拟灯光，它能够模拟生活中的各种光源，如家用灯、办公室灯、舞台灯、电影工作时使用的灯光设备及太阳光，并且会因光源的发光方式不同而产生各种不同的光照效果。

标准灯光与光度学灯光的最大区别在于：光度学灯光是基于白炽灯、卤素灯等灯光物

理性质（如颜色、硬度、温度等）设置的，而标准灯光的物理性质可根据场景需要设置。

6.2.1 3ds Max 标准灯光基础知识

标准灯光是 3ds Max 中最常用的灯光类型。单击“创建”面板中的“灯光”按钮，然后在该面板的列表框中选择“标准”选项，就可以看到 3ds Max 提供的 8 种标准灯光，如图 6-20 所示。

图 6-20 8 种标准灯光

- 目标聚光灯：是从一点向某一方向投射，并产生锥形的照射区域，且照射区域以外的物体不受影响。目标聚光灯具有投射点和目标点，分别调整这两个点的位置，可改变灯光的发射范围，常用于模拟路灯、舞台上的投射灯等的照射效果。
- 自由聚光灯：与目标聚光灯的功能基本相同，不同的是它只有一个投射点，没有目标点，特别适合制作摇晃的船桅灯、摇晃的手电筒灯、舞台追光灯等效果。
- 目标平行光：是一束光线沿同一个方向向目标物体平行投射，并产生柱形的照射区域，通常用于模拟太阳光的照射效果，具有投射点和目标点。
- 自由平行光：与目标平行光的功能基本相同，只是它没有目标点。
- 泛光灯：是一种从一点向所有方向发射光线的点光源。这种光源是一种简单的灯光类型，主要作为辅助光源使用，可以照亮场景。
- 天光灯：能模拟日照效果。
- **mr Area Omni**：即 Mental Ray 区域泛光灯。当使用 Mental Ray 渲染器渲染场景时，区域泛光灯从球体或圆柱体体积发射光线，而不是从点光源发射光线。当使用默认的扫描线渲染器时，区域泛光灯像其他标准的泛光灯一样发射光线。
- **mr Area Spot**：即 Mental Ray 区域聚光灯。当使用 Mental Ray 渲染器渲染场景时，区域聚光灯从矩形或碟形区域发射光线，而不是从点光源发射光线。当使用默认的扫描线渲染器时，区域聚光灯像其他标准的聚光灯一样发射光线。

6.2.2 3ds Max 标准灯光设置的五要素

对于不同的场景和光照要求，需要设置不同的灯光或灯光组合。灯光的设置看起来好像没有什么规律，其实不然。无论是什么样的场景，需要使用什么样的灯光，其灯光的基本设置方法都是一样的，都离不开强度、色彩、位置、阴影和衰减 5 要素的设置。

- **强度**：指灯光的明亮度，它决定由该光线照射的场景（或物体）是明亮还是昏暗。
- **色彩**：不同的光线会给人带来不同的心理感受。例如，粉紫色的光线会给人一种温暖、欢快的感觉。
- **位置**：不同的光线位置会引起物体高光和阴影的变化。调整光照位置是营造画面独特气氛的有效手段。
- **阴影**：有效的阴影可以充分表现空间感和层次感，但设置时应注意阴影的大小和色彩变化。
- **衰减**：三维软件中的灯光在默认情况下是没有衰减的，甚至有时候，距离灯光很远的物体可能比距离灯光近的物体的亮度还要大。因此，正确设置光的衰减，不仅可以有效控制光照范围，还会使场景更有层次感和真实感。

案例 3　制作筒灯照明——目标聚光灯

目标聚光灯是一种常用的光源，用于照亮场景中特定的物体。下面，通过为图 6-21（a）添加目标聚光灯，来制作图 6-21（b）所示效果图。通过制作该案例，应注意理解“修改”面板中各卷展栏中相关选项的功能。

（a）未添加灯光　　（b）添加灯光效果

图 6-21　制作筒灯照明效果

制作思路

利用“创建”面板中的“目标聚光灯”按钮添加一个目标聚光灯，然后设置其参数，制作上方第 1 层光照效果，接着将其向下复制一份，形成第 2 层光照效果，最后将这两个灯一起进行实例克隆。

制作步骤

步骤 1▶ 打开本书配套素材“素材与实例”>“第 6 章”>“目标聚光灯”文件夹>“目标聚光灯.max”文件。

步骤 2▶ 单击“创建”面板中的“灯光”按钮，再单击“标准”分类中的“目标聚光灯”按钮，然后在前视图的合适位置单击，依次指定投射点和目标点的位置，如图 6-22 所示。

步骤 3▶ 利用“选择并移动”工具在顶视图中选中（框选）上步添加的聚光灯，将其移动到灯槽中，如图 6-23 所示。此时，在摄影机视图中单击，按【F3】键将视图的显示模式切换到线框，即可查看当前灯光的位置。

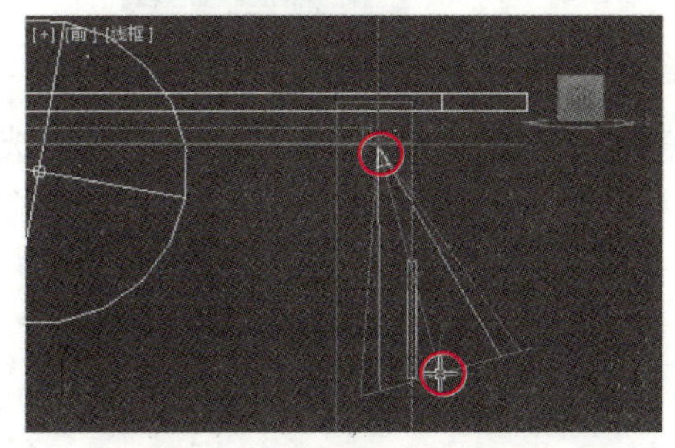

图 6-22 指定投射点和目标点

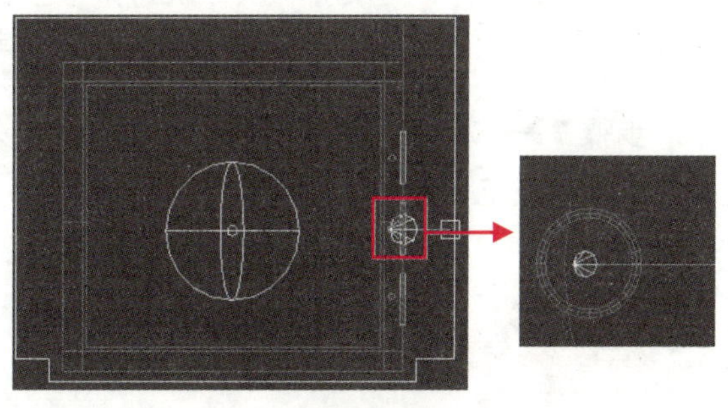

图 6-23 将灯移动到灯槽中

步骤 4▶ 选中左视图中除了步骤 2 添加的灯以外的灯（只有一个灯），利用右键快捷菜单中的“隐藏选定对象”选项将其隐藏。在左视图中分别调整步骤 2 添加的灯光的投射点和目标点的高度，如图 6-24 所示。

步骤 5▶ 在视图中灯光的投射点上（如图中箭头所指位置）单击，以选中该灯光，然后在“修改”面板中“常规参数”卷展栏“阴影”设置区中取消勾选“启用”复选框；在“强度/颜色/衰减”卷展栏中单击颜色块，在打开的对话框中设置灯光的颜色，如图 6-25 所示。

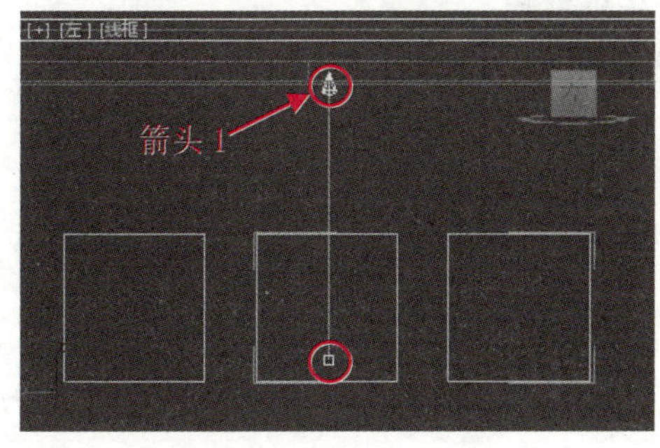

图 6-24 调整投射点和目标点的高度

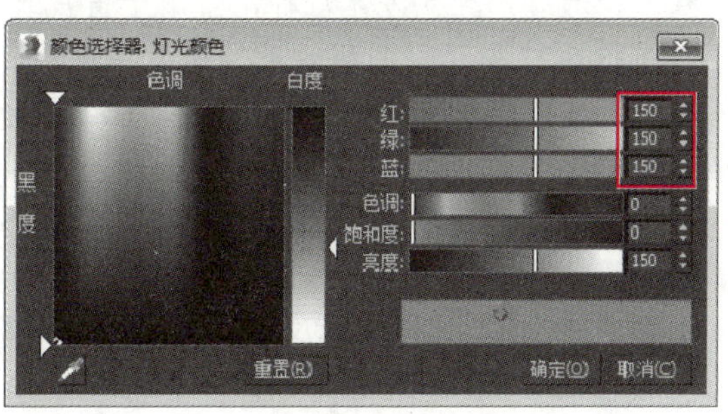

图 6-25 设置灯光的颜色

步骤 6▶ 在“强度/颜色/衰减”卷展栏“远距衰减”设置区中选中“使用”和“显示”复选框，然后分别设置灯光的开始衰减距离和结束衰减距离，如图 6-26 所示。

知识库

图 6-26 所示“远距衰减”设置区中，“开始”文本框和“结束”文本框的功能如下。

“开始”文本框：设定开始出现光线时的位置。

“结束”文本框：设定光线强度增加到最大值时的位置。只有选中了“使用”或“使用”和“显示”复选框，“开始”和“结束”文本框中的数值才有效。

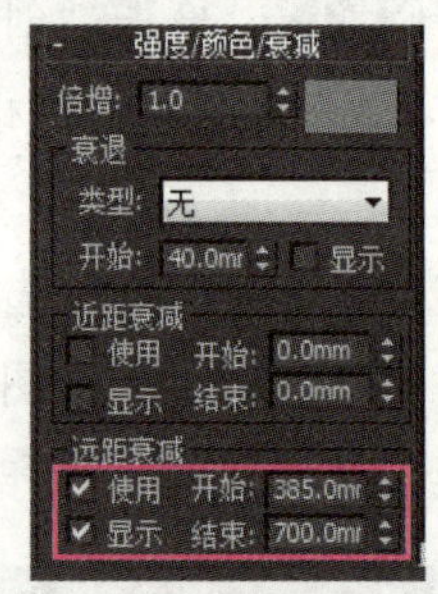

图 6-26　设置灯光的颜色和强度

步骤 7▶　展开“聚光灯参数”卷展栏，采用默认选中的“圆”单选钮，分别设置光束大小和衰减范围；展开“高级效果”卷展栏，选中其中的“漫反射”和“高光反射”复选框，然后在“柔化漫反射边”文本框中输入 50，如图 6-27 所示。

知识库

图 6-27 所示“聚光灯参数”卷展栏中的常用选项的功能如下。

“显示光锥”复选框：控制聚光灯锥形框的显示。当灯光被选中时，不管该复选框是否被打开，均显示锥形框。

“泛光化”复选框：选中后，灯光在所有方向上投影灯光。但是，投影和阴影只发生在其衰减圆锥体内。

“聚光区/光束”文本框：用于调整聚光灯锥形框聚光区的角度，在锥形框聚光区内的对象受全部光强的照射，聚光区的值以角度计，默认值为 43.0°。

“衰减区/区域”文本框：用于调整衰减区中光线完全不照射的范围，默认值为 45.0°，衰减区外的对象将不受任何光照的影响，如图 6-28 所示。

“圆”/“矩形”单选钮：设置聚光灯是圆形灯还是矩形灯。圆形灯产生圆锥状灯柱，矩形灯产生立方体灯柱，常用于窗户或电影的投影灯。

图 6-27 所示“高级效果”卷展栏中的常用选项的功能如下。

“对比度”文本框：调节对象高光区与过渡区之间表面的对比度，该值为 0 时是正常的对比度。

“柔化漫反射边”文本框：柔化过渡区与阴影区表面之间的边缘，以免发生清晰的明暗分界。该值越小，边界越柔和；该值越大，边界越分明。

“漫反射”/“高光反射”复选框：分别选中这两个复选框，则灯光将影响场景中曲面的漫反射属性或高光属性。

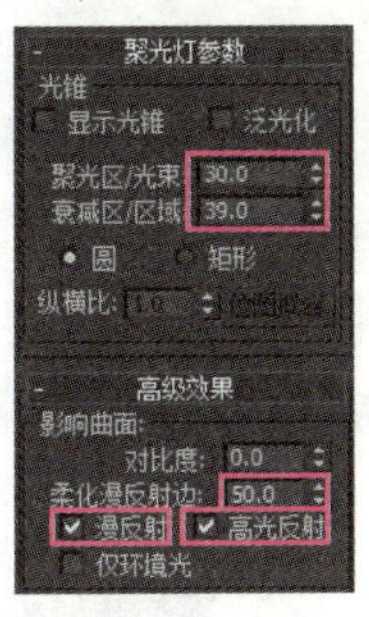

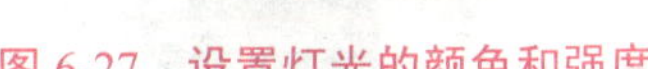
图 6-27　设置灯光的颜色和强度

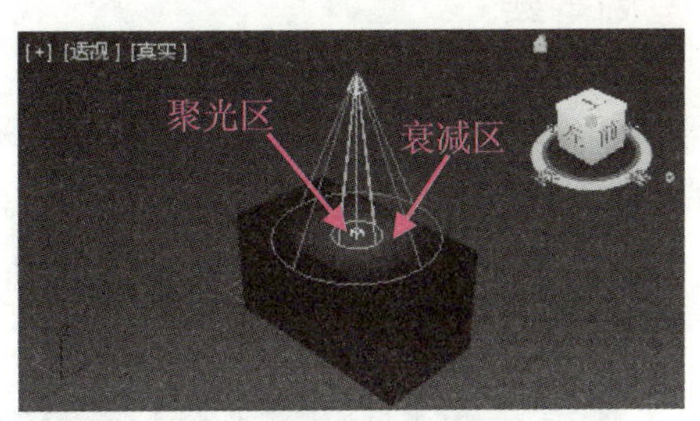

图 6-28　聚光区与衰减区

步骤 8▶　选中视图区中的任意一个灯后单击鼠标右键，在弹出的快捷菜单中选择“全部取消隐藏”选项，然后按【Shift+Q】键对摄像机视图进行渲染并查看灯光效果，如图 6-29 所示。

步骤 9▶　在工具栏的“选择过滤器”列表框中单击，在弹出的下拉列表中选择“L-灯光”选项，然后在前视图中框选目标聚光灯（即选中投射点和目标点），接着利用“选择并移动”工具将该目标聚光灯进行复制克隆，副本数为 1，结果如图 6-30 所示。

图 6-29　第 1 层灯光效果

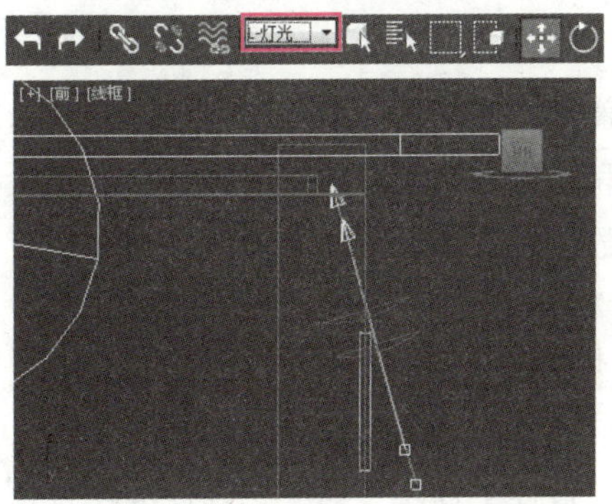

图 6-30　复制克隆目标聚光灯

提　示

在“选择过滤器”列表框中选择“L-灯光”选项后，在视图区中只能选中添加的灯光，不能选中其他对象。如果要选中其他对象，可在该列表框中选择“全部”选项或其他选项。

步骤 10▶　在摄影机视图中选中前面添加的两个目标聚光灯，然后利用“选择并移动”工具将这组灯分别沿 y 轴复制克隆，并移动到左、右两个灯孔处，如图 6-31 所示。

至此，该案例中的灯光设置就已经完成了。在摄影机视图中单击，然后按【Shift+Q】键渲染，其渲染效果如图 6-21（b）所示。

案例总结

本案例通过在 3 幅壁画上方设筒灯，来学习创建目标聚光灯的方法及卷展栏中相关选项的功能。目标聚光灯有投射点和目标点，为了方便选中灯光，除了使用选择过滤器外，还可以单击命令面板中的“显示”按钮，在打开的面板中隐藏视图区中的所有几何体和图形，如图 6-32 所示，然后利用框选方式选中目标聚光灯。

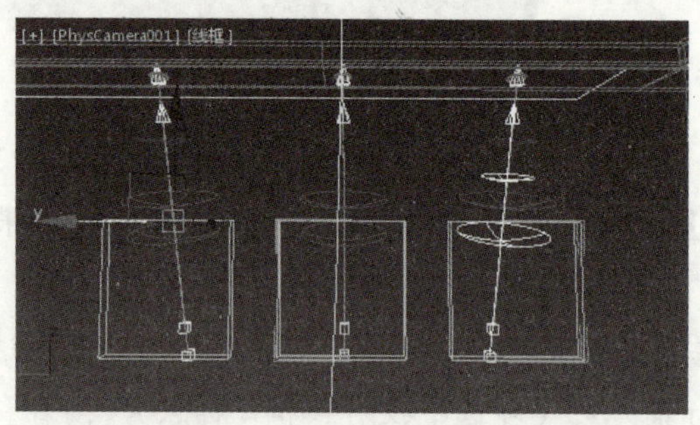

图 6-31　实例克隆灯光

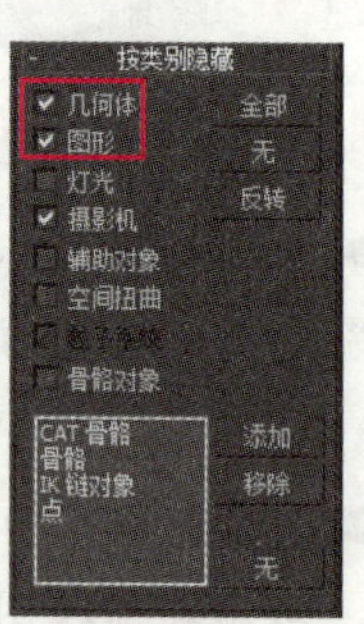

图 6-32　隐藏图形对象

另外，在添加目标聚光灯后，除了可以在“修改”面板“强度/颜色/衰减”卷展栏中设置灯光的强度、颜色和灯光的衰减情况外，还可以在“聚光灯参数”卷展栏中设置聚光区和衰减区的大小，以及聚光灯的形状；在“高级效果”卷展栏中可设置漫反射边的柔化参数，以及是否需要漫反射和高光反射。

案例 4　制作房间阳光——目标平行光

目标平行光可以产生圆柱形或方柱形平行光束，它的发光点与照射点大小相等，主要用于模拟阳光、探照灯、激光光束等效果。下面，通过为图 6-33（a）添加目标平行光，来制作图 6-33（b）所示效果图。通过制作该案例，注意理解“修改”面板中各卷展栏中相关选项的功能。

（a）未添加灯光

（b）添加灯光效果

图 6-33　制作目标平行光

制作思路

利用“目标平行光”按钮在房间外添加一束目标平行光，然后设置灯光的相关参数。为了使画面中的阴影虚实更加逼真，可对该灯光进行 VRay 阴影参数设置。在此基础上，为了达到图 6-33（b）所示的效果，还可以为该房间添加 VR 灯光。

制作步骤

步骤 1▶ 打开本书配套素材“素材与实例”>“第 6 章”>“目标平行光”文件夹>“目标平行光.max”文件。

步骤 2▶ 单击“创建”面板中的“灯光”按钮，再单击“标准”分类中的“目标平行光”按钮，然后在前视图的合适位置单击，依次指定投射点和目标点的位置，接着分别调整投射点和目标点的位置，结果如图 6-34（a）所示。

步骤 3▶ 激活顶视图，然后按【Z】键，使顶视图中的所有对象最大化显示在该视口中。利用“选择并移动”工具调整该平行光的位置，结果如图 6-34（b）所示。

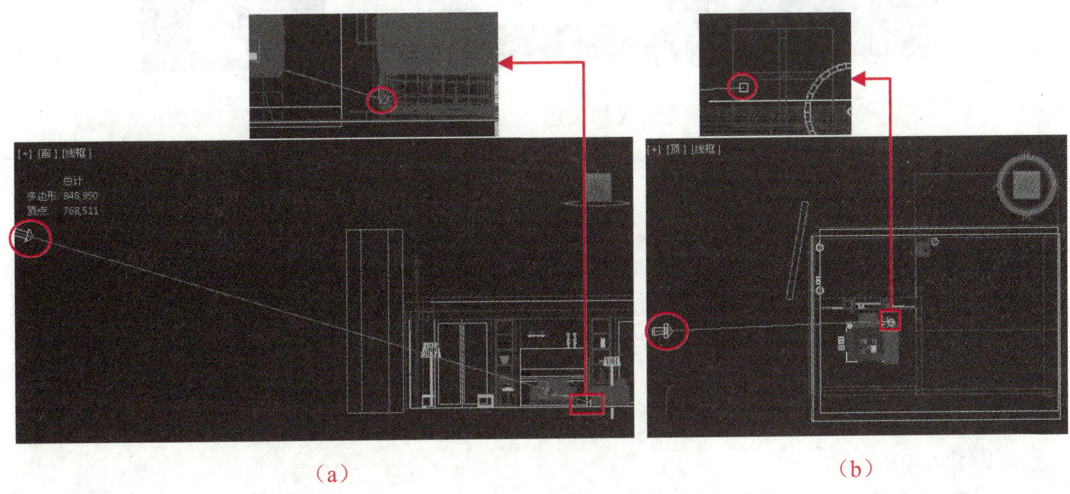

（a）　　　　（b）

图 6-34　添加目标平行光并调整位置

步骤 4▶ 此时，左视图如图 6-35 所示。在摄影机视图中按【P】键将该视口切换到透视图模式，然后旋转并缩放视图，可查看平行光的投射点，接着按【C】键将该视口切换到摄影机模式，然后按【Shift+Q】键渲染并查看效果。

步骤 5▶ 由渲染效果可知，除了光线能照射到的部位外，其他部位均为黑色。因此，还需要设置灯光的亮度、照射范围及阴影效果。在视图区目标平行光的投射点上单击，然后在“修改”面板“常规参数”卷展栏中采用默认的灯光类型并设置阴影效果，如图 6-36 所示。

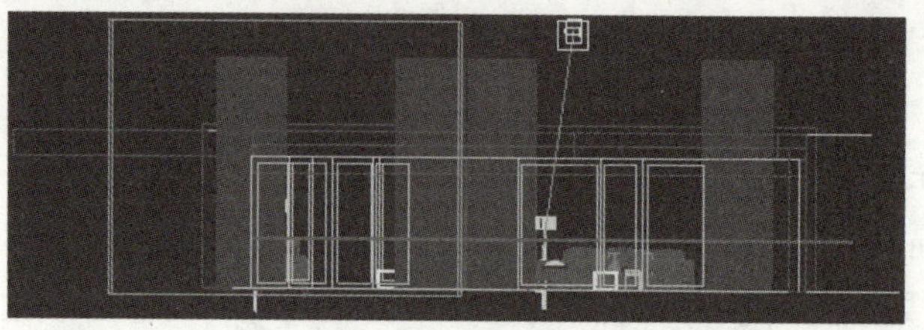

图 6-35　左视图效果

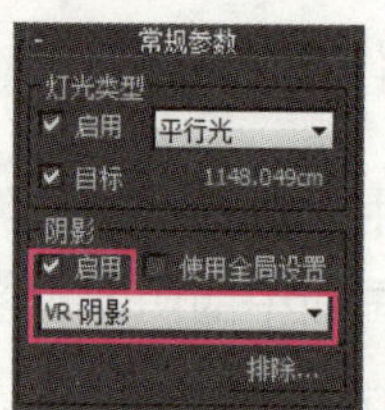

图 6-36　设置灯光的类型及阴影

步骤 6▶ 在“强度/颜色/衰减”卷展栏中设置灯光的功率为 1.8，然后单击其后的色块，在打开的对话框中设置灯光的颜色，如图 6-37 所示，再在该卷展栏中设置使用灯光的近距衰减及远距衰减区域，其他采用默认设置，如图 6-38 所示。

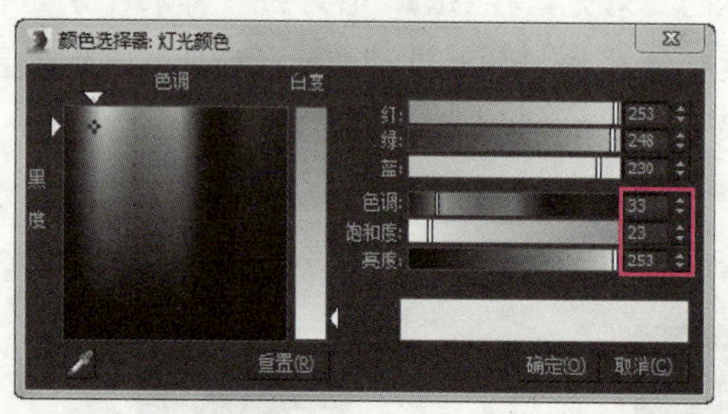

图 6-37　设置灯光的颜色

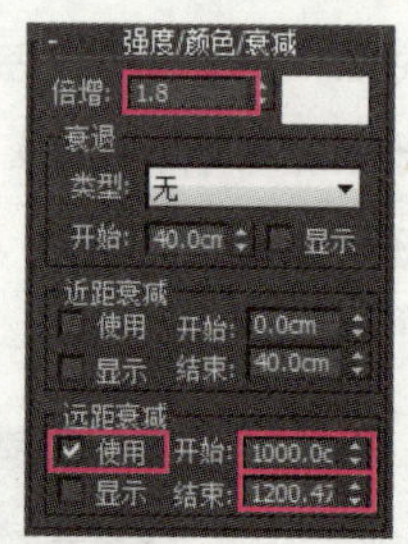

图 6-38　设置灯光的相关参数

提　示

图 6-38 中“倍增”文本框中的参数表示灯光的功率。如果将倍增值设为 2，表示灯光的亮度将提高两倍，如果将倍增值设为-2，表示灯光的亮度将降低 2 倍。

“远距衰减”区域“开始”文本框中的数值用来控制衰减的距离，此处的数值“1000”仅适用于本案例。读者在操作时，可分别拖动“开始”和“结束”文本框中的▲或▼按钮，使前视图中的开始衰减线和结束衰减线（蓝色线）分别位于沙发位置附近，如图 6-39 所示。

为了便于读者看到衰减线的位置，图 6-39 所示为“平行光参数”卷展栏中“聚光区/光束”参数为 250 cm 时的效果。

步骤 7▶ 由于本案例模拟的是太阳光，因此平行光的照射区域应较大，至少要包含被照射的整面墙。因此，需要在“平行光参数”卷展栏中设置灯光为圆形灯，聚光区的光束范围为 1000 cm，如图 6-40 所示。

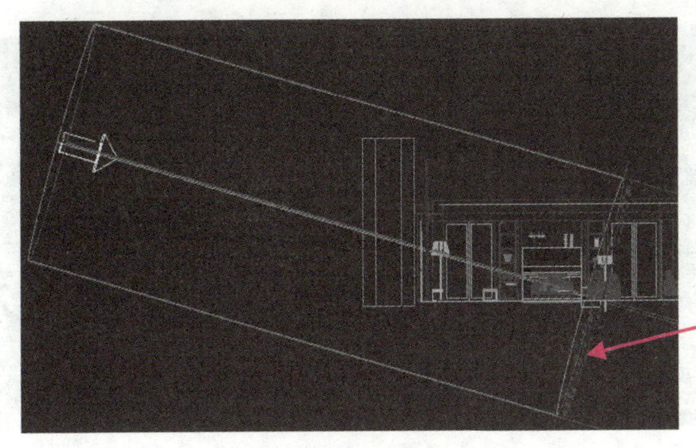

图 6-39　调整衰减位置

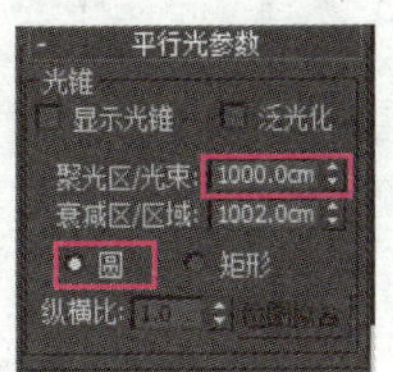

图 6-40　设置灯光的照射区域

步骤 8▶　在摄影机视图中单击，然后按【Shift+Q】键渲染，其渲染效果如图 6-41 所示。由该图可知，平行光线从窗户射入室内后，桌子及窗子的投影没有衰减，不够真实。为此，还需要对其阴影参数进行设置。即在“VRay 阴影参数”卷展栏选中“区域阴影”复选框，然后设置区域阴影的参数，如图 6-42 所示。

图 6-41　平行光线投射效果

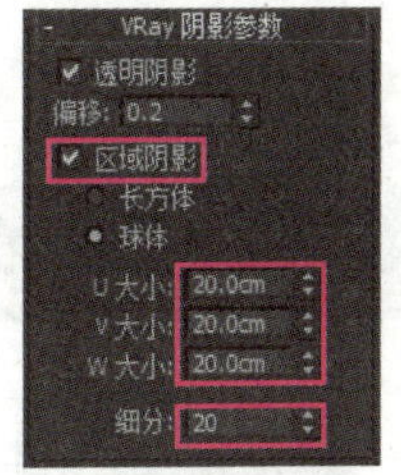

图 6-42　设置阴影参数

由图 6-41 可知，除了平行光能照到的区域有光线外，室内其余区域的光线都比较暗。因此，还需要为该房间进行补光。下面，我们为本例添加 2 个 VR 灯光，具体操作方法如下。

步骤 9▶　单击“创建”面板中的“灯光”按钮，再单击“VRay”分类中的“VR-灯光”按钮，然后在顶视图的合适位置按住鼠标左键拖动，拖出图 6-43（a）所示大小的灯光后松开鼠标。

步骤 10▶　激活前视图，然后按【Z】键显示该视口中的所有对象，接着利用“选择并移动”工具将 VR-灯光沿 y 轴移动到合适位置，如图 6-43（b）所示。

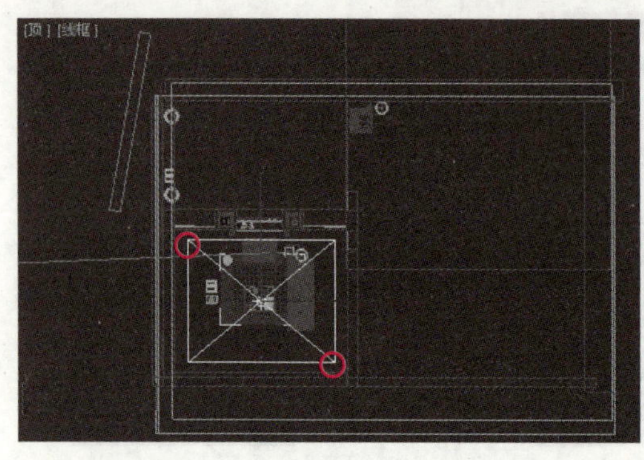

（a）

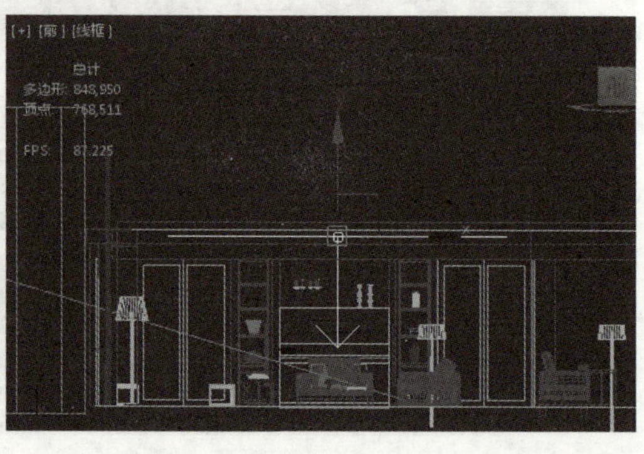

（b）

图 6-43 添加 VR-灯光并调整其位置

步骤 11▶ 选中视图区中的 VR-灯光，然后在“修改”面板“参数”卷展栏的“强度”设置区中的“倍增”文本框中输入 2，接着单击“颜色”色块，在打开的对话框中设置灯光的颜色，如图 6-44 所示。

步骤 12▶ 在“选项”设置区中设置灯光的照射效果，如图 6-45 所示。

步骤 13▶ 选中顶视图中的 VR-灯光，然后利用“选择并移动”工具沿 y 轴进行实例克隆，如图 6-46 所示。

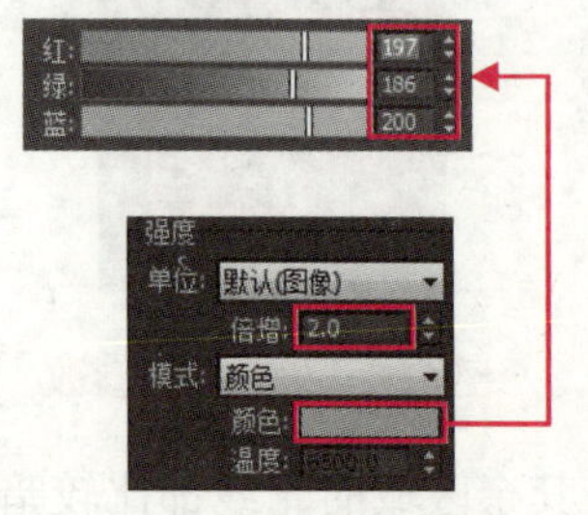

图 6-44 设置光照强度和颜色

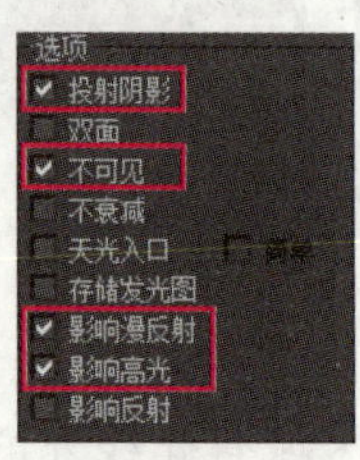

图 6-45 设置照射效果

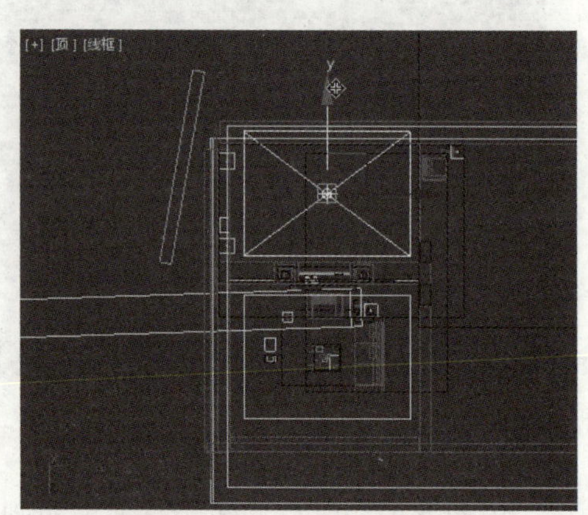

图 6-46 实例克隆 VR-灯光

至此，该案例中的灯光设置就已经完成了。在摄影机视图中单击，然后按【Shift+Q】键渲染，其渲染效果如图 6-33（b）所示。

提 示

读者渲染后得到的效果图有可能太暗，或局部区域有曝光，这是因为目标平行光的投射点距目标点的距离和相对位置与本案例不同。此时，读者可通过调整目标平行光的光照强度，或 VR-灯光的强度、光照范围等来解决光线太强或太暗问题。

案例总结

本案例主要学习了目标平行光。在视图区指定灯光的位置后，还需要对灯光的颜色、衰减位置、光线的照射区域，以及阴影效果进行设置。为了使效果图更加逼真，在设置目标平行光的相关参数时，应注意以下两点：

① 注意场景中光线的衰减，可通过拖动在“强度/颜色/衰减”卷展栏“开始”文本框和“结束”文本框中的▲或▼按钮，然后在视图区查看衰减的开始位置和结束位置。

② 注意场景中阴影的虚实效果。由于本案例使用的是 VRay 材质，因此需要在“VRay 阴影参数”卷展栏中设置阴影的虚实效果。只有这样，才能使用 VRay 渲染器渲染出所需阴影效果。

此外，添加目标平行光后，整个场景还是比较昏暗，因此，可使用 VR-灯光进行补光。关于 VR-灯光的相关参数，我们稍后将详细介绍。

案例 5　制作台灯照明——泛光

泛光灯是一种可以向四面八方均匀发光的点光源，用于照亮整个场景。它的照射范围可以任意调整，可使对象产生阴影。场景设置中可以用多盏泛光灯相互配合，产生较好的效果。但是，要注意泛光灯不能过多，否则，效果图会因整体过亮，缺少暗部而没有层次感。

下面，通过为台灯添加泛光，来制作图 6-47 所示的光照效果。

图 6-47　台灯光照效果

制作思路

利用“泛光”按钮为台灯添加光照，然后设置灯光五大要素的相关参数。为了使画面中的阴影虚实更加逼真，需要设置阴影贴图的大小和阴影边缘区域的柔和度。另外，还需要为该场景添加体积光。

制作步骤

步骤 1▶ 打开本书配套素材“素材与实例”>“第 6 章”>“泛光”文件夹>“泛光灯.max”文件。

步骤 2▶ 单击“创建”面板中的“灯光”按钮，再单击“标准”分类中的“泛光”按钮，然后在顶视图中台灯投影的中心单击，放置泛光灯，接着在左视图或前视图中利用“选择并移动”工具调整泛光灯的位置，结果如图 6-48 所示。

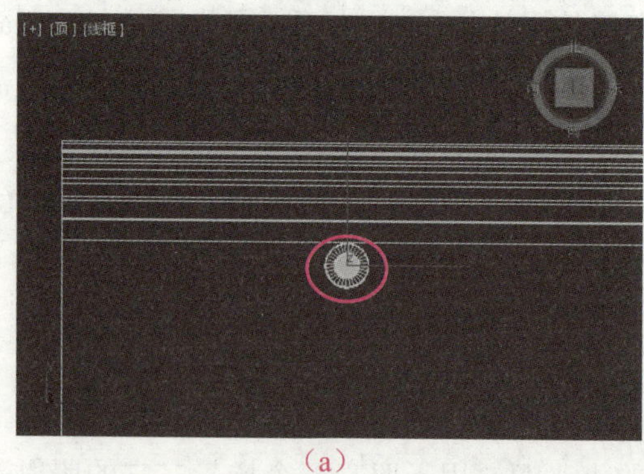

（a）

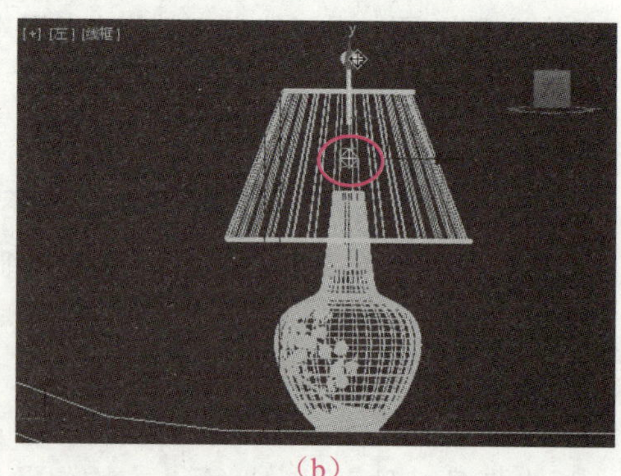

（b）

图 6-48　放置并调整泛光灯的位置

步骤 3▶ 在视图区的泛光灯上单击，然后在“修改”面板“常规参数”卷展栏中采用默认的灯光类型并启用阴影贴图，如图 6-49 所示。

步骤 4▶ 在“强度/颜色/衰减”卷展栏中设置光线的强度、颜色及衰减区域，如图 6-50 所示。其中，灯光的颜色采用默认的白色。

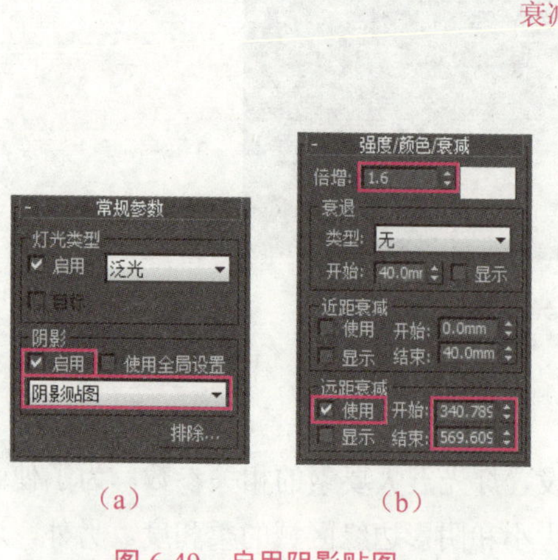

（a）　　（b）

图 6-49　启用阴影贴图

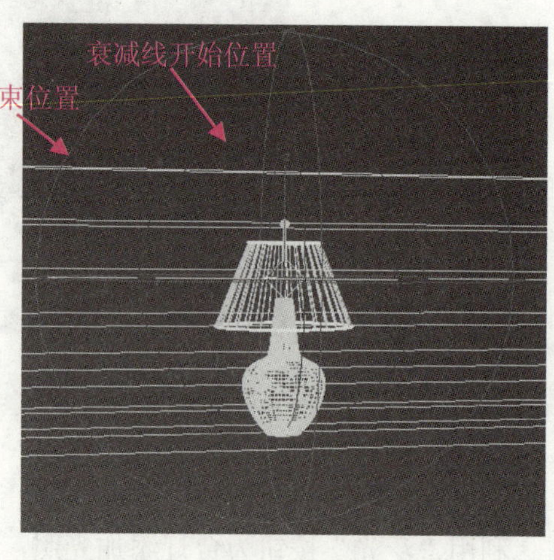

图 6-50　设置泛光灯的强度、颜色及衰减区域

步骤 5▶ 单击“阴影参数”卷展栏中的颜色块，在打开的对话框中设置阴影的颜色，然后将阴影的密度设为 0.8，此时，还需要在“阴影贴图参数”卷展栏中设置阴影的虚实，如图 6-51 所示。

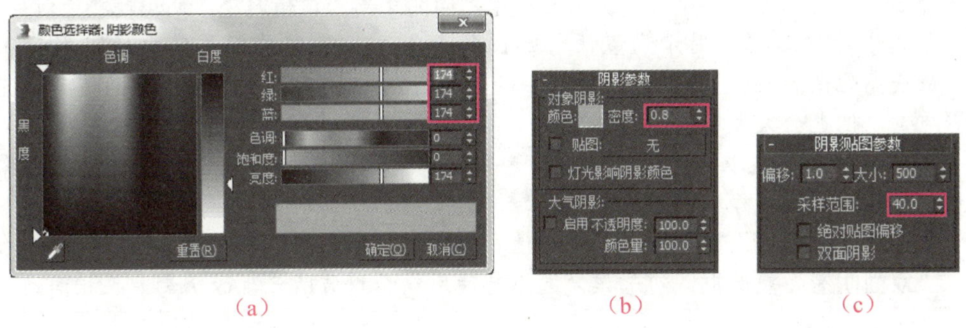

(a)　　(b)　　(c)

图 6-51　设置阴影的颜色、密度和虚实

知识库

图 6-51（b）所示“阴影参数”卷展栏中常用选项的功能如下。

颜色块：单击右侧的色块可设置阴影的颜色。

“密度”文本框：该文本框用于设置阴影的密度，使得阴影变亮或变暗，默认值为“1”。当该值为“0”时，不产生阴影；当该值为正数时，产生指定颜色的阴影；当该值为负数时，产生指定颜色反色的阴影。

“贴图”复选框：勾选该复选框，然后单击该选项右侧的“无”按钮，可为阴影指定贴图。指定贴图后，对象阴影的颜色将由贴图代替，常用来模拟透明对象的阴影，如图 6-52 所示。

“灯光影响阴影颜色”复选框：勾选该复选框后，灯光的颜色将影响阴影的颜色。

“不透明度”文本框：该文本框用于设置大气阴影的不透明度，默认值为“100”。当该值为“0”时不产生阴影。

“颜色量”文本框：该文本框用于设置大气颜色与阴影颜色混合的程度，默认值为“100”。

(a)

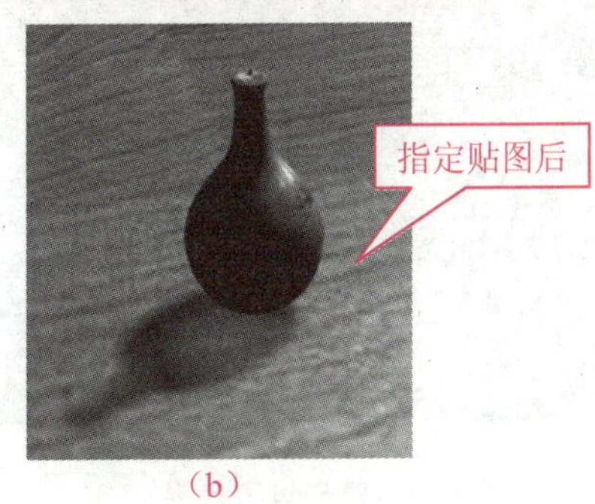

(b)

图 6-52　为对象阴影指定贴图前后的效果

知识库

图 6-51（c）所示“阴影贴图参数”卷展栏中常用选项的功能如下。

“偏移”文本框：用于设置阴影与对象之间的距离，该值越小，阴影越接近对象。

“大小”文本框：用于设置阴影贴图的大小。如果当前视图区中的阴影面积较大，应提高此值；否则，阴影会显得很粗糙，如图 6-53 所示。虽然提高它的值可以优化阴影质量，但也会大大增长渲染时间。

“采样范围”文本框：用于设置阴影中边缘区域的柔和程度。该值越高，边缘越柔和，越能产生比较模糊的阴影效果。

“绝对贴图偏移”复选框：以绝对值方式计算阴影贴图的偏移值。

“双面阴影”复选框：勾选该复选框与使用双面材质所产生的阴影效果相同。

（a）

（b）

图 6-53　阴影贴图大小

按【Shift+Q】键渲染摄影机视图，效果如图 6-54 所示。根据灯光的漫反射原理，场景中还应有体积光，为此，还应进行如下操作。

步骤 6▶ 单击“大气和效果”卷展栏中的“添加”按钮，在打开的“添加大气或效果”对话框中选中“体积光”选项，采用默认设置，如图 6-55 所示。单击“确定”按钮，打开“环境和效果”对话框。

图 6-54　灯光设置效果

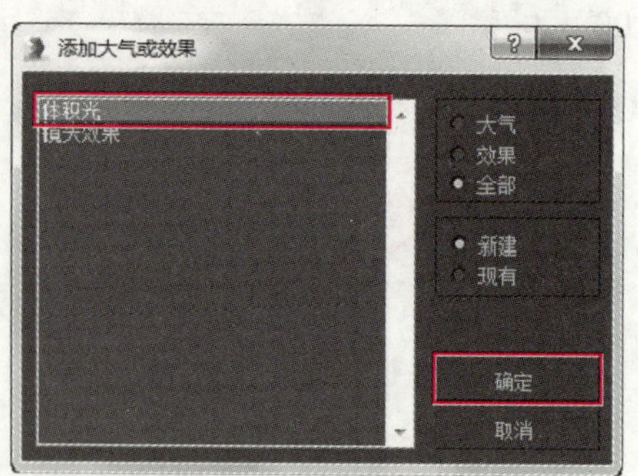

图 6-55　添加体积光

步骤 7▶ 在该对话框中，采用默认选中的“体积光”选项，然后在“体积光参数”卷展栏中设置体积光的密度、亮度和衰减倍增值，如图 6-56 所示。设置完成后，关闭该对话框即可。最后，渲染并查看效果图，如图 6-57 所示。

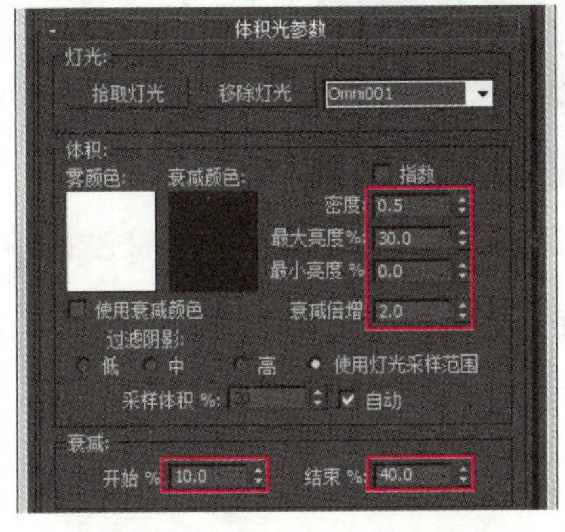

图 6-56 设置体积光的参数

图 6-57 渲染效果展示

为了使整个场景的灯光更加柔和、真实，还需要为场景添加其他泛光灯，具体制作步骤如下。

步骤 8▶ 在命令面板中单击“标准”分类中的“泛光”按钮，然后在顶视图的合适位置单击，再利用“选择并移动”工具调整泛光灯的位置，使其位于第 1 个泛光灯最外侧衰减线附近，如图 6-58 所示。在左视图中利用“选择并移动”工具沿 y 轴调整该泛光灯的位置，使其与第 1 个泛光灯位于同一水平位置，如图 6-59 所示。

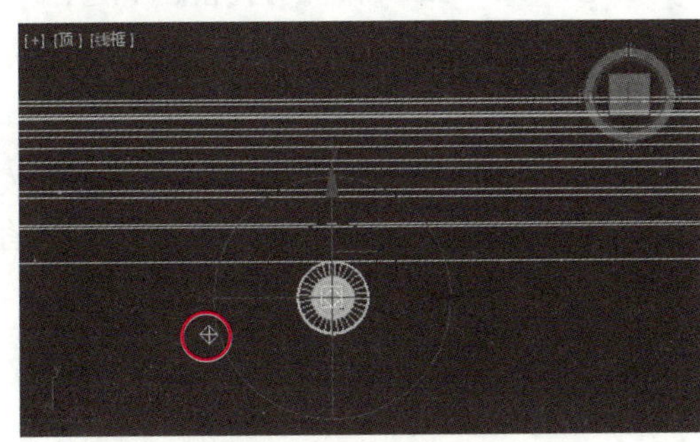

图 6-58 添加泛光灯

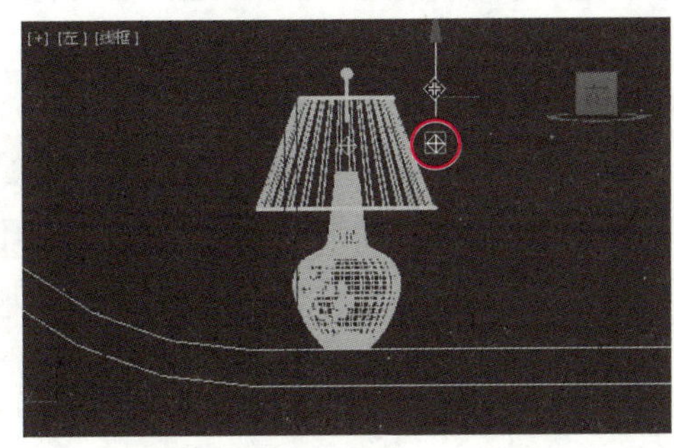

图 6-59 调整泛光灯的位置

步骤 9▶ 选中上一步骤添加的泛光灯，利用“选择并移动”工具和【Shift】键进行实例克隆，最后在顶视图中调整各灯的位置，如图 6-60 所示。

步骤 10▶ 选中实例克隆得到的任意一个泛光灯，然后在修改面板中修改它的强度、颜色和衰减，如图 6-61 所示。

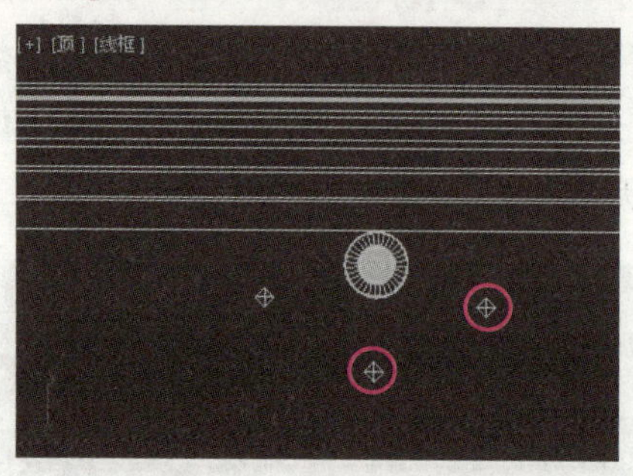

图 6-60　实例克隆泛光灯

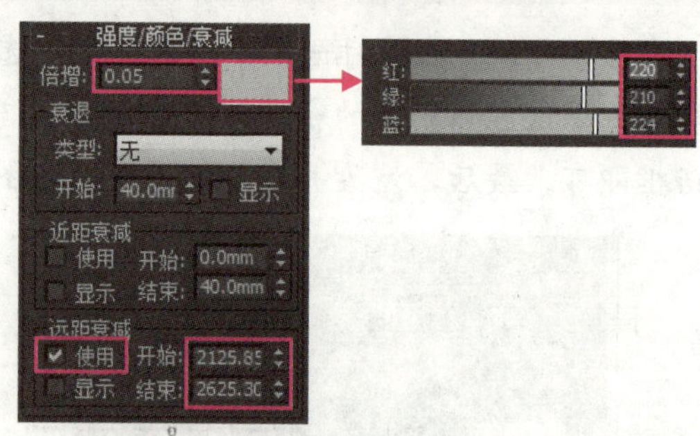

图 6-61　设置泛光灯的强度、颜色和衰减

至此，该案例中的灯光设置就已经完成了。在摄影机视图中单击，然后按【Shift+Q】键渲染，其渲染效果如图 6-47 所示。

案例总结

本案例主要学习了泛光灯。根据设计需求设置了泛光灯的位置、强度、颜色等五要素的相关参数后，还需要根据灯光的漫反射原理，为场景设置体积光。

6.3　使用 VRay 灯光

VRay 渲染器自带的 VRay 灯光有体积的概念，而 3ds Max 默认的灯光却没有这个特征，这就使得灯光的效果大打折扣。但是 VRay 灯光也有不足之处，比如不支持光域网。为此，在实际制作效果图时，通常需要将 VRay 灯光和 3ds Max 自带的灯光配合使用。

知识库

光域网是灯光的一种物理性质，用来确定光在空气中的发散方式。如手电筒会发出一种光束，而台灯发出的光又是另一种形式，这些不同的光发散方式是由灯光的自身特性来决定的，也就是由光域网决定的。

6.3.1　VRay 灯光基础知识

VRay 灯光是在安装了 VRay 渲染器之后才有的，它是 VRay 渲染器的专用灯光。VRay 除了支持 3ds Max 的光度学灯光和标准灯光外，还提供自己的灯光面板，包括 VR-灯光、VRay IES、VR-环境灯光和 VR-太阳，如图 6-62 所示。

1．VR-灯光

VR-灯光的“参数”卷展栏如图 6-63 所示。该卷展栏中常用设置区的选项功能如下。

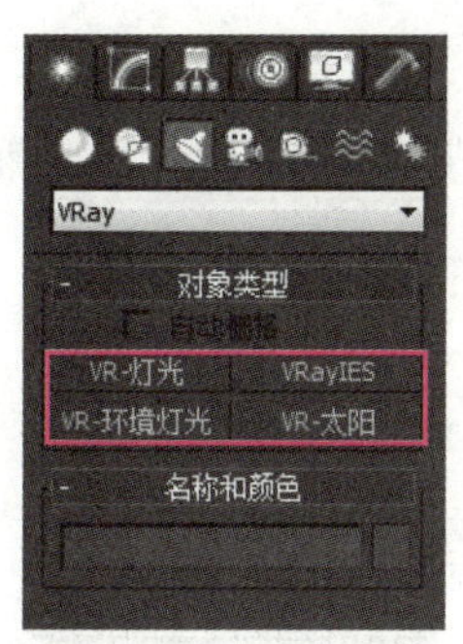

图 6-62　VRay 灯光面板

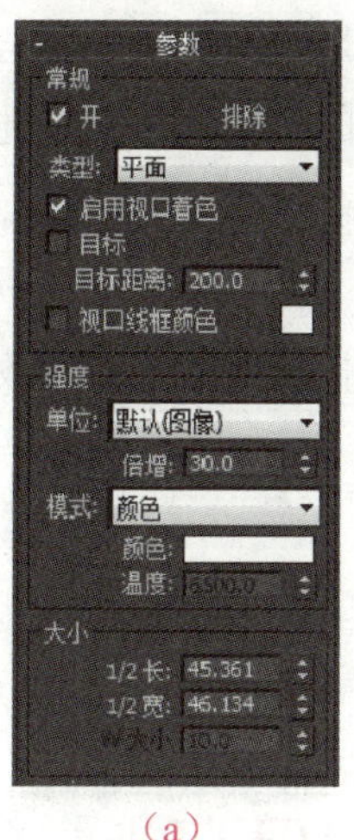

（a）

（b）

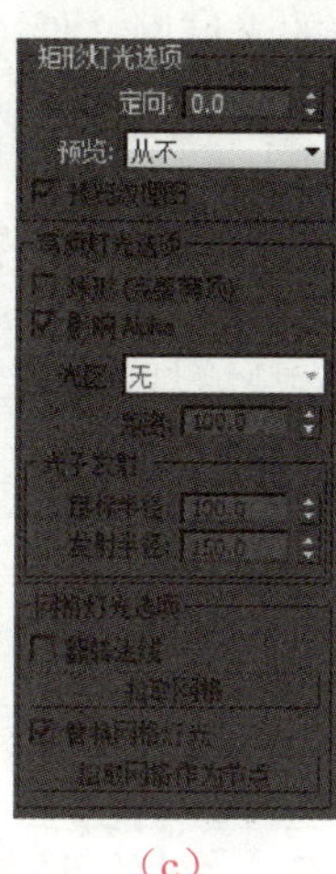

（c）

图 6-63　VR-灯光的“参数”卷展栏

➢ “常规”设置区：主要用于控制 VR-灯光的开启、关闭和灯光类型。VR-灯光光线的发散方式有 4 种，分别是平面、穹顶、球体和网格，如图 6-64 所示。

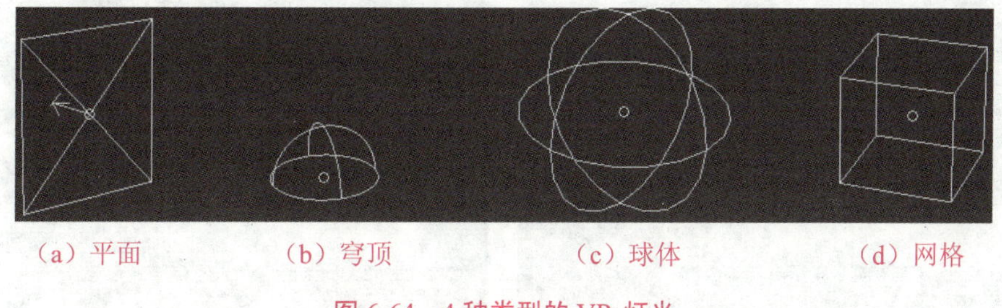

（a）平面　　（b）穹顶　　（c）球体　　（d）网格

图 6-64　4 种类型的 VR-灯光

➢ “强度”设置区：主要用于设置灯光的强度单位、亮度及颜色。

➢ “大小”设置区：主要用于设置光源的尺寸。如果为平面灯光，“1/2 长”和“1/2 宽”文本框中的参数分别表示平面灯光长度和宽度的 1/2，“W 大小”文本框表示光源的 W 向尺寸。

➢ “选项”设置区：用于设置灯光是否产生投射阴影，是否产生双面照明效果，以及渲染后是否显示灯光等。

➢ “采样”设置区：用于控制渲染后效果图的品质和物体与阴影的偏移距离。

➢ “纹理”设置区：可以为灯光加载一个纹理贴图，并控制贴图的分辨率和纹理大小。

2．VRay IES 灯光

VRay IES 灯光的特性类似于光度学灯光，利用它可以调用外部的光域网文件。当调用了外部的光域网文件（*.IES）后，在渲染时光源的照明就会按照选择的光域网文件中的信息来表现，可以做出普通照明灯无法做到的散射、多层反射、日光灯等效果。

3．VR-环境灯光

VR-环境灯光主要用于模拟物理世界中真实环境光的效果，其模式有 3 种，分别是直接光+全局光、直接光和全局光。

4．VR-太阳

VR-太阳，顾名思义是模拟太阳的光照方式，通常与 VR-环境灯光配合使用。

案例 6　制作卧室照明效果——VR-灯光

VR-灯光的参数设置较为简单，初学者可通过简单的练习快速掌握它的基本操作和技巧。下面，通过制作图 6-65 所示的灯光效果，来学习 VR-灯光的用法。

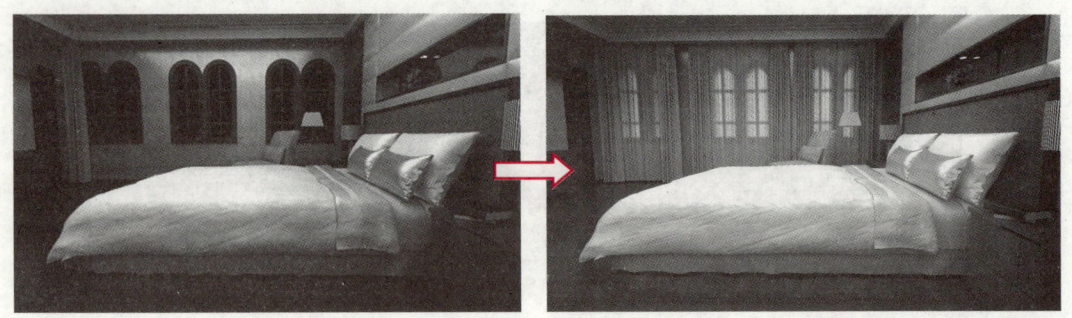

（a）未添加 VR-灯光　　　（b）添加 VR-灯光

图 6-65　制作卧室照明效果

制作思路

由于图 6-65 所示卧室中有两面墙是带窗子的，且这两面墙及其窗户的布局均相同。为此，需要先利用"VR-灯光"工具为卧室添加环境灯光，然后再利用"VR-灯光"工具制作离摄影机较近的墙体上窗户处的光照效果，以提高床侧面的亮度。

制作步骤

步骤 1▶ 打开本书配套素材"素材与实例">"第 6 章">"VR-灯光"文件夹>"VR-灯光.max"文件。

步骤 2▶ 单击"创建"面板中的"灯光"按钮，再单击"VRay"分类中的"VR-

灯光”按钮，然后在顶视图的合适位置按住鼠标左键拖动，即可生成一个 VR-灯光；接着利用“选择并移动”工具调整该灯光在顶视图中的位置；最后在左视图中将该灯光沿 y 轴向上移动到合适位置，结果如图 6-66 所示。

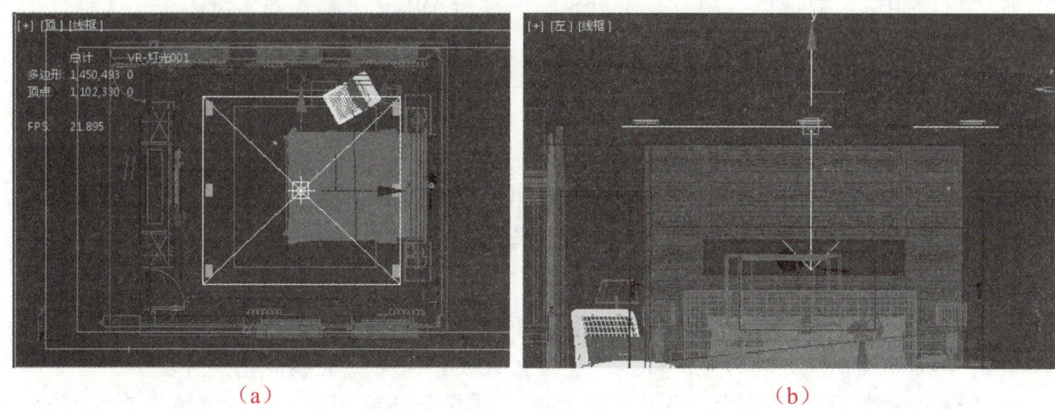

（a）　　（b）

图 6-66　添加 VR-灯光并调整其位置

提　示

如果顶视图中 VR-灯光的矩形框太小或太大，可通过拖动“修改”面板中“大小”设置区中“1/2 长”和“1/2 宽”文本框后的或按钮，调整其长宽大小。

步骤 3▶　在视图区中的 VR-灯光上单击，然后在“修改”面板“参数”卷展栏“常规”设置区的“类型”列表框中选择“平面”选项；接着在“强度”设置区设置灯光的强度和颜色；然后在“选项”设置区中勾选所需选项，在“采样”设置区中将细分值设为 20，如图 6-67 所示。

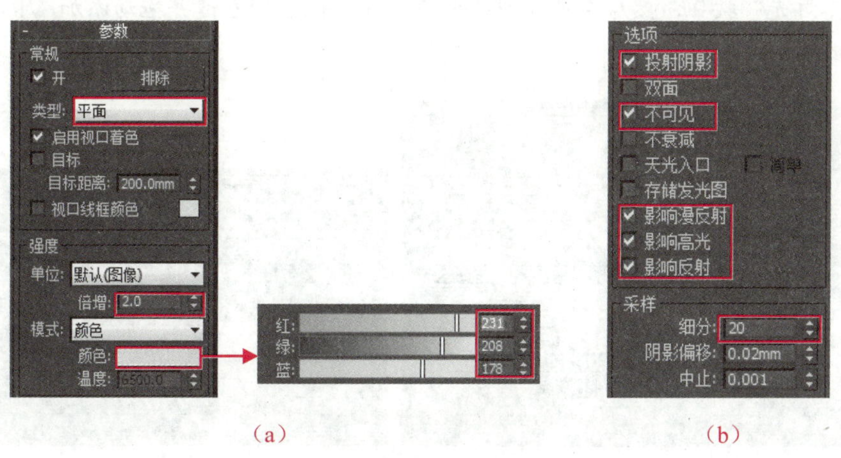

（a）　　（b）

图 6-67　设置灯光类型、强度、颜色等属性

知识库

图 6-67（b）所示“选项”设置区中，部分复选框的功能如下。

“投射阴影”复选框：向灯光照射的物体投射 VRay 阴影。若不勾选该复选框，则该灯光只对物体产生照明效果。

“双面”复选框：只有当灯光类型为“平面”时，该复选框才有效。勾选该复选框后，光线会从光源的两个面发射出来。

“不可见”复选框：勾选该复选框后，在最终的渲染效果中，光源体的形状不可见；若不勾选该复选框，在最终的渲染效果中，光源体会以当前灯光颜色显示出来。

“不衰减”复选框：自然界中的所有光线都是有衰减的。如果不勾选该复选框，则 VR-灯光将不计算灯光的衰减效果。

“天光入口”复选框：如果勾选该复选框，则该 VR-灯光的相关参数将被 VR 环境灯光的参数所代替。这时的 VR-灯光就变成了天光，失去了直接照明。

“存储发光图”复选框：当勾选该复选框并将全局照明设为“发光图”时，VRay 将再次计算 VR-灯光的效果，并将其存储到发光贴图中。这样会使发光贴图的计算变慢，但渲染时间变快。当渲染完成后，VR-灯光的光照信息会被保存在发光贴图中。此时，删除或关闭这个 VR-灯光对最后的渲染效果均无影响。

图 6-67（b）所示“采样”设置区中，常用文本框的作用如下。

“细分”文本框：用来控制渲染后的品质。该文本框中的值越小，则渲染速度快，但杂点多；相反，杂点少，但渲染速度慢。

“阴影偏移”文本框：用来控制物体与阴影的偏移距离，一般采用默认值即可。

按【Shift+Q】键渲染摄影机视图，效果如图 6-68 所示。由于离摄影机较近的墙体上有窗子，因此，此处的灯光比较强。为此，还需要对整个场景进行补光，具体操作如下。

步骤 4▶ 选中前视图中窗帘，然后利用右键快捷菜单将其隐藏。单击“创建”面板中的“VR-灯光”按钮，然后在前视图的合适位置按住鼠标左键并拖动添加 VR-灯光，如图 6-69 所示。

图 6-68　第 1 个 VR-灯光效果

图 6-69　添加 VR-灯光

步骤 5▶ 在左视图中利用“选择并移动”工具沿 x 轴调整上一步骤添加的灯光，如图 6-70 所示。此时，在摄影机视图中单击，按【P】键将其切换到透视图模式，接着利用【Alt】键和鼠标中键将视图旋转到合适位置，即可看到上一步骤添加的 VR-灯光效果，如图 6-71 所示。

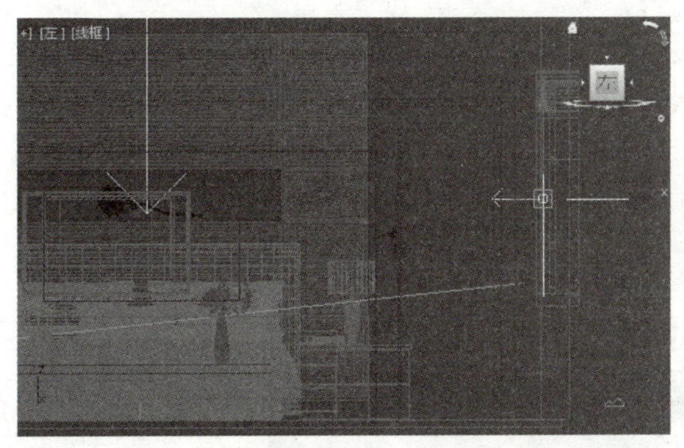

图 6-70　调整 VR-灯光的位置

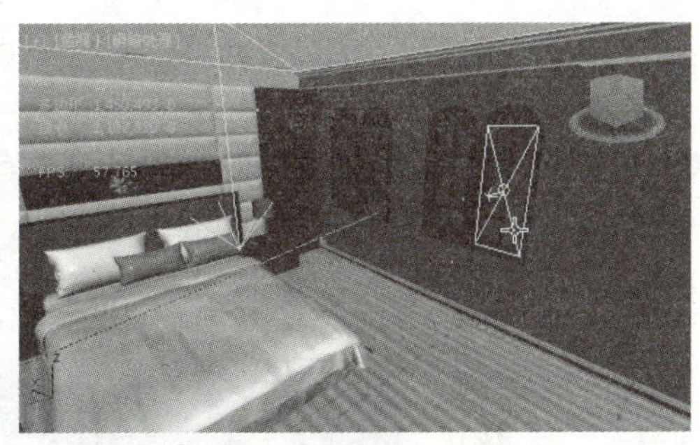

图 6-71　透视图效果

步骤 6▶ 选中步骤 4 中添加的 VR-灯光，然后在“修改”面板中将步骤 4 添加的灯光的强度设为 4，颜色按图 6-72 设置；确认“采样”设置区中的细分值为 20，其他采用默认设置。

步骤 7▶ 在前视图中选中步骤 4 添加的 VR-灯光，然后利用“选择并移动”工具和【Shift】键将该灯光向其右侧实例克隆 3 个，再将它们移动到合适位置，如图 6-73 所示。

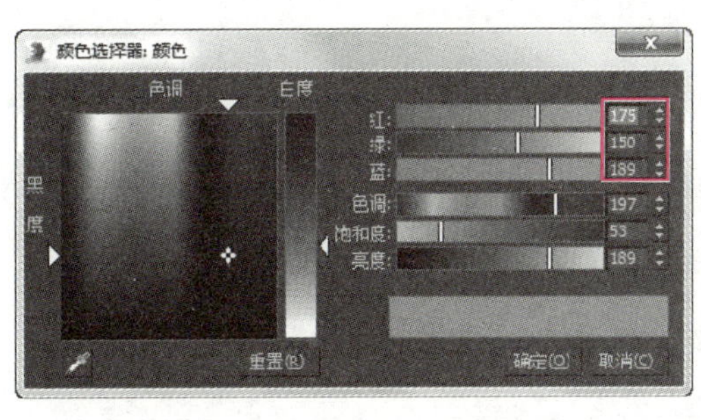

图 6-72　设置灯光的颜色

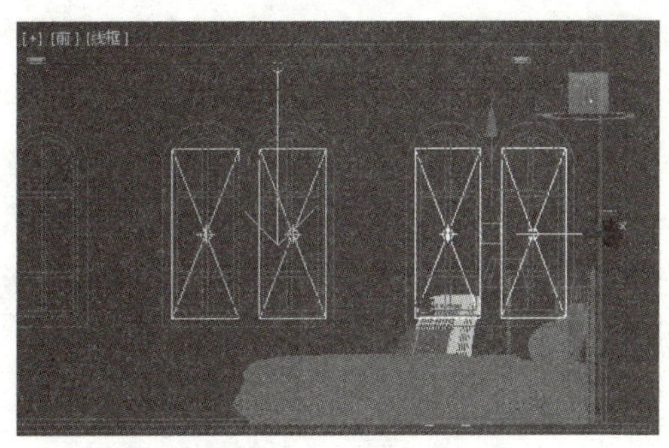

图 6-73　实例克隆 VR-灯光

在视图区的任意一个对象上右击，从弹出的快捷菜单中选择“全部取消隐藏”项，然后按【Shift+Q】键快速渲染，其渲染效果如图 6-65（b）所示。至此，该案例的灯光效果就制作完成了。

案例总结

本案例主要学习了 VR-灯光。在添加 VR-灯光时，需要设置灯光的类型，以及强度、颜色和细分值，还需要根据场景需求选择是否需要投影阴影、漫反射、高光及反射等，其操作简单。

案例 7　制作体育场日光——VR-太阳

使用“VR-太阳”工具创建的灯光具有投射点和目标点，它可以模拟太阳在真实世界中的位置。下面，通过制作图 6-74 所示体育场中的灯光效果，来学习“VR-太阳”工具的用法。

图 6-74　制作体育场中的灯光效果

制作思路

先添加 VR-太阳灯光并调整其位置，然后通过在“修改”面板中调整空气的混浊度、空气中臭氧的含量、阳光的亮度，以及阴影设置等，达到图 6-74 所示效果。

制作步骤

步骤 1▶　打开本书配套素材“素材与实例”>“第 6 章”>“VR-太阳”文件夹>“VR 太阳.max”文件。

步骤 2▶　单击“创建”面板中的“灯光”按钮，再单击“VRay”分类中的“VR-太阳”按钮，然后在顶视图的合适位置按住鼠标左键并拖动，依次指定灯光的投射点和目标点，接着依次单击“VRay 太阳”对话框中的“是”按钮，结果如图 6-75 所示。

步骤 3▶　利用“选择并移动”工具在前视图中调整投射点的位置，如图 6-76 所示。此时，摄影机视图中阴影的显示效果如图 6-77 所示。

步骤 4▶ 在视图区中的 VR-太阳灯光上单击，然后在“修改”面板“VRay 太阳参数”卷展栏中设置灯光的相关参数，如图 6-78 所示。

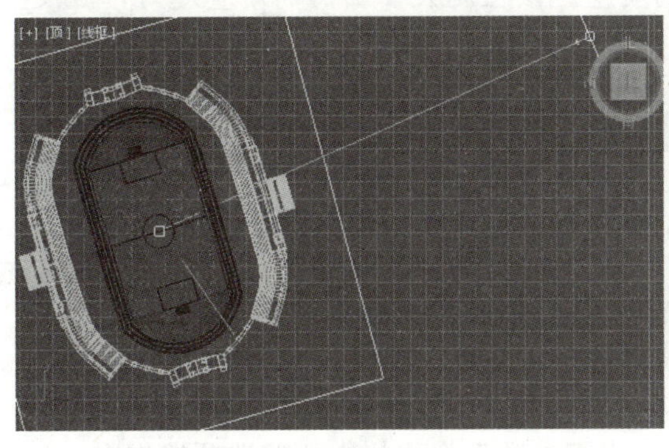

图 6-75 添加 VR-太阳灯光

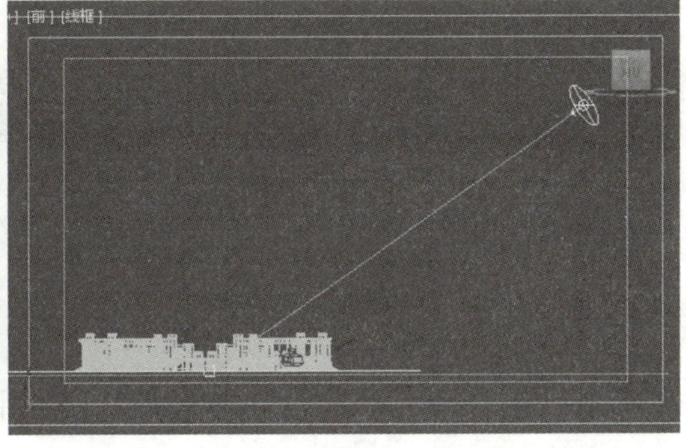

图 6-76 调整投射点的位置

图 6-77 摄影机视图中的效果

图 6-78 VR-太阳灯光参数设置

知识库

图 6-78 所示“VRay 太阳参数”卷展栏中，部分选项的功能如下。

“浊度”文本框：表示空气的浑浊度，它能影响太阳和天空的颜色。该值越小，场景中的颜色越蓝，表示天空越晴朗、空气越干净；该值越大，场景中的颜色越呈现橘黄色，表示阴天，空气中有灰尘。

“臭氧”文本框：表示空气中臭氧的含量。如果该值较小，则光线比较黄；如果该值较大，则光线比较蓝。

“强度倍增”文本框：用于控制太阳光的强度，数值越大光线强度越高。一般情况下，在使用标准摄影机时，该文本框中的数值设为“0.01～0.05”即可；在使用 VR 摄影机时，该值采用默认的数值 1 即可。本例中的摄影机为标准摄影机。

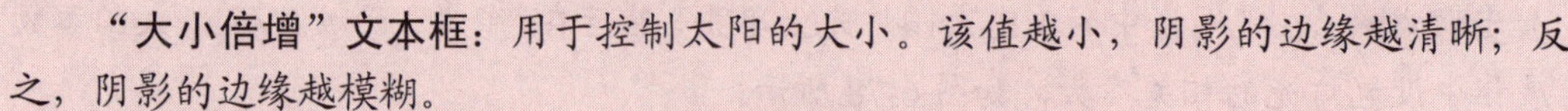

“大小倍增”文本框：用于控制太阳的大小。该值越小，阴影的边缘越清晰；反之，阴影的边缘越模糊。

“阴影细分”文本框：用于控制阴影的质量。该值越大，阴影的质量越好，且没有杂点，但渲染速度也会越慢。

“阴影偏移”文本框：用来控制阴影与物体之间的距离，一般采用默认值。

“光子发射半径”文本框：该参数仅在应用发光贴图时使用。

至此，该案例中的灯光设置就完成了。对其进行渲染，即可得到图 6-74 所示效果。

案例总结

本案例主要学习了“VR-太阳”工具的用法。在设置 VR-太阳灯光的颜色、光照强度和阴影等参数时，应理解“修改”面板“VRay 太阳参数”卷展栏中相关选项的作用。

案例 8　制作灯带效果——综合应用

灯带往往是客厅效果图中不可缺少的一部分。下面，通过制作图 6-79 所示的灯带效果，来学习“VR-灯光”工具的用法。

图 6-79　制作客厅的灯带效果

制作思路

图 6-79 所示的灯带为长方形，且 4 条边的亮度、颜色及阴影效果均相同。为此，可先添加一侧灯光并设置其相关参数，然后进行镜像克隆得到其对面一侧的灯光效果，再进行复制克隆得到第 3 边的灯光，修改该灯光的宽度后进行实例克隆，即可得到第 4 边

的灯光效果。

制作步骤

步骤 1▶ 打开本书配套素材“素材与实例”>“第 6 章”>“制作灯带效果”文件夹>“制作灯带.max”文件。

步骤 2▶ 单击“创建”面板中的“灯光”按钮，再单击“VRay”分类中的“VR-灯光”按钮，然后在左视图的合适位置按住鼠标左键拖动，即可生成一个 VR-灯光，接着在顶视图中利用“选择并移动”工具沿 x 轴调整该灯光的位置，使其上、下两端的投影线位于蓝色灯槽线附近，如图 6-80 所示。

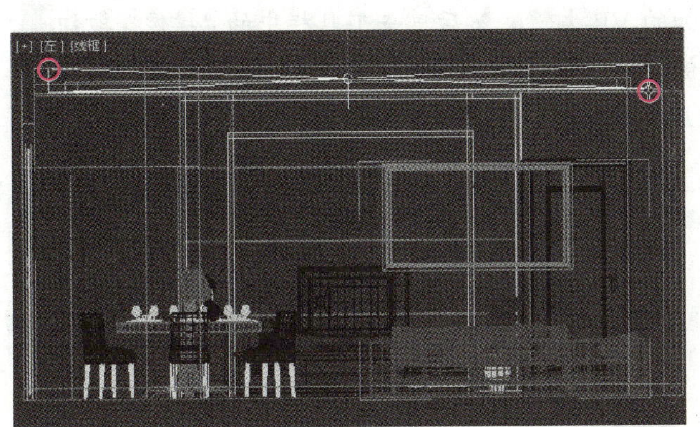

(a)

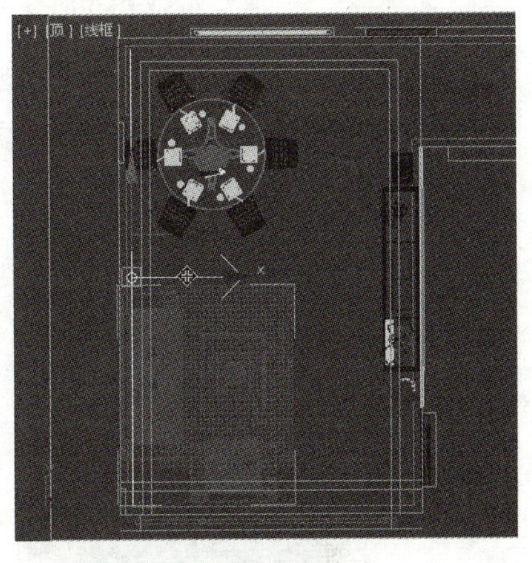

(b)

图 6-80　添加 VR-灯光并调整其位置

提　示

在左视图中添加 VR-灯光时，由左上（或左下）向右下（或右上）拖动鼠标所生成的灯光方向，与由右下（或右上）向左上（或左下）拖动鼠标所生成的灯光方向不同。因此，在顶视图中调整灯光的位置时，应注意使灯光的箭头指向客厅内。

如果 VR-灯光的长宽尺寸不合适，可在命令面板“参数”卷展栏“大小”设置区中的“1/2 长”和“1/2 宽”文本框中调整其值。

步骤 3▶ 在视图区中的 VR-灯光上单击，然后在“修改”面板“参数”卷展栏中“强度”设置区中修改该灯光的强度和颜色，在“选项”设置区中勾选“不可见”复选框，使渲染后光源体形状不可见，最后在“采样”设置区中将渲染后的品质设为 32，如图 6-81 所示。

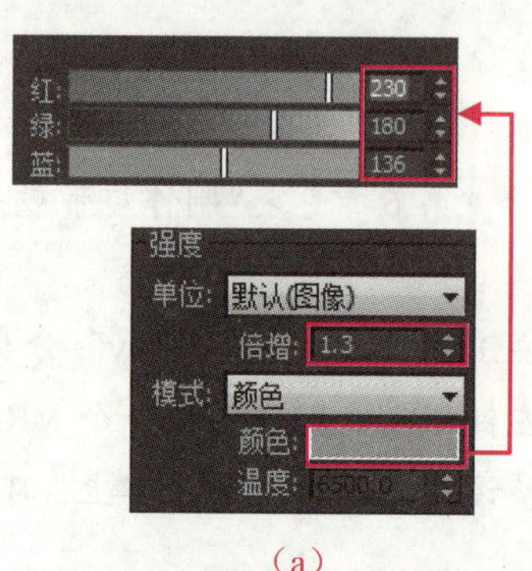

（a）

（b）

图 6-81　设置灯光的强度、颜色及其他属性

步骤 4▶　在顶视图中选中已添加的 VR-灯光，然后单击工具栏中的“镜像”按钮，在打开的对话框中选中“X”和“实例”单选钮，接着单击“确定”按钮即可，最后利用“选择并移动”工具沿 x 轴调整该灯光的位置，如图 6-82 所示。

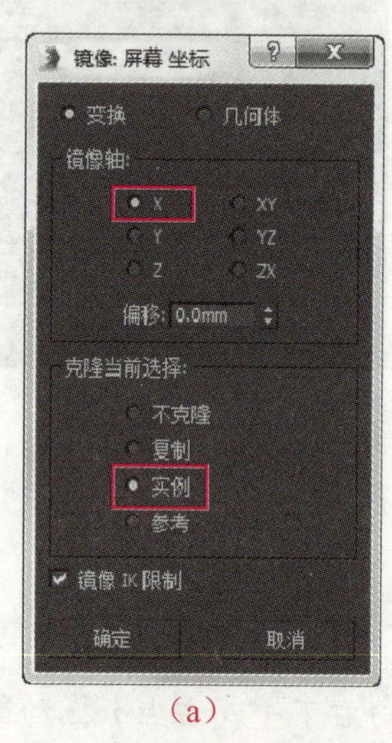

（a）

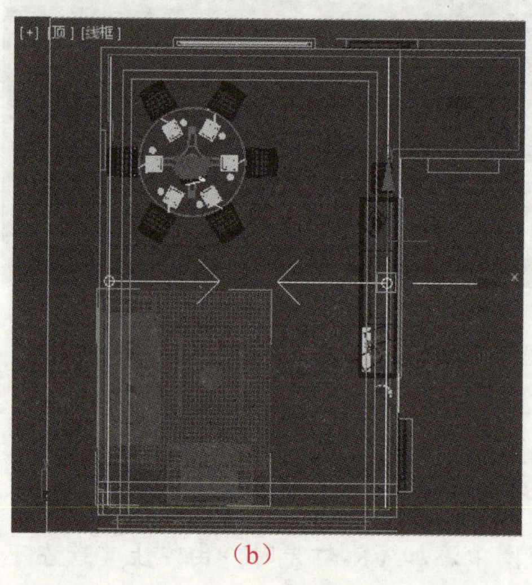

（b）

图 6-82　“镜像”复制灯光并调整灯光的位置

步骤 5▶　在顶视图中选中任意一个 VR-灯光，然后利用“选择并移动”工具和【Shift】键复制一个灯光，接着利用“选择并旋转”工具将该灯光旋转 90°，使其箭头指向朝下（或朝上），如图 6-83 所示。

步骤 6▶　利用“选择并移动”工具将该灯光移动到合适位置，然后利用“修改”面板“大小”设置区中“1/2 长”文本框右侧的按钮，调整该灯光的长度，如图 6-84 所示。

步骤 7▶　参照步骤 4 中的操作，利用“镜像”工具将步骤 6 操作中的灯光进行实例克隆，其镜像轴为 y 轴，结果如图 6-84 所示。

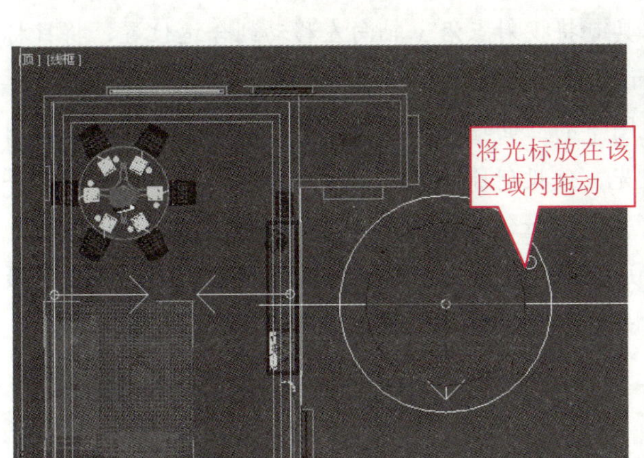

图 6-83　复制并旋转灯光

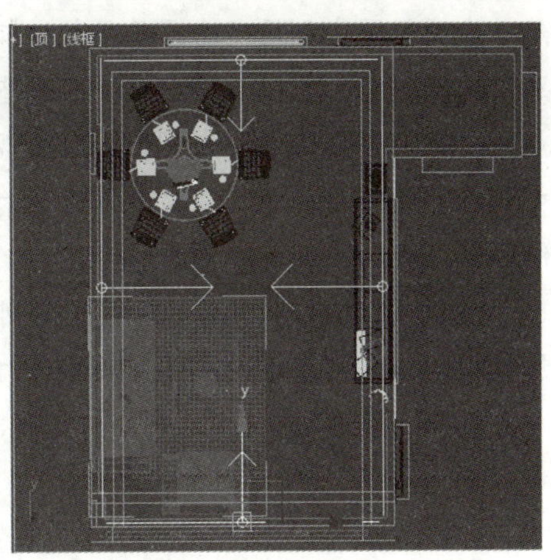

图 6-84　镜像并调整灯光的位置

至此，该案例中的灯光设置就完成了。

案例总结

本案例主要学习了使用“VR-灯光”工具制作灯带的方法。由于 4 个方向上灯带的强度、颜色和阴影效果都相同，为此，可在设置好其中一侧的灯光后，利用“镜像”工具镜像生成其对侧灯光。另外一侧的灯光可利用复制克隆和旋转操作来实现。

本章实训——制作室内日光效果

利用本章所学的“VR-灯光”和“VR-太阳”工具，制作图 6-85 所示室内日光效果。

图 6-85　制作室内日光效果

提示：

（1）先利用“VR-太阳”工具在左视图的合适位置依次指定灯光的投射点和目标点，

然后在顶视图中利用“选择并移动”工具将投射点沿 x 轴向左移动到合适位置，将目标点沿 x 轴向右移动到合适位置，并调整该灯光的参数。

（2）利用“VR-灯光”工具在前视图中的立面墙上拖出一个矩形灯光，然后在顶视图中利用“选择并旋转”工具旋转该灯光，使投射箭头朝下，然后将其移到合适位置，并修改该灯光的强度、颜色及细分值。

（3）在左视图中将 VR-灯光复制并旋转，使该灯光的投射线与天窗垂直，然后将摄影机视图切换到透视图模式，并将该灯光的宽度调整到合适大小即可。

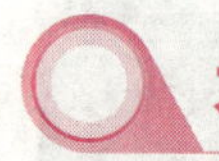

本章小结

本章主要介绍了 3ds Max 中的光度学灯光、标准灯光及 Vary 灯光。通过本章内容的学习，应重点掌握以下知识。

- 光度学灯光中最常用的是目标灯光和自由灯光，可以通过设置光线的发散方式、强度、色温和其他特性来达到所需效果，也可以直接导入照明制造商的特定光度学文件，使灯光效果更加精确。
- 标准灯光是基于计算机的模拟灯光，它能够模拟生活中的各种光源。3ds Max 中常用的标准灯光有 6 种，由于目标聚光灯和目标平行光均具有投射点和目标点，调整比较方便，因此它们较自由聚光灯和自由平行光更为常用。
- 注意目标聚光灯、目标平行光、泛光和天光的区别和使用场合。
- VRay 灯光具有体积的概念，这使得使用该灯光制作的效果更加真实，但是 VRay 灯光也有不足之处。因此，在实际制作效果图时，通常需要将 VRay 灯光和 3ds Max 自带的灯光配合使用。
- 在添加灯光并设置其相关参数时，虽然摄影机视图中的光线有明暗变化，但该视图中的效果仅供参考，读者必须通过渲染才能查看灯光设置的最终效果。

第 7 章 效果图制作基本功——摄影机

使用 3ds Max 中的摄影机可以从特定角度观察场景，从而使效果图体现所需内容。3ds Max 中的摄影机与现实生活中的摄影机在功能和原理上相同，但它却比现实中的摄影机更加灵活，可以瞬间移动到任何角度、更换各种镜头或更改镜头效果，还可以透过房间的外墙看到里面的物体。

本章通过制作一些小案例，来讲解 3ds Max 和 VRay 中常用的几种摄影机的设置方法及使用场合。

学习目标

- 熟悉物理摄影机、目标摄影机和自由摄影机的特点及使用场合。
- 能够根据所需效果图合理使用 3ds Max 默认的 3 种摄影机。
- 掌握 VR-穹顶摄影机和 VR-物理摄影机的功能及使用场合。
- 能够根据所需效果图合理使用 VRay 摄影机。

7.1 使用 3ds Max 默认摄影机

摄影机决定了效果图中显示哪些物体和场景，以及所显示的物体和场景的方位、大小，摄影机视口和效果图中所看到的内容都是由摄影机决定的。由此可见，掌握 3ds Max 中摄影机的用法和操作技巧，是做好效果图很关键的一环。

7.1.1 摄影机基础知识

3ds Max 2016 为用户提供了 3 种摄影机，即物理摄影机、目标摄影机和自由摄影机，如图 7-1 所示。这 3 种摄影机的特点和用途各不相同。

- **物理摄影机**：可通过设置快门速度、光圈、景深和曝光等参数调整效果图的效果，其相关功能与用户熟悉的真实摄影机的功能相同。
- **目标摄影机**：由摄影机图标（即摄影机位置点）、目标点和观察区 3 部分构成，如图 7-2 所示。使用时，用户可分别调整摄影机位置点和目标点的位置，定位方便。它的缺点是当摄影机的位置点无限接近目标点或处于目标点正上方和正下方时，摄影机会发生翻转，拍摄画面不稳定。

图 7-1　命令面板

图 7-2　使用目标摄影机示意图

- 自由摄影机：该摄影机没有目标点，只能通过移动和旋转摄影机图标来控制摄影机的位置和观察角度。优点是不受目标点的影响，拍摄画面稳定，适于对拍摄画面有固定要求的动画场景。

案例 1　为客厅快速设置摄影机

下面，通过为添加灯光后的客厅添加摄影机，来讲解物理摄影机的设置方法。设置摄影机后的效果图如图 7-3 所示。

图 7-3　为客厅设置摄影机的效果图

制作思路

导入要添加摄影机的 3ds Max 文件，然后将透视图调整到所需角度，接着单击“物理”按钮创建物理摄影机，并设置该摄影机的相关参数。

制作步骤

步骤 1▶ 打开本书配套素材“素材与实例”>“第 7 章”>“为客厅快速设置摄影机”文件夹>“创建物理摄影机.max”文件，然后单击选中视图区中的模型，利用视图控制区中的“环绕子对象”按钮，或在按住【Alt】键的同时按住鼠标中键拖动，调整客厅的显示内容和方位，最后利用“缩放”按钮调整视图的显示大小，结果如图 7-4 所示。

步骤 2▶ 按【Ctrl+C】键快速创建物理摄影机。此时，原来的透视图视口将变成摄影机视口，且该视口中显示的内容为效果图中的内容。

提 示

在 3ds Max 2016 中，除了先调整透视图中要显示的内容，然后再按【Ctrl+C】键快速创建物理摄影机外，还可以在导入 3ds Max 文件后，直接单击“创建”面板中的“摄影机”按钮，再单击“标准”分类中的“物理”按钮，然后在顶视图中单击并拖动创建物理摄影机。此时，可在透视图中单击后按【C】键将其切换到摄影机模式，再分别在顶、前、左视图中调整摄影机位置点和目标点的位置。

步骤 3▶ 在添加摄影机后，如果对当前透视图中的画面不是很满意，可分别在顶、左、前视图中调整摄影机位置点或目标点的位置。确定摄影机的位置后，还可以在“修改”面板“物理摄影机”卷展栏中修改摄影机与目标点间的聚焦距离，如图 7-5 所示。

图 7-4 调整透视图中视图的方位

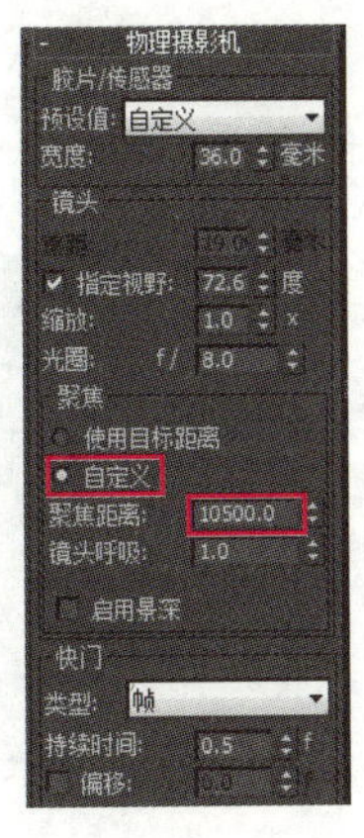

图 7-5 “物理摄影机”卷展栏

知识库

图 7-5 所示“物理摄影机”卷展栏中部分选项的功能如下。

“预设值”下拉列表框： 用于选择胶片模型或电荷耦合传感器，选项包括 35（全画幅）胶片，以及多种行业标准传感器设置。每个设置都有其默认宽度值。

“指定视野”复选框：可以设置摄影机在场景中所能看到的区域，其单位为度。默认的视野值取决于所选的胶片或传感器的预设值。“视野”与“焦距”文本框中的参数保持一定的换算关系，无论调节哪个参数，得到的效果完全一致。

“光圈”文本框：该值将影响曝光和景深。光圈数越低，则光圈越大并且景深越窄。

“使用目标距离”单选钮：选中该单选钮，可将“目标距离”作为焦距。

“自定义”单选钮：选中该单选钮，可在其下的“聚焦距离”文本框中设置焦距。

“启用景深”复选框：勾选该复选框后，摄影机在不等于焦距的距离上生成模糊效果。景深效果的强度基于光圈设置。

“类型”下拉列表框：用于设置快门速度使用的单位。通常情况下，“帧”选项用于计算机图形；“秒或 1/秒”选项用于静态摄影；“度”用于电影摄影。

至此，该案例中的摄影机就创建完了。在摄影机视图中单击，然后按【Shift+Q】键快速渲染，其渲染效果如图 7-3 所示。

案例总结

在设置摄影机的过程中，大家可根据自己的设计意图来表现画面。要得到一个好的角度及空间，必须反复调整摄影机的位置和镜头的参数。

案例 2　为场景设置景深效果

下面，通过为某办公大楼设置景深效果，来学习目标摄影机的创建方法。该办公大楼的景深效果图如图 7-6 所示。

图 7-6　办公大楼的景深效果

制作思路

导入要添加摄影机的 3ds Max 文件，然后在正交视图中创建目标摄影机，并根据摄影机视图中的画面在正交视图中调整摄影机的位置，最后设置镜头的大小、视野及模糊效果。

制作步骤

步骤 1▶ 打开本书配套素材“素材与实例”>“第 7 章”>“为场景设置景深效果”文件夹>“创建目标摄影机.max”文件。

步骤 2▶ 单击“创建”面板中的“摄影机”按钮，再单击“标准”分类中的“目标”按钮，然后在左视图的合适位置单击后按住鼠标左键拖动，指定目标摄影机的位置和目标点，如图 7-7 所示。

步骤 3▶ 在透视图视口中单击后按【C】键，则该视图将以摄影机模式显示。根据摄影机视图中显示的画面，在顶视图中分别调整摄影机的位置点和目标点，如图 7-8 所示。

图 7-7　创建摄影机

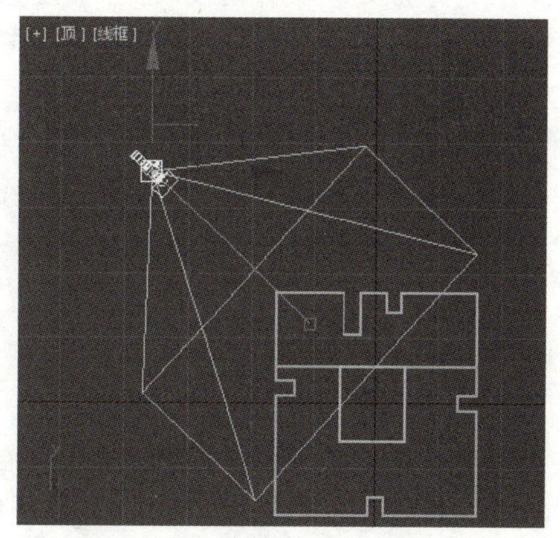

图 7-8　调整摄影机的位置点和目标点

步骤 4▶ 在摄影机的位置点处单击，然后在“修改”面板中的“参数”卷展栏中设置镜头尺寸、视野角度，并在“多过程效果”设置区中勾选“启用”复选框，其他设置如图 7-9 所示。

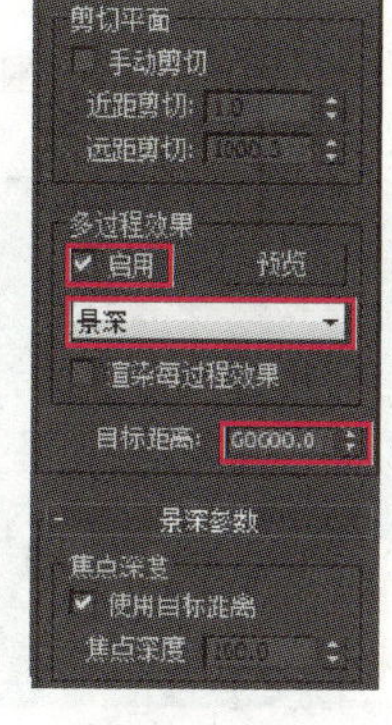

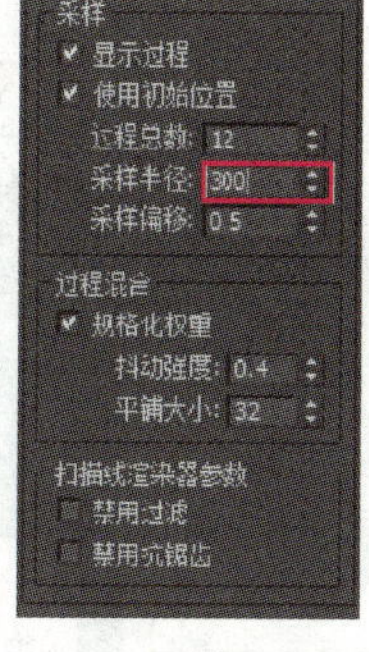

图 7-9　设置摄影机的参数

知识库

图 7-9 所示“参数”卷展栏中部分选项的功能如下：

“镜头”文本框：用于控制镜头的尺寸大小。“备用镜头”设置区中提供了 9 种常用镜头尺寸。

“正交投影”复选框：勾选该复选框后，摄影机无法拍摄物体内部，且渲染时无法使用大气效果。

“显示圆锥体”和“显示地平线”复选框：勾选“显示圆锥体”复选框，则会在视图中显示摄影机视野定义的锥形光线；勾选“显示地平线”复选框，则在摄影机视图中的地平线位置会显示一条深灰色的线条。

“环境范围”设置区：用于设置摄影机拍摄区域中出现大气效果的范围。“近距范围”和“远距范围”文本框分别用于设置大气效果的出现位置和结束位置距摄影机图标的距离。图 7-10 所示为不同环境范围下的雾效果(读者可打开本书配套素材“素材与实例”>“第 7 章”文件夹>“凉亭.max”文件进行操作)。

“剪切平面”设置区：用于设置摄影机视图中显示对象的范围，常利用此功能观察物体内部的场景。选中“手动剪切”复选框可开启此功能，“远距剪切”和“近距剪切”文本框分别用于设置远距剪切平面和近距剪切平面与摄影机图标的距离，如图 7-11 所示。

图 7-9 所示“景深参数”卷展栏中，“采样半径”文本框用于控制模糊程度。

图 7-10　不同环境范围下的雾效果

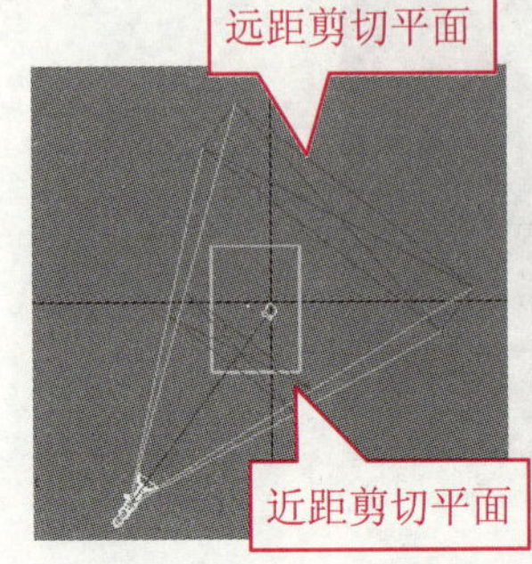

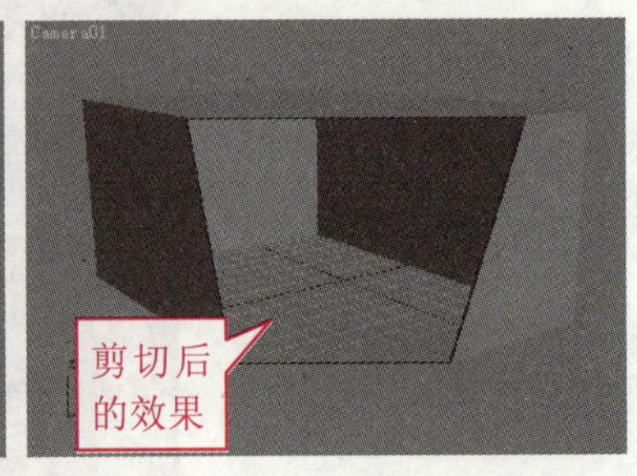

图 7-11　剪切平面及剪切前后摄影机视图的效果

至此，该案例中的摄影机就创建完了。在摄影机视图中单击，然后按【Shift+Q】键快速渲染，其渲染效果如图 7-6 所示。

景深是指摄影机拍摄时产生清晰图像的范围，此范围外的场景在渲染图像中是模糊的；“运动模糊”是指摄影机拍摄时物体在运动的瞬间产生的视觉模糊效果。使用 3ds Max 的摄影机制作的景深和运动模糊效果，都是通过对当前场景进行多次偏移渲染（即每次渲染都将摄影机偏移一定距离），然后重叠渲染结果产生的。

案例总结

目标摄影机用于查看目标对象周围的区域，包括摄影机的位置点和目标点。目标摄影机的位置点和目标点一般需在正交视图中指定，然后通过在正交视图中调整位置点和目标点，观察摄影机视图中画面的角度。此外，使用目标摄影机还可以为场景设置景深效果。

案例 3　为会议室设置摄影机

在制作效果图时，有时为了使场景中的空间看起来更大些，会将摄影机的角度拉得更广一些。这样，摄影机就很有可能被拽到墙体以外。此时，可在不删除墙体的前提下，通过“手动剪切”功能分别设置近距剪切值和远距剪切值，从而排除遮挡摄像机的墙体。

下面，通过为某会议室设置摄影机，来学习目标摄影机中剪切平面的使用方法。该会议室的效果图如图 7-12 所示。

图 7-12　为会议室设置摄影机的效果图

制作思路

导入要添加摄影机的 3ds Max 文件，然后在正交视图中创建目标摄影机，然后设置摄影机的镜头大小，以及近距剪切平面的位置和远距剪切平面的位置，最后设置镜头的大小、视野及模糊效果。

制作步骤

步骤 1▶ 打开本书配套素材“素材与实例”>“第 7 章”>“为会议室设置摄影机”文件夹>“创建目标摄影机.max”文件。

步骤 2▶ 单击“创建”面板中的“目标”按钮，然后在顶视图的合适位置指定目标摄影机的位置点和目标点，如图 7-13 所示。在透视图视口中按【C】键切换到摄影机视图。

步骤 3▶ 在“修改”面板中将镜头的大小设为 15，然后选中“剪切平面”设置区中的“手动剪切”复选框，将近距剪切值设为 3000，将远距剪切值设为 12000。此时，摄影机视图中的画面如图 7-14 所示。

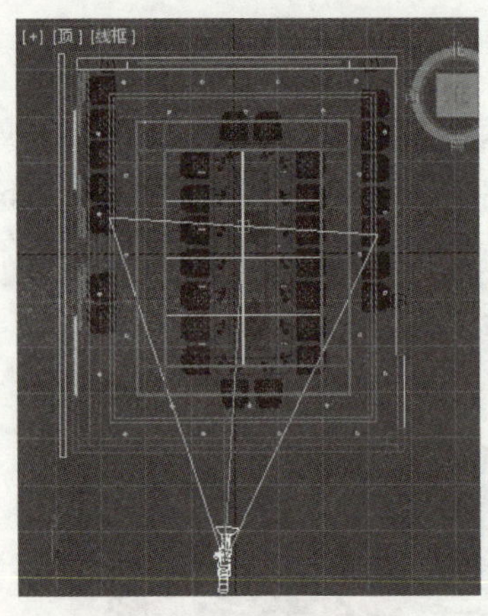

图 7-13　创建摄影机

图 7-14　摄影机视图

提　示

添加目标摄影机并设置近距剪切值和远距剪切值后，如果摄影机视图中仍显示未剪切的画面效果，此时，可在左视图中将摄影机的位置点沿 x 轴向左移动，使近距剪切平面位于室内，如图 7-15 所示。

至此，该案例中的摄影机就创建完了。如果对摄影机视图中的画面不太满意，可在正交视图中依次调整摄影机的位置点和目标点的位置，或同时调整它们的位置，然后按【Shift+Q】键快速渲染，其渲染效果如图 7-12 所示。

图 7-15　近距剪切平面和远距剪切平面的位置

案例 4　为卫生间设置摄影机

要想很好地表达星级酒店、豪华会所、别墅等场所的卫生间的效果，就必须有一个理想的观察视角。下面，通过为卫生间设置一架观察角度合适的摄影机，来继续学习目标摄影机的用法，该卫生间的效果图如图 7-16 所示。

图 7-16　为卫生间设置摄影机效果图

制作思路

导入要添加摄影机的 3ds Max 文件，然后在顶视图中创建目标摄影机，在左或前视图中调整摄影机的位置，接着显示安全框，并以该安全框调整镜头大小和摄影机的位置。

制作步骤

步骤 1▶　打开本书配套素材“素材与实例”>“第 7 章”>“为卫生间设置摄影机”

文件夹>“创建目标摄影机.max”文件。

步骤 2▶ 单击“创建”面板中的“目标”按钮，然后在顶视图的合适位置指定目标摄影机的位置点和目标点，如图 7-17 所示。将透视图以摄影机模式显示，然后在左视图中将摄影机的位置点和目标点平移到合适位置，结果如图 7-18 所示。

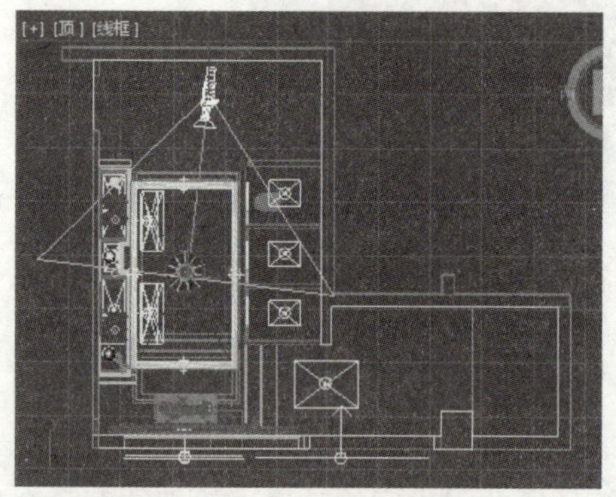

图 7-17　创建目标摄影机

图 7-18　调整目标摄影机的位置

步骤 3▶ 在摄影机视图中单击，然后按【Shift+F】键，即可出现一个视频安全框，如图 7-19 所示。

图 7-19　视频安全框

知识库

视频安全框在视口中显示为多个同心矩形框。渲染输出时，虽然安全框以外的内容输出后可以看到，但将该效果图用于广播电视时，由于多数电视机会切掉图像边缘的部分内容，因此，在输出时需要参考安全框区域来保证图像元素在屏幕范围之内，尤其要保证字幕在字幕安全区之内、重要节目内容在节目安全区之内。在 3ds Max 中制作效果图时，一般情况下都需要设置安全框。

为节约篇幅，虽然本章的其他案例并未显示安全框，但读者在具体操作时一定要显示安全框，并通过调整摄影机的参数使重要内容位于安全区内。

步骤 4▶　在视图区中的摄影机上单击，然后在“修改”面板中将镜头的大小设为 14，其他采用默认设置。如果需要，还可以在 3 个正交视图中调整摄影机的位置。

至此，该案例中的摄影机就创建完了。按【Shift+Q】键进行渲染，其输出的效果图如图 7-16 所示。

案例总结

当场景中要体现的内容较多，或场景较大时，可调出视频安全框，然后通过调整摄影机的位置点和目标点，保证重要的图像元素在屏幕的安全框之内。

7.2　使用 VRay 摄影机

7.2.1　VRay 摄影机基础知识

VRay 渲染器提供了两种摄影机，即 VR-穹顶摄影机和 VR-物理摄影机，如图 7-20 所示。

图 7-20　两种 VRay 摄影机

1. VR-穹顶摄影机

VR-穹顶摄影机通常被用于渲染半球圆顶效果，如图 7-21 所示。它的参数设置面板如图 7-22 所示，各选项的功能如下。

图 7-21　穹顶摄影机效果

图 7-22　参数设置面板

➢ 翻转 X：在渲染图像时图像沿 x 轴翻转。

➢ 翻转 Y：在渲染图像时图像沿 y 轴翻转。

➢ fov：设置视角的大小。

2. VR-物理摄影机

VR-物理摄影机的功能与现实中的相机功能相似，都具有光圈、快门、曝光、ISO 等调节功能，读者可利用 VR-物理摄影机制作出更真实的效果图。另外，创建 VR-物理摄影机后，如果发现渲染的图片中的灯光不够亮，可通过修改 VR-物理摄影机中“光圈数”文本框中的参数提高画面的亮度，而不必重新修改灯光。

案例 5 为某场馆设置摄影机——VR-物理摄影机

与 3ds Max 自带的摄影机相比，VR-物理摄影机更能模拟真实成像，且能控制曝光，具有光圈、光晕、曝光等功能，操作简单、方便。下面，通过制作图 7-23 所示的效果图，来介绍 VR-物理摄影机的设置方法及相关选项的功能。

图 7-23 为某场馆设置摄影机效果图

制作思路

在顶视图中创建 VR-物理摄影机，然后在前视图中调整摄影机位置点和目标点的位置，接着调整摄影机的焦距。试渲染，然后根据渲染效果调整该摄影机的相关参数。

制作步骤

步骤 1▶ 打开本书配套素材“素材与实例”>“第 7 章”>“为某场馆设置摄影机”文件夹>“VR-物理摄影机.max”文件。

步骤 2▶ 单击“创建”面板中的“摄影机”按钮，再单击“VRay”分类中的“VR-物理摄影机”按钮，然后在顶视图的合适位置指定摄影机的位置点和目标点，然后在前视图中将目标点沿 y 轴向上移动，结果如图 7-24 所示。

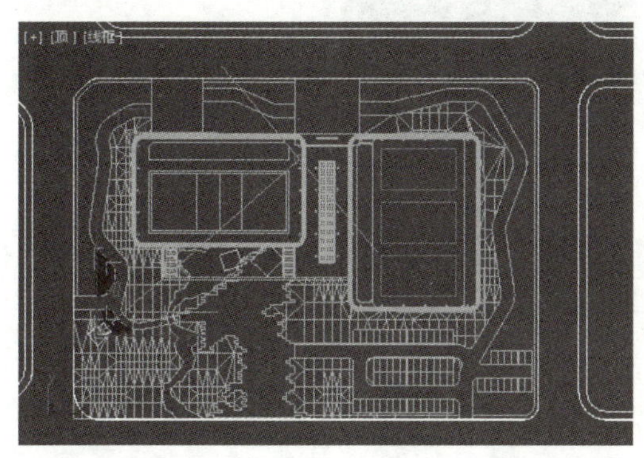

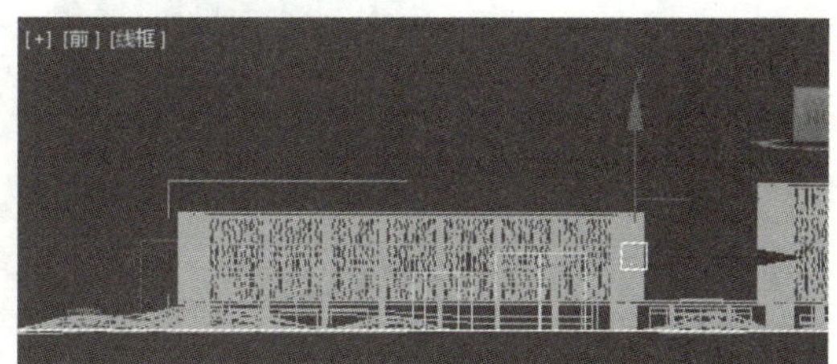

图 7-24　创建并调整 VR-物理摄影机的位置

步骤 3▶ 将透视图切换到摄影机模式，然后在前视图中将摄影机的位置点沿 y 轴向上移动，使摄影机视图如图 7-25（a）所示。

步骤 4▶ 由图 7-25（a）可以看出，该摄影机的焦距太大，使得画面中的内容不够全面。因此，可在“修改”面板中将“焦距”设为 20，然后按【Shift+F3】键将该视图切换到“真实”模式显示，结果如图 7-25（b）所示。

（a）焦距设为 40

（b）焦距设为 20

图 7-25　摄影机视图

由图 7-25（b）可以看出，当前摄影机在垂直方向上的构图不太理想，且渲染输出的效果图几乎漆黑一片。为此，还需要进行如下设置。

步骤 5▶ 在“修改”面板“基本参数”卷展栏中设置摄影机看到的范围、画面的缩放因子、水平和垂直参数，以及光圈数等，如图 7-26 所示。

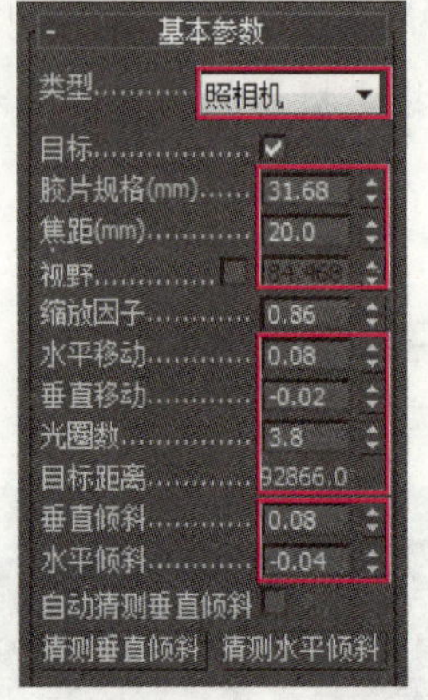

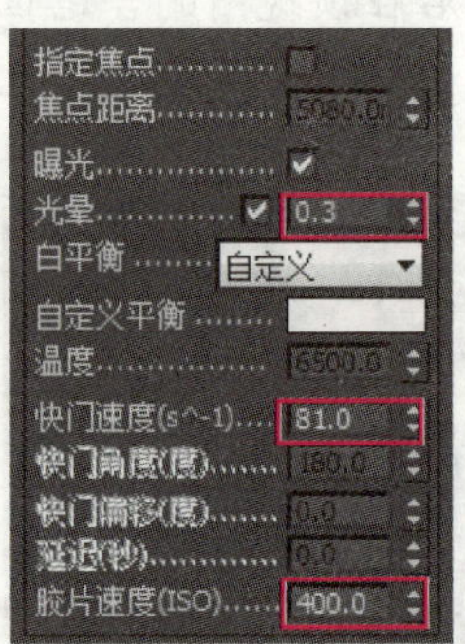

图 7-26 “基本参数”卷展栏

提 示

图 7-26 所示“基本参数”卷展栏中部分选项的功能如下：

“类型”下拉列表框：VR-物理摄影机内置了照相机、摄影机(电影)和摄影机(DV)3 种类型的相机，可根据需要进行选择。

“目标”复选框：勾选该复选框后，相机的目标点将位于焦平面上。否则，可通过该卷展栏“目标距离”文本框中的参数来控制目标点的位置。

“胶片规格”文本框：用于控制摄影机看到的范围。该值越大，看到的范围也就越大。

“焦距”文本框：用于控制摄影机的焦距。

“缩放因子”文本框：用于控制摄影机视口的缩放，相关于普通摄影机的广角镜头，如图 7-27 所示。

“光圈数”文本框：用于设置摄影机光圈的大小。该值越小，渲染的图片亮度越高，如图 7-28 所示。

“光晕”文本框：模拟真实摄影机的光晕效果，如图 7-29 所示。

“白平衡”下拉列表框：用于控制渲染的图片的色偏。

“快门速度”文本框：用于控制进光时间。该值越小，进光时间越长，渲染的图片越亮。

“胶片速度”文本框：用于控制渲染输出的图片的亮暗。该值越大，表示感光系数越大，渲染的图片越暗。

（a）缩放因子设为 1

（b）缩放因子设为 0.65

图 7-27　设置缩放因子效果

（a）光圈数设为 2

（b）光圈数设为 3.5

图 7-28　设置光圈数效果

（a）光晕值设为 2

（b）光晕值设为 0.3

图 7-29　设置光晕效果

至此，该案例中的摄影机就创建并设置完了。按照图 7-26 所示设置好相关参数后，按【Shift+Q】键进行渲染，其输出的效果图如图 7-23 所示。

案例总结

使用 VR-物理摄影机时，可通过调整“修改”面板“垂直倾斜”和“水平倾斜”文本框中的参数，使画面中的景物在一定程度上倾斜，使构图更加真实。另外，通过调整“光圈数”文本框中的参数，可有效控制渲染的场景的明暗程度。光圈数值越小，渲染的图片越亮；该值越大，渲染的图片越暗。

本章实训

实训 1　为某酒店客房设置摄影机

利用本章所学知识为某酒店客房设置目标摄影机，设置摄影机后的效果图如图 7-30 所示。

图 7-30　为某酒店客房设置摄影机的效果图

提示：在顶视图中依次指定摄影机的位置点和目标点，在左视图中将摄影机的位置点和目标点水平向上移动，然后在“修改”面板中设置近距剪切值和远距剪切值。必要时，还可以利用视图控制区中的“视野”按钮和“平移摄影机”按钮，调整镜头大小和摄影机的位置。

实训 2　为场景设置 VR-物理摄影机

利用本章所学知识为某办公楼一角设置 VR-物理摄影机，设置摄影机后的效果图如图 7-31 所示。

提示：在顶视图中依次指定摄影机的位置点和目标点，然后根据摄影机视图中的画面在前视图中分别将摄影机的位置点和目标点沿 y 轴向上移动，然后在“修改”面板中调整焦距、渲染的图片的亮度值，光晕及快门速度，其设置分别为：胶片规格为 42，光圈数为 2，光晕为 0.3，自定义平衡光为白光，快门速度为 100。

图 7-31　为场景设置 VR-物理摄影机效果图

本章小结

本章主要介绍了 3ds Max 中的物理摄影机、目标摄影机及两种 Vary 摄影机。通过本章内容的学习，应重点掌握以下知识。

- 物理摄影机的创建方法有两种：一种是按【Ctrl+C】键快速创建；另一种是单击命令面板中的“物理”按钮，并指定摄影机的位置点和目标点。若使用第 1 种方法，需要先在透视图中调整效果图的显示内容和方位；若使用第 2 种方法，可通过调整摄影机的位置点和目标点来调整效果图的显示内容和方位。
- 物理摄影机用于模拟真实摄影机的功能，在指定其位置后，可通过设置快门速度、光圈、景深和曝光等参数调整效果图的效果。
- 目标摄影机由摄影机图标（即摄影机位置点）、目标点和观察区 3 部分构成，通常需要在正交视图中指定摄影机的位置点和目标点。使用目标摄影机可设置景深效果、模糊效果、广角镜头等。此外，当摄影机被拽到墙体外后，可在不删除墙体的前提下，通过设置近距剪切值和远距剪切值排除遮挡摄像机的墙体。
- VR-物理摄影机的功能与现实中的相机功能相似，都具有光圈、快门、曝光、ISO 等调节功能。创建 VR-物理摄影机后，如果发现渲染的图片中的灯光不够亮，可通过修改 VR-物理摄影机中“光圈数”文本框中的参数提高画面的亮度，而不必重新修改灯光。

第 8 章　效果图制作基本功——渲染器

渲染就是将场景中的模型、材质、贴图、灯光、环境和效果等以图片或视频的形式表现出来，并进行输出保存。渲染器选择的合适与否直接决定了效果图的视觉效果。高水平的渲染可以细致地显示出材质纹理和光景效果，使效果图更加生动逼真。

本章通过一些效果图渲染案例，来讲解 3ds Max 自带的默认扫描线渲染器和 V-Ray Adv 3.00.08 渲染器的使用方法及相关设置。

学习目标

- 掌握两种快速渲染的具体操作方法。
- 熟悉默认扫描线渲染器的功能及特点，并能够合理使用该渲染器。
- 能够使用 VRay 渲染器渲染不太复杂的效果图。
- 熟悉“V-Ray”和“GI”选项卡中常用选项的功能。
- 掌握光子图的渲染及调用方法，能够根据需要使用 VRay 渲染器渲染场景复杂的大尺寸效果图。

8.1 使用 3ds Max 渲染器

8.1.1 3ds Max 渲染器基础知识

3ds Max 为用户提供了 3 种渲染器，即默认扫描线渲染器、Mental Ray 渲染器和 VUE 文件渲染器，用户应根据渲染图像的要求，选择合适的渲染器。

- **默认扫描线渲染器：**该渲染器是 3ds Max 的默认渲染器，它是逐行进行扫描渲染的，其渲染速度相对其他渲染器要快，但渲染效果相对较差。值得注意的是，如果要渲染的场景中使用了 VRay 灯光或 VRay 材质，则只能使用 VRay 渲染器进行渲染。

- Mental Ray 渲染器：该渲染器可以生成灯光效果的物理校正模拟，包括光线跟踪反射和折射、焦散和全局照明等。使用该渲染器能够自动生成漫反射光。
- VUE 文件渲染器：一种特殊用途的渲染器，利用它可以生成 VUE (.vue) 文件，这是一种可编辑的 ASCII 文件。

案例 1 渲染餐桌场景——快速渲染方法

下面，通过渲染输出如图 8-1 所示的餐桌场景效果图，来讲解两种快速渲染方法。

图 8-1 餐桌场景渲染效果图

制作步骤

方法一：利用快捷键

步骤 1▶ 打开本书配套素材“素材与实例”>“第 8 章”>“快速渲染方法”文件夹>“快速渲染方法.max”文件，然后在摄影机视图中单击，按【F9】键即可进行渲染，其渲染完成后的图像窗口如图 8-2 所示。

步骤 2▶ 单击图 8-2 所示窗口左上角处的“保存图像”按钮，在打开的“保存图像”对话框中的“文件名”列表框中输入文件名称，然后在“保存类型”列表框中选择该文件的储存类型，如“JPEG 文件（*.jpg，*.jpe，*.jpeg）”，最后单击“保存”按钮，即可将该图像储存为“JPEG”格式的图片。

方法二：单击命令按钮

步骤 1▶ 打开要渲染输出的“快速渲染方法.max”文件，在摄影机视图中单击，然后单击工具栏中的“渲染产品”按钮，其渲染完成后的图像窗口如图 8-2 所示。

步骤 2▶ 采用同样的方法，利用图 8-2 所示窗口中的“保存图像”按钮保存图像。

图 8-2　渲染完成后的图像窗口

提　示

在使用快捷键或工具栏中的“渲染产品”按钮渲染效果图时，软件默认采用的渲染器为当前文件中默认或修改后的渲染器，可按【F10】键在打开的对话框中查看当前文件所采用的渲染器。另外，默认情况下，渲染输出的图像大小为 640×480。

案例 2　渲染餐厅吊灯——默认扫描线渲染器

下面，通过渲染输出如图 8-3 所示的餐厅吊灯效果图，来讲解默认扫描线渲染器的相关设置。

图 8-3　餐厅吊灯渲染效果图

制作思路

图 8-3 所示吊灯所采用的灯光和摄影机均为 3ds Max 自带的灯光和摄影机，所采用的材质均为 3ds Max 标准材质。因此，可使用默认扫描线渲染器进行渲染。为了使渲染效果，尤其是灯光效果更好，还需要对该渲染器的采样器进行相关设置。

制作步骤

步骤 1▶ 打开本书配套素材“素材与实例”>“第 8 章”>“默认扫描线渲染器”文件夹>“默认扫描线渲染器.max”文件。按【F10】键或单击工具栏中的“渲染设置”按钮打开“渲染设置：默认扫描线渲染器”对话框。

步骤 2▶ 在该对话框中分别选择所需的渲染器和要渲染的视图，然后选择“公用”选项卡，采用默认的图像尺寸 640×480，如图 8-4 所示。

提　示

图 8-4 所示对话框中，“公用”选项卡中相关卷展栏的功能如下。

“公用参数”卷展栏：是渲染器的主要参数区。其中，“要渲染的区域”设置区用于设置要渲染的区域；“选项”设置区用于控制是否渲染场景中的大气效果、渲染特效和隐藏对象；“高级照明”设置区用于控制是否使用高级照明渲染方式；“渲染输出”设置区用于设置渲染输出的图像的格式、名称及存储路径等。

“电子邮件通知”卷展栏：渲染复杂场景时，可在该卷展栏中设置通知邮件。当渲染到指定进度、出现故障或渲染完成后，系统会发送邮件通知用户，从而使用户可以利用渲染的时间进行其他工作。

“脚本”卷展栏：用于指定渲染前或渲染后要执行的脚本。

“指定渲染器”卷展栏：可用于分别指定产品级、产品材质，以及预览场景中照明和材质的渲染器。一般情况下采用默认设置。

步骤 3▶ 选择图 8-4 所示对话框中的“渲染器”选项卡，然后选中“全局超级采样”设置区中的“启用全局超级采样器”复选框，并在其下拉列表框中选择“Hammer sley”采样方式，并将采样质量值设为 0.5，如图 8-5 所示。

提　示

图 8-5 所示对话框中，“渲染器”选项卡中相关设置区的功能如下。

“选项”设置区：用于控制是否渲染场景中的贴图、阴影、模糊和反射或折射效果。勾选“强制线框”复选框后，系统将使用线框方式渲染场景。

“抗锯齿”设置区：用于设置是否对渲染图像进行抗锯齿和过滤贴图处理。如果不进行抗锯齿处理，渲染时在对角线或弯曲线边缘有可能产生锯齿。用户可在“过滤器”

下拉列表中根据需要选择系统提供的过滤器类型，在“过滤器大小”文本框中输入过滤器大小（通常设为 1.5，数值设得过大会使图像边缘模糊）。

“全局超级采样”设置区：用于控制是否使用全局超级采样方式进行抗锯齿处理。启用后，渲染图像的质量会大大提高，但渲染的时间也会大幅增加。此外，选择合适的采样方式后，还可为其设置采样质量。质量值越大，渲染速度越慢，渲染效果越好。

“对象/图像运动模糊”设置区：分别用于设置使用何种方式的运动模糊效果及模糊持续的时间等。

“自动反射/折射贴图”设置区：用于设置反射贴图和折射贴图的渲染迭代次数。次数越多场景就越真实。但渲染的时间也会成倍增加，通常设为 1 即可。如果希望效果表现得更真实一些，可以设置为 2 或 3。

“颜色范围限制”设置区：用于设置防止颜色过亮所使用的方法。

“内存管理”设置区：勾选“节省内存”复选框后，渲染时使用的内存较少，但会增加一点时间。

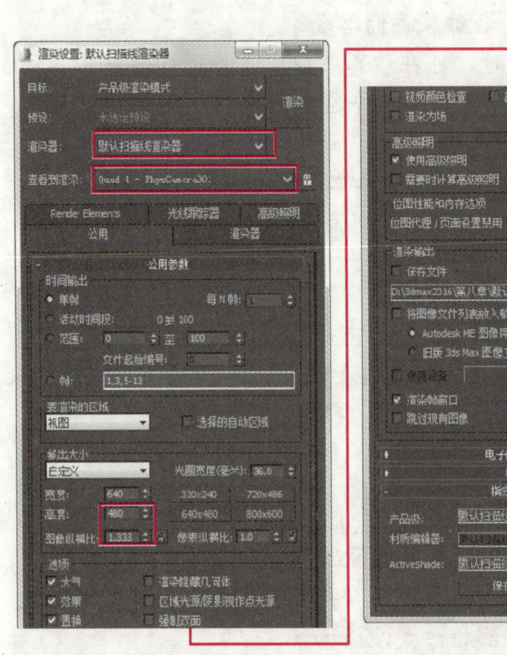

图 8-4　“渲染设置：默认扫描线渲染器”对话框

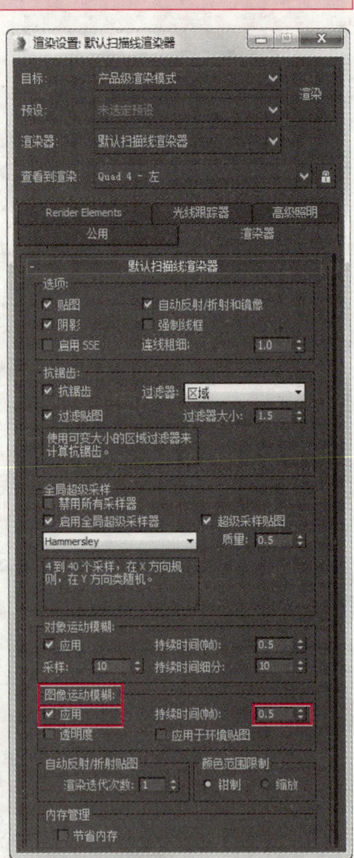

图 8-5　“渲染器”选项卡

步骤 4▶ 设置完成后，单击图 8-5 所示对话框中的“渲染”按钮，即可进行渲染，如图 8-6（a）所示。图 8-6（b）为未启用全局超级采样器的渲染效果。

（a）启用全局超级采样器

（b）未启用全局超级采样器

图 8-6 “全局超级采样器”复选框的功能

步骤 5▶ 单击图 8-6 所示窗口左上角处的“保存图像”按钮，在打开的“保存图像”对话框中设置存储路径、类型及文件名称，最后单击“保存”按钮即可。

渲染输出效果图时，除了利用图 8-6 所示对话框中的“保存图像”按钮外，还可以先勾选图 8-4 所示对话框“渲染输出”设置区中的“保存文件”复选框，然后单击其后的“文件”按钮，在打开的对话框中设置存储路径、类型及文件名称，最后再进行渲染。此时，系统会自动将渲染完成后的效果图进行保存。

8.2 使用 VRay 渲染器

VRay 渲染器是目前最优秀的渲染插件之一，尤其在室内效果图制作中，几乎可以称得上是速度最快、渲染效果最好的渲染软件。使用 VRay 渲染器不但能模拟出各种逼真的材质效果，还可以模拟真实、细腻的全局光照效果。此外，使用 VRay 材质、VRay 灯光或 VRay 摄影机的文件，一般需要使用 VRay 渲染器进行渲染。

按【F10】键或单击工具栏中的“渲染设置”按钮，在打开的对话框中选择“V-Ray Adv 3.00.08”渲染器，如图 8-7 所示。在使用 VRay 渲染器时，经常需要修改“V-Ray”选项卡和“GI”选项卡中的相关参数。

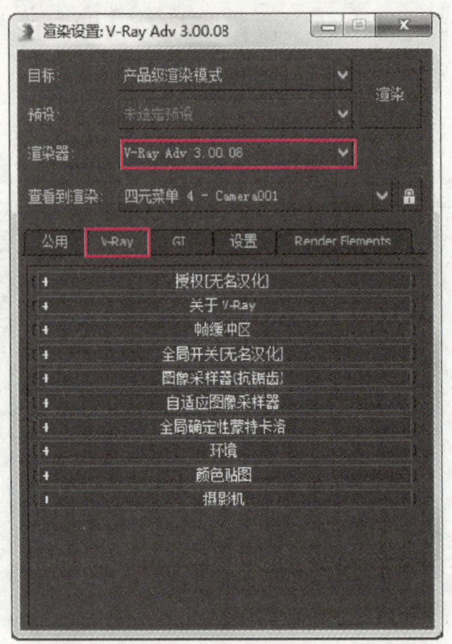

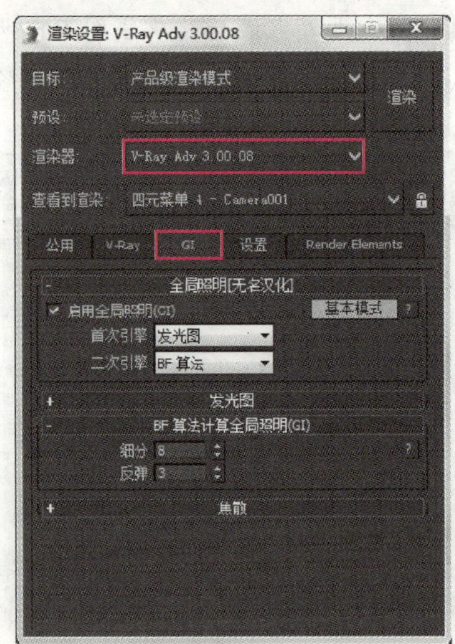

图 8-7 选择“V-Ray Adv 3.00.08”渲染器

8.2.1 “V-Ray”选项卡的常用参数

在使用 VRay 渲染器时，通常需要在“V-Ray”选项卡的相关卷展栏中进行参数设置。常用卷展栏的功能如下。

1. “帧缓冲区”卷展栏

VRay 拥有自己的帧缓冲处理功能，勾选“帧缓冲区”卷展栏中的“启用内置帧缓冲区”复选框，即可启用该功能，如图 8-8 所示。

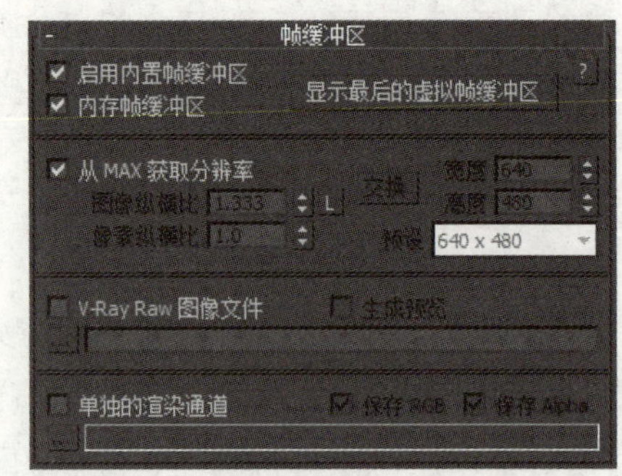

图 8-8 “帧缓冲区”卷展栏

- “显示最后的虚拟帧缓冲区”按钮：单击该按钮，可查看上一次的渲染图像。
- “内存帧缓冲区”复选框：勾选该复选框后，在渲染时会将色彩信息储存到系统缓存区，并通过屏幕显现渲染过程。取消勾选该复选框，可以仅对渲染的图像进行保存，而不显示渲染过程，以节约内存空间。系统默认为选中状态。
- “从 MAX 获取分辨率”复选框：用于控制是否使用 3ds Max 的分辨率设置。
- “V-Ray Raw 图像文件”复选框：勾选该复选框后，可将正在进行的渲染计算过程保存到文件，避免在渲染较大分辨率图像的时候占用过多系统内存空间。单击其

下的“浏览”按钮■，可在打开的对话框中选择渲染后的图像的存储路径和类型。

- “单独的渲染通道”复选框：用于控制是否分通道渲染。勾选该复选框，则可单独输出每个通道。

2. “全局开关”卷展栏

“全局开关”卷展栏主要用于对场景中的贴图、灯光、材质等进行设置，如图 8-9 所示。

图 8-9 “全局开关”卷展栏

- “置换”复选框：用于控制是否使用 VRay 的置换贴图。
- “灯光”复选框：用于控制是否渲染场景中未隐藏的灯光。
- “隐藏灯光”复选框：勾选该复选框，系统将渲染隐藏的灯光。
- “不渲染最终的图像”复选框：用于控制是否渲染最终图像。勾选该复选框后，VRay 只计算全局光照（包括间接照明），也就是通常所说的跑光子，而不再渲染最终图像，这对使用光子图非常方便。
- “覆盖深度”复选框：用于控制整个场景中反射、折射的深度，其后文本框中的数值表示反射、折射的次数。
- “覆盖材质”复选框：用于控制是否为场景赋予一个全局材质。当单击其下方的“无”按钮后，可在打开的对话框中设置一个材质。此时，场景中所有物体都将使用该材质进行渲染，该功能在测试阳光的方向时非常有用。
- “最大透明级别”文本框：控制透明材质被光线跟踪的最大反弹次数。该值越大，被光线跟踪的深度越深，效果越好，但渲染速度也越慢。

3. “图像采样器（抗锯齿）”卷展栏

“图像采样器（抗锯齿）”卷展栏主要用于设置图像的渲染精度。

4. “环境”卷展栏

“环境”卷展栏中的参数主要用于控制全局照明环境（天光）和环境的反射与折射，如图 8-10 所示，从而使画面产生漂亮的反射、折射效果。

5. “颜色贴图”卷展栏

“颜色贴图”卷展栏中的参数主要用于调整场景的曝光，如图 8-11 所示。

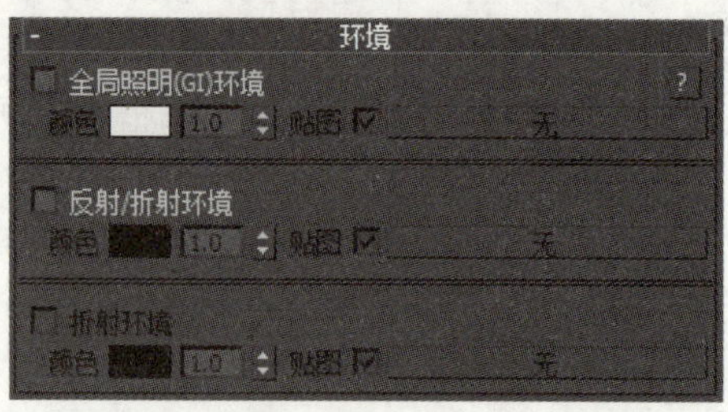

图 8-10 “环境”卷展栏

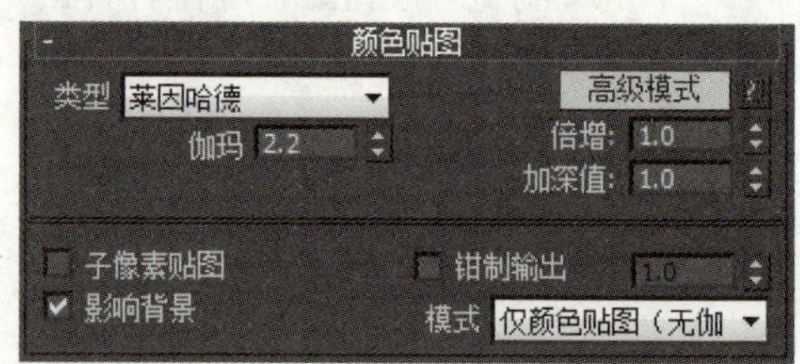

图 8-11 “颜色贴图”卷展栏

- **“类型”下拉列表框：**在该下拉列表中可选择曝光模式，各模式的特点如下。

  ① 线性倍增：该模式是基于最终色彩亮度进行线性的倍增，可能会导致靠近光源的点过分明亮，容易产生曝光效果。

  ② 指数：该模式可以降低靠近光源处表面的曝光效果，同时场景颜色的饱和度也会降低，容易产生柔和效果。

  ③ HSV 指数：该模式与“指数”模式相类似，不同点在于可保持场景物体的颜色饱和度，但会取消高光计算。

  ④ 强度指数：它是“线性倍增”模式与“指数”模式的结合，既抑制了光源附近的曝光效果，又保持了场景物体的颜色饱和度。

  ⑤ 伽玛校正：可通过调整“伽玛”文本框中的数值来修正场景中的灯光衰减和贴图色彩，其效果与“线性倍增”模式类似。

  ⑥ 强度伽玛：该模式具有“伽玛校正”模式的优点，同时还可以修正场景灯光的亮度。

  ⑦ 莱因哈德：该模式可以把“线性倍增”和“指数”模式混合起来，并利用“倍增”文本框中的参数来控制。当该值为 0 时，“线性倍增”模式不参与混合；当该值为 1 时，“指数”模式不参与混合；当该值为 0.5 时，“线性倍增”和“指数”的曝光效果各占一半。

- **“伽玛”文本框：**用于控制整个场景的亮度。
- **“子像素贴图”复选框：**勾选该复选框可解决高光处有黑色圆圈的现象。
- **“钳制输出”复选框：**勾选该复选框后可以限制输出，使颜色亮度不超过右侧文本框中的亮度值。
- **“影响背景”复选框：**勾选该复选框后，当前的色彩贴图参数会影响背景颜色。

6. “摄影机”卷展栏

“摄影机”卷展栏主要用于设置摄影机的类型、景深和运动模糊效果。

案例 3 渲染客厅一角——VRay 渲染器

下面，通过渲染输出图 8-12 所示的客厅场景效果图，来讲解 VRay 渲染器的具体使用方法。

图 8-12 客厅一角渲染效果图

制作思路

图 8-12 所示场景中所采用的部分灯光为 VRay 灯光，且场景中的大部分材质为 VRay 材质。因此，其效果图可使用 VRay 渲染器进行渲染。为了达到更为真实的渲染效果，且渲染速度也相对较快，需要对 VRay 渲染器的采样器、抗锯齿能力，以及灯光效果进行相关设置。

制作步骤

步骤 1▶ 打开本书配套素材“素材与实例”>“第 8 章”>“VRay 渲染器”文件夹>“VRay 渲染器.max”文件。按【F10】键打开“渲染设置：默认扫描线渲染器”对话框。在该对话框的“渲染器”下拉列表框中选择“V-Ray Adv 3.00.08”渲染器，然后在“公用”选项卡中单击“640×480”按钮。

提 示

对于一些较复杂的场景，尤其是场景中的材质、灯光等内容较多时，为了提高试渲染的速度，在渲染初期应将效果图的尺寸设置得小些。

步骤 2▶ 选择对话框中的“V-Ray”选项卡，然后在“图像采样器（抗锯齿）”卷展栏的“类型”下拉列表框中选择“自适应细分”采样器，并选择抗锯齿能力强的“Catmull-Rom”过滤器，如图 8-13 所示。

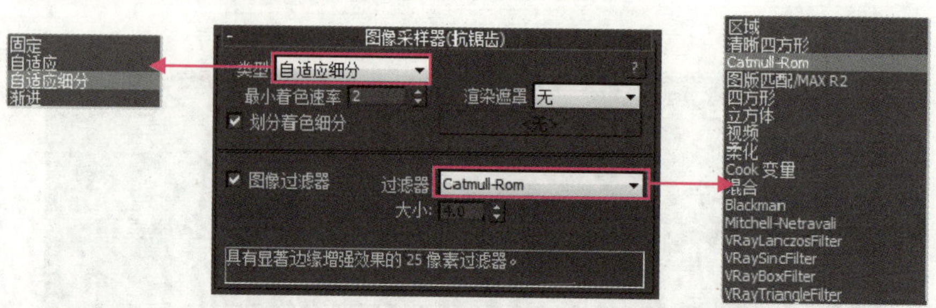

图 8-13 “图像采样器（抗锯齿）”卷展栏

知识库

图 8-13 所示“图像采样器（抗锯齿）”卷展栏中，“类型”列表框中常用选项及“图像过滤器”复选框的功能如下：

“固定”选项：是 VRay 中最简单的采样器，它对每个像素采用固定数量的样本。通过调整“固定图像采样器”卷展栏中的细分值，可改变图像的采样质量。

“自适应”选项：用于优化画面，即先采用较少的采样数目，然后对某些像素进行高级采样以提高图像质量。在简单的平面处理中，可以将“自适应图像采样器”卷展栏中的“最小细分”值调低；在曲面处理中，可以将“最大细分”值调高，可以减少不必要的资源浪费，并在保证图像质量的前提下提高渲染速度。

“自适应细分”选项：是 VRay 中最值得使用的采样器，用于在每个像素内使用少于一个采样数的高级采样器，相对于其他采样器，它能够以较少的采样（花费较少的时间）来获得相同的图像质量。在“自适应细分图像采样器”卷展栏中，可将“最小速率”设为负值，每调节一级参数，图像在区域内的采样按照 2 的平方关系变化，因此在相同的场景中，利用“自适应细分”图像采样器可以以最快的速度得到最好的效果。

“图像过滤器”复选框：勾选该复选框后，可在“过滤器”列表框中选择某种过滤器，其功能将会在其下方的文本框中显示出来。利用“过滤器”列表框和“大小”文本框中的参数可以调整图像的渲染精度。

步骤 3▶ 选择“GI”选项卡，然后勾选“全局照明”卷展栏中的“启用全局照明”复选框，采用默认的首次全局照明引擎，将二次引擎设为“灯光缓存”；在“发光图”卷展栏中的“当前预设”下拉列表框中选择“自定义”，然后参照图 8-14 所示设置光子图的相关参数。

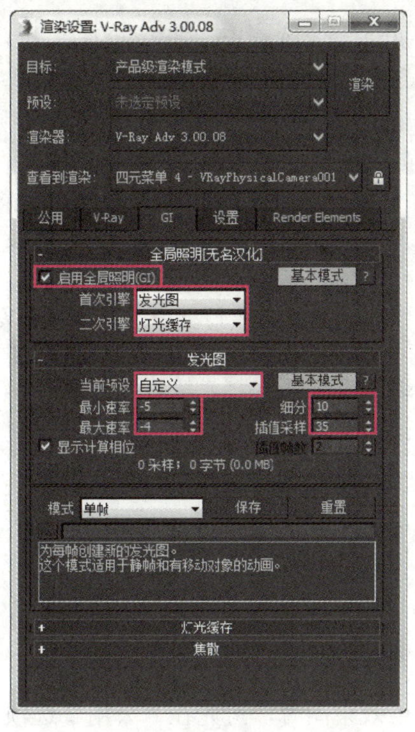

图 8-14　设置全局灯光效果和光子图的参数

GI是Indirect Illumination的缩写，中文就是“间接照明”的意思。间接照明技术模拟了现实世界中光在面与面之间反射的特性，从而渲染出更真实的图像。“GI”选项卡中各卷展栏的功能如下：

“全局照明”卷展栏：用于设置光线的反弹效果，即间接照明。不勾选“启用全局照明”复选框，渲染出的效果图为直接照明效果；勾选后可得到间接照明效果，此时，光线会在物体与物体间互相反弹，从而使得图像更加真实。

“发光图”卷展栏：用于场景中发光图的设置，是一种常用的全局照明引擎，只存在于首次反弹引擎中，各选项的功能如下。

① “当前预设”下拉列表框：用于设置发光图的预设类型。其中，“低”和“非常低”选项主要用于预览模式；“中”选项用于场景中不需要太多细节的情况；“高”和“非常高”选项主要用于有大量细小的细节或复杂场景的情况。

② “最小速率”文本框：用于确定GI首次传递的分辨率。“0”意味着使用与最终渲染图像相同的分辨率；“-1”意味着使用最终渲染图像一半的分辨率。在计算大区域的GI时，为了加快计算速度，一般会将其设为负值。

③ “最大速率”文本框：用于确定GI的最终分辨率，主要控制场景中细节较多、弯曲较大的物体表面，或物体相交处表面的质量。常用值为0～-4。

④ “细分”文本框：用于模拟光线的数量。该值越大，光线越多，样本的精度也越高，渲染的品质也越好，但渲染时间会增加。

⑤ “插值采样”文本框：该参数用于对效果图进行模糊处理，较大的值可以得到比较模糊的效果，较小的值可以得到比较锐利的效果。

“灯光缓存”卷展栏：用于设置灯光缓存的样本数量和采样大小。细分值越大，样本总数越多，渲染效果越好，但渲染速度也会变慢。样本总数越多，且采样值越小时，可以得到更多细节。

“焦散”卷展栏：主要用于制作光线照射到钻石、水面等表面时所发生的焦散效果。

步骤 4▶ 展开“GI”选项卡中的“灯光缓存”卷展栏，采用默认的细分值和采样大小，单击对话框右上角的“渲染”按钮进行试渲染。如果试渲染的效果图没有噪点，且灯光效果合适，可在对话框的“公用”选项卡中将效果图的尺寸设置得大一些，然后在“渲染输出”设置区中选中“保存文件”复选框，并利用其后的“文件”设置效果图的名称、类型和存储路径，最后进行渲染即可。

案例总结

在使用 VRay 渲染器渲染效果图时，可先在“公用”选项卡中将效果图的尺寸设置得小些，以节约试渲染的时间。另外，一般情况下，还需要在“V-Ray”选项卡中进行抗锯齿设置。必要时还需要在“GI”选项卡中进行全局照明设置。

为了模拟出真实物体表面的属性，达到以假乱真的效果，在使用 VRay 渲染器渲染效果图时，应了解“V-Ray”和“GI”选项卡中常用选项的功能。

案例 4　渲染书房效果——渲染并调用光子图

当要渲染的效果图尺寸比较大或场景比较复杂时，其效果图的渲染速度会非常慢。为此，可先渲染出尺寸较小的光子图，然后再调用小尺寸的光子图进行最终渲染。这样，就可以节省计算全局光的过程，从而提高渲染速度。

下面，通过渲染输出图 8-15 所示的书房效果图，来讲解渲染光子图及调用光子图的具体操作方法。

制作思路

先在“公用”选项卡中设置光子图的尺寸，然后在“V-Ray”选项卡中设置图像采样器的类型，然后在“GI”选项卡中进行光子的相关参数设置，并保存光子图文件。渲染光子图后，将该图调入当前文件中，然后设置最终效果图的尺寸、图像采样器的类型及图像过滤器等。

图 8-15　书房渲染效果图

制作步骤

步骤 1▶　打开本书配套素材“素材与实例”>“第 8 章”>“渲染并调用光子图”文件夹>“渲染并调用光子图.max”文件。按【F10】键打开“渲染设置：默认扫描线渲染器”对话框。在该对话框的“渲染器”下拉列表框中选择“V-Ray Adv 3.00.08”渲染器，然后将效果图的尺寸设为“720×405”。

提　示

为了提高光子图的渲染速度，光子图的尺寸可以比效果图的尺寸小一些。但是，一般情况下，尽量不要小于最终效果图尺寸的 1/4。

步骤 2▶　跑光子时不需要渲染最终的图像，所以应选择“V-Ray”选项卡，然后在“全局开关”卷展栏中勾选“不渲染最终的图像”复选框；在“图像采样器（抗锯齿）”卷展栏的“类型”下拉列表框中选择“固定”选项，并不勾选“图像过滤器”复选框，如图 8-16 所示。

步骤 3▶　选择“GI”选项卡，然后勾选“全局照明”卷展栏中的“启用全局照明”复选框，采用默认的首次引擎和二次引擎；在“发光图”卷展栏中的“当前预设”下拉列表框中选择“中”，然后参照图 8-17 设置光子图的相关参数。在“模式”下拉列表框中选择用于渲染静帧图像的“单帧”选项。

步骤 4▶　单击“发光图”卷展栏中的“基本模式”按钮，使其变成“高级模式”按钮，依次勾选“不删除”复选框右侧的“自动保存”和“切换到保存的贴图”复选框，再单击其下的“浏览”按钮...，在打开的对话框中设置光子图的名称和存储路径，如图 8-18 所示。最后单击“保存”按钮。此时，“发光图”卷展栏如图 8-19 所示。

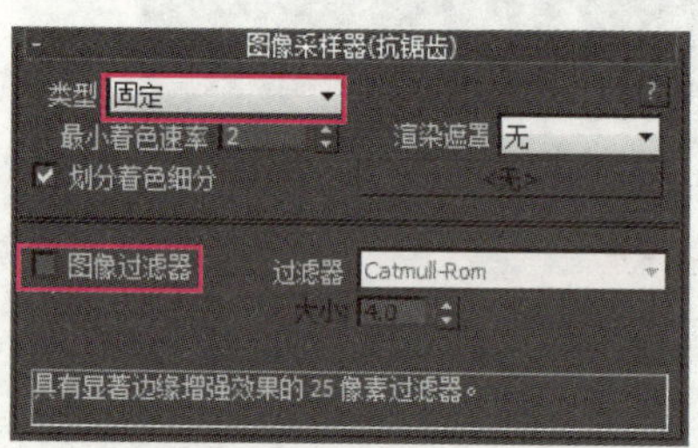

图 8-16　设置图像采样器的类型

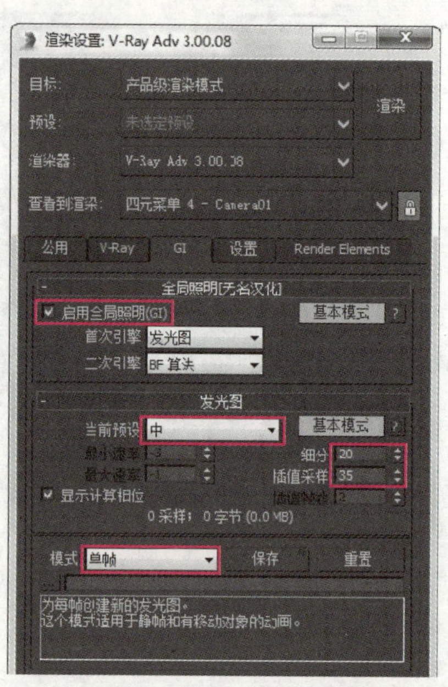

图 8-17　设置全局灯光效果和光子图的参数

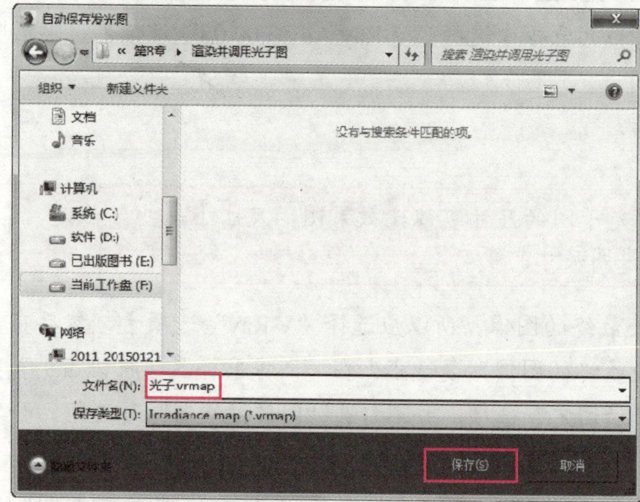

图 8-18　设置光子图的名称及存储路径

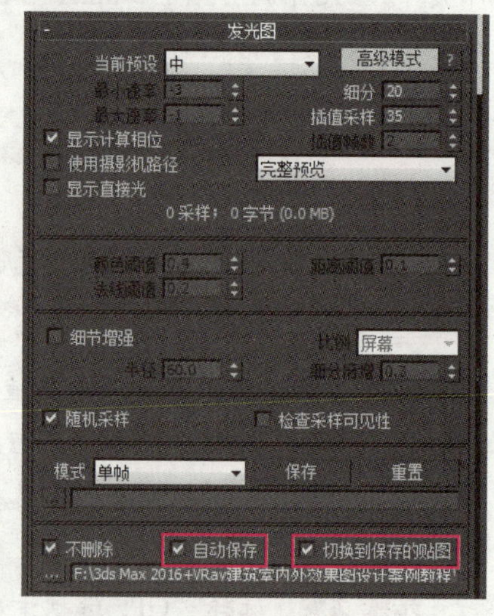

图 8-19　“发光图”卷展栏

图 8-19 所示“发光图”卷展栏中“检查采样可见性”“不删除”“自动保存”和“切换到保存的贴图”复选框的功能如下：

“检查采样可见性”复选框：在灯光通过比较薄的物体时，很有可能会产生漏光现象，勾选该复选框就可以解决这一问题，但是渲染时间会长一些。因此，在不会漏光时，

一般不需要选中该复选框。

“不删除”复选框：当光子图渲染完成后，不将该图从内存中删除。

“自动保存”复选框：选中该复选框后，渲染完成后的光子图将会自动保存在硬盘中。

“切换到保存的贴图”复选框：选中该复选框后，待渲染结束时会弹出“加载发光图”对话框。此时可手动加载已经渲染的光子图。

步骤 5▶ 单击对话框右上角处的“渲染”按钮进行渲染，渲染完成后弹出“加载发光图”对话框。选中已渲染的“光子.vrmap”文件，然后单击“打开”按钮，即可加载已渲染的光子图。

步骤 6▶ 选择对话框中的“公用”选项卡设置最终效果图的大小，如选择“1920×1080”按钮，然后在“渲染输出”设置区中选中“保存文件”复选框，并利用其后的“文件”设置效果图的名称、类型和存储路径。

步骤 7▶ 选择“V-Ray”选项卡，不勾选“全局开关”卷展栏中的“不渲染最终的图像”复选框，然后在“图像采样器（抗锯齿）”卷展栏的“类型”下拉列表框中选择“自适应细分”采样器，并选择抗锯齿能力强的“Catmull-Rom”过滤器，如图 8-20 所示。最后单击“渲染”按钮即可。

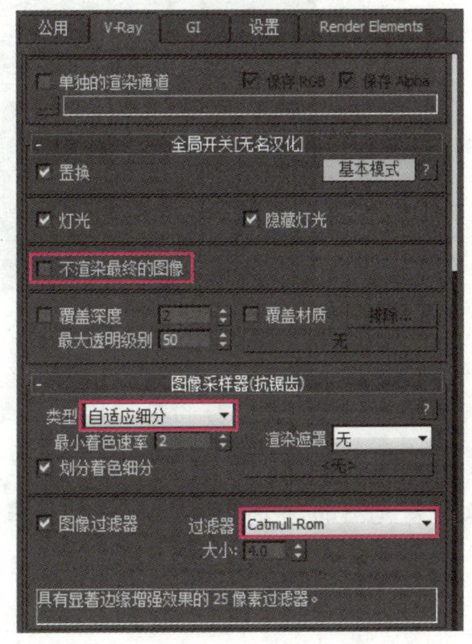

图 8-20　设置图像采样器和过滤器的类型

案例总结

在渲染光子图时，为了提高渲染速度，可将图像采样器设为最简单的“固定”模式，且不设置图像过滤器。另外，将光子图的尺寸设置得小些，也可以提高渲染速度。渲染完成后，一定要将渲染的最终光子图重新加载到文件中，并根据最终效果图要求设置图像尺寸、采样器及图像过滤器等参照。

值得注意的是，在渲染光子图时，一定要勾选图 8-20 所示的“不渲染最终的图像”复选框；而在渲染最终的效果图时，一定不要勾选该复选框。

本章实训

实训 1　渲染室外夜景效果图

利用本章所学知识渲染图 8-21 所示的效果图。

图 8-21　室外夜景渲染效果图

提示：该场景中楼房的轮廓比较清楚，因此应选择边缘效果显著增强的“Catmnll-Rom”图像过滤器。此外，由于该场景的环境灯仅为一个 VR-灯光，因此还需要设置间接照明，建议将发光图的细分值设为 10，插值采样值设为 35。

实训 2　渲染客厅效果图

利用本章所学的渲染并调用光子图的知识渲染图 8-22 所示的效果图。

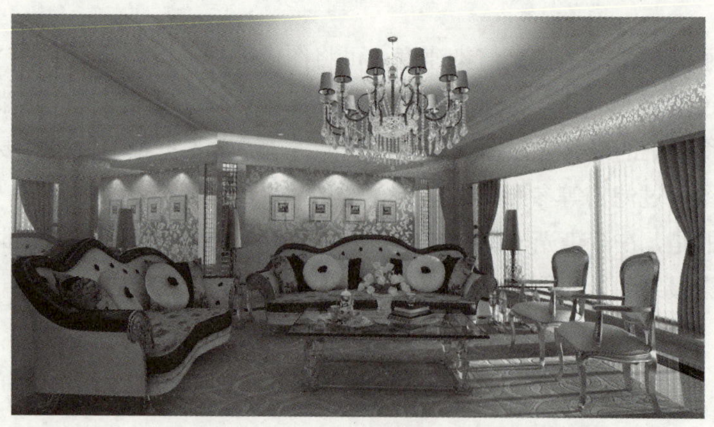

图 8-22　客厅渲染效果图

提示：由于该场景中的元素较多，为了使效果图更加清楚，可将效果图渲染得更大些。为此，需先渲染光子图，然后再调用光子图。设置光子图时，可将首次引擎和二次引擎分别设为发光图和灯光缓存，将细分值设为 50，将插值采样设为 40。渲染最终效果图时，可将图像过滤器设为“Mitchell-Netravali”，使得物体的轮廓在模糊与圆环化和各向异性之间交替使用。

本章小结

本章主要介绍了 3ds Max 中的默认扫描线渲染器和 Vary 渲染器。通过本章内容的学习，应重点掌握以下知识。

- 利用【F9】键或工具栏中的“渲染产品”按钮可快速渲染效果图，且效果图的尺寸大小、所选用的渲染器及间接照明效果等设置均与该文件中的设置有关，可按【F10】键在打开的对话框中查看这些设置。
- 默认扫描线渲染器是 3ds Max 的默认渲染器，它是逐行进行扫描渲染的，其渲染速度相对其他渲染器较快，但渲染效果相对较差。但是，如果要渲染的场景中使用了 VRay 灯光或 VRay 材质，则只能使用 VRay 渲染器进行渲染。
- 使用 VRay 渲染器渲染不太复杂的场景图时，一般需要在“V-Ray”选项卡中设置图像采样器的类型，必要时还需要在“GI”选项卡中设置间接照明效果。
- 使用 VRay 渲染器渲染场景图时，可根据要渲染的场景的复杂程度及效果图的尺寸确定是否需要将光子图与效果图分开渲染。如果分开渲染，则在渲染生成光子图后，在渲染效果图时，“GI”选项卡中的所有设置将失效。

第 9 章　效果图制作实战——室内装饰物制作

室内装饰物在室内效果图中扮演着非常重要的角色，它可以丰富效果图的环境，彰显设计品味，还可以增加效果图的层次感。常见的室内装饰物包括装饰画、装饰花瓶和盆景等，本章将通过案例介绍这些装饰物模型的创建方法。

学习目标

- 掌握地球仪模型的创建方法。
- 掌握装饰花瓶模型的创建方法。
- 掌握盆景模型的创建方法。

实战 1　制作地球仪模型

在制作效果图时，通常会在桌面上摆放饰品，以使桌面更有层次。地球仪是书桌上常见的饰品之一，下面通过一个案例介绍制作地球仪模型的方法，如图 9-1 所示。

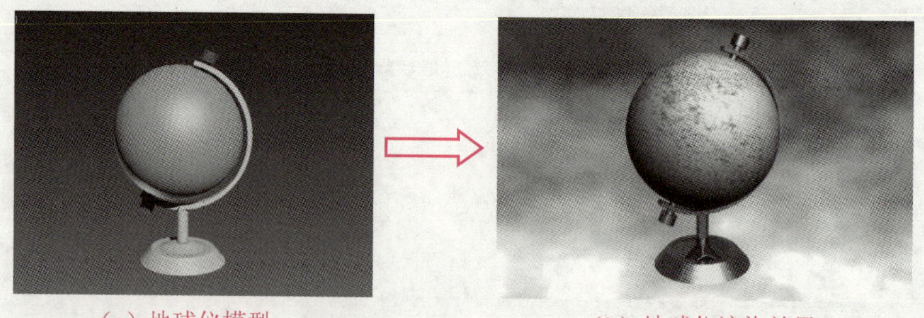

（a）地球仪模型　　（b）地球仪渲染效果

图 9-1　制作地球仪模型

制作思路

首先创建一个球体，作为地球仪中的地球；然后创建 3 个圆柱体和一个管状体，并调

整它们的位置，制作地球仪的转轴和支架；最后创建两个圆锥体和一个圆柱体，并调整其位置，作为地球仪的底座和支柱。

制作步骤

步骤 1▶　使用“球体”按钮在透视图中创建一个球体，并在“参数”卷展栏中设置其参数，如图 9-2 所示。

步骤 2▶　使用“圆柱体”按钮在透视图中创建一个圆柱体，并在“参数”卷展栏中设置其参数，然后在各视图中调整圆柱体的位置，使其穿过球体的轴点，作为地球仪的转轴，如图 9-3 所示。

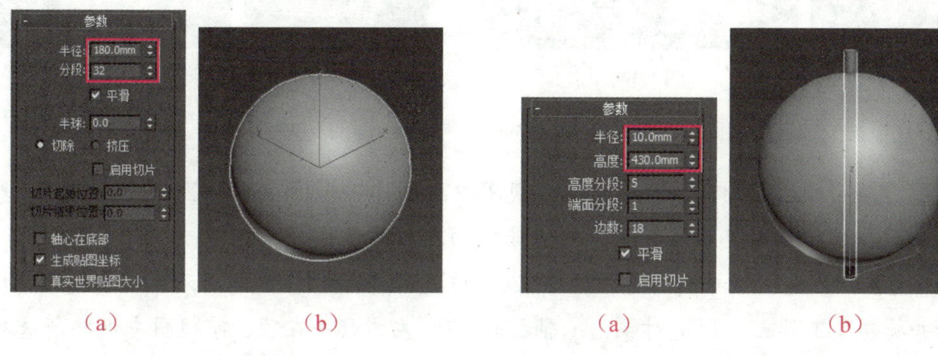

（a）　（b）　（a）　（b）

图 9-2　创建球体　　图 9-3　创建圆柱体并调整其位置

步骤 3▶　使用“圆柱体”按钮在透视图中再创建一个圆柱体，设置其参数，并调整其位置，作为地球仪转轴上端的螺母。在前视图中将上端的螺母沿 y 轴复制一份，并调整其位置，作为转轴下端的螺母，如图 9-4 所示。

步骤 4▶　使用“管状体”按钮在前视图中创建一个管状体，然后在“参数”卷展栏中设置其参数，再调整管状体的位置，作为地球仪的半环形支架，如图 9-5 所示。

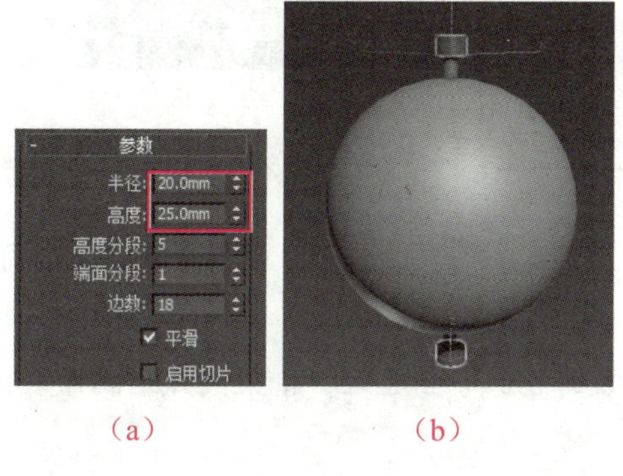

（a）　（b）

图 9-4　制作地球仪转轴上端和下端的螺母

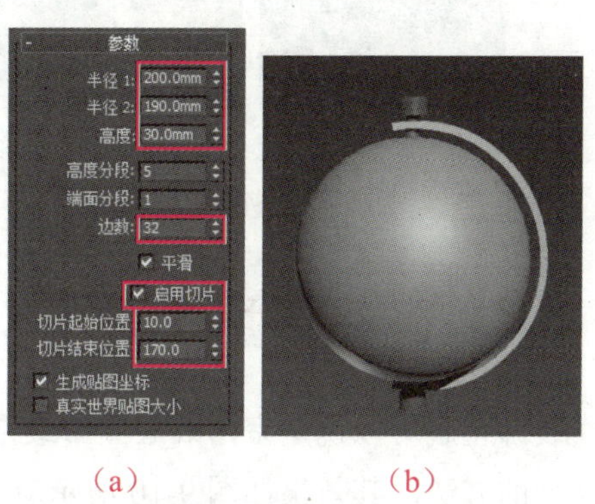

（a）　（b）

图 9-5　制作地球仪的半环形支架

步骤 5▶ 使用“圆锥体”按钮在透视图中创建一个圆锥体，然后在“参数”卷展栏中设置其参数，如图 9-6 所示。

步骤 6▶ 在透视图中将圆锥体沿 z 轴复制一份，并在“参数”卷展栏中修改圆锥体副本的参数，然后在视图中调整圆锥体副本的位置，如图 9-7 所示。

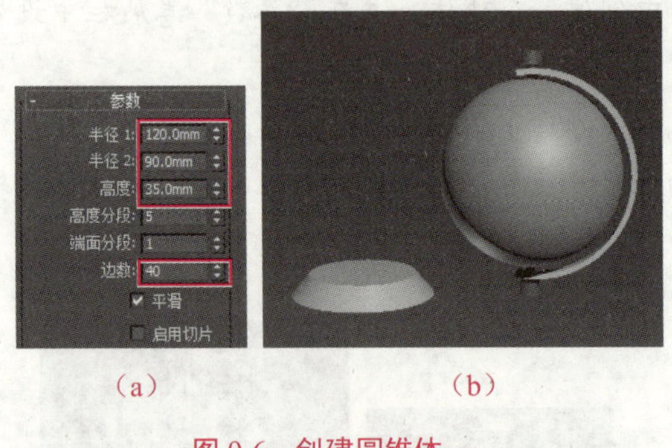

（a）　（b）

图 9-6　创建圆锥体

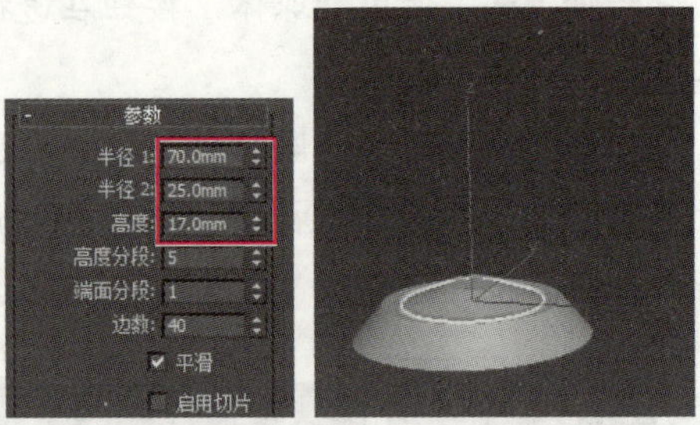

（a）　（b）

图 9-7　复制并调整圆锥体

步骤 7▶ 使用“圆柱体”按钮在透视图中再创建一个圆柱体，然后在“参数”卷展栏中设置其参数，并调整其位置，作为地球仪的支柱，如图 9-8 所示。

步骤 8▶ 在透视图中同时选中地球仪的地球、转轴、上下端螺母和半环形支架，使用“选择并旋转”工具将所选对象沿 y 轴旋转 23° 左右，并在顶、前视图中调整所选对象的位置，完成地球仪模型的创建，如图 9-9 所示。

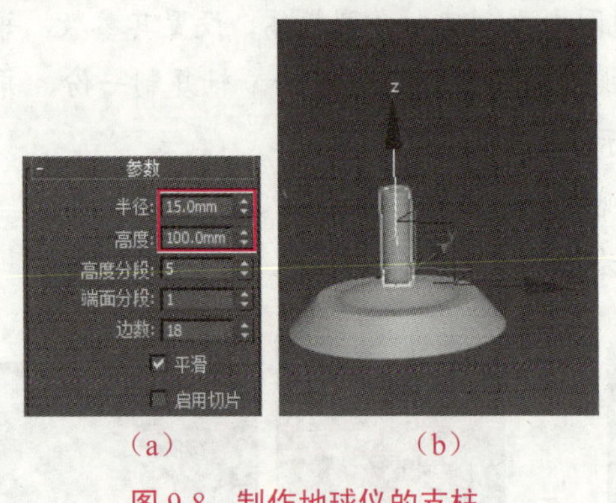

（a）　（b）

图 9-8　制作地球仪的支柱

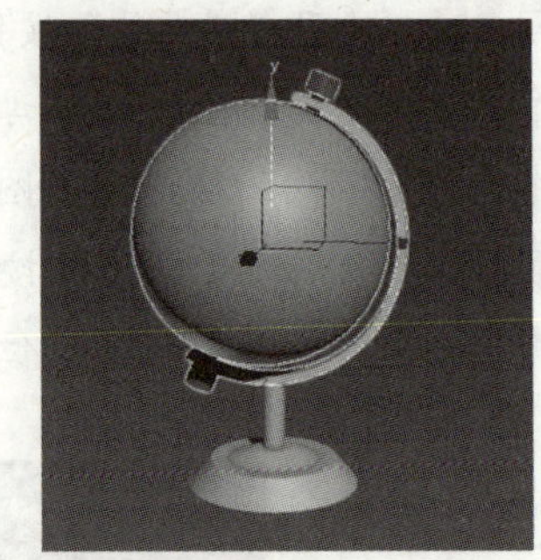

图 9-9　调整地球仪上半部的角度和位置

实战 2　制作装饰花瓶模型

装饰花瓶可以说是室内效果图中最常见的装饰物。下面通过一个案例介绍制作装饰花瓶模型的方法，其效果如图 9-10 所示。

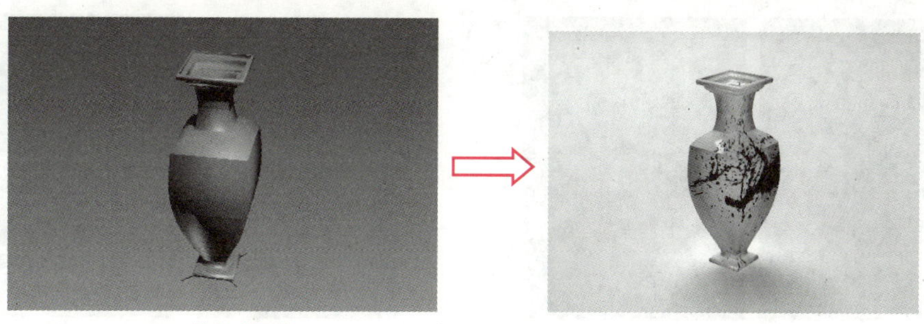

（a）花瓶模型　　（b）花瓶渲染效果

图 9-10　制作装饰花瓶模型

制作思路

首先使用“线”按钮创建花瓶的截面图形；然后为截面图形添加“车削”修改器；再调整“轴”子对象的位置；最后通过调整“轴”子对象的分段数，确定装饰花瓶的外观。

制作步骤

步骤 1▶ 选择“线”按钮，通过在前视图中连续单击，创建 9-11（a）所示的曲线线段。然后在“修改”面板中将线段的修改对象设为“顶点”子对象，然后将图 9-11（b）所示顶点的类型转换为“Bezier 角点”，再根据需要使用“选择并移动”工具调整各顶点的位置和调节杆，制作装饰花瓶的截面图形。

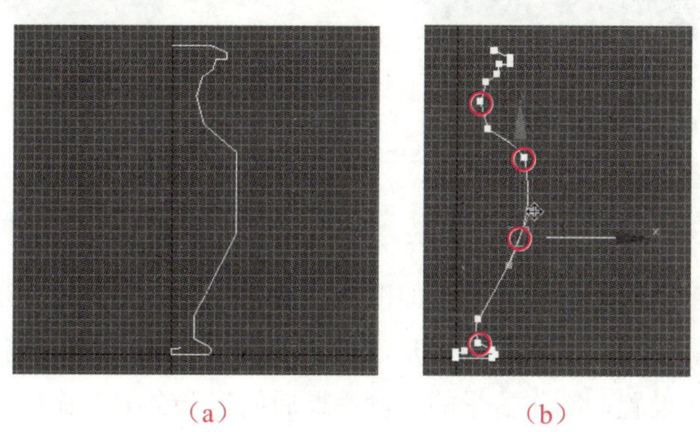

（a）　　（b）

图 9-11　创建曲线线段并调整顶点

步骤 2▶ 在“修改”面板中为截面图形添加“车削”修改器，然后将修改对象设为“轴”子对象，使用“选择并移动”工具在透视图中沿 x 轴移动“轴”子对象，调整装饰花瓶的外观，如图 9-12 所示。

步骤 3▶ 在“参数”卷展栏中将“分段”值设为 4，如图 9-13 所示。至此，案例就完成了。

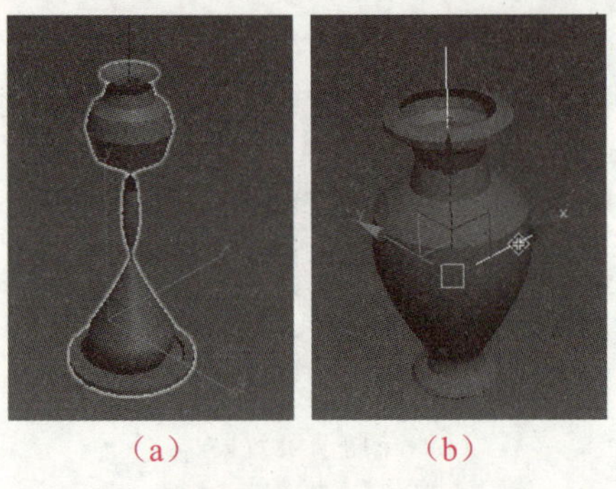

（a）　（b）

图 9-12　为截面图形添加“车削”修改器

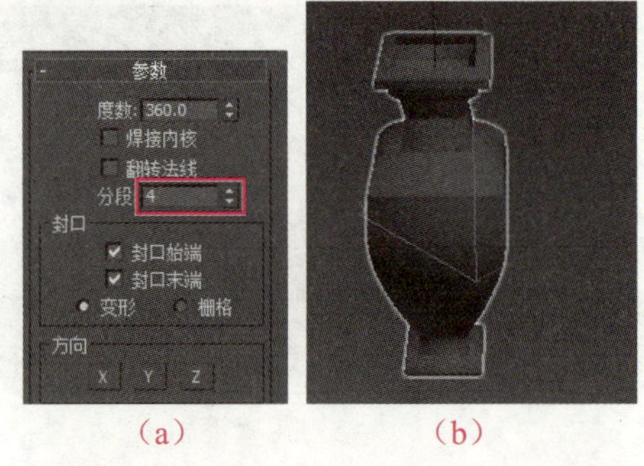

（a）　（b）

图 9-13　设置“车削”修改器的分段数

实战 3　制作盆景模型

在制作效果图时，适当地在场景中添加一两盆盆景，可以使效果图更具艺术气息。下面通过一个案例来介绍制作盆景模型的方法，其效果如图 9-14 所示。

（a）盆景模型　（b）盆景渲染效果

图 9-14　制作盆景模型

制作思路

首先使用“线”按钮创建花盆的截面图形，然后创建一个圆角矩形，并通过对截面图形进行放样创建花盆模型；再为圆角矩形添加“面挤出”“细分”“噪波”和“涡轮平滑”修改器，并进行相应设置，制作盆景的土壤；最后创建一个美洲榆模型，完成盆景模型的创建。

制作步骤

步骤 1▶ 选择“线”按钮，然后在前视图中创建图 9-15 所示的截面图形。

步骤 2▶ 利用“矩形”按钮在顶视图中创建一个圆角矩形，然后在“参数”卷展栏中设置其参数，如图 9-16 所示。

步骤 3▶ 选中视图中的截面图形，单击“几何体”创建面板“复合对象”分类下的

“放样”按钮，然后单击“创建方法”卷展栏中的“复制”单选钮，并单击“获取路径”按钮，再单击顶视图中的圆角矩形，如图 9-17 所示。

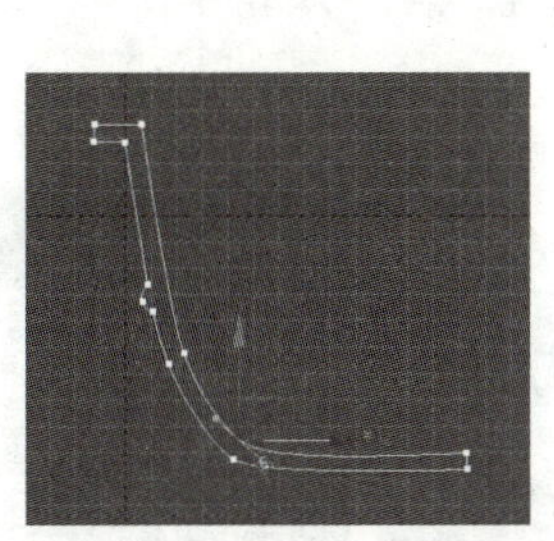

图 9-15　创建花盆截面图形

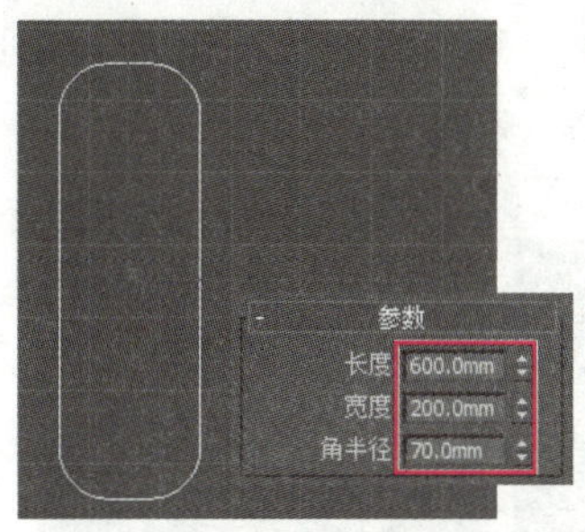

图 9-16　创建圆角矩形

步骤 4▶ 在“修改”面板的修改器堆栈中将放样对象的修改对象设为“图形”，然后使用“选择并移动”工具沿 x 轴调整截面图形的位置，调整花盆的外观，如图 9-18 所示。

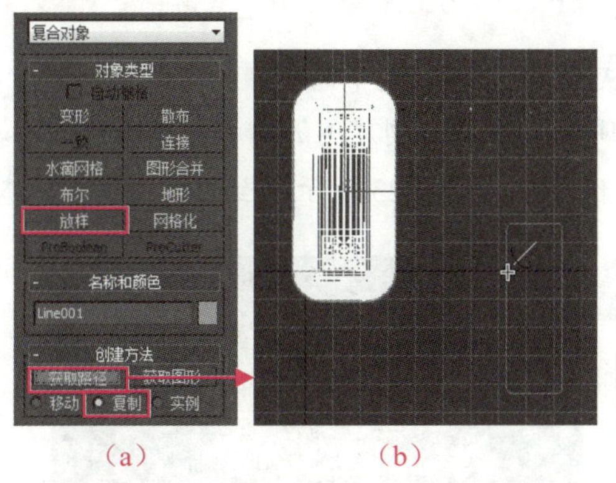

（a）　　（b）

图 9-17　对截面图形进行放样处理

图 9-18　调整花盆外观

步骤 5▶ 选中顶视图中的圆角矩形，为其添加“面挤出”修改器，并在“参数”卷展栏中将“比例”设为 300。将圆角矩形移至花盆上方，并进行适当缩放，作为土壤，如图 9-19 所示。

步骤 6▶ 为土壤模型添加“细分”修改器，然后在“参数”卷展栏中将“大小”设为 45.5，如图 9-20 所示。

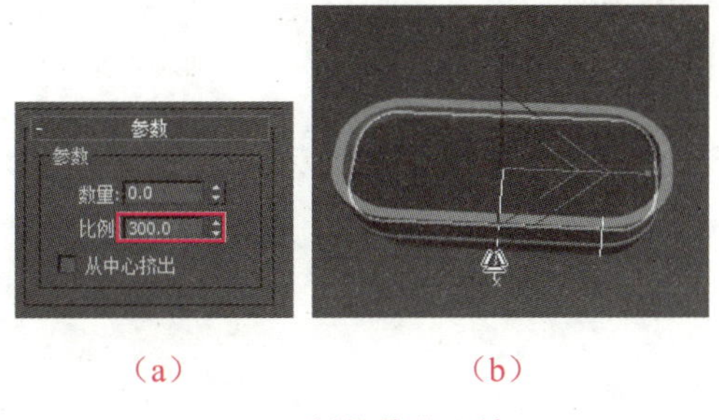

（a）　　（b）

图 9-19　制作花盆土壤

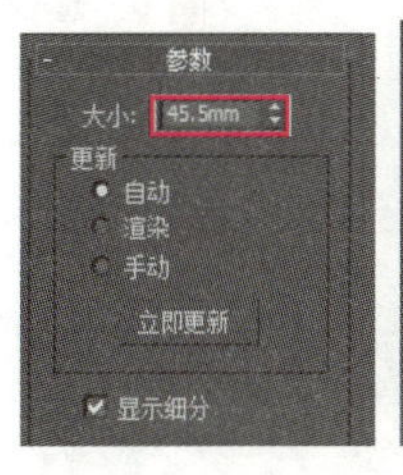

（a）　　（b）

图 9-20　为土壤模型添加“细分”修改器

步骤 7▶ 为土壤模型添加“噪波”修改器，在“参数”卷展栏中将“种子”设为 29，“比例”设为 50，再将“强度”选项区中的“Z”设为 50，如图 9-21 所示。

步骤 8▶ 为土壤模型添加“涡轮平滑”修改器，在“涡轮平滑”卷展栏中将“迭代次数”设为 2，如图 9-22 所示。

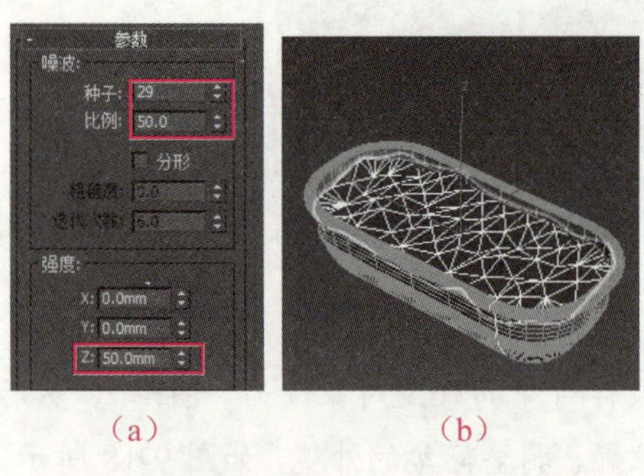

（a） （b）

图 9-21 为土壤模型添加“噪波”修改器

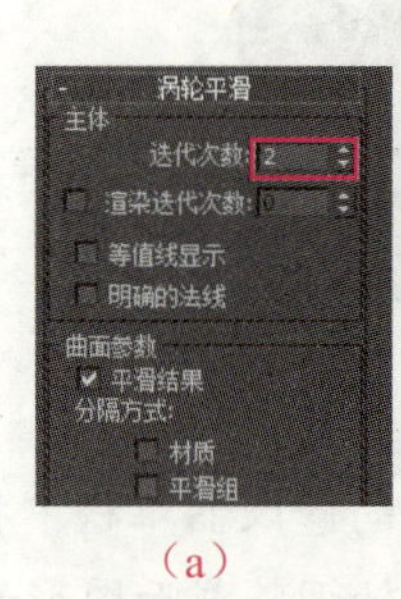

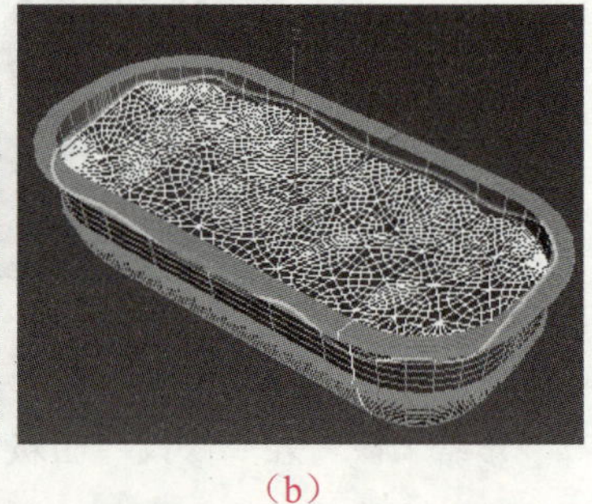

（a） （b）

图 9-22 为土壤模型添加“涡轮平滑”修改器

步骤 9▶ 单击“几何体”创建面板“AEC 扩展”分类下的“植物”按钮，在“收藏的植物”卷展栏中选择“美洲榆”，然后在顶视图中单击创建美洲榆模型，并在“参数”卷展栏中设置其参数，再调整美洲榆模型的位置，如图 9-23 所示。至此，案例就完成了。

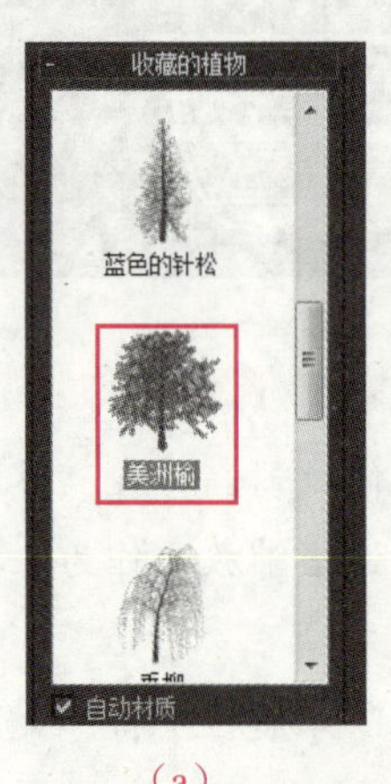

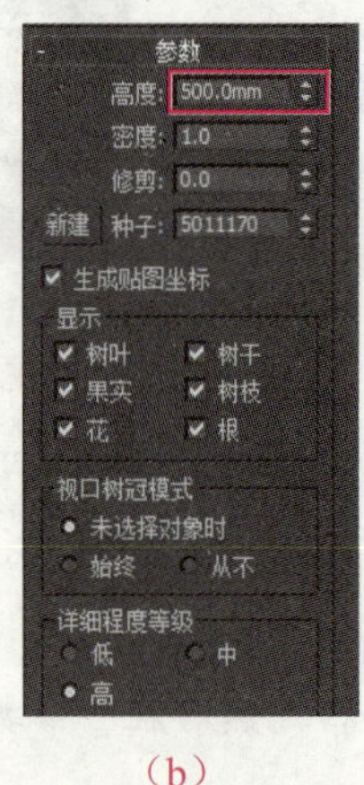

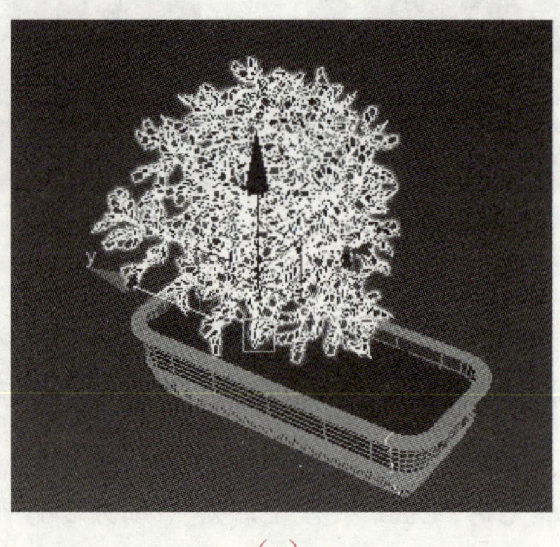

（a） （b） （c）

图 9-23 创建美洲榆模型

第 10 章　效果图制作实战
——室内灯具制作

灯具是室内效果图中必不可少的组成元素，不论是制作卧室、书房、客厅等居家场所的效果图，还是制作办公室、会议室、饭店、宾馆等公共场所的效果图，都能在其中找到室内灯具。根据外观和摆放位置的不同，室内灯具可分为吊灯、壁灯、落地灯、射灯和台灯等类型。本章将通过实例制作，介绍这些灯具模型的制作方法。

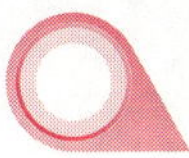

学习目标

- 掌握壁灯的创建方法。
- 掌握落地灯模型的创建方法。
- 掌握台灯模型的创建方法。

实战 1　制作壁灯模型

壁灯光线淡雅和谐，可把环境点缀得优雅、富丽。在制作卧室、阳台、楼梯和走廊的效果图时，经常会使用壁灯模型。下面通过一个案例介绍制作壁灯模型的方法，其效果如图 10-1 所示。

（a）壁灯模型　　（b）壁灯渲染效果

图 10-1　制作壁灯模型

制作思路

创建一个长方体，并对其进行切角处理，作为壁灯与墙体的固定部位；然后创建几条具有厚度的线段，制作壁灯的支架；再创建灯托的截面图形，并对其进行车削处理，制作壁灯的灯托；接着创建长方体，并利用“晶格”修改器制作壁灯的灯罩；最后将灯托和灯罩各复制一份，完成壁灯模型的制作。

制作步骤

步骤 1▶ 在前视图中创建一个长方体，并在“参数”卷展栏中设置其参数，如图 10-2 所示。

步骤 2▶ 为长方体添加“编辑多边形”修改器，然后在按住【Ctrl】键的同时，在前视图中单击选择长方体正面的 4 条边线，如图 10-3 所示。

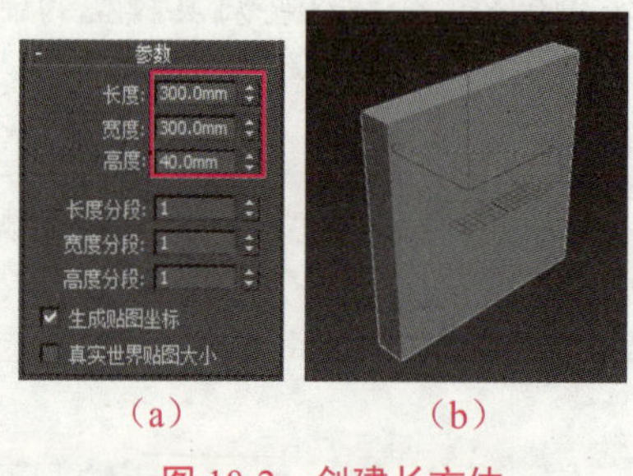

（a）　（b）

图 10-2　创建长方体

图 10-3　选择长方体的边线

步骤 3▶ 单击“编辑边”卷展栏中“切角”按钮右侧的“设置”按钮▣，将切角数量设为 10，如图 10-4 所示。

步骤 4▶ 使用“线”按钮在顶视图中创建一条直线段，然后在“渲染”卷展栏中进行设置，并在前视图中调整其位置，如图 10-5 所示。

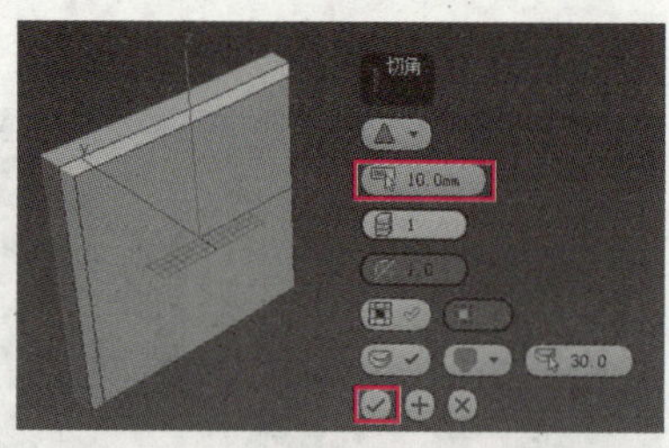

图 10-4　对边线进行切角处理

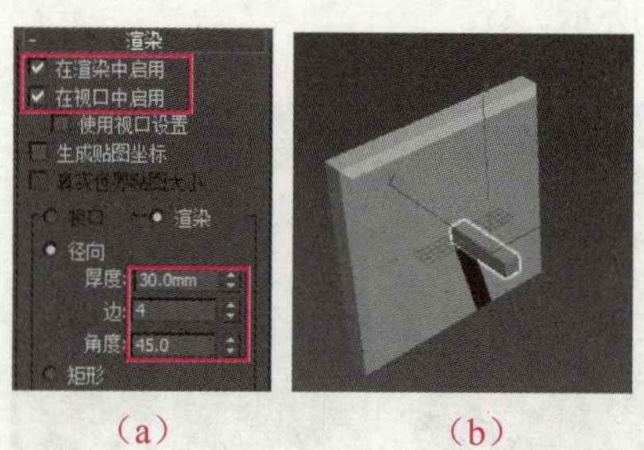

（a）　（b）

图 10-5　创建直线段并设置渲染参数

步骤 5▶ 使用“线”按钮在顶视图中创建一条图 10-6（a）所示的折线线段，再在前视图中创建一条图 10-6（b）所示的直线线段，并在顶视图中调整其位置，透视图中的最终效果如图 10-6（c）所示。

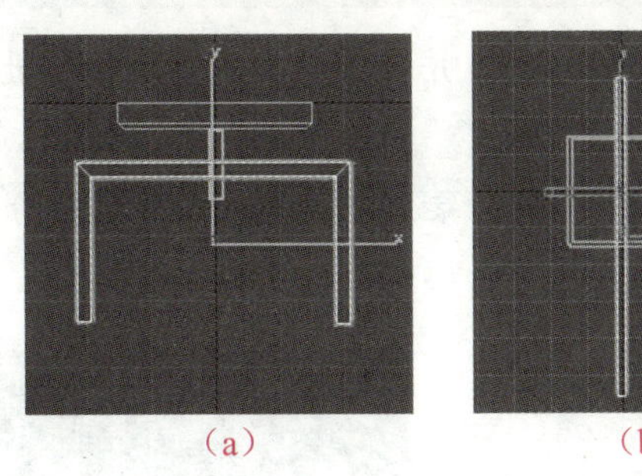
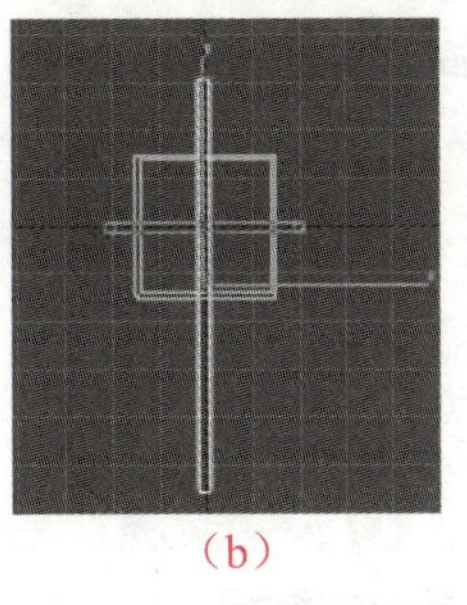
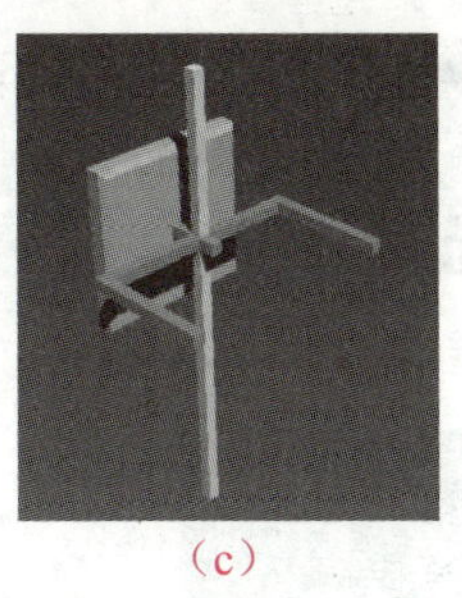

（a）　　（b）　　（c）

图 10-6　创建折线和直线线段

步骤 6▶ 选择“线”按钮，取消勾选“渲染”卷展栏中的“在渲染中应用”和“在视图口中应用”复选框，并在前视图中创建图 10-7（a）所示的截面图形；然后为其添加“车削”修改器，并在前视图中调整“轴”子对象的位置，制作壁灯的灯托，如图 10-7（b）所示；再在顶视图中调整灯托的位置，如图 10-7（c）所示。

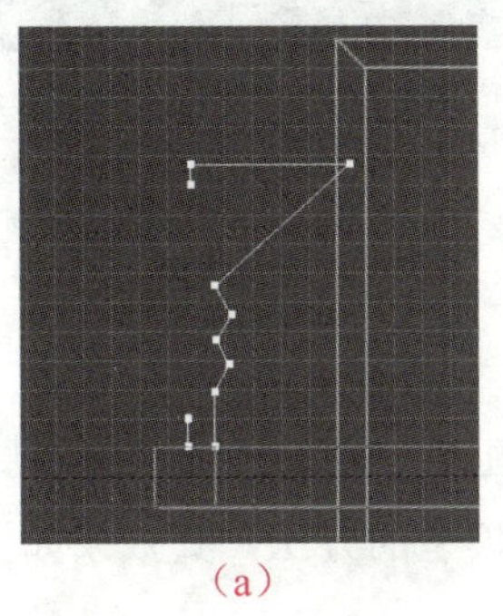
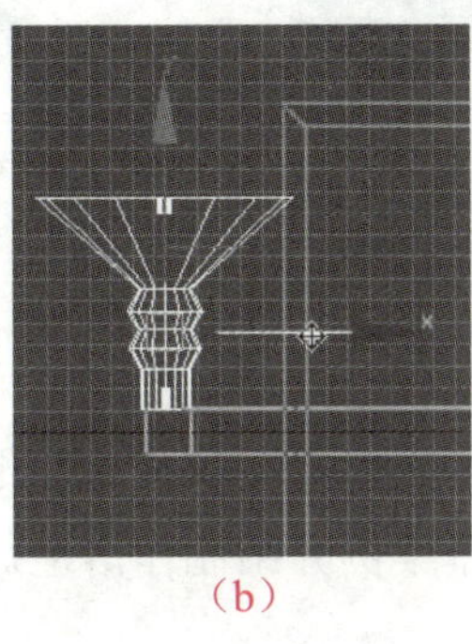
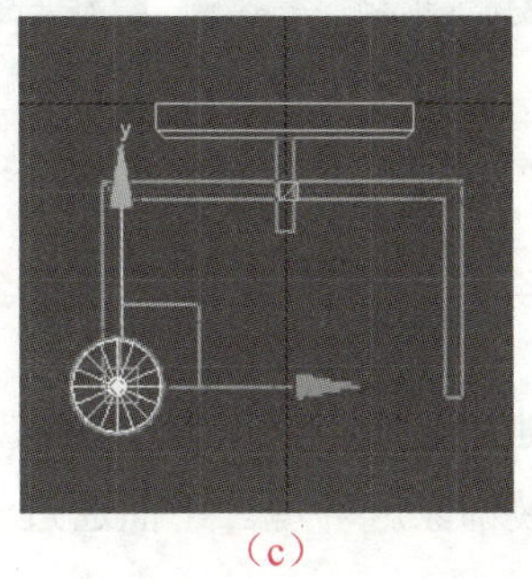

（a）　　（b）　　（c）

图 10-7　制作壁灯的灯托

步骤 7▶ 在前视图中创建一个长方体，并在“参数”卷展栏中设置其参数，然后在各视图中调整长方体的位置，如图 10-8 所示。

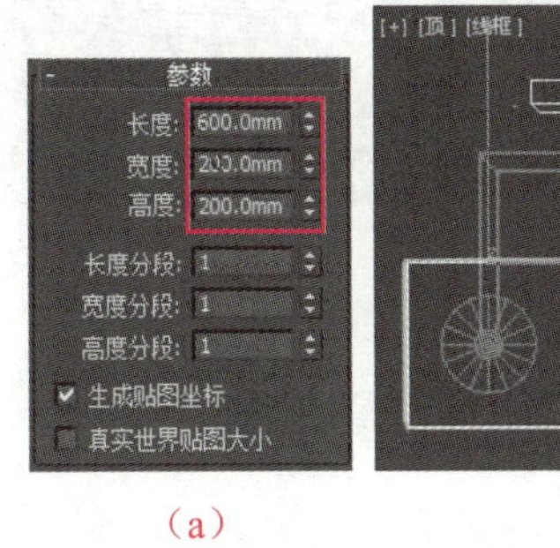

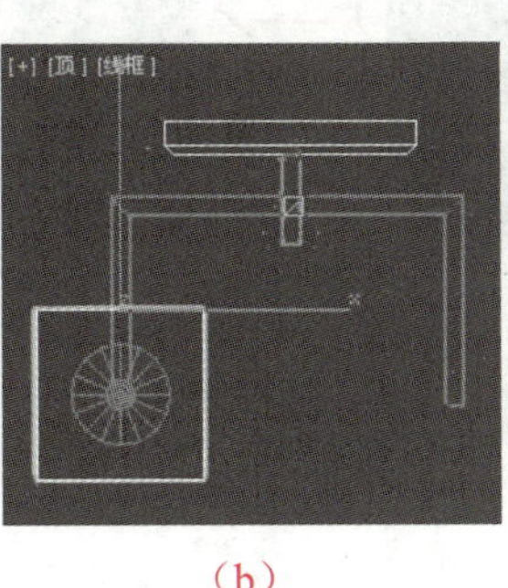

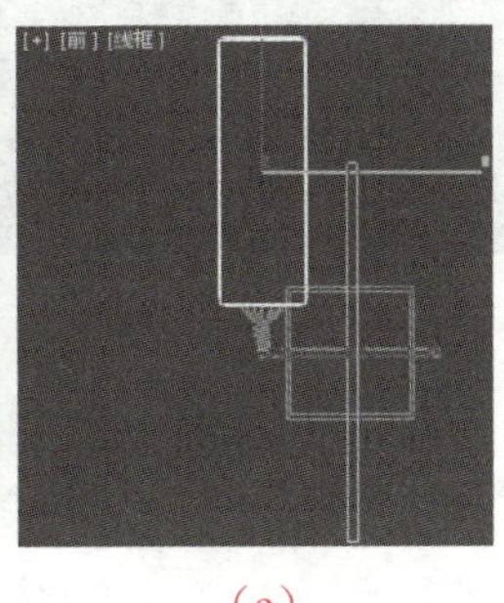

（a）　　（b）　　（c）

图 10-8　创建并调整长方体

步骤 8▶ 选中步骤 7 创建的长方体，利用快捷键【Ctrl+C】和【Ctrl+V】，将其在原位复制克隆一份。

步骤 9▶ 为长方体副本添加“晶格”修改器，并在“参数”卷展栏中进行设置，如图 10-9 所示，制作壁灯的灯罩。

步骤 10▶ 在前视图中框选灯托和灯罩(3 个对象)，然后沿 x 轴复制一份，如图 10-10 所示。至此，案例就完成了。

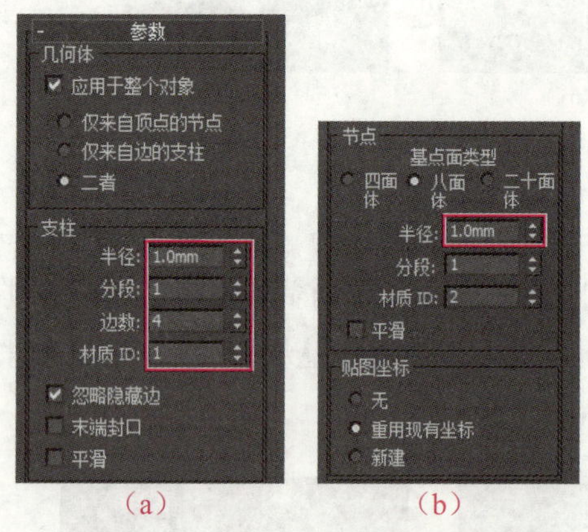

（a） （b）

图 10-9 设置“晶格”修改器参数

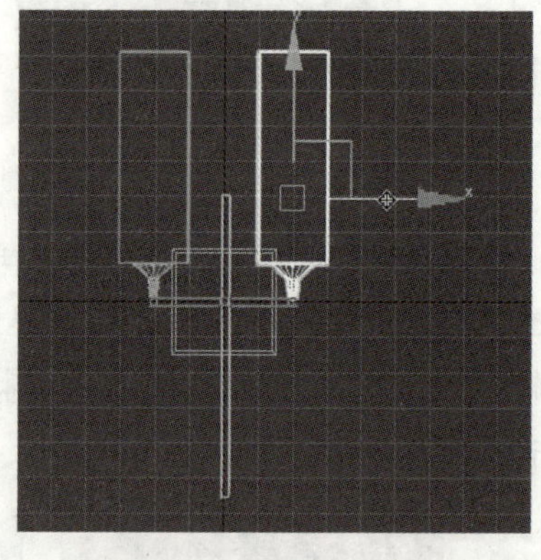

图 10-10 复制灯托和灯罩

实战 2 制作落地灯模型

落地灯一般布置在客厅和休息区域里，与沙发、茶几配合使用，以满足房间局部照明需要，装饰家庭环境。下面通过一个案例介绍制作落地灯模型的方法，其效果如图 10-11 所示。

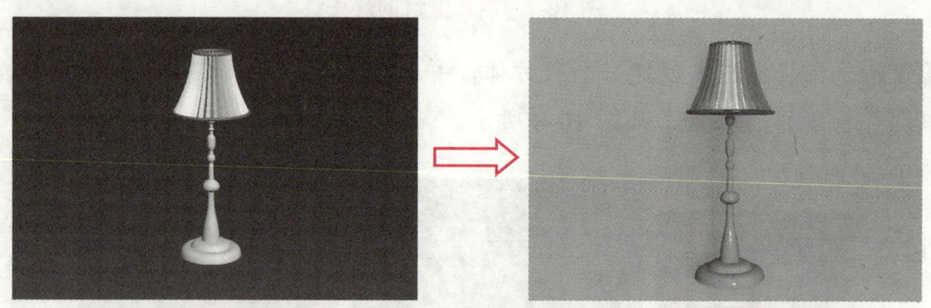

（a）落地灯模型 （b）落地灯渲染效果

图 10-11 制作落地灯模型

制作思路

先创建落地灯底座和灯杆的截面图形，并为其添加“车削”修改器，然后将车削对象中的灯泡分离；在顶视图中创建星形图形，并为其添加“挤出”和“锥化”修改器，作为落地灯的灯罩；最后在灯罩上方和下方创建圆环，作为灯罩的包边完成落地灯模型的制作。

制作步骤

步骤 1▶ 使用“线”按钮在前视图中创建图 10-12（a）所示的截面图形；然后为截面图形添加“车削”修改器，并将“分段”设为 40，如图 10-12（b）所示；最后使用“选择并移动”工具在前视图中调整“轴”子对象的位置，完成落地灯底座和灯杆的制作，如图 10-12（c）所示。

步骤 2▶ 为车削对象添加“编辑多边形”修改器，然后在前视图中框选图 10-13（a）所示的多边形，并单击“编辑几何体”卷展栏中“分离”按钮右侧的“设置”按钮，在打开的“分离”对话框中的“分离为”文本框中输入“灯泡”，如图 10-13（b）所示。

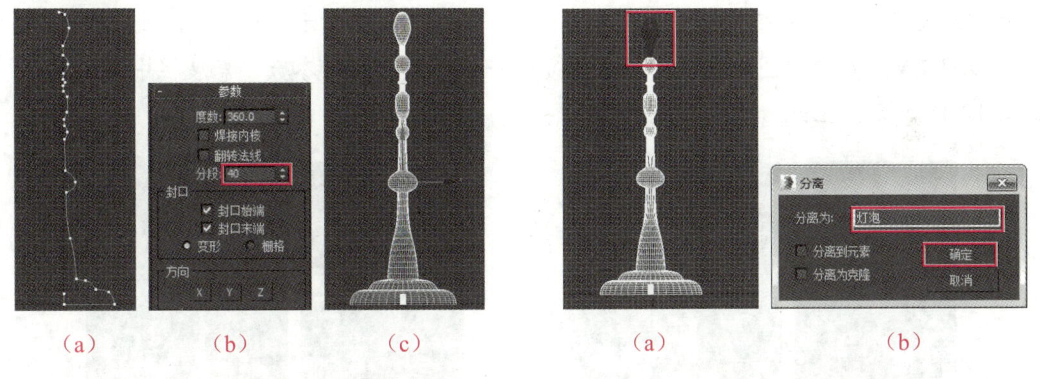

（a）（b）（c）　　（a）（b）

图 10-12　制作落地灯的底座和灯杆　　图 10-13　分离灯泡

步骤 3▶ 使用“星形”按钮在顶视图中创建一个星形图形，并在“参数”卷展栏中设置其参数，然后在顶视图中调整其位置，如图 10-14 所示。

步骤 4▶ 为星形图形添加“挤出”修改器，并在“参数”卷展栏中进行设置，如图 10-15 所示。

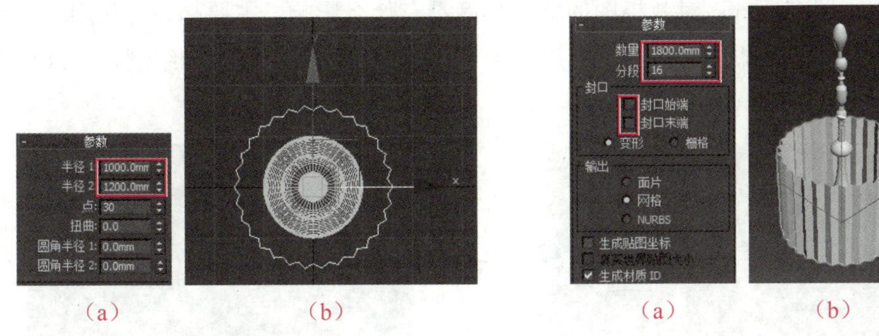

（a）（b）　　（a）（b）

图 10-14　创建星形图形　　图 10-15　为星形图形添加“挤出”修改器

步骤 5▶ 为星形图形添加“锥化”修改器，然后在“参数”卷展栏中设置“数量”和“曲线”选项的参数，如图 10-16 所示。

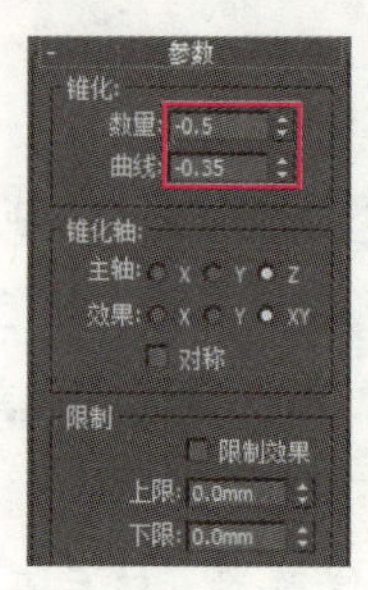

（a）　　（b）

图 10-16　为星形图形添加“锥化”修改器

步骤 6▶　在顶视图中创建一个圆环，使其圆心与星形的圆心对齐，并在“参数”卷展栏中设置其参数，再在前视图中调整其位置，如图 10-17 所示。

步骤 7▶　在前视图中将圆环沿 y 轴复制一份，然后在“参数”卷展栏中修改参数，如图 10-18 所示。至此，案例就完成了。

（a）　　（b）

图 10-17　创建并调整圆环

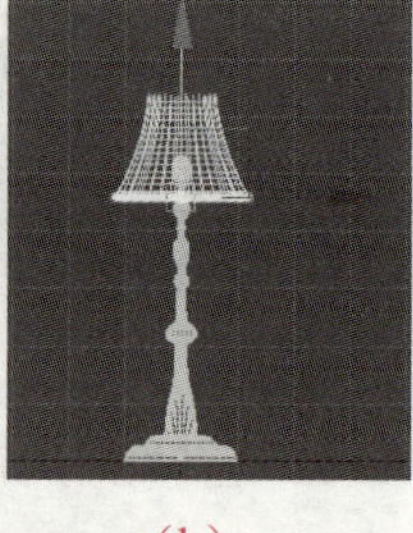

（a）　　（b）

图 10-18　复制并修改圆环参数

实战 3　制作台灯模型

台灯用于照亮局部，对效果图的整体亮度没有什么影响，主要起装饰作用。在制作床头、玄关和书房的效果图时，经常会用到台灯。下面通过一个案例介绍制作台灯模型的方法，如图 10-19 所示。

（a）台灯模型

（b）台灯渲染效果

图 10-19　制作台灯模型

制作思路

先在顶视图中创建一个圆形图形，并对其进行挤出和缩放顶点操作，作为台灯的灯罩；然后在顶视图中创建并复制圆环，作为灯罩的包边；在顶视图中创建一个球体，作为灯罩上的装饰；接着在顶视图中创建一个星形图形，并对其进行挤出和弯曲处理，作为台灯的支架；最后在顶视图中创建切角圆柱体，作为台灯的底座，完成台灯模型的制作。

制作步骤

步骤 1▶ 在顶视图中创建一个圆柱体，并在“参数”卷展栏中设置其参数，如图 10-20 所示。

步骤 2▶ 将圆柱体转换为可编辑多边形，并使用“选择并均匀缩放”工具在前视图中沿 xy 平面缩放圆柱体上方的顶点，如图 10-21 所示。

步骤 3▶ 在透视图中选中可编辑多边形下方的多边形，并按【Delete】键将其删除，如图 10-22 所示。

图 10-20　圆柱体参数

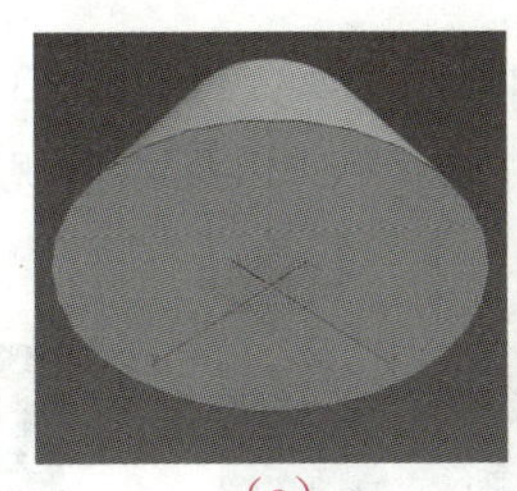

图 10-21　缩放顶点

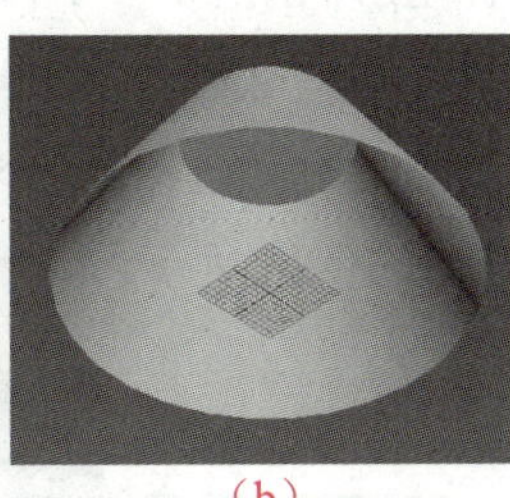

（a）　（b）

图 10-22　删除多边形

步骤 4▶ 在顶视图中创建一个圆环，并在“参数”卷展栏中设置其参数，再使其圆心在顶视图中与圆柱体的圆心重合，然后在前视图中调整其位置，如图 10-23 所示。

步骤 5▶ 在前视图中将圆环沿 y 轴复制一份，并在“参数”卷展栏中修改圆环副本的参数，如图 10-24 所示。

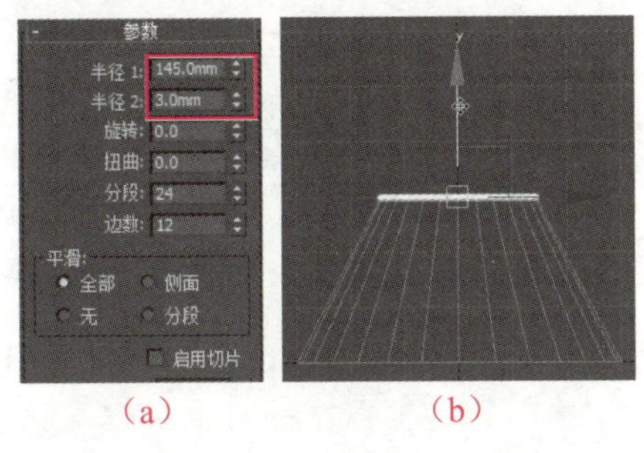

（a）　（b）

图 10-23　创建灯罩上方的包边

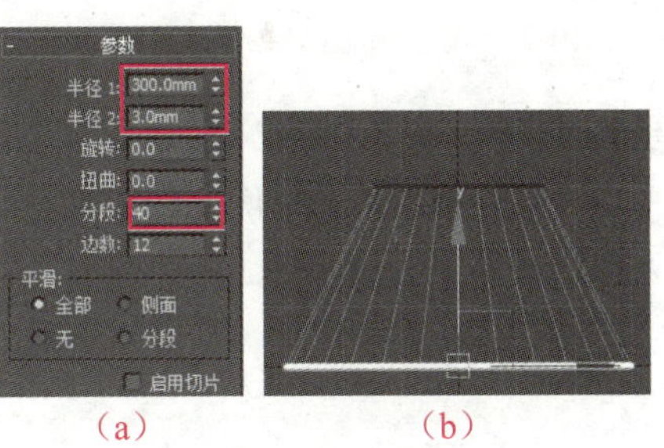

（a）　（b）

图 10-24　复制出灯罩下方的包边

步骤 6▶ 在顶视图中创建一个球体，并在“参数”卷展栏中设置其参数，再使其在顶视图中与圆柱体的圆心重合，然后在前视图中将其移至灯罩上方，如图 10-25 所示。

步骤 7▶ 在顶视图中创建一个星形图形，并在“参数”卷展栏中设置其参数，如图 10-26 所示。

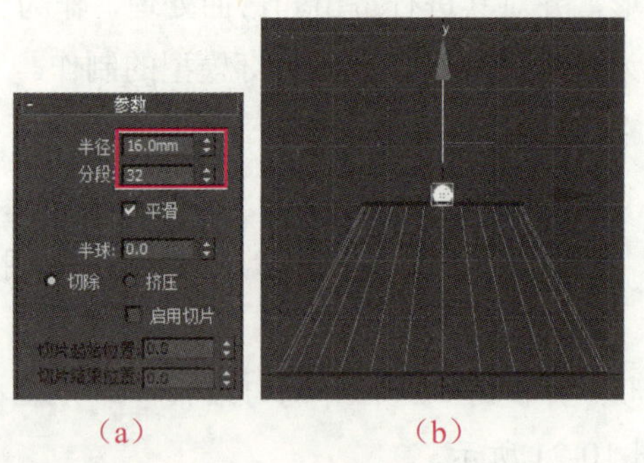

（a）　　（b）

图 10-25　创建球体

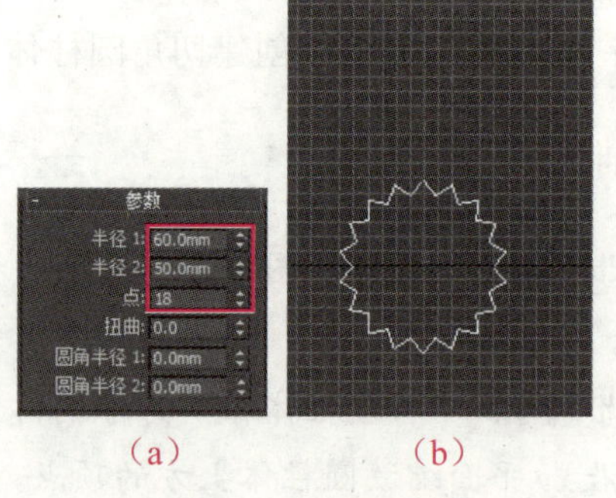

（a）　　（b）

图 10-26　创建星形图形

步骤 8▶ 为星形图形添加“挤出”修改器，并在“参数”卷展栏中进行设置，如图 10-27 所示。

步骤 9▶ 为挤出对象添加“FFD 3×3×3”修改器，并将修改对象设为“控制点”，然后使用“选择并均匀缩放”工具在透视图中沿 *xy* 平面缩放挤出对象两端的控制点，如图 10-28 所示。

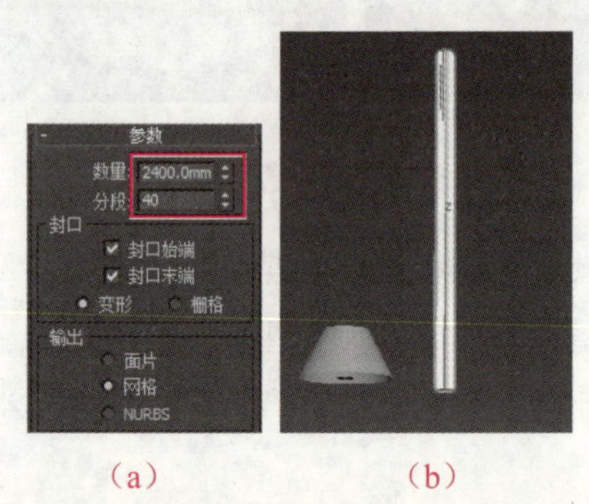

（a）　　（b）

图 10-27　设置挤出参数

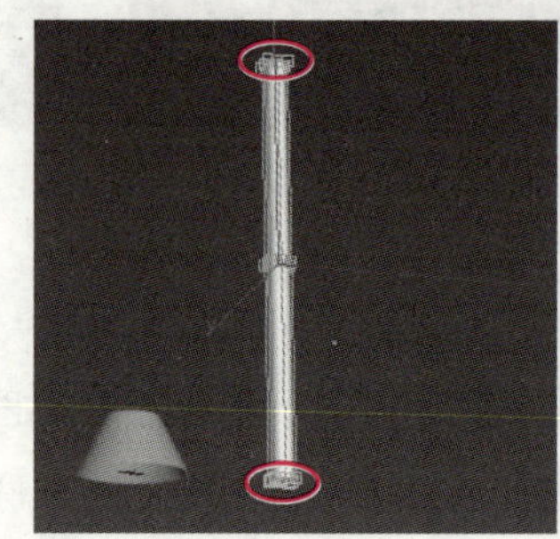

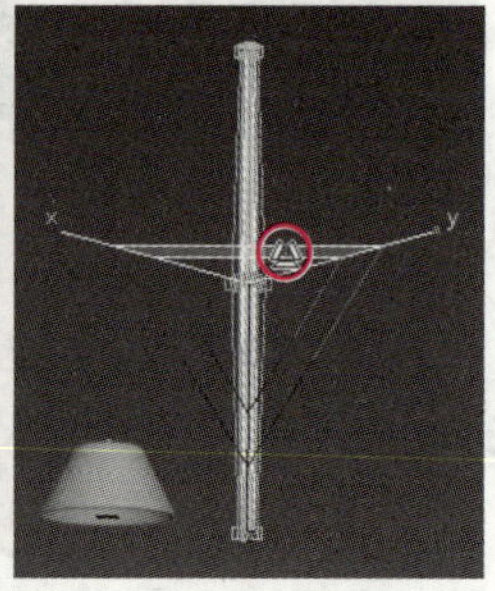

（a）缩放前　　（b）缩放后

图 10-28　缩放控制点

步骤 10▶ 使用“线”按钮在前视图中创建一条图 10-29 所示的曲线线段。

步骤 11▶ 选中星形挤出对象，为其添加“路径变形（WSM）”修改器，然后在“参数”卷展栏中单击“拾取路径”按钮，并单击前视图中的曲线线段，再单击“转到路径”按钮，如图 10-30 所示。

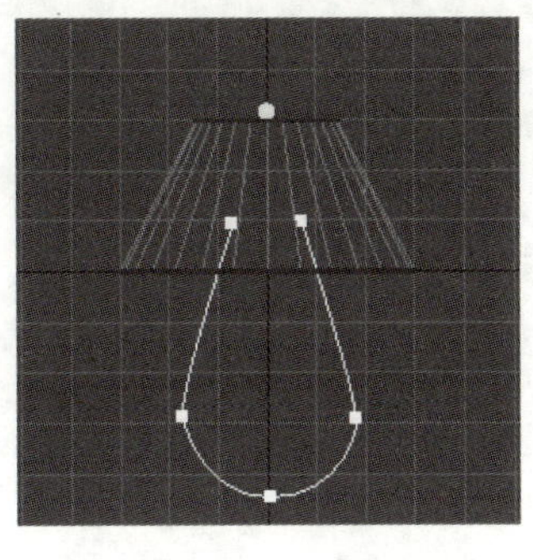

图 10-29　创建曲线

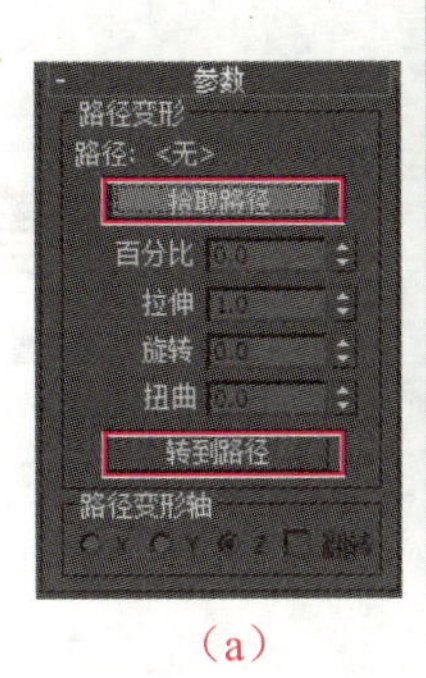

（a）

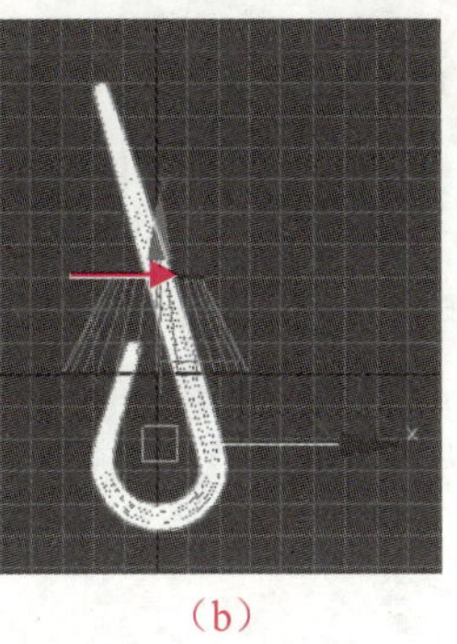

（b）

图 10-30　将星形模型沿路径变形

步骤 12▶ 将“FFD 3×3×3”修改器的修改对象设为“控制点”子对象，然后在左视图中调整控制点的位置，完成台灯支架的制作，如图 10-31 所示。

步骤 13▶ 为台灯支架添加“涡轮平滑”修改器，保持默认迭代次数 1。

步骤 14▶ 在顶视图中创建一个切角圆柱体，并在“参数”卷展栏中设置其参数，再使其在顶视图中与圆柱体的圆心重合，并在前视图中将其移至台灯支架下方，作为底座，如图 10-32 所示。至此，案例就完成了。

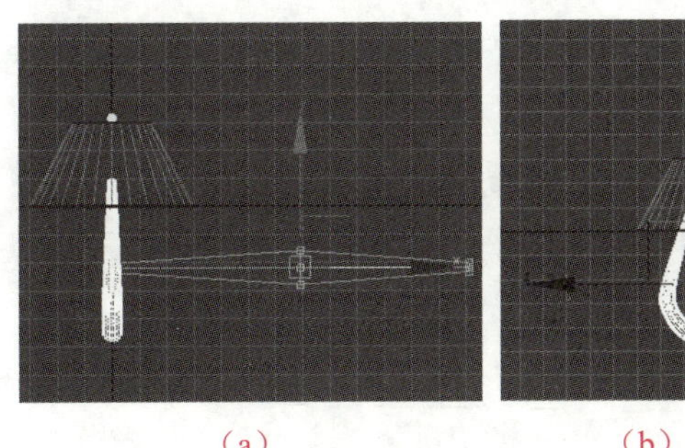

（a）

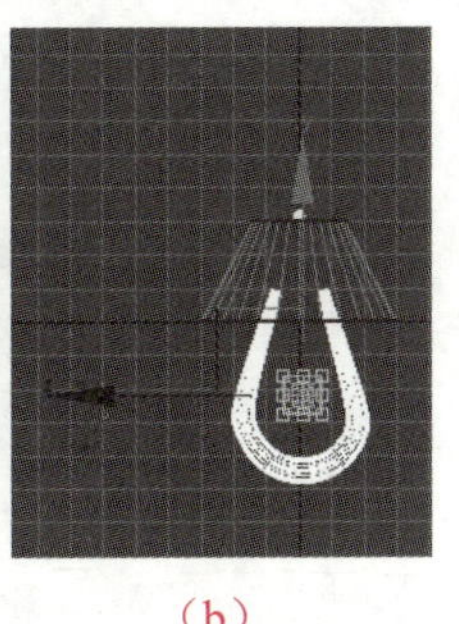

（b）

图 10-31　调整星形挤出对象控制点位置

参数
半径: 110.0mm
高度: 40.0mm
圆角: 10.0mm
高度分段: 1
圆角分段: 1
边数: 40
端面分段: 1
平滑
启用切片

（a）

（b）

图 10-32　创建台灯底座

第 11 章　效果图制作实战——室内家具制作

家具可以说是室内效果图中使用最多，所占比重最大的组成部分。不论制作哪种类型的室内效果图，都离不开家具。本章通过实例，介绍餐桌、餐椅、组合沙发、双人床、坐便器、洗手盆和办公椅等常用家具模型的制作方法。

学习目标

- 掌握组合沙发模型的创建方法。
- 掌握双人床模型的创建方法。
- 掌握坐便器模型的创建方法。
- 掌握洗手盆模型的创建方法。
- 掌握办公椅模型的创建方法。

实战 1　制作组合沙发模型

沙发用于供人们休息、休闲。在制作饭店大厅、居室客厅和卧室等场景的效果图时，经常使用沙发模型。前面的章节已经介绍过单人沙发模型的制作方法，下面通过一个案例介绍制作组合沙发模型的方法，其效果如图 11-1 所示。

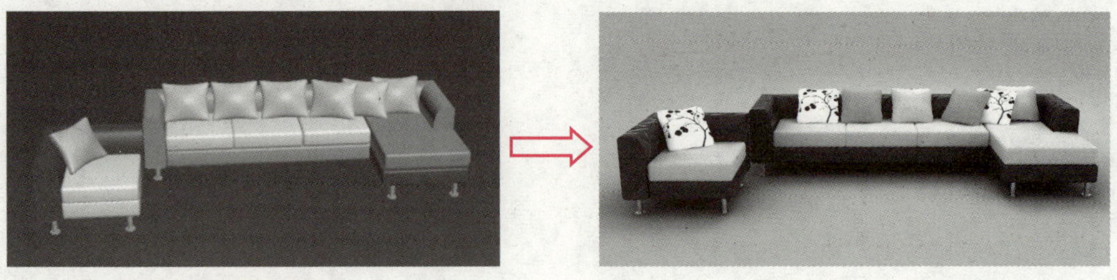

（a）沙发模型　　（b）沙发渲染效果

图 11-1　制作组合沙发模型

制作思路

首先在顶视图中创建“П”形线段，并对其进行倒角剖面和补洞处理，制作组合沙发的靠背；然后通过创建切角长方体和截面图形，制作组合沙发的坐垫；再通过创建和复制圆柱体，制作沙发腿；最后合并沙发靠垫模型，并对其进行调整和复制，完成组合沙发模型的制作。

制作步骤

步骤 1▶ 在顶视图中创建一个矩形图形，并在“参数”卷展栏中设置其参数，然后为其添加“编辑样条线”修改器，将其修改对象设为“分段”，再在顶视图中选中下方的线段，并将其删除，如图 11-2 所示。

步骤 2▶ 在顶视图中创建一个圆角矩形图形，然后为其添加“编辑样条线”修改器，并在顶视图中调整顶点的位置和控制柄，如图 11-3 所示。

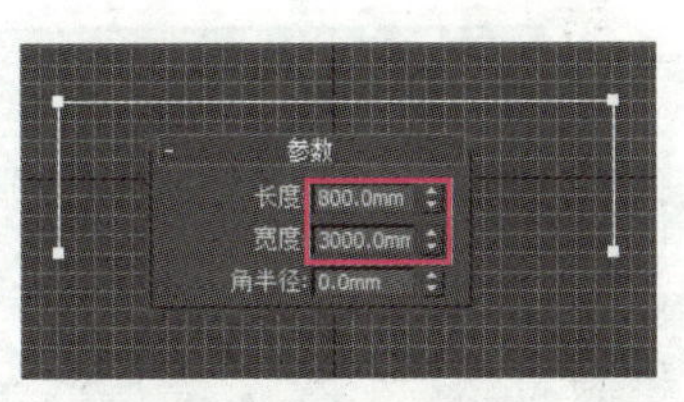

图 11-2　绘制线段

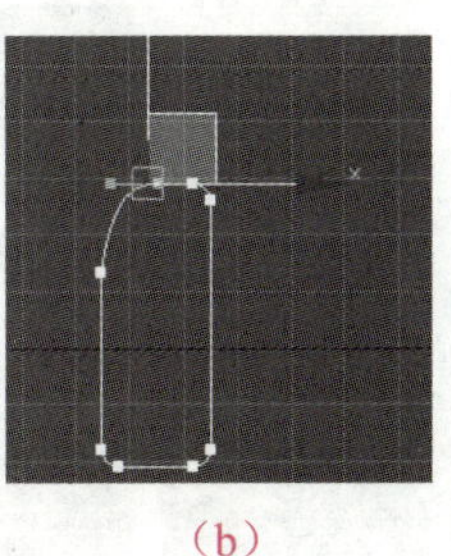

（a）　（b）

图 11-3　创建圆角矩形并调整顶点

步骤 3▶ 选中步骤 1 创建的图形，为其添加“倒角剖面”修改器，然后单击“参数”卷展栏中的“拾取剖面”按钮，并单击步骤 2 创建的图形，结果如图 11-4 所示。

步骤 4▶ 为倒角剖面对象添加“补洞”修改器，使对象两端的开口以平面封闭，如图 11-5 所示。

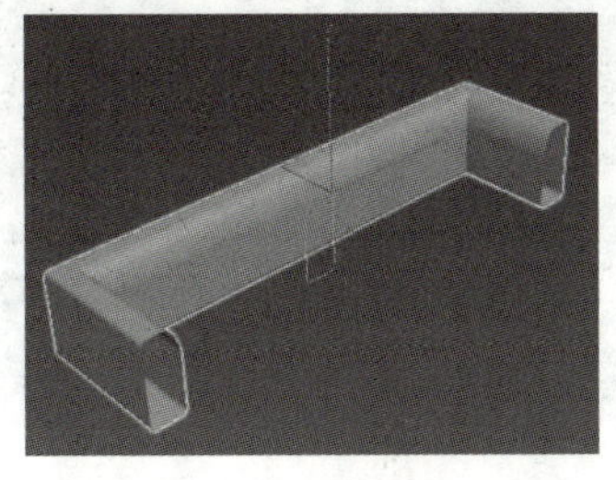

图 11-4　倒角剖面处理

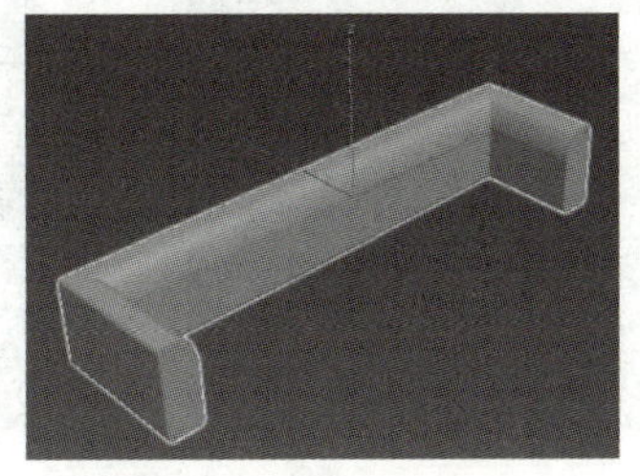

图 11-5　补洞处理

步骤 5▶ 在顶视图中创建一个切角长方体，并在“参数”卷展栏中设置其参数，然后在顶视图和前视图中调整其位置，如图 11-6 所示。

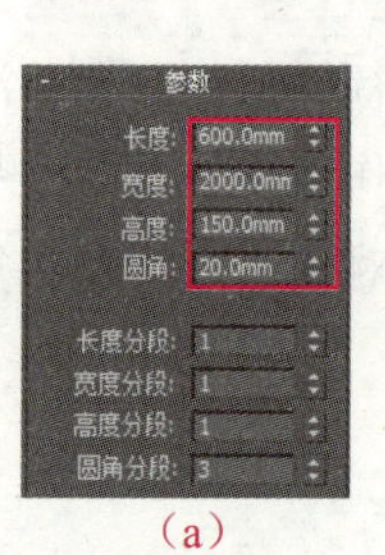

（a）

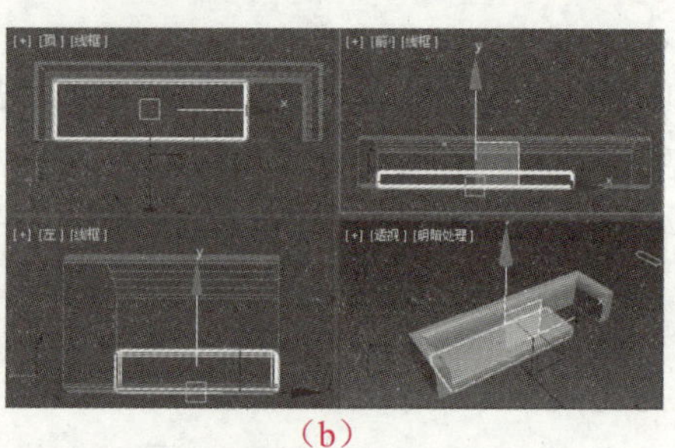

（b）

图 11-6　创建并移动切角长方体

步骤 6▶　在前视图中将步骤 5 创建的切角长方体沿 y 轴复制一份，并在“参数”卷展栏中设置其参数，然后在前视图中调整其位置，如图 11-7 所示。

步骤 7▶　在顶视图中再创建一个切角长方体，并在“参数”卷展栏中设置其参数，然后在视图中调整其位置，并将其复制两份，作为沙发坐垫，如图 11-8 所示。

（a）

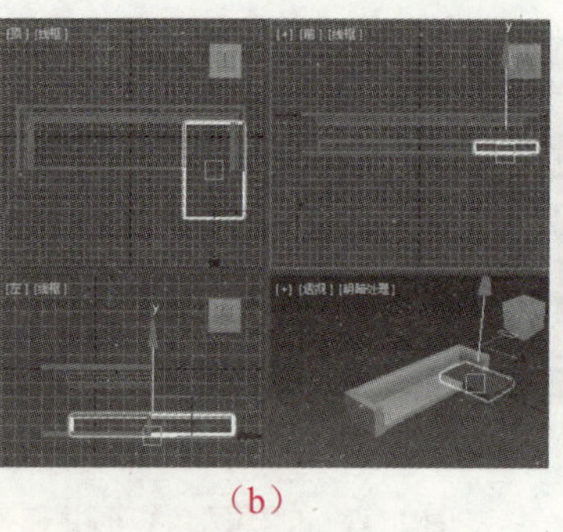

（b）

图 11-7　创建第 2 个切角长方体

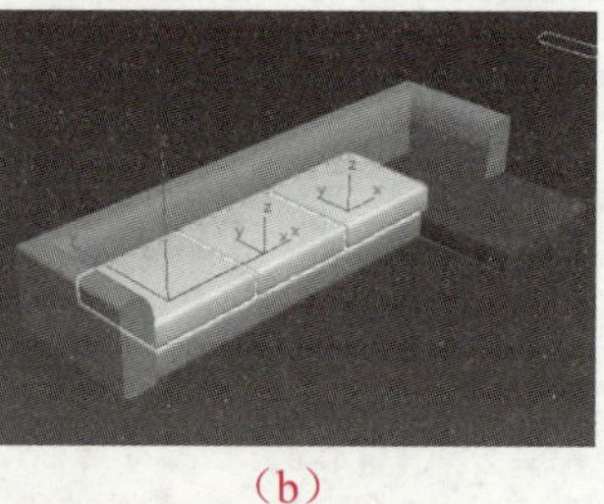

（a）　　（b）

图 11-8　制作沙发坐垫

步骤 8▶　使用“线”按钮在顶视图中创建截面图形，然后为其添加“挤出”修改器，并在“参数”卷展栏中进行设置，再在前视图中调整挤出对象的位置，如图 11-9 所示。

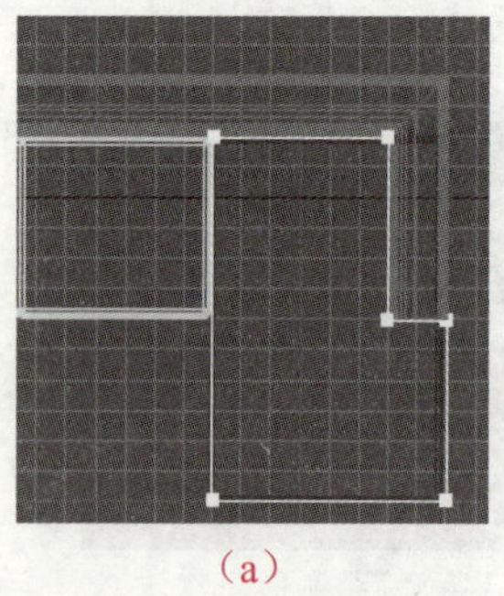

（a）

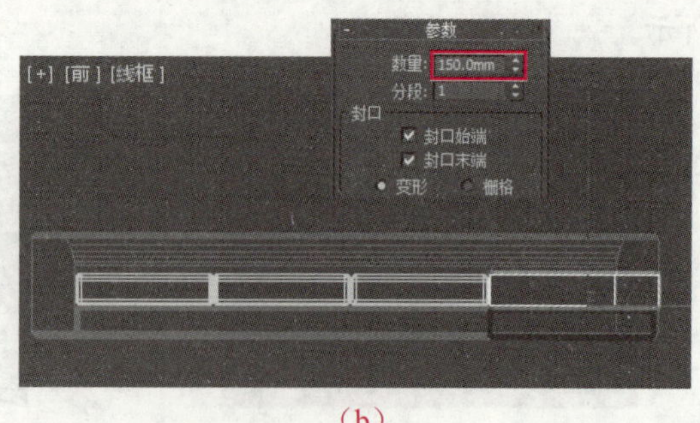

（b）

图 11-9　创建截面图形并进行挤出处理

步骤 9▶　为挤出对象添加“编辑多边形”修改器，然后框选挤出对象的所有边线，

并单击“编辑边”卷展栏中“切角”按钮右侧的“设置”按钮，将挤出数量设为 30，“分段”设为 4，如图 11-10 所示。

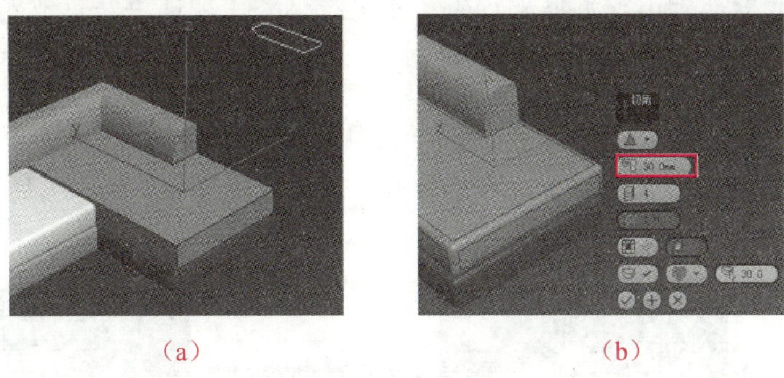

（a）　　（b）

图 11-10　对挤出对象的边进行切角处理

步骤 10▶ 使用“线”按钮在顶视图中创建转角沙发靠背的引导路径，然后参照步骤 3～4 的操作，进行倒角剖面和补洞处理（倒角剖面为图 11-3（b）所示的截面图形），如图 11-11 所示。

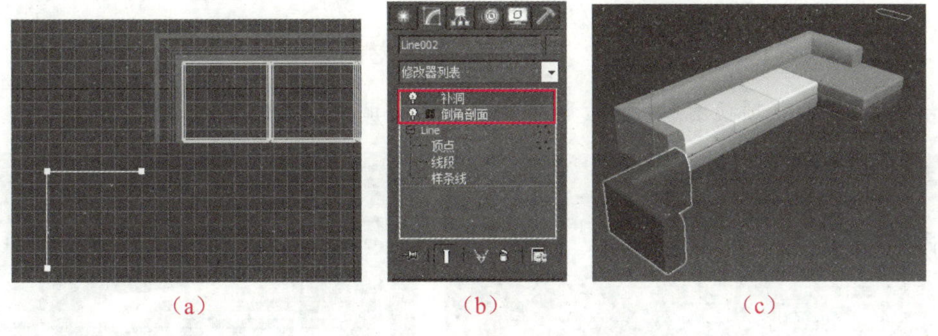

（a）　　（b）　　（c）

图 11-11　创建转角沙发的靠背

步骤 11▶ 在顶视图中将任意一个坐垫复制并移动到转角沙发处，再在前视图中将该坐垫沿 y 轴复制，并将其圆角半径设为 20，最后在前视图中调整这两个坐垫及转角沙发的位置，如图 11-12 所示。

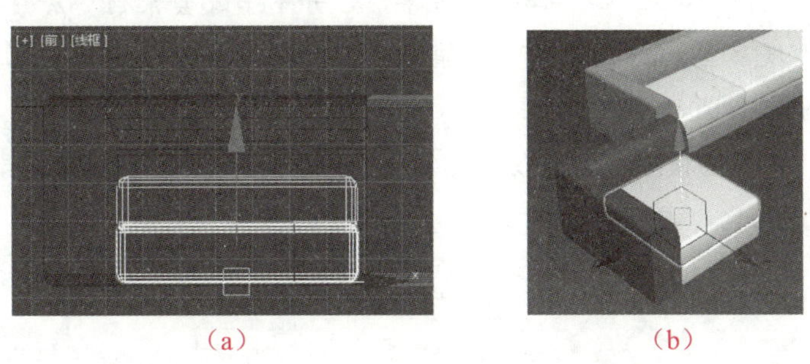

（a）　　（b）

图 11-12　创建、复制和调整切角长方体

提 示

转角沙发靠背的大小可根据坐垫的尺寸进行调整，即选中转角沙发靠背，然后在修改器堆栈中选择“Line”＞“顶点”子对象，在视图中调整引导线的长度。

步骤 12▶ 在顶视图中创建一个圆柱体，并在“参数”卷展栏中设置其参数，然后在左视图中将圆柱体沿 y 轴复制一份，并调整其参数，再同时选中两个圆柱体，并在前视图中调整其位置，如图 11-13 所示。

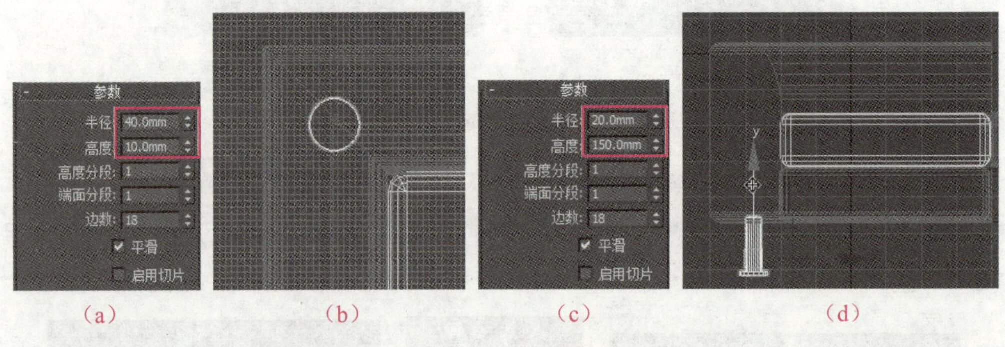

(a) (b) (c) (d)

图 11-13 制作沙发腿

步骤 13▶ 在顶视图中将沙发腿复制 8 份，并调整副本位置，如图 11-14 所示。

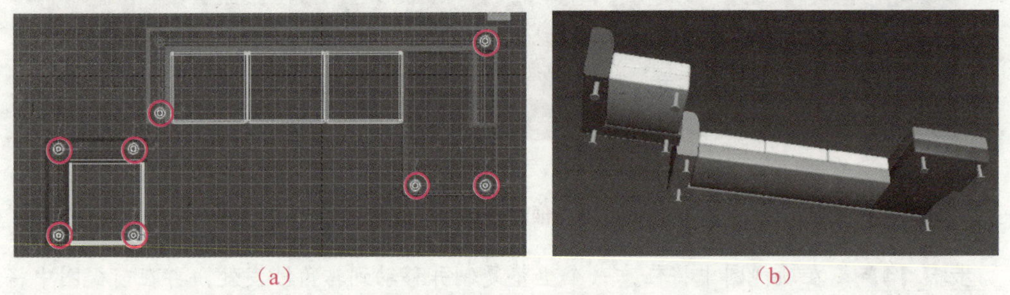
(a) (b)

图 11-14 复制沙发腿

步骤 14▶ 选择“导入”＞“合并”菜单，合并本书配套素材“素材与实例”＞“第 2 章”文件夹＞“沙发靠垫.max”文件中的靠垫模型，然后在视图中调整靠垫模型的大小、角度和位置，如图 11-15 所示。

步骤 15▶ 将靠垫模型复制 6 份，然后在视图中调整各靠垫模型副本的位置和角度，如图 11-16 所示。至此，案例就完成了。

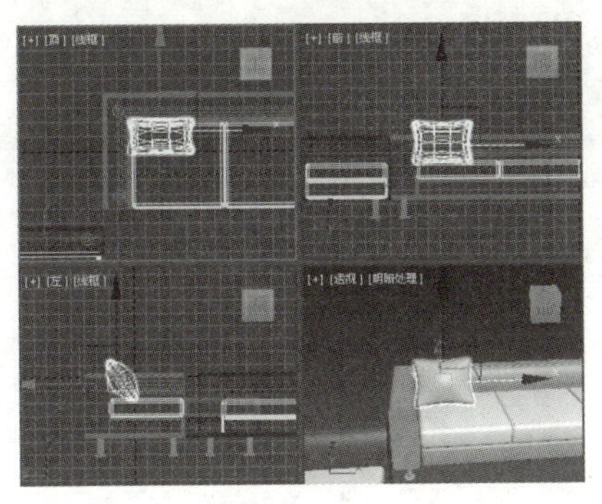

图 11-15　合并靠垫模型并进行调整

图 11-16　复制并调整靠垫模型

实战 2　制作双人床模型

床是制作卧室效果图时必不可少的组成部分，常见的床有单人床、双人床、双层床、儿童床和折叠床等类型。下面通过一个案例介绍制作双人床模型的方法，其效果如图 11-17 所示。

（a）双人床模型

（b）双人床渲染效果

图 11-17　制作双人床模型

制作思路

首先在顶视图中创建矩形图形，并设置其渲染参数，制作床框；然后在左视图中创建截面图形，并进行挤出处理，制作床头；再调整床头的顶点，并对多边形进行挤出处理，制作后方的床腿；接着在顶视图中创建长方体，并进行复制，制作前方的床腿；最后在顶视图中创建切角长方体，并为其添加“噪波”修改器，完成双人床模型的制作。

制作步骤

步骤 1▶　在顶视图中创建一个矩形图形，并在“参数”卷展栏中设置其参数，然后在“渲染”卷展栏中设置渲染参数，如图 11-18 所示。

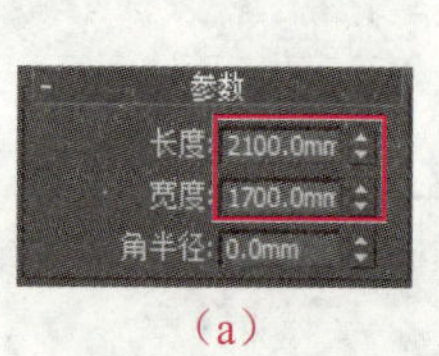

（a）

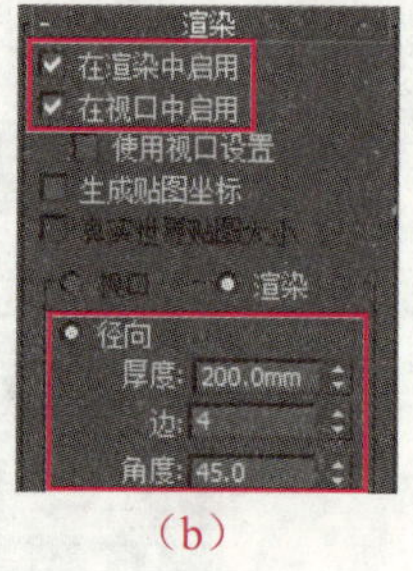

（b）

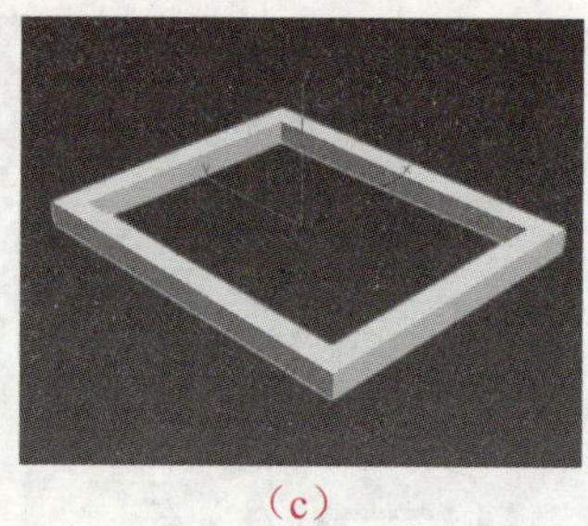

（c）

图 11-18　创建矩形图形并进行设置

步骤 2▶　选择“线”按钮，取消勾选“渲染”卷展栏中的“在渲染中启用”和“在视口中启用”复选框，在左视图中创建床头的截面图形，然后为其添加“挤出”修改器，并在“参数”卷展栏中进行设置，再在顶视图中调整其位置，如图 11-19 所示。

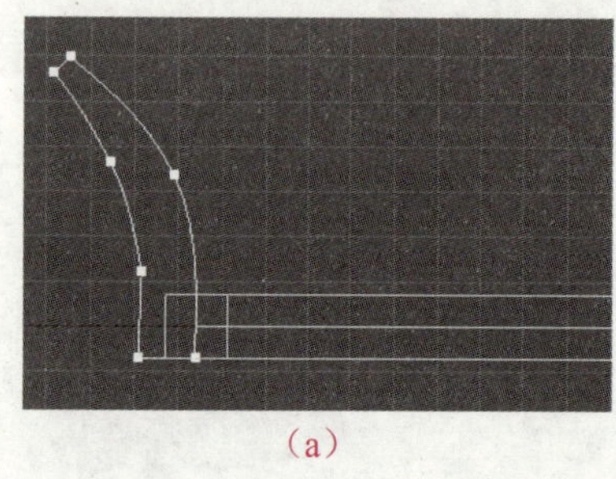

（a）

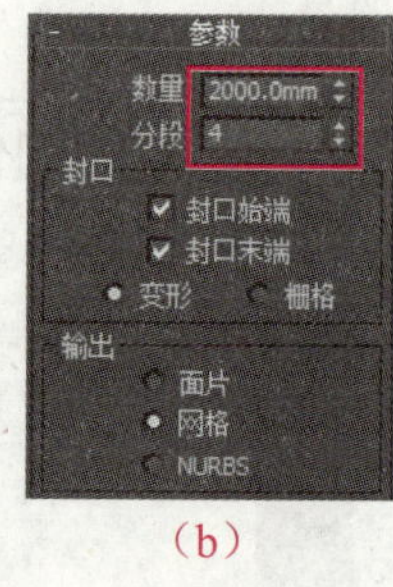

（b）

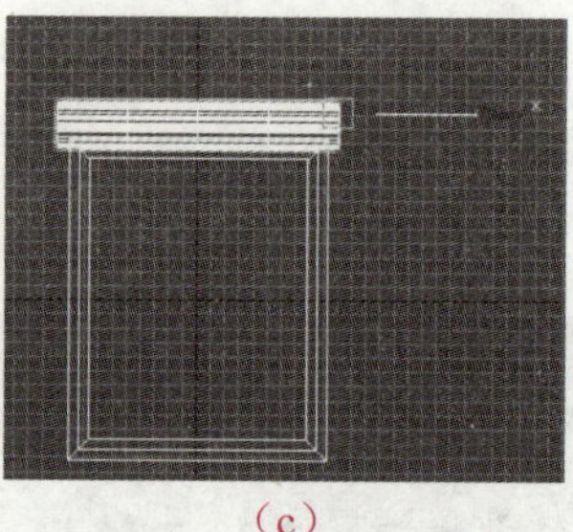

（c）

图 11-19　创建床头

步骤 3▶　为床头添加“编辑多边形”修改器，然后在前视图中分别调整图 11-20 所示顶点的位置。

步骤 4▶　在透视图中选中床头底部两端的多边形，并单击“编辑多边形”卷展栏中“挤出”按钮右侧的“设置”按钮■，将挤出数量设为 200，如图 11-21 所示。

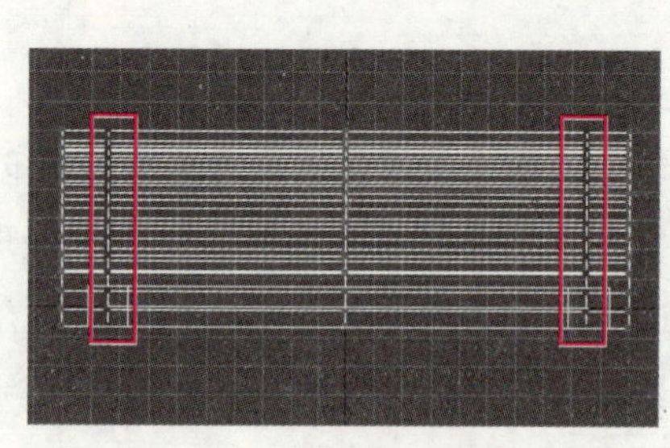

图 11-20　调整顶点的位置

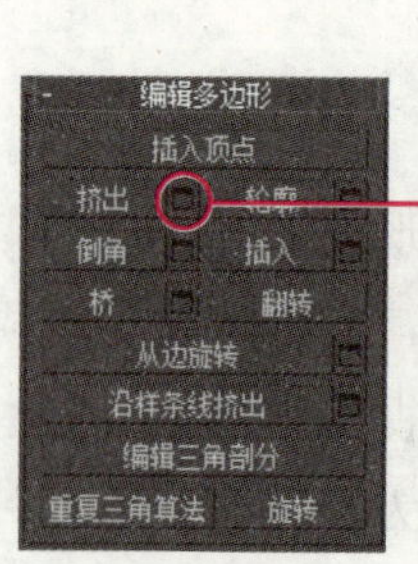

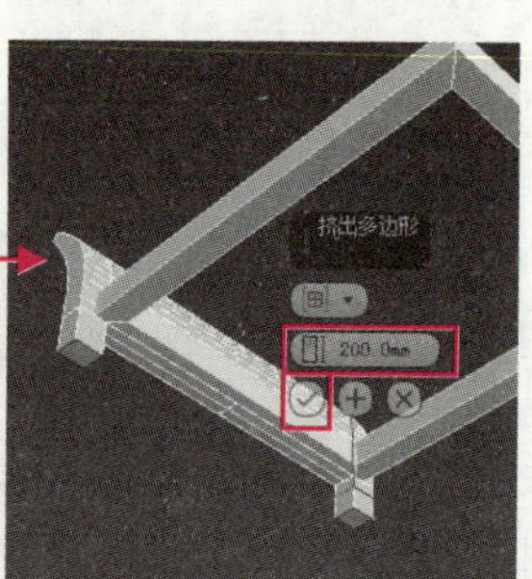

图 11-21　挤出多边形

步骤 5▶　在顶视图中创建一个长方体，并在“参数”卷展栏中设置其参数，然后在顶视图和前视图中调整其位置，再在顶视图中将其沿 x 轴复制一份，如图 11-22 所示。

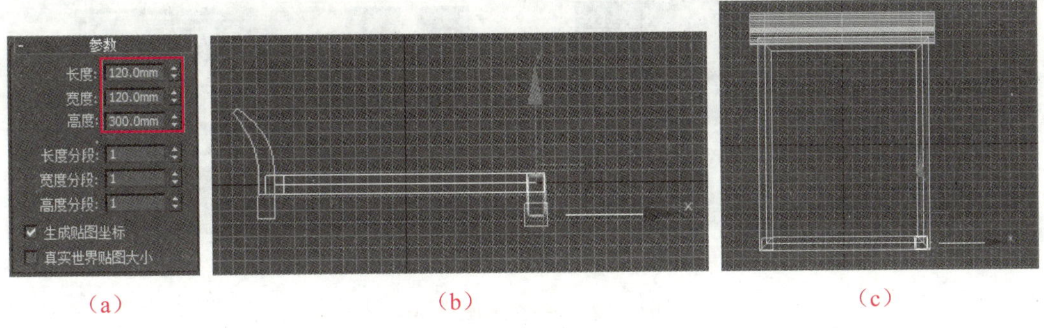

图 11-22　创建并复制长方体

步骤 6▶ 在顶视图中创建一个切角长方体，并在“参数”卷展栏中设置其参数，然后在左视图中调整切角长方体的位置，如图 11-23 所示。

步骤 7▶ 为切角长方体添加“噪波”修改器，并在“参数”卷展栏的“强度”选项区中进行设置，如图 11-24 所示。至此，案例就完成了。

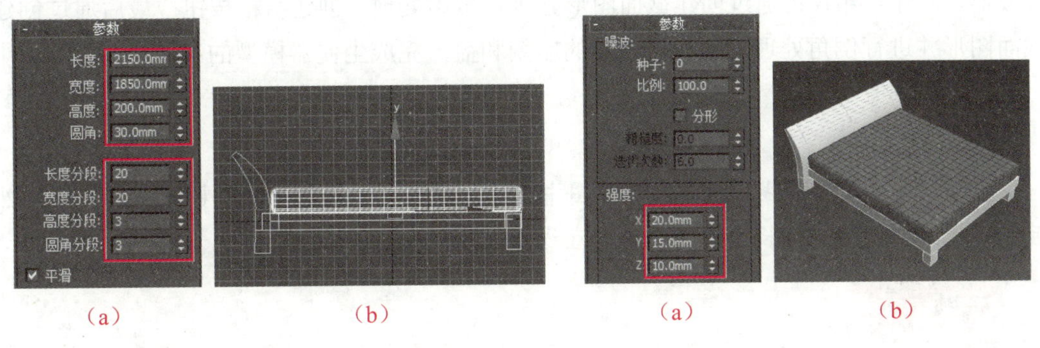

图 11-23　创建切角长方体

图 11-24　添加“噪波”修改器

提　示

图 11-24（a）所示的“强度”设置区用于控制对象分别在 *x*、*y*、*z* 三个轴向上的噪波强度。文本框中的值越大，噪波越剧烈。

实战 3　制作坐便器模型

在制作卫生间效果图时经常会使用坐便器模型，常见的坐便器按水箱结构可分为分体式、连体式和挂壁式 3 种类型。下面通过一个案例介绍制作分体式坐便器模型的方法，其效果如图 11-25 所示。

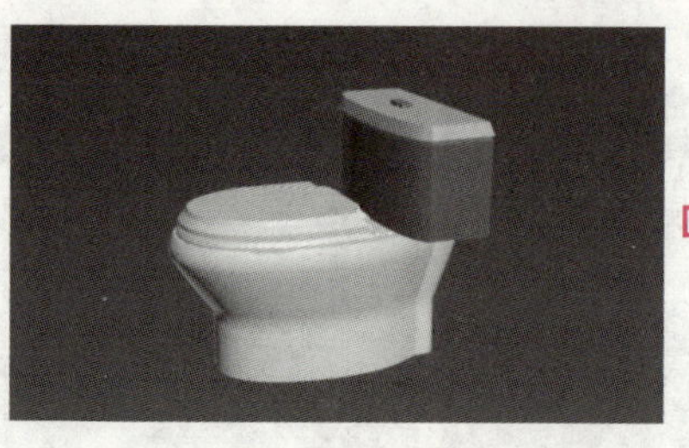

（a）坐便器模型　　（b）坐便器渲染效果

图 11-25　制作坐便器模型

制作思路

首先在顶视图中创建坐便器主体的截面图形，在前视图中创建一条垂直线段；然后对截面图形和垂直线段进行放样处理，并对放样对象进行缩放变形；再在顶视图中创建水箱的截面图形，并对其进行倒角处理；接着通过复制水箱顶部的多边形，并为其添加“壳”修改器，制作水箱盖；通过创建截面图形并进行挤出处理，创建水箱按钮；最后通过创建截面图形并进行倒角处理，制作坐便器的座圈和盖，完成坐便器模型的制作。

制作步骤

步骤 1▶ 使用“线”按钮在顶视图中创建坐便器的截面图形，如图 11-26 所示，然后在前视图中创建一条长度为 300 的垂直线段。

提　示

创建坐便器截面图形时可先创建一个长 500，宽 300 的矩形作为参照物。

步骤 2▶ 选中垂直线段，单击“几何体”创建面板“复合对象”分类中的“放样”按钮，然后单击“创建方法”卷展栏中的“获取图形”按钮，并单击视图中的截面图形，如图 11-27 所示。

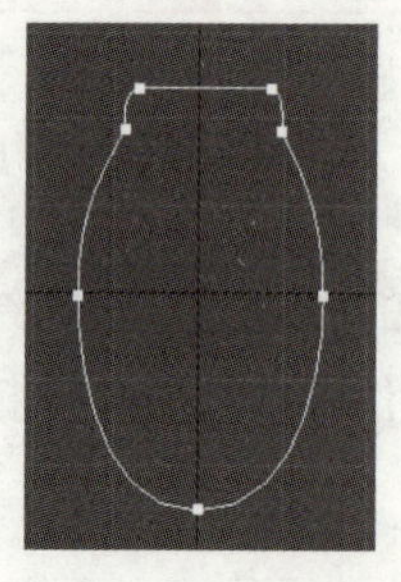

图 11-26　创建截面图形

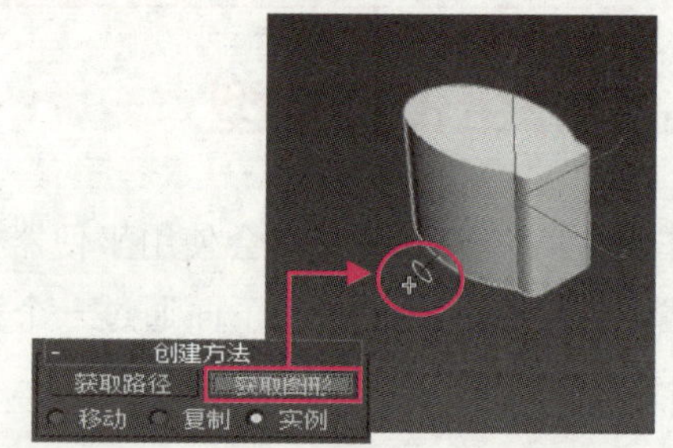

图 11-27　对界面图形和垂直线段进行放样

步骤 3▶ 在“蒙皮参数”卷展栏中将“图形步数”设为 9，“路径步数”设为 5。然后单击“变形”卷展栏中的“缩放”按钮，在打开的“缩放变形”对话框中使用“插入角点”按钮在变形曲线上添加两个控制点，并使用“移动控制点”按钮调整左侧两个控制点的位置，再通过右键快捷菜单将左数第 2 个控制点的类型设为“Bezier-角点”，如图 11-28 所示。

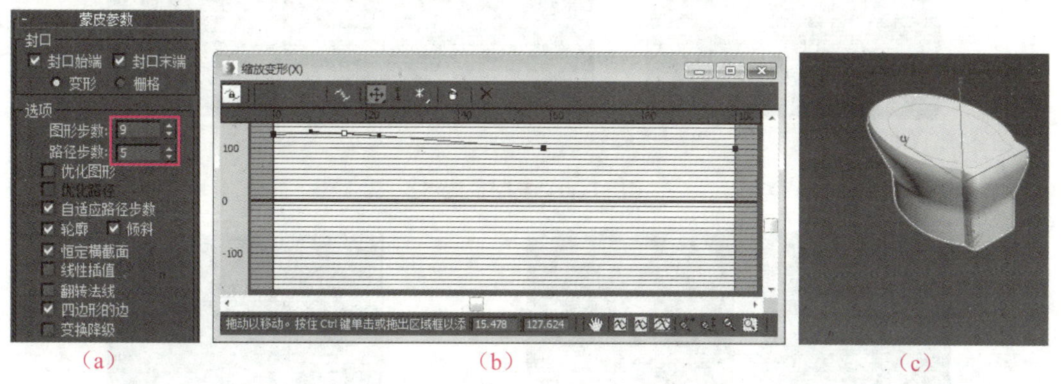

（a）　（b）　（c）

图 11-28　对放样对象进行缩放变形

步骤 4▶ 关闭“缩放变形”对话框。使用“线”按钮在顶视图中创建水箱的截面图形，然后为其添加“倒角”修改器，并在“倒角值”卷展栏中进行设置，再在前视图中调整水箱的位置，如图 11-29 所示。

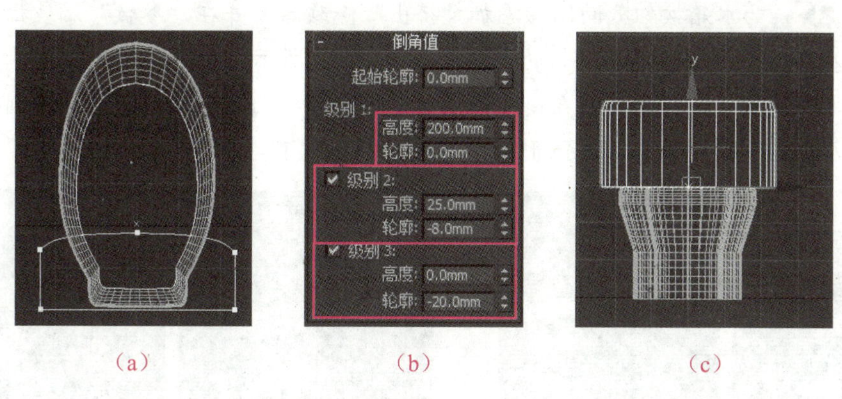

（a）　（b）　（c）

图 11-29　创建并调整水箱

步骤 5▶ 为水箱模型添加“编辑多边形”修改器，并将修改对象设为“多边形”，然后在前视图中框选水箱上方的多边形，使用“选择并移动”工具将其沿 z 轴移动复制一份，如图 11-30 所示。

步骤 6▶ 为复制出的水箱盖模型添加“壳”修改器，并在“参数”卷展栏中进行设置，如图 11-31 所示。

步骤 7▶ 使用“线”按钮在顶视图中创建水箱按钮的截面图形，然后将两个按钮截面图形附加到同一个编辑样条线中，如图 11-32 所示。

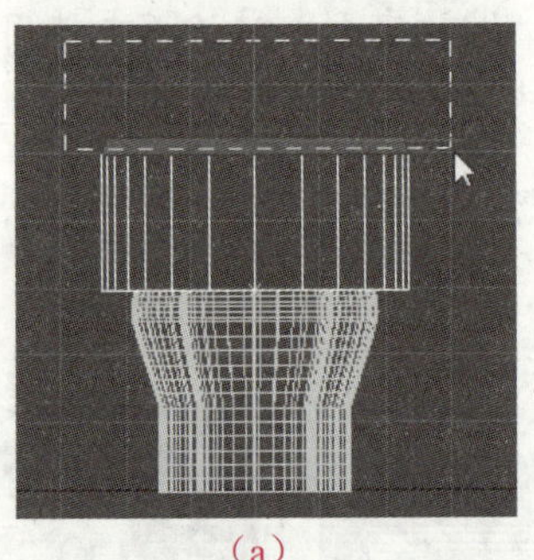
(a)

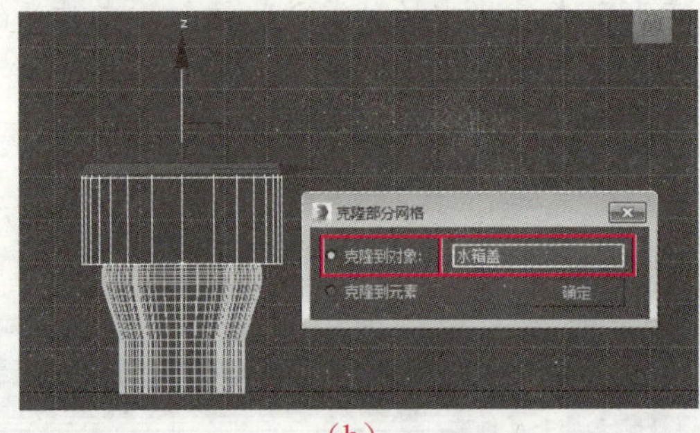

(b)

图 11-30　复制多边形

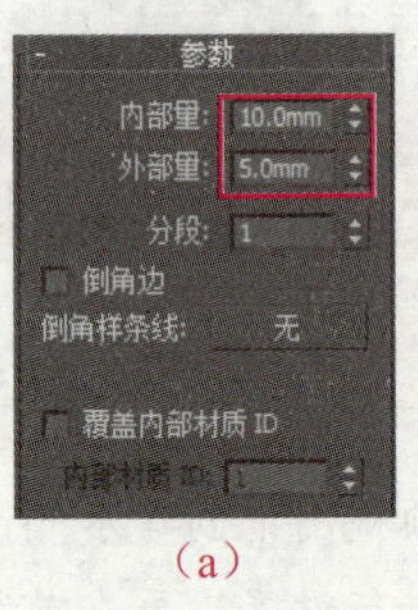

(a)

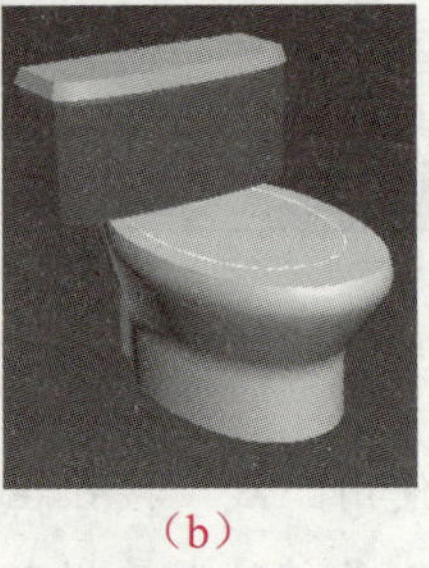
(b)

图 11-31　为水箱盖添加“壳”修改器

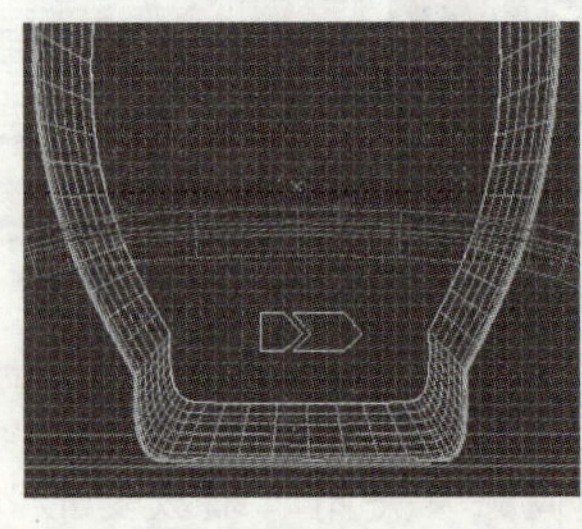

图 11-32　创建水箱按钮截面图形

步骤 8▶　为水箱按钮截面图形添加“挤出”修改器，并在“参数”卷展栏中进行设置，然后在前视图中调整水箱按钮的位置，如图 11-33 所示。

步骤 9▶　使用“线”按钮在顶视图中创建坐垫的截面图形，然后将其复制一份并进行缩放，再在顶视图中调整截面图形副本的位置，如图 11-34 所示。

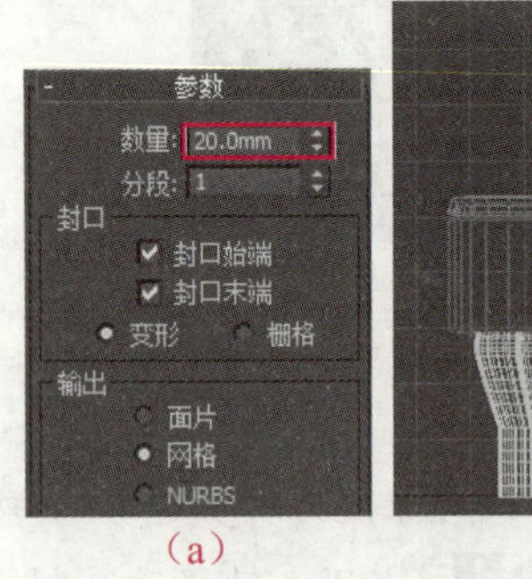

(a)

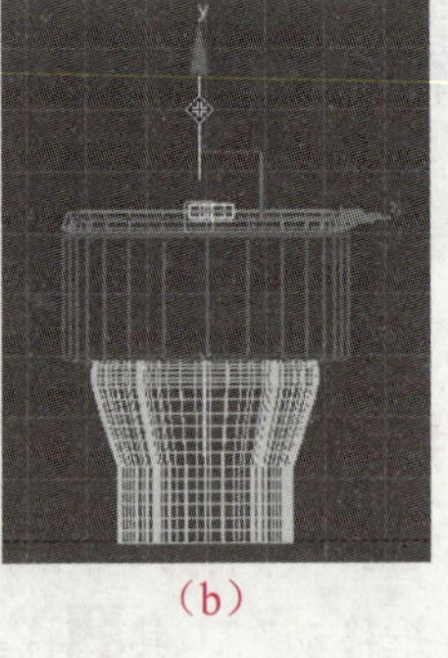
(b)

图 11-33　对水箱按钮进行挤出处理

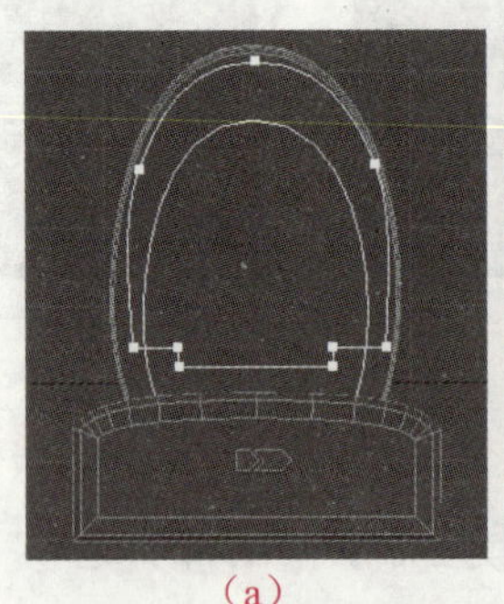
(a)

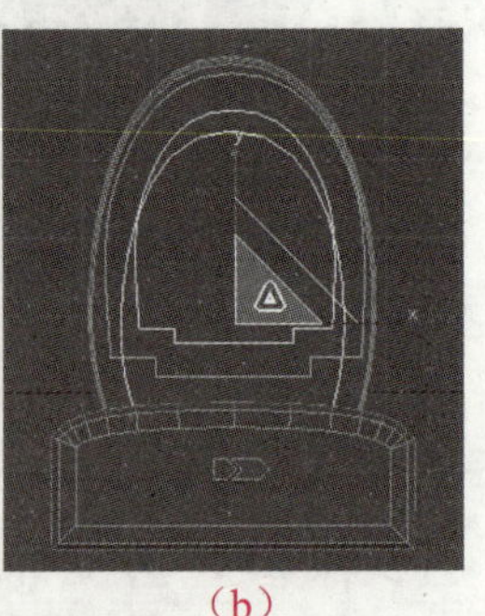
(b)

图 11-34　创建坐垫截面图

步骤 10▶　将步骤 9 创建的截面图形附加到同一个样条线中，然后为其添加“倒角”修改器，并在“倒角值”卷展栏中设置参数，再在前视图中调整其位置，如图 11-35 所示。

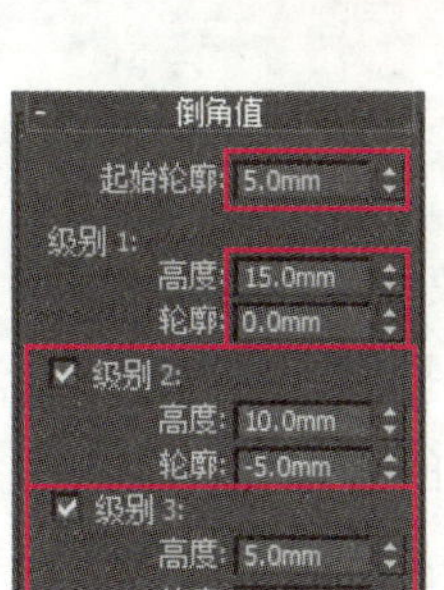

（a）

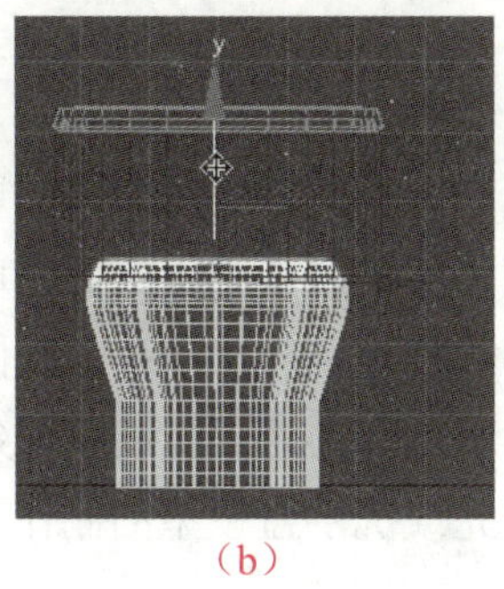
（b）

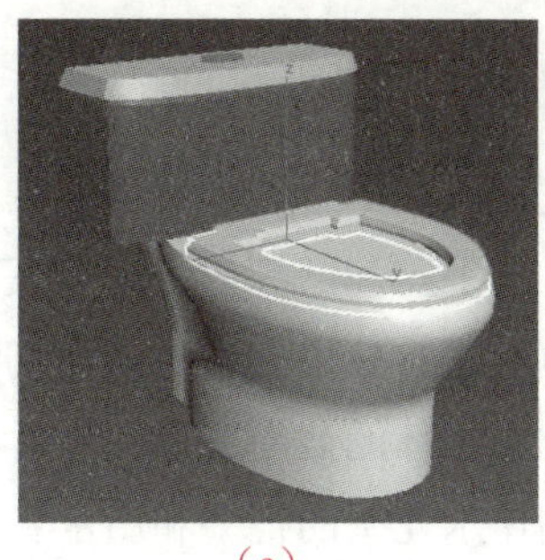
（c）

图 11-35　为坐垫添加“倒角”修改器

步骤 11▶　在前视图中将坐垫模型沿 y 轴复制一份，然后在“倒角值”卷展栏中修改倒角参数，制作坐便器的盖子，如图 11-36 所示。至此，案例就完成了。

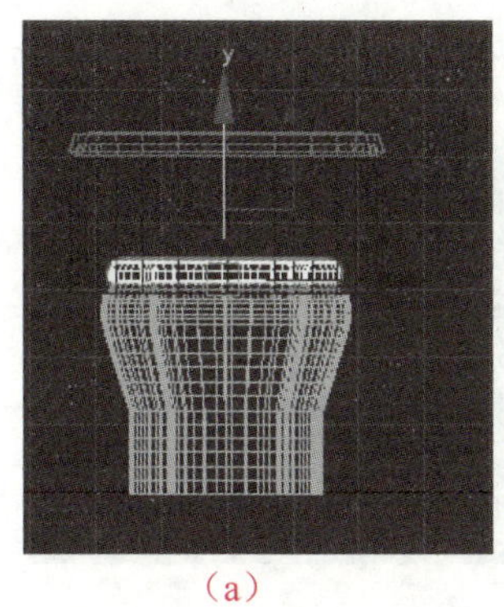
（a）

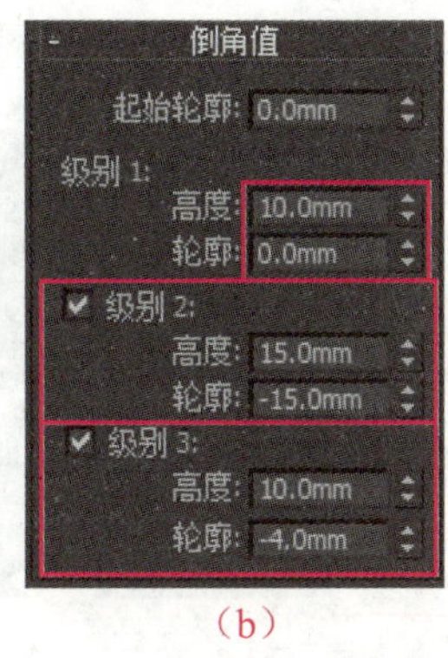

（b）

（c）

图 11-36　制作坐便器的盖子

实战 4　制作洗手盆模型

洗手盆也称为面盆或台盆，是洗脸洗手的容器，在制作卫生间效果图时经常使用到洗手盆模型。下面通过一个案例介绍制作洗脸盆模型的方法，其效果如图 11-37 所示。

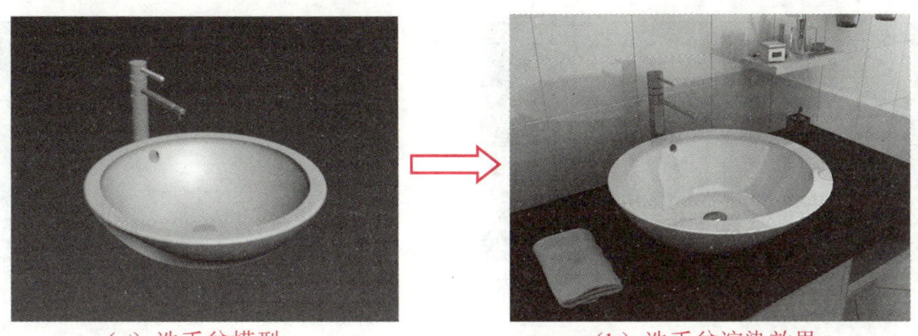
（a）洗手盆模型　　（b）洗手盆渲染效果

图 11-37　制作洗手盆模型

制作思路

首先在前视图中创建洗手盆的截面图形，并对其进行车削处理；然后创建一个圆柱体，并通过对洗手盆和圆柱体进行差集布尔运算制作洗手盆侧面的排水孔；再通过对洗手盆底面的多边形进行挤出处理和创建切角圆柱体，制作洗手盆底面的排水孔；接着在前视图中创建水龙头主体的截面图形，并对其进行车削处理；最后创建 4 个切角长方体，并调整其位置，制作水龙头的把手和出水管，完成洗手盆模型的制作。

制作步骤

步骤 1▶ 使用“线”按钮在前视图中创建洗手盆的截面图形（可先创建一个长 300、宽 500 的矩形作为参照物），然后为其添加“车削”修改器，并在“参数”卷展栏中将“分段”设为 50；再在视图中调整“轴”子对象的位置，如图 11-38 所示。

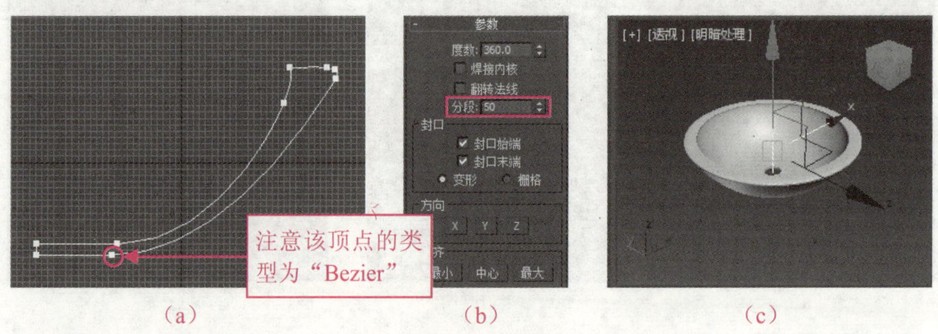

图 11-38 创建截面图形并进行车削处理

步骤 2▶ 在前视图中创建一个圆柱体，并在“参数”卷展栏中设置其参数，再在顶视图中调整其位置，如图 11-39 所示。

步骤 3▶ 选中视图中的洗手盆模型，利用“几何体”创建面板“复合对象”分类下的“布尔”按钮进行差集布尔运算，效果如图 11-40 所示。

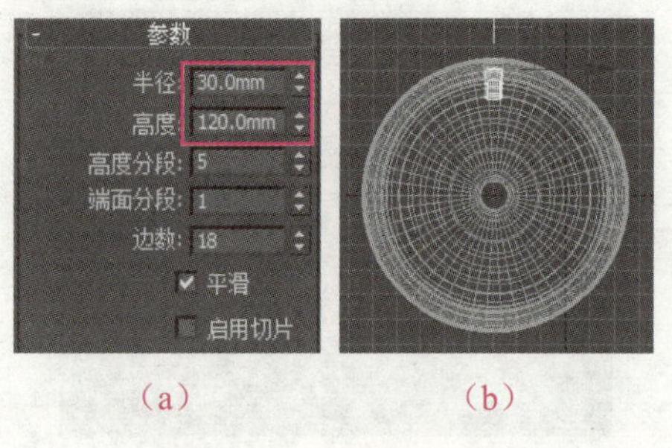

图 11-39 创建圆柱体

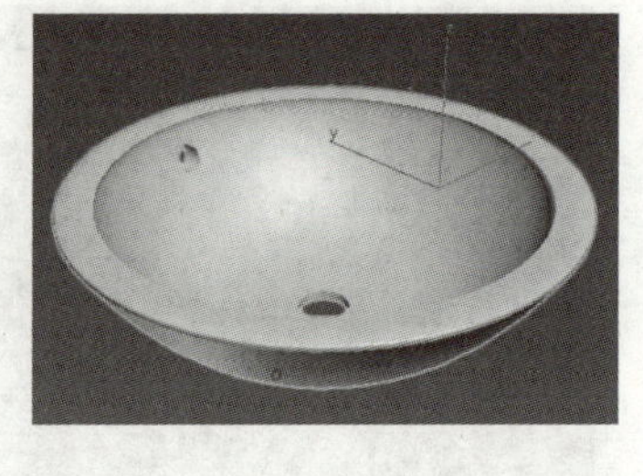

图 11-40 布尔差集运算效果

步骤 4▶ 将洗手盆模型转化为可编辑多边形，然后在透视图中选中洗手盆底部的多边形，并对其进行挤出处理，如图 11-41 所示。

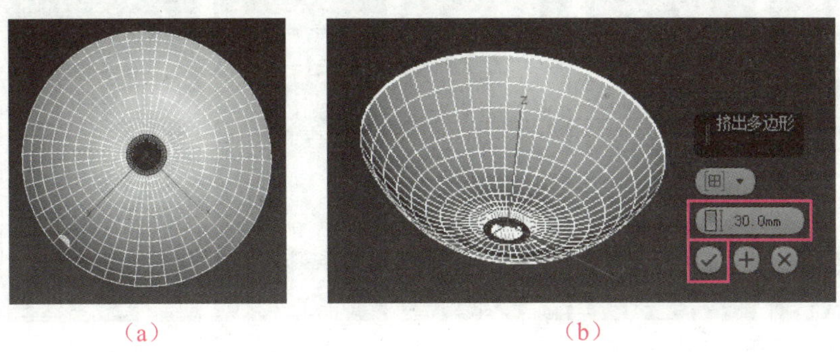

（a）（b）

图 11-41 对多边形进行挤出处理

提 示

要在透视图中选中洗手盆底部的多边形，先在洗手盆底部的一个多边形面上单击，然后按住【Shift】键再单击另一个面即可。

步骤 5▶ 在顶视图中创建一个切角圆柱体，并在“参数”卷展栏中设置其参数（具体半径值可根据排水孔的大小设置）。然后在顶视图和前视图中调整其位置，再在前视图中调整其角度，作为下方排水孔的塞子，如图 11-42 所示。

步骤 6▶ 在左视图中创建水管的截面图形，并为其添加“车削”修改器，如图 11-43 所示。

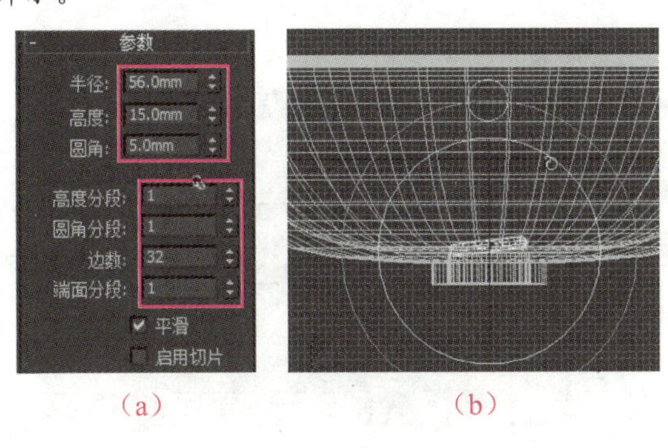

（a）（b）

图 11-42 创建并调整切角圆柱体

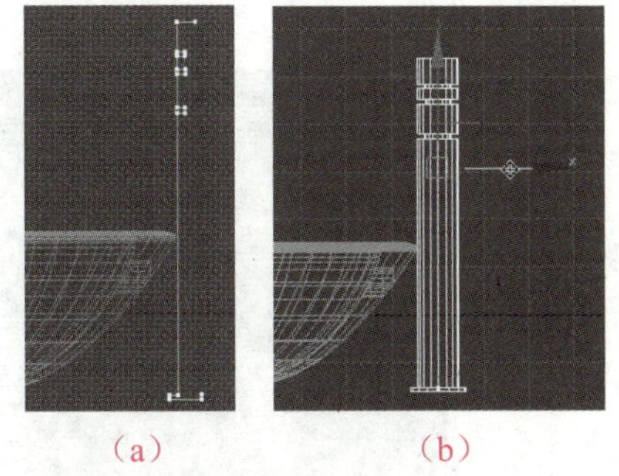

（a）（b）

图 11-43 创建水管截面图并进行车削处理

步骤 7▶ 在前视图中创建 3 个切角圆柱体，在顶视图中创建一个切角圆柱体，并分别在“参数”卷展栏中设置 4 个切角圆柱体参数，再在视图中调整 4 个切角圆柱体的位置，制作水龙头的把手和出水管，如图 11-44 所示。至此，案例就完成了。

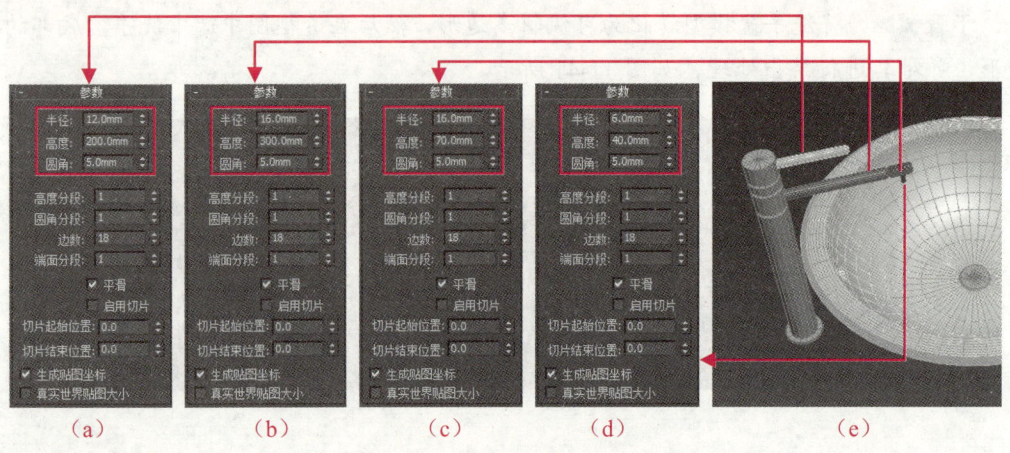

图 11-44 创建并调整切角圆柱体

在创建前视图中的 3 个切角圆柱体时，可先按图 11-44 所示参数创建并调整好第 1 个圆柱体的位置后，在前视图中沿 y 轴复制并修改其参数，得到第 2 个切角圆柱体。

实战 5 制作办公椅模型

办公椅通常与办公桌、电脑桌和会议桌等模型配合使用，在制作办公室或会议室的效果图时经常会使用办公椅模型。下面通过一个案例介绍制作办公椅模型的方法，其效果如图 11-45 所示。

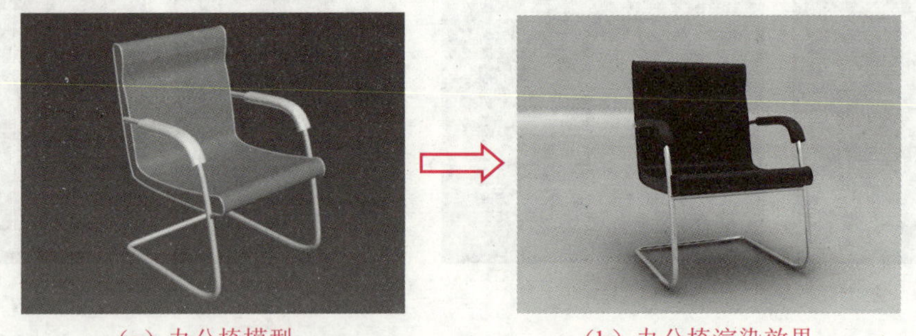

（a）办公椅模型　　（b）办公椅渲染效果

图 11-45 制作办公椅模型

制作思路

首先在前视图中创建椅面的截面图形，并对齐其进行复制和挤出处理，制作椅面和包边；然后创建和复制曲线线段，将所有曲线线段合并为一个整体，焊接相邻顶点，并设置

渲染参数，作为椅子腿；接着创建一条直线线段，作为支撑杆；最后通过挤出圆角矩形制作办公椅的扶手，并对扶手进行变形和复制操作，完成办公椅的制作。

制作步骤

步骤 1▶　使用"线"按钮在前视图中创建椅面的截面图形（可先创建一个长 500、宽 600 的矩形作为参照物），然后将其原位复制一份，并为截面图副本添加"挤出"修改器，再在"参数"卷展栏进行设置，如图 11-46 所示。

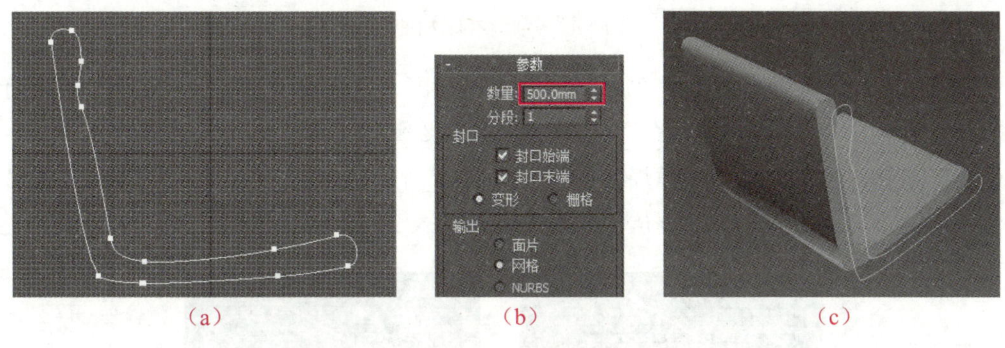

（a）　（b）　（c）

图 11-46　创建截面图形并进行挤出处理

步骤 2▶　选中步骤 1 创建的截面图形，在"渲染"卷展栏中进行设置，然后在顶视图中将其沿 y 轴复制一份，作为椅面的包边，如图 11-47 所示。

步骤 3▶　使用"线"按钮在前视图中创建一条曲线线段，作为办公椅右侧的椅子腿，然后在顶视图中将其沿 y 轴复制一份，作为左侧的椅子腿，如图 11-48 所示。

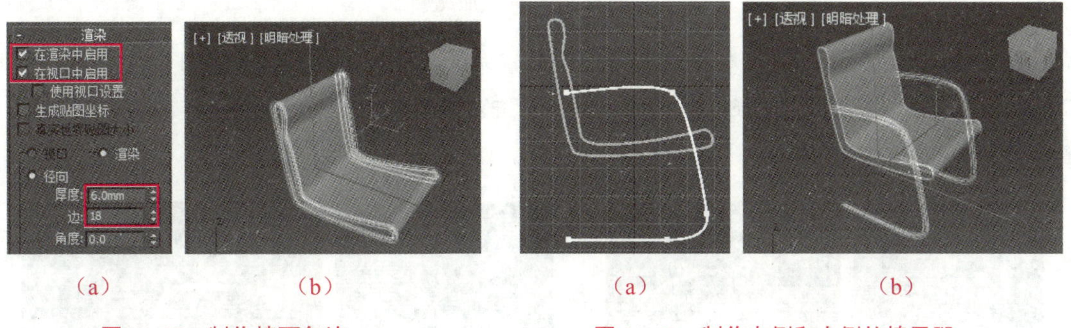

（a）　（b）

图 11-47　制作椅面包边

（a）　（b）

图 11-48　制作左侧和右侧的椅子腿

步骤 4▶　使用"线"按钮在顶视图中创建一条曲线线段，并在前视图中调整其位置，然后利用"几何体"卷展栏中的"附加"按钮，将该曲线附加到左右两侧的椅子腿，如图 11-49 所示。

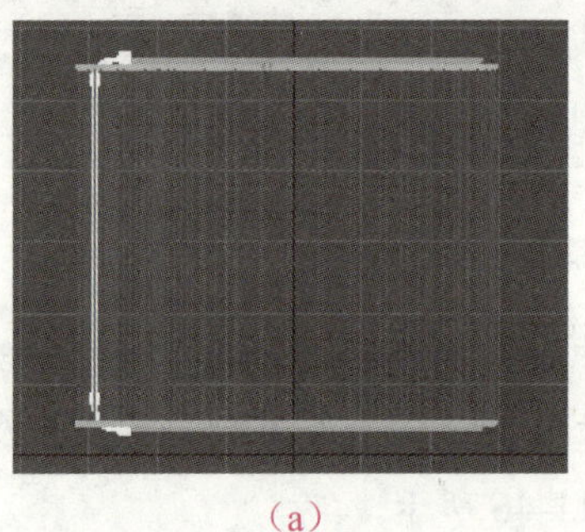
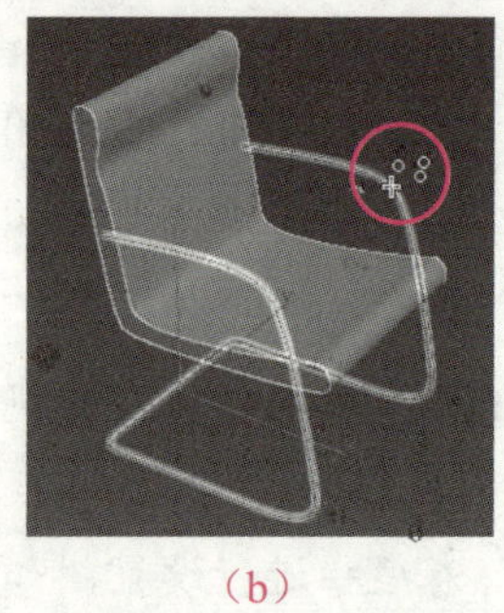

（a）（b）

图 11-49　创建并附加曲线

步骤 5▶　将编辑对象设为“顶点”，并在透视图中框选图 11-50（a）所示未连接的两个顶点，然后在“几何体”卷展栏中“焊接”按钮右侧的文本框中输入适当数值，并单击“焊接”按钮，按照相同的操作焊接图 11-50（b）所示的顶点。（注意：焊接值可根据两个顶点间的距离大小而定，但该值不宜太大，如输入 30）

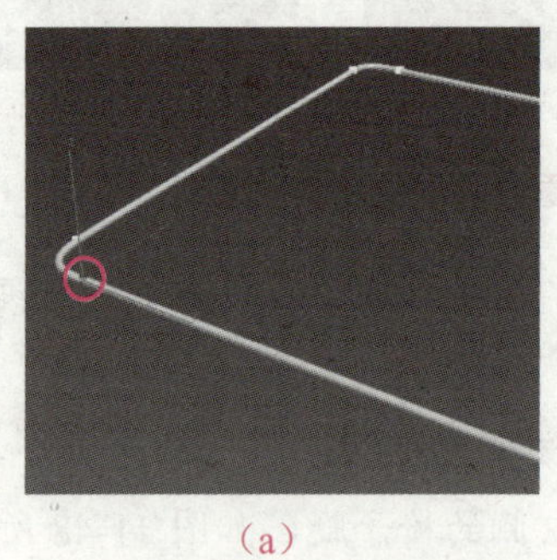
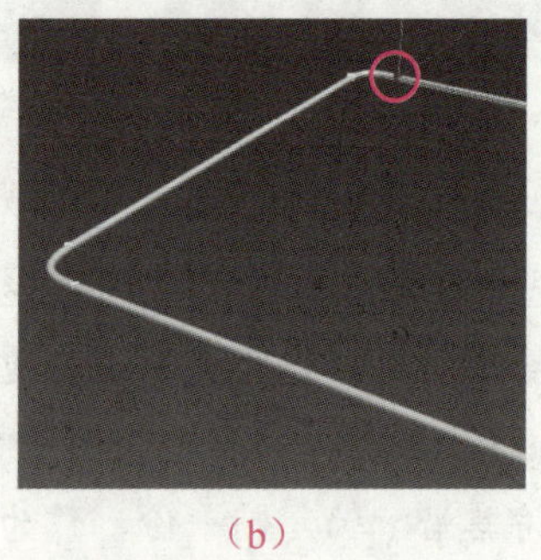

（a）（b）

图 11-50　焊接顶点

步骤 6▶　在“渲染”卷展栏中进行设置，完成椅子腿的制作，如图 11-51 所示。

步骤 7▶　在左视图中创建一条水平线段，并在前视图中调整其位置，作为椅面的支架，如图 11-52 所示。

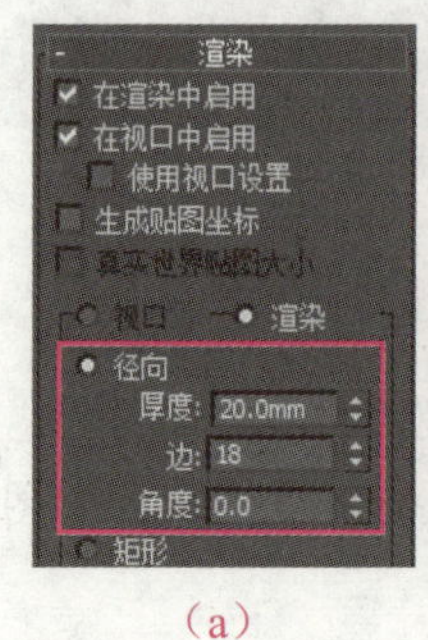

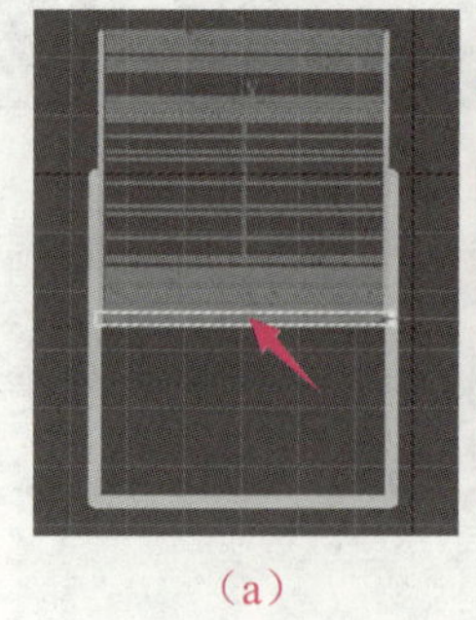

（a）（b）

图 11-51　设置渲染参数

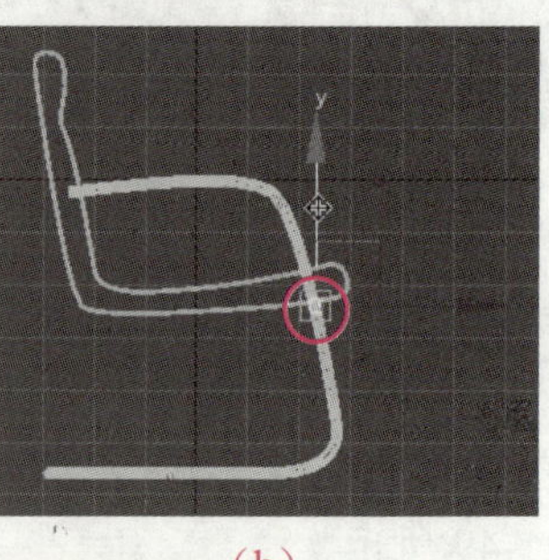

（a）（b）

图 11-52　创建椅面支架

步骤 8▶　取消勾选“渲染”卷展栏中的“在渲染中启用”和“在视口中启用”复选框。在左视图中创建一个圆角矩形图形，并为其添加“挤出”修改器，再在“参数”卷展栏中进行设置，作为办公椅的扶手，最后在顶、前视图中调整其位置，如图 11-53 所示。

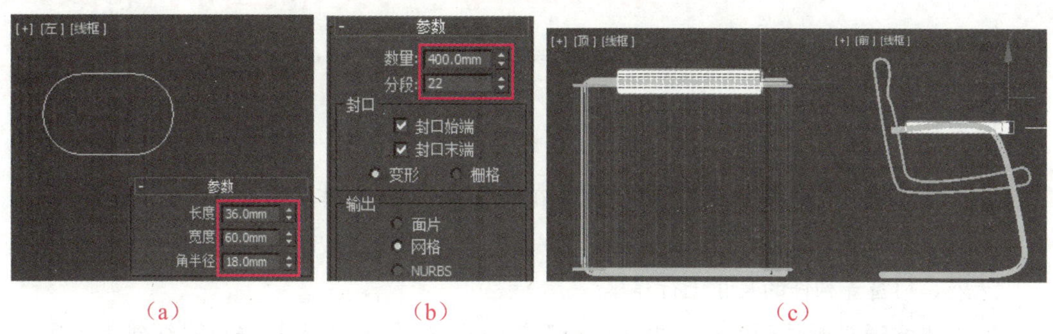

（a）　（b）　（c）

图 11-53　挤出圆角矩形

步骤 9▶　为扶手添加“FFD 4×4×4”修改器，然后在前视图中调整扶手控制点的位置和角度，如图 11-54 所示。

步骤 10▶　在顶视图中将扶手沿 y 轴复制一份，结果如图 11-55 所示。至此，案例就完成了。

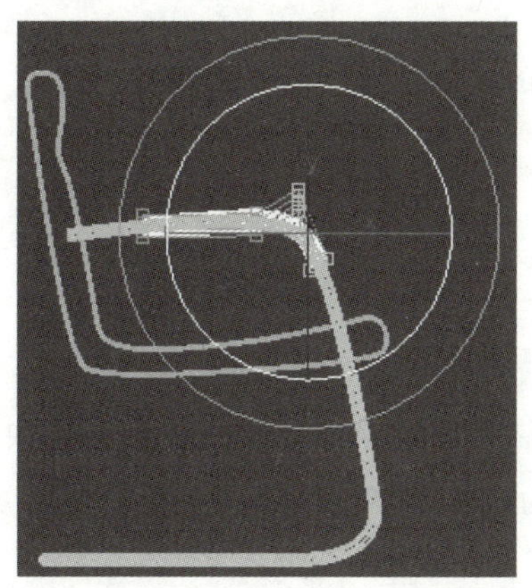

图 11-54　调整扶手的控制点

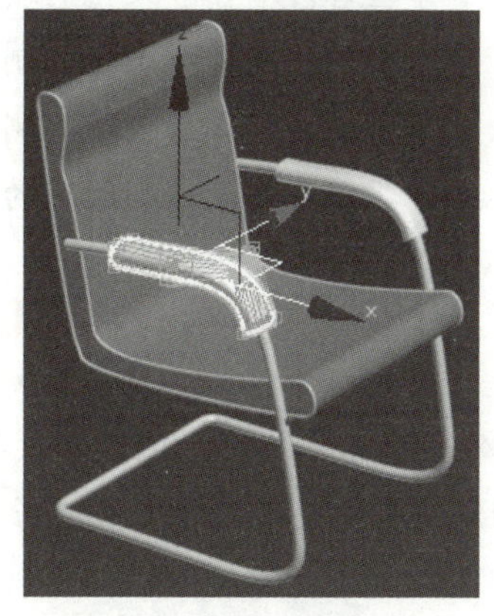

图 11-55　复制并移动扶手

第 12 章　效果图制作实战
——室内墙体和天花制作

为了使效果图具有一定参考价值，在使用 3ds Max 制作室内效果图时，通常需要将建筑平面图、天花图、立面图等 CAD 图纸导入 3ds Max 中，然后参照图纸中墙体、天花、门窗等构件的尺寸进行建模。

本章通过制作两室一厅中墙体和天花的模型，来介绍利用 CAD 图纸创建客厅、卧室、书房、卫生间等各空间三维模型的方法和技巧。

学习目标

- 掌握 AutoCAD 图形的导入方法，能够合理使用图纸中的图线。
- 掌握客厅墙体和天花的制作方法。
- 掌握卧室墙体和天花的制作方法。
- 掌握书房墙体和天花的制作方法。
- 掌握卫生间墙体和天花的制作方法。

实战 1　制作客厅墙体和天花

本实例通过制作客厅墙体和天花，来学习如何在 AutoCAD 平面图的基础上快速、精确地创建墙体和天花的方法和技巧。图 12-1 所示为制作的客厅墙体和天花模型。

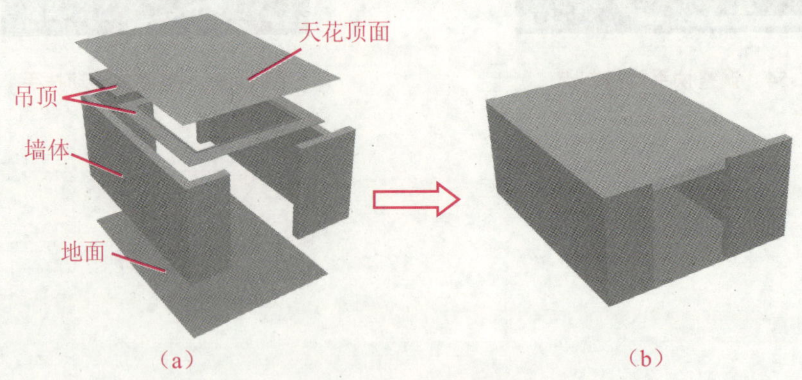

图 12-1　制作客厅墙体和天花

制作思路

导入“平面图.dwg”，将其群组后移动到原点，然后将平面图中的墙体复制后删除除客厅外的墙体，利用“挤出”工具挤出高度为 2600 的墙体，接着利用“平面”工具制作地面和楼层面。导入“天花图.dwg”文件，将其移动到原点后利用“线”工具绘制吊顶的矩形框，再导入“客厅立面图.dwg”，利用“线”工具绘制吊顶的截面形状，最后利用“倒角剖面”工具创建吊顶模型。

制作步骤

1）制作客厅墙体

步骤 1▶ 将单位设置为毫米。选择“应用程序”按钮下的“导入”工具，选择本书配套素材“素材与实例”>“第 12 章”>“CAD 文件”文件夹>“平面图.dwg”文件，然后单击“打开”按钮打开“AutoCAD DWG/DXF 导入选项”对话框。单击“确定”按钮，结果如图 12-2 所示。

步骤 2▶ 在顶视图中按【Ctrl+A】键选中所有图形，然后将其群组，并在屏幕下方的状态栏中将其 x 和 y 坐标均设为 0。

提 示

为了便于在 3ds Max 中控制模型的移动位置，提高建模效率，在导入 CAD 文件后应将该文件群组，并将其置于原点（0，0，0）。

步骤 3▶ 将群组后的平面图解组，然后将墙体原位复制克隆一份，并将除复制得到的墙体外的其他对象隐藏，结果如图 12-3（a）所示。删除不需要的顶点，如图 12-3（b）所示。

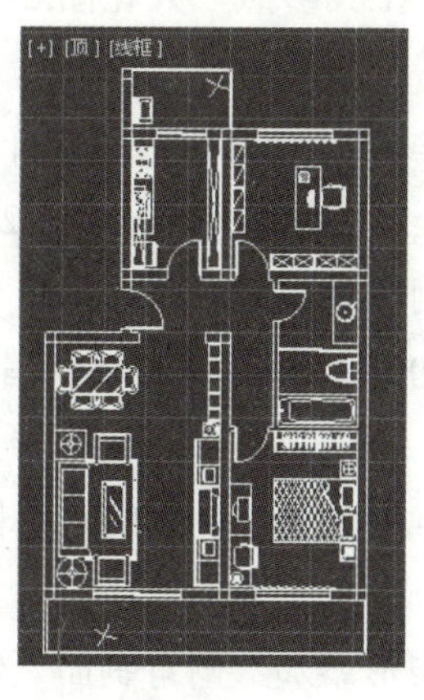

图 12-2 导入的 CAD 平面图

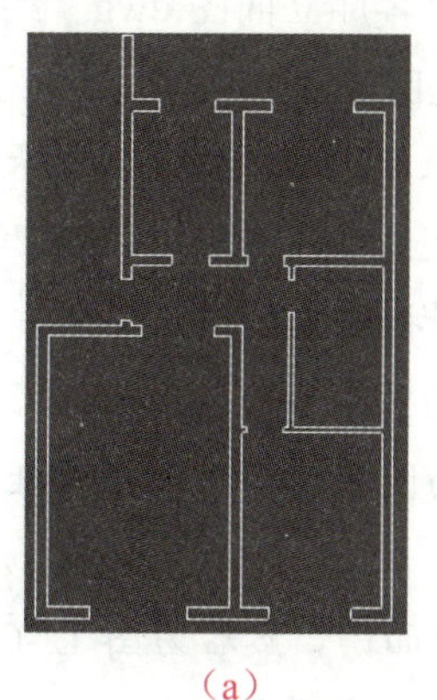

（a）

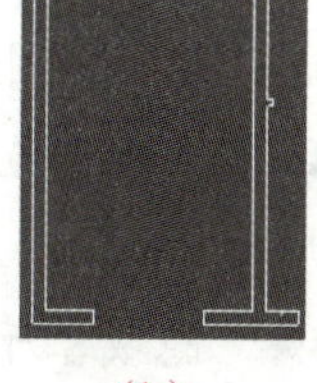

（b）

图 12-3 复制并修改墙体

步骤 4▶ 按【Ctrl+A】键选中所有顶点，然后在“修改”面板“几何体”卷展栏的“焊接”文本框中输入 0.2，再单击“焊接”按钮，将相邻直线的端点焊接在一起。

步骤 5▶ 利用“挤出”工具将图 12-3（b）所示的截面挤出，其数值为 2600（即室内净高为 2.6 m），结果如图 12-4 所示。

2）制作客厅地面和天花顶面

客厅地面可利用一个平面来代替。利用“捕捉开关”按钮可以精确地确定地面的尺寸。

步骤 1▶ 按【S】键打开“捕捉开关”按钮，然后在该按钮上右击，在打开的对话框中选中“顶点”复选框。

步骤 2▶ 单击“平面”工具，依次捕捉并单击图 12-5（a）所示的 *A*、*B* 点，即可创建天花顶面。按【S】键关闭“捕捉开关”功能，然后将天花顶面复制克隆一份并移动到地面位置，结果如图 12-5（b）所示。

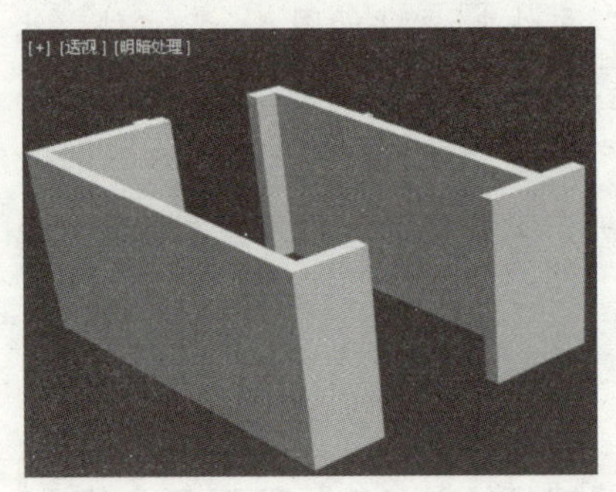

图 12-4　制作墙体

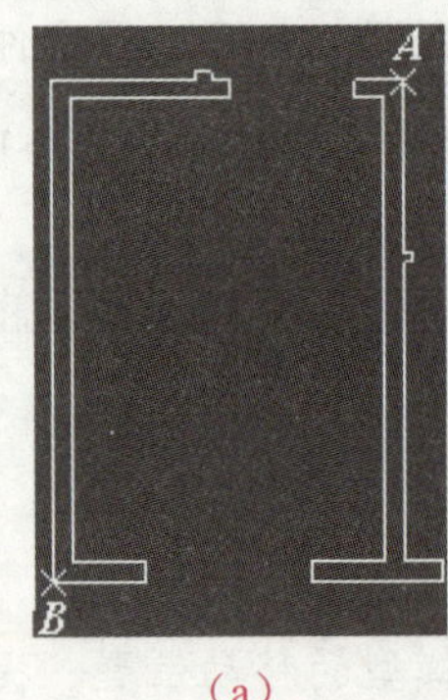

（a）

（b）

图 12-5　制作地面和天花顶面

3）制作客厅天花吊顶

要制作天花吊顶，需要依次画出天花板的截面和平面形状，然后利用“倒角剖面”工具制作天花板。其中，天花板的平面形状可利用“矩形”工具参照“天花图.dwg”绘制，天花板的截面形状可参照“客厅立面图.dwg”绘制。

步骤 1▶ 导入“天花图.dwg”，将其群组后移到原点。然后打开“捕捉开关”按钮，并利用“矩形”工具绘制矩形，隐藏导入的“天花图.dwg”图形，结果如图 12-6 所示。

步骤 2▶ 导入“客厅立面图.dwg”，将其群组后移到合适位置，然后利用“选择并旋转”工具在透视图中分别将该立面图沿 *x* 轴方向旋转 90°，再沿 *z* 轴方向旋转 90°。此时，该立面图在左视图中的效果如图 12-7 所示。

步骤 3▶ 以客厅立面图为参照，利用“矩形”工具在左视图中绘制天花板的截面，如图 12-7 所示。

步骤 4▶ 隐藏客厅立面图，然后为图 12-6 绘制的矩形添加“倒角剖面”修改器，单击“参数”卷展栏中的“拾取剖面”按钮，接着单击左视图中绘制的天花板截面即可。

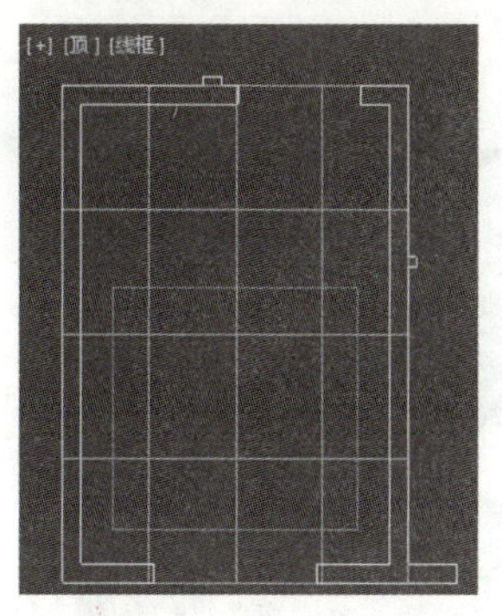

图 12-6　绘制天花板的平面图（矩形）

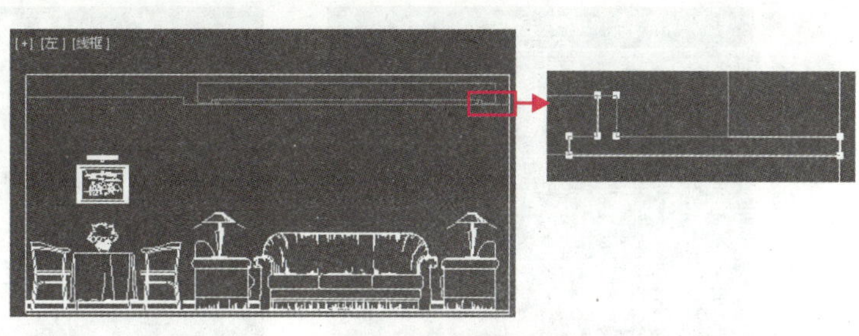

图 12-7　绘制天花板的截面

步骤 5▶　选中左视图中的天花板截面草图，将其最右侧两个顶点沿 x 轴向右移动，使顶视图中吊顶的四周与内墙面线重合，如图 12-8 所示。

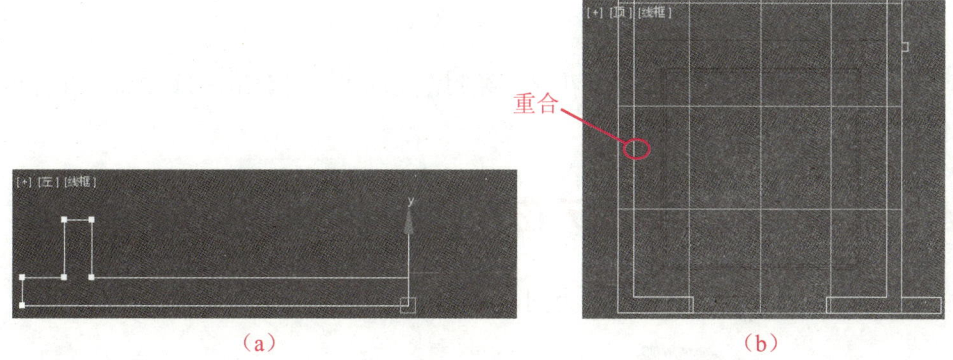

（a）　（b）

图 12-8　调整天花板截面的尺寸

步骤 6▶　利用“选择并移动”工具在前视图中将上一步骤创建的天花吊顶沿 y 轴移动到合适高度，如图 12-9 所示。天花吊顶的形状如图 12-10 所示。选中“显示”面板中的“图形”复选框，即可隐藏视图区中的所有草图。

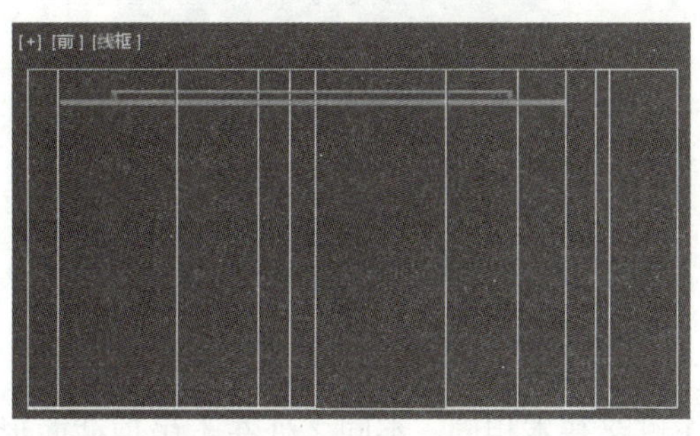

图 12-9　移动天花吊顶

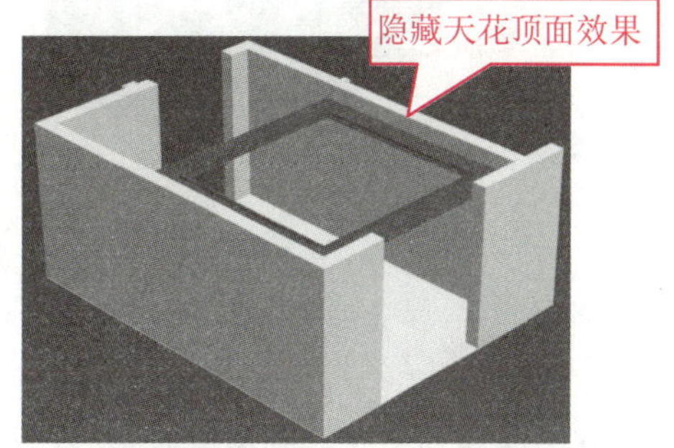

图 12-10　天花吊顶的形状

步骤 7▶　利用“长方体”工具和“捕捉开关”按钮在顶视图中依次捕捉并单击 A、

B 点，然后将该长方体的高度设为-240，结果如图 12-11 所示。

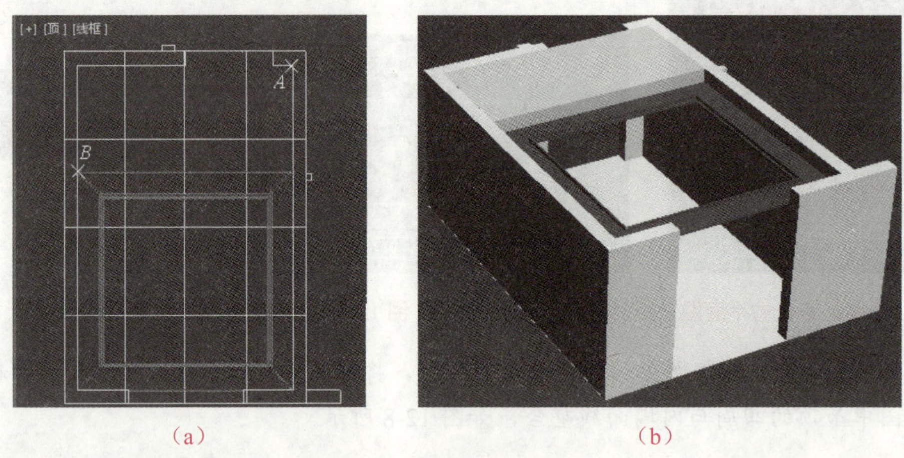

（a）　　　　　　（b）

图 12-11　绘制客厅吊顶

至此，该客厅的墙体、地面和天花就已经制作完成了。按【Ctrl+S】键将该文件以“客厅墙体和天花”命名。

实战 2　制作卧室墙体和天花

下面以图 12-12 所示的卧室模型为例，来讲解卧室墙体和天花的制作方法。

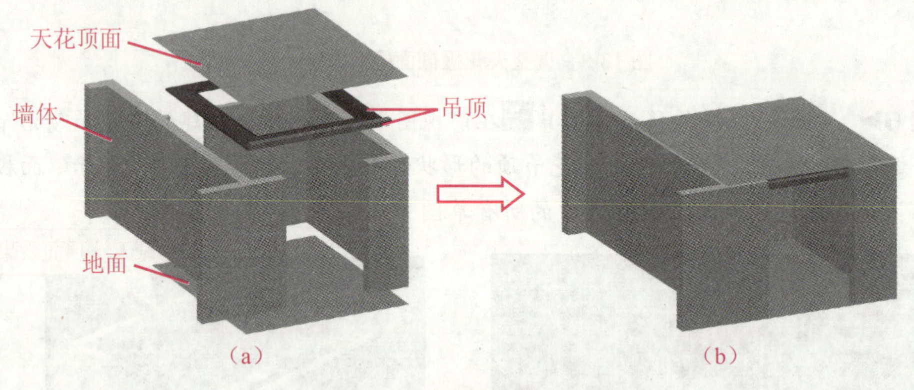

（a）　　　　　　（b）

图 12-12　制作卧室墙体和天花

制作思路

卧室墙体和天花的制作思路与客厅的制作思路基本相同，不同之处在于吊顶截面形状的绘制方法。

制作步骤

1）制作卧室墙体、地面和天花顶面

步骤 1▶ 将单位设置为毫米。利用“导入”命令将“素材与实例” > “第 12 章” > “CAD 文件”文件夹> “平面图.dwg”文件导入 3ds Max 中，将其群组后置于原点（0，0，0）。解组后将墙体复制克隆，并将除复制得到的墙体外的其他对象隐藏，最后删除不需要的顶点，结果如图 12-13 所示。

步骤 2▶ 利用“选择并移动”工具移动相邻外墙体线的顶点，使其重合，接着将所有顶点进行焊接，焊接值为 0.2，结果如图 12-14 所示。

步骤 3▶ 利用“挤出”工具制作图 12-15 所示的卧室墙体，墙体高度为 2600。

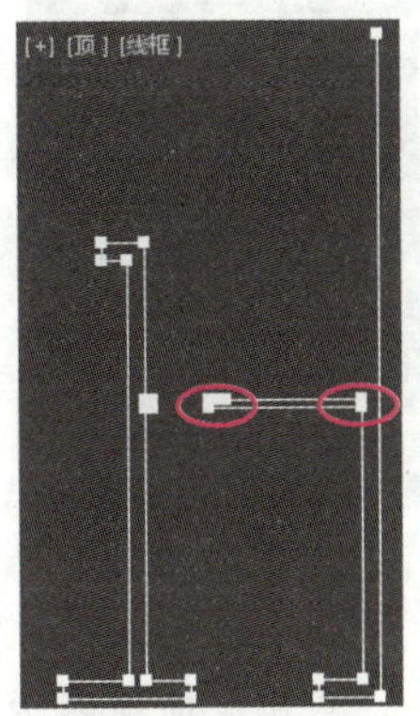

图 12-13　删除不需要的顶点

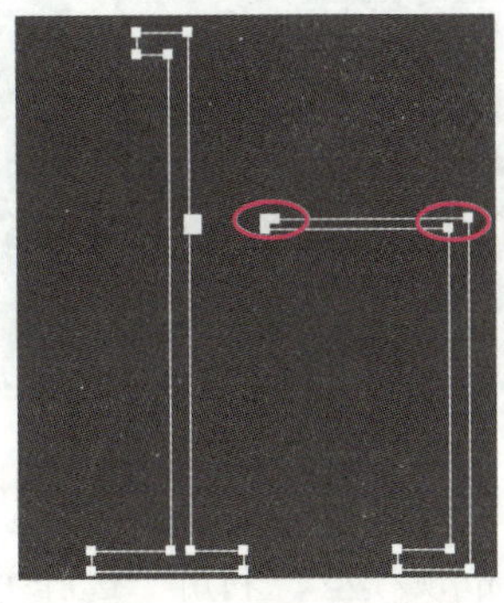

图 12-14　移动顶点并焊接

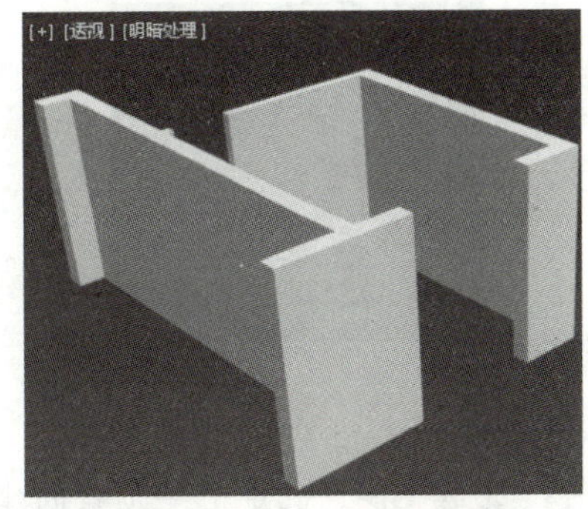

图 12-15　挤出卧室墙体

步骤 4▶ 利用“平面”工具在顶视图中绘制地面，地面长宽尺寸为 4080×3540。在前视图中将地面复制克隆一份并移动到合适位置，以便形成天花顶面。

2）制作天花吊顶

步骤 1▶ 导入“天花图.dwg”，将其群组后移到原点，再利用“矩形”工具绘制矩形，结果如图 12-16 所示。

步骤 2▶ 导入“卧室立面图.dwg”，将其群组后移到合适位置，利用“选择并旋转”按钮在透视图中分别将该立面图沿 x 轴和 y 轴旋转 90°，再在左视图中利用“线”工具绘制吊顶的截面轮廓线，如图 12-17 所示。

步骤 3▶ 隐藏卧室立面图，然后选中图 12-17 所示多边形框中的 5 个顶点并右击，从弹出的右键菜单中选择“平滑”，再调整曲线的形状，结果如图 12-18 所示。

步骤 4▶ 选中图 12-16 中绘制的矩形，然后选择“倒角剖面”工具，单击“参数”卷展栏中的“拾取剖面”按钮，接着单击左视图中绘制的天花截面即可。

步骤 5▶ 选择修改器堆栈中的“剖面 Gizmo”，然后利用“选择并移动”工具在顶视图中沿 x 轴移动该吊顶，使得吊顶的最外侧边线与内侧墙线重合，结果如图 12-19 所示。

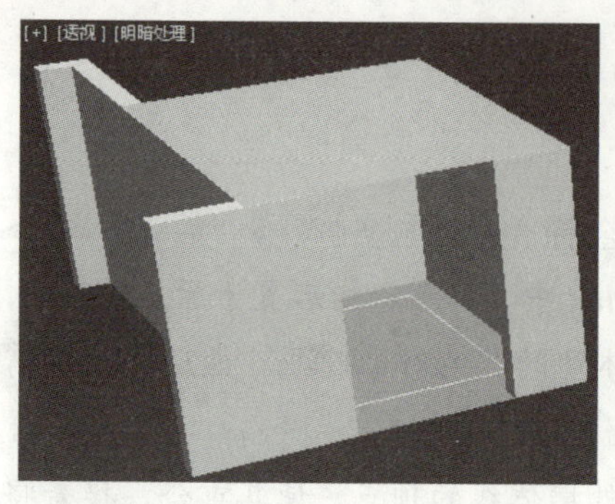

图 12-16　制作地面和天花顶面

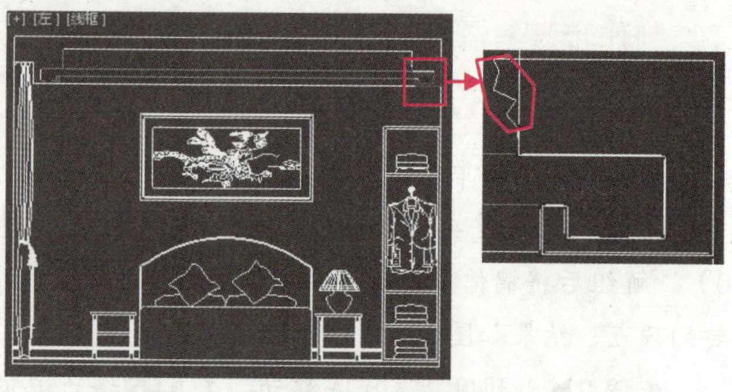

图 12-17　绘制天花吊顶截面草图

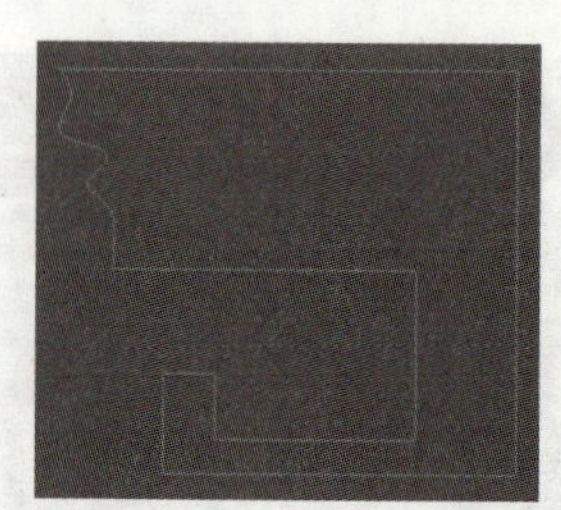

图 12-18　绘制吊顶截面

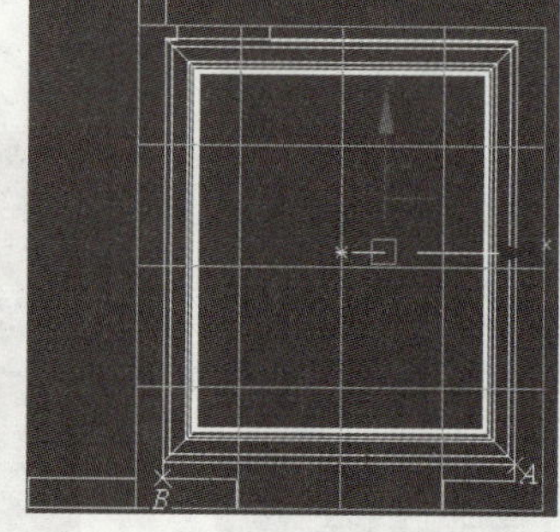

图 12-19　沿 x 轴调整吊顶

步骤 6▶　选中上一步骤创建的吊顶模型，利用“选择并移动”工具在顶视图中将其沿 y 轴向上移动到合适位置。

步骤 7▶　打开“捕捉开关”按钮，利用“长方体”工具在顶视图中依次捕捉并单击图 12-19 所示的 A、B 点，创建厚度为-100 的长方体，结果如图 12-20 所示。（注意：左视图中吊顶与长方体在高度上的相对位置）

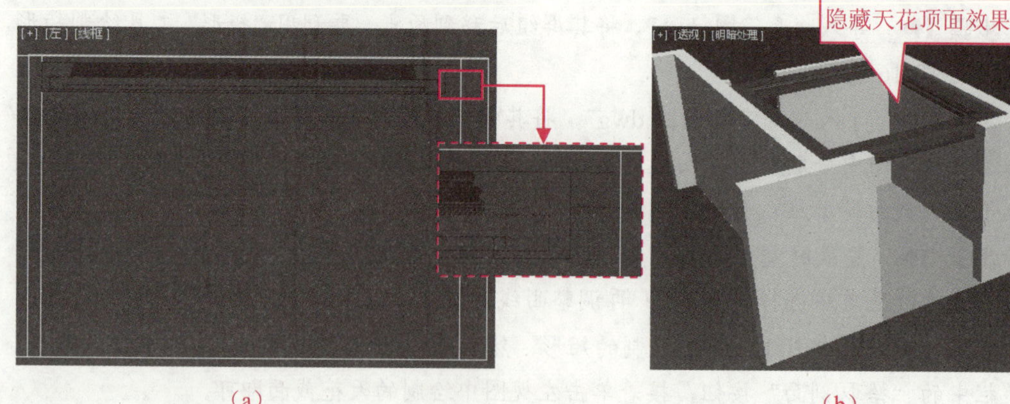

（a）　　　　（b）

图 12-20　创建长方体

至此，该卧室的墙体、地面和天花就已经制作完成了。按【Ctrl+S】键将该文件以“卧室墙体和天花”命名。

实战 3　制作书房墙体和天花

本实例中书房的天花板没有进行吊顶装饰，因此可用一个平面来代替天花板。图 12-21 所示为该书房的模型。

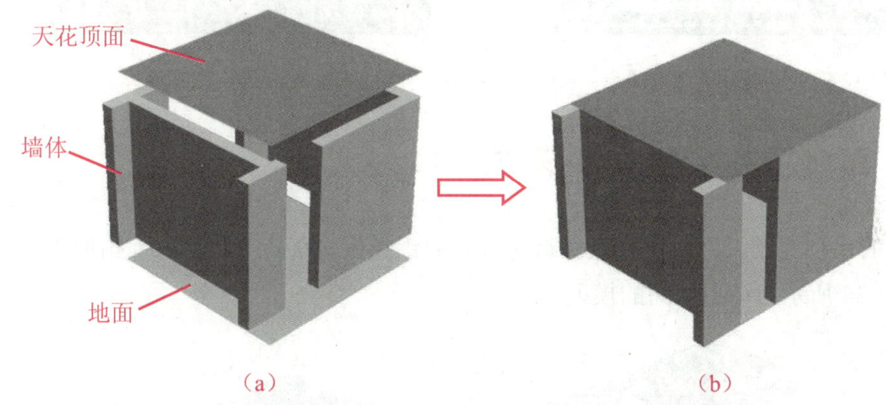

图 12-21　制作书房墙体、地面和天花顶面

制作思路

由于该书房没有天花吊顶，因此只需要制作墙体、天花顶面和地面。导入“平面图.dwg”文件后，利用“挤出”工具挤出书房的墙体，再利用“平面”工具制作地面和天花顶面。

制作步骤

步骤 1▶ 将单位设置为毫米。利用“导入”命令将“素材与实例”>“第 12 章”>“CAD 文件”文件夹>“平面图.dwg”文件导入 3ds Max 中，将其群组后置于原点（0，0，0）。解组后将墙体复制克隆一份，删除不需要的顶点后利用“选择并移动”工具移动相邻外墙体线的顶点，使其重合，接着将所有顶点进行焊接，焊接值为 0.2，如图 12-22 所示。

步骤 2▶ 利用“挤出”工具制作图 12-23 所示的书房墙体，墙体高度为 2600。

步骤 3▶ 利用“平面”工具在顶视图中绘制地面，然后在前视图中将地面复制克隆一份并移动到合适位置，以便形成天花顶面，结果如图 12-21（b）所示。

至此，该书房的墙体、地面和天花就已经制作完成了。按【Ctrl+S】键将该文件以“书房墙体和天花”命名。

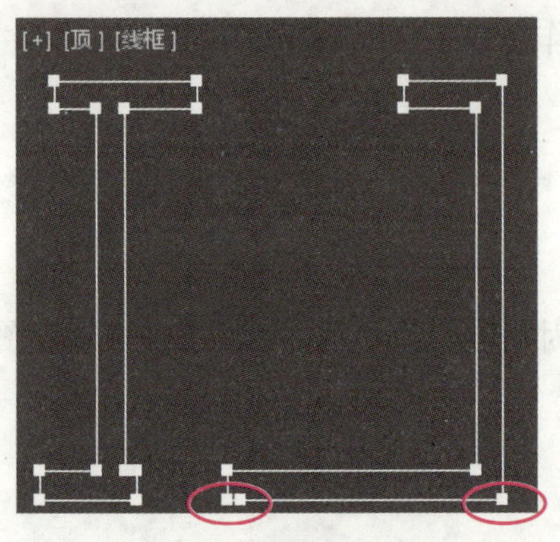

图 12-22　删除不需要的顶点

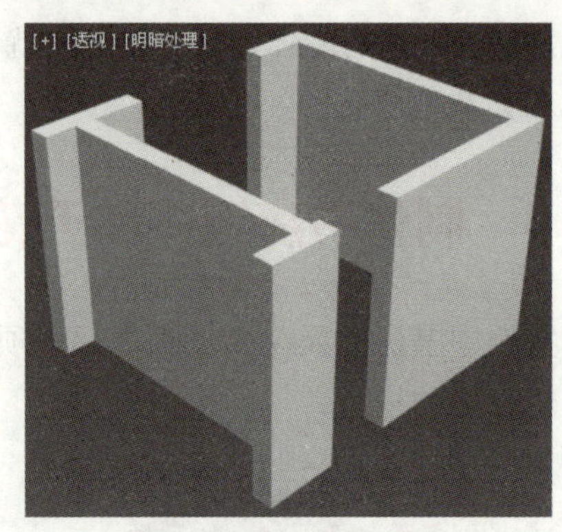

图 12-23　挤出书房墙体

实战 4　制作卫生间墙体和天花

卫生间的吊顶通常采用以铝合金板材为基底的铝扣板，家装中常用的铝扣板为集成铝扣板。图 12-24 所示为该卫生间的模型。

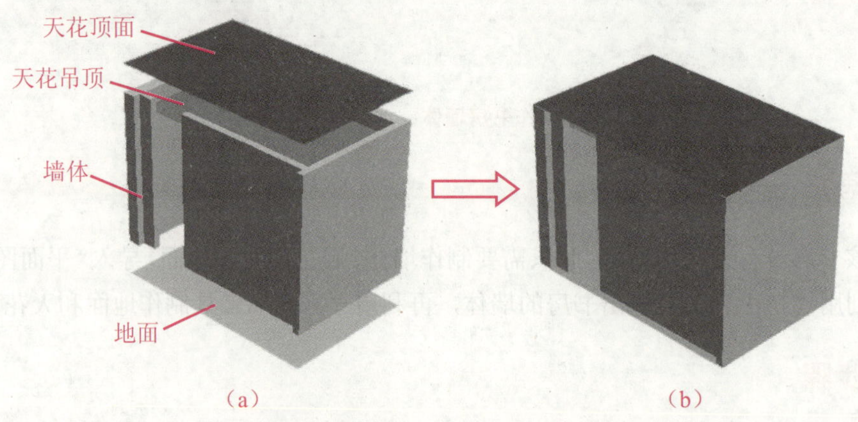

图 12-24　制作卫生间墙体、地面和天花顶面

制作思路

家装中，由于卫生间的吊顶一般都采用集成铝扣板，因此，在制作卫生间模型时，可在制作好墙体、地面和天花顶面后，将天花顶面进行复制克隆，并将复制得到的平面移动到合适位置，以代替集成吊顶。

制作步骤

步骤 1▶ 将单位设置为毫米。利用“导入”命令将“素材与实例”>“第 12 章”>“CAD 文件”文件夹>“平面图.dwg”文件导入 3ds Max 中，参照制作书房墙体的方法，利用“挤出”工具制作图 12-25 所示的卫生间墙体，墙体高度为 2600。

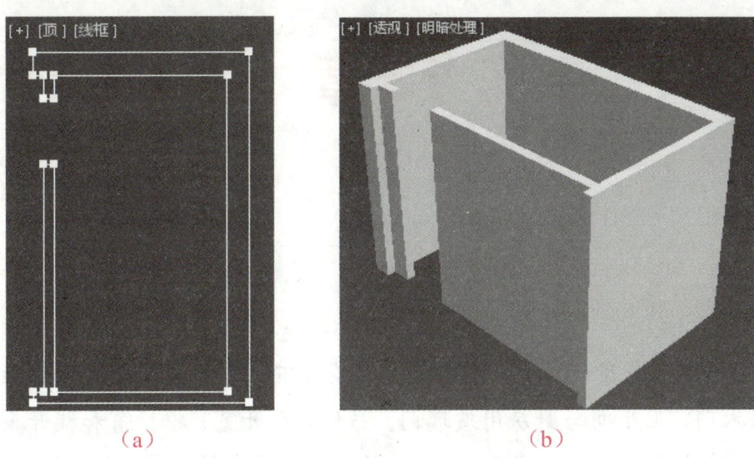

（a）　　（b）

图 12-25　制作卫生间墙体

步骤 2▶　利用“平面”工具在顶视图中绘制地面，然后在前视图中将地面复制克隆一份并移动到合适位置，以便形成天花顶面和吊顶，结果如图 12-24（b）所示。此时，前视图如图 12-26 所示。

图 12-26　天花的相对位置

至此，该卫生间的墙体、地面和天花就已经制作完成了。按【Ctrl+S】键将该文件以“卫生间墙体和天花”命名。

第 13 章　效果图制作实战——室内门窗制作

门窗是室内装饰设计的重点之一。通常情况下，客厅与阳台间用推拉门，书房与卧室用木门，卫生间与厨房用玻璃门。另外，平开窗、推拉窗和旋开窗都是家装中常见的窗。本章通过制作客厅、书房、卫生间等居室的门窗，来介绍双扇推拉门、单扇平开门及平开窗等门窗三维模型的制作方法和技巧。

学习目标

- 掌握枢轴门和推拉门的创建方法。
- 掌握平开窗、推拉窗及旋开窗的创建方法。
- 能够根据设计要求，分别在门、窗洞口处创建合适的门窗。

实战 1　制作客厅双扇推拉门

本案例通过使用“推拉门”工具制作客厅双扇推拉门，来学习推拉门的制作方法和技巧。图 13-1 所示为制作的客厅双扇推拉门效果图。

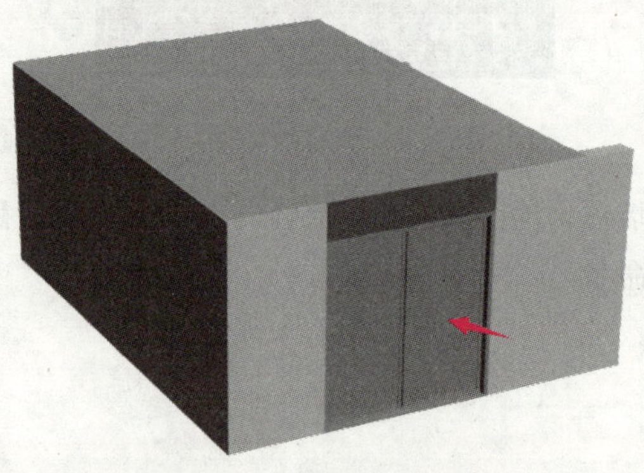

图 13-1　客厅推拉门制作效果

制作思路

利用“长方体”工具制作门头梁及其上方的墙体，然后利用“推拉门”工具制作双扇推拉门，最后利用“挤出”工具制作该门下方的滑动槽。

制作步骤

步骤 1▶ 打开本书配套素材“素材与实例”>“第 12 章”>“客厅墙体和天花.max”文件，然后将其以“客厅推拉门”为名另存在“第 13 章”文件夹中。

步骤 2▶ 按【S】键打开“捕捉开关”按钮，然后利用“长方体”工具在顶视图中捕捉 *A*、*B* 两点，创建高度为-420 的长方体，如图 13-2 所示。

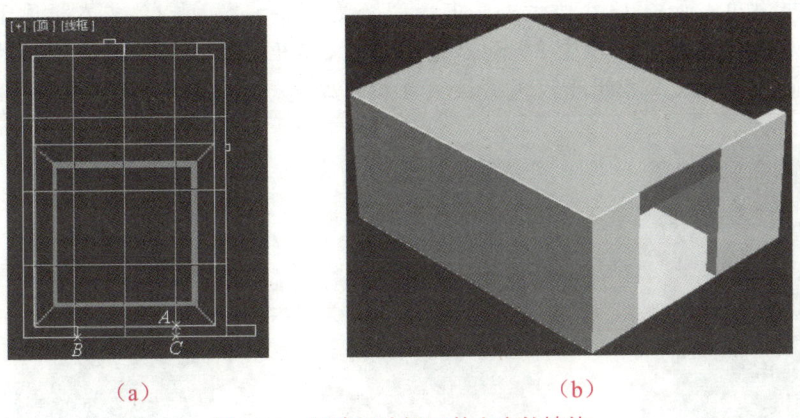

（a）　（b）

图 13-2　创建门头梁及其上方的墙体

步骤 3▶ 在“几何体”创建面板中选择“门”分类，然后单击“推拉门”按钮，依次捕捉并单击图 13-2（a）所示的 *B*、*C* 点，按【S】键关闭“捕捉开关”功能，接着移动光标并单击，以指定门的深度和高度，最后参照图 13-3（a）设置门的参数，结果如图 13-3（b）所示。

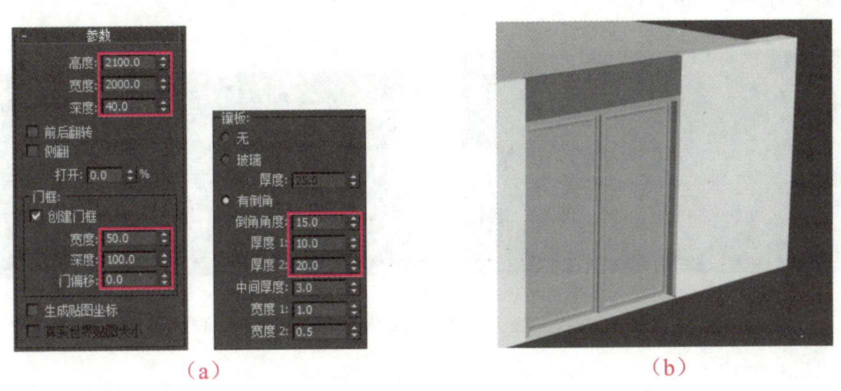

（a）　（b）

图 13-3　创建推拉门

知识库

图 13-3（a）所示“参数”卷展栏中相关选项及设置区的功能如下。

“前后翻转”复选框：调整两门扇在推拉时的前后位置。

“侧翻”复选框：调整固定门扇的位置。

“打开”文本框：决定门打开的角度。通过拖动“打开”文本框后的按钮，可在透视图中查看门的推拉效果。

“门框”设置区：决定是否创建门框，以及门框的宽度、深度，门扇前表面与门框前表面间的距离。

“镶板”设置区：用于设置该门的镶板样式。若选择“无”单选钮，则表示无镶板；若选择“玻璃”单选钮，则表示有镶板；若选择“有倒角”单选钮，则用于设置镶板的边框倒角，如图 13-4 所示。其中，“厚度 1”和“宽度 1”文本框用于设置镶板第 1 层的厚度和宽度；“厚度 2”和“宽度 2”文本框用于设置镶板第 2 层的厚度和宽度；“中间厚度”文本框用于设置镶板第 3 层的厚度。

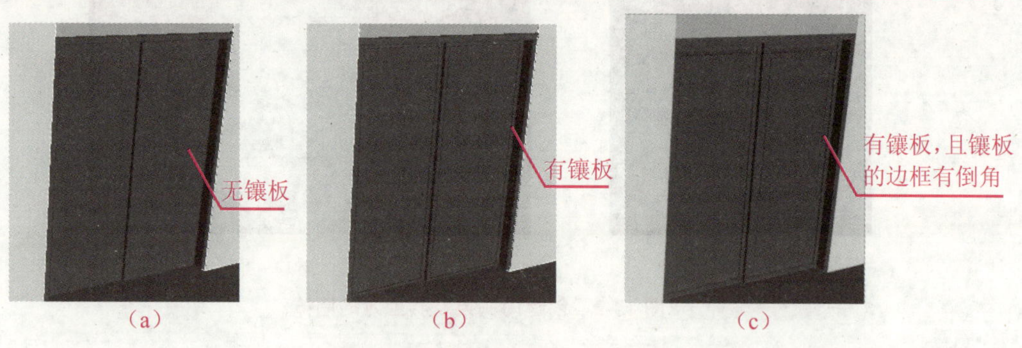

图 13-4　“镶板”设置区的功能

步骤 4▶　利用“线”工具在左视图中绘制图 13-5 所示的封闭图形，然后利用“挤出”工具将该图形进行挤出操作，挤出高度为 2100，最后在前视图中沿 x 轴将其移动到合适位置，结果如图 13-6 所示。

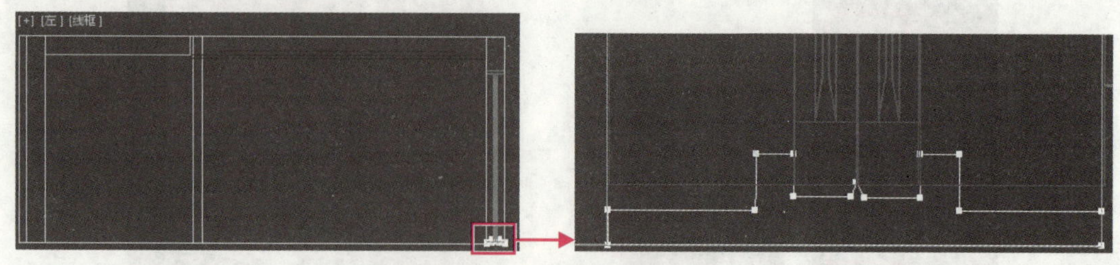

图 13-5　绘制滑动槽的截图

图 13-6　滑动槽制作效果

至此，该客厅的双扇推拉门就创建好了。按【Ctrl+S】键将该文件保存即可。

实战 2　制作书房单扇平开木门

实战 1 所示客厅门是使用“推拉门”工具创建的双扇推拉门。下面，通过利用“枢轴门”工具制作图 13-7 所示的单扇木门，来讲解单扇平开木门的制作方法。

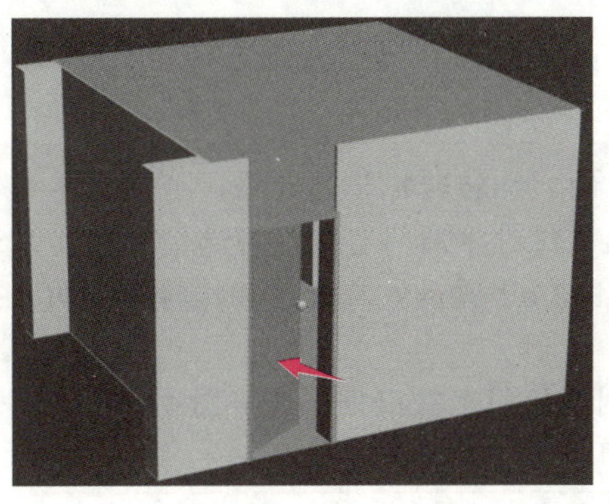

图 13-7　书房单扇平开木门制作效果

制作思路

利用“长方体”工具制作门头梁及其上方的墙体，然后利用“枢轴门”工具制作单扇平开木门，最后利用“车削”工具制作门的把手。

制作步骤

步骤 1▶　打开本书配套素材“素材与实例”>“第 12 章”>“书房墙体和天花.max”文件，然后将其以“书房单扇平开木门”为名另存在“第 13 章”文件夹中。

步骤 2▶　按【S】键打开“捕捉开关”按钮，然后利用“长方体”工具在顶视图中创建高度为-580 的长方体，如图 13-8 所示。

步骤 3▶　在“几何体”创建面板中选择“门”分类，然后单击“枢轴门”按钮，在顶视图中创建单扇平开门，其相关参数如图 13-9（a）所示。另外，还需要在“镶板”设置区选中“玻璃”单选钮，并在其下的“厚度”文本框中输入 25，设置门扇的厚度，最后在顶视图和左视图中调整门的位置，结果如图 13-9（b）所示。

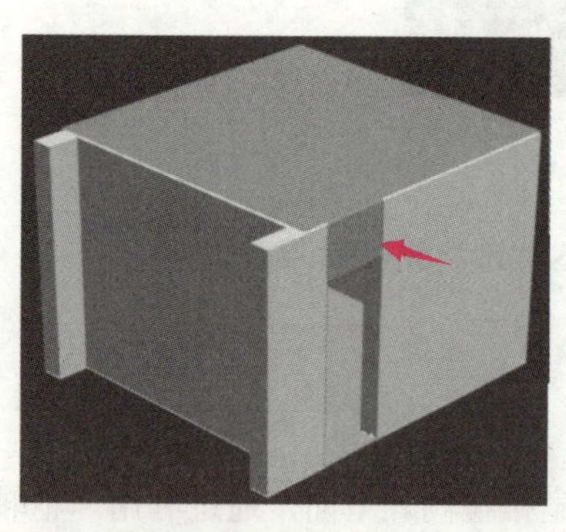

图 13-8　创建门头梁及其上方的墙体

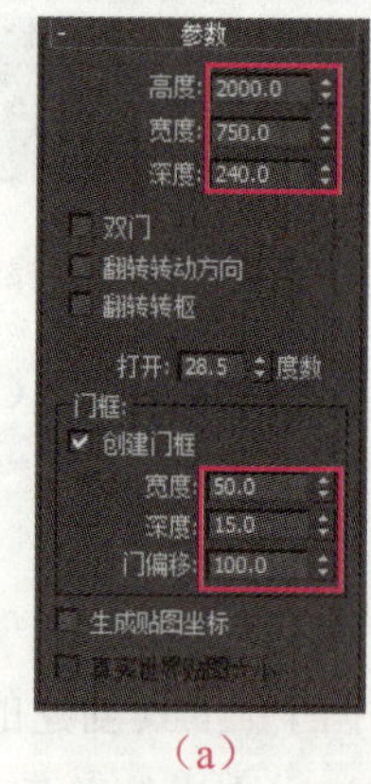

（a）

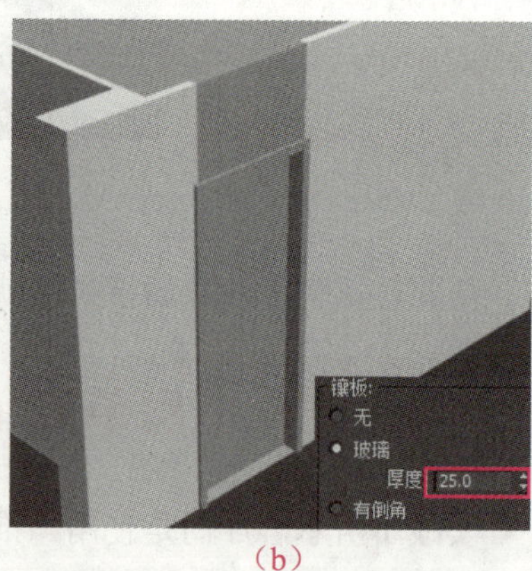

（b）

图 13-9　创建单扇平开门

提　示

勾选图 13-9（a）中的“翻转转枢”复选框，可调整单扇门门扇的固定方向，如图 13-10（a）所示，该复选框仅对单扇门有效；勾选“双门”复选框，可使单扇平开门成为双扇平开门，如图 13-10（b）所示；勾选“翻转转动方向”复选框，可调整门扇的开启方向，如图 13-10（c）所示。

此外，如果当前所制作的门无需门框，可将图 13-9 中的深度值设为 0；如果只需要门扇，可不勾选“创建门框”复选框。

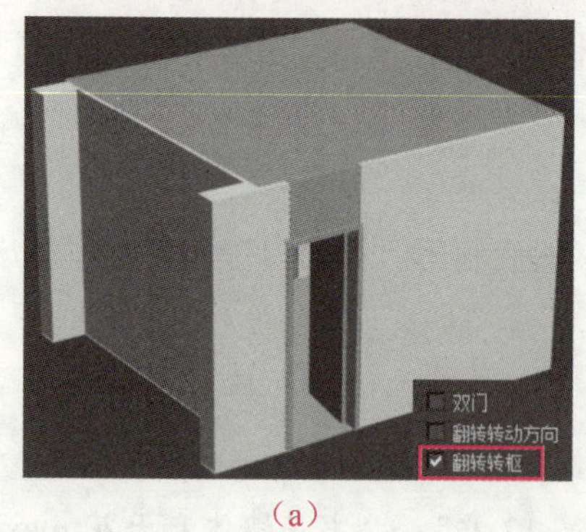

（a）

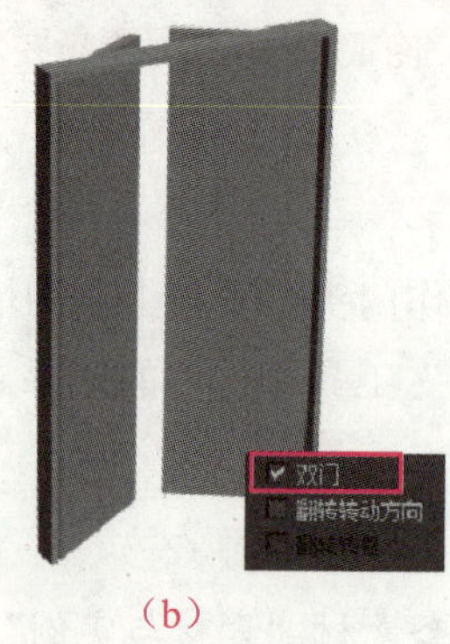

（b）

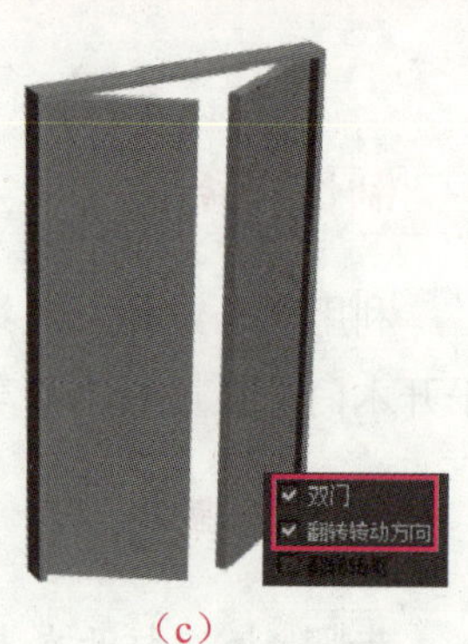

（c）

图 13-10　调整门的开启方向

步骤 4▶　使用“线”工具在顶视图中绘制图 13-11（a）所示的截面草图，然后利用“车削”工具将该草图进行旋转，以创建门把手，最后将该把手移动到合适位置，结果如

图 13-11（b）所示。

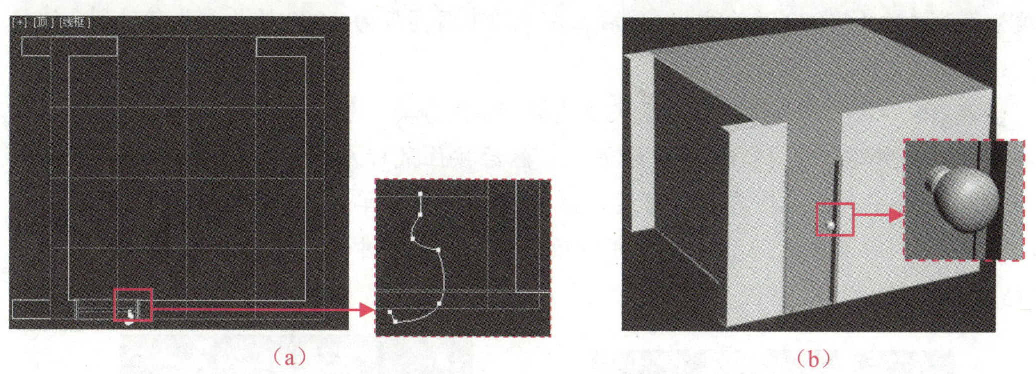

图 13-11 制作门把手

至此，该书房的单扇平开木门就制作好了。按【Ctrl+S】键将该文件保存即可。

实战 3 制作书房双扇平开窗

本案例通过使用“平开窗”工具制作书房双扇平开窗，来学习平开窗、推拉窗、旋开窗等常见窗的制作方法和技巧。图 13-12 所示为制作的书房双扇平开窗效果图。

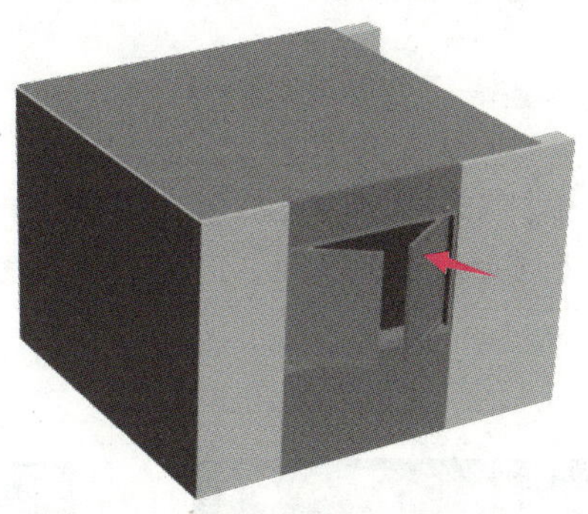

图 13-12 制作书房双扇平开窗

制作思路

先使用“长方体”工具分别制作窗台以下墙体和窗口过梁及其以上的墙体，再使用“平开窗”工具创建一个双扇平开窗。

制作步骤

步骤 1▶ 打开本书配套素材“素材与实例”>“第 13 章”>“书房单扇平开木门.max”文件，然后将其以“书房木门及平开窗”为名另存在“第 13 章”文件夹中。

步骤 2▶ 按【S】键打开“捕捉开关”按钮，利用“长方体”工具在顶视图中创建高度分别为-420 和-1000 的长方体，然后在左视图中将高度为-1000 的长方体移动到合适位置，结果如图 13-13 所示。

步骤 3▶ 在“几何体”创建面板中选择“窗”分类，然后单击“平开窗”按钮，在顶视图中捕捉并单击图 13-14 所示的 *B* 点，然后按住鼠标左键拖动并捕捉 *A* 点后单击，接着移动光标并单击，指定窗的深度，继续移动光标并单击，指定窗的高度，最后按图 13-15（a）所示参数调整该窗，并在顶视图和前视图中调整该窗的位置，结果如图 13-15（b）所示。

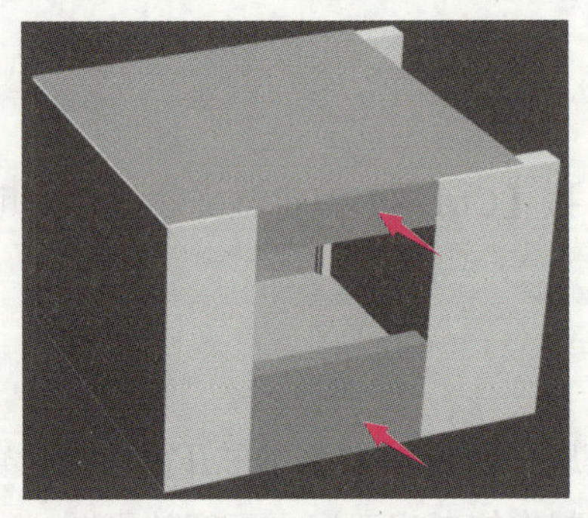

图 13-13 创建窗台以下和过梁以上墙体

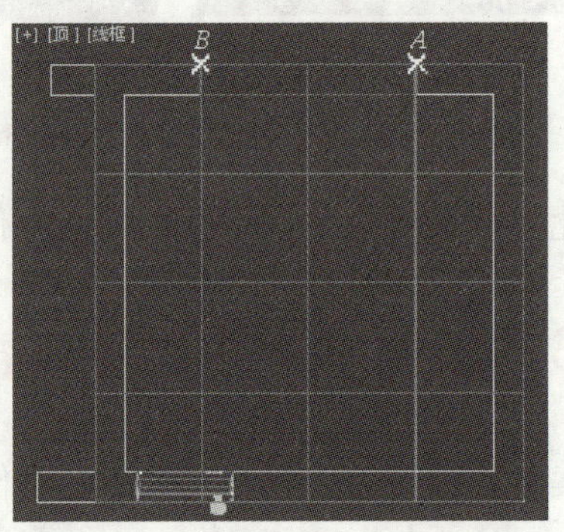

图 13-14 移动顶点并焊接

提 示

单击选中图 13-15（a）中的“一”单选钮，可使双扇平开窗变成单扇平开窗，如图 13-16 所示；若勾选“翻转转动方向”复选框，可调整平开窗窗扇的开启方向。

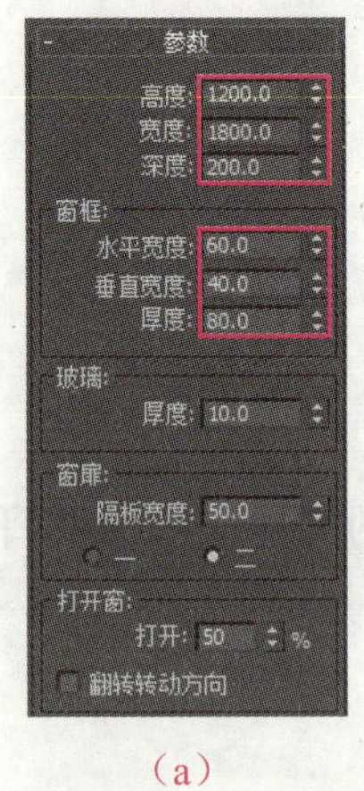

（a）

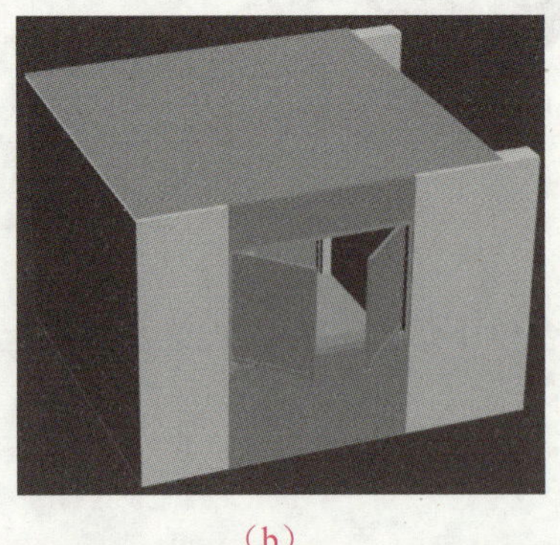

（b）

图 13-15 创建双扇平开窗

图 13-16 创建单扇平开窗

至此，该书房的双扇平开窗就制作好了，按【Ctrl+S】键将该文件保存。

知识库

实际生活中，除了图 13-15（b）所示的平开窗外，常见的还有推拉窗、旋开窗、遮篷式窗等，如图 13-17 所示。要创建这些窗，可在命令面板中“窗”分类下单击选择对应的工具，其创建方法与双扇平开窗的创建方法基本相同。

（a）推拉窗

（b）旋开窗

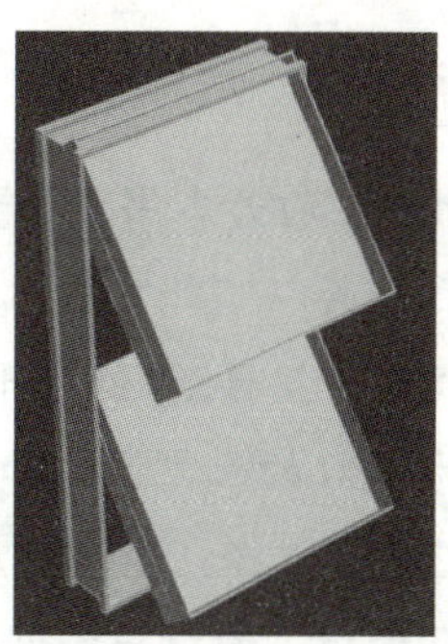
（c）遮篷式窗

图 13-17　常见的几种窗

实战 4　制作卧室木门及双扇推拉门

在实际工作中，为了提高建模效率，不同的室内装饰设计公司都有自己的图库，而门、窗、沙发、桌椅、床、空调等构配件及家具、家电都是图库中常见的。使用时，只需要从图库中调取该模型即可。

下面，通过制作图 13-18 所示的单扇平开木门和双扇推拉门，来学习调用外部模型的方法。

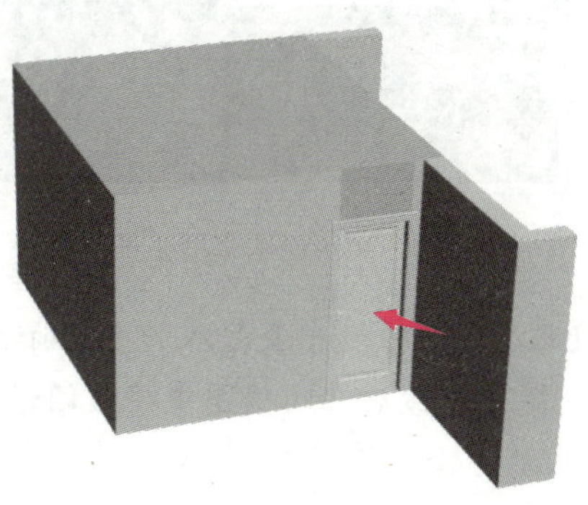
（a）单扇平开木门

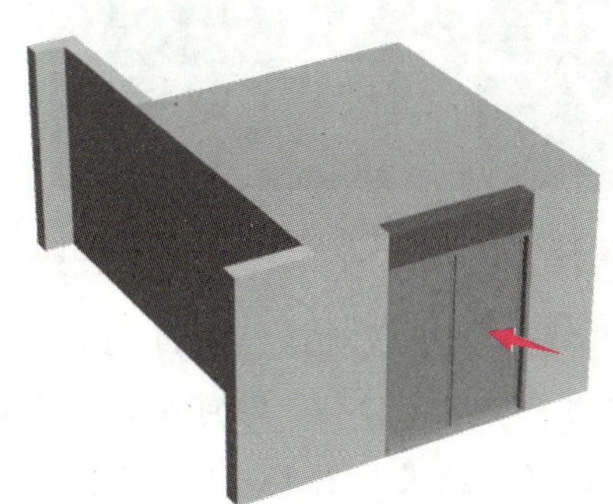
（b）双扇推拉门

图 13-18　卧室木门及双扇推拉门制作效果

制作思路

本案例中的门和窗均可直接调用“图库”文件夹中的模型。但是在调用时，不可将灯光、材质等内容导入当前文件，且在导入所需模型后，还需要对门窗的尺寸及位置进行调整。

制作步骤

步骤 1▶ 打开本书配套素材“素材与实例”>“第 12 章”>“卧室墙体和天花.max”文件，然后将其以“卧室木门及双扇推拉窗”为名另存在“第 13 章”文件夹中。

步骤 2▶ 按【S】键打开“捕捉开关”按钮，然后利用“长方体”工具在顶视图中创建高度为-580 的长方体，如图 13-19 所示。

步骤 3▶ 选择“应用程序”按钮>“导入”>“合并”命令，在打开的对话框中选择本书配套素材“素材与实例”>“第 13 章”>“图库”文件夹>“单扇平开木门.max”文件，单击“打开”按钮后打开图 13-20 所示的对话框。

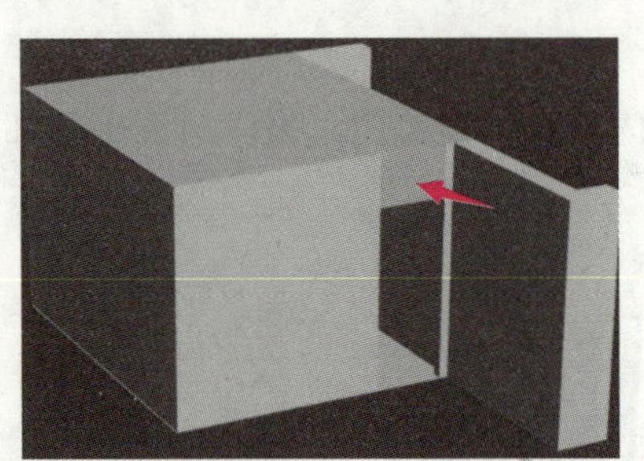

图 13-19　创建门头梁及其上方的墙体

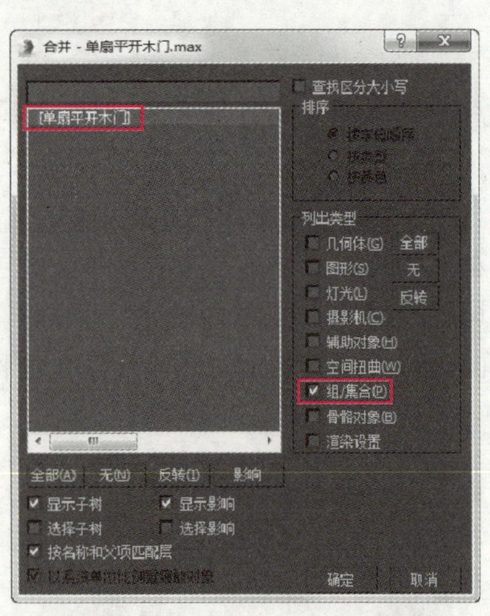

图 13-20　创建单扇平开门

步骤 4▶ 勾选该对话框中的“组/集合”复选框，然后选中要导入的“单扇平开木门”选项，单击“确定”按钮，即可将该模型导入视图区，最后在顶视图中将该门沿 x 方向移动到合适位置，结果如图 13-21 所示。

步骤 5▶ 采用同样的方法，使用“合并”工具将“第 13 章”>“图库”文件夹>“双扇推拉门及过梁.max”文件导入视图区，在顶视图中将导入的该模型移动到门洞处，再使用“选择并非均匀缩放”工具沿 x 轴缩放该门及过梁，如图 13-22 所示。

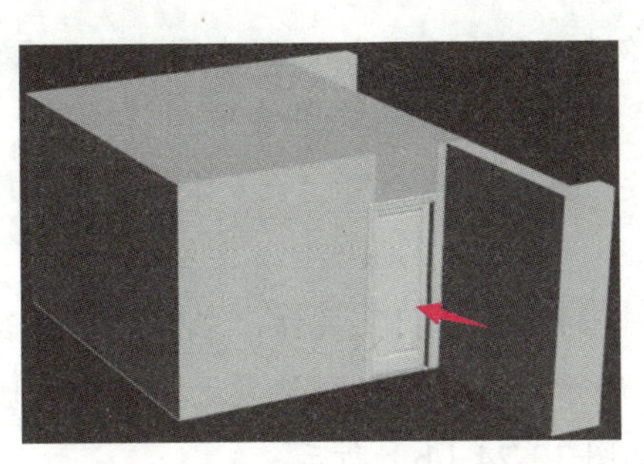

图 13-21　导入单扇平开木门效果

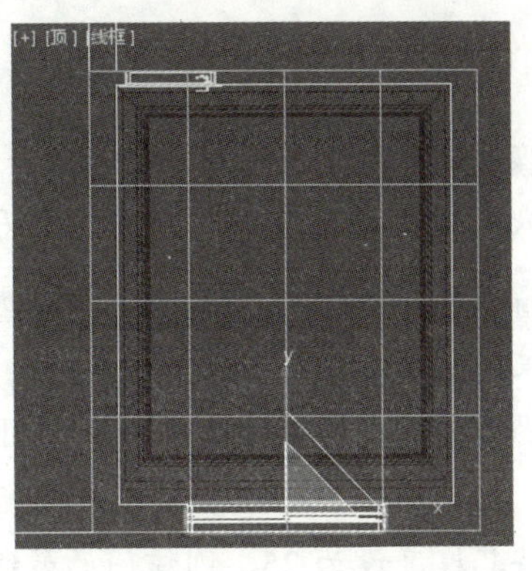

图 13-22　缩放双扇推拉门及过梁

至此，该卧室的木门及双扇推拉窗就制作好了，按【Ctrl+S】键将该文件保存。

实战 5　制作卫生间玻璃门

目前，卫生间常用的门有塑钢门、铝合金门和带玻璃的木质门。但是，在制作效果图时，无论要使用哪种门，其三维模型都是一样的，唯一的区别就是该模型所使用的材质不同。本案例中的玻璃门有两个，一个是进出卫生间的门，另一个是起干湿分区作用的玻璃门，如图 13-23 所示。

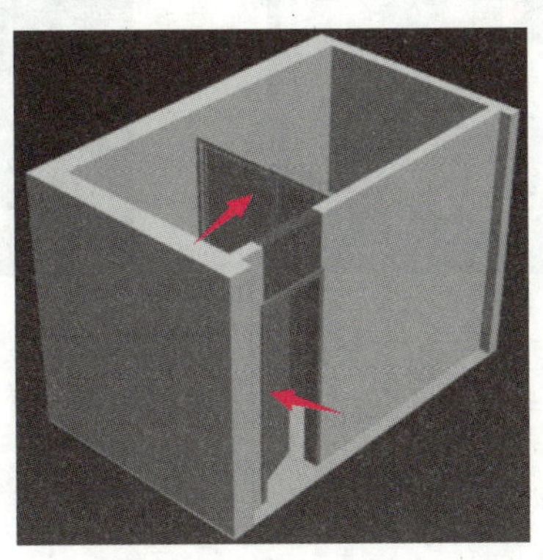

图 13-23　卫生间玻璃门制作效果（天花隐藏）

制作思路

利用“长方体”工具制作门头梁及其上方的墙体，然后利用“枢轴门”工具制作进出卫生间的平开门，再使用“推拉门”工具制作用于干湿分区的双扇推拉门。

制作步骤

步骤 1▶ 打开本书配套素材“素材与实例”>“第 12 章”>“卫生间墙体和天花.max”文件，然后将其以“卫生间玻璃门”为名另存在“第 13 章”文件夹中。

步骤 2▶ 按【S】键打开“捕捉开关”按钮，然后利用“长方体”工具在顶视图中创建高度为-580 的长方体。

步骤 3▶ 在命令面板中单击“门”分类下的“枢轴门”按钮，在顶视图中创建单扇平开门，门及门框的相关参数如图 13-24（a）所示，在“镶板”设置区中选中“玻璃”单选钮，将其厚度设为 25，则该门的最终效果如图 13-24（b）所示。

步骤 4▶ 取消视图区中隐藏的所有对象。然后在命令面板中单击“门”分类下的“枢轴门”按钮，在顶视图中捕捉并单击图 13-25（a）所示的 *A*、*B* 点，接着依次在合适位置单击，指定门的深度和高度，最后在“修改”面板中参考图 13-25（b）所示修改门的参数，其最终效果如图 13-23 所示。

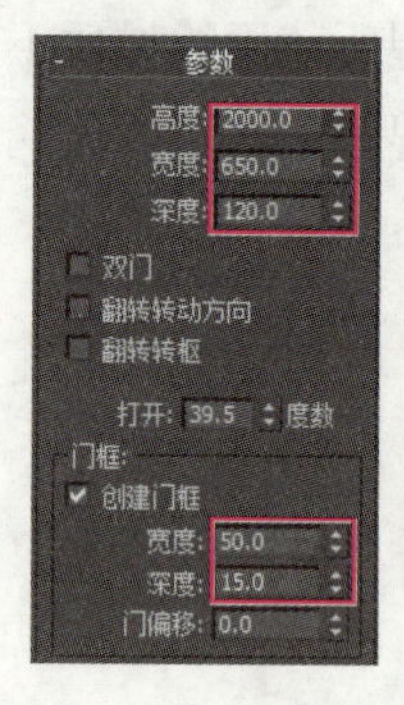

（a）　　（b）

图 13-24　创建墙体及单扇平开门

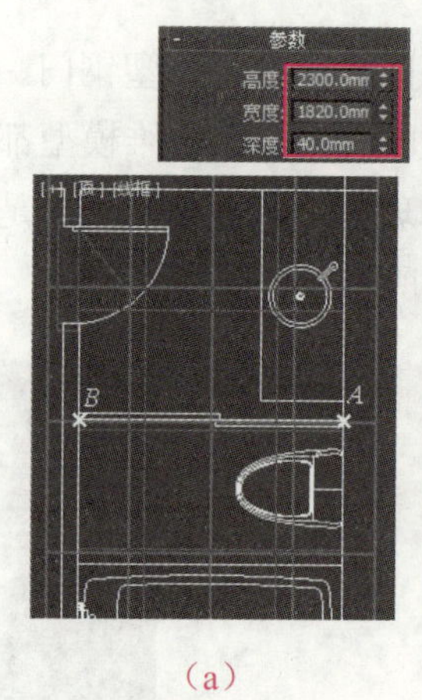

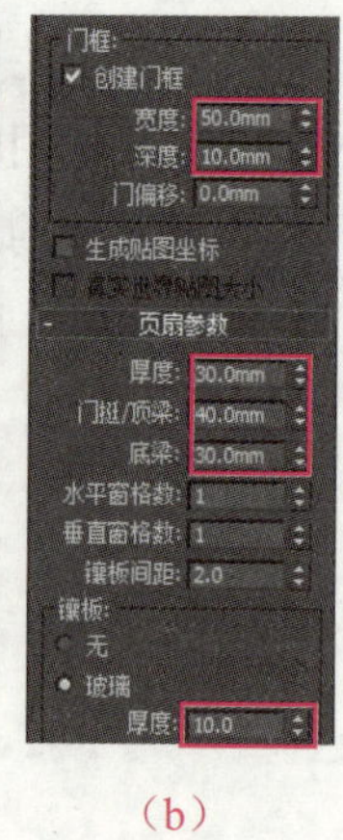

（a）　　（b）

图 13-25　指定门的相关参数

知识库

利用图 13-25（b）所示“页扇参数”卷展栏中的相关选项，可设置门扇的厚度、门挺和底梁的宽度、水平和垂直窗格数，以及门窗格中镶板的类型和参数。

步骤 5▶ 单击命令面板中的“显示”按钮，在打开的面板中勾选“图形”复选框，即可隐藏视图区中的所有平面图形。

至此，该卧室的木门及双扇推拉窗就制作好了，按【Ctrl+S】键将该文件保存。

第 14 章　效果图商业应用——室内效果图设计

在前面章节中所学的建模、材质、灯光、摄影机和渲染的相关知识，都是为了能够制作出专业、精美的效果图而做的准备工作。常见的室内效果图类型包括客厅效果图、卧室效果图、书房效果图和卫生间效果图等。本章将通过制作这些效果图，介绍室内效果图的制作方法。

学习目标

- 掌握客厅效果图的制作方法。
- 掌握卧室效果图的制作方法。
- 掌握书房效果图的制作方法。
- 掌握卫生间效果图的制作方法。

商业应用 1　设计客厅效果图

客厅在居家生活中担当着不可或缺的重要角色，人们进入家居后第一眼看到的就是客厅，它体现了主人的生活态度和品味。下面介绍制作客厅效果图的方法，客厅效果如图 14-1 所示。

（a）添加家具、材质和灯光后的效果　　（b）渲染效果

图 14-1　设计客厅效果图

制作思路

首先打开客厅空间的素材文件，并合并客厅的家具模型；然后为客厅的墙体、地板及推拉门模型添加材质；再在场景中添加灯光和摄影机；最后设置渲染参数，对客厅效果图进行渲染和保存。

制作步骤

1）合并客厅家具模型并为客厅添加材质

步骤 1▶ 打开本书配套素材“素材与实例”>“第 13 章”>“客厅推拉门.max”文件，然后将其以“客厅效果图”为名另存在“第 14 章”文件夹中。

步骤 2▶ 选择“导入”>“合并”菜单，在打开的“合并文件”对话框中选择本书配套素材“素材与实例”>“第 14 章”>“客厅素材”文件夹>“客厅家具.max”文件，然后在图 14-2 所示的对话框中依次单击“全部”和“确定”按钮，打开“重复名称”对话框。

步骤 3▶ 勾选图 14-3 所示的复选框，然后单击“自动重命名”按钮，即可将所选对象合并在当前文件中。将合并的家具群组，然后在顶视图中调整家具的位置，结果如图 14-4 所示。

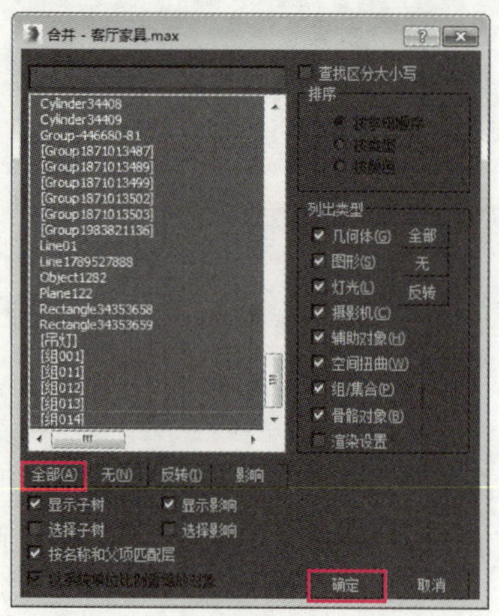

图 14-2　选择合并对象

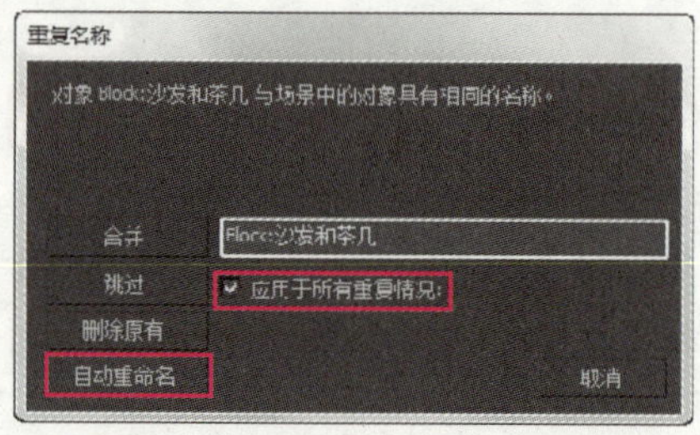

图 14-3　“重复名称”对话框

提　示

实际工作中，通常根据 CAD 平面布置图中家具的形状选择合适的家具，然后将其导入当前文件中，再根据 CAD 图纸中家具的位置和大小调整该家具的位置。由于导入家具并调整其位置的操作方法非常简单，所以本案例将客厅的所有家具一次导入。

导入家具后，可单击命令面板中的“显示”按钮，在打开的面板中不勾选“图形”复选框，然后在顶视图和透视图中查看各家具的位置。

步骤 4▶　按快捷键【M】打开材质编辑器，选中一个未使用的材质球，将其命名为“地板”，并将其材质类型设为 VRayMtl。然后在“基本参数”卷展栏中设置反射颜色和参数，如图 14-5 所示，并将“漫反射”通道的贴图设为本书配套素材“素材与实例”>“第 14 章”>“客厅素材”>“贴图”文件夹>“地板材质.jpg”，再在“坐标”卷展栏中将“瓷砖”下列的“U”和“V”值均设为 6。

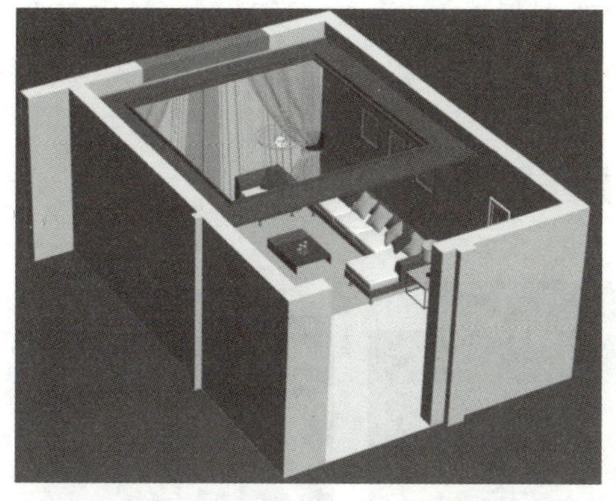

图 14-4　导入客厅家具效果（隐藏天花顶面）

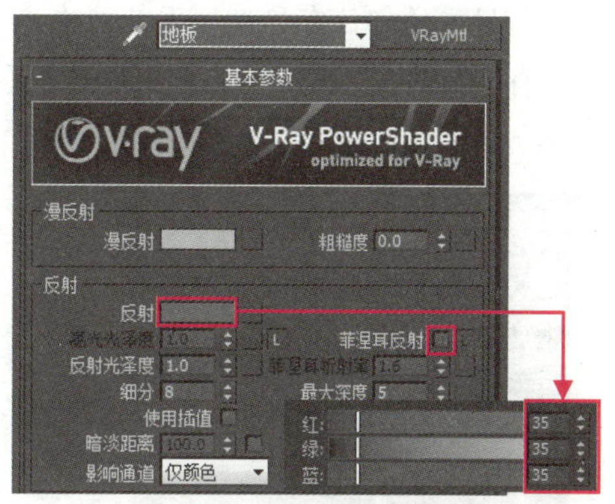

图 14-5　设置反射颜色和参数

提　示

要选择 VRayMtl 材质类型，必须在添加材质时先按【F10】键，在打开的对话框中先将渲染器设为 V-Ray Adv 3.00.08。否则，将无法使用 VRayMtl 材质。

步骤 5▶　单击“转到父对象”按钮，返回到第 1 层级，展开“贴图”卷展栏，将“凹凸”通道设为 50，并将其贴图设为“地板凹凸.jpg”，然后在“坐标”卷展栏中进行设置，再返回到第 1 层级，并将“地板”材质赋予场景中的地板模型，如图 14-6 所示。

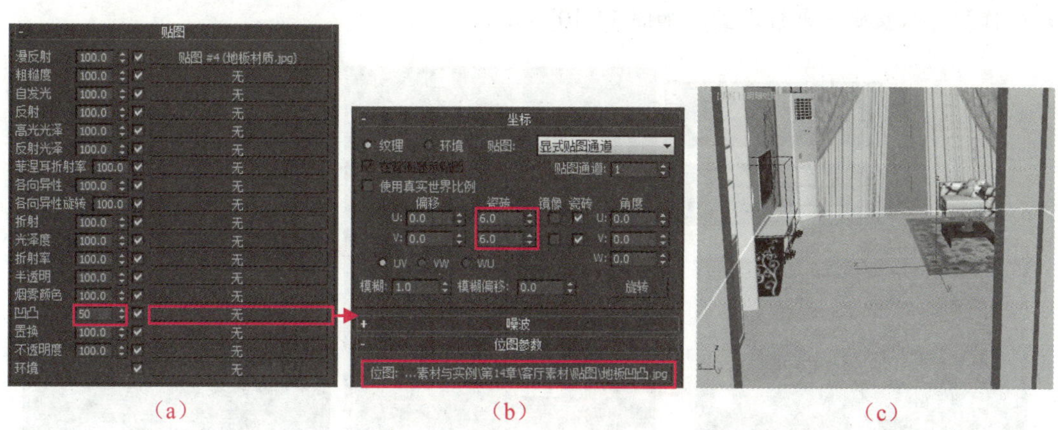

（a）　（b）　（c）

图 14-6　设置“地板”材质的凹凸通道并为地板模型添加材质

步骤 6▶ 选中一个未使用的材质球，将其命名为“墙面”，然后将其材质类型设为“VRayMtl”，在材质编辑器中调制材质，并将其赋予场景中的所有墙面、天花造型及天花顶面模型，如图 14-7 所示。

步骤 7▶ 选中场景中的推拉门模型，为其添加“编辑多边形”修改器，并将修改对象设为“多边形”，然后在透视图中选择要添加玻璃材质的多边形（必须用框选方式，因为要添加材质的部位有厚度，因此应在透视图中分别框选），并在“多边形：材质 ID”卷展栏中将其材质 ID 设为 1，再按快捷键【Ctrl+I】反选多边形，并将其材质 ID 设为 2，如图 14-8 所示。

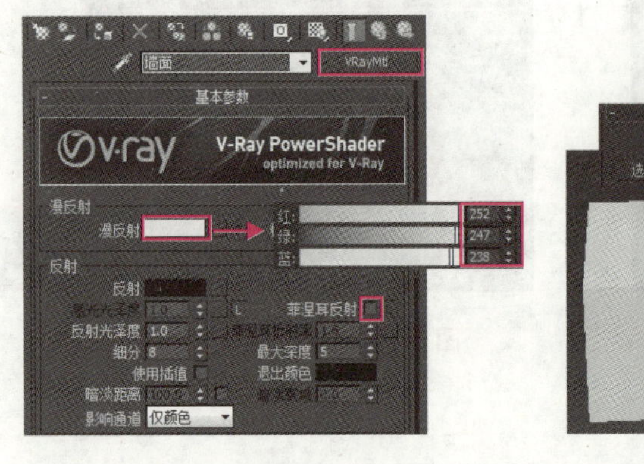

图 14-7　调制“墙面”材质

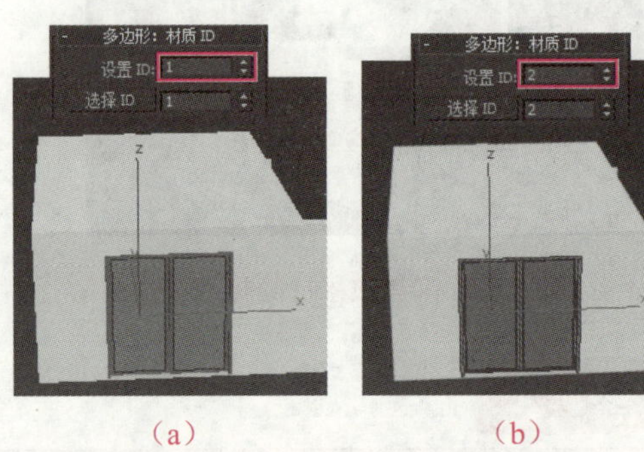

（a）　（b）

图 14-8　设置推拉门模型的材质 ID

步骤 8▶ 在材质编辑器中选中一个未使用的材质球，将其命名为“推拉门”，并将其材质类型设为多维/子对象，然后在“多维/子对象基本参数”卷展栏中将材质数量设为 2，并将第 1 个子材质的名称设为“玻璃”，第 2 个子材质的名称设为“门框”，如图 14-9 所示。

步骤 9▶ 单击“玻璃”子材质右侧的“无”按钮，将其材质类型设为“VRayMtl”，并在打开的卷展栏中进行设置，如图 14-10 所示。

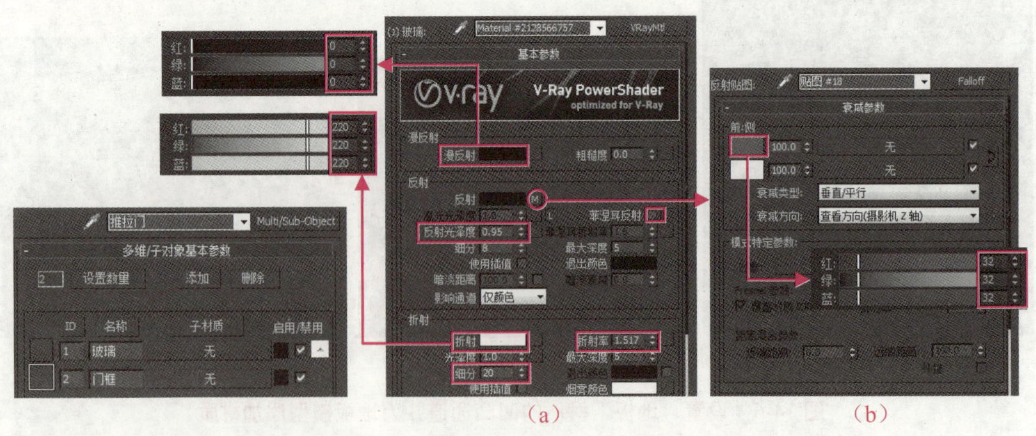

（a）　（b）

图 14-9　创建多维/子对象材质　　图 14-10　设置“玻璃”子材质

步骤 10▶　单击“转到父对象”按钮，返回到第 1 层级，单击“门框”子材质右侧的“无”按钮，将其材质类型设为 VR-车漆材质，并在打开的卷展栏中进行调制，如图 14-11 所示。

步骤 11▶　单击“转到父对象”按钮，返回到第 1 层级，选中场景中的推拉门模型，为其添加“推拉门”材质，如图 14-12 所示。

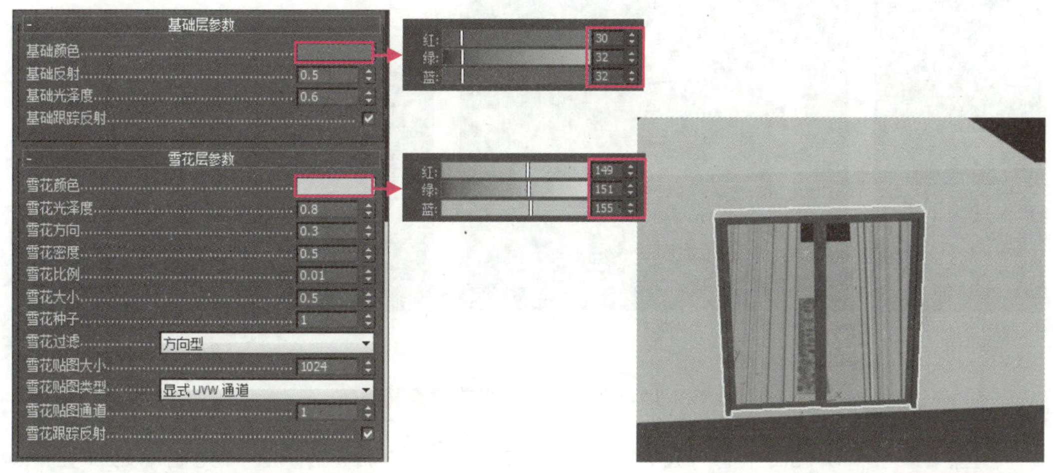

图 14-11　设置“门框”子材质　　　　图 14-12　为推拉门模型添加材质

2）为客厅添加灯光和摄影机

步骤 1▶　单击“灯光”创建面板“VRay”分类下的“VR-太阳”按钮，在顶视图中创建一个 VR-太阳灯光，并在各视图中调整灯光和目标点的位置，再在“VRay 太阳参数”卷展栏中进行设置，如图 14-13 所示。

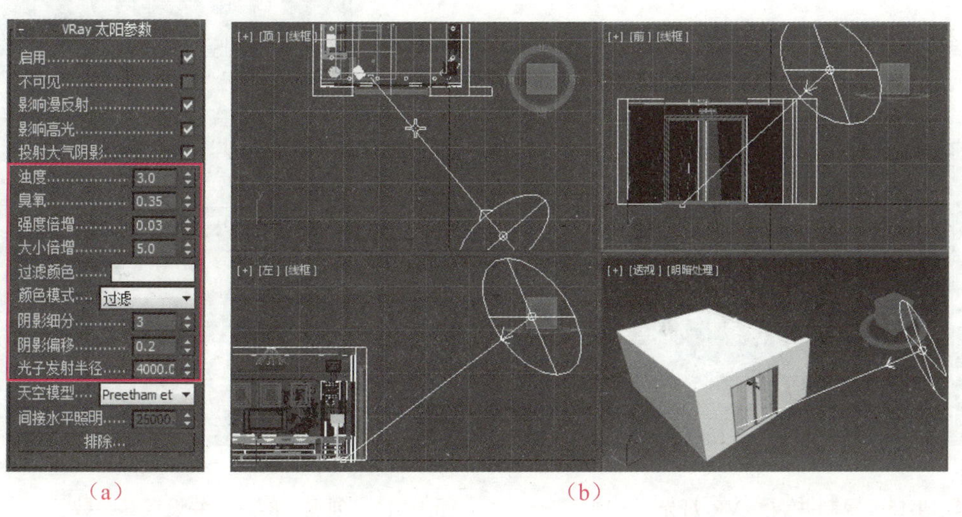

图 14-13　创建 VR-太阳灯光并设置其参数

步骤 2▶ 隐藏客厅墙体模型的房顶面板，在左视图中创建一个 VR-灯光，并在顶视图中调整其位置，然后在“参数”卷展栏中设置其参数，如图 14-14 所示。

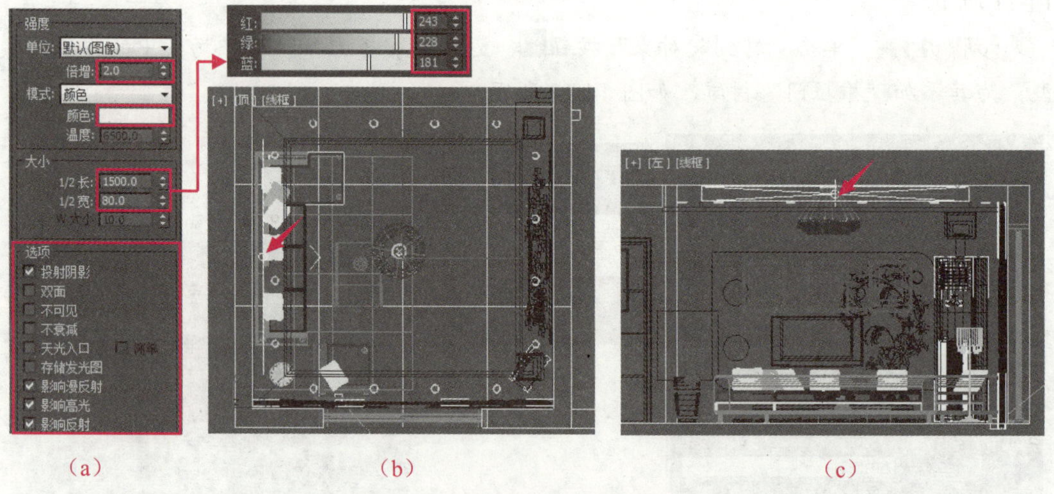

（a） （b） （c）

图 14-14 创建 VR-灯光并设置其参数

步骤 3▶ 在顶视图中将 VR-灯光旋转复制 3 份，并调整各 VR-灯光副本的位置，如图 14-15 所示。

步骤 4▶ 在顶视图中再创建一个 VR-灯光，然后在“参数”卷展栏中设置其参数，并在视图中调整 VR-灯光的位置，如图 14-16 所示。

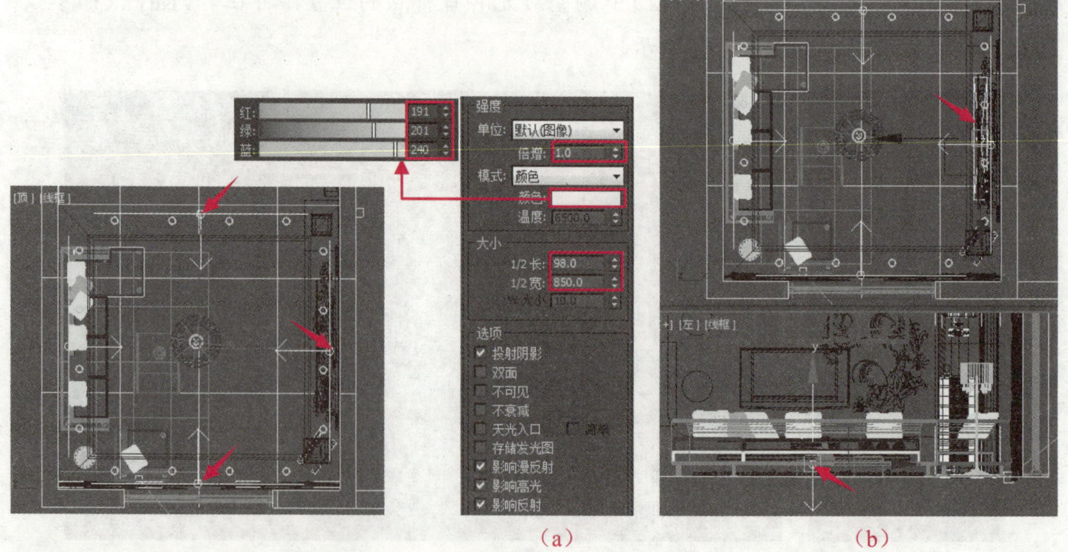

（a） （b）

图 14-15 复制并调整 VR-灯光

图 14-16 创建 VR-灯光并设置其参数

步骤 5▶ 将家具解组，并隐藏窗幔，然后单击“灯光”创建面板“标准”分类下的

"目标聚光灯"按钮，在前视图中创建一个目标聚光灯，并在"常规参数"卷展栏中设置其参数，再在视图中调整灯光和目标点的位置，如图 14-17 所示。

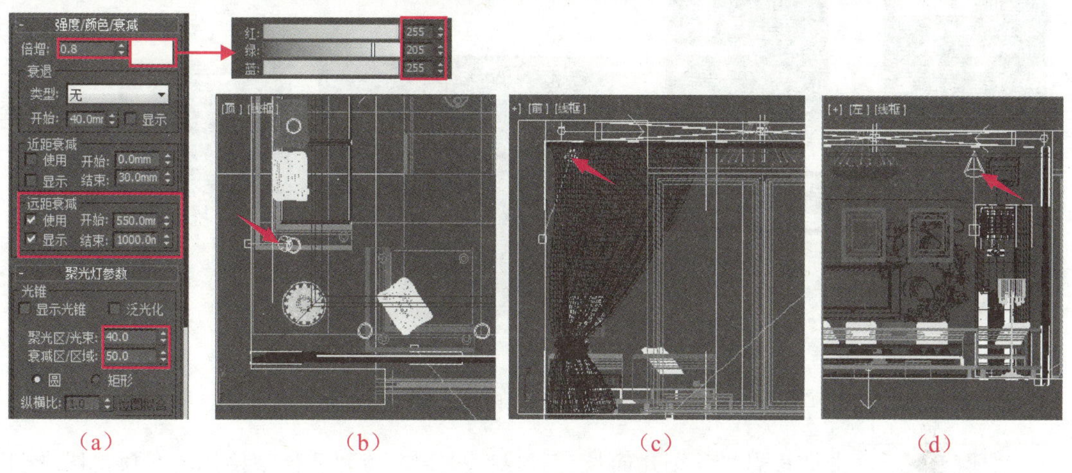

图 14-17 在筒灯下方创建目标聚光灯

步骤 6▶ 在顶视图中将上一步骤创建的目标聚光灯沿 y 轴复制，调整好位置后进行群组，然后将该群组进行旋转复制，结果如图 14-18 所示。

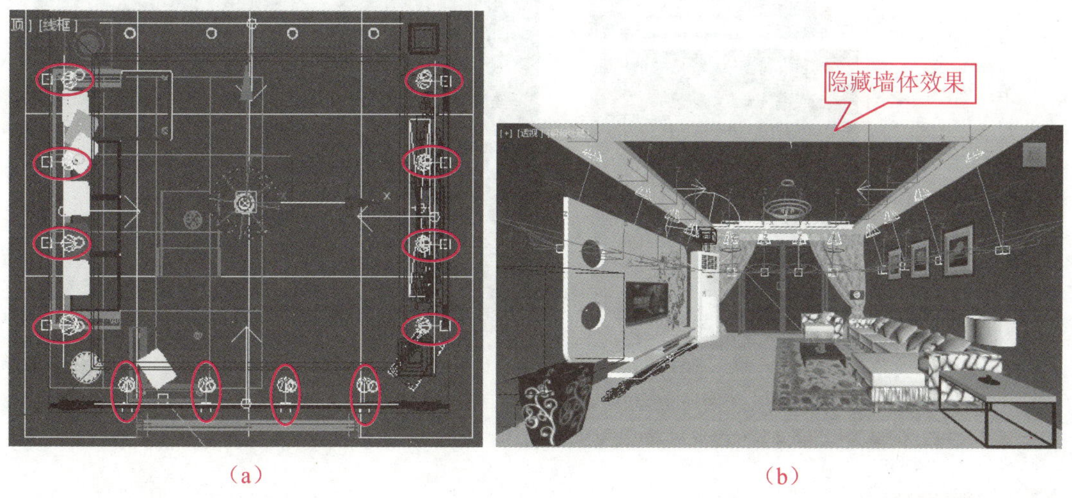

图 14-18 复制聚光灯

步骤 7▶ 在顶视图中创建一个 VR-灯光，并在"参数"卷展栏中设置其参数，再在左视图中将其移至吊灯中心位置，如图 14-19 所示。

步骤 8▶ 在顶视图中再创建一个 VR-灯光，并在"参数"卷展栏中设置其参数，然后将其移至落地灯灯罩位置，并将其复制一份，再将 VR-灯光副本移至台灯灯罩处，如图 14-20 所示。

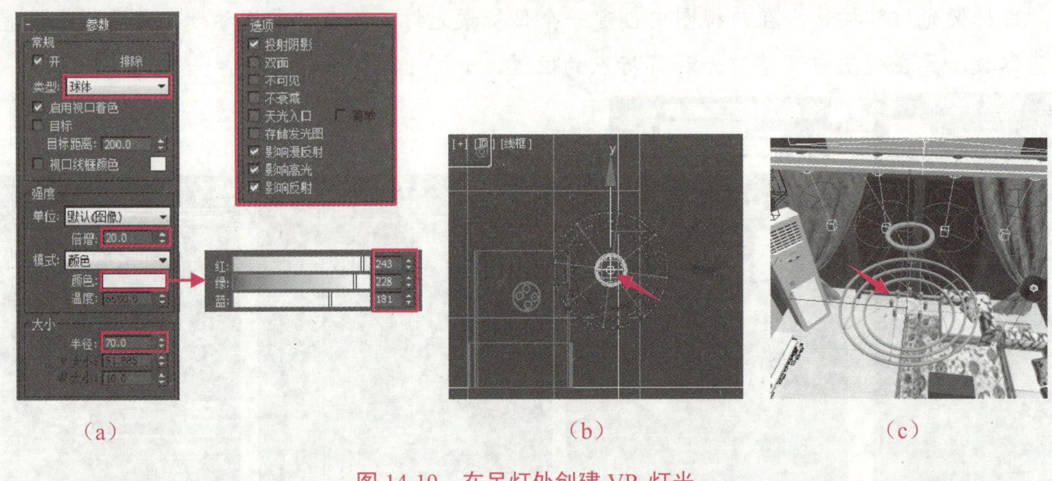

（a）　（b）　（c）

图 14-19　在吊灯处创建 VR-灯光

步骤 9▶ 单击“摄影机”创建面板“标准”分类下的“目标”按钮，在顶视图中创建一个目标摄影机，然后将透视图设为摄影机视图，并在视图中调整摄影机和目标点的位置，再对摄影机视图的视野进行调整，其效果如图 14-21 所示。

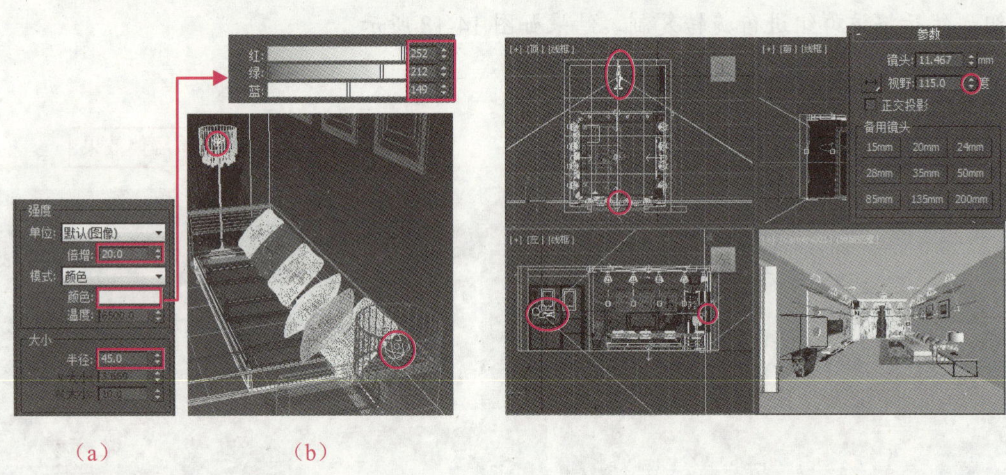

（a）　（b）

图 14-20　为落地灯和台灯创建 VR-灯光　　图 14-21　创建并设置目标摄影机

在设置摄影机视图的视野时，可先在“参数”卷展栏的“视野”文本框中给定一个大概范围，然后通过拖动“视野”文本框右侧的按钮，或利用“视野”工具对摄影机视图的显示效果进行调整。

3）设置客厅渲染参数

步骤 1▶ 按【F10】键，在打开的“渲染设置”对话框中选用当前渲染器“V-Ray Adv

3.00.08”，然后将效果图的尺寸设为 1920×1080。

步骤 2▶ 在“渲染设置”对话框“V-Ray”选项卡的“帧缓冲区”和“全局开关”卷展栏中进行设置，如图 14-22（a）所示；“图样采样器”和“颜色贴图”卷展栏中的设置，如图 14-22（b）所示。

步骤 3▶ 在“渲染设置”对话框“GI”选项卡的“全局照明”“发光图”和“灯光缓存”卷展栏中进行设置，如图 14-22（c）所示。

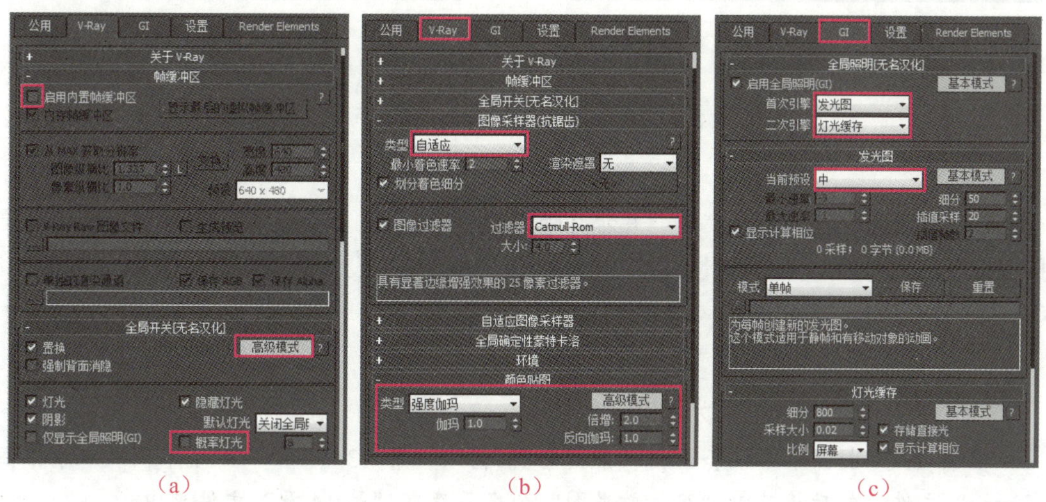

（a）（b）（c）

图 14-22 渲染设置

步骤 4▶ 设置好渲染参数后，单击“渲染设置”对话框中的“渲染”按钮，等待一段时间后即完成效果图的渲染，单击渲染窗口中的“保存图像”按钮，将其保存为所需格式。至此，案例就完成了。

由于不同操作者创建摄影机的角度不同，因此渲染输出的效果图中灯光的效果也各不相同。当摄影机的角度一定时，如果渲染输出的效果图中的灯光效果不太理想，或与图 14-1（b）中的灯光效果区别很大时，可通过修改个别灯光的光照强度和反射强度得到所需效果图。

商业应用 2 设计卧室效果图

卧室是供居住者睡眠、休息的场所，其休息环境是否舒适直接影响人们的生活、工作和学习，因此卧室是家庭装修的设计重点之一。下面介绍制作卧室效果图的方法，效果如图 14-23 所示。

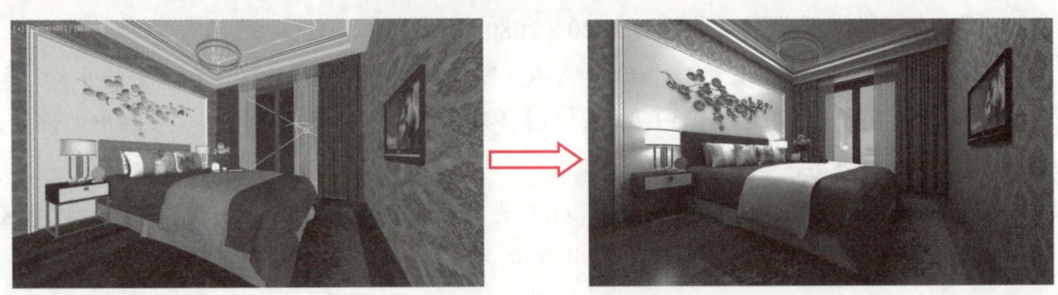

（a）添加家具、材质和灯光后的效果　　　　（b）渲染效果

图 14-23　设计卧室效果图

制作思路

先打开卧室空间的素材文件，并合并卧室的家具模型，然后为卧室的墙体、地板和推拉门模型添加材质，再在场景中添加灯光和摄影机，最后设置渲染参数并渲染。

制作步骤

1）合并卧室家具模型并为卧室添加材质

步骤 1▶ 打开本书配套素材“素材与实例”>“第 13 章”>“卧室木门及双扇推拉窗.max”文件，然后将其以“客厅效果图”为名另存在“第 14 章”文件夹中。

步骤 2▶ 选择“导入”>“合并”菜单，在打开的对话框中选择本书配套素材“素材与实例”>“第 14 章”>“卧室素材”文件夹>“卧室家具.max”文件，然后将导入所有几何体群组，在顶视图中调整家具模型位置，如图 14-24 所示。（注意：当出现“复制材质名称”对话框时，单击“自动重命名合并材质”单选钮）

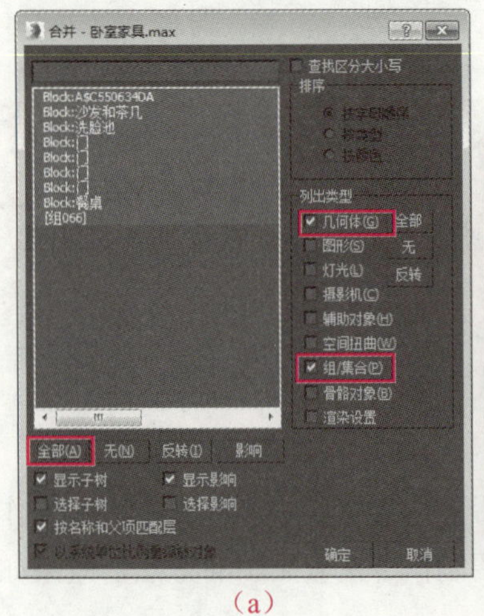

（a）

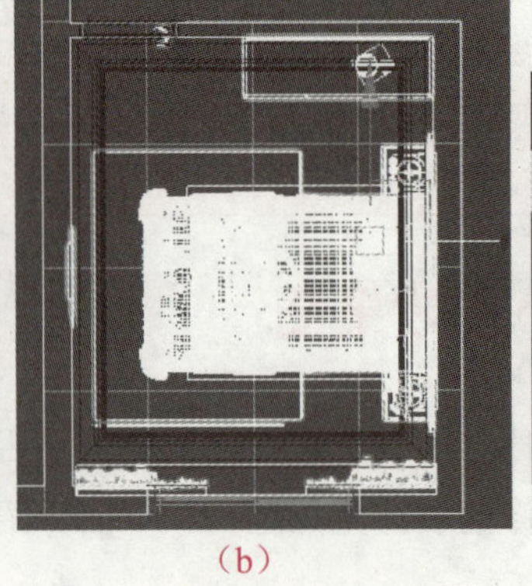

（b）

（c）

图 14-24　合并家具模型并调整其位置

步骤 3▶ 按快捷键【M】打开材质编辑器，选中一个未使用的材质球，将其命名为“木地板”，并将其材质类型设为“VRayMtl”，然后将“漫反射”通道的贴图设为本书配套素材“素材与实例”>“第 14 章”>“卧室素材”>“卧室贴图”文件夹>“木地板.jpg”，如图 14-25（a）所示。

步骤 4▶ 将“反射”通道的贴图设为“衰减”，并在“衰减参数”卷展栏中设置衰减类型，如图 14-25（b），然后参照图 14-25（a）设置反射参数。

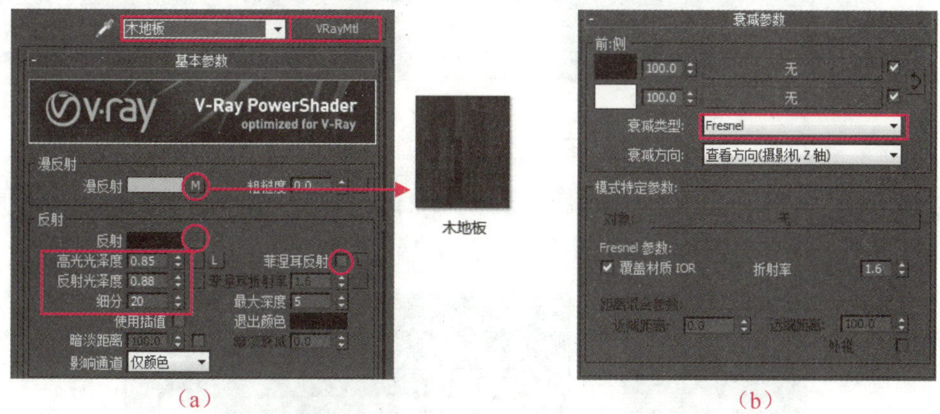

（a）（b）

图 14-25 调制“木地板”材质

步骤 5▶ 选中场景中的地板模型，为其添加材质，然后为地板模型添加“UVW 贴图”修改器，并在“参数”卷展栏中进行设置，如图 14-26 所示。

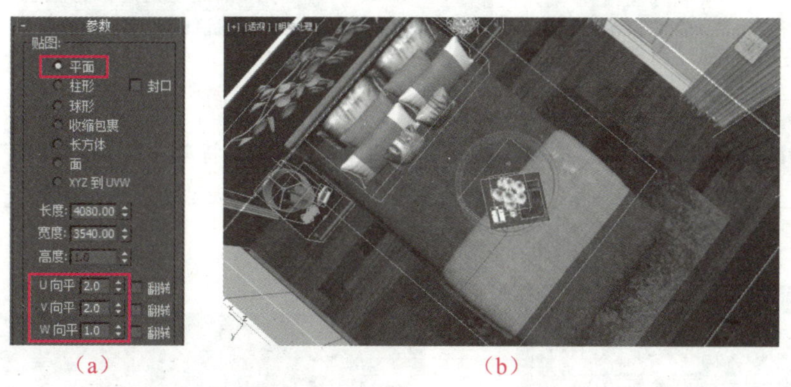

（a）（b）

图 14-26 为地板模型添加材质和“UVW 贴图”修改器

步骤 6▶ 在材质编辑器中选中一个未使用的材质球，将其命名为“墙壁”，然后将其材质类型设为“VRayMtl”，并将“漫反射”通道的贴图设为“墙壁材质.jpg”，如图 14-27（a）所示。

步骤 7▶ 返回“墙壁”材质的第 1 层级，在“贴图”卷展栏中将“凹凸”通道的强度设为 10，并将其贴图设为“墙壁凹凸.jpg”，如图 14-27（b）所示。

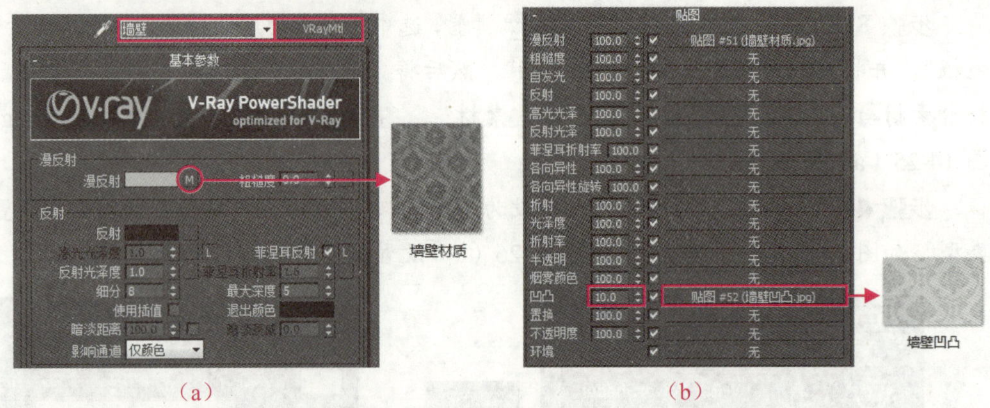

（a）　　　　　　　　（b）

图 14-27　调制“墙壁”材质

步骤 8▶　选中场景中的墙壁模型，为其添加材质，然后为墙壁模型添加“UVW 贴图”修改器，并在“参数”卷展栏中进行设置，如图 14-28 所示。

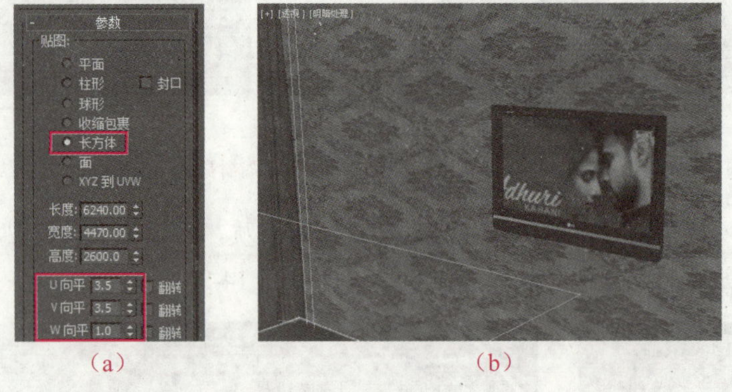

（a）　　　　　　　　（b）

图 14-28　为墙壁模型添加材质和“UVW 贴图”修改器

步骤 9▶　在材质编辑器中选中一个未使用的材质球，将其命名为“天花”，然后将其材质类型设为“VRayMtl”，并设置“漫反射”通道的颜色，再选中场景中的天花造型和天花顶面，为其添加材质，如图 14-29 所示。

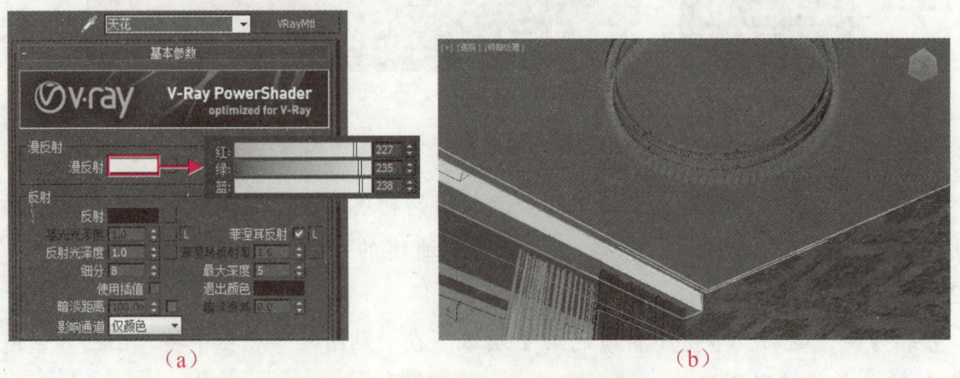

（a）　　　　　　　　（b）

图 14-29　调制“天花”材质

步骤 10▶ 参照商业应用 1 中的操作方法，设置推拉门模型中玻璃和门框多边形的材质 ID，然后调制“推拉门”材质，并为推拉门模型添加材质，如图 14-30 所示。

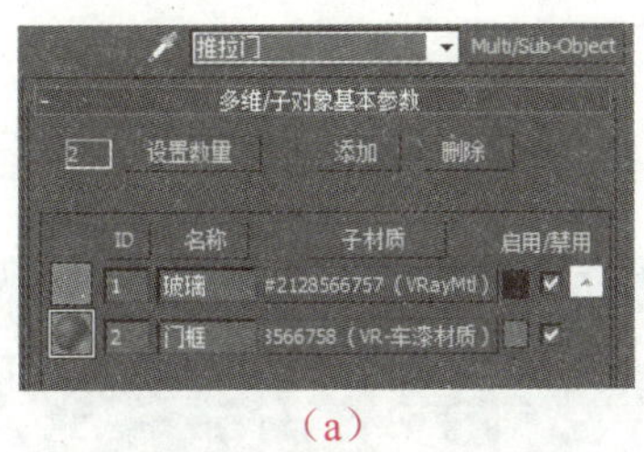

（a）

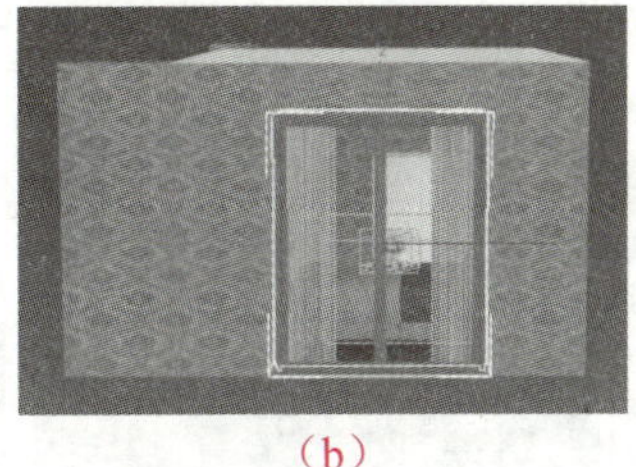

（b）

图 14-30　调制“推拉门”材质并将其赋予推拉门模型

2）为卧室添加灯光和摄影机

步骤 1▶ 单击“灯光”创建面板“VRay”分类下的“VR-灯光”按钮，在前视图中创建一个 VR-灯光，并在“参数”卷展栏中进行设置，然后在顶视图中调整灯光的位置，如图 14-31 所示。

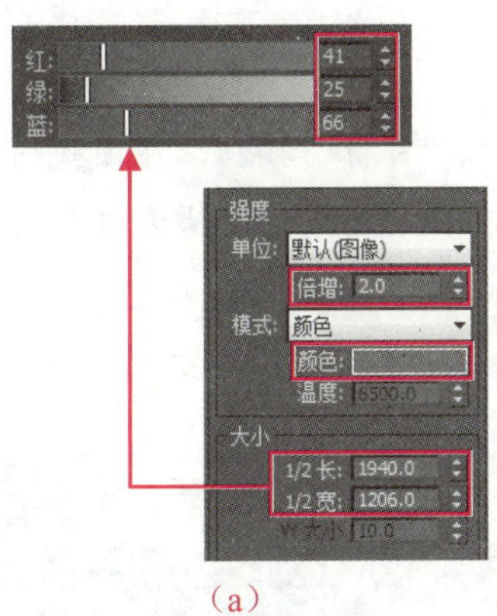

（a）

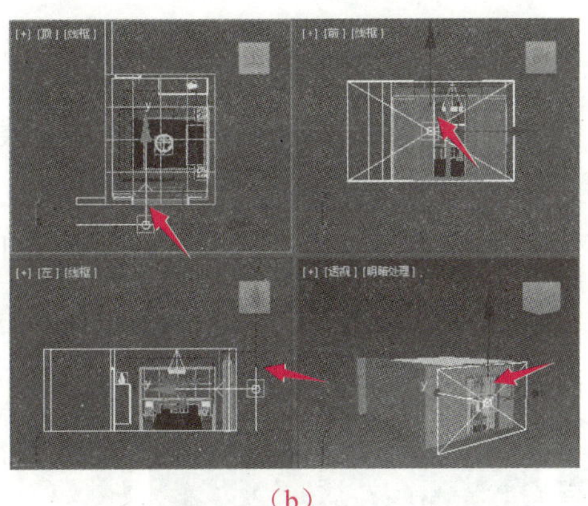

（b）

图 14-31　创建门外的 VR-灯光

步骤 2▶ 在顶视图中创建一个 VR-灯光，并在“参数”卷展栏中进行设置，然后在视图中调整灯光的位置，如图 14-32 所示。

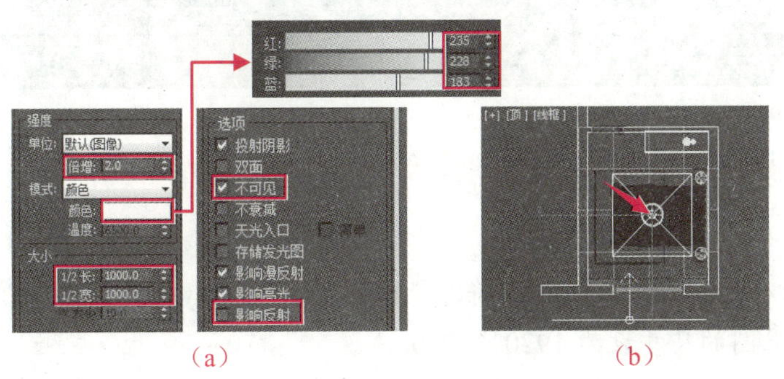

（a）　　（b）

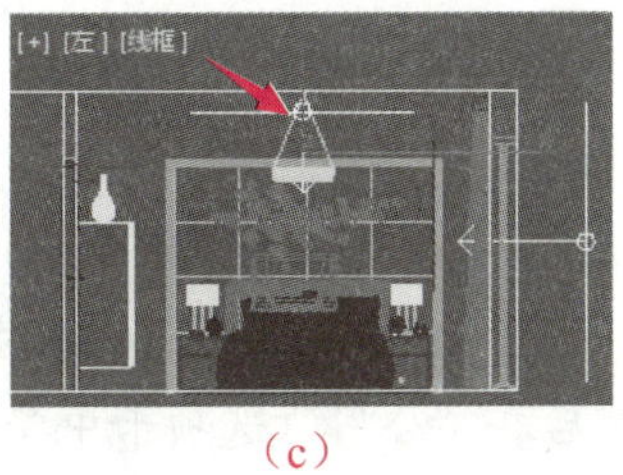

（c）

图 14-32　创建吊灯上方的 VR-灯光

步骤 3▶ 在左视图的台灯灯罩处创建一个 VR-灯光，并在“参数”卷展栏中设置其参数，然后在顶视图中调整其位置，再在顶视图中将此 VR-灯光复制一份，并将 VR-灯光副本移至另一个台灯灯罩处，如图 14-33 所示。

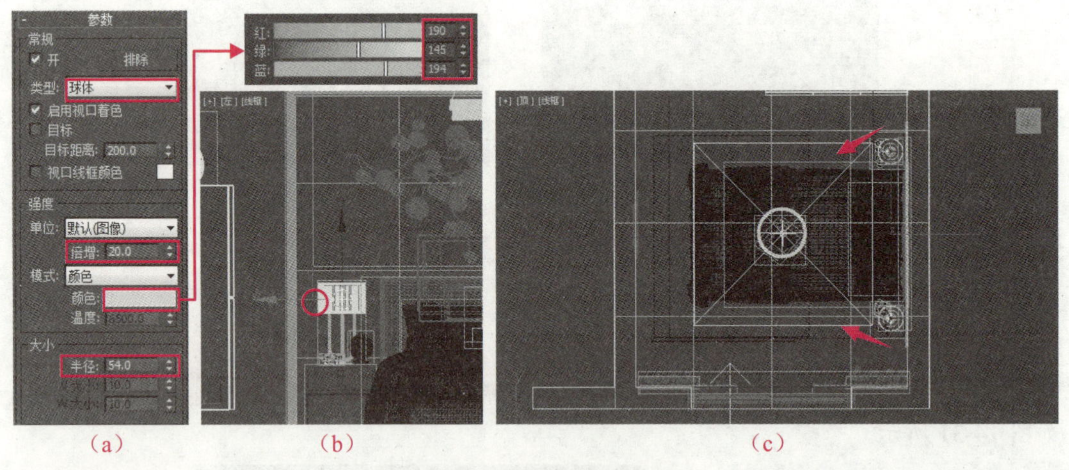

（a）　　（b）　　（c）

图 14-33　创建台灯的 VR-灯光

步骤 4▶ 单击“摄影机”创建面板“标准”分类中的“目标”按钮，在顶视图中创建一个目标摄影机，然后将透视图转换为摄影机视图，并在各视图中调整摄影机及其目标点的位置，最后调整摄影机视图的视野，其效果如图 14-34 所示。

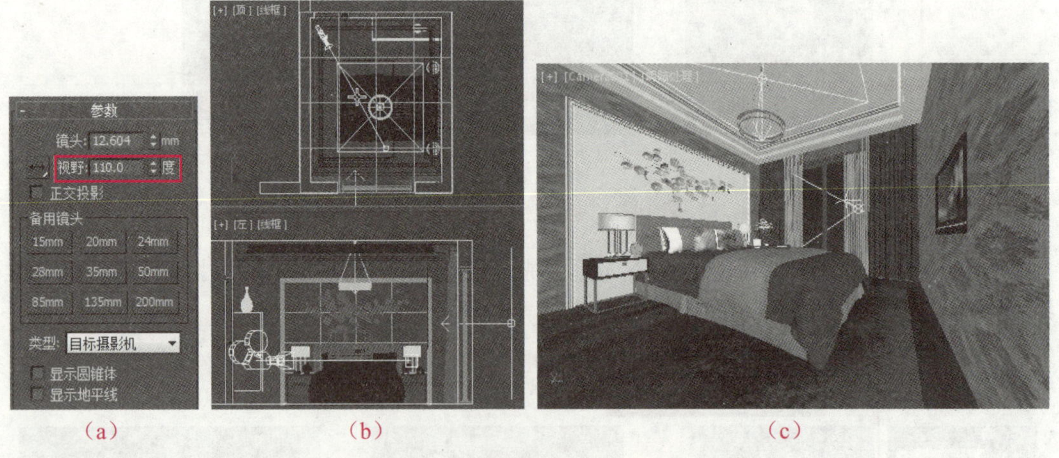

（a）　　（b）　　（c）

图 14-34　创建并设置目标摄影机

3）设置卧室渲染参数

步骤 1▶ 按【F10】键打开“渲染设置”对话框，将渲染器指定为“V-Ray Adv 3.00.08”，然后在“公用”选项卡中将效果图的尺寸设为 1920×1080。

步骤 2▶ 在“渲染设置”对话框“V-Ray”选项卡的“帧缓冲区”和“全局开关”卷

展栏中进行设置，如图 14-22（a）所示。

步骤 3▶ 在“渲染设置”对话框“V-Ray”选项卡的“图样采样器（抗锯齿）”和“颜色贴图”卷展栏中进行设置，如图 14-35（a）所示。

步骤 4▶ 在“渲染设置”对话框“GI”选项卡的“全局照明”和“发光图”卷展栏中进行设置，如图 14-35（b）所示。

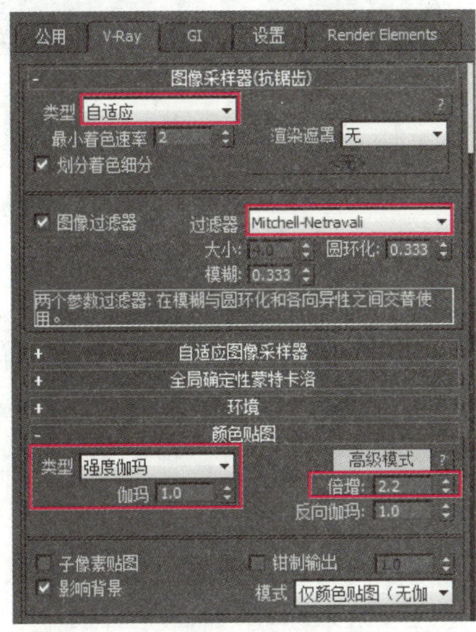

（a）

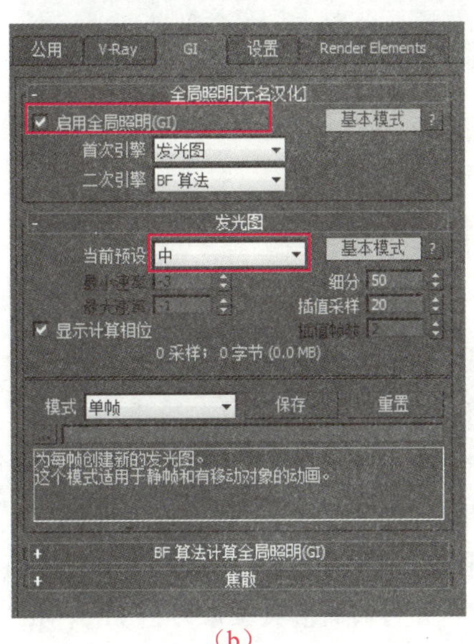

（b）

图 14-35　渲染设置

步骤 5▶ 设置好渲染参数后，单击“渲染设置”对话框中的“渲染”按钮，等待一段时间后即完成效果图的渲染，单击渲染窗口中的“保存图像”按钮，将效果图保存为所需格式。至此，案例就完成了。

商业应用 3　设计书房效果图

书房是供居住者阅读、写作、研究和工作的场所，它是办公室的延伸，也是家庭生活的一部分。在现代家居设计中，书房越来越受到人们的重视。下面介绍制作书房效果图的方法，效果如图 14-36 所示。

制作思路

首先打开书房空间的素材文件，并合并书房的家具模型；然后为书房的地板、墙体、门和窗户添加材质；再在场景中添加灯光和摄影机；最后设置渲染参数，对效果图进行渲染和保存。

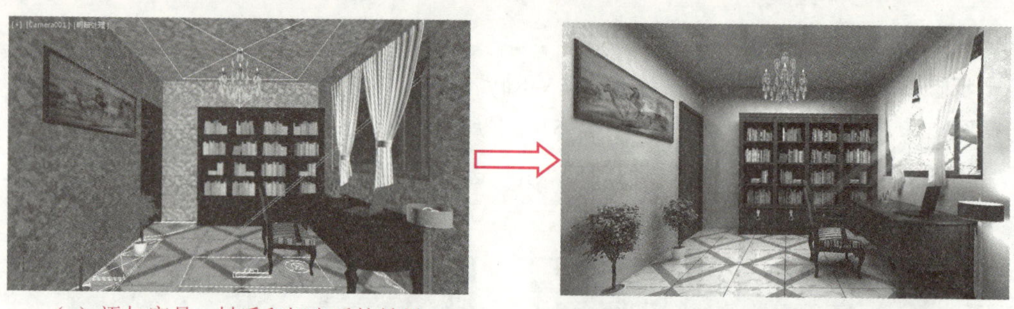

（a）添加家具、材质和灯光后的效果　　　（b）渲染效果

图 14-36　书房效果图

制作步骤

1）合并书房家具并为书房添加材质

步骤 1▶　打开本书配套素材“素材与实例”>“第 14 章”文件夹>“书房空间.max”文件，然后利用“合并”命令将本书配套素材“素材与实例”>“第 14 章”>“书房素材”文件夹>“书房家具.max”文件中的所有几何体合并到当前文件中，将合并对象群组，并在视图中调整其位置。

步骤 2▶　按快捷键【M】打开材质编辑器，选中一个未使用的材质球，将其命名为“地板”，并将其材质类型设为“VRayMtl”。然后在“基本参数”卷展栏中设置“反射”通道的参数，并将“漫反射”通道的贴图设为本书配套素材“素材与实例”>“第 14 章”>“书房素材”>“书房贴图”文件夹>“拼花.jpg”，如图 14-37（a）所示。

步骤 3▶　将“反射”通道的贴图设为“衰减”，并在“衰减参数”卷展栏中设置衰减参数，如图 14-37（b）所示。

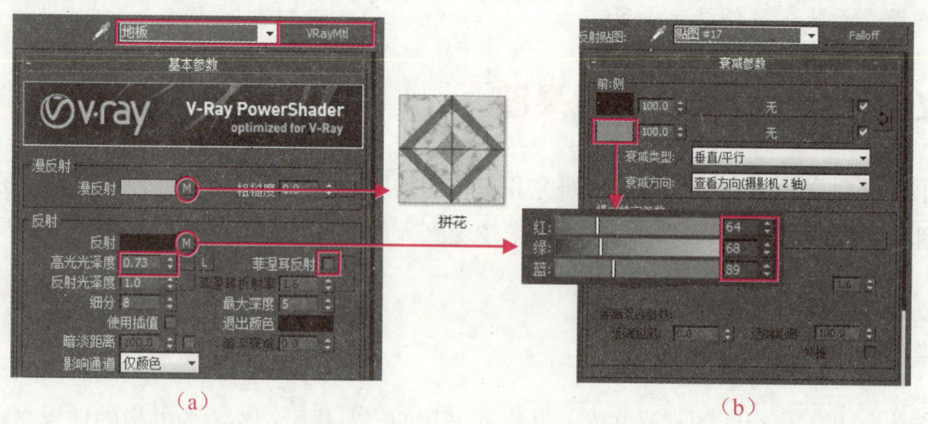

（a）　　　（b）

图 14-37　调制“地板”材质

步骤 4▶　返回到第 1 层级，然后在“双向反射分布函数”卷展栏中进行设置，如图

14-38 所示。

步骤 5▶ 展开"贴图"卷展栏，将"凹凸"通道设为"35"，并将其贴图设为"地拼 BUMP.jpg"，如图 14-39 所示。

步骤 6▶ 选中场景中的地板模型，为其添加材质，然后为地板模型添加"UVW 贴图"修改器，并在"参数"卷展栏中进行设置，如图 14-40 所示。

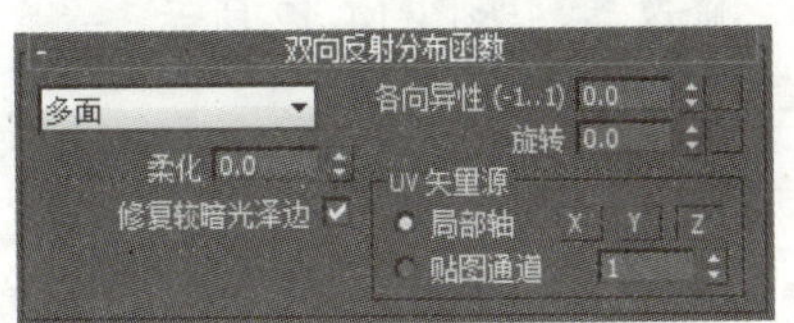

图 14-38　设置材质表面的反射属性

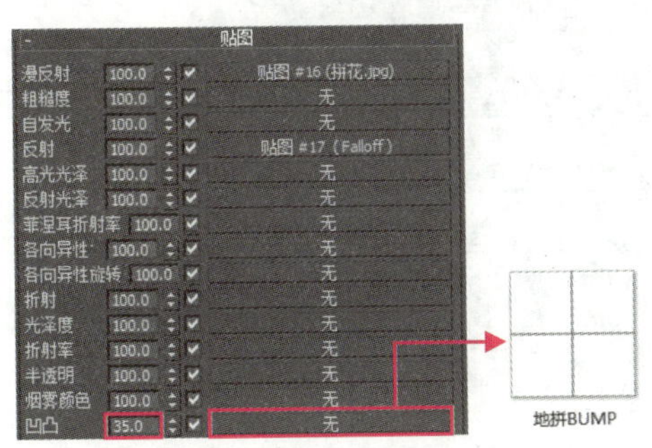

图 14-39　设置"凹凸"通道

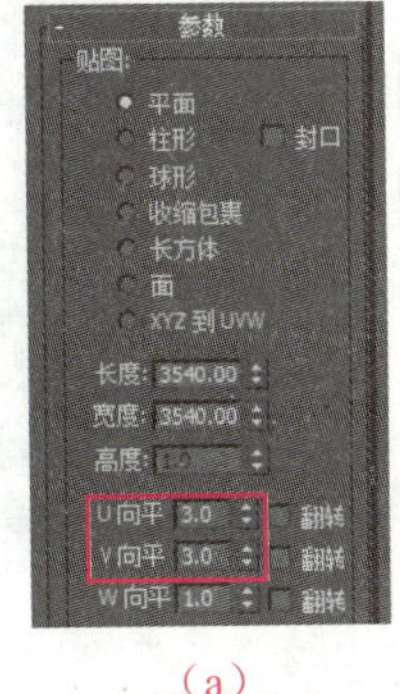

(a)

(b)

图 14-40　为地板添加材质和"UVW 贴图"修改器

步骤 7▶ 在材质编辑器中选中一个未使用的材质球，将其命名为"壁纸"，然后将其材质类型设为"VRayMtl"，并设置"漫反射"通道的颜色和"反射"通道的参数，再将"反射"通道的贴图设为"壁纸反射.jpg"，并在"输出"卷展栏中进行设置，如图 14-41 所示。

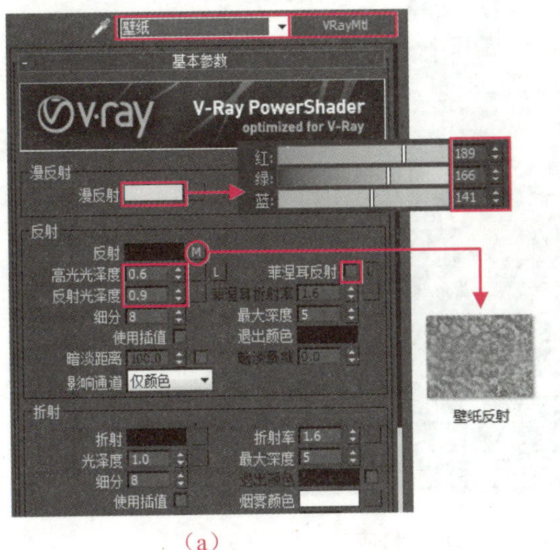

(a)

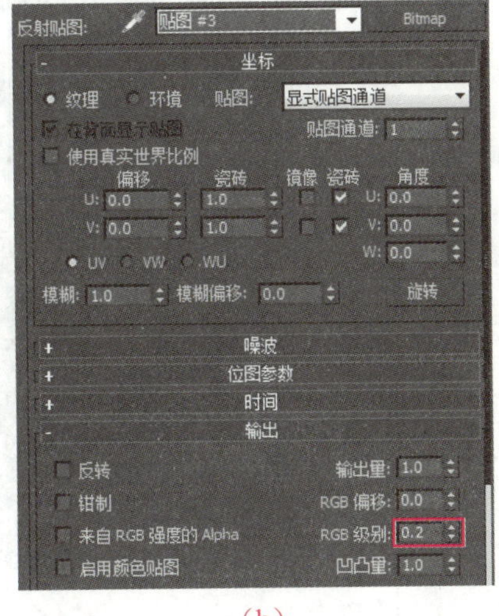

(b)

图 14-41　调制"壁纸"材质

步骤 8▶ 选中场景中的墙壁模型，为其添加材质，然后为墙壁模型添加"UVW 贴图”修改器，如图 14-42 所示。

提　示

一定要在设置“反射”通道的位图贴图时激活“视口中显示明暗处理材质”按钮▩，才能在为墙壁模型添加“UVW 贴图”修改器时显示位图贴图。

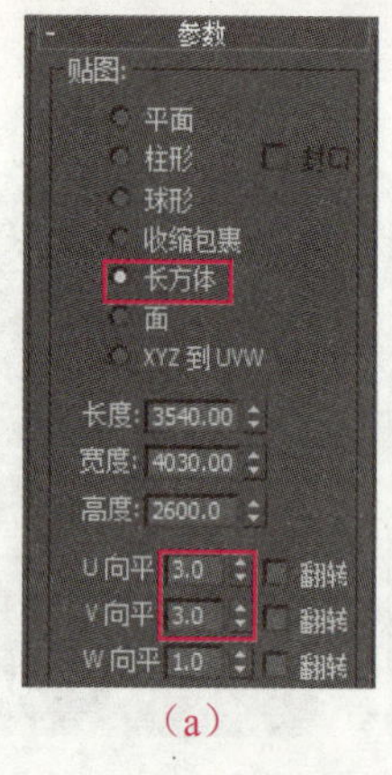

（a）

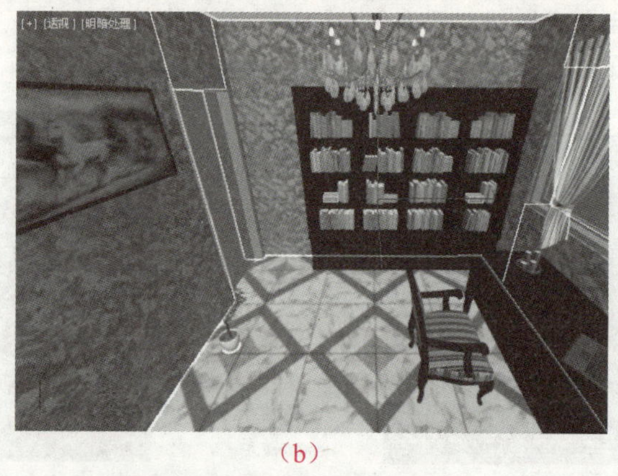

（b）

图 14-42　为墙壁添加材质和“UVW 贴图”修改器

步骤 9▶ 将“壁纸”材质球拖到一个未使用的材质球上，将其复制一份并命名为“房顶”，然后修改“漫反射”通道的颜色，再将其赋予天花顶面模型，并为天花顶面模型添加“UVW 贴图”修改器（具体参数可参考图 14-42），如图 14-43 所示。

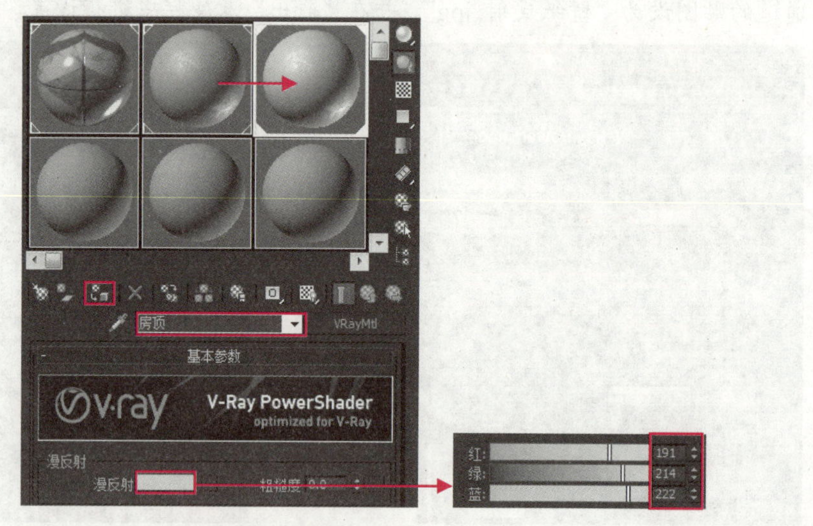

图 14-43　调制“房顶”材质

步骤 10▶ 在材质编辑器中选中一个未使用的材质球，并将其命名为“门”，然后将其材质类型设为“VRayMtl”，其“漫反射”和“反射”选项区的设置如图 14-44 所示。

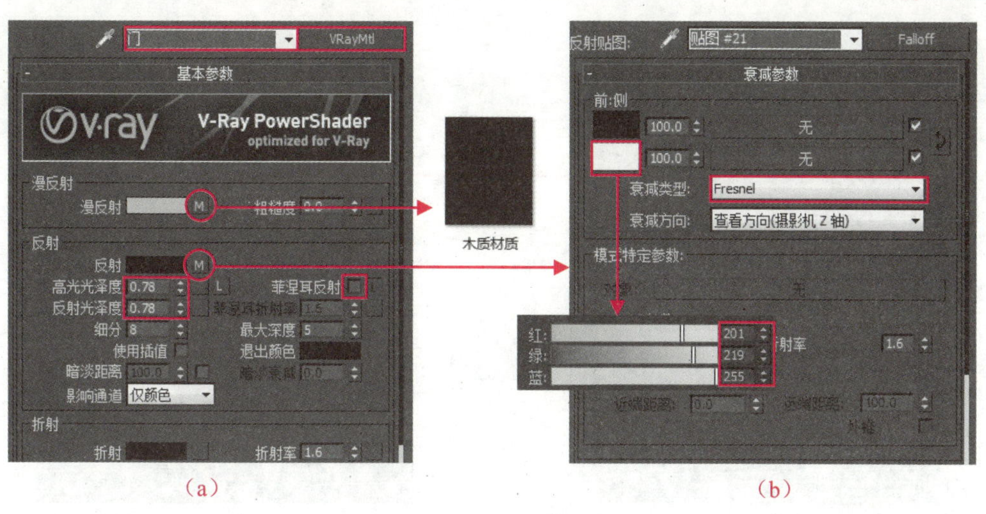

（a）　　（b）

图 14-44　调制“门”材质

步骤 11▶ 选中视图中的门模型，为其添加“门”材质，再为其添加“UVW 贴图”修改器，并在“参数”卷展栏中进行设置，如图 14-45 所示。

步骤 12▶ 参照前面的操作，设置平开窗模型中玻璃和窗框多边形的材质 ID，然后在材质编辑器中选中一个未使用的材质球，并将其命名为“窗”，再参照图 14-9 和图 14-10 所示调制“窗”材质，并为平开窗模型添加材质，如图 14-46 所示。

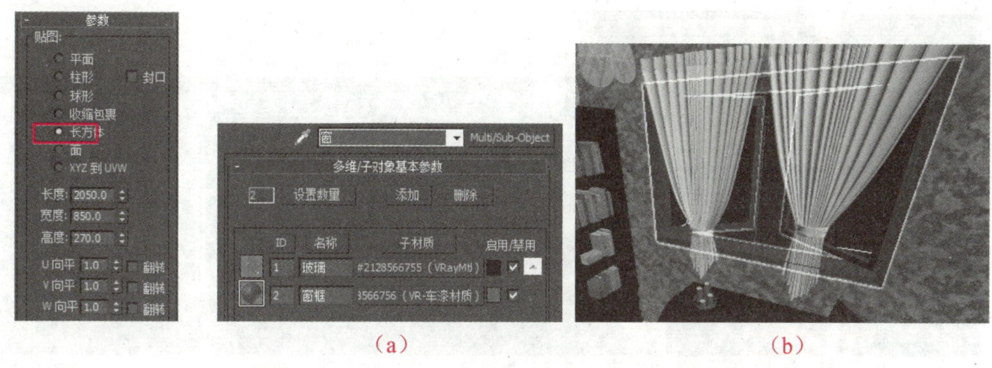

（a）　　（b）

图 14-45　门的“UVW 贴图”设置　　图 14-46　调制“窗”材质并将其赋予平开窗模型

步骤 13▶ 选择“渲染”>“环境”菜单，打开“环境和效果”对话框，单击“环境”选项卡中“环境贴图”选项下的“无”按钮，将其贴图设为“树.jpg”，如图 14-47（a）所示。

步骤 14▶ 将环境贴图拖到材质编辑器中未使用的材质球上，在弹出的“实例（副本）贴图”对话框中选择“实例”单选钮，并单击“确定”按钮，然后在“坐标”卷展栏中进行设置，如图 14-47（b）所示。

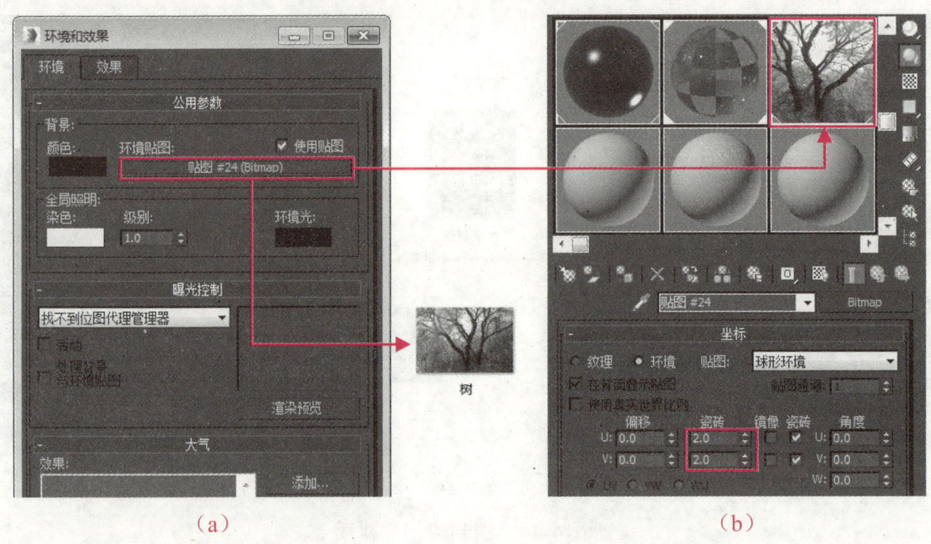

（a）　　（b）

图 14-47　设置环境贴图

2）为书房添加灯光和摄影机

步骤 1▶ 单击“灯光”创建面板“VRay”分类下的“VR-灯光”按钮，在顶视图中创建一个 VR-灯光，并在“参数”卷展栏中进行设置，然后在前视图中调整灯光的位置，如图 14-48 所示。

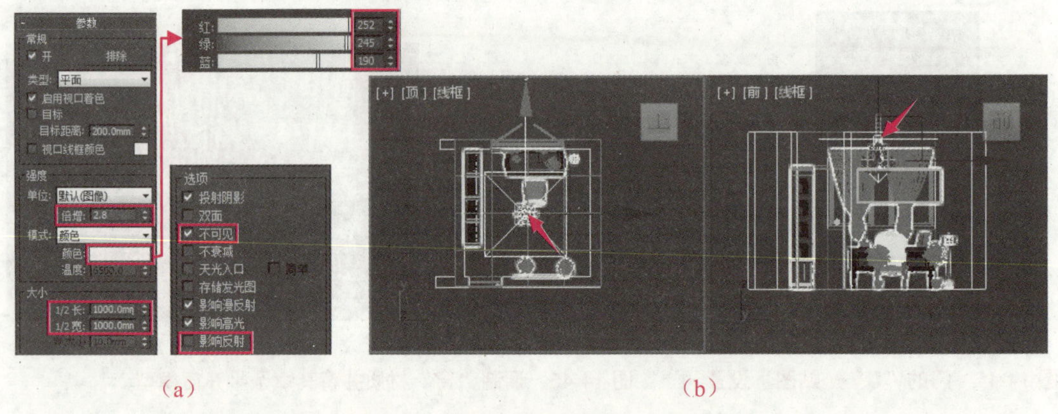

（a）　　（b）

图 14-48　创建吊灯上方的 VR-灯光

步骤 2▶ 在前视图的落地灯灯罩位置创建一个 VR 灯光，并在“参数”卷展栏中进行设置，然后在顶视图中调整灯光的位置，如图 14-49 所示。

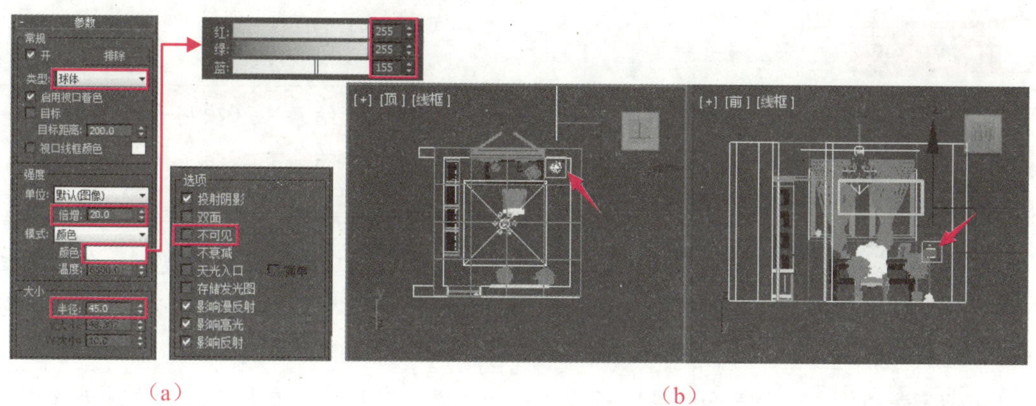

图 14-49　创建落地灯灯罩处的 VR-灯光

步骤 3▶　单击"灯光"创建面板"标准"分类下的"目标平行光"按钮，在顶视图中创建一个目标平行光，然后在"常规参数"卷展栏、"强度/颜色/衰减"卷展栏、"平行光参数"卷展栏和"VRay 阴影参数"卷展栏中进行设置，并将"高级设置"卷展栏中的"投影贴图"设为本书配套素材"素材与实例">"第 14 章">"书房素材">"贴图"文件夹>"树阴影.jpg"，再在视图中调整灯光和目标点的位置，如图 14-50 所示。

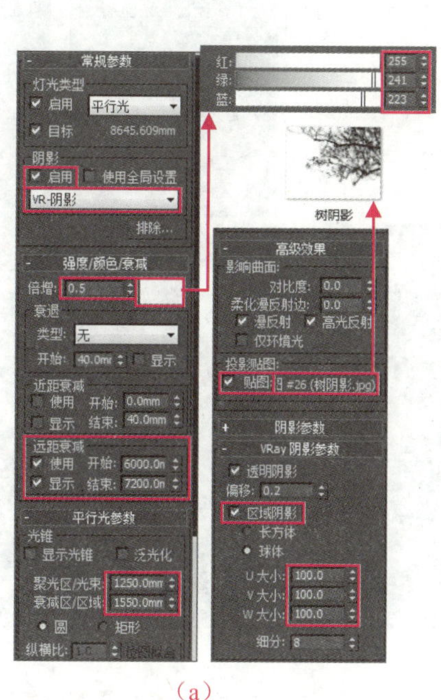

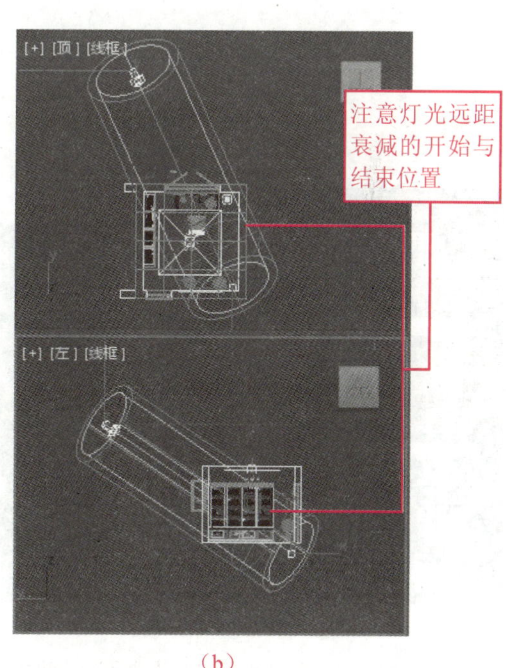

图 14-50　创建并设置平行灯光

提　示

目标平行灯光“近距衰减”选项区中的“开始”和“结束”选项用于设置灯光由弱到强的开始和结束位置；“远距衰减”选项区中的“开始”和“结束”选项用于设置灯光由强到弱的开始和结束位置。

步骤 4▶ 利用快捷键【Ctrl+C】和【Ctrl+V】将视图中的平行灯光复制一份，并适当调整灯光副本的位置，再调整平行灯光副本的参数，并将“投影贴图”设为“遮罩.jpg”，如图 14-51 所示。

步骤 5▶ 单击“大气和效果”卷展栏中的“添加”按钮，在打开的“添加大气或效果”对话框中选择“体积光”选项，并单击“确定”按钮；然后选中“大气和效果”卷展栏中的“体积光”选项，并单击“设置”按钮，在打开的“环境和效果”对话框中设置体积光的参数，如图 14-52 所示。

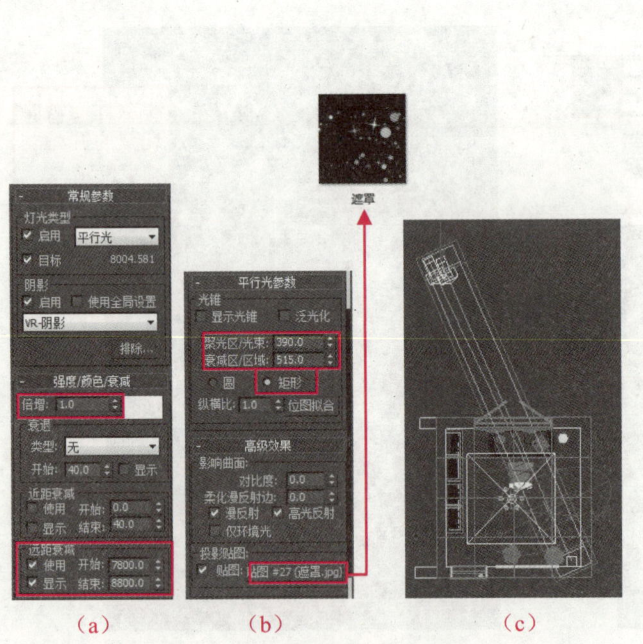

图 14-51　复制平行光并修改平行光副本参数

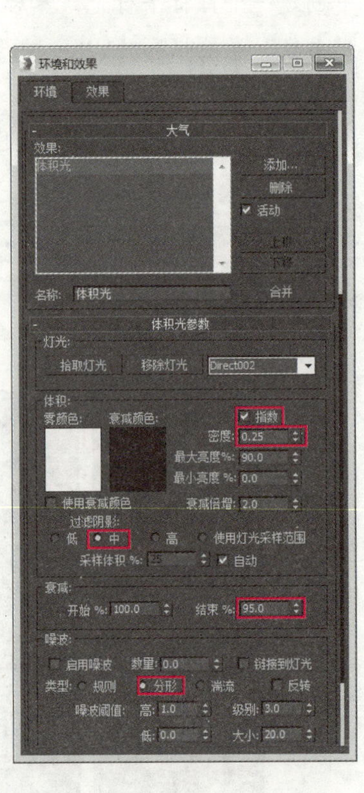

图 14-52　设置大气效果

步骤 6▶ 单击“摄影机”创建面板“标准”分类中的“目标”按钮，在顶视图中创建一个目标摄影机，再将透视图转换为摄影机视图。在各视图中调整摄影机及其目标点的位置，然后调整摄影机视图的视野，并通过拖动“近距剪切”文本框右侧的按钮调整剪

切平面的位置，其效果如图 14-53 所示。

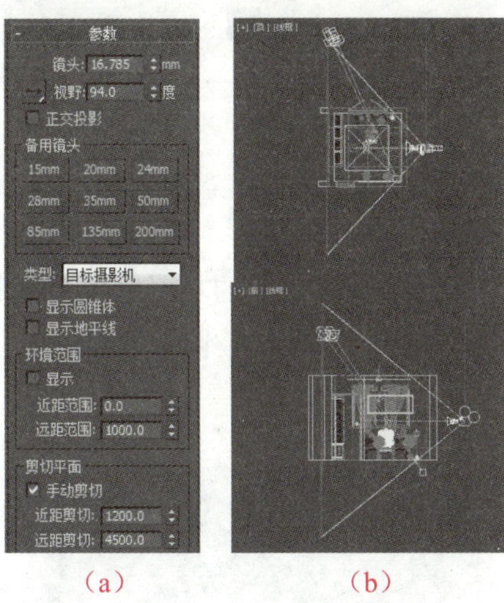

（a）　　（b）

（c）

图 14-53　创建并设置目标摄影机

3）设置卧室渲染参数

步骤 1▶　按【F10】键打开“渲染设置”对话框，将渲染器指定为“V-Ray Adv 3.00.08”，然后在“公用”选项卡中将效果图的尺寸设为“1280×720”。

步骤 2▶　在“渲染设置”对话框“V-Ray”选项卡的“帧缓冲区”和“全局开关”卷展栏中进行设置，如图 14-22（a）所示。

步骤 3▶　在“渲染设置”对话框“V-Ray”选项卡的“图样采样器”和“颜色贴图”卷展栏中进行设置，如图 14-54（a）所示。

步骤 4▶　在“渲染设置”对话框“GI”选项卡的“全局照明”和“发光图”卷展栏中进行设置，如图 14-54（b）所示。

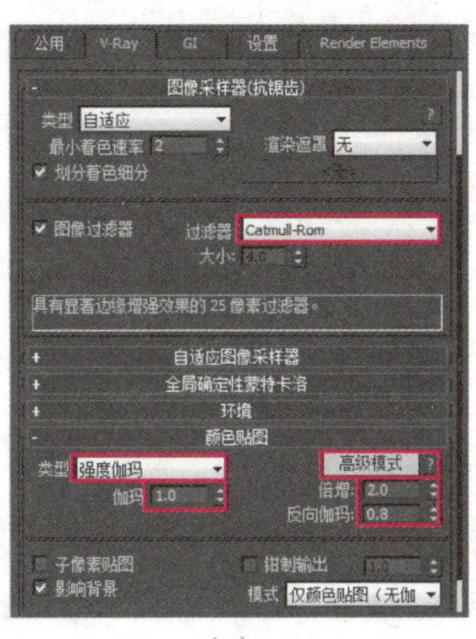

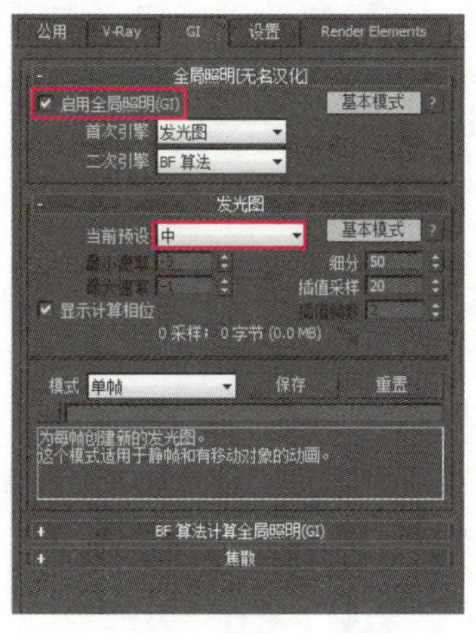

（a）　　（b）

图 14-54　设置渲染参数

步骤 5▶ 设置好渲染参数后，单击“渲染设置”对话框中的“渲染”按钮，等待一段时间后完成效果图的渲染，单击渲染窗口中的“保存图像”按钮，将效果图保存为所需格式。至此，案例就完成了。

商业应用 4 设计卫生间效果图

卫生间是家居住宅不可分割的组成部分，随着时代发展，卫生间的功用也越来越丰富，除了基本功能外，还具有沐浴、化妆和更衣等功能。下面介绍制作卫生间效果图的方法，其效果如图 14-55 所示。

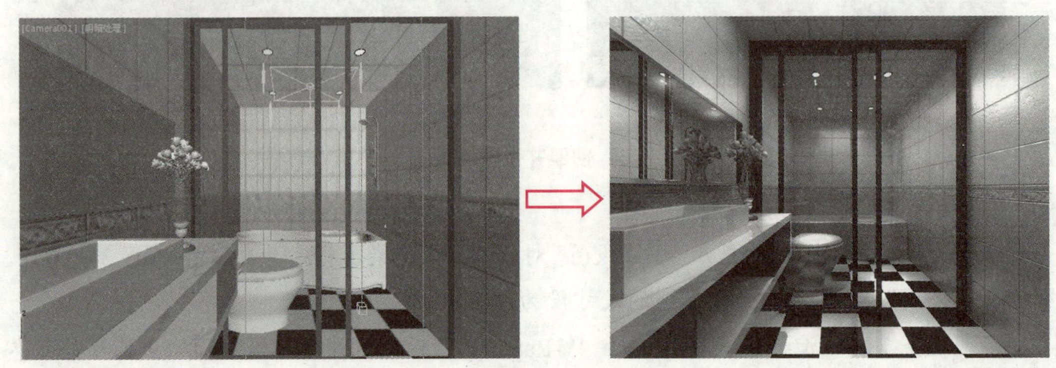

（a）添加家具、材质和灯光后的效果　　（b）渲染效果

图 14-55 卫生间效果图

制作思路

首先打开卫生间空间的素材文件，并合并卫具模型；然后为卫生间的墙体、地板和推拉门模型添加材质；再在场景中添加灯光和摄影机；最后设置渲染参数，对效果图进行渲染和保存。

制作步骤

1）合并卫生间卫具并为卫生间添加材质

步骤 1▶ 打开本书配套素材“素材与实例”>“第 14 章”文件夹>“卫生间空间.max”文件，利用“合并”命令将本书配套素材“素材与实例”>“第 14 章”>“卫生间素材”文件夹>“卫具.max”文件中的所有对象合并到当前文件中，并调整其位置。

步骤 2▶ 按快捷键【M】打开材质编辑器，选中一个未使用的材质球，将其命名为“地板”，并将其材质类型设为 VrayMtl；然后在“基本参数”卷展栏中设置“反射”通道的颜色和参数，并将“漫反射”通道的贴图设为“棋盘格”；再在“坐标”卷展栏中进行

设置，如图 14-56 所示。

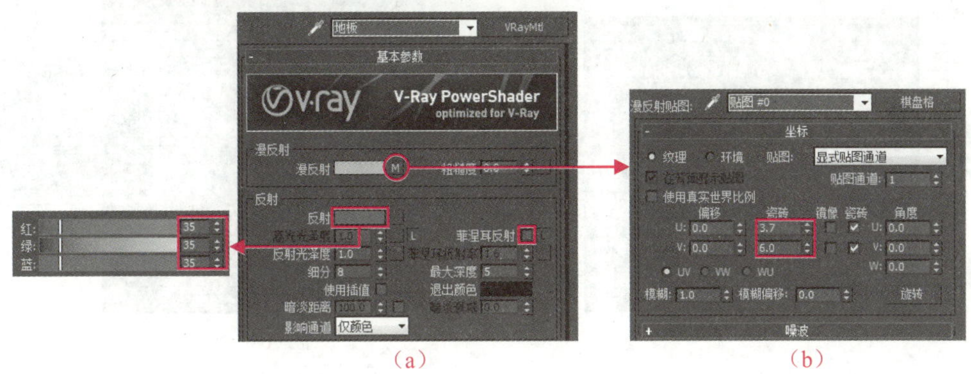

（a）　　　　（b）

图 14-56　调制“地板”材质

步骤 3▶　返回“地板”材质的第 1 层级，在“贴图”卷展栏中设置“凹凸”通道的参数，并将其贴图设为本书配套素材“素材与实例”>“第 14 章”>“卫生间素材”>“贴图”文件夹>“地板凹凸.jpg”，然后在“坐标”卷展栏中进行设置，如图 14-57 所示。

步骤 4▶　选中视图中的地板模型，为其添加“地板”材质，如图 14-58 所示。

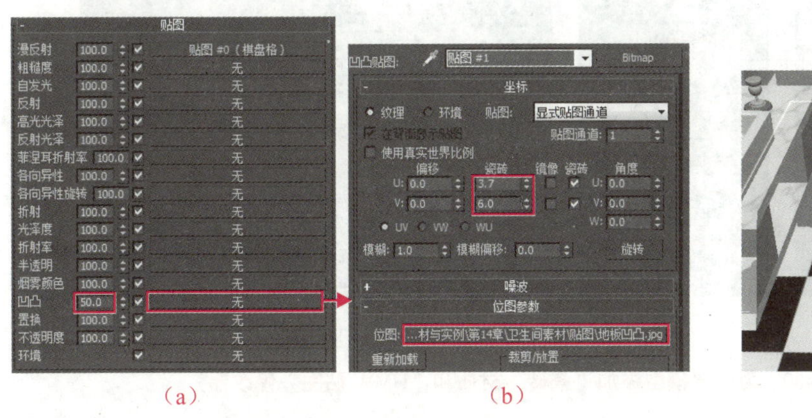

（a）　　　　（b）

图 14-57　设置“地板”材质的“凹凸”通道

图 14-58　为地板模型添加材质

步骤 5▶　选中一个未使用的材质球，将其命名为“瓷砖”，并将其材质类型设为 VRayMtl，然后设置“反射”通道的颜色及参数，再将“漫反射”通道的贴图设为“瓷砖 1.jpg”，如图 14-59（a）所示。

步骤 6▶　在“贴图”卷展栏中将“凹凸”通道的强度设为“15”，然后将“漫反射”通道的贴图拖到“凹凸”通道的“无”按钮上，在弹出的“复制（实例）贴图”对话框中选择“实例”单选钮，并单击“确定”按钮，将其复制一份，如图 14-59（b）所示。

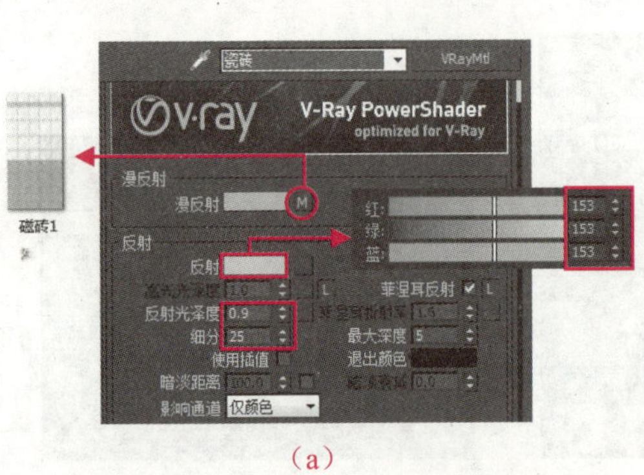

(a)

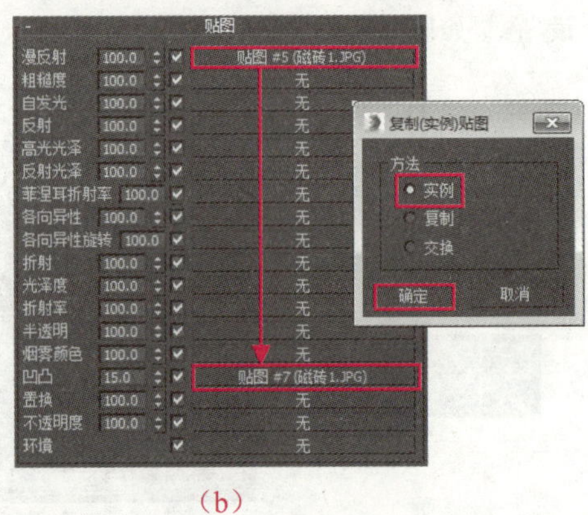

(b)

图 14-59　调制“瓷砖”材质

步骤 7▶ 选中视图中的墙壁模型，为其添加“瓷砖”材质，再为其添加“UVW 贴图”修改器，并在“参数”卷展栏中进行设置，如图 14-60 所示。

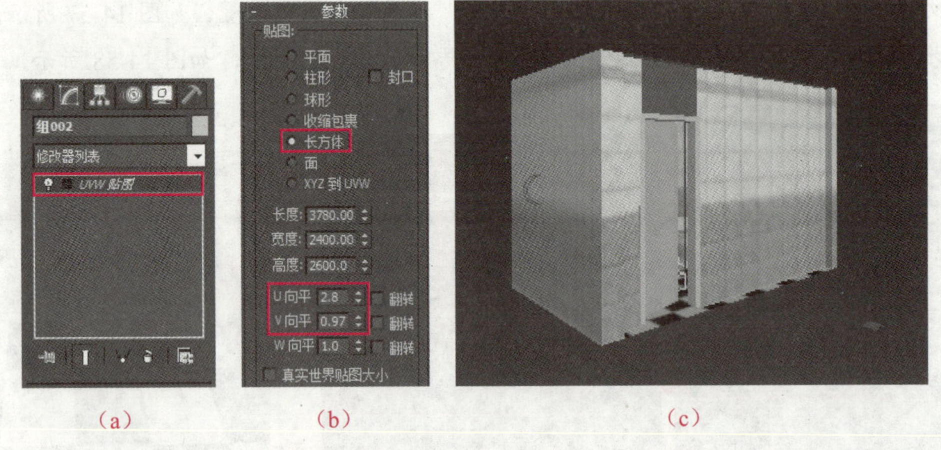

(a)　(b)　(c)

图 14-60　为墙壁模型添加“瓷砖”材质和“UVW 贴图”修改器

步骤 8▶ 参照商业应用 1 案例中的操作，设置卫生间推拉门模型中多边形的材质 ID，然后调制“推拉门”材质，并为推拉门模型添加材质，如图 14-61 所示。

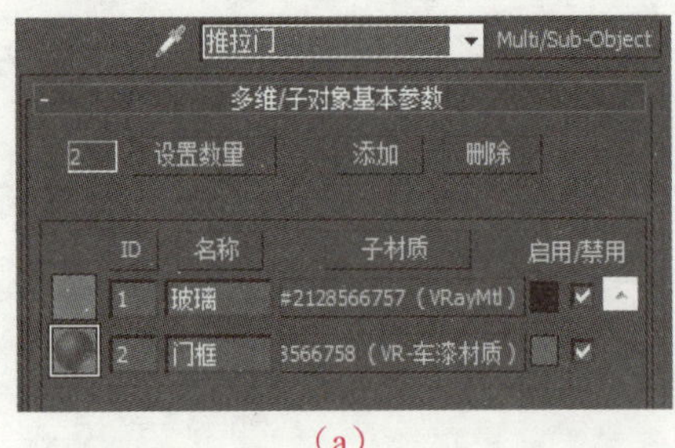

(a)

(b)

图 14-61　调制“推拉门”材质并将其赋予推拉门模型

步骤 9▶ 将材质编辑器中的“瓷砖”材质拖到一个未使用的材质球上，并将材质副本命名为“吊顶”。然后将“反射”通道的颜色设为黑色，再单击“漫反射”通道右侧的M按钮，在打开的“位图参数”卷展栏中勾选“裁剪/放置”选项区中的“应用”复选框，并单击“查看图形”按钮，在打开的“指定裁剪/放置”对话框中调整裁剪线的位置，最后关闭该对话框，如图 14-62 所示。

步骤 10▶ 选中视图中的天花模型，为其添加“吊顶”材质，再为其添加“UVW 贴图”修改器，并在“参数”卷展栏中进行设置，如图 14-63 所示。

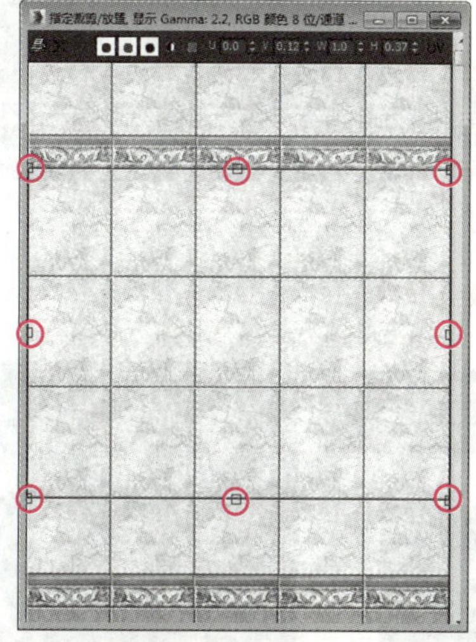

图 14-62　裁剪贴图

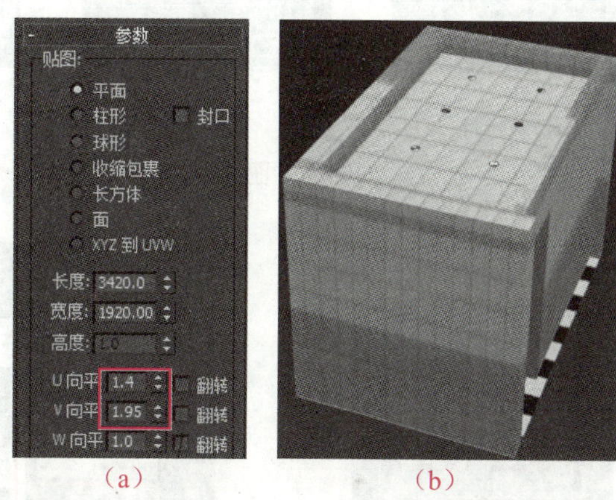

（a）　（b）

图 14-63　为天花添加材质和“UVW 贴图”修改器

由于本例中的效果图不显示门及其上方的过梁部分，因此门和过梁无需添加材质。

2）为卫生间添加灯光和摄影机

步骤 1▶ 单击“灯光”创建面板“光度学”分类下的“目标灯光”按钮，在左视图中按住鼠标左键并拖动，创建一个目标灯光，然后在顶视图中调整灯光和目标点的位置，再在卷展栏中设置其参数，如图 14-64 所示。

步骤 2▶ 同时选中灯光和目标点，在顶视图中将其复制 5 份，并调整灯光和目标点副本的位置，使其位于筒灯模型下方，如图 14-65 所示。

步骤 3▶ 单击“灯光”创建面板“VRay”分类下的“VR-灯光”按钮，在顶视图中创建一个 VR-灯光，并设置灯光参数，然后在左视图中调整灯光的位置，如图 14-66 所示。

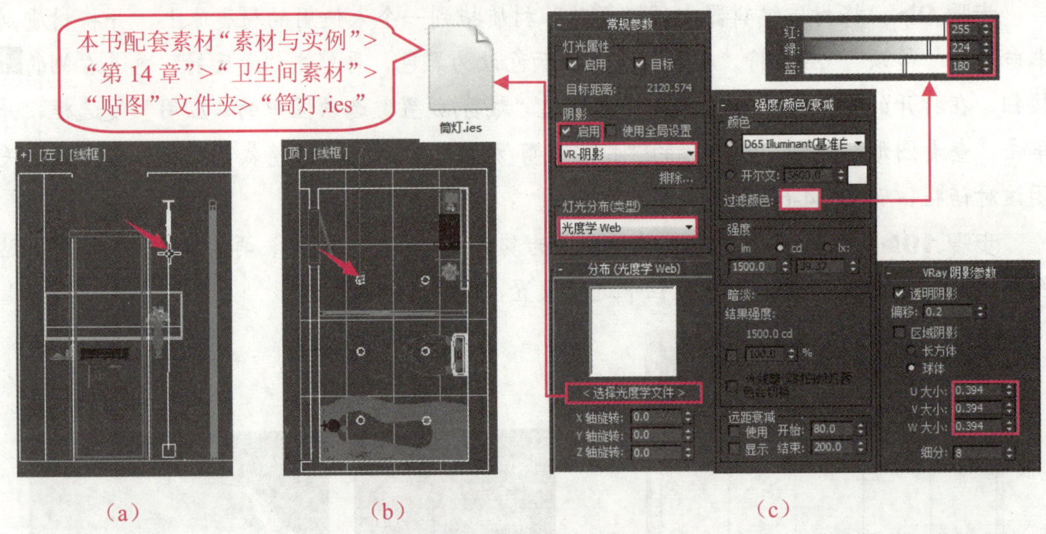

(a)　　(b)　　(c)

图 14-64　创建目标灯光并设置其参数

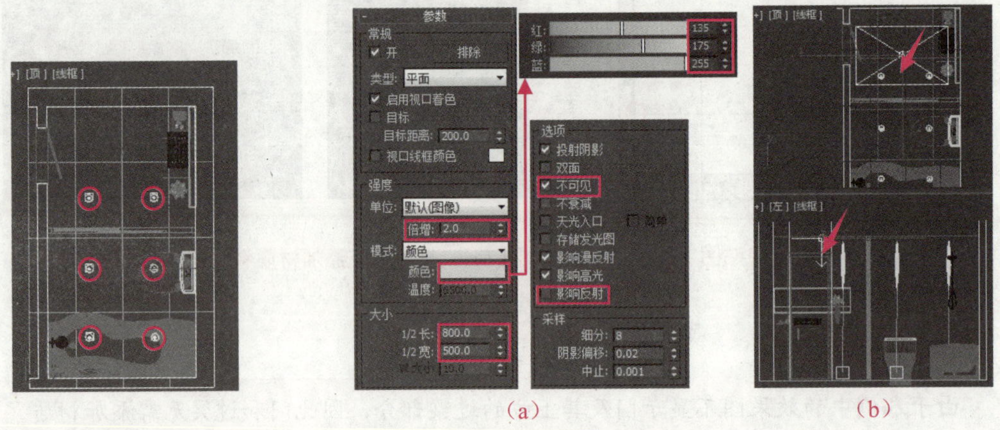

(a)　　(b)

图 14-65　复制并调整目标灯光　　图 14-66　创建 VR-灯光

步骤 4▶　在顶视图中将 VR-灯光复制一份，并在“参数”卷展栏中修改 VR-灯光副本的参数，如图 14-67 所示。

步骤 5▶　将 VR-灯光再复制一份，并在“参数”卷展栏中修改此 VR-灯光副本的参数，再在视图中调整其位置，如图 14-68 所示。

步骤 6▶　单击“摄影机”创建面板“标准”分类中的“目标”按钮，在顶视图中创建一个目标摄影机，再将透视图转换为摄影机视图，并在各视图中调整摄影机及其目标点的位置，最后调整摄影机视图的视野，其效果如图 14-69 所示。

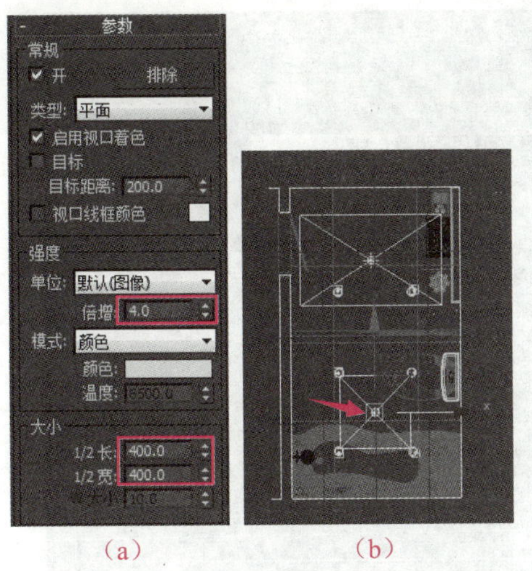

（a）　（b）

图 14-67　复制并调整浴室的 VR-灯光

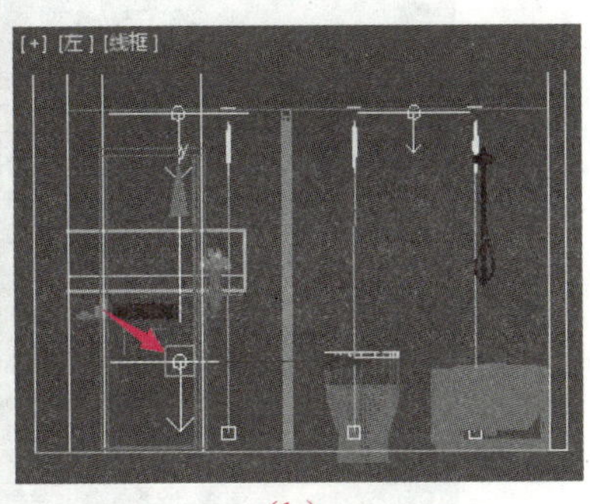

（a）　（b）

图 14-68　复制并调整洗手台下方的 VR-灯光

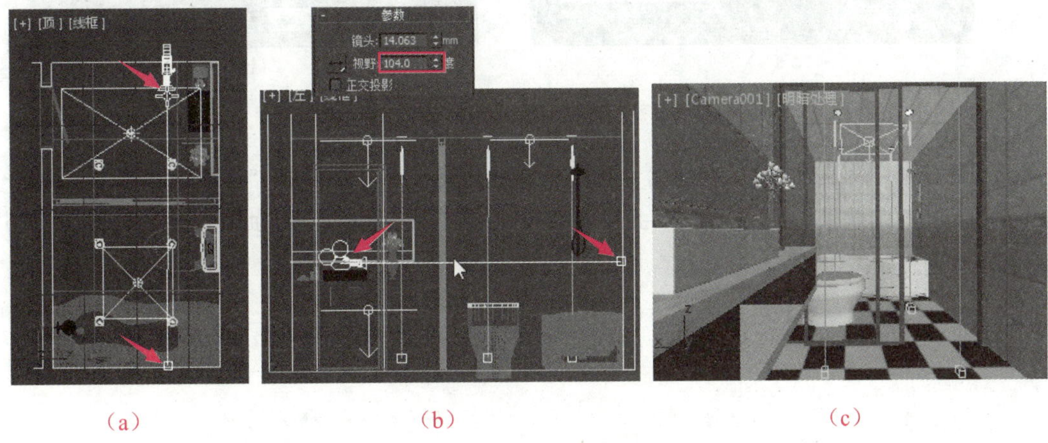

（a）　（b）　（c）

图 14-69　创建并设置目标摄影机

3）设置卫生间渲染参数

步骤 1▶　按【F10】键打开“渲染设置”对话框，将渲染器指定为“V-Ray Adv 3.00.08”，然后在“公用”选项卡中将效果图的尺寸设为“1280×960”。

步骤 2▶　在“渲染设置”对话框“V-Ray”选项卡的“帧缓冲区”和“全局开关”卷展栏中进行设置，如图 14-22（a）所示。

步骤 3▶　在“渲染设置”对话框“V-Ray”选项卡的“图样采样器”和“颜色贴图”卷展栏中进行设置，如图 14-70（a）所示。

步骤 4▶　在“渲染设置”对话框“GI”选项卡的“全局照明”“发光图”和“灯光缓存”卷展栏中进行设置，如图 14-70（b）所示。

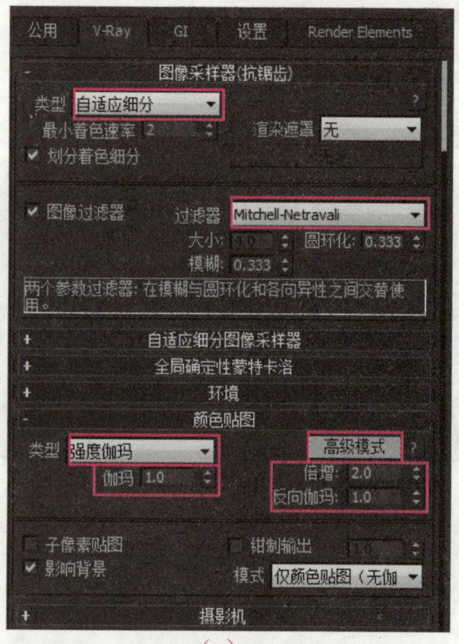

（a）

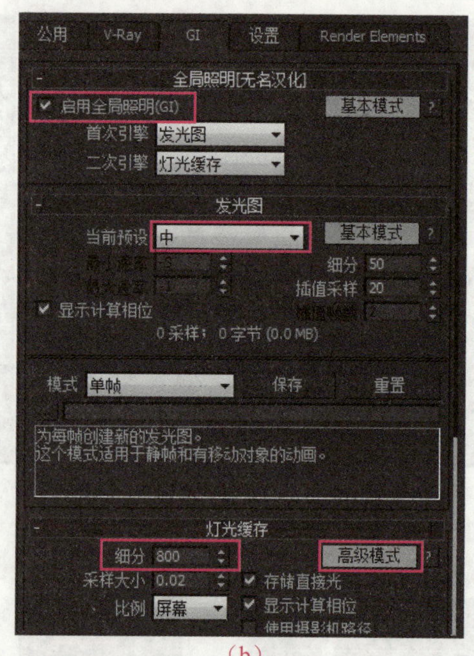

（b）

图 14-70　设置渲染参数

步骤 5▶　设置好渲染参数后，单击“渲染设置”对话框中的“渲染”按钮，等待一段时间后即完成效果图的渲染，单击渲染窗口中的“保存图像”按钮，将效果图保存为需要的格式。至此，案例就完成了。

第 15 章　效果图后期处理
——Photoshop 常用工具和命令

效果图的后期处理是制作效果图的最后一步，也是决定其效果表现的关键一步。通过 Photoshop 中的图像调整功能，可弥补 3ds Max 中表现不足之处，从而达到最佳的画面效果。

学习目标

- 掌握调整图像亮度和对比度的方法。
- 掌握调整图像饱和度的方法。
- 掌握利用“曲线”命令调整图像颜色和色调的方法。
- 掌握利用“可选颜色”命令单独调整某个色彩的方法。
- 掌握处理图层蒙版的方法，使图像更有空间感。
- 掌握处理效果图局部的发光问题的方法。

实战 1　客厅的后期处理

观察图 15-1（a）所示的效果图，可以看出该图像发灰、发暗。造成这种视觉效果的原因是图像的对比度和亮度不足，因此，可使用 Photoshop 对效果图进行调节。下面介绍客厅效果图后期处理的方法，处理后的效果如图 15-1（b）所示。

（a）处理前

（b）处理后

图 15-1　客厅效果图处理

制作思路

打开客厅的素材文件，分析效果图的欠缺之处，然后使用“椭圆选框工具”选中吊灯并调整，接着使用“曲线”“亮度/对比度”“自然饱和度”命令对效果图进行整体调整，再配合“画笔工具”修改调整层蒙版，最后对调整好的效果图进行储存。

操作步骤

步骤 1▶ 双击桌面上的图标，或单击“开始”按钮，在弹出的菜单中选择“所有程序”>“Adobe”>“AdobePhotoshop CC”菜单，启动 Photoshop CC。可以看到，Photoshop CC 的工作界面由菜单栏、工具箱、工具选项栏、文档窗口、面板等组成，如图 15-2 所示。

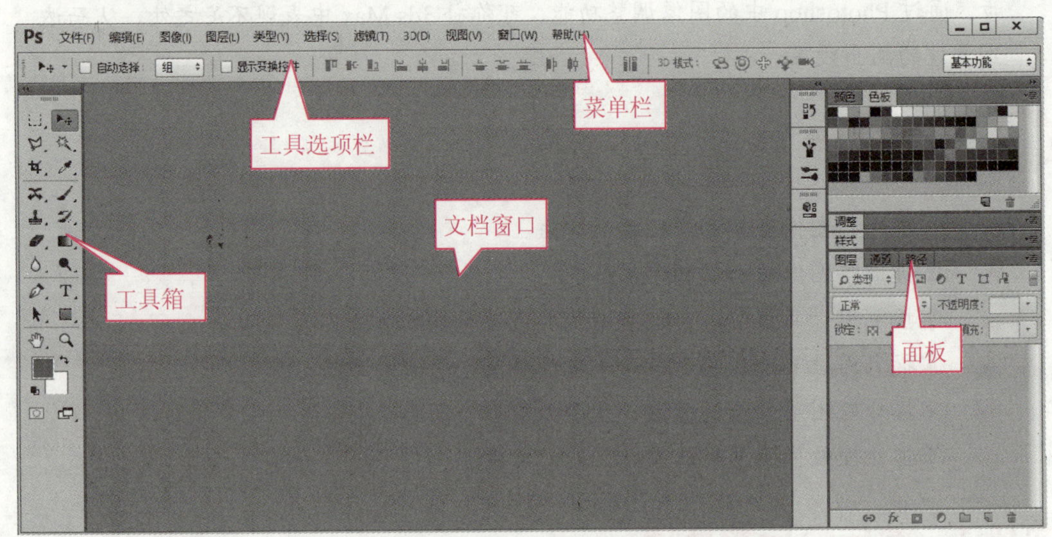

图 15-2 Photoshop CC 的工作界面

知识库

图 15-2 所示工作界面中，相关组成部分的功能如下。

工具箱：包含用于对图像进行处理的各种工具，如选区制作工具、修复工具、修饰工具、绘图工具和文字工具等。

工具选项栏：用来设置所选工具的参数。其内容会随所选工具的不同而改变。

文档窗口：显示和编辑图像的区域。

面板：Photoshop 中提供了 20 多个面板，分别用来设置颜色、字符格式、段落格式，以及管理图层、通道路径和历史记录等。用户可通过“窗口”菜单打开或关闭所需要的面板，通过选择工具选项栏右侧的“基本功能”>“复位基本功能”菜单项，可将 Photoshop 的工作界面初始化。

步骤 2▶ 按【Ctrl+O】组合键，打开“打开”对话框，然后打开本书配套素材“素材与实例” > “第 15 章” > “客厅”文件夹> “客厅效果图.tif”文件，或者选中“第 15 章”文件夹中的“客厅效果图.tif”将其拖至 Photoshop 的文档窗口。

步骤 3▶ 在“图层”面板处单击“创建新图层”图标，在“背景图层”上方创建一个新图层，双击“图层 1”名称，将其重命名为“提亮图层”，如图 15-3 所示。

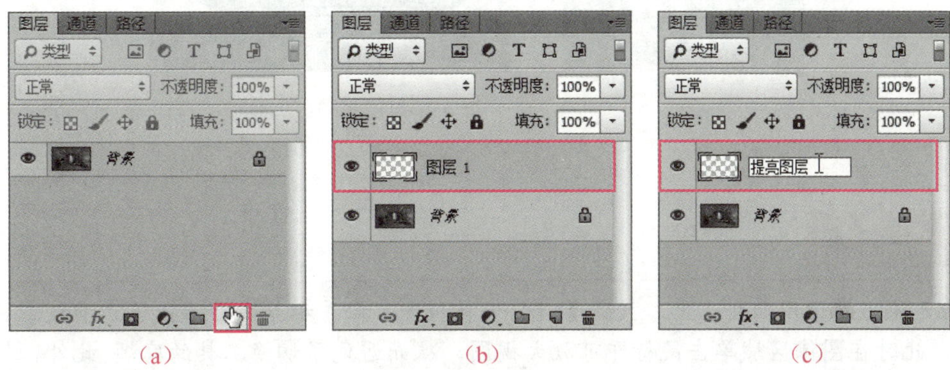

（a） （b） （c）

图 15-3 创建并重命名新图层

提 示

图层是 Photoshop 中最为重要和常用的功能之一，用户可以将图像的不同部分放置在不同的图层中，以便单独对其进行处理、添加特殊效果和制作图像融合效果等。例如，图 15-4 所示的卡通人物由帽子、头部和身体图层组成，可分别对各图层进行修改。

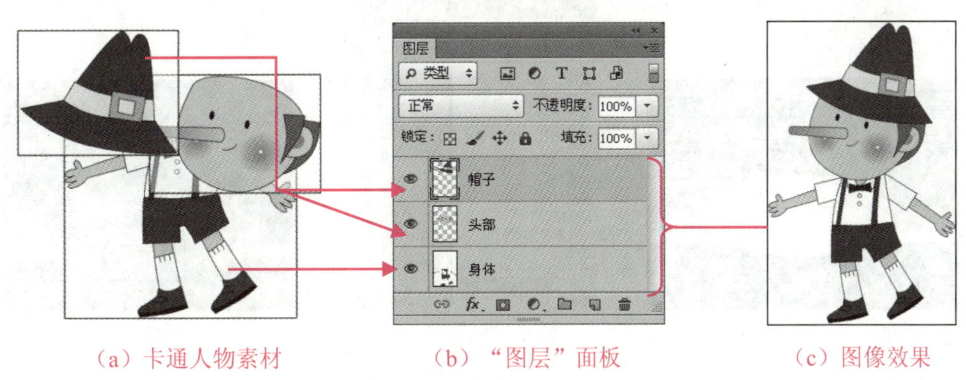

（a）卡通人物素材 （b）“图层”面板 （c）图像效果

图 15-4 图层的功能

步骤 4▶ 鼠标右键单击工具箱中的“矩形选框工具”，在右侧弹出栏中选择“椭圆选框工具”。按住【Ctrl+空格】组合键，将鼠标移动至吊灯图像位置，单击鼠标左键或向右拖动放大图像，在吊灯左上角处按住鼠标左键不放向右下角拖动制作选区，将椭圆形吊灯完全框选，如图 15-5 所示。

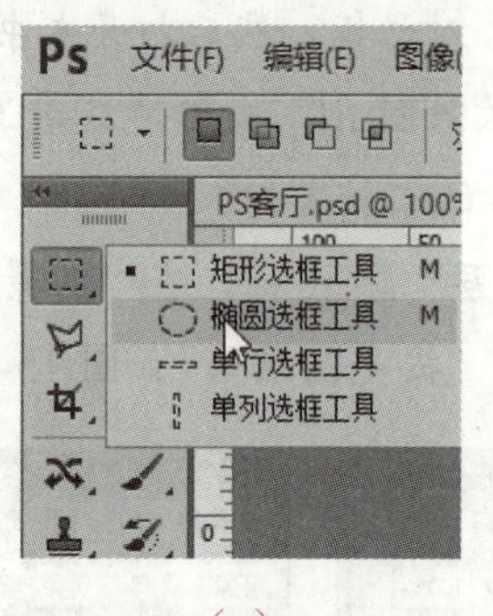

（a）

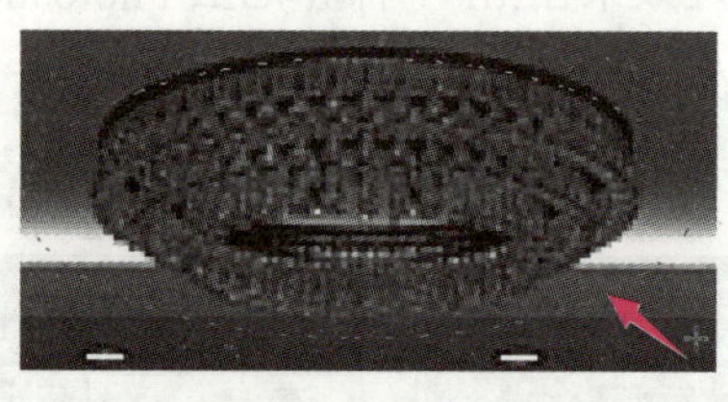

（b）

图 15-5　绘制选区

知识库

无论当前使用何种工具，按住【Ctrl+空格键】不松手都等同于选择了“缩放工具”🔍，此时在图像区域单击鼠标即可放大视图，从而避免了切换工具的麻烦。此外，按住【Alt】键并滚动鼠标滚轮，也可放大或缩小视图；按住空格键不松手等同于选择了“抓手工具”✋。

步骤 5▶　按【Ctrl+Delete】组合键为选区填充白色，然后在“图层”面板处设置图层混合模式，即单击“正常”>“叠加”菜单项，将图层设置为“叠加”模式，如图 15-6 所示。

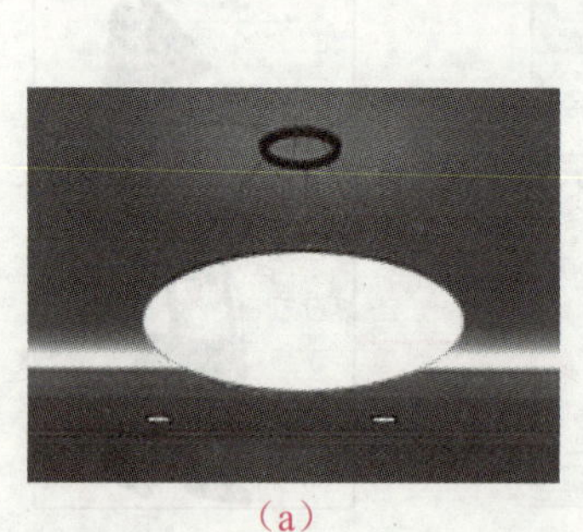

（a）

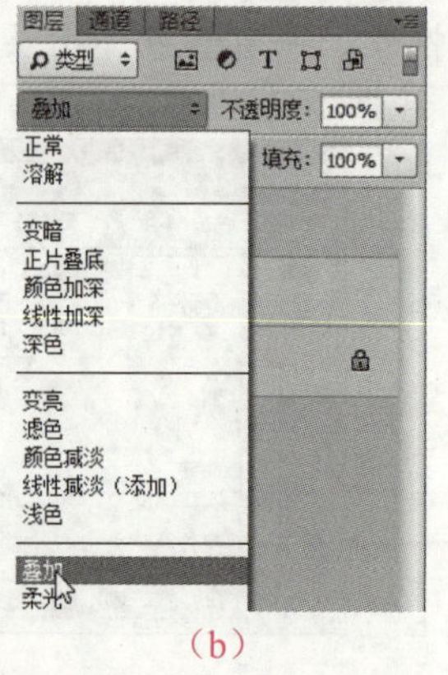

（b）

（c）

图 15-6　吊灯的发光处理

提　示

使用图 15-6（b）中的溶解、变暗等选项可将上层对象颜色与底层对象的颜色混合。根据混合效果可划分为通常系、变暗系、变亮系、饱和度系、差集系和颜色系。使用变亮系的“叠加”模式可使图像变亮。

步骤 6▶ 选择工具箱中的“橡皮擦工具”，在工具选项栏中调整其笔刷样式和笔刷大小，然后沿吊灯边缘擦除多余部分，如图 15-7 所示。

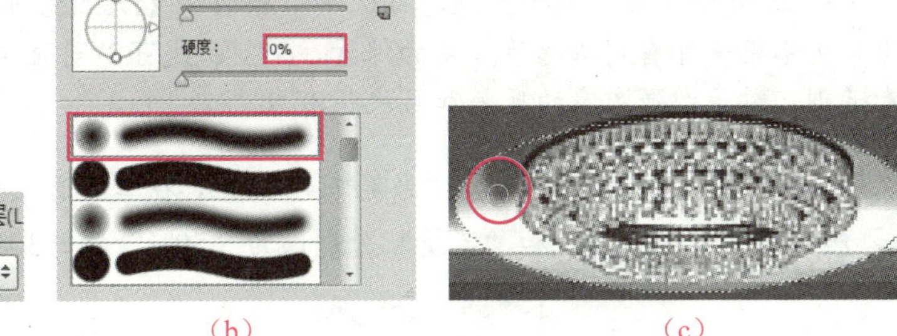

(a)　　(b)　　(c)

图 15-7　调整吊灯的发光范围

提　示

“橡皮擦工具”的用法很简单，选择该工具后，在工具属性栏中设置好笔刷和其他属性，然后在图像窗口中拖动鼠标即可擦除图像。若在背景层上擦除图像，被擦除区域将使用背景色填充；若在普通图层上擦除图像，则被擦除的区域将变成透明。

步骤 7▶ 由于渲染效果图过暗，因此需要创建图层调整层。在“图层”面板下方单击“创建新的填充或调整图层”按钮，选择“曲线”命令，添加节点并向上拖动曲线，如图 15-8 所示。

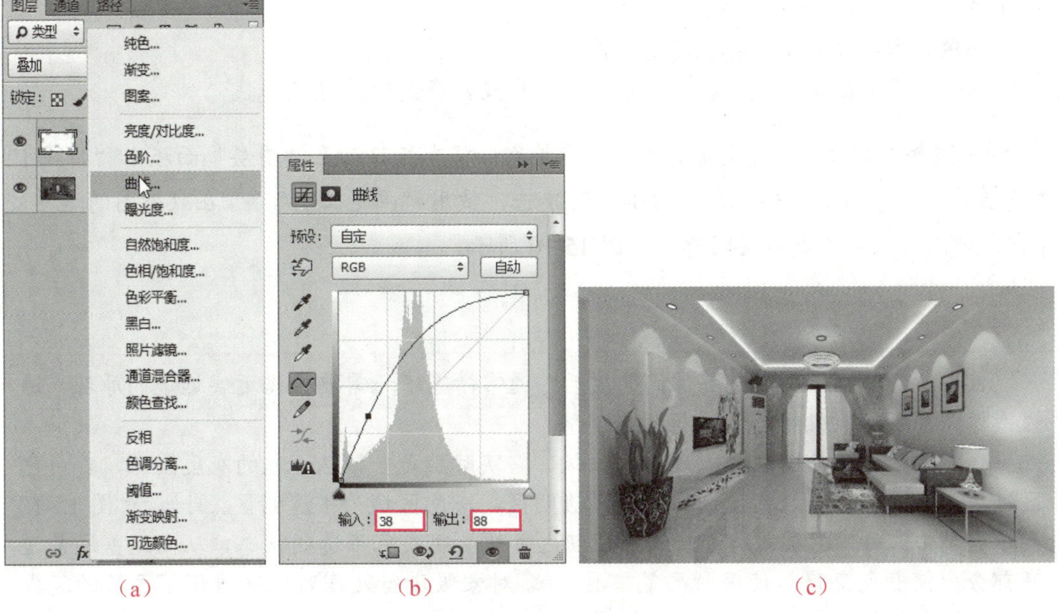

(a)　　(b)　　(c)

图 15-8　调整效果图亮度

知识库

曲线是 Photoshop 中常用的一个用来调整图像颜色和色调的命令，用户最多可在曲线中增加 14 个节点；删除节点，可选中节点后按【Delete】键即可。在“输入”和“输出”文本框中可看到所选节点处的像素，S 型曲线可以同时扩大图像的亮部和暗部的像素范围，对于增强图像的反差和层次很有效。

步骤 8▶ 在工具箱中选择“画笔工具”，在工具选项栏中设置笔刷大小和笔刷样式，然后将“不透明度”和“流量”分别设为“50%”和“30%”，如图 15-9 所示。

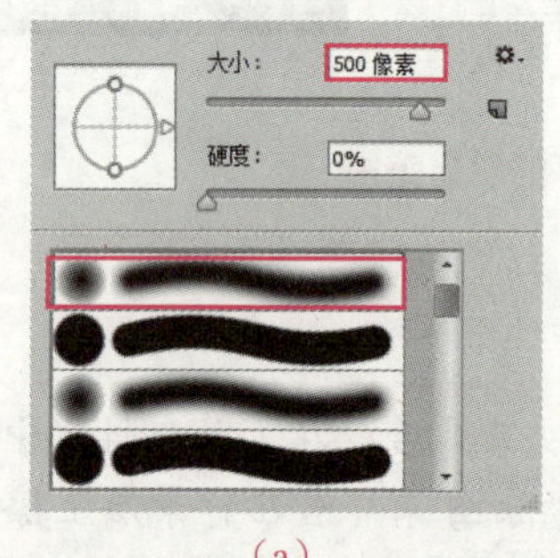

(a)

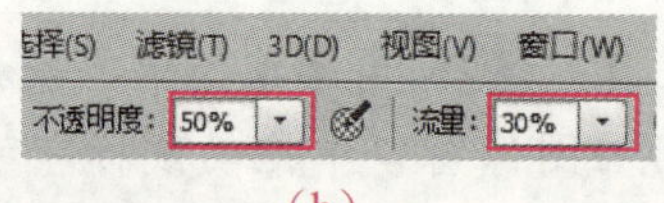

(b)

图 15-9 设置画笔参数

知识库

硬度：用于控制笔刷边缘的发散程度，该值为 100%时，称为硬边缘笔刷；该值小于 100%时，称为柔边缘笔刷。

不透明度：设置所绘颜色的透明度。

流量：设置画笔颜色的强度；值越小，所绘线条越细，颜色越浅。

步骤 9▶ 按【D】键恢复前景色和背景色。将光标移动至“图层”面板中“曲线 1”的图层蒙版缩览图上，当光标变为小手时单击，使用“画笔工具”在效果图的远景处涂抹，使渲染效果图更具空间感，如图 15-10 所示。

提　示

使用“曲线”命令调整图像的亮度后，通常情况下还需要根据近实远虚的原理，通过图像调整层的蒙版对图像进行明暗调整。

普通蒙版也称为图层蒙版或像素蒙版，它实际上是一幅 256 色的灰度图像，其白色区域为完全透明区，黑色区域为完全不透明区，灰色区域为半透明区。例如，对图 15-10 所示的“曲线 1”图层蒙版进行涂抹，使远景处呈现灰色半透明状态，从而遮盖远景过亮部分，使颜色变暗。使用“画笔工具”对蒙版进行处理时，通过调节画笔的笔尖大小和笔尖形状等参数可以控制显示蒙版的程度。

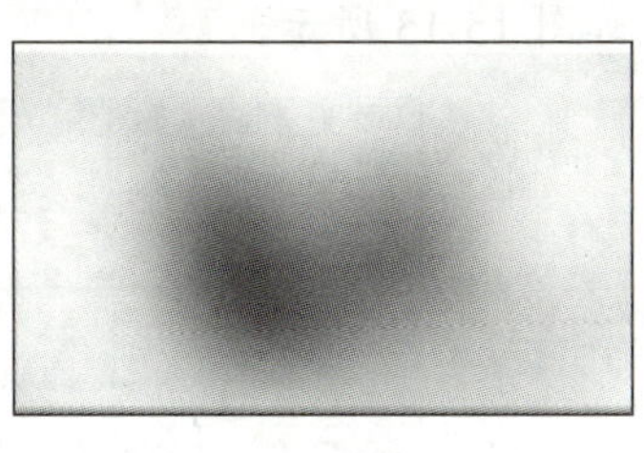

（a）（b）（c）

图 15-10 处理“曲线 1”蒙版

步骤 10▶ 在“图层”面板处单击“创建新的填充或调整图层”按钮，选择“亮度/对比度”命令，然后设置参数，如图 15-11 所示。

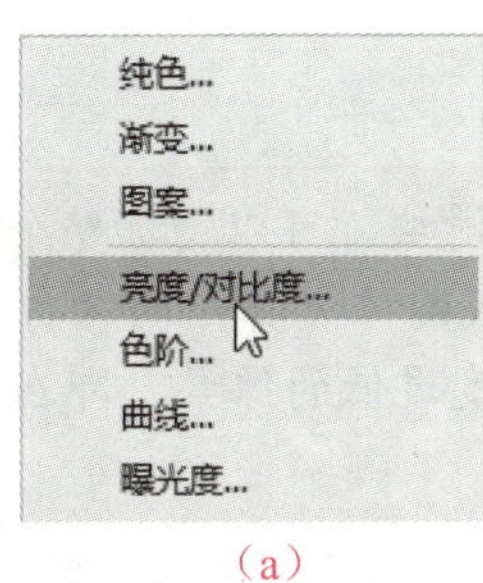

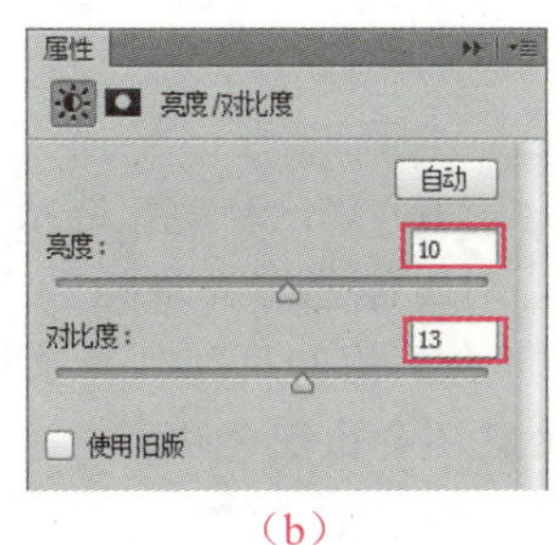

（a）（b）

图 15-11 调整效果图的亮度和对比度

提 示

“亮度/对比度”命令是调整图像色调最简单的方法，利用它可以一次性调整图像中所有像素（包括高光、暗调和中间调）的亮度和对比度。

步骤 11▶ 将光标移动至“图层”面板中的图层蒙版缩览图上，当光标变为小手时单击，使用“画笔工具”在效果图的远景处进行涂抹，使远景部分变暗，如图 15-12 所示。

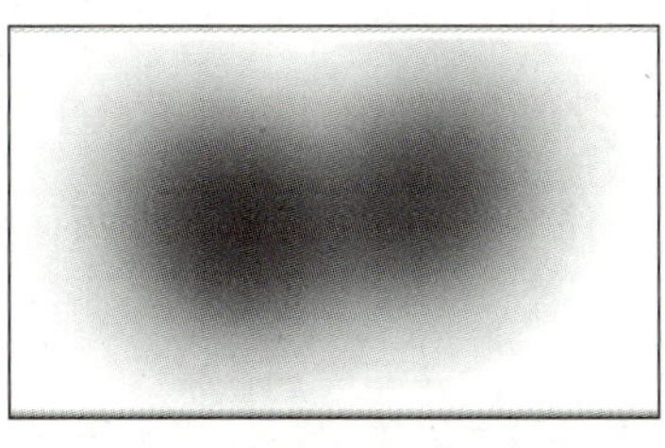

（a）（b）（c）

图 15-12 处理“亮度/对比度 1”蒙版

步骤 12▶ 在“图层”面板处单击“创建新的填充或调整图层”按钮，选择“自然饱和度”命令，然后设置参数，如图 15-13 所示。

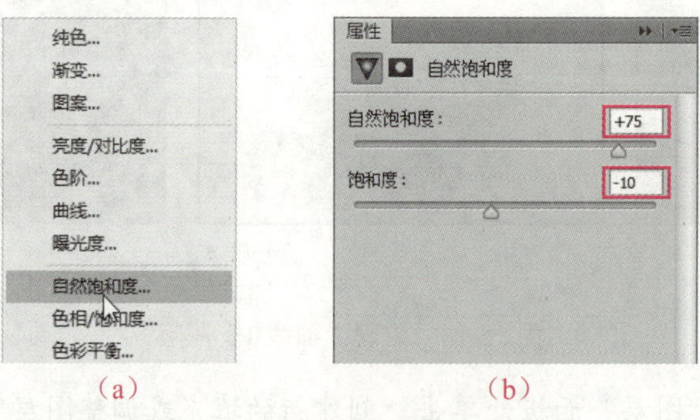

（a）　　（b）

图 15-13　调整效果图的饱和度

知识库

通过拖动图 15-13（b）“饱和度”选项下的滑块，可以增加整个画面的饱和度，但如调节到较高数值，则图像色彩会过饱和，造成图像失真，而“自然饱和度”选项就不会出现这种情况。“自然饱和度”只修改饱和度过低的像素，即在增加饱和度时，本身饱和度较高的像素就不会出现色块。

步骤 13▶ 将光标移动至图 15-14（a）所示的图层蒙版缩览图上并单击，使用“画笔工具”在效果图的远景处涂抹，降低远景处的饱和度，如图 15-14 所示。

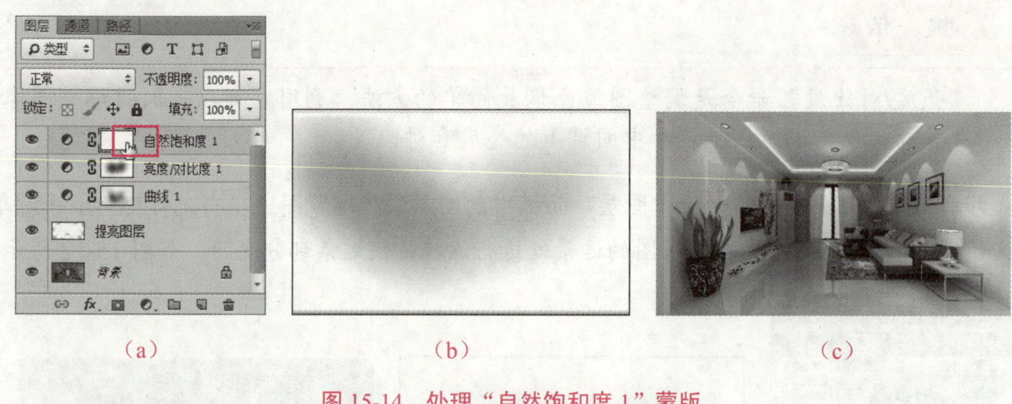

（a）　　（b）　　（c）

图 15-14　处理“自然饱和度 1”蒙版

步骤 14▶ 单击菜单栏中的“文件”＞“储存为”菜单项，将处理后的效果图命名为“客厅效果图”并保存为所需格式。

案例总结

本实例详细介绍了对效果图处理的思路与“椭圆选框工具”“曲线”“亮度/对比度”“自

然饱和度”等命令的概念及使用方法。在后期处理效果图时，使用这些工具可以简单有效地解决渲染效果图中的不足的问题。

实战 2　卧室的后期处理

观察图 15-15（a）所示的效果图，可以看出该图像发灰、发暗。造成这种视觉效果的原因是图像的对比度和亮度不足。下面介绍使用 Photoshop 对卧室效果图进行后期处理的方法，处理后的效果如图 15-15（b）所示。

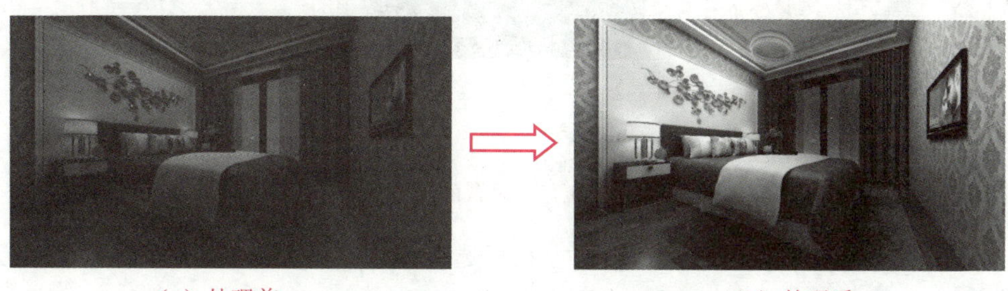

（a）处理前　　（b）处理后

图 15-15　卧室后期处理效果图

制作思路

打开卧室素材文件，分析效果图的欠缺之处，然后使用“椭圆选框工具”选中吊灯图像并对其进行调整处理，再使用“曲线”“亮度/对比度”“照片滤镜”命令对效果图进行整体调整，并配合“画笔工具”对调整层的蒙版进行修改，以得到最佳的画面。

操作步骤

步骤 1▶ 打开本书配套素材“素材与实例”>“第 15 章”>“卧室”文件夹>“卧室效果图.tif”文件。

步骤 2▶ 本案例中的卧室色调应给人以温馨感，因此设置灯光颜色时应考虑使用暖色。单击工具箱中的前景色工具，打开“拾色器（前景色）”对话框。在对话框的光谱图中拖动颜色滑块选择颜色，再在色域中单击拾取需要的颜色，或者直接在颜色模型中输入数值来精确设置颜色，设置好后单击“确定”按钮，如图 15-16 所示。

知识库

在编辑图像时，其操作结果与当前设置的前景色和背景色有着非常密切的联系。例如，使用画笔、铅笔及油漆桶等工具在图像窗口中进行绘画时，使用的是前景色；在利用橡皮擦工具擦除图像窗口中的背景图层时，则使用背景色填充被擦除的区域。

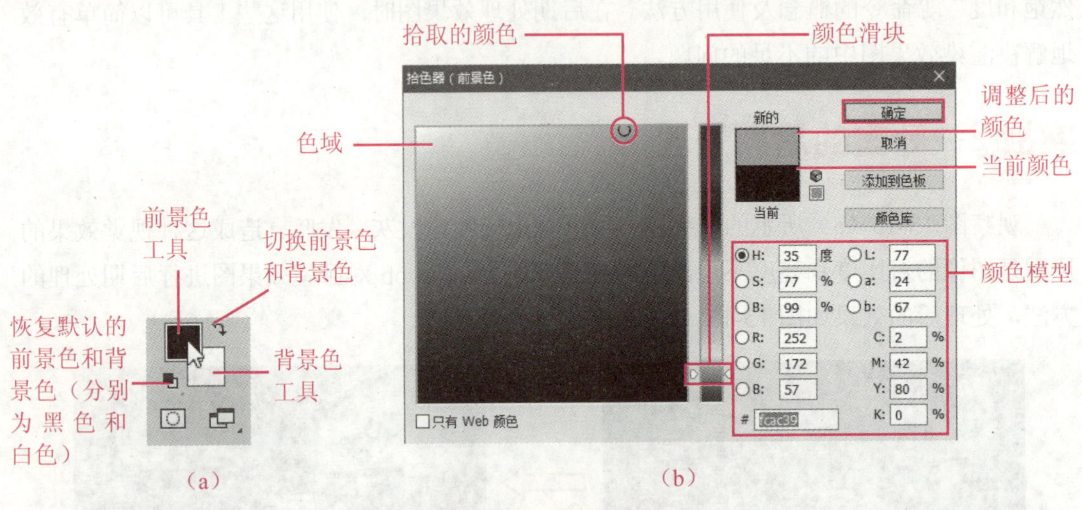

（a）　　（b）

图 15-16　设置前景色

步骤 3▶ 新建图层，使用工具箱中“椭圆选框工具”在吊灯处制作选区，按【Alt+Delete】组合键为选区填充淡黄色，并在“图层”面板处设置图层混合模式为“叠加”模式，如图 15-17 所示。

步骤 4▶ 按【Ctrl+D】组合键取消选区，选择“橡皮擦工具”，并将笔刷样式设为“柔边缘”，然后沿吊灯外边缘擦除多余部分，再擦除吊灯内侧，结果如图 15-18 所示。

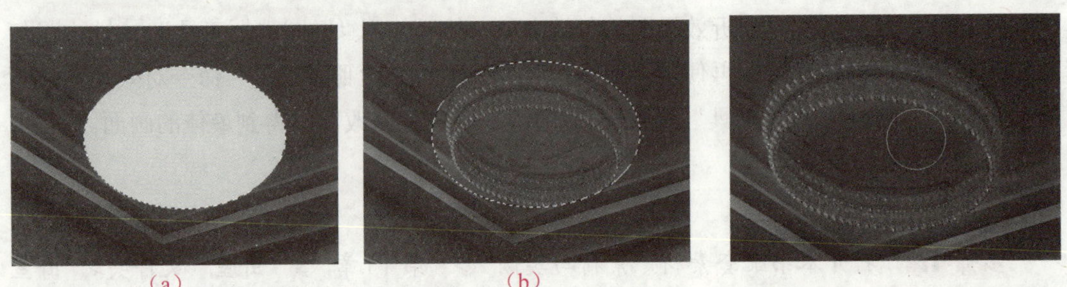

（a）　　（b）

图 15-17　吊灯发光处理　　图 15-18　处理发光范围

提　示

在擦除吊灯中部多余部分时，可在英文输入法的模式下使用键盘【[】或【]】快捷键，快速调节笔尖大小。按【[】键可使笔尖减小，按【]】键可使笔尖增大。

步骤 5▶ 在“图层”面板处单击“创建新的填充或调整图层”按钮，选择“曲线”命令，添加节点并向上拖动曲线，如图 15-19 所示。

纯色...
渐变...
图案...
亮度/对比度...
色阶...
曲线...
曝光度...

（a）

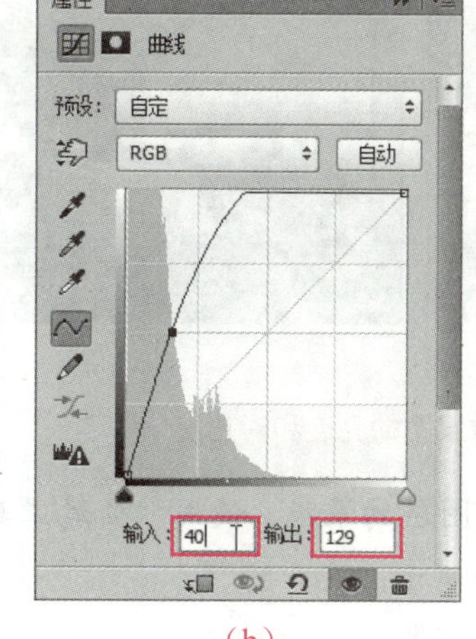

（b）

（c）

图 15-19 调整效果图亮度

步骤 6▶ 将前景色设为黑色，然后选择“画笔工具”，将笔刷样式设为“柔边缘”，将不透明度设为 50%，流量设为 30%，单击选中“曲线 1”图层的蒙版，在效果图的远景处涂抹，使渲染效果图更具空间感，如图 15-20 所示。

（a）

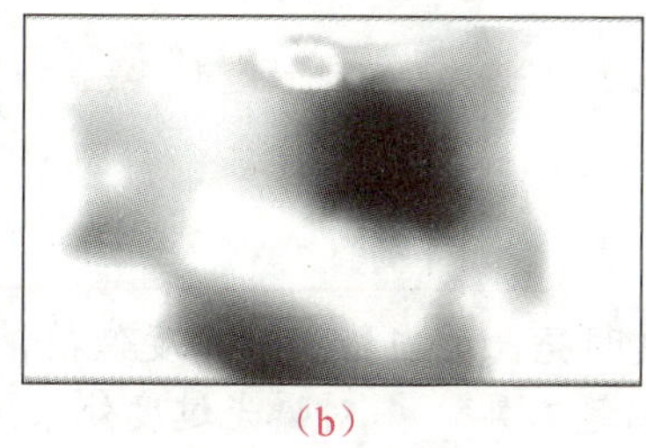

（b）

（c）

图 15-20 处理“曲线 1”蒙版

处理此效果图时应考虑到窗外是黑夜环境，因此应着重将窗外亮度压暗。由于卧室内的墙纸和地毯都是漫反射吸光材质，其亮度不宜过高，故需要进行压暗处理。

步骤 7▶ 在图层面板处单击“创建新的填充或调整图层”按钮，选择“亮度/对比度”命令，然后设置参数，如图 15-21 所示。

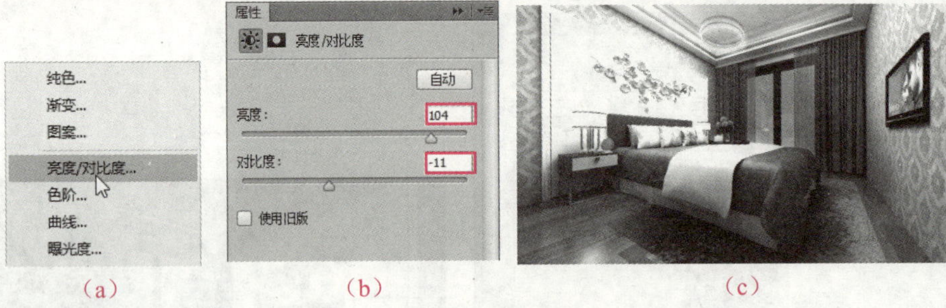

（a）（b）（c）

图 15-21 调整效果图的亮度和对比度

步骤 8▶ 单击选中“亮度/对比度 1”图层的蒙版，使用“画笔工具”对图像进行涂抹，使曝光过度的部分变暗，如图 15-22 所示。

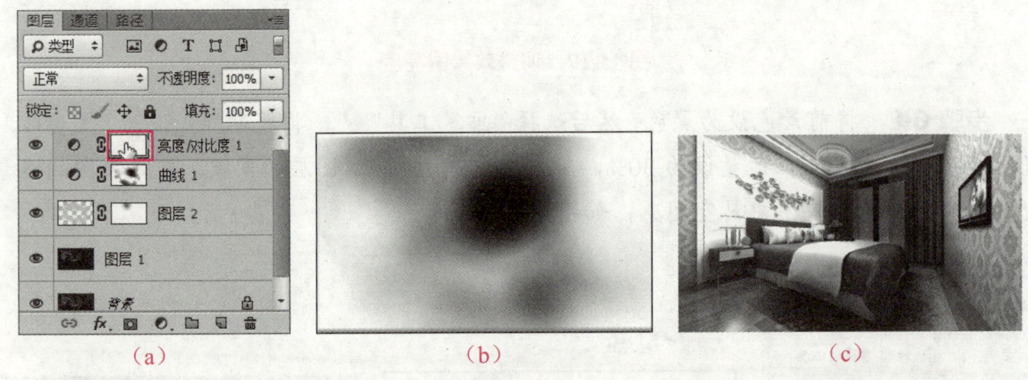

（a）（b）（c）

图 15-22 处理“亮度/对比度 1”蒙版

提 示

通过提高亮度使卧室空间更明亮，适当增加对比度使前景物品更有质感。在选中“亮度/对比度”蒙版后，使用“画笔工具”对曝光过度处涂抹，实现画面局部提亮。

步骤 9▶ 在图层面板处单击“创建新的填充或调整图层”按钮，选择“照片滤镜”命令，然后调节参数，使效果图变为暖色调，如图 15-23 所示。

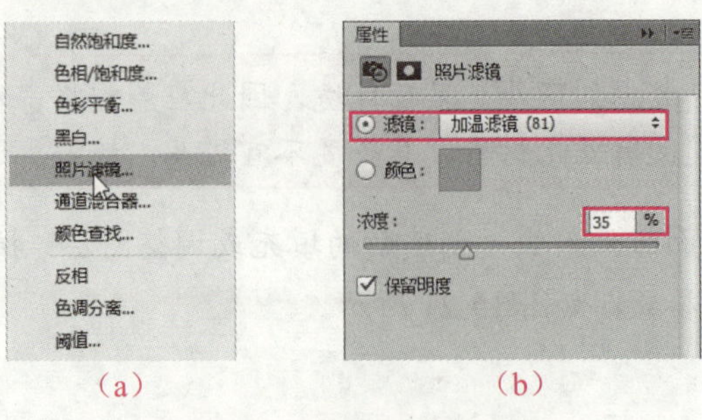

（a）（b）

图 15-23 调整效果图的色调

"照片滤镜"命令用于模仿相机的照相效果，即在镜头前面加一个彩色滤镜，用户可以通过选择不同颜色的滤镜在不破坏图像的情况下调整图像的颜色。

步骤 10▶ 将处理后的文件另存为"卧室效果图"，并保存为所需格式。

案例总结

本实例详细介绍了根据不同场景和材质对画面进行有针对性处理的方法和通过"照片滤镜"命令改变图像色调的方法。

实战 3 书房的后期处理

本实例处理的是午后书房效果图。观察图 15-24（a）所示的效果图，可以看出该图像发灰、发暗。造成这种视觉效果的原因是图像的对比度和亮度不足。下面介绍使用 Photoshop 对书房效果图进行后期处理的方法，处理后的效果如图 15-24（b）所示。

（a）处理前　　（b）处理后

图 15-24 书房后期处理效果图

制作思路

打开书房素材文件，为其添加合适的窗外场景素材，再利用"魔棒工具"处理选区，将"树"贴图置入效果图中，然后使用"曲线""亮度/对比度""自然饱和度"和"选择颜色"命令对效果图进行整体调整，再配合画笔工具对调整层蒙版进行修改即可。

操作步骤

步骤 1▶ 打开本书配套素材"素材与实例" > "第 15 章" > "书房"文件夹>"书房效果图.tif"文件。

步骤 2▶ 为保证原始效果图不被破坏，且方便修改，选中"背景"图层并按【Ctrl+J】组合键，或选中"背景"图层并按住鼠标左键拖动至"创建新图层"按钮上后释放鼠标，对客厅效果图进行复制，如图 15-25 所示。

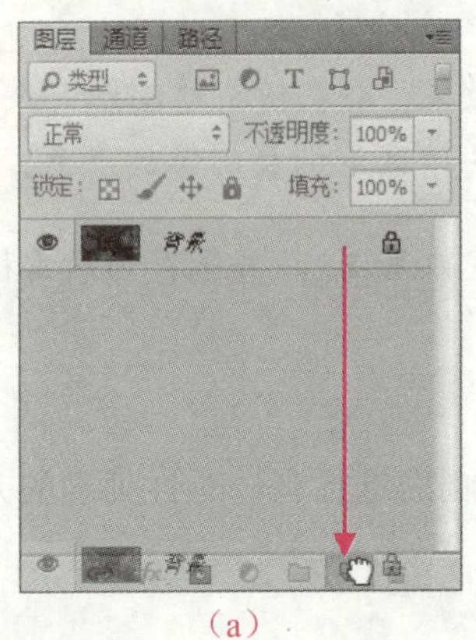

（a）

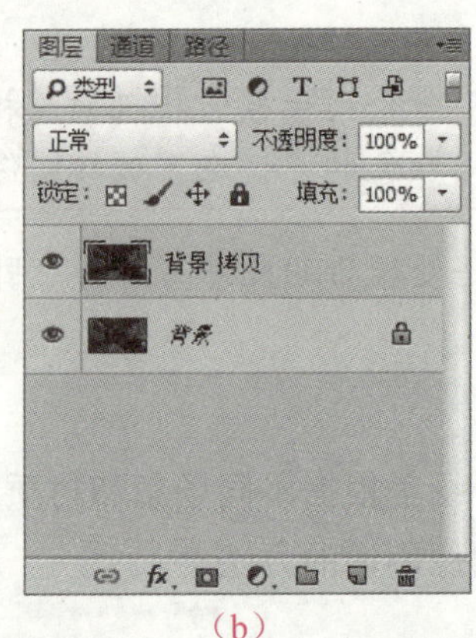

（b）

图 15-25 复制图层

步骤 3▶ 将本书配套素材“素材与实例”>“第 15 章”>“书房”文件夹>“树.jpg”素材文件拖至绘图区后松开鼠标左键，然后按住【Shift+Alt】组合键单击“树”图像右上角锚点，如图 15-26（a）所示，并向图片中心拖动锚点，将图片按等比例缩放大小。最后将该图片移动到窗子位置处，如图 15-26（b）所示。

（a）

（b）

图 15-26 调整素材尺寸

提 示

将“树”文件直接拖动到绘图区后，树图像的分辨率会变小（即图像不够清楚）。但该方法操作简单，常用于制作小区域的背景贴图。此外，在 Photoshop 中打开“树”文件，依次按【Ctrl+A】和【Ctrl+C】键，然后在“书房.tif”窗口中按【Ctrl+V】键，可将树图像复制到书房文件中。此时，树图像的分辨率不会发生改变。

步骤 4▶ 按回车键取消选中状态，然后将“树”图层移动至“背景拷贝图层”下方，如图 15-27 所示。

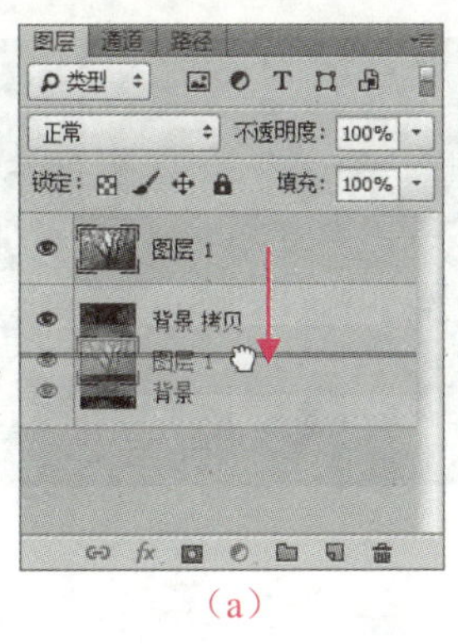

（a）

（b）

图 15-27　调整图层位置

步骤 5▶　单击“背景拷贝”图层将其设置为当前图层，在工具箱中右键单击“快速选择工具”，在弹出的菜单中选择“魔棒工具”，并设置参数，如图 15-28 所示。

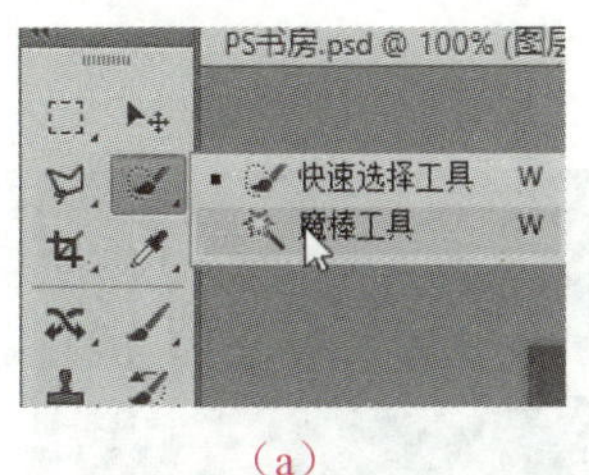

（a）

（b）

图 15-28　设置“魔棒工具”参数

知识库

利用“魔棒工具”可以选取图像中颜色相同或相近的区域，而不必跟踪其轮廓。图 15-28（b）中相关选项的功能如下。

“添加到选区”按钮：利用此选项可直接制作多个选区。

“容差”文本框：用于设置选取的颜色范围，其值在 0～255 之间。值越小，选取的颜色越接近，选取范围越小。

“连续”复选框：勾选该复选框，只能选择色彩相邻的连续区域，不勾选该复选框，则可选择图像上所有色彩相近的区域。

步骤 6▶　在“背景拷贝”图层窗户需要贴图的位置单击鼠标左键制作选区，按【Delete】键删除，再按【Ctrl+D】组合键取消选区，如图 15-29 所示。

提　示

完成背景贴图后，若选中“树”图层，然后选择“编辑”>“自由变换”菜单项，或按【Ctrl+T】组合键，可以利用出现的变换框对选中区内的图像或非背景层图像进行移动、缩放、旋转等变换操作。

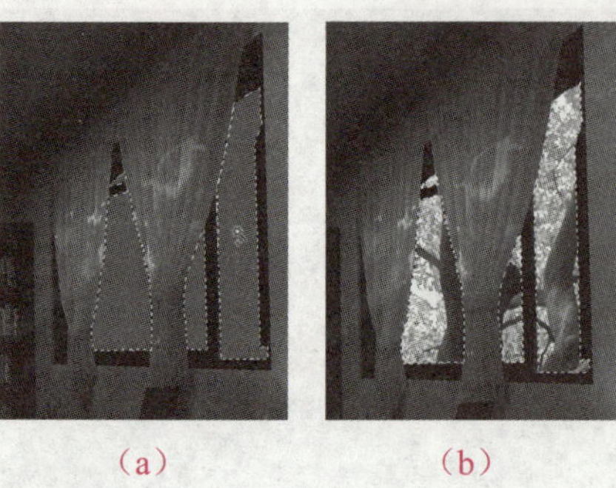

（a）　　　　（b）　　　　（c）

图 15-29　编辑选区

步骤 7▶　在“图层”面板处单击“创建新的填充或调整图层”按钮，选择“曲线”命令，添加节点并向上拖动曲线，如图 15-30 所示。

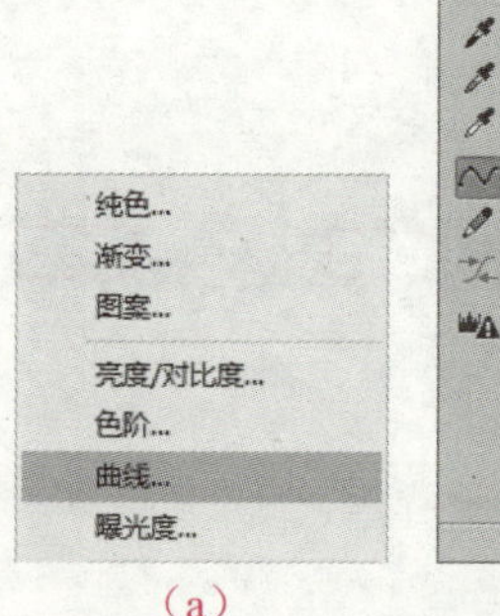

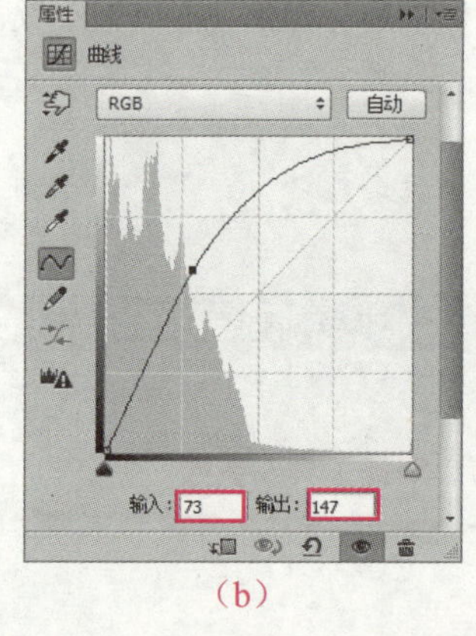

（a）　　　　（b）　　　　（c）

图 15-30　调整效果图亮度

步骤 8▶　在“图层”面板处单击“创建新的填充或调整图层”按钮，选择“亮度/对比度”命令，然后设置参数，如图 15-31 所示。

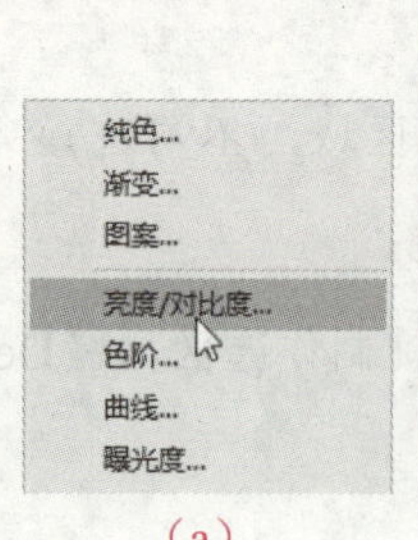

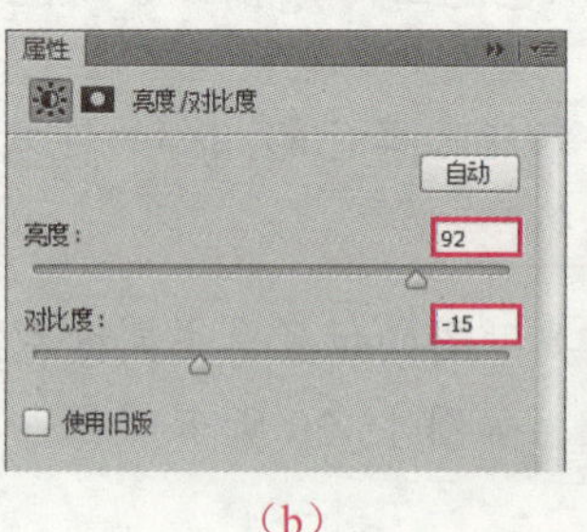

（a）　　　　（b）　　　　（c）

图 15-31　调整效果图亮度和对比度

步骤 9▶　将前景色设为黑色，单击选中“亮度/对比度 1”图层的蒙版，使用“画笔工具”在图像远景处进行涂抹，使过亮的部分变暗，如图 15-32 所示。

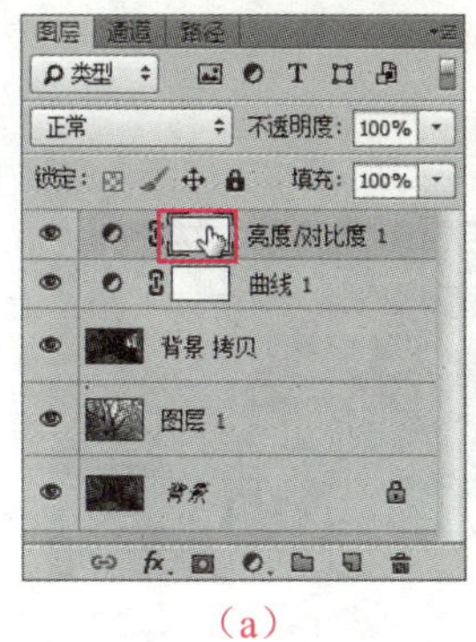

（a）

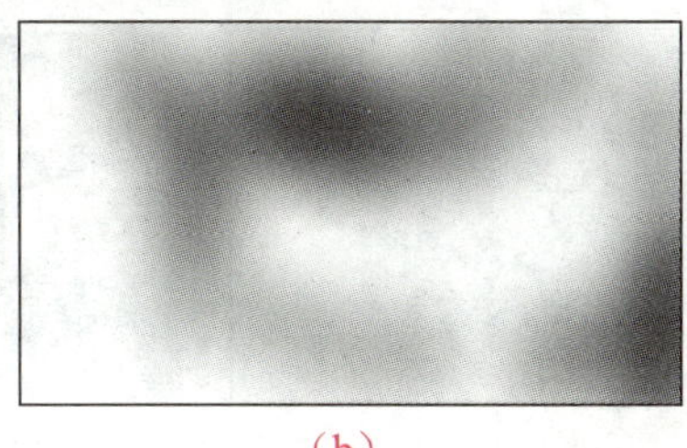

（b）

（c）

图 15-32　处理“亮度/对比度 1”蒙版

步骤 10▶　在“图层”面板处单击“创建新的填充或调整图层”按钮，选择“自然饱和度”命令，然后设置参数，如图 15-33 所示。

步骤 11▶　在“图层”面板处单击“创建新的填充或调整图层”按钮，选择“可选颜色”命令，然后设置参数，进一步增加木质桌子的质感，如图 15-34 所示。

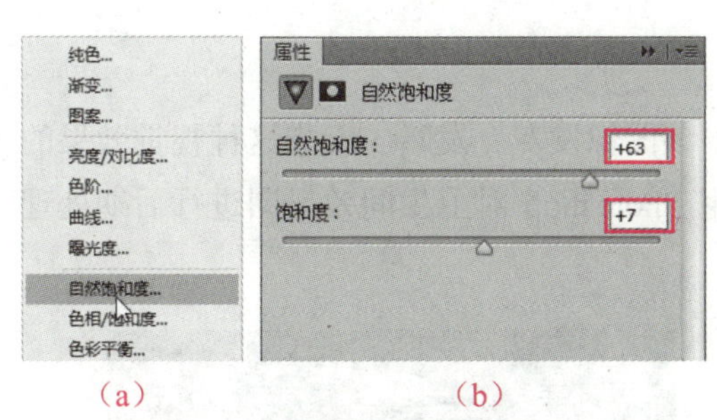

（a）　（b）

图 15-33　调整效果图的饱和度

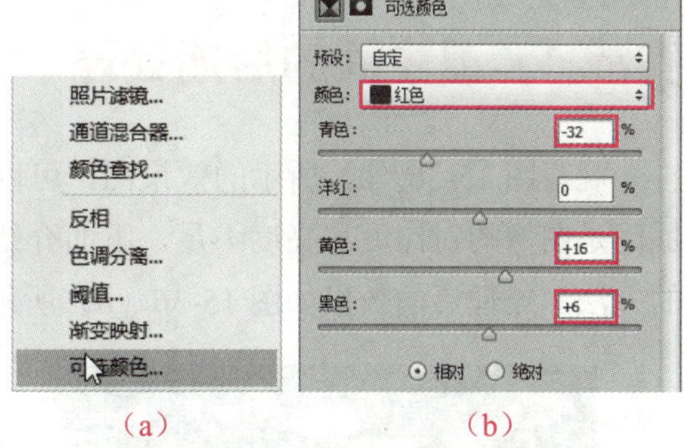

（a）　（b）

图 15-34　调整效果图的红色比例

“可选颜色”命令用于校正色彩不平衡问题和调整颜色。利用它可以有选择地修改任何主要颜色（红、黄、绿、青、蓝等）中的印刷色比例，而不会影响其他颜色。

由于该效果图中大部分物品为木质材质，且前景有木质桌子，因此可以使用“可选颜色”命令单独调整图像中的木质材质的颜色，使之更加鲜艳、逼真。

步骤 12▶　单击选中“选取颜色 1”蒙版，使用“画笔工具”在书柜、远景花盆、门等位置处涂抹，以降低红色的饱和度，突出近景与远景的对比度，从而使画面更有空间感，如图 15-35 所示。

步骤 13▶　将处理后的文件另存为“书房效果图”，并保存为所需格式。

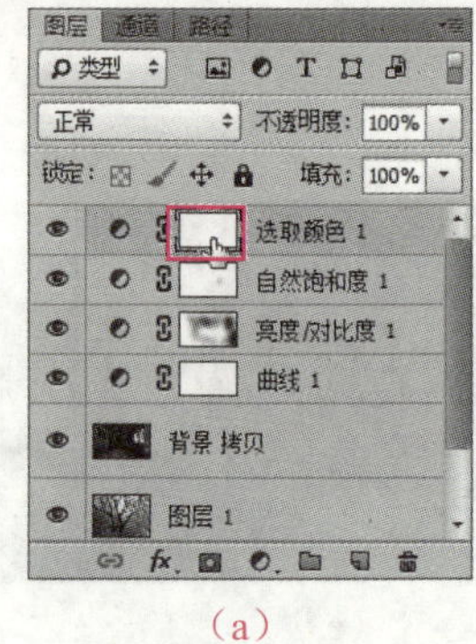
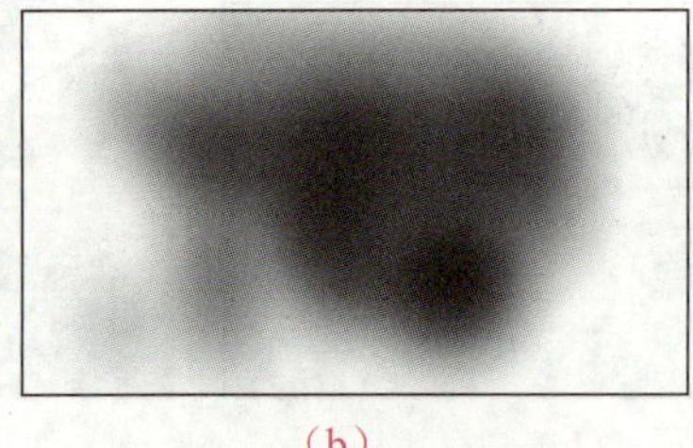

（a）　　（b）　　（c）

图 15-35　处理“选取颜色 1”蒙版

案例总结

本实例通过对书房效果图的后期处理，学习了根据不同场景和材质对画面进行有针对性地处理的方式，还学习了利用“可选颜色”命令改变图像的色彩倾向和饱和度，从而加强近景与远景的对比，突出空间感的方法。

实战 4　卫生间的后期处理

观察图 15-36（a）所示的效果图，可以看出该图像发灰、发暗。造成这种视觉效果的原因是图像的对比度和亮度不足。下面介绍使用 Photoshop 对卫生间效果图进行后期处理的方法，处理后的效果如图 15-36（b）所示。

（a）处理前　　（b）处理后

图 15-36　卫生间后期处理效果图

制作思路

打开客厅的素材文件，分析效果图的欠缺之处，然后使用“曲线”“亮度/对比度”“自然饱和度”和“照片滤镜”命令对效果图进行整体调整，再配合“画笔工具”对调整层蒙版进行修改，最后使用“快速选择工具”对镜中草坪制作选区，并调整草坪颜色。

操作步骤

步骤 1▶ 打开本书配套素材“素材与实例”>“第15章”>“卫生间”文件夹>“卫生间效果图.tif”文件。

步骤 2▶ 由于渲染效果图过暗，因此需要创建图层调整层。在“图层”面板处单击“创建新的填充或调整图层”按钮，选择“曲线”命令并调整曲线的形状，如图15-37所示。

步骤 3▶ 在“图层”面板处单击“创建新的填充或调整图层”按钮，选择“亮度/对比度”命令，然后设置参数，如图15-38所示。

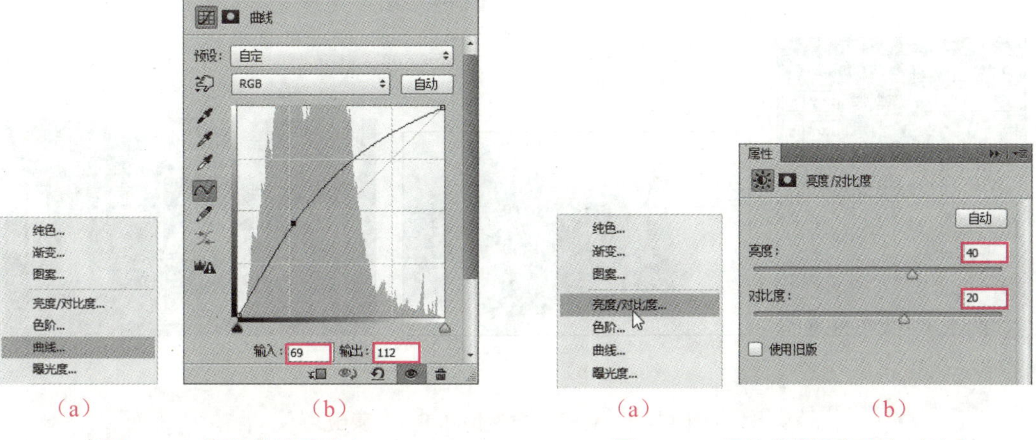

(a) (b) (a) (b)

图15-37 调整效果图亮度　图15-38 调整效果图亮度和对比度

步骤 4▶ 单击选中“亮度/对比度1”图层的蒙版，使用“画笔工具”在图像曝光过度的位置进行涂抹，使过亮的部分变暗，如图15-39所示。

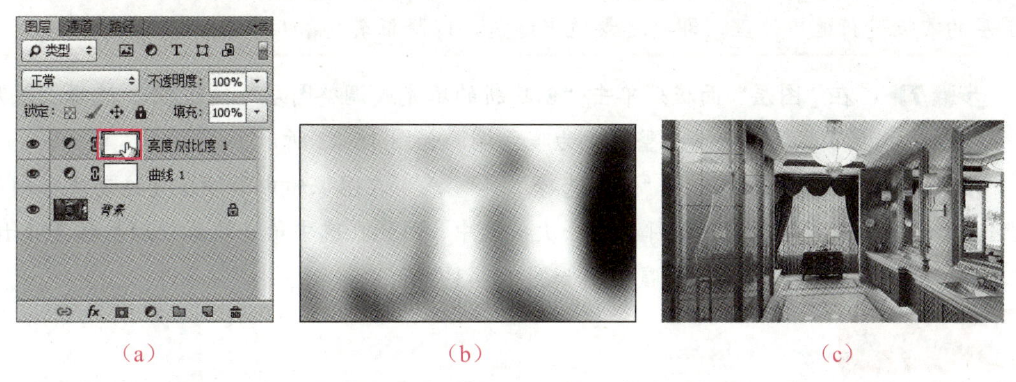

(a) (b) (c)

图15-39 处理“亮度/对比度1”蒙版

步骤 5▶ 在“图层”面板处单击“创建新的填充或调整图层”按钮，选择“自然饱和度”命令，然后设置参数，增加画面饱和度，如图15-40所示。

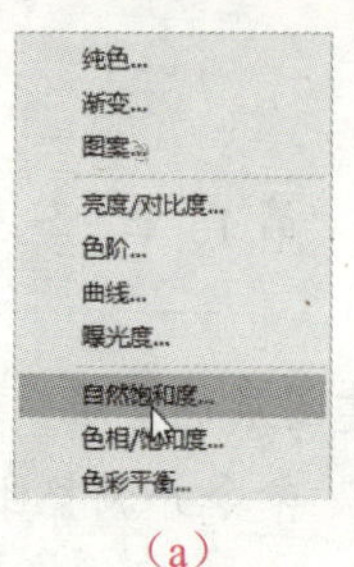

（a）

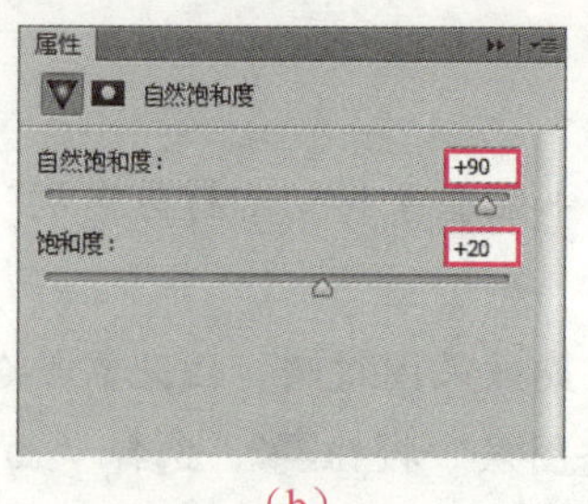

（b）

图 15-40　调整效果图的饱和度

步骤 6▶　单击选中“自然饱和度 1”图层的蒙版，使用“画笔工具” 在图像镜中草坪位置和远景处进行涂抹，如图 15-41 所示。

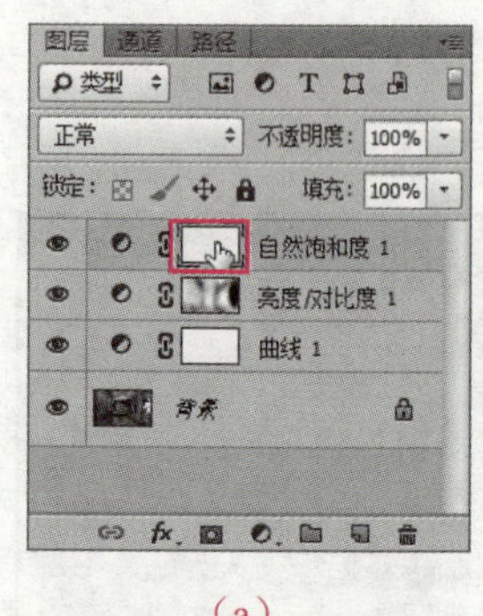

（a）

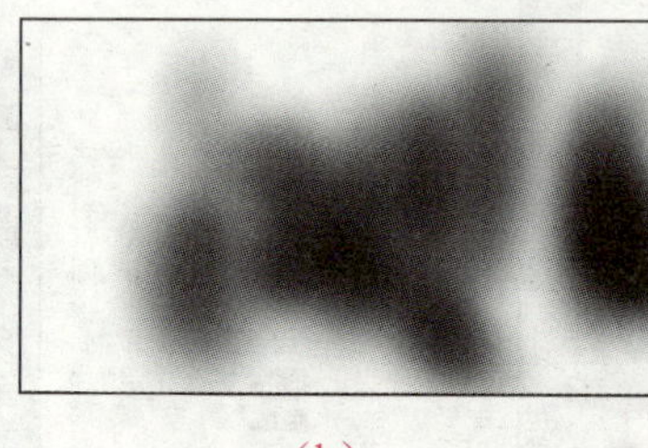
（b）

（c）

图 15-41　处理“自然饱和度 1”蒙版

提　示

为了突出镜头前景、物的亮度和饱和度对比，增强空间感，需要对“自然饱和度 1”图层的蒙版进行遮盖处理，即将远景适当遮盖，以降低其饱和度。

步骤 7▶　在“图层”面板处单击“创建新的填充或调整图层”按钮，选择“照片滤镜”命令，调节参数，使画面整体变为暖色调，如图 15-42 所示。

步骤 8▶　在工具箱中选择“快速选择工具” ，在图像镜中草坪位置拖动鼠标制作选区。由于草坪被窗框隔开，草坪无法一次被选中，因此在选中第一块草坪后按住【Shift】键不放，并在第二块草坪处拖动鼠标，如图 15-43 所示。

知识库

选择“快速选择工具” ，然后在要选取的图像上单击并拖动鼠标，与鼠标拖动位置颜色相近的区域均被选中，常用于快速“画”出一个颜色相近的选区。此外，按【Alt】键在选区中拖动鼠标，可取消选中的选区。

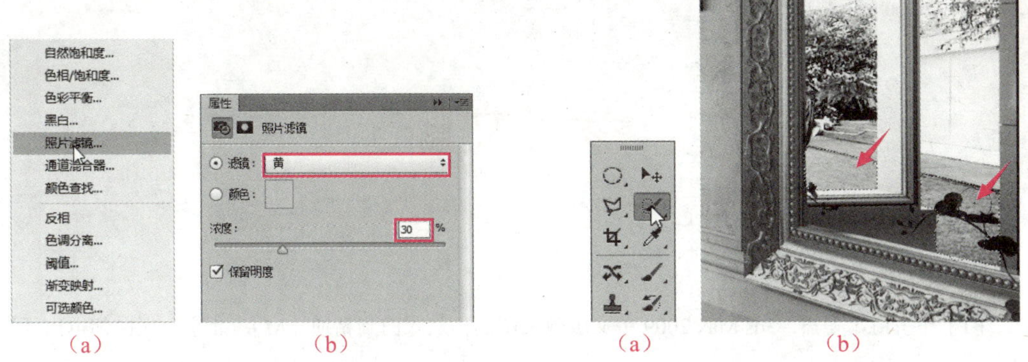

图 15-42 调整效果图色调　　　图 15-43 使用“快速选择工具”制作选区

步骤 9▶ 在“图层”面板处单击“创建新的填充或调整图层”按钮，选择“色相/饱和度”命令，然后设置参数，降低草坪饱和度，如图 15-44 所示。

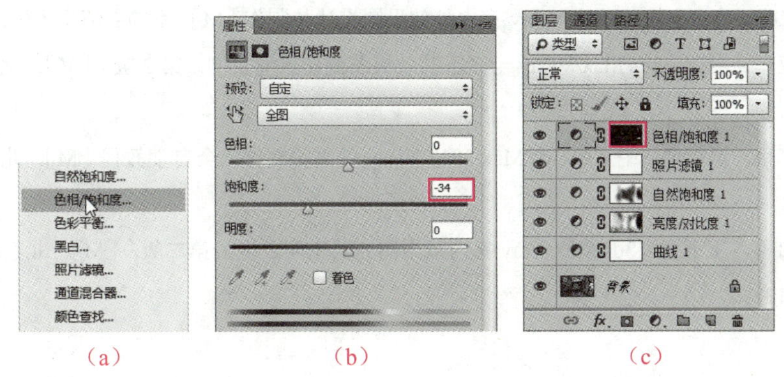

图 15-44 处理“色相/饱和度 1”蒙版

提 示

制作选区后，创建新的填充或调整图层时，图层蒙版会默认选区外为遮盖部分，这样在调节图层颜色时将只对选区内起作用。

步骤 10▶ 将处理后的文件另存为“书房效果图”，并保存为所需格式。

案例总结

本实例通过对卫生间效果图的后期处理，学习了根据不同场景和材质对画面进行有针对性地处理的方式。使用“快速选择工具”制作选区，然后利用“色相/饱和度”命令可对选区内的画面进行调整，从而使镜中画面融入效果图。

参考文献

［1］王玉梅，姜杰．3ds Max 2009 中文版效果图制作从入门到精通［M］．北京：人民邮电出版社，2010．

［2］瞿颖健，曹茂鹏．中文版 3ds Max 2012 完全自学教程［M］．北京：人民邮电出版社，2012．

［3］唯美映像．3ds Max 2014+VRay 效果图制作入门与实战经典［M］．北京：清华大学出版社，2014．

［4］张来峰．渲染王 3ds Max+VRay 室内外效果图设计与制作［M］．北京：清华大学出版社，2016．

［5］杨亚军，罗江．3ds Max/VRay 全套家装效果图制作典型实例（第 2 版）［M］．北京：人民邮电出版社，2014．

［6］曹茂鹏，瞿颖健．中文版 3ds Max 2012/VRay 效果图制作完全自学教程［M］．北京：人民邮电出版社，2014．

［7］孙启善，王玉梅．3ds Max/Vray 室内效果图完美空间表现．第二版．［M］．北京：北京希望电子出版社，2013．